国家职业资格培训教材

技能型人才培训用书

电切削工（初级、中级、高级）

国家职业资格培训教材编审委员会　组编

杨建新　主编

机械工业出版社

本书是依据《国家职业标准 电切削工》（初级、中级、高级）的知识和技能要求，按照岗位培训需要的原则编写的。主要内容包括电切削加工基础，典型线切割机床的结构、操作与维护，线切割加工编程及一般工艺，电火花成形加工设备的系统组成、安装、操作及维护，电火花成形加工操作及一般工艺，计算机绘图与编程，复杂曲线零件电加工程序编制。章末配复习思考题，每一个等级的最后有与之配套的试题库和答案，以及便于自检自测的模拟试卷样例。

本书既可作为各级职业技能鉴定培训机构、企业培训部门的考前培训教材，又可作为读者考前复习用书，还可作为职业技术院校、技工院校的专业课教材。

图书在版编目（CIP）数据

电切削工：初级、中级、高级／杨建新主编．—北京：机械工业出版社，2013.5

国家职业资格培训教材．技能型人才培训用书

ISBN 978-7-111-41780-4

Ⅰ．①电…　Ⅱ．①杨…　Ⅲ．①电加工—金属切削—技术培训—教材　Ⅳ．①TG506

中国版本图书馆CIP数据核字（2013）第047224号

机械工业出版社（北京市百万庄大街22号　邮政编码100037）

策划编辑：马　晋　赵磊磊　责任编辑：马　晋　赵磊磊　章承林

版式设计：霍永明　责任校对：张晓蓉　肖　琳

封面设计：饶　薇　责任印制：张　楠

北京玥实印刷有限公司印刷

2013年5月第1版第1次印刷

169mm×239mm·32印张·625千字

0001—4000册

标准书号：ISBN 978-7-111-41780-4

定价：49.80元

凡购本书，如有缺页、倒页、脱页，由本社发行部调换

电话服务

社服务中心：（010）88361066

销售一部：（010）68326294

销售二部：（010）88379649

读者购书热线：（010）88379203

网络服务

教材网：http：//www.cmpedu.com

机工官网：http：//www.cmpbook.com

机工官博：http：//weibo.com/cmp1952

国家职业资格培训教材第2版

编 审 委 员 会

本书主编　杨建新

本书副主编　沈良钧　王维新

本书参编　许乔宝　贾明权　袁　进　何　鹏　施　奇
鲍　梅

本书主审　宋昌才

第2版序

在“十五”末期，为贯彻落实“全国职业教育工作会议”和“全国再就业会议”精神，加快培养一大批高素质的技能型人才，机械工业出版社精心策划了与原劳动和社会保障部《国家职业标准》配套的《国家职业资格培训教材》。这套教材涵盖41个职业工种，共172种，由十几个省、自治区、直辖市相关行业200多名工程技术人员、教师、技师和高级技师等从事技能培训和鉴定的专家参加编写。教材出版后，以其兼顾岗位培训和鉴定培训需要，理论、技能、题库合一，便于自检自测，受到全国各级培训、鉴定部门和广大技术工人的欢迎，基本满足了培训、鉴定和读者自学的需要，在“十一五”期间为培养技能人才发挥了重要作用，本套教材也因此成为国家职业资格鉴定考证培训及企业员工培训的品牌教材。

2010年，《国家中长期人才发展规划纲要（2010—2020年）》《国家中长期教育改革和发展规划纲要（2010—2020年）》《关于加强职业培训促就业的意见》相继颁布和出台，2012年1月，国务院批转了“七部委”联合制定的《促进就业规划（2011—2015年）》，在这些规划和意见中，都重点阐述了加大职业技能培训力度、加快技能人才培养的重要意义，以及相应的配套政策和措施。为适应这一新形势，同时也鉴于第1版教材所涉及的许多知识、技术、工艺、标准等已发生了变化的实际情况，我们经过深入调研，并在充分听取了广大读者和业界专家意见的基础上，决定对已经出版的《国家职业资格培训教材》进行修订。本次修订，仍以原有的大部分作者为班底，并保持原有的“以技能为主线，理论、技能、题库合一”的编写模式，重点在以下几个方面进行了改进：

（1）新增紧缺职业工种　为满足社会需求，又开发了一批近几年比较紧缺的以及新增的职业工种教材，使本套教材覆盖的职业工种更加广泛。

（2）紧跟国家职业标准　按照最新颁布的《国家职业技能标准》（或《国家职业标准》）规定的工作内容和技能要求重新整合、补充和完善内容，涵盖职业标准中所要求的知识点和技能点。

（3）提炼重点知识技能　在内容的选择上，以“够用”为原则，提炼出应重点掌握的必需的专业知识和技能，删减了不必要的理论知识，使内容更加精练。

（4）补充更新技术内容　紧密结合最新技术发展，删除了陈旧过时的内容，

补充了新的技术内容。

(5) 同步最新技术标准　对原教材中按旧的技术标准编写的内容进行更新，所有内容均与最新的技术标准同步。

(6) 精选技能鉴定题库　按鉴定要求精选了职业技能鉴定试题，试题贴近教材、贴近国家试题库的考点，更具典型性、代表性、通用性和实用性。

(7) 配备免费电子教案　为方便培训教学，我们为本套教材开发配备了配套的电子教案，免费赠送给选用本套教材的机构和教师。

(8) 配备操作实景光盘　根据读者需要，部分教材配备了操作实景光盘。

一言概之，经过精心修订，第2版教材在保留了第1版教材精华的同时，内容更加精练、可靠、实用，针对性更强，更能满足社会需求和读者需要。全套教材既可作为各级职业技能鉴定培训机构、企业培训部门的考前培训教材，又可作为读者考前复习和自测使用的复习用书，也可供职业技能鉴定部门在鉴定命题时参考，还可作为职业技术院校、技工院校、各种短训班的专业课教材。

在本套教材的调研、策划、编写过程中，曾经得到许多企业、鉴定培训机构有关领导、专家的大力支持和帮助，在此表示衷心的感谢！

虽然我们已经尽了最大努力，但教材中仍难免存在不足之处，恳请专家和广大读者批评指正。

国家职业资格培训教材第2版编审委员会

第1版 序一

当前和今后一个时期，是我国全面建设小康社会、开创中国特色社会主义事业新局面的重要战略机遇期。建设小康社会需要科技创新，离不开技能人才。“全国人才工作会议”“全国职教工作会议”都强调要把“提高技术工人素质、培养高技能人才”作为重要任务来抓。当今世界，谁掌握了先进的科学技术并拥有大量技术娴熟、手艺高超的技能人才，谁就能生产出高质量的产品，创出自己的名牌；谁就能在激烈的市场竞争中立于不败之地。我国有近一亿技术工人，他们是社会物质财富的直接创造者。技术工人的劳动，是科技成果转化为生产力的关键环节，是经济发展的重要基础。

科学技术是财富，操作技能也是财富，而且是重要的财富。中华全国总工会始终把提高劳动者素质作为一项重要任务，在职工中开展的“当好主力军，建功‘十一五’和谐奔小康”竞赛中，全国各级工会特别是各级工会职工技协组织注重加强职工技能开发，实施群众性经济技术创新工程，坚持从行业和企业实际出发，广泛开展岗位练兵、技术比赛、技术革新、技术协作等活动，不断提高职工的技术技能和操作水平，涌现出一大批掌握高超技能的能工巧匠。他们以自己的勤劳和智慧，在推动企业技术进步，促进产品更新换代和升级中发挥了积极的作用。

欣闻机械工业出版社配合新的《国家职业标准》为技术工人编写了这套涵盖41个职业的172种“国家职业资格培训教材”。这套教材由全国各地技能培训和考评专家编写，具有权威性和代表性；将理论与技能有机结合，并紧紧围绕《国家职业标准》的知识点和技能鉴定点编写，实用性、针对性强，既有必备的理论和技能知识，又有考核鉴定的理论和技能题库及答案，编排科学，便于培训和检测。

这套教材的出版非常及时，为培养技能型人才做了一件大好事，我相信这套教材一定会为我们培养更多更好的高技能人才做出贡献！

李永安

（李永安　中国职工技术协会常务副会长）

第1版序二

为贯彻“全国职业教育工作会议”和“全国再就业会议”精神，全面推进技能振兴计划和高技能人才培养工程，加快培养一大批高素质的技能型人才，我们精心策划了这套与劳动和社会保障部最新颁布的《国家职业标准》配套的《国家职业资格培训教材》。

进入21世纪，我国制造业在世界上所占的比重越来越大，随着我国逐渐成为“世界制造业中心”进程的加快，制造业的主力军——技能人才，尤其是高级技能人才的严重缺乏已成为制约我国制造业快速发展的瓶颈，高级蓝领出现断层的消息屡屡见诸报端。据统计，我国技术工人中高级以上技工只占3.5%，与发达国家40%的比例相去甚远。为此，国务院先后召开了“全国职业教育工作会议”和“全国再就业会议”，提出了“三年50万新技师的培养计划”，强调各地、各行业、各企业、各职业院校等要大力开展职业技术培训，以培训促就业，全面提高技术工人的素质。

技术工人密集的机械行业历来高度重视技术工人的职业技能培训工作，尤其是技术工人培训教材的基础建设工作，并在几十年的实践中积累了丰富的教材建设经验。作为机械行业的专业出版社，机械工业出版社在“七五”“八五”“九五”期间，先后组织编写出版了“机械工人技术理论培训教材”149种，“机械工人操作技能培训教材”85种，“机械工人职业技能培训教材”66种，“机械工业技师考评培训教材”22种，以及配套的习题集、试题库和各种辅导性教材约800种，基本满足了机械行业技术工人培训的需要。这些教材以其针对性、实用性强，覆盖面广，层次齐备，成龙配套等特点，受到全国各级培训、鉴定和考工部门和技术工人的欢迎。

2000年以来，我国相继颁布了《中华人民共和国职业分类大典》和新的《国家职业标准》，其中对我国职业技术工人的工种、等级、职业的活动范围、工作内容、技能要求和知识水平等根据实际需要进行了重新界定，将国家职业资格分为5个等级：初级（5级）、中级（4级）、高级（3级）、技师（2级）、高级技师（1级）。为与新的《国家职业标准》配套，更好地满足当前各级职业培训和技术工人考工取证的需要，我们精心策划编写了这套“国家职业资格培训教材”。

这套教材是依据劳动和社会保障部最新颁布的《国家职业标准》编写的，

为满足各级培训考工部门和广大读者的需要，这次共编写了41个职业172种教材。在职业选择上，除机电行业通用职业外，还选择了建筑、汽车、家电等其他相近行业的热门职业。每个职业按《国家职业标准》规定的工作内容和技能要求编写初级、中级、高级、技师（含高级技师）四本教材，各等级合理衔接、步步提升，为高技能人才培养搭建了科学的阶梯型培训架构。为满足实际培训的需要，对多工种共同需求的基础知识我们还分别编写了《机械制图》、《机械基础》、《电工常识》、《电工基础》、《建筑装饰识图》等近20种公共基础教材。

在编写原则上，依据《国家职业标准》又不拘泥于《国家职业标准》是我们这套教材的创新。为满足沿海制造业发达地区对技能人才细分市场的需要，我们对模具、制冷、电梯等社会需求量大又已单独培训和考核的职业，从相应的职业标准中剥离出来单独编写了针对性较强的培训教材。

为满足培训、鉴定、考工和读者自学的需要，在编写时我们考虑了教材的配套性。教材的章首有培训要点、章末配复习思考题，书末有与之配套的试题库和答案，以及便于自检自测的理论和技能模拟试卷，同时还根据需求为20多种教材配制了VCD光盘。

为扩大教材的覆盖面和体现教材的权威性，我们组织了上海、江苏、广东、广西、北京、山东、吉林、河北、四川、内蒙古等地相关行业从事技能培训和考工的200多名专家、工程技术人员、教师、技师和高级技师参加编写。

这套教材在编写过程中力求突出"新"字，做到"知识新、工艺新、技术新、设备新、标准新"，增强实用性，重在教会读者掌握必需的专业知识和技能，是企业培训部门、各级职业技能鉴定培训机构、再就业和农民工培训机构的理想教材，也可作为技工学校、职业高中、各种短训班的专业课教材。

在这套教材的调研、策划、编写过程中，曾经得到广东省职业技能鉴定中心、上海市职业技能鉴定中心、江苏省机械工业联合会、中国第一汽车集团公司以及北京、上海、广东、广西、江苏、山东、河北、内蒙古等地许多企业和技工学校的有关领导、专家、工程技术人员、教师、技师和高级技师的大力支持和帮助，在此谨向为本套教材的策划、编写和出版付出艰辛劳动的全体人员表示衷心的感谢！

教材中难免存在不足之处，诚恳希望从事职业教育的专家和广大读者不吝赐教，提出批评指正。我们真诚希望与您携手，共同打造职业培训教材的精品。

国家职业资格培训教材编审委员会

前　言

电火花切削加工技术，一直以来都是模具制造成形加工的主要手段，尤其是在融合了先进的数控技术后，在精密加工领域更具有不可取代的地位，得到了非常广泛的应用。在众多的从业人员中，大多只经过短期培训，缺乏系统的理论知识，只能进行简单加工程序的编制，严重影响了加工设备的使用。为培养更多了解电切削加工工艺知识，能够熟练掌握数控编程、操作和维修的应用型技术人才，满足广大从事电切削加工的各层次技术工人的学习需求，编写了本书。

本书是以最新《国家职业标准　电切削工》（初级、中级、高级）为依据，适应技术的发展要求，结合生产实际编写的。共分十六章，一至五章为初级部分，六至十一章为中级部分，十二至十六章为高级部分。在内容安排上，除了各等级应知、应会的基础理论和工艺操作范例外，每一章后都附有复习思考题，每一部分都附有各等级的试题库和答案，试题库包括知识要求试题、技能要求试题和模拟试卷样例，技能要求试题附有评分标准和考核要求。在编排上注重实用技术与必要的基础知识统一，应用思路和技巧的统一，文字简练，图文并茂，方便培训和自学。

本书由杨建新任主编，沈良钧、王维新任副主编，许乔宝、贾明权、袁进、何鹏、施奇、鲍梅参加编写。全书由宋昌才担任主审。

在编写过程中，得到了江苏大学机械学院任乃飞、李金伴教授，基础工程训练基地马伟民、张应龙、曾艳明、马鹏飞、顾佩兰、李美兰高级工程师，张松生、杨宁川高级技师的精心指导和热情帮助。同时，还借鉴了许多同行优秀的教材及著作，在此向他们一并表示感谢。

由于编者水平所限，书中难免有不妥之处，恳请读者批评指正。

编　者

目　　录

第三部分 电切削工（高级）

第一部分

电切削工（初级）

第一章

电切削加工基础

电火花加工又称放电加工（Electrical Discharge Machining，简称 EDM），是一种直接利用电能和热能进行加工的新工艺。电火花加工与金属切削加工的原理完全不同，在加工过程中，工具和工件并不接触，而是靠工具和工件之间不断地脉冲性火花放电，产生局部、瞬时的高温，把金属材料逐步蚀除掉。由于放电过程中可见到火花，故称之为电火花加工。日本、英国、美国称之为放电加工，俄罗斯称之为电蚀加工。目前这一工艺技术已广泛用于加工淬火钢、不锈钢、模具钢、硬质合金等难加工材料，以及用于加工模具等具有复杂表面的零部件，在民用和国防工业中获得越来越多的应用，已成为切削加工的重要补充和发展。

第一节　电火花加工的基本原理、特点及其应用

一、电火花加工的基本原理

1. 电火花加工的产生

电火花加工的原理是基于工具和工件（正、负电极）之间脉冲性火花放电时的电腐蚀现象来蚀除多余的金属，以达到对零件的尺寸、形状及表面质量预定的加工要求。电腐蚀现象早在 20 世纪初就被人们发现，例如在插头或电器开关触点开、闭时，往往会产生火花而把接触表面烧毛，腐蚀成粗糙不平的凹坑而逐渐损坏。长期以来，电腐蚀一直被认为是一种有害的现象，人们不断地研究电腐蚀的原因并设法减轻和避免电腐蚀的发生。但事物都是一分为二的，只要掌握规律，在一定条件下可以把坏事转化为好事，把有害变为有用。

1940 年前后，前苏联科学院电工研究所拉扎连柯夫妇的研究结果表明，电火花腐蚀的主要原因是：电火花放电时火花通道中瞬时产生大量的热，达到很高的温度，足以使任何金属材料局部熔化、汽化而被蚀除掉，形成放电凹坑。这样，人们在研究抗电腐蚀办法的同时，开始研究利用电腐蚀现象对金属材料进行

尺寸加工，终于在1943年拉扎连柯夫妇利用电容器反复充电放电的原理研制出世界上第一台实用化的电火花加工装置，并申请了发明专利，并在以后的生产中不断推广应用，拉扎连柯因此被评为前苏联科学院院士。

2. 电火花加工的条件

实践经验表明，要把有害的火花放电转化为有用的加工技术，必须创造以下条件：

1）使工具电极和工件被加工表面之间经常保持一定的放电间隙，这一间隙随加工条件而定，通常为几微米至几百微米。如果间隙过大，极间电压不能击穿极间介质，因而不会产生火花放电；如果间隙过小，很容易形成短路接触，同样也不能产生火花放电。为此，在电火花加工过程中必须具有工具电极的自动进给和调节装置。

2）使火花放电为瞬时的脉冲性放电，并在放电延续一段时间后，停歇一段时间（放电延续时间一般为$10^{-7}\sim10^{-3}$s）。这样才能使放电所产生的热量来不及传导扩散到其余部分，把每一次的放电点分别局限在很小的范围内，否则，像持续电弧放电那样，使放电点表面大量发热、熔化、烧伤，只能用于焊接或切割，而无法用作尺寸加工，故电火花加工必须采用脉冲电源。

3）使火花放电在有一定绝缘性能的液体介质中进行，例如煤油、皂化液或去离子水等。液体介质又称工作液，必须具有较高的绝缘强度（$10^3\sim10^7\Omega\cdot$cm），以利于产生脉冲性的火花放电。同时，液体介质还能把电火花加工过程中产生的金属小屑、炭黑等电蚀产物从放电间隙中悬浮排除出去，并且对工具电极和工件表面有较好的冷却作用。

3. 电火花加工的原理

图1-1所示为电火花加工原理示意图。工件与工具电极分别与脉冲电源的两输出端相连接，放电间隙自动控制系统使工具电极和工件间经常保持一很小的放电间隙，当脉冲电压加到两极之间时，便在当时条件下相对某一间隙最小处或绝缘强度最低处击穿介质，在该局部产生火花放电，瞬间高温使工具和工件表面都蚀除掉一小部分金属，各自形成一个小凹坑，如图1-2所示。脉冲放电结束后，经过一段时间间隔（即脉冲间隔t_o），使工作液恢复绝缘后，第二个脉冲电压又加到两极上，又会在当时极间距离相对最近或绝缘强度最弱处击穿放电，又电蚀出一个小凹坑。这样随着相当高的频率，连续不断地重复放电，工具电极不断地向工件进给，就可将工具端面和横截面的形状复制在工件上，加工出所需要的和工具形状阴阳相反的零件，

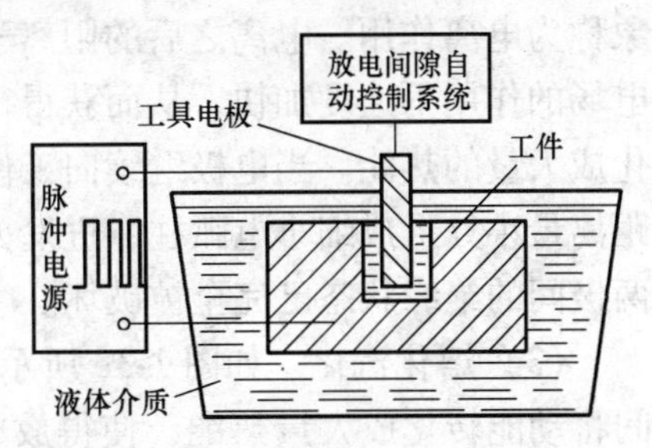

图1-1　电火花加工原理示意图

整个加工表面将由无数个小凹坑所组成。

4. 电加工的物理本质

电火花放电时，电极表面的金属材料是怎样被蚀除下来的，这一微观的物理过程也就是电火花加工的物理本质，或称机理。电火花电蚀的微观过程是电场力、磁力、热力、流体动力、电化学和胶体化学等综合作用的过程。这一过程大致可分为四个连续阶段：极间介质的电离、击穿、形成放电通道；介质热分解，电极材料融化、汽化膨胀；电极材料的抛出；极间介质的消电离。

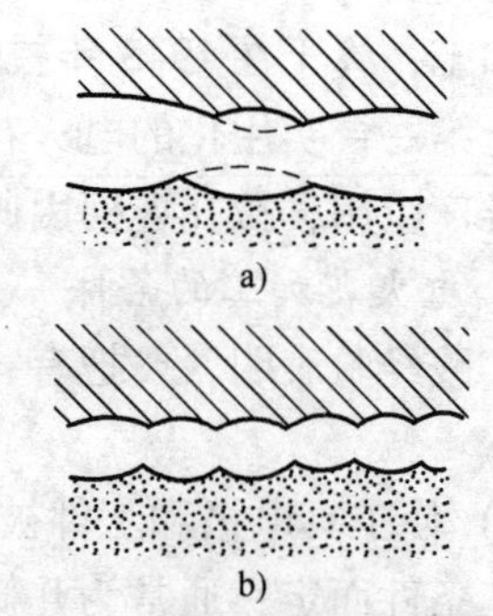

图 1-2 电火花加工表面局部放大图
a）单个脉冲放电后的电蚀坑
b）多次脉冲放电后的电极表面

放电加工过程是利用两极间火花放电所产生局部高温的现象，将工件表面熔化、汽化，同时放电柱在工作液中汽化膨胀所产生的冲击力，将材料熔化部分去除，接着两极间恢复绝缘状态，完成放电。如此持续、稳定地重复完成上述动作，达到切削去除的目的。整个放电加工的材料去除过程如图 1-3 所示。

（1）放电的产生　如图 1-3a ~ c 所示，当电极与工件逐渐接近时，两极间的电场强度逐渐增大，工作液中导电性游离粒子开始向电场聚集，同时带负电荷的电子也突破绝缘从阴极表面射出，并向阳极加速前进，此时两极之间形成一个强大的电场。

（2）电离作用与绝缘破坏　如图 1-3d 所示，当自由电子向阳极前进时，途中会碰撞工作液中的中性粒子，部分粒子获得电子，部分粒子失去电子，此种现象称为电离作用。电离之后的阳离子与阴离子分别朝向阴极与阳极撞击，离子在电场的作用下速度加快，从而获得很高的动能。当离子撞击两极时，瞬间动能转化成大量的热能。当电极继续向工件接近时，大量电子加速撞击阳极，在两极间距离最小处形成细小电弧柱，迸发火花，称为放电柱（Discharge Column）。此时两极间的绝缘状态已完全被破坏。

（3）熔化汽化　如图 1-3e 所示，由于电离作用，促使离子撞击两极，并瞬间将动能转化成大量热能，使得放电点周围的金属表面材料因高温、高热而熔化，部分材料则被汽化。

（4）冲击力产生与材料去除　如图 1-3f 所示，由于放电柱温度非常高，因此在这高温、高热的作用下，使得放电柱周围的绝缘液被汽化膨胀而产生强大的冲击力，导致工件上熔化的材料得以冲除。

（5）加工完成与绝缘恢复　如图 1-3g ~ i 所示，一个放电过程结束后，放电柱消失，两极间恢复绝缘状态，压力与温度迅速下降。被冲离的熔化金属被绝缘液冷却而凝固成圆形的加工屑；没有被冲除的材料也因工作液的冷却而再凝固，

残留在工件表面形成重铸层（Recasted Layer），放电后的工件表面则由类似火山口形状的放电坑（Crater）所组成，放电坑周围隆起的部分将成为后续的放电点。

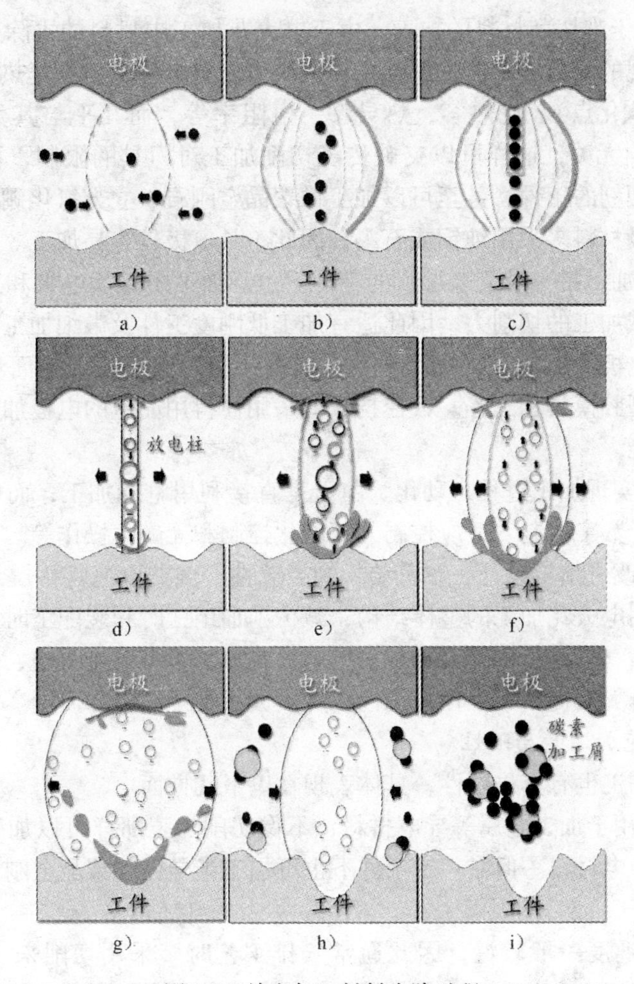

图 1-3　放电加工材料去除过程

根据上述过程即脉冲宽度不同，脉冲电流大小不同，正极、负极受电子、正离子撞击的能量不同，不同材料的熔点、汽化点不同，正、负电极被抛出的材料的数量也会不同。其过程远比上述的复杂，目前还无法更精确地定量计算。但它对加工速度、电极损耗及加工精度等工艺指标却有着很大的影响。平常主要靠操作者在工作实际中不断积累、记录、总结，从而摸索出一套较好的工艺规准来进行加工。

二、电火花加工的特点及其应用

1. 电火花加工的特点和适用范围

1）适合于难切削材料的加工。由于电火花加工中材料的去除是靠放电时的电热作用实现的，材料的可加工性主要取决于材料的导电性及其热学特性，如熔点、沸点（汽化点）、比热容、热导率、电阻率等，而几乎与其力学性能（硬度、强度等）无关，这样可以突破传统切削加工对刀具的限制，可以实现用软的工具加工硬韧的工件，甚至可以加工像聚晶金刚石、立方氮化硼一类的超硬材料。目前电极材料多采用纯铜或石墨，因此工具电极较容易加工。

2）可以加工特殊及复杂形状的零件。由于加工中工具电极和工件不直接接触，没有机械加工的切削力，因此适宜加工低刚度工件及微细加工。由于可以简单地将工具电极的形状复制到工件上，因此特别适用于复杂表面形状工件的加工，如复杂型腔模具加工等。数控技术的采用使得用简单的电极加工复杂形状零件也成为可能。

3）易于实现加工过程自动化。由于是直接利用电能加工，而电能、电参数较机械量易于数字控制、适应控制、智能化控制和无人化操作等。

4）可以改进结构设计，改善结构的工艺性。例如可以将拼镶结构的硬质合金冲模改为用电火花加工的整体结构，减少了加工工时和装配工时，延长了使用寿命。又如喷气发动机中的叶轮，采用电火花加工后可以将拼镶、焊接结构改为整体叶轮，既大大提高了工作可靠性，又大大减小了体积和质量。

2. 电火花加工的局限性

电火花加工也有其局限性，具体表现在以下几方面。

1）只能用于加工金属等导电材料，不像切削加工那样可以加工塑料、陶瓷等绝缘的非导电材料。但在一定条件下也可加工半导体和聚晶金刚石等非导体超硬材料。

2）加工速度一般较慢，因此通常安排工艺时多采用切削来去除大部分余量，然后再进行电火花加工，以求提高生产率，但最近的研究成果表明，采用特殊水基不燃性工作液进行电火花加工，其粗加工生产率甚至高于切削加工。

3）存在电极损耗。由于电火花加工靠电、热来蚀除金属，电极也会遭受损耗，而且电极损耗多集中在尖角或底面，影响成形精度。但最近的机床产品在粗加工时已能将电极相对损耗比降至0.1%以下，在中、精加工时能将损耗比降至1%，甚至更小。

4）最小角部半径有限制。一般电火花加工能得到的最小角部半径等于加工间隙（通常为0.02~0.3mm），若电极有损耗或采用平动头加工则角部半径还要增大。但近年来的多轴数控电火花加工机床，采用 X、Y、Z 轴数控摇动加工，

可以清棱清角地加工出方孔、窄槽的侧壁和底面。

由于电火花加工具有许多传统切削工艺所无法比拟的优点，因此其应用领域日益扩大，目前已广泛应用于机械（特别是模具制造）、宇航、航空、电子、电机、精密微细机械、仪器仪表、汽车、轻工等行业，以解决难加工材料及复杂形状零件的加工问题。其加工范围已达到小至几十微米的小轴、孔、缝，大到几米的超大型模具和零件。

第二节　电火花加工的工艺类型及常用术语

一、电火花加工的工艺类型及适用范围

1. 电火花加工的工艺类型

电火花加工范围比较广泛，根据加工过程中工具电极与工件相对运动的特点和用途，电火花加工可分为电火花成形加工、电火花线切割加工、电火花磨削和镗削、电火花同步共轭回转加工、电火花高速小孔加工、电火花表面强化与刻字六大类。其中应用最广泛的是电火花成形加工和电火花线切割加工。

2. 电火花加工方法的主要特点和适用范围

各类电火花加工方法的主要特点和适用范围见表1-1。

表1-1　各类电火花加工方法的主要特点和适用范围

序号	工艺类别	特点	适用范围	备注
1	电火花穿孔成形加工	① 工具和工件间只有一个相对的伺服进给运动 ② 工具为成形电极，与被加工表面有相同的截面和相应的形状	① 穿孔加工：加工各种冲模、挤压模、粉末冶金模、各种异形孔和微孔 ② 型腔加工：加工各类型腔模和各种复杂的型腔工件	约占电火花机床总数的30%，典型机床有D7125、D7140等电火花穿孔成形机床
2	电火花线切割加工	① 工具和工件在两个水平方向同时有相对伺服进给运动 ② 工具电极为顺电极丝轴线垂直移动的线状电极	① 切割各种冲模和具有直纹面的零件 ② 下料、切割和窄缝加工	约占电火花机床总数的60%，典型机床有DK7725、DK7740等数控电火花线切割机床
3	电火花磨削和镗削	① 工具和工件间有径向和轴向的进给运动 ② 工具和工件有相对的旋转运动	① 加工高精度、表面粗糙度值小的小孔，如拉丝模、微型轴承内环、钻套等 ② 加工外圆、小模数滚刀等	约占电火花机床总数的3%，典型机床有D6310、电火花小孔内圆磨削机床

（续）

序号	工艺类别	特点	适用范围	备注
4	电火花同步共轭回转加工	①工具相对工件可作纵、横向进给运动 ②成形工具和工件均作旋转运动，但两者角速度相等或成整数倍，相对应接近的放电点可有切向相对运动速度	以同步回转、展成回转、倍角速度回转等不同方式，加工各种复杂型面的零件，如高精度的异形齿轮、精密螺纹环规，高精度、高对称、表面粗糙值小的内、外回转体表面	小于电火花机床总数的1%，典型机床有JN—2、JN—8内外螺纹加工机床
5	电火花高速小孔加工	①采用细管电极（大于ϕ0.3mm），管内冲入高压水工作液 ②细管电极旋转 ③穿孔速度很高（30～60mm/min）	①线切割预穿丝孔 ②深径比很大的小孔，如喷嘴等	约占电火花机床总数的2%，典型机床有D703A电火花高速小孔加工机床
6	电火花表面强化和刻字	①工具相对工件移动 ②工具在工件表面上振动，在空气中放火花	①模具刃口、刀具、量具刃口表面强化和镀覆 ②电火花刻字、打印记	占电火花机床总数的1%～2%，典型设备有D9105电火花强化机床等

二、电火花加工常用名词术语和符号

电火花加工中常用的名词术语和符号见表1-2。

表1-2　电火花加工中常用的名词术语和符号

序号	名词术语	符号	定义
1	工具电极	EL	电火花加工用的工具。因其是火花放电时电极之一，故称工具电极
2	放电间隙	S、Δ	放电发生时，工具电极和工件之间发生火花放电的距离称为放电间隙。在加工过程中，则称为加工间隙
3	脉冲电源	PG	以脉冲方式向工件和工具电极间的加工间隙提供放电的能量装置
4	伺服进给系统		用作使工具电极伺服进给、自动调节的系统，使工具电极和工件在加工过程中保持一定的加工间隙
5	工作液介质		电火花加工时，工具电极和工件间的放电间隙一般浸泡在有一定绝缘性能的液体介质中。此液体介质称工作液介质或简称工作液
6	电蚀产物		指电火花加工过程中被蚀除下来的产物。一般指工具电极和工件表面被蚀除下来的微粒小屑及煤油等工作液在高温下分解出来的炭黑和其他产物，也称加工屑

（续）

序号	名词术语	符号	定义
7	电参数		主要有脉冲宽度、脉冲间隔、峰值电压、峰值电流等脉冲参数，又称电规准
8	脉冲宽度	t_i	脉冲宽度简称脉宽，它是加到电极间隙两端的电压脉冲的持续时间，单位为 μs
9	脉冲间隔	t_o	脉冲间隔简称脉间，也称脉冲停歇时间，指相邻两个电压脉冲之间的时间，单位为 μs
10	放电时间	t_e	指工作液介质击穿后放电间隙中流过放电电流的时间，即电流脉宽。它比电压脉宽稍小，差一击穿延时 t_d，单位为 μs
11	击穿延时	t_d	从间隙两端施加脉冲电压到发生放电（即建立起电流之前）之间的时间，单位为 μs
12	脉冲周期	t_p	指一个电压脉冲开始到下一个电压脉冲开始之间的时间，单位为 μs
13	脉冲频率	f_p	指单位时间（1s）内电源发出的电压脉冲的个数，单位为 Hz
14	脉冲系数	τ	指脉冲宽度与脉冲周期之比
15	占空比	ω	指脉冲宽度与脉冲间隔之比
16	开路电压	u_i	指间隙开路时电极间的最高电压，有时等于电源的直流电压，单位为 V。又称空载电压或峰值电压
17	加工电压	U	指加工时电压表上指示的放电间隙两端的平均电压，单位为 V。又称间隙平均电压
18	加工电流	I	指加工时电流表上指示的流过放电间隙的平均电流，单位为 A
19	短路电流	I_s	指放电间隙短路时（或人为短路时）电流表上指示的平均电流，单位为 A
20	峰值电流	i_e	指间隙火花放电时脉冲电流的最大值（瞬时），单位为 A
21	短路峰值电流	i_s	指间隙短路时脉冲电流的最大值（瞬时），单位为 A
22	伺服参考电压	S_v	指电火花加工伺服进给时，事先设置的一个参考电压 S_v（0～50V），用它与加工时的平均间隙电压 U 作比较，如 $S_v > U$，则主轴向上回退，反之则向下进给。因此，S_v越大，则平均放电间隙越大，反之则越小
23	有效脉冲频率	f_e	指每秒钟发生的有效火花放电的次数，又称工作（火花）脉冲频率
24	脉冲利用率	λ	指有效脉冲频率与脉冲频率之比，即单位时间内有效火花脉冲个数与该单位时间内的总脉冲个数之比，又称脉冲个数利用率
25	相对放电时间率	φ	指火花放电时间与脉冲宽度之比，又称相对脉冲时间利用率或放电时间比
26	低速走丝线切割	WEDM-LS	指电极丝低速（低于 2.5m/s）单向运动的电火花线切割加工，一般走丝速度为 0.2～15m/min

（续）

序　号	名词术语	符　　号	定　　义
27	高速走丝线切割	WEDM-HS	指电极丝高速（高于2.5m/s）往复运动的电火花线切割加工，一般走丝速度为7～11m/s
28	走丝速度	v_s	指电极丝在加工过程中沿其自身轴线运动的线速度
29	正、负极性加工		加工时以工件为准，工件接脉冲电源正极（高电位端），称正极性加工，反之，加工件接电源负极（低电位端），则称负极性加工。高生产率、低损耗粗加工时，常用负极性长脉宽加工
30	加工速度	v_w	加工速度是单位时间（1min）内从工件上蚀除加工下来的金属体积（单位为mm^3/min）或质量（单位为g/min），也称加工生产率
31	绝对损耗	v_E	绝对损耗是单位时间（1min）内工具电极的损耗量体积（单位为mm^3/min）或质量（单位为g/min）或长度（单位为mm/min）
32	相对损耗	θ	指工具电极绝对损耗和工件加工速度的百分比，以此来综合衡量工具电极的耐损耗程度和加工性能
33	多次切割		指同一加工面两次或两次以上线切割加工的精密加工方法
34	锥度切割		指切割相同或不同斜度和上下具有相似或不相似横截面零件的线切割加工方法
35	直壁切割		指电极丝与工件垂直切割的方法
36	加工轮廓		指被加工零件的尺寸和形状的几何参数
37	加上轨迹		程序是按照加工轮廓的几何参数（电极丝的几何中心）进行编制的，而在加工时，电极丝必须偏离所要加工的轮廓，电极丝实际走的轨迹即为加工轨迹
38	偏移量		在加工时，电极丝必须偏离加工轮廓，预留出电极丝半径、放电间隙及后面修整所需余量，加工轨迹和加工轮廓之间的法向尺寸差值称为偏移量。沿着轨迹方向电极丝向右偏，为右偏移；反之，为左偏移
39	镜像加工		指加工轮廓与X轴、或Y轴、或XY轴完全对称，简化程序编制的加工方法
40	主程序面		切割带有镜像图形且带有锥度的工件时，用于编制程序采用的参考基准面

第三节　电火花成形加工的原理及其应用范围

电火花成形加工是由成形电极进行仿形加工的方法。也就是工具电极相对工件作进给运动，把工具电极的形状和尺寸反拷在工件上，从而加工出所需要的零件。电火花成形加工分为电火花穿孔和型腔、型面加工两类。

一、电火花成形加工的原理

电火花成形加工是利用浸在工作液中的两极间脉冲放电时产生的电蚀作用蚀除导电工件材料的特种加工方法，如图 1-4 所示，又称放电加工或电蚀加工，英文简称 EDM。

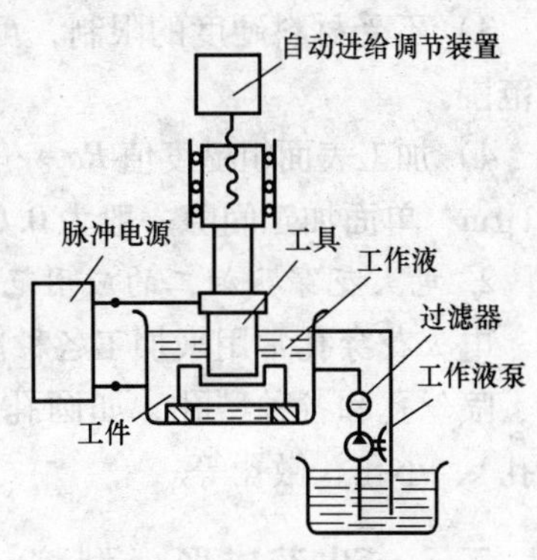

图 1-4　电火花成形加工的原理

在进行电火花加工时，工具电极和工件分别接脉冲电源的两极，并浸入工作液中，或将工作液充入放电间隙。通过间隙自动控制系统控制工具电极向工件进给，当两电极间的间隙达到一定距离时，两电极上施加的脉冲电压将工作液击穿，产生火花放电。

在放电的微细通道中瞬时集中大量的热能，温度可高达 10000℃以上，压力也有急剧变化，从而使这一点工作表面局部微量的金属材料立刻熔化、汽化，并爆炸式地飞溅到工作液中，迅速冷凝，形成固体的金属微粒，被工作液带走。这时，在工件表面上便留下一个微小的凹坑痕迹，放电短暂停歇，两电极间工作液恢复绝缘状态，紧接着，下一个脉冲电压又在两电极相对接近的另一点处击穿，产生火花放电，重复上述过程。这样，虽然每个脉冲放电蚀除的金属量极少，但因每秒有成千上万次脉冲放电作用，就能蚀除较多的金属。

在保持工具电极与工件之间恒定放电间隙的条件下，一边蚀除工件金属，一边使工具电极不断地向工件进给，最后就可以加工出与工具电极形状相对应的形状来。因此，只要改变工具电极的形状和工具电极与工件之间的相对运动方式，就能加工出各种复杂的型面。

工具电极常用导电性良好、熔点较高、易加工的耐电蚀材料，如铜、石墨、铜钨合金和钼等。在加工中，工具电极也有损耗，但小于工件金属的蚀除量，甚至接近于无损耗。

工作液作为放电介质，在加工过程中还起着冷却、排屑等作用。常用的工作液是粘度较低、闪点较高、性能稳定的介质，如煤油、去离子水和乳化液等。

二、电火花穿孔加工的特点及应用范围

电火花穿孔加工一般指贯通的二维型孔的电火花加工，它既可以是简单的圆孔，又可以是复杂的型孔。

1. 电火花穿孔加工的特点

1）电火花穿孔加工能加工一般机械加工难以加工的高硬度、高韧性的金属

材料和热处理后的工件，能完成一般机械加工难以完成的复杂型孔的加工。

2）采用电火花穿孔的模具，一般均可采用整体结构，结构简单，变形小。电火花穿孔加工用于钢冲模加工时，间隙均匀，刃口耐磨，提高了模具质量。

3）不受材料硬度的限制，可以加工硬质合金等冲模，扩大了模具材料的选用范围。

4）加工表面粗糙度值 Ra 一般为1.6～0.8μm，特殊要求也可使 Ra 达到0.2～0.1μm；单面加工间隙一般为0.01～0.15mm。

2. 电火花穿孔加工的应用范围

电火花穿孔常用来加工各种冷冲模、拉丝模、落料模、复合模、级进模、喷嘴、喷丝孔和各种型孔，如圆孔、方孔、多边孔、异形孔、曲线孔（弯孔、螺旋孔）、小孔、微孔等。

三、电火花成形（型腔、型面）加工的特点及应用范围

电火花成形加工一般指三维型腔、型面的电火花加工，一般是指非贯通的不通孔加工。电火花成形加工可以加工各种复杂的型腔，而通过数控平动加工，可以获得很高的加工精度和很小的表面粗糙度值。

1. 电火花型腔加工的特点

电火花成形加工型腔时，由于型腔深浅的限制，工具电极长度不能补偿，因此电极的损耗将影响加工精度。型腔的加工大都是不通孔的加工，工作液循环和电蚀产物排除条件差。工具电极损耗后无法靠进给补偿精度，金属蚀除量大。因此要求其加工速度要快，特别是粗加工时应更快。

电火花成形加工型腔时排屑较困难，只能在电极上钻冲油孔或排气孔，要特别防止电弧烧伤。

电火花成形加工型腔时常采用平动加工，型腔最小圆角半径有限制，难以清角加工。若采用数控三轴联动电火花加工，则可清除棱角。

2. 电火花型腔加工的应用范围

电火花成形加工主要应用于各类精密模具的制造、精密微细机械零件的加工，如塑料模、锻模、压铸模、挤压模、胶木模，多种复杂型腔可整体加工，以及整体叶轮、叶片、曲面不通孔、各种特殊材料和曲面复杂形状的零件等的加工。

利用机床的数控功能还可以显著扩大其应用范围，如水平加工、锥度加工、多型腔加工，采用简单电极进行三维型面加工，以及通过特殊旋转主轴进行螺旋面的加工。

第四节　快走丝、慢走丝线切割加工及其应用范围

电火花线切割属于电火花加工的范畴，其原理、特点与电火花加工有类似之处，但又有其特殊的一面。电火花线切割是电火花线加工的重要组成部分。线切割机床按电极丝移动速度的快慢，分为快速走丝和慢速走丝两大类。通常走丝速度在5～12m/s为快速走丝，走丝速度在0.1～0.5m/s为慢速走丝。

一、快走丝线切割加工及其应用范围

1. 快走丝电火花线切割加工的原理

快走丝电火花线切割加工不用成形的工具电极，而是利用一个连续地沿其轴线行进的细金属丝作工具电极，并在金属丝与工件间通以脉冲电流，使工件产生电蚀而进行加工。

快走丝电火花线切割加工原理如图1-5所示，是利用工具电极丝与工件上接通脉冲电源，电极丝穿过工件上预钻好的小孔，经导向轮由贮丝筒带动作往复交替移动。工件安装在工作台上，由数控装置按加工要求发出指令，控制两台步进电机带动工作台在水平X、Y两个坐标方向移动而合成任意曲线轨迹，工件被切割成所需要的形状。在加工时，由喷嘴将工作液以一定的压力喷向加工区，当脉冲电压击穿电极丝和工件之间的放电间隙时，两极之间即产生火花放电而蚀除工件。

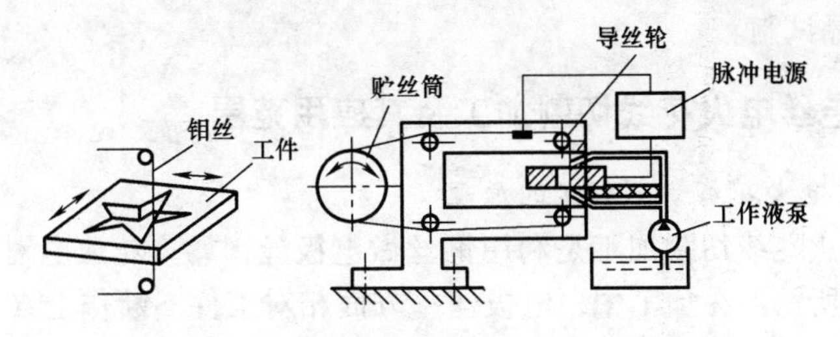

图1-5　快走丝线切割加工的原理

2. 快走丝电火花线切割加工的特点

与电火花线成形加工相比，快走丝电火花线切割加工的特点如下：

1）不需要制造成形电极，工件材料的预加工量少。

2）由于采用移动的长电极丝进行加工，单位长度电极丝损耗较少，对加工精度影响小。

3）电极丝材料不必比材料硬，可以加工难切削的材料，例如淬火钢、硬质合金；而非导电材料无法加工。

4）由于电极丝很细，能够方便地加工复杂形状、微细异形孔、窄缝等零件，又由于切缝很窄，零件切除量少，材料损耗少，可节省贵重材料，成本低。

5）由于加工中电极丝不直接接触工件，故工件几乎不受切削力，适宜加工低刚度工件和细小零件。

6）直接利用电能、热能加工，可以方便地对影响加工精度的参数（脉冲宽度、间隔、电流等）进行调整；有利于加工精度的提高，操作方便，加工周期短；便于实现加工过程中的自动化。

3. 快走丝电火花线切割加工的应用范围

1）模具加工。绝大多数冲裁模具都采用线切割加工制造，如冲模，包括大、中、小型冲模的凸模、凹模、固定板、卸料板、粉末冶金模、镶拼型腔模、拉丝模、波纹板成形模、冷拔模等。

2）特殊形状、难加工零件。如成形刀具、样板、轮廓量规；加工微细孔槽、任意曲线、窄缝，如异形孔喷丝板、射流元件、激光器件、电子器件等的微孔与窄缝。

3）特殊材料加工。各种特殊材料和特殊结构的零件，如电子器件、仪器仪表、电机电器、钟表等零件，以及凸轮、薄壳器件等。

4）贵重材料的加工。各种导电材料，特别是贵重金属的切断和各种特殊结构工件的切断。

5）制造电火花成形加工用的粗、精工具电极。如形状复杂、带穿孔的、带锥度的电极。

6）新产品试制。

二、慢走丝电火花线切割加工及其应用范围

1. 慢走丝电火花线切割加工的原理

慢走丝电火花线切割加工是利用铜丝做电极丝，靠火花放电对工件进行切割，如图1-6所示。在加工中，电极丝一方面相对工件不断作上（下）单向移动；另一方面，安装工件的工作台在数控伺服 X 轴电动机、Y 轴电动机驱动下，实现 X、Y 轴方向的切割进给，使电极丝沿加工图形的轨迹，对工件进行加工。在电极丝和工件之间加上脉冲电源，同时在电极丝和工件之间浇注去离子水工作液，不断产生火花放电，使工件不断被电蚀，可控制完成工件的尺寸加工。经导向轮由贮丝筒带动电极丝相对工件作单向移动。

2. 慢走丝电火花线切割加工的特点和应用范围

1）不需要制造成形电极，用一个细电极丝作为电极，按一定的切割程序进行轮廓加工，工件材料的预加工量少。

2）电极丝张力均匀恒定，运行平稳，重复定位精度高，可进行二次或多次

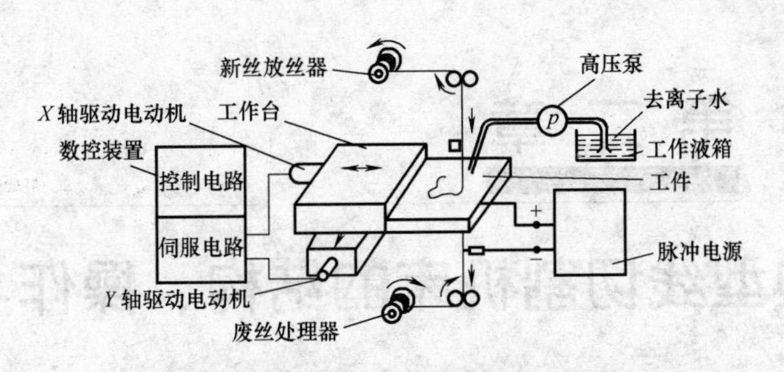

图 1-6　慢走丝电火花线切割加工的原理

切割，从而提高了加工效率，加工表面粗糙度 *Ra* 值小，最佳表面粗糙度值 *Ra* 达 0.05μm。尺寸精度大为提高，加工精度已稳定达到 ±0.001mm。

3）可以使用多种规格的金属丝进行切割加工，尤其是贵重金属切割加工，采用直径较细的电极丝，可节约贵重金属。

4）慢走丝电火花线切割机床采用去离子水作为工作液，因此不必担心发生火灾，有利于实现无人化连续加工。

5）慢走丝电火花线切割机床配用的脉冲电源峰值电流很大，切割速度最高可达 $400mm^3/min$。不少慢走丝电火花线切割机床的脉冲电源配有精加工回路或无电解作用加工回路，特别适用于微细超精密工件的切割加工，如模数为 0.055mm 的微小齿轮等。

6）有自动穿丝、自动切断电极丝运行功能，即只要在工件上留有加工工艺孔就能够在一个工件上进行多工位的无人连续加工。

7）慢走丝电火花线切割采用单向运丝，即新的电极丝只一次性通过加工区域，因而电极丝的损耗对加工精度几乎没有影响。

8）加工精度稳定性高，切割锥度表面平整、光滑。

慢走丝电火花线切割广泛应用于精密冲模、粉末冶金压模、样板、成形刀具及特殊、精密零件的加工。

复习思考题

1. 什么是电火花加工？实现电火花加工的条件是什么？
2. 怎样认识电火花加工的物理过程？
3. 电火花加工有哪些工艺类型？其适用范围有哪些？
4. 简述电火花加工的特点、应用及局限性。
5. 简述 EDM 加工的原理。

第二章

典型线切割机床的结构、操作与维护

第一节　线切割机床的分类及技术参数

一、线切割机床分类

1. 线切割机床的型号

（1）我国自主生产的线切割机床　我国自主生产的线切割机床型号的编制是根据 GB/T 15375—2008《金属切削机床　型号编制方法》的规定进行的，机床型号由汉语拼音字母和阿拉伯数字组成，它表示机床的类别、特性和基本参数。现以型号为 DK7732 的数控电火花线切割机床为例，对其型号中各字母与数字的含义解释如下：

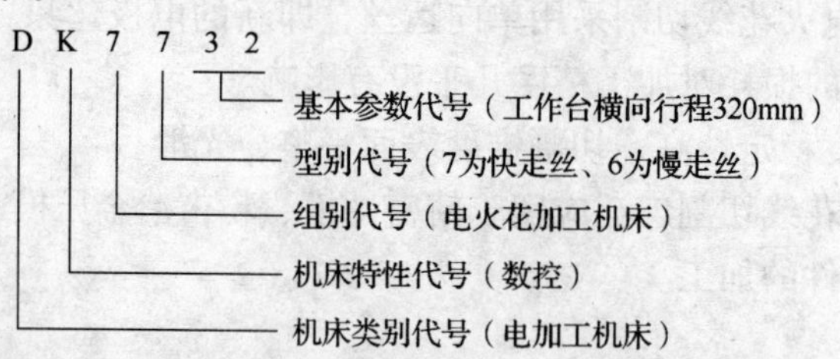

（2）国外生产的线切割机床　国外生产线切割机床的厂商主要有瑞士和日本两国。其主要的公司有：瑞士阿奇夏米尔公司、日本三菱电机公司、日本沙迪克公司、日本 FANUC 公司、日本牧野公司。

国外机床的编号一般也是以系列代码加基本参数代号来编制的，如日本沙迪克公司的 A 系列/AQ 系列/AP 系列，三菱电机公司的 FA 系列等。

（3）我国台湾或大陆引进生产的线切割机床　我国台湾机床生产厂商很多，如庆鸿、亚特、徕通、健升、乔懋、美溪、秀丰、健晟等数十家。其机床的编号没有统一，是按照自己公司的标准制订的，但一般也是以系列代码加机床基本参

数代号来编制的。

大陆引进的线切割机床主要由苏州电加工研究所中特公司、苏州三光科技公司、汉川机床公司生产，其机床的编号符合我国机床编号标准。

2. 线切割加工机床的分类

(1) 按走丝速度分类　根据电极丝的运行速度不同，电火花线切割机床通常分为以下两类：

1) 高速走丝电火花线切割机床（WEDM-HS）。其电极丝作快速往复运动，一般走丝速度为8～10m/s，电极丝可重复使用，加工速度较慢，且快速走丝容易造成电极丝抖动和反向时停顿，使加工质量下降，是我国生产和使用的主要机种，也是我国独创的电火花线切割加工模式。

2) 低速走丝电火花线切割机床（WEDM-LS）。其电极丝作慢速单向运动，一般走丝速度低于0.2m/s，电极丝放电后不再使用，工作平稳、均匀、抖动小、加工质量较好，且加工速度较快，是国外生产和使用的主要机种。

数控高速走丝线切割机床与数控低速走丝线切割机床的比较见表2-1。

表2-1　数控高速走丝线切割机床与数控低速走丝线切割机床的比较

比较项目	数控高速走丝线切割机床	数控低速走丝线切割机床
走丝速度	常用值8～10m/s	常用值0.001～0.25m/s
电极丝工作状态	往复供丝，反复使用	单向运行，一次性使用
电极线材料	钼、钼钨合金	黄铜、铜、以铜为主的合金或镀覆材料、钼丝
电极丝直径	常用值0.18mm	0.02～0.38mm，常用值0.1～0.25mm
穿丝换丝方式	只能手工	可手工，可半自动，可全自动
工作电极丝长度	200m左右	数千米
电极丝振动	较大	较小
运丝系统结构	简单	复杂
脉冲电源	开路电压80～100V，工作电流1～5A	开路电压300V左右，工作电流1～32A
单面放电间隙	0.01～0.03mm	0.003～0.12mm
工作液	线切割乳化液或水基工作液	去离子水，有的场合用电火花加工专用油
导丝机构形式	普通导轮，寿命较短	蓝宝石或钻石导向器，寿命较长
机床价格	较便宜	其中进口机床较昂贵
最大切割速度	180mm³/min	400mm³/min
加工精度	0.01～0.04mm	0.002～0.01mm

（续）

比 较 项 目	数控高速走丝线切割机床	数控低速走丝线切割机床
表面粗糙度值 *Ra*	1.6～3.2μm	0.1～1.6μm
重复定位精度	0.02mm	0.002mm
电极丝损耗	均布于参与工作的电极丝全长	不计
工作环保	较脏/有污染	干净/无害
操作情况	单一/机械	灵活/智能
驱动电动机	步进电动机	直线电动机

（2）按其他方式分类

1）按机床的控制形式分类。按控制形式不同，电火花线切割机床可分为以下三种：

① 靠模仿形控制机床。其在进行线切割加工前，预先制造出与工件形状相同的靠模，加工时把工件毛坯和靠模同时装夹在机床工作台上，在切割过程中电极丝紧紧地贴着靠模边缘作轨迹移动，从而切割出与靠模形状和精度相同的工件来。

② 光电跟踪控制机床。其在进行线切割加工前，先根据零件图样按一定放大比例描绘出一张光电跟踪图，加工时将图样置于机床的光电跟踪台上，跟踪台上的光电头始终追随墨线图形的轨迹运动，再借助于电气、机械的联动，控制机床工作台连同工件相对电极丝作相似形的运动，从而切割出与图样形状相同的工件来。

③ 数字程序控制机床。采用先进的数字化自动控制技术，驱动机床按照加工前根据工件几何形状参数预先编制好的数控加工程序自动完成加工，不需要制作靠模样板，也无需绘制放大图，比前面两种控制形式具有更高的加工精度和广阔的应用范围。

目前国内外98%以上的电火花线切割机床都已数控化，前两种机床已经停产。

2）按机床配用的脉冲电源类型分类。按机床配用的脉冲电源类型分类可分为RC电源机床、晶体管电源机床、分组脉冲电源机床及自适应控制电源机床等。

3）按机床工作台的尺寸与行程（也就是按照加工工件的最大尺寸）的大小，可分为大型、中型、小型线切割机床。

4）按加工精度的高低，可分为普通精度型及高精度精密型两大类线切割机床。绝大多数低速走丝线切割机床属于高精度精密型机床。

二、典型线切割机床的技术参数

图 2-1 所示为 FW1 型数控电火花线切割机床的外观图，本章将以该机床为例，对其结构进行分析。

1. 机床的结构特点

FW1 型数控电火花线切割机床，主机结构采用 C 形布局，增加了 *Z* 轴及 *U*、*V* 轴的支承刚性，并且造型美观。

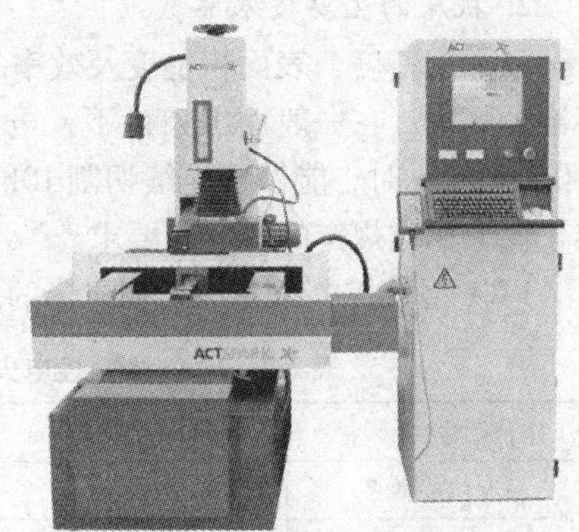

图 2-1　FW1 型数控电火花线切割机床的外观图

工作台传动系统采用精密直线滚动导轨，滚珠丝杠通过十字滑块联轴器与电动机直联，并且具有螺距补偿功能，传动灵活，精度稳定，提高了工作台的承载能力和抗颠覆力矩，克服了以往线切割机床采用普通滚动导轨及多级齿轮减速带来的传动误差大和抗颠覆差的缺点。

机床采用创新的对称式同时张紧运丝系统，保证了上下主导轮之间的电极丝在往复运动时张力稳定，张力波动 $<5\%$，已经达到了慢走丝的要求，从而确保了放电的稳定性和加工件的表面粗糙度，改变了以往的线切割无张力机构或张力不稳定对放电和加工件表面粗糙度的影响。新的走丝机构减少了导轮数目，也即减少了电极丝在导轮上的弯折、磨损和张力损耗，因此不易断丝，延长了电极丝的使用寿命。

独特的喷水结构能够很好地保证上下喷嘴所喷出的工作液完全包容电极丝，从而为放电加工提供了可靠的工作液，克服了以往的线切割工作液不能包容电极丝的缺点。

Z 轴采用丝杠传动升降机构；*U*、*V* 轴采用滚柱导轨，丝杠与步进电动机直联机构，可实现不同厚度、不同锥度及上下异形、四轴联动切割。

在快走丝的循环系统中增加过滤装置，采用三级过滤，第一级为海绵或无纺布，第二级为铜丝网，第三级为纸质滤芯，过滤精度达 0.01mm，从而确保了工作液清洁，长期使用，使加工的效率、精度稳定，同时也使工作环境得到改善，改变了以往线切割工作液易脏，影响切割效率和工作环境的缺陷。

数控电源柜采用一体化设计，控制采用 586 工控机，硬盘存储，提高了可靠性。具有四轴联动、上下异形切割功能。采用绘图式全自动编程，CAD/CAM 集成于系统软件中。可方便地生成 ISO、3B、4B 格式程序，适应不同用户的要求。脉冲电源具有矩形波和分组波两种，适应不同厚度工件的切割要求。

CRT 显示具有智能化的用户友好界面，满足不同层次的用户操作需求。具有加工轨迹、数据实时跟踪显示。可预先模拟显示加工程序，具有手动、自动两种加工方式。采用串行接口及软盘驱动器接口两种文件输入方式，用户可异地传送文件，进一步方便用户编程及文件输入。

2. 机床的主要技术参数

在加工精度、表面粗糙度及效率的稳定性方面有着显著优点，已经高出国家标准的规定；在一般加工条件下，电极丝使用时间大于100h，在切割速度大于100mm³/min时，能保证连续切割10h以上不断丝（实际切割可达30h），远远超出了国家标准规定的30min要求。

FW1 型数控电火花线切割机床的主要技术参数见表2-2。

表 2-2　FW1 型数控电火花线切割机床的主要技术参数

工作台尺寸(长×宽)	650mm×420mm	坐标伺服行程(*X*、*Y*、*Z*)	350mm、320mm、150mm
最大切割厚度	200mm	最大工件质量	200kg
U 轴行程	±9mm	*V* 轴行程	±9mm
最大斜锥度	±3°(50mm 厚时)	*X*、*Y* 轴定位精度	0.017mm
X、*Y* 轴分辨率	0.001mm	*U*、*V* 轴分辨率	0.001mm
机床外形尺寸(长×宽×高)	1615mm×1222mm×1630mm	机床质量	1500kg
输入功率	2kVA	工作液箱容积	50L
输入电源	3 相 380V/50Hz	电极丝直径	0.12～0.20mm
最大加工速度	>100mm³/min	最佳表面粗糙度 *Ra*	≤2.5μm

第二节　典型线切割机床的结构

一、机床工作台的结构

机床工作台的结构如图2-2所示。工作台分上下滑板（上滑板代工作台面），均可独立前后运动，下滑板移动表示横向运动（*Y*坐标），上滑板移动表示纵向运动（*X*坐标），如同时运动可形成任意复杂图形。

1. 工作台的纵横向移动

本机床*X*向及*Y*向滑板移动采用的是由电动机直接驱动滚珠丝杠的直拖结构，减少了齿轮箱的齿轮间隙传动误差，提高了*X*、*Y*坐标工作台的运动精度。

2. 导轨

工作台的*X*向、*Y*向滑板是沿着两条导轨往复运动的，因此机床对导轨的精

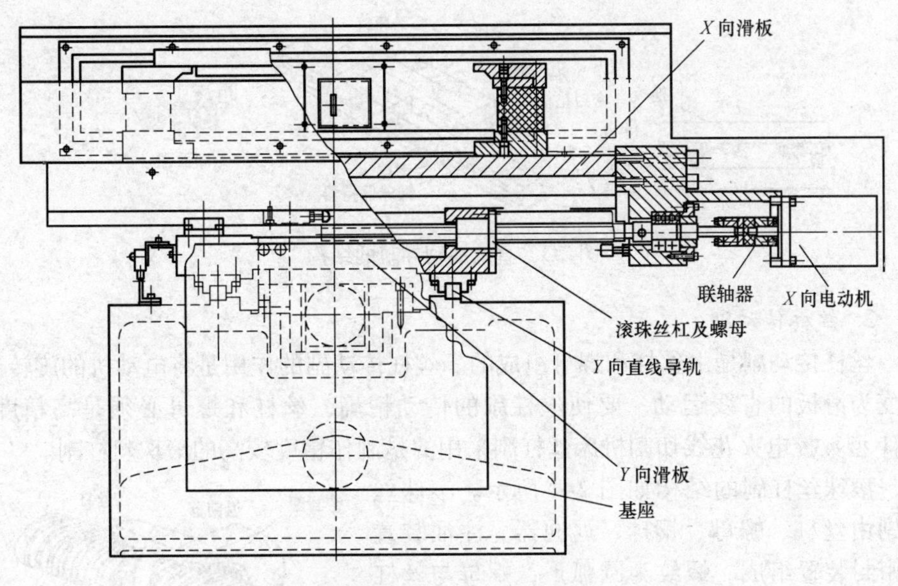

图 2-2　FW1 型数控电火花线切割机床工作台的结构

度、刚度和耐磨性要求较高，导轨直接影响 X、Y 向工作台的运动精度。导轨与滑板固定，保证运动灵活、平稳。目前，电火花线切割机床普遍采用滚动导轨副，因为滚动导轨副的摩擦因数小（0.0025～0.005），需用的驱动力小，运动轻便，反应灵敏，定位精度和重复定位精度高。

滚动导轨采用钢制淬硬，耐磨性高，精度寿命长，使用寿命周期可达 10～15 年，能使工作台实现精确的微量移动，并且润滑方法简单。滚动导轨有滚珠导轨、滚柱导轨和直线滚动导轨等几种形式。在滚珠导轨中，钢珠与导轨是点接触，承载能力不能过大；在滚柱导轨中，滚柱与导轨是线接触，有较大的承载能力；直线滚动导轨有滚珠和滚柱两种形式。

直线滚动导轨由滑块、导轨、钢球或滚柱、保持器、自润滑块、返向器及密封装置组成，如图 2-3 所示。在导轨与滑块之间装有钢球或滚柱，使滑块与导轨之间的摩擦变成滚动摩擦。当滑块与导轨作相对运动时，钢球沿着导轨上经过淬硬和精密磨削加工而成的四条滚道滚动，在滑块端部钢球又通过返向器进入返向孔后再循环进入导轨滚道，返向器两端装有防尘密封垫，可有效地防止灰尘、屑末进入滑块体内。有的滑块装有自润滑装置，不用再加润滑油。直线滚动导轨的特点是能承受垂直方向的上下和水平方向的左右四个方向的额定相等的载荷，额定载荷大，刚性好，抗颠覆力矩大；还可根据使用需要调整预紧力，在数控机床上可方便地实现高定位精度和重复定位精度。FW1 型数控线切割机床为保证运动精度，在 X 向和 Y 向均采用了直线滚动导轨。

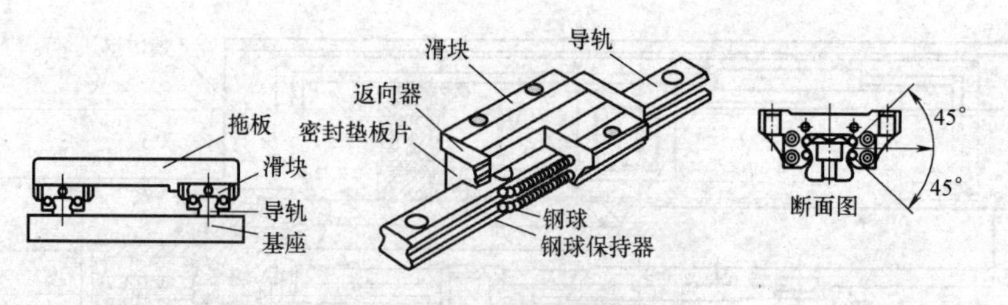

图 2-3　直线滚动导轨的结构

3. 丝杠传动副

丝杠传动副是由丝杠和螺母组成的。丝杠传动副的作用是将电动机的旋转运动变为滑板的直线运动。要使丝杠副的传动精确，丝杠和螺母必须是高精度，FW1 型数控电火花线切割机床丝杠副采用的是制作精度较高的滚珠丝杠副。

滚珠丝杠副的结构如图 2-4 所示。滚珠丝杠副由丝杠、螺母、钢球、返向器、注油装置和密封装置组成。螺纹为圆弧形，螺母与丝杠之间装有钢球，使滑动摩擦变为滚动摩擦。返向器的作用是使钢球沿圆弧轨道向前运行，到前端后进入返向器，返回到后端，再循环向前。返向器有外循环与内循环两种结构，螺母有单螺母与双螺母两种结构。

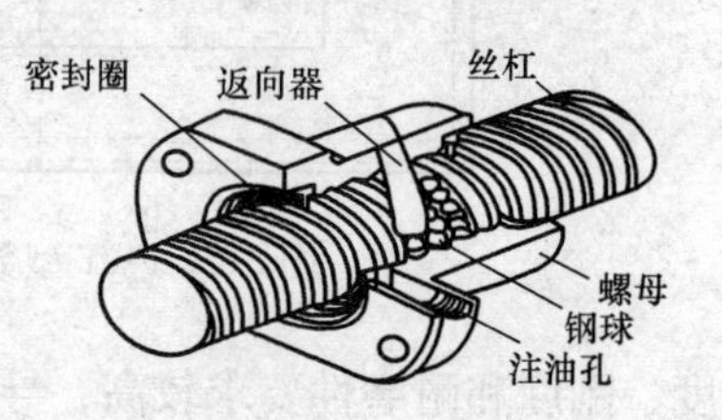

图 2-4　滚珠丝杠副的结构

滚珠丝杠副的优点：滚动摩擦因数小，传动效率可达 90% 以上，是滑动丝杠的 3 倍。根据需求可施加不同的预紧力来消除螺母与丝杠之间的间隙。由于螺母、丝杠、钢球经过淬火处理，表面硬度达 52～62HRC，所以其磨损小、寿命高，能实现高定位精度和重复定位精度的传动。

二、贮丝走丝部件的结构

FW1 型数控线切割机床的高速走丝机构由贮丝筒旋转组合件、上下滑板、齿轮副、同步带及带轮、丝杠副、换向装置等组成，如图 2-5 所示。

贮丝筒由电动机通过联轴器带动以 1400r/min 的转速正反向转动。贮丝筒另一端通过一对齿轮减速后，由同步轮带动丝杠转动。贮丝筒、电动机、齿轮都安装在两个支架上。支架及丝杠则安装在滑板上，滑板在底座上来回移动。螺母具有消除间隙的副螺母及弹簧，丝杠螺距的搭配为滚筒每旋转一圈滑板移动 0.275mm。所以，该贮丝筒适用于 ϕ0.25mm 以下的钼丝。

贮丝筒运转时应平稳，无不正常振动。滚筒外圆振摆应小于 0.03mm，反向间隙应小于 0.05mm，轴向窜动应彻底消除。

贮丝筒本身作高速正反向转动，电动机、滚筒及丝杠的轴承应定期拆洗并加

润滑脂，换油期限可根据使用情况具体决定。其余中间轴、齿轮、燕尾导轨及丝杠、螺母等每班应注润滑油一次。随机附有摇手把一只，可插入滚筒尾部的齿轮槽中摇动贮丝筒，以便绕丝。

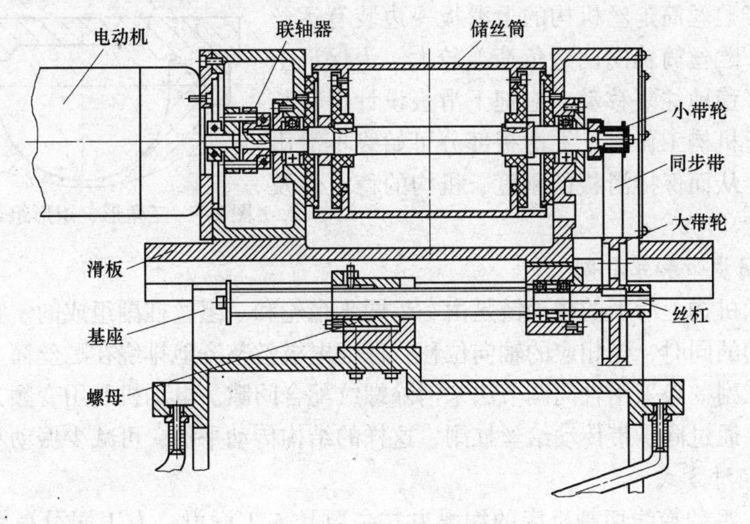

图 2-5　贮丝走丝机构

1. 贮丝筒旋转组合件

贮丝筒旋转组合件主要由贮丝筒、联轴器和轴承座组成。

（1）贮丝筒　贮丝筒是电极丝稳定移动和整齐排绕的关键部件之一，FW1 型数控线切割机床贮丝筒是用铝镁合金材料制造的。为减小转动惯量，筒壁厚为 1.5 ~5mm。贮丝筒壁厚均匀，工作表面有较小的表面粗糙度值（Ra = 0.8μm），贮丝筒与主轴装配后的径向圆跳动量应不大于 0.01mm。

（2）联轴器　走丝机构中运动组合件的电动机轴与贮丝筒中心轴，一般不采用整体的长轴，而是利用联轴器将两者联接在一起。由于贮丝筒运行时频繁换向，联轴器瞬间受到正反剪切力很大。FW1 型数控线切割机床采用弹性联轴器（见图 2-6），其结构简单，惯性力矩小，换向较平稳，无金属撞击声，可减小对贮丝筒中心轴的冲击。弹性材料采用橡胶、塑料或皮革。这种联轴器的优点是允许电动机轴与贮丝筒轴稍有不同心和不平行（如最大同心度公差允许为 0.2 ~0.5mm，最大平行度公差为 1°），缺点是由它联接的两根轴在传递转矩时会有相对转动。

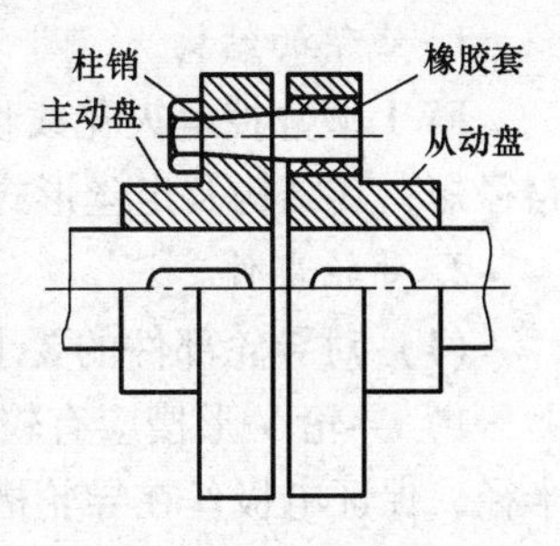

图 2-6　弹性联轴器的结构

2. 上下滑板

走丝机构的上下滑板多采用的是三角形、矩形组合式滑动导轨，如图 2-7 所示。

由于贮丝筒走丝机构的上滑板一边装有运丝电动机，贮丝筒轴向两边负荷差较大。为保证上滑板能平稳地往复移动，应把下滑板设计得较长以使走丝机构工作时，上滑板部分可始终不滑出下滑板，从而保持滑板的刚度、机构的稳定性及运动精度。

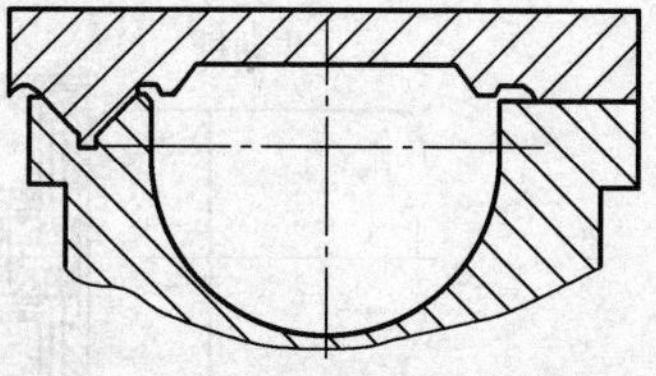

图 2-7　三角形、矩形组合式导轨

3. 同步带和丝杠副

走丝机构上滑板的传动链是由一组同步带轮和一组丝杠副组成的。它使贮丝筒在转动的同时，作相应的轴向位移，保证电极丝整齐地排绕在贮丝筒上。

丝杠副一般采用轴向调节法来消除螺纹配合间隙。电动机是用变频方式运行及换向并通过同步带传动给丝杠副，这样的结构传动平稳，可减少振动和噪声。

4. 润滑方式

FW1 型数控线切割机床的润滑方式主要是人工润滑。人工润滑是操作者用油壶和油枪周期地向相应运动副加油；自动润滑为采用灯芯润滑、油池润滑或油泵供油的集中润滑系统。

采用润滑措施能减少丝杠副、导轨副和滚动轴承等运动件的磨损，保持传动精度；同时能减少摩擦面之间的摩擦阻力及其引起的能量损失。此外，还有润滑接触面和防锈的作用。

三、线架、导轮部件的结构

1. 线架的结构

FW1 型数控电火花线切割机床的线架采用音叉式，优点是结构简单，走丝路径短，其结构及走丝形式如图 2-8 所示。

2. 导轮部件

（1）对导轮部件的要求

1）导轮 V 形槽应有较高的精度，槽底的圆弧半径必须小于所选用的电极丝半径，保证电极丝在导轮槽内运动时不产生横向移动。

2）应减少导轮在高速运转时的转动惯量，在满足一定强度的要求下，尽量减小导轮质量，以减少电极丝换向时电极丝与导轮之间的滑动摩擦，导轮槽工作面应有足够的硬度、较小的表面粗糙度值，以提高其耐磨性。

3）导轮装配后应转动轻便灵活，应尽量减小轴向窜动和径向跳动。

4）应设计有效的机械密封装置，防止工作液在加工过程中进入轴承；还应

有注油装置，定期为轴承注油润滑，以保证轴承的使用寿命和精度。

（2）导轮部件的结构

FW1 型数控线切割机床的导轮部件为单支承结构，如图 2-8 所示。此结构简单，上丝方便。导轮套可做成偏心结构，便于电极丝垂直度的调整。精密等级的导轮采用蓝宝石材料镶嵌在钢件上的结构，以增强导轮 V 形槽的耐磨性。

3. 张力机构

电火花线切割机床在加工过程中，脉冲放电对电极丝有爆炸冲击力，使电极丝振动，如果电极丝过松会造成加工不稳定、表面粗糙度值大；在火花放电时，电极丝处在高温状态，受热延伸、损耗变细，所以电极丝随着加工时间的增加，电极丝会伸长而变松弛。随着技术进步，发明了冷拔钼丝，效果要好一些。

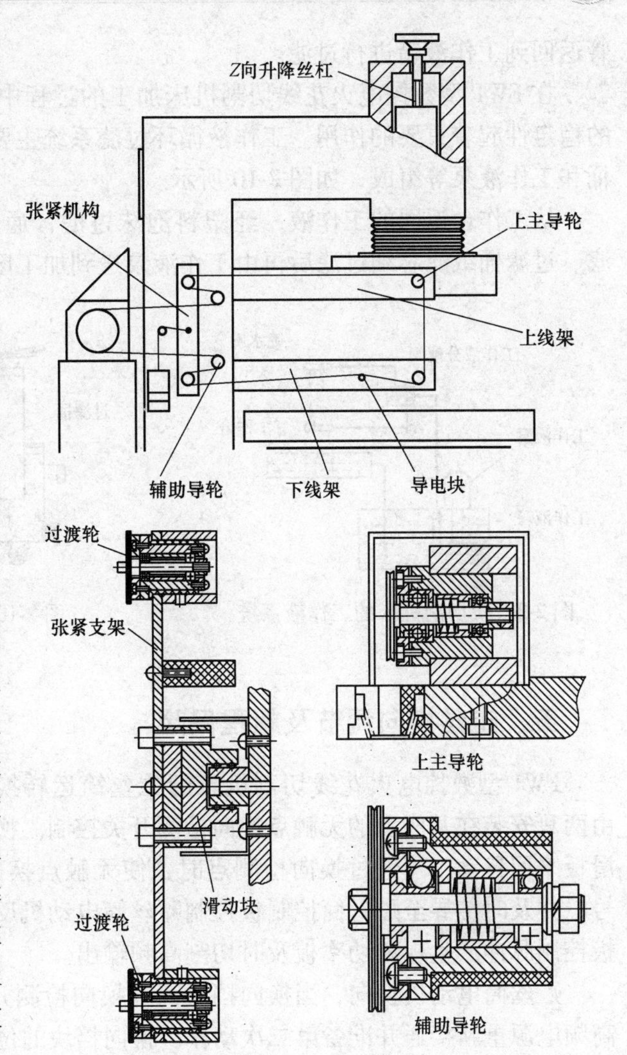

图 2-8　FW1 型数控线切割机床的线架和导轮部件

FW1 型数控电火花线切割机床采用双边重锤张紧机构，其结构如图 2-8 所示。此种机构能有效地使电极丝保持恒张力，省去了人工频繁紧丝的工作，并且使电极丝正反向运丝时始终保持张力一致。

四、工作液系统

图 2-9 所示为线切割机床的工作液系统。按一定比例配制的电火花线切割专用工作液，由工作液泵输送到线架上的工作液分配到阀体上，阀体有两个调节手柄，分别控制上下丝臂喷水嘴的流量，工作液经加工区落在工作台上，再由回水

管返回到工作液箱进行过滤。

在FW1型数控电火花线切割机床加工的过程中，工作液的清洁程度对加工的稳定性起着重要的作用。工作液循环过滤系统主要由工作液箱、过滤网、过滤桶和工作液泵等组成，如图2-10所示。

从工作台返回的工作液，经塑料泡沫过滤，通过隔板自然沉降、铜网粗过滤、过滤桶纸滤芯细过滤后再由工作液泵送到加工区。

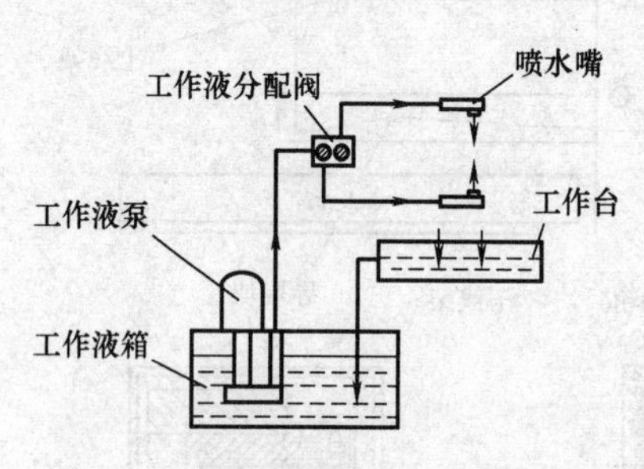

图2-9　线切割机床的工作液系统

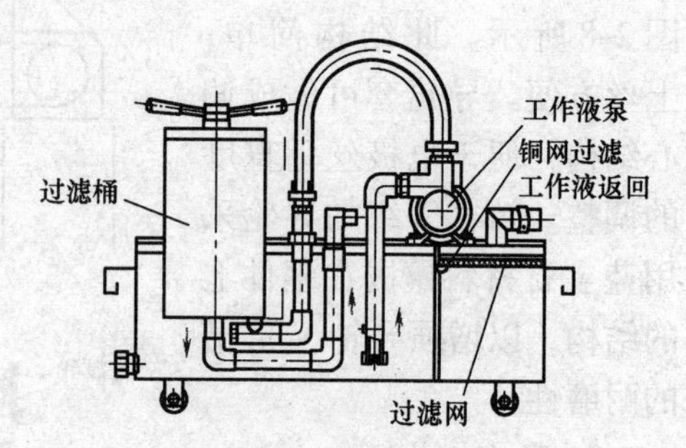

图2-10　FW1型数控线切割机床工作液循环过滤系统

五、走丝换向调节及超程保险

FW1型数控电火花线切割机床的贮丝筒运转换向、切割调频及超程保险，由两只安装在基座上的无触点换向检测开关控制。换向挡块安装在滑台上，并随滑板来回移动，当经过换向检测点时，使无触点换向检测开关随之产生感应信号，并及时传导至贮丝筒控制板控制贮丝筒电动机反向，通过信号转换板、接口板控制脉冲产生板和功率板及时切割高频输出。

贮丝筒电动机换向，当换向挡块离开换向检测开关后，感应信号随之消失，高频电源重新接通并准备第二次动作。换向挡块的位置可以分别调节，以适应不同绕丝的长度，其安装位置如图2-11所示。

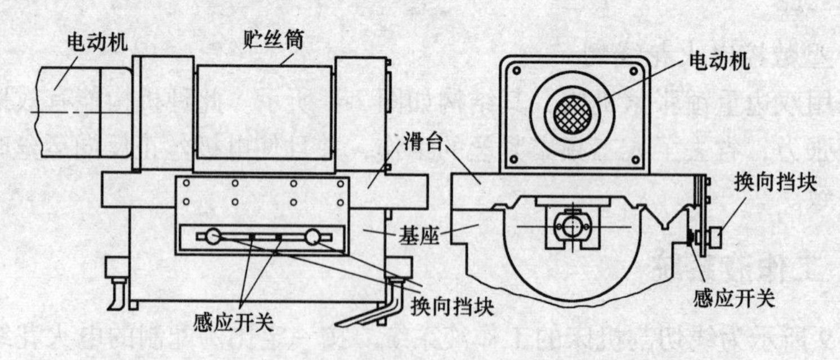

图2-11　贮丝筒换向检测感应开关和换向挡块安装位置

六、进电方式

高频进电及变频取样通常有贮丝筒进电方式、线架进电方式和挡丝块进电方式。

1. 贮丝筒进电方式

贮丝筒进电是通过贮丝筒中心轴一端的石墨电刷实现的，如图2-12所示。脉冲电源负极与石墨电刷相接，由弹簧保证石墨电刷与轴端紧密接触，且中心轴可旋转，使石墨电刷磨损后，两者仍能良好接触。

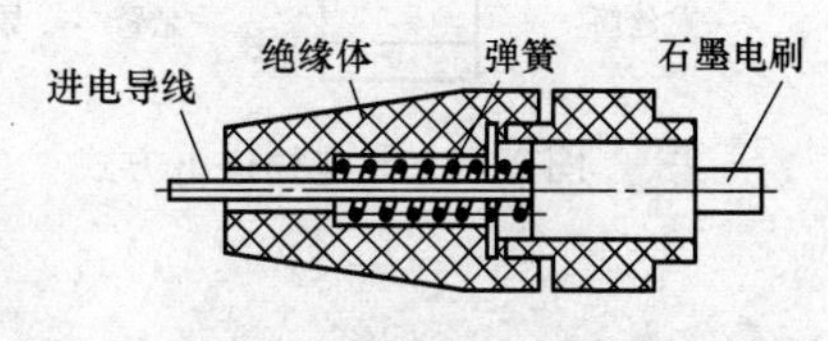

图2-12　贮丝筒进电机构

2. 线架进电方式

线架进电一般有导轮直接进电和导电柱进电两种形式。

（1）导轮直接进电方式　如图2-13所示，此方式有利于减少脉冲电源的能量损失，并减少外界干扰。为减少导轮轴与进电部位的摩擦力矩，可采用水银导电壶结构，如图2-14所示。为防止水银对导针的腐蚀，导针选用不锈钢制造，水银壶采用有机玻璃材料。

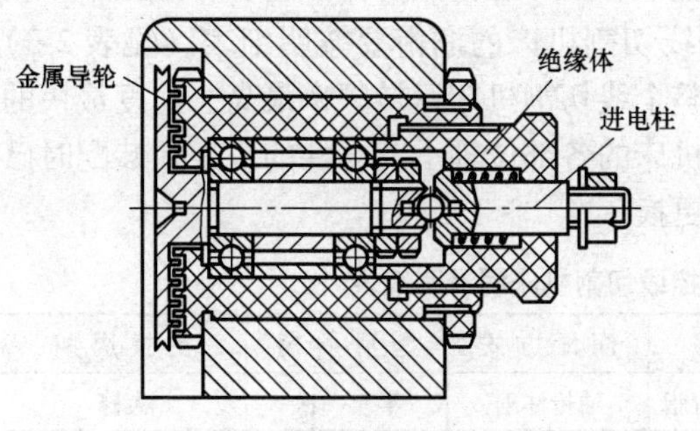

图2-13　导轮直接进电机构

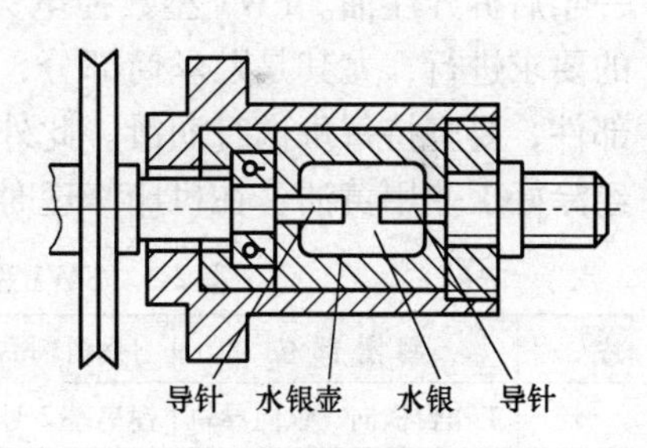

图2-14　水银导电壶结构

（2）导电柱进电方式　导电柱进电方式的导电柱一般用硬质合金制成，固定在线架的上、下臂处靠近导轮的部位，通过其与电极丝的接触进电，如图2-15所示。此种进电方式的缺点是，由于放电腐蚀，导电柱会产生沟槽，因此，应不断适当地调整导电柱与电极丝的接触位置，避免卡断电极丝。

FW1型数控电火花线切割机床的进电方式采用的是在导轮下支架上安装固定式导电块直接进电方式，其结构如图2-16所示。

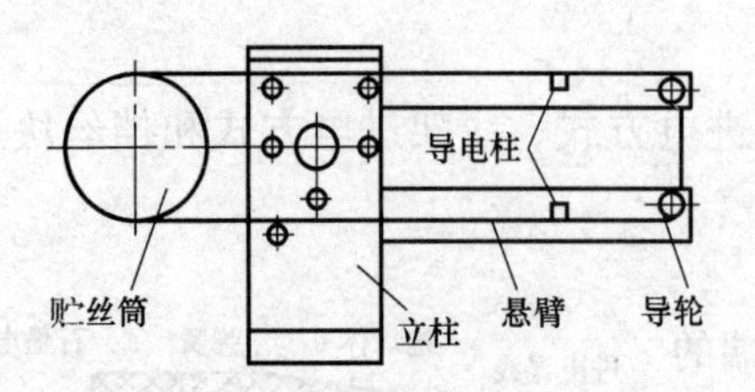

图 2-15　导电柱进电方式

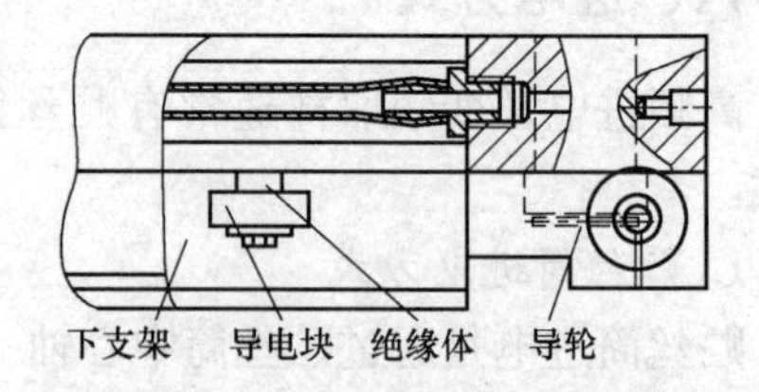

图 2-16　FW1 型数控线切割机床进电导电块安装位置

◈◈◈ 第三节　线切割机床的维护与安全操作规程

一、线切割机床的维护保养

线切割机床维护保养的目的是为了保持机床能正常可靠地工作，延长其使用寿命。维护保养包括定期润滑、定期调整机件、定期更换磨损较严重的配件等。

1. 定期润滑

线切割机床需要定期润滑的部位主要有机床导轨、丝杠螺母、传动齿轮、导轮轴承等。润滑油一般用油枪注入，轴承和滚珠丝杠如有保护套，可以经半年或一年后拆开注油。FW1 型数控电火花线切割机床的润滑要按明细表（见表 2-3）的要求进行，尤其是贮丝筒部分，是整个线切割机床运转频率最高、速度最快的部件，要坚持每班进行润滑。此外，机床的各部位轴承及立柱的头架在装配时已经涂好工业用黄油，在机床修理时需更换。

表 2-3　FW1 型数控线切割机床润滑明细表

序　号	润 滑 部 位	润滑剂品牌号	润 滑 方 式	润 滑 周 期	更 换 周 期
1	工作台横向、纵向导轨	锂皂基 2 号润滑脂	油枪注射	半年一次	大修
2	工作横向、纵向丝杠	锂皂基 2 号润滑脂	油枪注射	半年一次	大修
3	滑枕上、下移动导轨	40 号机油	油杯	每月一次	
4	贮丝筒导轨	40 号机油	油枪注入	每班一次	
5	贮丝筒丝杠	锂皂基 2 号润滑脂	油枪注入	每班一次	
6	贮丝筒齿轮	40 号机油	油枪注入	每班一次	
7	锥度切割装置 导轨副及丝杠	锂皂基 2 号润滑脂	装配时填入	永久性	大修

2. 定期调整机件

对于丝杠螺母、导轨、电极丝挡块及进电块等，应根据使用时间、间隙大小

或沟槽深浅进行调整。如线切割机床采用锥形开槽式的调节螺母，则需适当地拧紧一些，凭经验和手感确定间隙，保持转动灵活。滚动导轨的调整方法为：松开工作台一边的导轨固定螺钉，拧调节螺钉，根据百分表的示值，使其紧靠另一边。挡丝块和进电块如使用太久且摩擦出沟痕，应转动或移动，以改变接触部位。

3. 定期更换磨损较严重的配件

线切割机床上的导轮、馈电电刷（FW1 型数控线切割机床为进电块）、挡丝块和导轮轴承等均为易损件，磨损后应更换。目前常用硬质合金制作挡丝块，所以只需要改变位置，避开已磨损的部位。

二、线切割机床的安全操作规程

1. 电火花线切割机床的安全操作规程

电火花线切割机床的安全操作规程应从两个方面考虑：一方面是人身安全，另一方面是设备安全。

1）操作者必须熟悉线切割机床的操作技术，开机使用前，应对机床进行润滑。

2）操作者必须熟悉线切割加工工艺，合理地选择电规准，防止断丝和短路的情况发生。

3）上丝用的套筒手柄使用后，必须立即取下，以免伤人。

4）在穿丝、紧丝操作时，务必注意电极丝不要从导轮槽中脱出，并与导电块有良好接触；另外，在拆丝的过程中应戴好手套，防止电极丝将手割伤。

5）放电加工时，工作台不允许放置任何杂物，否则会影响切割精度。

6）线切割加工前应对工件进行热处理，消除工件内部的残余应力。工件内部的应力可能造成切割过程中工件的爆炸伤人，所以加工时，切记应将防护罩装上。

7）装夹工件时要充分考虑装夹部位和钼丝的进刀位置和进刀方向，确保切割路径通畅，这样可防止加工中碰撞丝架或加工超程。

8）合理配置工作液（乳化液）浓度，以提高加工效率和工件表面质量。切割工件时应控制喷嘴流量不要过大，以确保工作液能包住电极丝，并注意防止工作液的飞溅。

9）切割时要随时观察机床的运行情况，排除事故隐患。

10）机床附近不得摆放易燃或易爆物品，防止加工过程中产生的电火花引起事故。

11）禁止用湿手按开关或接触电器，也要防止工作液或其他的导电物体进入电器部分，引起火灾的发生。

12）定期检查电器部分的绝缘情况，特别是机床的床身应有良好的接地。在检修机床时，不可带电操作。

2. 正确执行安全技术规程

“防患于未然”是指导安全生产的主导思想。根据电火花线切割加工的安全技术规程所列的内容，分析如下：

（1）机床的润滑　一般来讲，机床的不同部位应使用不同规格的润滑油，并根据具体情况定期注油润滑。开机前的润滑可作为日常维护，应定期适当打开防护体注油润滑。这样可使机床传动部件运动灵活，保持精度，延长使用寿命。润滑油的类型应根据机床出厂资料规定和机床维护知识确定。

（2）工艺参数及操作顺序　操作者要根据被加工工件的材质、厚度、热处理情况、电极丝直径与材质、工作液电导率等，选取加工电压幅值、加工电流、电极丝张力、工作液流量、加工波形参数（指脉冲宽度、脉冲间隔）及进给速度等。操作顺序应该先开走丝，之后开工作液、脉冲电源，再调节变频进给速度。

（3）上电极丝　摇柄是高速走丝线切割机床装调电极丝时必备的附件，使用时插入贮丝筒轴端，若此时贮丝筒电动机旋转，就可能甩出伤人。所以，一定要养成习惯，用后及时拔出摇柄。电极丝，尤其是钼丝都很细，易扎手。加工过的旧丝变硬，且更细而锋利，不注意往往扎手。拆旧丝时，为提高工作效率，往往用剪刀将贮丝筒上的旧丝剪断，形成很多短头，若不注意会混到电器部位中或夹在走丝系统中，前者会引起短路，后者会造成断丝或损伤走丝系统的精密零件。所以，乱丝应及时放入规定的容器内。

（4）加工前检查　正式加工之前，有画图功能及附件的机床，应空运行画图，确认不超程后再加工。这对于大工件的加工尤为重要。无画图功能及附件时可用“人工变频”空运行一次。仔细观察是否会碰丝架或超程。有些机床的工作台，既无电器限位，又无机械限位，曾出现过工作台超程堕落的现象，应引起注意。贮丝筒往返运动的限位开关调整，应从小开挡慢慢调到适当开挡。注意限位开关的可靠性，防止超程损坏传动零件。每次停走丝时，要根据贮丝筒惯性，在刚反向后停机，防止惯性超程造成断丝或损坏零件。

（5）注意工件内应力　用电火花线切割加工的工件，应尽量先消除由于机械加工、热处理等带来的残余应力。曾出现因残余应力在切割过程中释放，使工件爆裂，造成设备或人身安全的事故。

（6）注意防火　由于工作液供给失调，加工会有火花外露，引起易燃易爆物燃烧爆炸。所以，不能将这类物品放在机床附近。加工中应注意工作液供给状况，随时调节。

（7）注意及时关断电源　检修机床机械部位时，不需要电力驱动时，要切

断电源，以防触电。修强电部位时，不可带电检修的一定要断电；需带电修的，要采取可靠的安全措施。修弱电部位时，在插拔接插件或集成电路等零部件之前，应关掉电源，防止损坏电气器件。

（8）要正确接地　机床保护接地已有国家标准，但在机床运行过程中或运输过程中，有可能失灵，操作人员应经常用试电笔测机床是否漏电。防触电开关在有漏电或触电现象时，会自动切断机床供电，应尽量采用。加工电源是直接接在电极丝和工件上的，通常电极丝为负极，工件为正极，电压空载幅值在60～100V之间，因此，不要同时接触两极，以免触电。

（9）防触电　水质工作液及一般的水是导电的，操作人员常常接触这种工作液，在按开关或接触电器时，应事先擦干手，以防触电，同时也避免导电溶液进入电器部位。电路短路引起的火灾，用水灭火更会引起新的短路，所以不能用水灭电火。发生这种情况时，应立即关掉电源。若火势燃烧较大，可用四氯化碳、二氧化碳或干冰等合适的灭火器灭火。

（10）加工完成后的注意事项　加工完成之后，首先要关掉加工电源，之后关掉工作液，让电极丝运转一段时间后再停机。若先关工作液的话，会造成空气中放电，形成烧丝或损坏工件；若先关走丝的话，因丝速变慢甚至停止运行，丝的冷却不良，间隙中缺少工作液，造成烧丝或损坏工件。关工作液后让丝运行一段时间能使导轮体内的工作液甩出，延长导轮使用寿命。关机后擦拭、滑润机床属于日常保养，应每日进行。

第四节　线切割加工技能训练实例

训练1　电火花线切割机床的操作

本训练的目的是了解电火花线切割机床的结构，掌握电火花线切割机床的基本操作方法。训练设备为FW1型快速走丝电火花线切割机床。

一、电火花线切割机床的结构

1. 机床的外形结构

FW1型数控电火花线切割机床主要由机床本体（床身、坐标工作台、运丝机构和丝架）、脉冲电源、工作液循环系统、控制系统等部分组成，其外形结构如图2-1所示。

2. 电气控制柜

电气控制柜如图2-17所示。

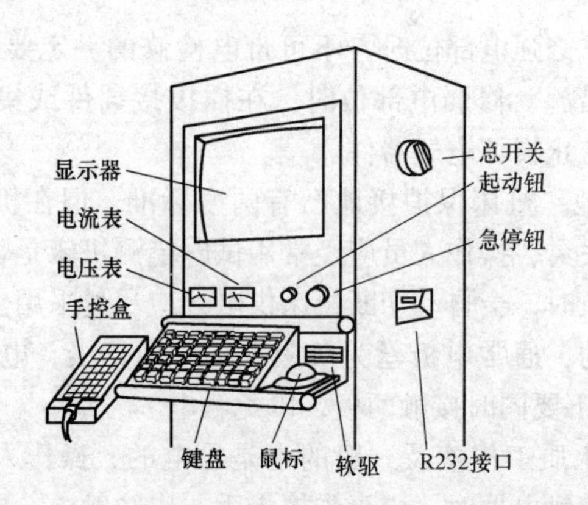

图2-17　FW1型快走丝电火花线切割机床电气控制柜

二、电火花线切割机床的操作

1）转动机床电气控制柜上的电源总开关，按下开机按钮（绿色），启动控制系统。

2）控制系统启动后，计算机经自动进行系统检测，直接进入手动模式界面，显示器显示界面如图2-18所示，机床起动完毕。

3）用钼丝垂直找正器找正钼丝的垂直度（*X*向、*Y*向），确保钼丝与工作台垂直。

4）在工作台上装夹工件，并对工件进行找正。

5）按手控盒（见图2-19）上按钮，打开工作液泵，此时工作液从喷水嘴喷出。旋转机床床身上的工作液调节旋钮以调节上喷水嘴和下喷水嘴的流量大小（应使工作液包裹住钼丝为最佳）。工作液流量调节好后，再次按下按钮，则关闭工作液泵。

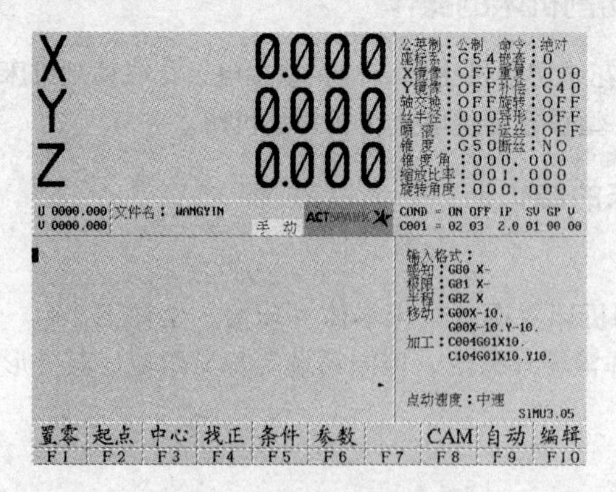

图2-18　手动模式界面

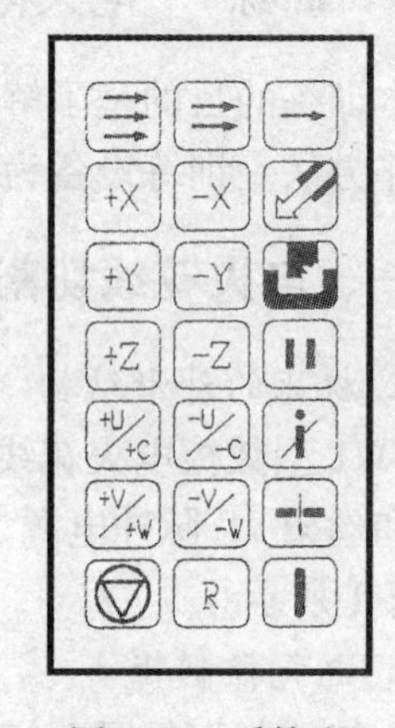

图2-19　手控盒

6）按手控盒上-|-按钮，打开贮丝筒，检查贮丝筒运行状况。检查后再次按下-|-按钮，则关闭贮丝筒。

7）在系统手动模式界面下，输入“G80 + 轴（X、Y）+ 方向（+、-）”，按回车键确认，系统自动感知工件（对边）。或者按下 F4 键，按手控盒上+X、-X、+Y、-Y按钮，此时工作台运动使钼丝沿 X+、X-、Y+和 Y-方向移动与工件轻轻接触后，机床工作台停止运动，手动完成对边。

8）在系统手动模式界面下，按下 F3（找寻中心）键，并按回车键确认，系统将自动找寻工件孔的中心，先 X+、X-方向，再 Y+、Y-方向，最终找寻到工件孔的中心。需要注意的是，采用对边和定中心步骤之前，应确保工件表面清洁、光滑，没有水迹、毛刺。

9）按步骤 7）找正或步骤 8）找中心后，按 F1 键置零。

10）在系统手动模式界面下，按 F8 键即进入 SCAM 系统主界面，如图 2-20 所示。

11）在 SCAM 系统主界面下，按 F1 键，进入 CAD 绘图界面，如图 2-21 所示。在此界面下，进行相应的绘图操作，并在确认了穿丝位置点及线切割路径后，键入文件名（例 0001）并存储。输入“quit”并按回车键确认后，退回到 SCAM 系统主界面（见图 2-20）。

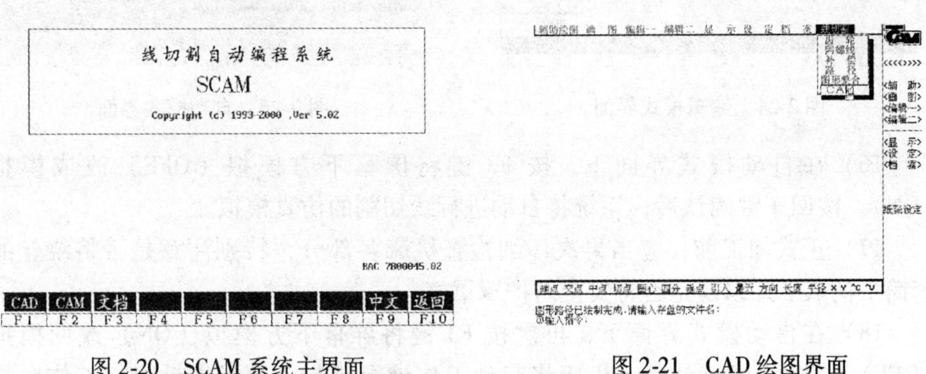

图 2-20　SCAM 系统主界面　　图 2-21　CAD 绘图界面

12）在 SCAM 系统主界面下，按 F2 键，进入 CAM 系统界面，如图 2-22 所示。在此界面下，找到输入的文件名 0001，设定相应的参数（条件号、偏置量、偏置方向、切割次数、暂留量、过切量等）后，按 F1 键，进入自动编程界面，如图 2-23 所示。

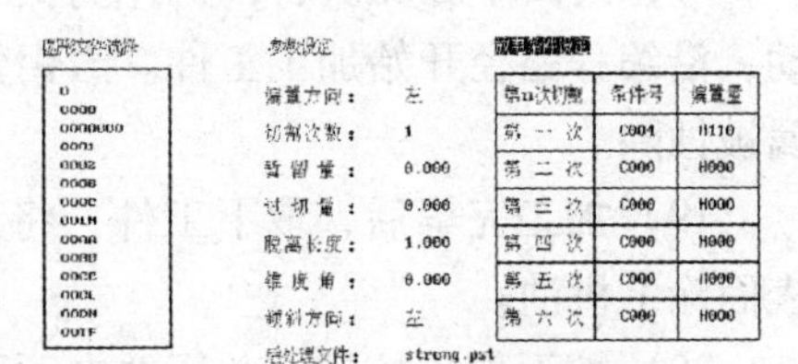

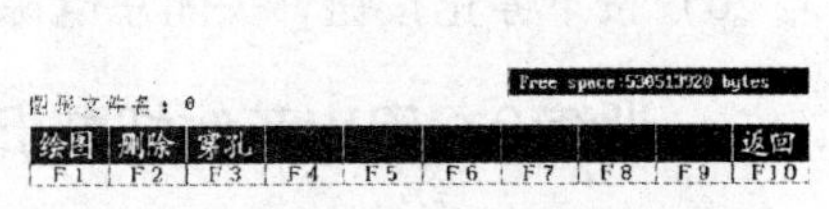

图 2-22　CAM 系统界面

13）在自动编程界面下，可作改变切

割方向及匀布的操作，完成后按 F3、F4 或 F5 键，系统将自动编出 ISO、3B 或 4B 代码。键入文件名（例 0001）并存储后，按 F10 键返回，按两次 F10 键返回到手动模式界面。

14）在系统手动模式界面下，按 F10 键进入编辑模式界面，如图 2-24 所示。

15）在编辑模式界面下，按 F1 键后键入“D”，选择（硬盘）并找到文件 0001。按回车键确认，装入编好的程序后，按 F9 键，进入自动模式界面，如图 2-25 所示。

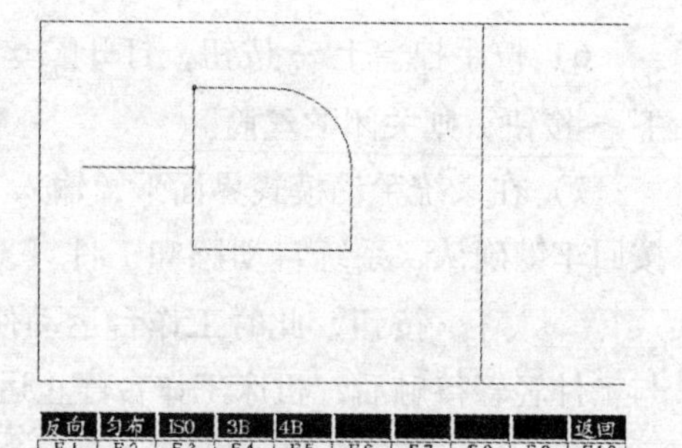

图 2-23　自动编程界面

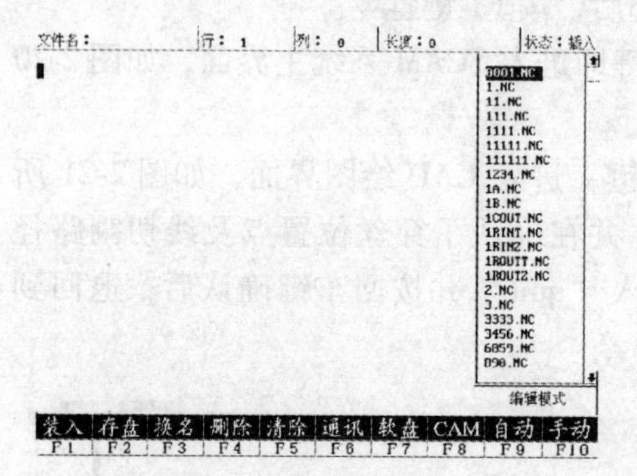

图 2-24　编辑模式界面

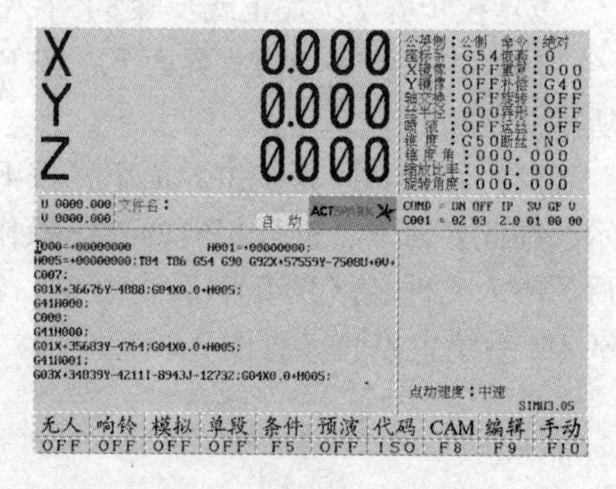

图 2-25　自动模式界面

16）在自动模式界面下，按 F3 键将屏幕下方模拟（OFF）改成模拟（ON），按回车键确认后，系统将自动进行线切割的仿真模拟。

17）正式加工前，应当再次仔细检查机床各部分，特别注意是否将绕丝的套筒手柄取下，以及是否将安全防护罩罩好。

18）在自动模式界面下，再次按 F3 键将屏幕下方模拟（ON）改回模拟（OFF），按回车键确认后，机床将起动工作液泵，起动运丝电动机，工作台移动，沿编程路径开始加工工件。当钼丝轻触工件时，将会产生火花放电，工件金属被蚀除。

19）加工完毕后，取下工件，将工件擦拭干净，再将机床擦干净，工作台表面涂上机油。

20）按下停止按钮，关闭总电源开关，切割电源。

训练 2　电火花线切割机床上丝、穿丝与找正

本训练的目的是了解线切割机床上丝、穿丝与找正的过程，掌握电极丝找正

技巧。训练设备为FW1型数控电火花线切割机床、钼丝垂直找正器、百分表。

一、上丝

上丝是通过操纵贮丝筒控制面板上的按钮来进行控制的，如图2-26所示。上丝以前，应先将贮丝筒分别移到行程最左端或最右端（手动、机动均可），分别调整左右撞块，使其与无触点开关接触，然后将贮丝筒移到中间位置。做完上述工作以后便可以进行上丝，步骤如下：

1）取掉贮丝筒上方护罩，拉出互锁开关的小柱，取下摇把。

2）起动贮丝筒，将其移到最左端，待换向后立即关掉贮丝筒电动机电源。

3）打开立柱侧面的防护门，将装有电极丝的丝盘固定在上丝装置的转轴上，把电极丝通过上丝轮引向贮丝筒上方（见图2-27），用右端螺钉紧固。

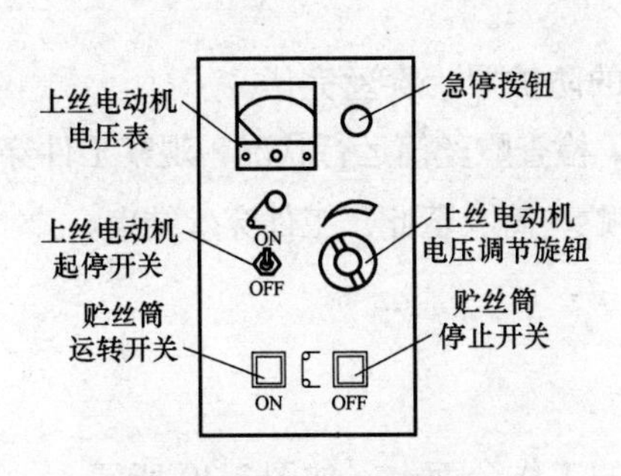

图2-26　贮丝筒控制面板

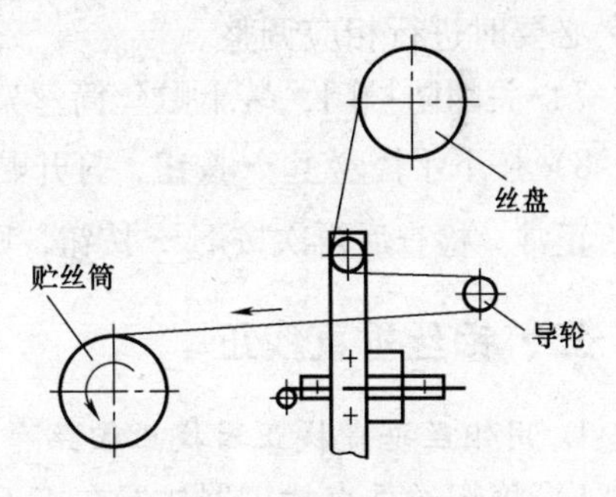

图2-27　上丝示意图

4）打开张丝电动机电源开关，通过张丝调节旋钮调节电极丝的张力后，手动摇把使贮丝筒旋转，同时向右移动，电极丝以一定的张力均匀地盘绕在贮丝筒上。

5）上丝完成后，关掉张力旋钮，剪断电极丝，即可开始穿丝。

二、穿丝

1）将套筒扳手套在贮丝筒的转轴上，转动贮丝筒，使贮丝筒上的钼丝重新绕排至右侧压丝的螺钉处，用十字槽螺钉旋具旋松贮丝筒上的十字槽螺钉，拆下钼丝，如图2-28所示。

2）打开机床左侧的防护门，用手由左向右，推动张紧机构，使张紧机构上的孔位与床身上的孔位吻合，将安全插销插入两孔，使张紧机构固定。

3）将钼丝从贮丝筒右侧，经过张紧导轮、辅助导轮、导电块、下主导

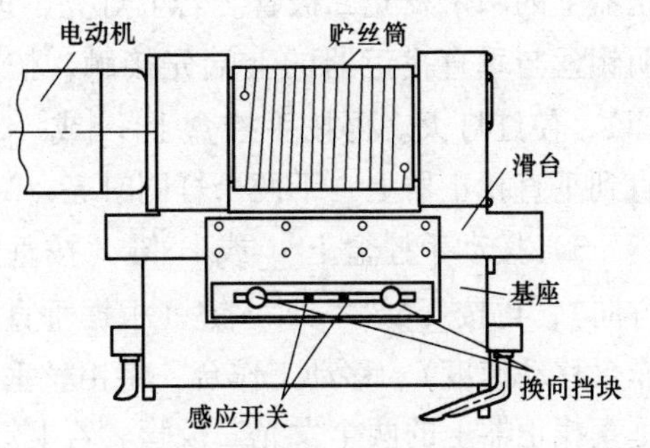

图2-28　运丝机构

轮，穿过工件上的穿丝孔，绕到上主导轮的V形槽，再经过辅助导轮及张紧导轮，最后回到贮丝筒，绕到贮丝筒上的十字槽螺钉上，用十字槽螺钉旋具旋紧，如图2-29所示。

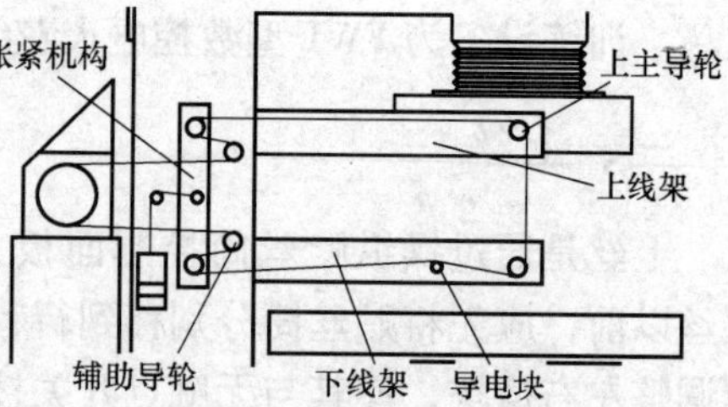

图2-29　穿丝路径

4）将张紧机构的安全插销拔除，使张紧机构处于工作状态。

5）用套筒扳手旋转贮丝筒，将钼丝反绕一段后，调整运丝机构左、右限位挡块，使之处于合适位置，这样以确保贮丝筒在左、右两个挡块之间能反复正反转。

6）手动钼丝，观察钼丝的张紧程度及张紧机构与断丝保护开关之间的距离，必要时进行相应调整。

7）关闭防护门，装上贮丝筒丝架上方的防护罩，穿丝完毕。

8）按下手控盒上[⊣⊢]按钮，打开贮丝筒，检查贮丝筒运行状况，观察工件穿丝是否正常。检查后再次按下[⊣⊢]按钮，则关闭贮丝筒。至此，工件穿丝结束。

三、钼丝垂直找正

1. 用钼丝垂直找正器找正钼丝

1）将钼丝垂直找正器放置在接近钼丝的工作台面上，如图2-30所示。

2）按动手控盒上[+X]或[-X]键（按垂直找正器实际摆放的位置，选择正确的方向），再按[三]或[二]或[一]键（根据垂直找正器和钼丝之间的实际距离，选择工作台移动速度），移动工作台，将钼丝垂直找正器轻轻接触钼丝，此时观察钼丝垂直找正器上的两个发光二极管。若上灯亮，说明钼丝与垂直找正器的上端先接触，按动手控盒上[+U/+C]或[-U/-C]键（按实际方向选择），使红灯灭。再按手控盒上[+X]或[-X]键，将垂直找正器再与钼丝轻轻接触，直到垂直找正器上、下两个灯同时亮，X轴方向钼丝垂直找正完毕。

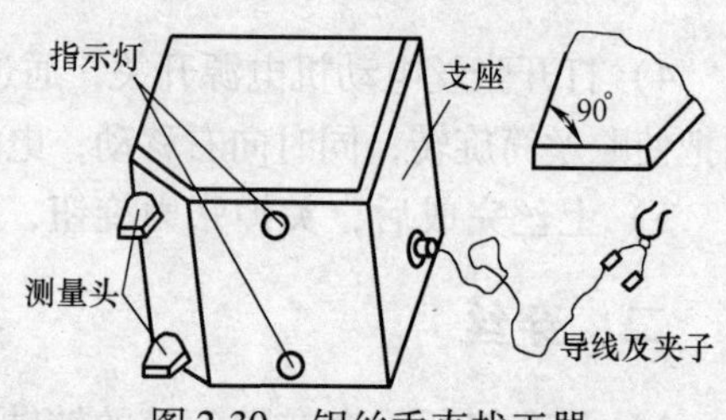

图2-30　钼丝垂直找正器

3）按动手控盒上[+Y]或[-Y]键（按垂直找正器实际摆放的位置，选择正确的方向），再按[三]或[二]或[一]键（根据垂直找正器和钼丝之间的实际距离，选择工作台移动速度），移动工作台，将钼丝垂直找正器轻轻接触钼丝，此时观察钼丝垂直找正器上的两个发光二极管。若上灯亮，说明钼丝与垂直找正器的上端先接触，按动手控盒上[+V/+W]或[-V/-W]键（按实际方向选择），使红灯灭。再按手控盒上[+Y]

或[-Y]键，将垂直找正器再与钼丝轻轻接触，直到垂直找正器上、下两个灯同时亮，*Y* 轴方向钼丝垂直找正完毕。

2. 采用放电火花找正钼丝

1）在手动模式主界面下（见图 2-31），按 F4 键（找正），再按回车键确认。假若此时贮丝筒在限位处，则弹出对话框提示："换向开关按下，请移开！按键[▽]取消，按[R]键继续！"，此时请按[R]键，则贮丝筒会转起来，同时放电开关也会打开，可用手控盒和找正块进行找正钼丝。

2）按动手控盒上[+X]或[-X]键（按工件的位置，选择正确的方向），再按[≡]或[=]或[−]键（根据找正块和钼丝之间的实际距离，选择工作台移动速度），移动工作台，将工件轻轻接触钼丝，此时观察放电火花，应使放电火花在找正块的 *X* 轴方向端面上均匀。不均匀时，按动手控盒上[+U/+C]或[-U/-C]键（按实际方向选择），再按手控盒上[+X]或[-X]键进行调节，直至火花放电均匀，如图 2-32 所示。

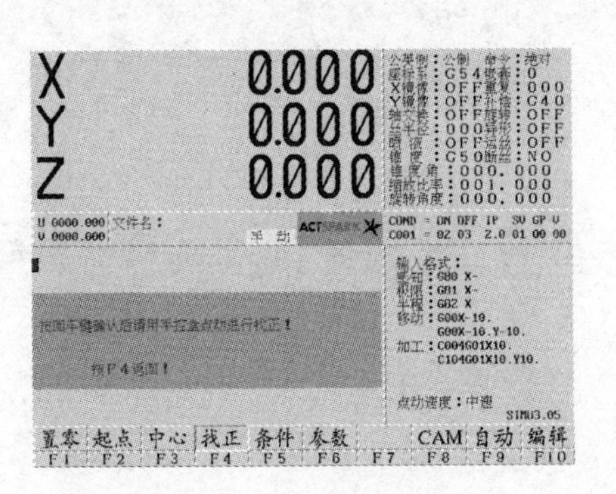

图 2-31　手动模式主界面

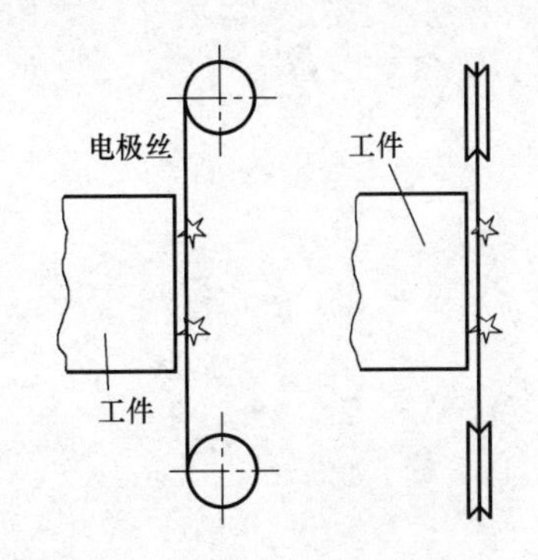

图 2-32　放电火花找正钼丝垂直

3）按动手控盒上[+Y]或[-Y]键（按工件的位置，选择正确的方向），再按[≡]或[=]或[−]键（根据找正块和钼丝之间的实际距离，选择工作台移动速度），移动工作台，将工件轻轻接触钼丝，此时观察放电火花，应使放电火花在找正块的 *Y* 轴方向端面上均匀。不均匀时，按动手控盒上[+V/+W]或[-V/-W]键（按实际方向选择），再按手控盒上[+Y]或[-Y]键进行调节，直至火花放电均匀，如图 2-32 所示。

4）*X* 轴和 *Y* 轴方向调节完毕后，找正工作结束，按 F4 键，即返回到手动模式主画面（见图 2-31）。

5）按关机按钮，关闭控制系统，再断开总电源开关，关闭机床。

复习思考题

1. 说明国产电火花加工机床的型号命名规则。
2. 典型线切割机床有哪几个主要部分？各有什么特点？
3. 线切割机床的维护保养有哪些要求？
4. 怎样正确执行电火花线切割加工安全技术规程？
5. 有哪些方法可以找正电极丝？

第三章

线切割加工编程基础及一般工艺

◈◈◈ 第一节　线切割加工与编程

一、线切割加工工艺步骤

1. 对工件图样进行审核和分析

分析图样对保证工件加工质量和工件的综合技术指标是有决定意义的第一步。以冲裁模为例，在消化图样时首先要挑出不能或不宜用电火花线切割加工的工件图样，有如下几种：

1）表面粗糙度值要求很小和尺寸精度要求很高，切割后无法进行手工研磨的工件。

2）窄缝小于电极丝直径加放电间隙的工件，或图形内拐角处不允许带有电极丝半径加放电间隙所形成的圆角的工件。

3）非导电材料。

4）厚度超过丝架跨距的工件。

5）加工长度超过机床 X、Y 轴方向滑板的有效行程长度，且精度要求较高的工件。

在符合线切割加工工艺的条件下，应着重在表面粗糙度、尺寸精度、工件厚度、工件材料、尺寸大小、配合间隙和冲制件厚度等方面仔细考虑。

2. 加工前的工艺准备

（1）凹角和尖角的切割加工要点　在切割加工时，由于电极丝的半径 R 和加工间隙 S，使电极丝中心运动轨迹与给定图线相差距离 f，如图 3-1 所示，即

$$f = R + S$$

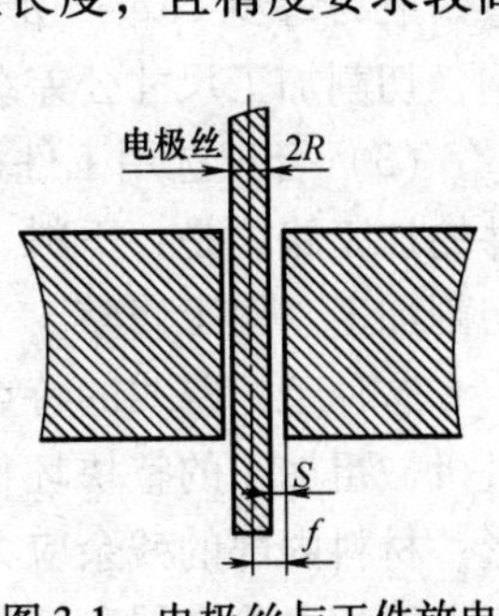

图 3-1　电极丝与工件放电位置关系

这样加工凸模类零件时，电极丝中心轨迹应放大；加工凹模类零件时，电极丝中心轨迹应缩小。线切割加工在工件的凹角处不能得到“清角”而是半径等于f的圆弧，对于形状复杂的精密冲模，在凹凸模设计图样上应注明拐角处的过渡圆弧半径R'。

加工凹角时：$R' \geqslant R + S$

加工尖角时：$R' \geqslant R - \Delta$（Δ为配合间隙）

图3-2所示为在加工凸、凹模类零件时，电极丝与工件放电位置的关系。

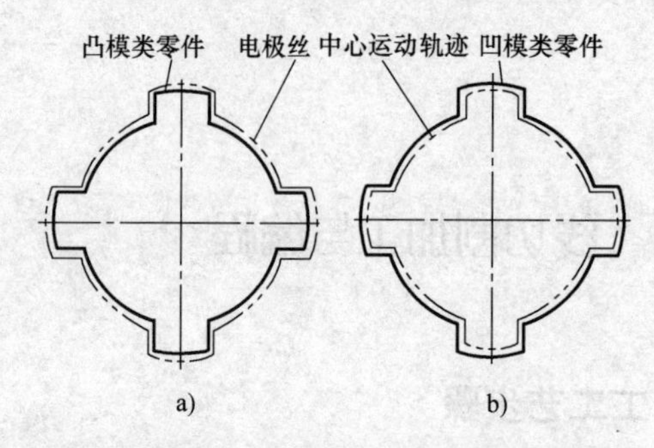

图3-2　电极丝中心运动轨迹与给定图线的关系

a）加工凸模类零件　b）加工凹模类零件

（2）合理选用表面粗糙度和加工精度　线切割加工表面是由无数的小坑和凸起部分组成的，粗细较均匀，所以在相同精细程度下，耐用度比机械加工的表面好。一般采用线切割加工时，工件表面粗糙度的要求比机械加工方法降低0.5~1级。同时，线切割加工的表面粗糙度若提高一级，加工速度将大幅度地下降，所以图样中要合理地给定表面粗糙度要求。线切割加工所能达到的最小表面粗糙度值是有限的，若不是特殊需要，表面粗糙度值不能太小，如表面粗糙度$Ra < 0.2\mu m$，不但在经济上不合算，而且在技术上也是不易达到的。

同样，加工精度也要合理给定。目前，高速走丝电火花线切割机床的脉冲当量一般为每步1μm，由于工作台传动精度所限，加上走丝系统和其他方面的影响，切割加工尺寸公差级一般为IT6。

（3）合理选用工件材料和热处理　以线切割加工为主要工艺时，钢材料工件的加工路线是：下料、锻造、退火、机械粗加工、淬火与回火、磨削加工、线切割加工、钳工修整。

这种工艺路线的特点是，工件在加工的全过程中会出现两次较大的变形。经过机械粗加工的整块坯件先经过热处理，材料在该过程中会产生第一次较大变形，材料内部的残余应力显著地增加了。热处理后的坯件进行线切割加工时，由于大面积去除金属和切割加工，会使材料内部残余应力的相对平衡状态受到破坏，材料又会产生第二次较大变形。

例如，对经过淬火的钢坯件进行切割时（见图 3-3），在程序 $a \to b$ 的割开过程中，发生的变形如双点画线所示，可看出材料内部残存着拉应力。

如果在加工中，发现割缝变窄，原来的电极丝也不能通过，说明材料内部残存着压应力。图 3-4 所示为切割孔类工件的变形。切割矩形孔过程中，由于材料内有残余应力，当材料去除后，会导致矩形孔变为图 3-4 中双点画线所示的鼓形或虚线所示的鞍形。

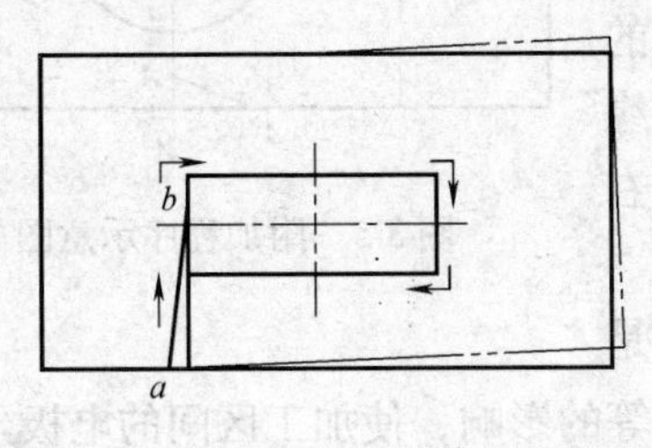

图 3-3　切割加工后钢材变形情况

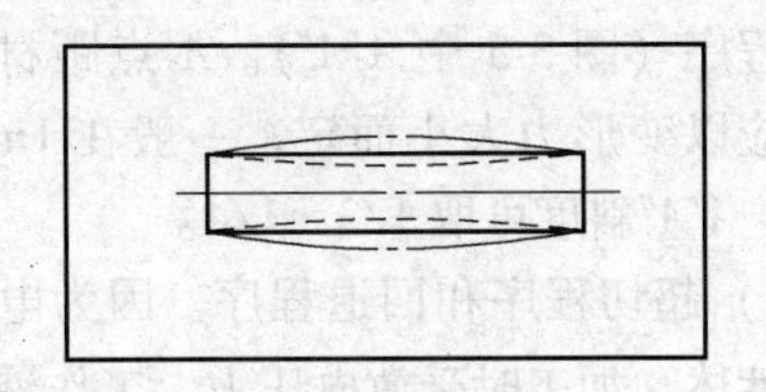
图 3-4　切割孔类工件的变形

这种变形有时比机床精度等因素对加工精度的影响还严重，可使变形达到宏观可见程度，甚至在切割过程中，材料会猛烈炸开。

为了减少这些情况，应选择锻造性能好、淬透性好、热处理变形小的材料，以使材料内部组织致密，减少内部应力及缺陷。如以线切割为主要工艺的冷冲模具，尽量选用 CrWMn、Cr12MoV、Cr12、GCr15 等合金工具钢，并要正确选择加工方法和严格执行热处理规范，最好进行两次回火处理，处理后的硬度在 58 ~ 60HRC 为宜。

3. 编制加工程序

(1) 确定间隙补偿量（即偏移量）f　电极丝直径及其损耗量直接影响 f 值。切割时，电极丝往返于加工区，损耗量很大，以电极丝直径为 0. 18mm 为例，切割至断丝前，直径可减少 0. 02mm 以上，这对工件精度影响很大，有时为了保持加工尺寸精度，不得不把稍有损耗的电极丝提前去掉，更换新的电极丝。

放电间隙与工件的材料、结构、走丝速度、电极丝的张紧程度、导轮的运行状态、工作液种类及脏污程度、脉冲电源的电规准以及加工变频调节等情况有关。用高速走丝电火花线切割机床进行加工，在开路电压 $u_i = 60 \sim 80\text{V}$ 时，一般单边放电间隙 $S = 0.01 \sim 0.02\text{mm}$。

在实际工作中，要精确地确定偏移量 f 值是比较困难的。为了能准确确定 f 值，可以在每次编程前，先在确定的加工条件下试切一个正方形，再实测出放电的间隙，求得准确的 f 值，以便更准确地编制加工程序。

(2) 确定附加程序

1) 引入程序。程序起点是在程序的某个节点上，如图 3-5 中的 a 点。在一般情况下，引入点（如图 3-5 中 A 点）不能与起点重合。这就需要一段引入程序。引入点可选在材料实体之外，也可选在材料实体之内，这时还要预制工艺孔，以便穿丝。

2）切出程序。有时工件轮廓切出之后，电极丝还需要沿切入程序切出。如图 3-5 所示，如果材料的变形引起切口闭合，当电极丝切至边缘时，会因材料的变形而夹断电极丝。这时应在切出过程中，附加一段保护电极丝的切出程序（图 3-5 中 $A'A''$）。A'点距材料边缘距离应以变形力大小而定，一般在 1mm 左右即可。$A'A''$斜度可取 1/3 ~1/4。

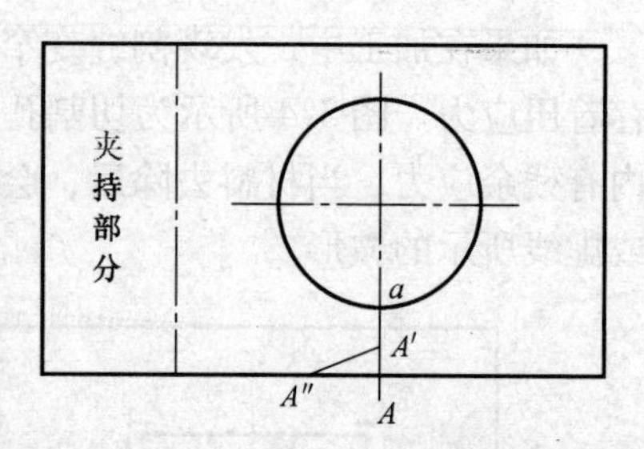

图 3-5　附加程序示意图

3）超切程序和回退程序。因为电极丝是个柔性体，加工时受放电压力、工作液压力等的影响，使加工区间的电极丝滞后于上下支点一个距离，即电极丝工作段会发生挠曲，如图 3-6a 所示；这样拐弯时就会抹去工件的清角，影响加工质量，如图 3-6b 所示。为了避免抹去工件的清角，可增加一段超切程序，如图 3-6 中的 $A-A'$段。使电极丝切割的最大滞后点达到程序节点 A，然后在附加 A'点返回 A 点的返回程序 $A'-A$，接着再执行原程序，便可切割出清角。

当拐角或尖角加工时，为避免“塌角”，可采用如图 3-7 所示的编程方法，在拐角处增加一个过切的小正方形或小三角形作为附加程序，这样即可切出棱角清晰的尖角。

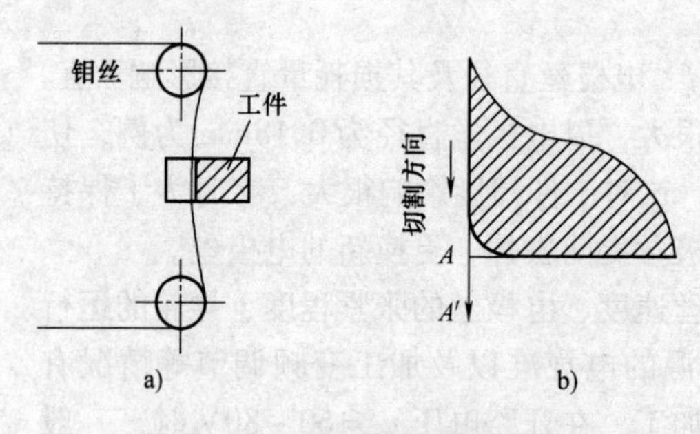

图 3-6　加工时电极丝挠曲及影响

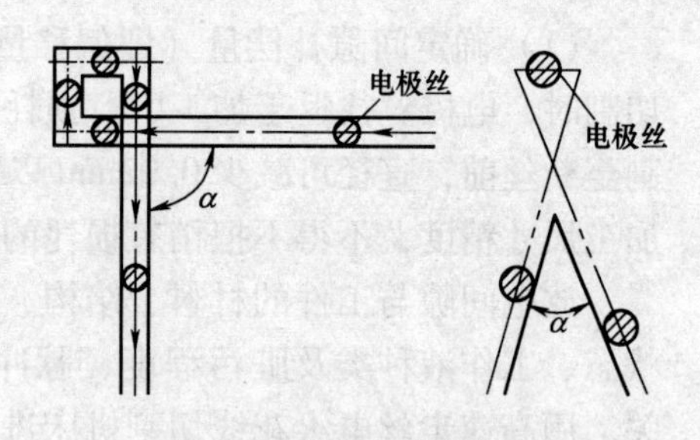

图 3-7　拐角和尖角加工

（3）确定加工间隙和过渡圆半径

1）合理确定冲模间隙。冲模间隙的合理选用，是关系模具的寿命及冲制件毛刺大小的关键因素之一。不同材料的冲模间隙一般选择范围如下：

① 软质的冲裁件材料，如纯铜、软铝、半硬铝、胶木板、红纸板、云母片等，凹凸模间隙可按冲裁件材料厚度的 8% ~10% 选择。

② 半硬质的冲裁件材料，如黄铜、磷铜、青铜、硬铝等，凹凸模间隙可按

冲裁件材料厚度的10% ~15%选择。

③ 硬质的冲裁件材料，如钢片、硅钢片等，凹凸模间隙可按冲裁件材料厚度的15% ~20%选择。

以上是线切割加工冲裁模具的实际经验数据，比国际上流行的大间隙冲模要小一些。因为线切割加工的工件表面有一层组织松脆的熔化层，加工电参数越大，工件表面粗糙度值越大，熔化层越厚。随着模具冲裁次数的增加，这层松脆的表面会渐渐磨去，使模具间隙逐渐增大。

2）合理确定过渡圆半径。为了提高冷冲模具的使用寿命，在线与线、线与圆、圆与圆相交处，特别是小角度的拐角处都应加过渡圆。过渡圆的大小可根据冲裁件材料厚度、模具形状与要求的寿命及冲制件的技术条件考虑，随着冲裁件材料厚度的增加，过渡圆直径也要相应增大，一般可在0.1~0.5mm范围内选用。

对于冲裁件材料较薄、模具配合间隙较小的冲裁模具，为了得到良好的凹、凸模配合间隙，一般在图形拐角处也要加一个过渡圆。因为电极丝加工轨迹在内拐角处，自然加工出半径等于电极丝半径加单面放电间隙的过渡圆。

（4）计算与编写加工程序

1）编程时要根据坯料的情况，选择一个合理的装夹位置，同时确定一个合理的起切点（应取在图形的拐角处，或在容易将凸尖修去的部位）和切割路径（主要以防止或减少模具变形为原则，一般应考虑使靠近装夹这一边的图形最后切割为宜）作为编程的起始位置。

2）计算每段程序的坐标点，并确定电极丝的偏移量和方向，也可用CAD绘制加工图样确定各点的坐标值。

3）编写加工程序。

（5）校对程序　一般应按程序空运行一遍查看图形是否“回零”。对简单有把握的工件可以直接加工。对尺寸精度要求高、凹凸模配合间隙小的模具，可用薄料试切，从试切件上可检查其精度和配合间隙。如发现不符合要求，应及时分析，找出问题，修改程序，直到程序合格后，才能正式加工模具。这一步是避免工件报废的一个重要环节。

4. 加工

（1）加工时的调整

1）调整电极丝垂直度。在装夹工件前必须以工作台为基准，先将电极丝垂直度调整好，再根据技术要求装夹加工坯料。条件许可时最好以刀口形直尺再复测一次电极丝对装夹好工件的垂直度。如发现不垂直，说明工件装夹可能有翘起或低头，也可能工件有毛刺或电极丝没挂进导轮，需立即修正。因为模具加工面垂直与否直接影响模具质量。

2）调整脉冲电源的电参数。脉冲电源的电参数选择是否恰当，对加工模具的表面粗糙度、精度及切割速度起着决定性的作用。

电参数与加工工件技术工艺指标的关系如下：

① 脉冲宽度增加、脉冲间隔减小、脉冲电压幅值增大（电源电压升高）、峰值电流增大（功放管增多）都会使切割速度提高，但加工的表面粗糙度值将增大，加工精度会下降；反之，则可减小表面粗糙度值和提高加工精度。

② 随着峰值电流的增大，脉冲间隔减小、频率提高、脉冲宽度增大、电极丝损耗增大，脉冲波形前沿变陡，电极丝损耗也增大。

3）调整进给速度。当电参数选好后，在采用第一条程序切割时，要对变频进给速度进行调整，这是保证稳定加工的必要步骤。如果加工不稳，工件表面质量会大大下降，工件的表面粗糙度和精度变差，同时还会造成断丝。只有电参数选择恰当，同时变频进给调得比较稳定，才能获得好的加工质量。

变频进给跟踪是否处于最佳状态，可用示波器监视工件和电极丝之间的电压波形。

（2）正式切割加工　经过以上各方面的调整准备工作后，可以正式加工模具，一般是先加工固定板、卸料板，然后加工凸模，最后加工凹模。凹模加工完毕，先不要松压板取下工件，而要把凹模中的废料芯拿开，把切割好的凸模试插入凹模中，看看模具间隙是否符合要求，如过小可再修大一些，如凹模有差错，可根据加工的坐标进行必要的修补。

5. 检验

（1）模具的尺寸精度和配合间隙

1）落料模：凹模尺寸应是图样零件的公称尺寸。下凸模尺寸应是图样零件的公称尺寸减去冲模间隙。

2）冲孔模：凸模尺寸应是图样零件的公称尺寸。凹模尺寸应是图样零件的公称尺寸加上冲模间隙。

3）固定板：应与凸模静配合。

4）卸料板：大于或等于凹模尺寸。

5）级进模：检查步距尺寸精度。

（2）检验工具　线切割加工常用的量具有游标卡尺、千分尺和百分表。

二、编程基础知识

1. 坐标系的确定原则

（1）刀具相对于静止工件而运动的原则　这一原则使编程人员能在不知道是刀具移近工件还是工件移近刀具的情况下，就可以依据零件图样，确定机床的加工过程。

（2）标准坐标（机床坐标）系的规定　在数控机床上，机床的动作是由数控装置来控制的，为了确定机床上的成形运动和辅助运动，必须先确定机床上运动的方向和运动的距离，就要在机床上建立一个坐标系，这个坐标系就称为机床坐标系。

电加工机床坐标系采用右手直角笛卡儿坐标系，如图 3-8 所示。在图 3-8 中，大拇指的方向为 X 轴的正方向，食指为 Y 轴的正方向，中指为 Z 轴的正方向。

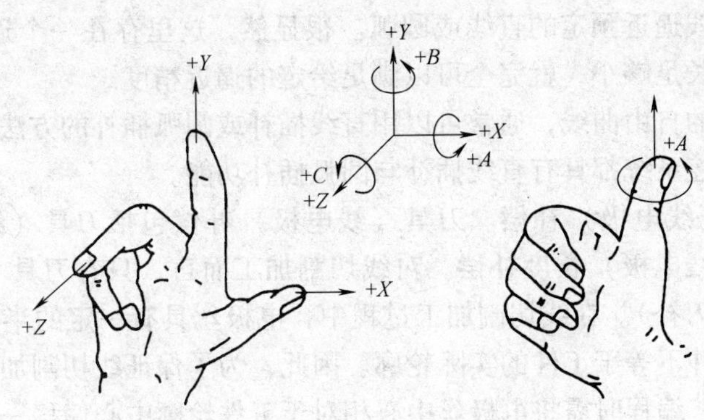

图 3-8　右手直角笛卡儿坐标系

2. 数控编程

编程方法分为手工编程和计算机编程。手工编程是线切割操作者必需的基本功，它能使使用者比较清楚地了解编程所需的各种计算和编制进程，按照手工编程的格式的不同，手工编程又分为 3B、4B、5B、ISO 和 EIA 等。但手工编程计算量比较大，费时间，所以复杂、计算量大的零件的编程都采用计算机自动编程。

自动编程根据方式的不同分为两种：绘图式编程和语言式编程。绘图式编程软件比较多，目前应用最多的软件是 YH、CAXA 和 AUTOP 等，语言式编程主要是 APT 语言。

编程的目的是产生线切割控制程序系统所需要的加工代码。目前数控线切割机床一般采用 3B 代码的程序格式或 ISO 代码的程序格式。现以 ISO 代码为例介绍程序的结构和含义。

（1）数控编程中涉及的常用术语

1）插补。工件的轮廓形状均是由直线、圆弧及自由曲线等几何元素构成的，一般情况下这些几何元素仅是由其有限个参数（如起点、终点、圆心、圆弧半径、型值点等）进行定义的。数控系统仅仅依靠上述少量的几何参数来控制刀具（或机床工作台）的运动是远远不够的，还需要利用某些数学方法在已知的这些几何元素的起点和终点间进行数据点的密化，确定该几何元素的一些中间点。这个过程就称为插补。

通俗地说，就是由“插入、补上”运动轨迹中间点坐标值。机床伺服系统根据此坐标值控制各坐标轴协调运动，形成预定的轨迹。

2）直线插补与圆弧插补。所谓直线插补就是预定的刀具（线电极）运动轨迹的曲线方程是直线，圆弧插补就是预定的刀具（线电极）运动轨迹是圆弧。实际上，刀具（线电极）并不是完全严格地走直线或圆弧，而是一步步地走阶梯折线，该折线逼近预定的直线或圆弧。很显然，这里存在一个逼近精度问题。只要折线的步长足够小，就完全可以满足给定的逼近精度。

对于一般的自由曲线，通常可以用直线插补或圆弧插补的方法进行加工。因此，现代的数控系统都具有直线插补与圆弧插补功能。

3）刀具（线电极）补偿。刀具（线电极）补偿包括刀具（线电极）半径补偿与刀具（线电极）长度补偿。对线切割加工而言，只有刀具（线电极）半径补偿（简称刀补）。在线切割加工过程中，电极丝具有一定的半径，电极丝中心的运动轨迹并不等于工件的实际轮廓。因此，为了保证线切割加工出来的工件轮廓的正确性，编程时需将电极丝中心相对于工件轮廓中心偏移一个电极丝半径的距离，这就是对刀具（线电极）的编程方法。当电极丝半径改变时（如损耗加大），需重新计算电极丝中心轨迹。

所谓刀具（线电极）半径补偿就是将计算电极丝中心轨迹的过程交由机床数控系统执行，编程时假设电极丝半径为零，直接根据工件的轮廓形状进行编程。在实际切割加工时，数控系统根据工件切割程序和电极丝半径自动计算电极丝中心轨迹，完成对工件的切割。当电极丝半径发生变化时，不需要改变编好的数控程序，只需修改机床操作控制器中的电极丝半径值即可。

刀具（线电极）半径补偿又分为左刀补和右刀补。当刀具（线电极）中心轨迹沿前进方向位于工件轮廓右边时称为右刀补，反之称为左刀补。

需要指出的是，插补与刀补计算均不是数控编程人员完成的，它们都是由数控系统根据编程所选定的模式自动进行的。

4）字。字是程序字的简称，是一套有规定次序的代码符号，可以作为一个信息单元存储、传递和操作。如 X100 就是一个字。

字是表示某一功能的一组代码符号，如 G01 表示直线插补。字由英文字母开头，随后是符号和数字。其中英文字母称为字的地址，表示该字的功能。

字分为尺寸字和非尺寸字。在尺寸字中，地址后面表示的是运动方向的符号、坐标或距离。一个数控程序段是由若干个字构成的，若干个程序段构成一个完整的数控程序。

（2）ISO 代码结构和含义　不同的数控系统，由于机床及系统本身的特点，

为了编程的需要，都有一定的程序格式。对于不同的机床、不同的数控系统，其程序格式、程序代码意义也不尽相同。因此，编程人员在按数控程序的常规格式进行编程的同时，还必须严格按照系统说明书的格式进行编程。

1）程序的组成。一个完整的数控加工程序由程序开始、程序内容和程序结束三部分组成，如下所示：

```
O9810;                                   ┐
T84 T86 G54 G90 G92 X15. Y0 U0 V0;       ├ 程序号（程序开始）
C007;                                    ┘
G01 X11. Y0;                             ┐
G01 X10. Y0;                             │
X10. Y10.;                               │
X-10. Y10.;                              ├ 程序内容
……                                       │
G01 X15. Y0; G04 X0;                     ┘
T85 T87 M02;                               程序结束
```

① 程序号（程序开始）。每一个存储在零件存储器中的程序都需要指定一个程序号来加以区别，这种用于区别零件加工程序的代号称为程序号。有些机床采用文件名代替程序号，用以区别加工程序的识别标记，因此同一机床中的程序号（文件名）不能重复。

② 程序内容。程序内容是整个程序的核心，它由许多程序段组成，每个程序段由一个或多个指令构成，它表示数控机床的全部动作。在数控电火花机床与加工中心的程序中，子程序的调用也作为主程序内容的一部分，主程序中只完成主要动作，如换刀、开转速、工件定位等动作，其余加工动作都由子程序来完成，数控电火花成形机床应用的比较多。

③ 程序结束。程序结束通过 M 指令来实现，它必须写在程序的最后。可以作为程序结束标记的 M 指令有 M02 和 M30，它们代表零件加工主程序的结束。为了保证最后程序段的正常执行，通常要求 M02/M30 也必须单独占一行。ISO 代码中用 M99 来表示子程序结束后返回主程序。

2）程序段。

① 程序段的基本格式。程序段是程序的基本组成部分，每个程序段由若干个数据字构成，而数据字又由表示地址的英文字母、特殊文字和数字构成，如 X30、G90 等。

程序段格式是指一个程序段中字、字符、数据的排列、书写方式和顺序。通常情况下，程序段格式有字-地址程序段格式、使用分隔符的程序段格式、固定程序段格式三种。后两种程序段格式在线切割机床中的“3B”指令中使用较多。

字-地址程序段格式如下：

N—G—X—Y—Z—F—S—T—M—LF

程序段号	准备功能	尺寸功能	进给功能	主轴功能	刀具功能	辅助功能	结束标记

例：N50 C109 G01 X30.0 Y30.0；

② 程序段的组成。

a. 所谓程序段号，就是加在每个程序段前的编号，可以省略。程序段号用N或O开头，后接四位十进制数，以表示各段程序的相对位置，这对查询一个特定程序很方便，使用顺序号可以用作程序执行过程中的编号，也可以用作调用子程序时的标记编号。

N9140、N9141、N9142、……、N9165是固定循环子程序号，用户在编程中不得使用这些顺序号，但可以调用这些固定循环子程序。

b. 程序段的中间部分是程序段的内容，程序内容应具备六个基本要素，即准备功能字、尺寸功能字、进给功能字、主轴功能字、刀具功能字、辅助功能字等，但并不是所有程序段都必须包含所有功能字，有时一个程序段内可仅包含其中一个或几个功能字也是允许的。

例如：刀具运动轨迹如图3-9所示，为了将刀具从P_1点移到P_3点，必须在程序段中明确以下几点：

选择哪一类电极参数；移动条件是多少；移动的目标是哪里；沿什么样的轨迹移动；机床还需要哪些辅助动作。

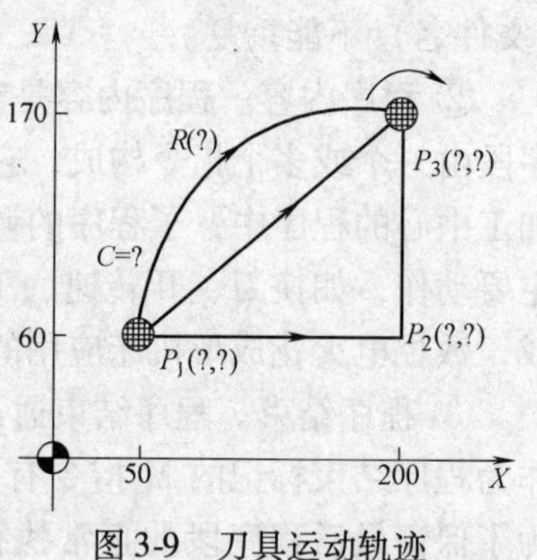

图3-9　刀具运动轨迹

对于图3-9所示的直线刀具轨迹，其程序段可写成如下格式：

C107 G90 G01 X200.0 Y170.0；

c. 程序段以结束标记“CR（或LF）”结束，实际使用时，常用符号“;”或“*”表示“CR（或LF）”。

③ 程序的斜杠跳跃。有时，在程序段的前面有“/”符号，该符号称为斜杠跳跃符号，该程序段称为可跳跃程序段。如下列程序段：

/G01 X200.0　Y100.0；

这样的程序段，可以由操作者对程序段和执行情况进行控制。当操作机床使系统的“跳过程序段”信号生效时，程序执行时将跳过这些程序段；当“跳过程序段”信号无效时，程序段照常执行，该程序段和不加“/”符号的程序段相同。

④ 程序段注释。为了方便检查、阅读数控程序，在许多数控系统中允许对程序进行注释，注释可以作为对操作者的提示显示在显示器上，但注释对机床动作没有丝毫影响。数控电加工机床编程时，一律用“;”表示程序段结束，而用“（　）”表示程序注释。

3）准备功能 G 代码。G 代码大体上可分为两种类型：

① 只对指令所在程序段起作用，称为非模态，如 G80、G04 等。

② 在同组的其他代码出现前，这个代码一直有效，称为模态，如下述诸指令。

a. G90（绝对坐标指令）和 G91（增量坐标指令）。

G90：绝对坐标指令，即所有点的坐标值均以坐标系的零点为参考点。刀具停留于原点，加工路线为 $P_1 \rightarrow P_2 \rightarrow P_3$，如图 3-9 所示，程序如下：

```
G90  G01  X0      Y0;
G90  G01  X50.0   Y60.0;
     G01  X200.0  Y60.0;
     G01  X200.0  Y170.0;
```

G91：增量坐标指令，即当前点坐标值是以上一点为参考点得出的。刀具停留于原点，加工路线为 $P_1 \rightarrow P_2 \rightarrow P_3$，如图 3-10 所示，程序如下：

```
G90  G01  X0      Y0;
G91  G01  X50.0   Y60.0;   (P1)
     G01  X150.0  Y0;      (P2)
     G01  X110.0  Y0;      (P3)
```

b. G92（设置当前点的坐标值）。G92 代码把当前点的坐标设置成需要的值。

例如：电极停留位置如图 3-11 所示，以电极停留位置为原点时，设置为 G92 X0 Y0；即把当前点的坐标设置为（0，0），即坐标原点。

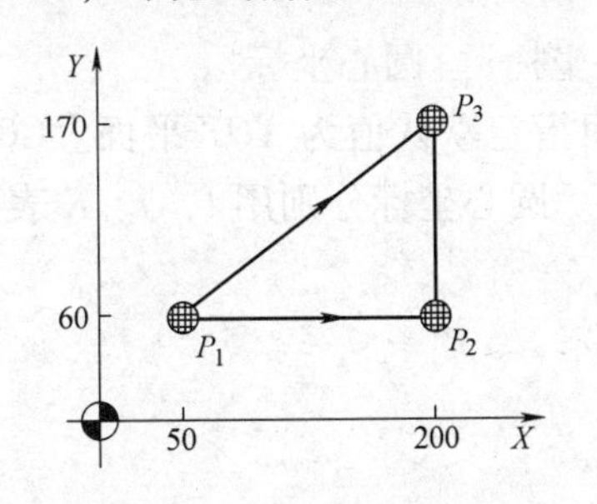

图 3-10　刀具运动轨迹

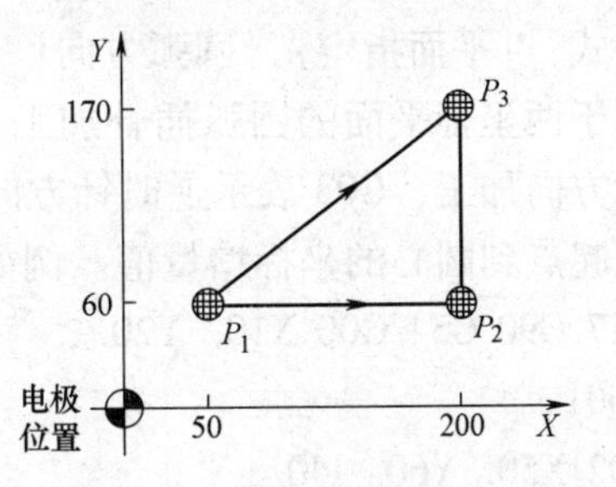

图 3-11　电极停留位置

以 P_1 为原点时，设置为 G92 X－50.0 Y－60.0；把当前点的坐标设置为（－50，－60）；以 P_2 为原点时，设置为 G92 X－200.0 Y－60.0；把当前点的坐标设置为（－200，－60）；以 P_3 为原点时，设置为 G92 X－200.0 Y－170.0；

把当前点的坐标设置为（-200，-170）。

在补偿方式下，如果遇到 G92 代码，会暂时中断补偿功能，相当于撤销一次补偿，执行下一段程序时，再重新建立补偿。每个程序的开头尽量要安排 G92 代码，否则可能会发生不可预测的错误。G92 只能定义当前点在当前坐标系的坐标值，而不能定义该点在其他坐标系的坐标值。

c. G54、G55、G56、G57、G58、G59（工件坐标系 0~5）。这组代码用来选择工件坐标系，从 G54~G59 共有六个坐标系可选择，以方便编程。这组代码可以和 G92、G90、G91 等一起使用。

d. G00（定位、移动轴）。

格式：G00｛轴 1｝ ±｛数据 1｝｛轴 2｝ ±｛数据 2｝；

G00 代码为定位指令，用来快速移动轴。执行此指令后，不放电加工而移动轴到指定的位置。可以是一个轴移动，也可以两轴移动。例如：

G90 G00 X+10. Y-20.；（电极快速移动至 X10. Y-20. 处）

轴标识后面的数据如果为正，“+”号可以省略，但不能出现空格或其他字符，否则属于格式错误。这一规定也适用于其他代码。

e. G01（直线插补加工）。

格式：G01｛轴 1｝ ±｛数据 1｝｛轴 2｝ ±｛数据 2｝；

用 G01 代码，可指令各轴直线插补加工，最多可以有四个轴标识及数据。例如：

C007 G90 G01 X20. Y60.；（在参数代码为 C007 的加工条件下，使电极切割加工至 X20. Y60. 处）

C007 G91 G01 X10. Y-20.；（在参数代码为 C007 的加工条件下，使电极切割移动 X+10.0 Y-20.0 距离）

f. G02/G03（圆弧插补加工）。

格式：｛平面指定｝｛圆弧方向｝｛终点坐标｝｛圆心坐标｝；

用于两坐标平面的圆弧插补加工。平面指定默认值为 *XOY* 平面。G02 表示顺时针方向加工，G03 表示逆时针方向加工。圆心坐标分别用 *I*、*J*、*K* 表示，它是圆弧起点到圆心的坐标增量值。例如：

G17 G90 G54 G00 X10. Y20.；

G001；

G02 X50. Y60. I40.；

G03 X80. Y30. I20.；

I、*J* 有一个为零时可以省略，如此例中的 J0。但不能都为零、都省略，否则会出错。

g. G20/G21（单位选择）。这组代码应放在数控程序的开头。

G20：英制，有小数点为 in（1in = 0.0254m），否则为 1/10000in。如 0.5in 可写作“0.5”或“5000”。

G21：米制，有小数点为 mm，否则为 μm。如 1.2mm 可写作“1.2”或“1200”。

4）常用辅助功能指令。辅助指令是用来控制机床各种辅助动作及开关状态的，如 M00 表示程序暂停、M02 表示程序结束。

① C 代码。C 代码用在程序中选择加工条件，格式为 C×××，C 和数字间不能有别的字符，数字也不能省略，不够三位用“0”补齐，如 C005。加工条件的各个参数显示在加工条件显示区域中，加工进行中可随时更改。

C 代码表达了一定的加工参数：面积（cm^2）、安全间隙（mm）、放电间隙（mm）、加工速度（mm^3/min）、损耗（%）、侧面 Ra、底面 Ra、极性、电容、高压管数、管数、脉冲间隙、脉冲宽度、伺服基准、伺服速度等。

② M00（程序暂停）。执行含有 M00 指令的语句后，机床自动停止。如编程者想要在加工中使机床暂停（检验工件、调整、排屑等），可使用 M00 指令，重新启动程序后才能继续执行后续程序。

③ M02（程序结束）。执行含有 M02 指令的语句后，机床自动停止。机床的数控单元复位，如主轴、进给、切削液停止，表示加工结束，但该指令并不返回程序起始位置。

④ M30（程序结束）。执行含有 M30 指令的语句后，机床自动停止。机床的数控单元复位，如主轴、进给、切削液停止，表示加工结束，但该指令返回程序起始位置。

⑤ M98（调用子程序）。在加工中，往往有相同的工作步骤，将这些相同的步骤编成固定的程序，在需要的地方调用，那么整个程序将会简化和缩短。我们把调用固定程序的程序称为主程序，把这个固定程序称为子程序，并以程序开始的序号来定义子程序。当主程序调用子程序时只需指定它的序号，并将此子程序当做一个单段程序来对待。

主程序调用子程序的格式：M98 P××××　L×××；

其中，P××××为要调用的子程序的序号，L×××为子程序调用次数。如果 L×××省略，那么此子程序只调用一次，如果为“L0”，那么不调用此子程序。子程序最多可调用 999 次。

子程序的格式：

N××××……；　　（程序序号）

（程序）

M99；　　　　　　（子程序调用结束，返回主程序）

⑥ M99（子程序结束指令）。子程序以 M99 作为结束标识。当执行到 M99

时，返回主程序，继续执行下面的程序。

在主程序调用的子程序中，还可以再调用其他子程序，它的处理和主程序调用子程序相同。这种方式称为嵌套，如图 3-12 所示。

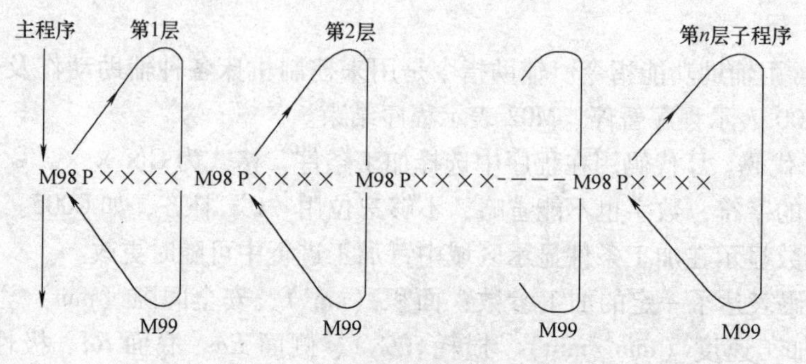

图 3-12　子程序调用嵌套示意图

在数控系统中规定：n 的最大值为 7，即子程序嵌套最多为 7 层。

⑦ 有的系统要求整个程序有一些辅助指令，如 T84（工作液开）、T85（工作液关）；T86（贮丝筒开）、T87（贮丝筒关）；停机符 M02（程序结束）。

◈◈◈ 第二节　线切割加工一般工艺

一、工件结构工艺性、机床精度和夹具、工件在工作台上的安装位置对编程的影响

1. 工件结构工艺性对编程的影响

（1）工件形状的影响　切割厚度不同，就相当于加工面积不同，会使加工尺寸发生变化。因此，即使其他条件不变，只要厚度不同，就应重新确定准确的偏移量 f。工件的内角不能太小，因电极丝有直径 d，加工时还存在放电间隙 S，所以切割的内角最小半径 R_{min} 应满足

$$R_{min} \geqslant (1/2)d + S$$

如零件形状有对称性，部分轮廓有平移或旋转，应尽量应用这些特性来求解各有关点的坐标，这可以减少数学计算工作量，提高准确性。

（2）工件精度的影响　工件尺寸有公差，而电极丝切割轨迹应选在公差带的什么位置上，应根据具体情况而定。在直接加工零件时，应使电极丝切割轨迹通过公差带中心。按工件尺寸性质不同，编程尺寸也不同。有时为了延长模具的

使用寿命，加工冷冲模凹、凸模时，应将切割轨迹偏离公差带中心，也要根据加工情况不同计算编程尺寸。

为了提高加工精度或改善表面粗糙度，有时把线切割分为粗、精加工两次完成，有时需对线切割表面用其他方法加工，这就要求在粗加工时，为精加工留有一定余量，需加减偏移量f值。

（3）工件材料的影响　在其他条件相同时，工件材料不同，极性效应也不尽相同，放电间隙也会有差别，这就会影响偏移量的大小。一般地说，熔点低的材料比熔点高的材料放电间隙要大，淬火钢比不淬火钢放电间隙要大，热容量小、导热性差的材料放电间隙也较大。

材料的内部组织及应力状态对切割后的零件精度有不同的影响，因此，要确定与之对应的取件位置切入切出程序。在从材料中间位置切割工件时，应尽量使切割轨迹通过组织比较均匀、应力比较小的部位，使切割的工件变形较小，精度较高。例如，切割 T10 等热处理性能较差的材料时，如按图 3-13a 所示取件位置加工，因工件取自坯料的边缘处，变形较大。而按图 3-13b 所示取件位置加工，由于工件取自里侧，则变形较小。所以为保证精度，必须选择好在坯料中的取件位置。

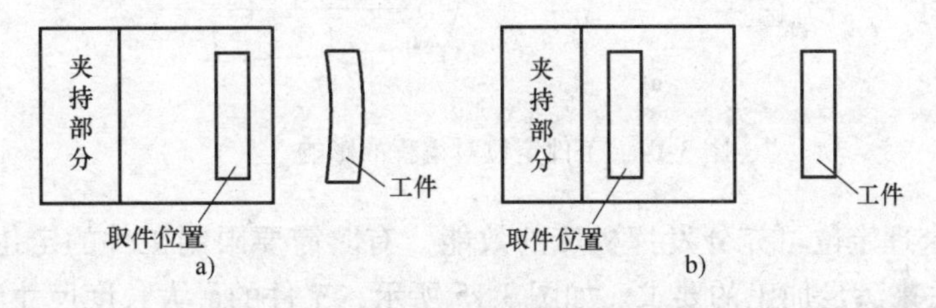

图 3-13　取件位置对工件精度的影响

2. 机床和夹具对编程的影响

（1）机床精度的影响　从单纯的数学角度来讲，编程中计算数值的单位可以取得很小。但由于机床的制造误差、磨损的状况、使用条件变化等情况的影响，加工精度受到很大限制。目前，达到的加工精度一般为 0.01mm。这样在编程中所用的数字码，如 X、Y、J 等，均以微米为单位。为保证此精度，在编程计算中对 100mm 以内的尺寸必须采取五位以上的有效数字，如大于 100mm 的尺寸，则要取六位以上的有效数字。

机床进给系统等的制造误差对工作台定位精度的影响很大，但在一定行程范围内，误差的大小和方向是固定的。因此可采用修改程序的办法，对此类误差加以补偿。

（2）夹具的影响　采用适当的夹具可使编程简化，或可用一般编程方法时扩大加工范围。如用固定分度夹具，用几条程序就可以加工零件的多个旋转图形，这就简化了编程工作。再如用自动回转夹具，变原来的直角坐标系为极坐标系，可用切斜线的程序加工出阿基米德螺旋面。还可以用适当的夹具加工出车刀的立体角、导轮的沟槽、样板的椭圆线和双曲线等。这就扩大了线切割机床的使用范围。

3. 工件在工作台上的安装位置对编程的影响

（1）适当的定位可简化编程工作　工件在工作台上的位置不同，会影响工件轮廓线的方位，这就影响各点坐标的计算过程及结果，使各段程序也不同。如图3-14a所示，若使 $\alpha=0°$、$90°$，则矩形轮廓线各线段，都由切割程序中的斜线变成了直线，这样计算各点坐标就比较简单，也比较容易编程，不容易发生错误。同理，如图3-14b所示，$\alpha=0°$、$90°$或$45°$时，也简化了编程，而 α 为其他角时，会使编程复杂些。

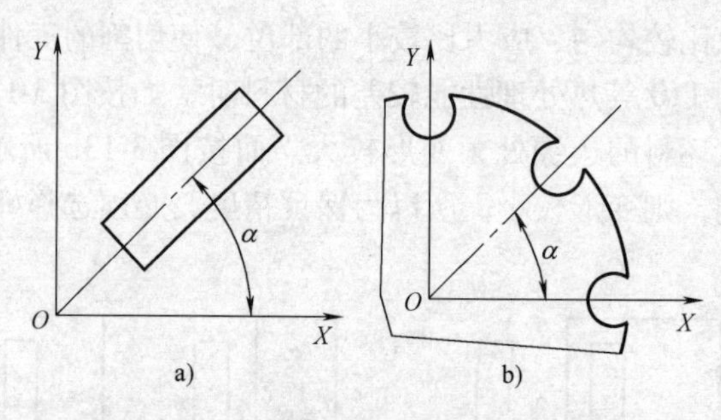

图3-14　工件定位对编程的影响（一）

（2）合理定位可充分发挥机床的效能　有时需要限制工件的定位，用改变编程的办法来满足加工的要求。如图3-15所示，工件的最大长度尺寸为335mm，最大宽度尺寸为50mm，如果工作台行程为250mm×320mm，很明显若用图3-15a所示的定位方法，在一次装夹中就不能完成全部轮廓的加工，如选用图3-15b所示的定位方法可使全部轮廓落入工作台的行程范围内，虽会使编程比较复杂，但可在一次装夹中完成全部加工。

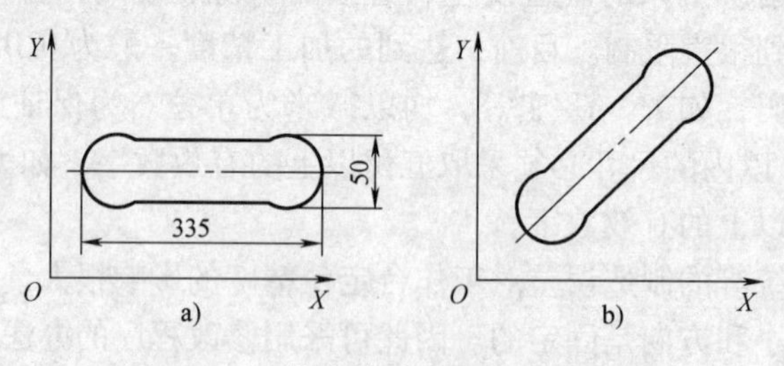

图3-15　工件定位对编程的影响（二）

（3）合理定位可提高加工稳定性　高速走丝电火花线切割加工时各条程序

加工稳定性并不相同，如直线 L3（3B 第Ⅲ象限）的切割过程，就容易出现加工电流不稳定、进给不均匀等现象，严重时会引起断丝。因此编程时，应使工件的定位尽量避开较大的 L3（3B 第Ⅲ象限）直线程序。

（4）程序的起点及走向的选择　为了避免材料内部组织及应力对加工精度的影响，除了考虑工件在坯料中的取出位置之外，还必须合理选择程序的走向和起点。如图 3-16 所示，加工程序引入点为 A，起点为 a，则走向可有两种方式：第一种为 $A \to a \to b \to c \to d \to e \to f \to A$；第二种为 $A \to f \to e \to d \to c \to b \to a \to A$。

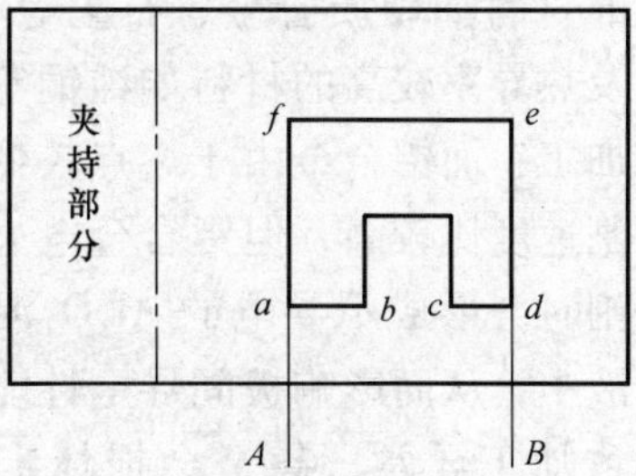

图 3-16　程序起点及走向对加工精度的影响

如选第二种走向，则在切割过程中，工件和已变形的部分相连接，会带来较大的误差。如选第一种走向，就可减少或避免其中的影响。如加工程序引入点为 B，起点为 d，这时无论选哪种走向，其切割精度都会受到材料变形的影响。

另外，程序的起点选择不当，会使工件的切割表面上残留切痕，尤其是起点选在圆滑表面上，其残留痕迹更为明显。所以应尽可能把起点选在切割表面的拐角处或者选在精度要求不高的表面上，或在容易修整的表面上。

二、切割速度与工件厚度及材料的关系

1. 工件厚度对加工切割速度的影响

工件厚度对工作液进入和流出加工区域以及蚀除产物的排出、放电通道的消电离，都有较大影响。同时，放电爆炸力对电极丝抖动的抑制作用也与工件厚度密切相关。工件厚度对加工稳定性和切割速度必然产生相应的影响。

一般情况下，工件薄，虽然有利于工作液的流动和蚀除产物的排出，但是放电爆炸力对电极丝的作用距离短，切缝难于起到抑制电极丝抖动的作用，这样，很难获得较高的脉冲利用率和理想的切割速度，并且此时由于脉冲放电的蚀除速度可能会大于电极丝进给速度，极间不可避免地会出现大量空载脉冲而影响切割速度；反之，过厚的工件，虽然在放电时切缝可使电极丝抖动减弱，但是工作液流动条件和排屑条件恶化，也难于获得理想的切割速度，并且容易断丝。因此，只有在工件厚度适中时，才易获得理想的切割速度。理想的切割速度还与使用的工作液的洗涤性有很大的关系。如图 3-17 所示，采用 DX 乳化液最佳切割厚度一般在 50mm 左右；当使用洗涤、冷却性能更好的 JR1A 复合工作液后，不仅切割效率有大幅度提升，而且最佳切割厚度也增加到 150mm 左右。

2. 工件材料对切割速度的影响

对于电火花加工而言，材料的可加工性主要取决于材料的导电性及其热学特

性，因此对于具有不同热学特性的工件材料而言，其切割速度也明显不同。一般地说，熔点较高、导电性较差的材料如硬质合金、石墨等材料，以及热导率较高的材料如纯铜等比较难加工；而铝合金由于熔点较低，其切割速度比较高，但铝合金电火花线切割时会形成不导电的 Al_2O_3 混于工作液中，从而影响极间导电性能，并导致加工异常，甚至会损坏走丝系统，切割过铝合金的工作液及钼丝再切割钢材时加工稳定性大大降低，切割效率会降低 30% 以上，一般称这种现象为"铝中毒"。因此工作液与电极丝需更换。表 3-1 列出了在相同加工条件下，切割不同材料时的切割速度。

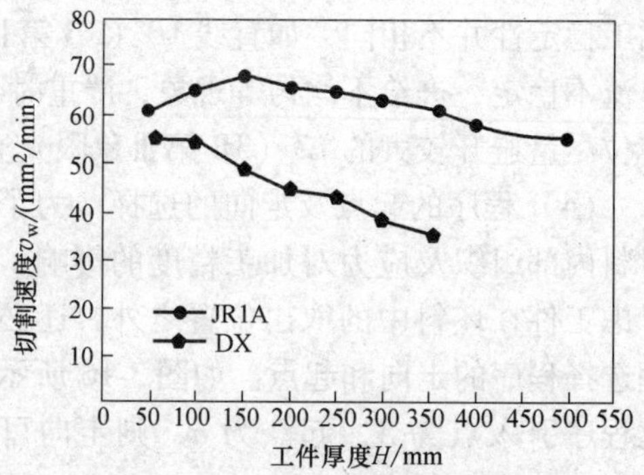

图 3-17　不同工作液切割速度随加工厚度的变化关系

表 3-1　不同材料的电火花线切割速度

工件材料	铝	模具钢	钢	石墨	硬质合金	纯铜
切割速度/(mm^2/min)	170	90	80	15	30	40

三、工件装夹的一般要求及常用装夹方法

工件装夹的形式对加工精度有直接影响。电火花线切割加工机床的夹具比较简单，一般是在通用夹具上采用压板螺钉固定工件。为了适应各种形状工件加工的需要，还可使用磁性夹具、旋转夹具或专用夹具等。

1. 工件装夹的一般要求

1）工件的基准面应清洁无毛刺，经热处理的工件，在穿丝孔内及扩孔的台阶处，要清除热处理残物及氧化皮。

2）夹具应具有必要的精度，将其稳固地固定在工作台上，拧紧螺钉时用力要均匀。

3）工件装夹的位置应有利于工件找正，并应与机床行程相适应，工作台移动时工件不得与线架相碰。

4）对工件的夹紧力要均匀，不得使工件变形或翘起。

5）大批零件加工时，最好采用专用夹具，以提高生产效率。

6）细小、精密、薄壁的工件应固定在不易变形的辅助夹具上。

2. 工件支承装夹的几种方法

（1）悬臂支承方式　如图 3-18 所示，悬臂支承通用性强，装夹方便。但由

于工件为单端压紧，另一端悬空，使得工件不易与工作台平行，所以易出现上仰或倾斜的情况，致使切割表面与工件上下平面不垂直或达不到预定的精度。因此，只有在工件的技术要求不高或悬臂部分较小的情况下才能采用。

（2）两端支承方式　如图 3-19 所示，两端支承是把工件两端都固定在夹具上，这种方法装夹支承稳定，平面定位精度高，工件底面与切割面垂直度好，但对较小的零件不适用。

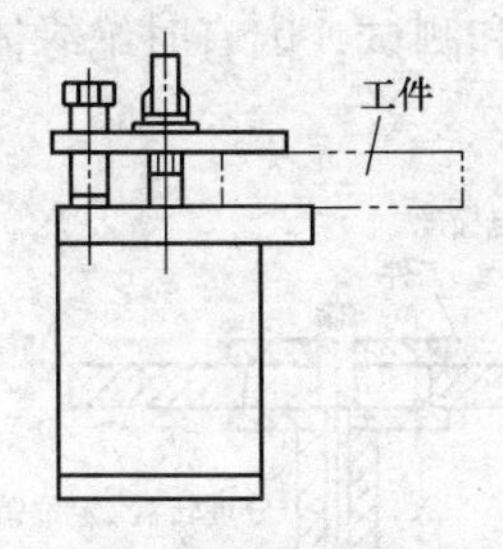

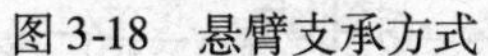

图 3-18　悬臂支承方式

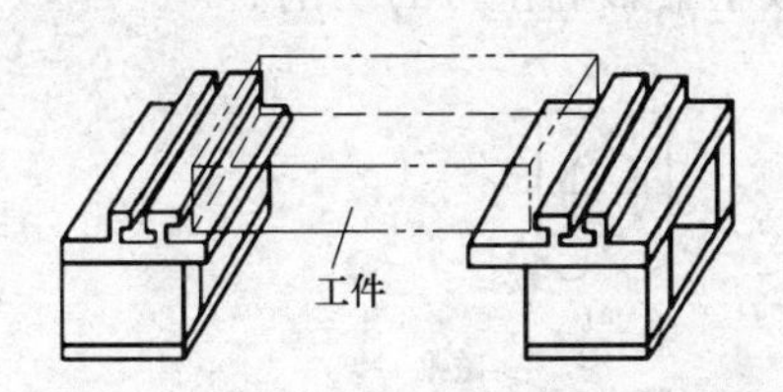

图 3-19　两端支承方式

（3）桥式支承方式　如图 3-20 所示，桥式支承是在双端夹具体下垫上两个支承铁架。其特点是通用性强、装夹方便，对大、中、小工件装夹都比较方便。

（4）板式支承方式　如图 3-21 所示，板式支承夹具可以根据经常加工工件的尺寸而定，可呈矩形或圆形孔，并可增加 *X* 和 *Y* 两方向的定位基准，装夹精度较高，适于常规生产和批量生产。

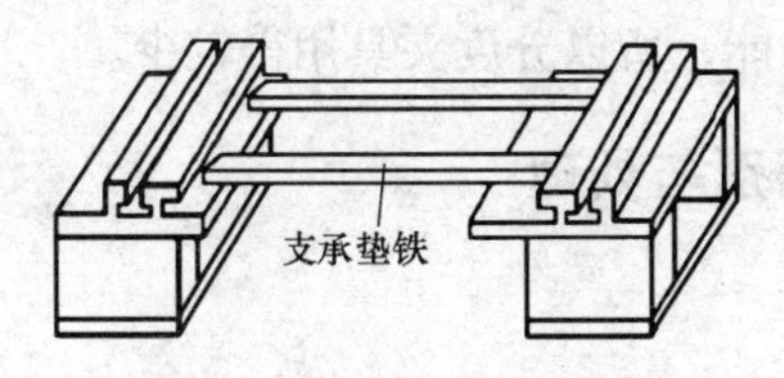

图 3-20　桥式支承方式

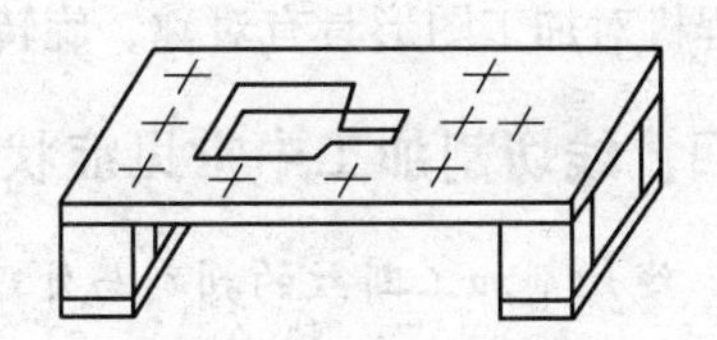

图 3-21　板式支承方式

（5）复式支承方式。如图 3-22 所示，复式支承是在桥式夹具上，再装上专用夹具组合而成，它装夹方便，特别适用于成批零件加工，既可节省工件找正和调整电极丝相对位置等辅助工时，又保证了工件加工的一致性。

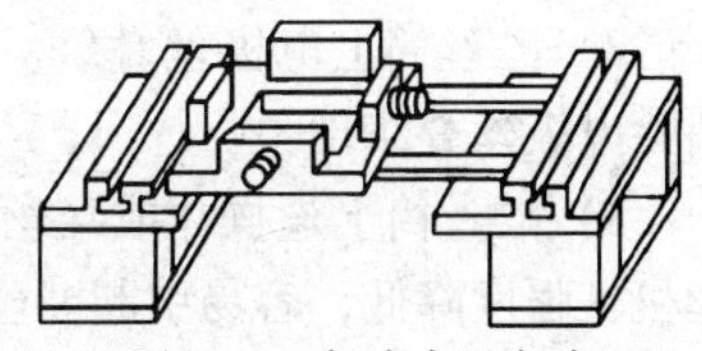

图 3-22　复式支承方式

3. 常用夹具的名称、规格和用途

（1）压板夹具　压板夹具主要用于固定平板状的工件，对于稍大的工件要成对使用。夹具上如有定位基准面，则加工前应预先用划针或百分表将夹具定位基准面与工作台对应的导轨找正平行，这样在加工批量工件时较方便，因为切割型腔的划线一般是以模板的某一面为基准的。夹具的基准面与夹具底面的距离是有要求的，夹具成对使用时两件基准面的高度一定要相等，否则切割出的型腔与工件端面不垂直，造成废品。在夹具上加工出V形的基准，则可用以夹持轴类工件。

（2）磁性夹具　采用磁性工作台或磁性表座夹持工件，不需要压板和螺钉，操作快速方便，定位后不会因压紧而变动，如图3-23所示。要注意保护上述两类夹具的基准面，避免工件将其划伤或拉毛。压板夹具应定期修磨基准面，保持两件夹具的等高性。夹具的绝缘性也应经常检查和测试，因有时绝缘体受损造成绝缘电阻减小，影响正常的切割。

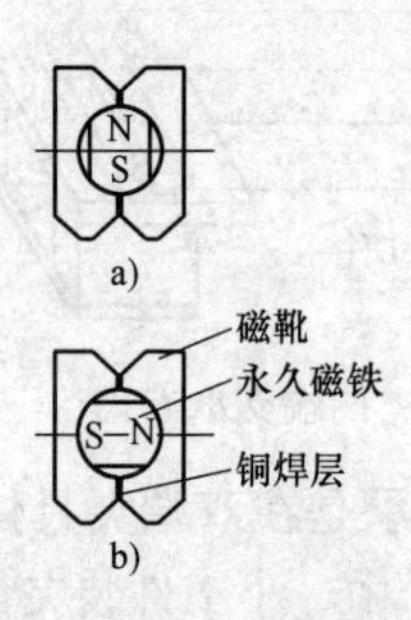

图3-23　磁性夹具的基本原理图

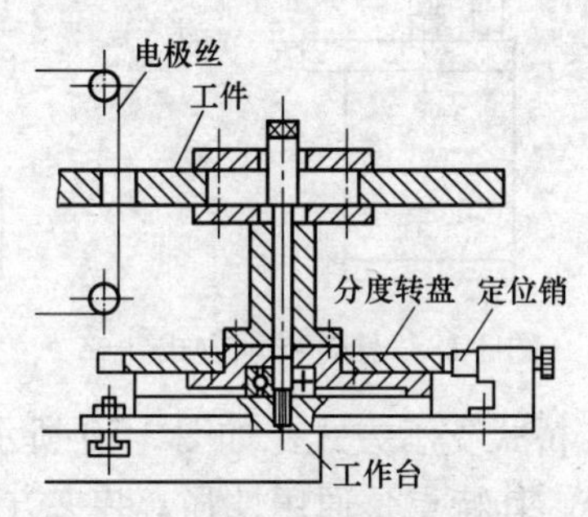

图3-24　分度夹具

（3）分度夹具　分度夹具如图3-24所示，是根据加工电动机转子、定子等多型孔的旋转形工件设计的，可保证高的分度精度。近年来，因微机控制器及自动编程机对加工图形具有对称、旋转等功能，所以分度夹具用得较少。

四、线切割加工中常见症状的判别与处理

1. 线切割加工断丝的判别与处理

（1）非加工过程中断丝

1）贮丝筒轴向窜动。解决方法是检修轴承端盖，消除轴向窜动。

2）贮丝筒上电极丝叠绕。解决方法是调整排丝轮位置，保证排丝距均匀，消除电极丝叠绕现象。

3）贮丝筒上丝操作或穿丝操作时电极丝局部打死折，导致在打折处的电极丝机械强度降低，容易引起断丝。解决方法是重新上丝和穿丝。

4）运丝机构故障引起的断丝。

① 导丝轮径向跳动、轴向窜动、转动不灵活，造成容易掉丝，引起断丝。解决方法是消除超差跳动与窜动。

② 导丝轮轴承卡死或严重滞动，可使导丝轮V形槽被电极丝拉成深槽，会将电极丝拉断。解决方法是更换导丝轮及轴承。

③ 挡丝块、导电轮被电极丝拉成深槽或在电极丝高速运行中发热变形夹丝，

也会造成断丝。解决方法是更换挡丝块或导电轮。

5）电极丝陈旧，有锈斑点，在高速运行下会断丝。解决方法是换用新丝。

（2）加工刚开始发生断丝　原因是工件端面切割条件恶劣，是点接触，放电点不分散以及电源参数和进给速度不适合等。解决方法是加工刚开始时应取小能量的电源参数，即减小电流或脉冲宽度，增大间隙，待电极丝切入工件后，改用正常参数加工。

（3）加工过程中发生断丝

1）高频电源参数选用不当。解决方法是调低峰值电流和脉冲宽度，适度调大脉冲间隔。

2）进给速度调节不当。解决方法是适度调整进给速度，一般电极丝进给速度调至6~8挡（0~9共10挡）比较合适。

3）工作液浓度和导电率不合适。解决方法是按规定浓度配制工作液并注意工作液电导率变化，适当调整。

4）工件变形或工件受污、有夹渣或成分不均。

① 切割薄板工件，切开部分错位变形。解决方法是提高电源脉冲幅值，加大脉冲宽度。

② 工件残余应力较大，切开部分变形。解决方法是消除工件残余应力及正确选择切入口和切割路线。

③ 起始位置有毛刺、铁锈和污物。解决方法是清除毛刺和铁锈，选用较弱的加工条件。

④ 工件材料有夹渣、成分不均。解决方法是采用较弱的加工条件，减慢切割速度。

（4）加工结束时发生断丝　自重引起被切除材料部分下掉或倾斜。解决方法是：

① 对于小型工件，在切割进行到2/3后，用强磁铁吸住即将下掉的部分。

② 对大型工件，在切割开始前应在工件上加工几个起吊孔（在切除材料部分），切割进行到1/2~2/3后，利用该起吊孔将即将切下的部分固定在压板上，防止工件变形或下掉。

2. 线切割加工表面产生的黑白条纹

（1）黑白条纹产生的原因　采用高速走丝方式时，加工钢件的表面往往会出现黑白交错相间的条纹，如图3-25所示。

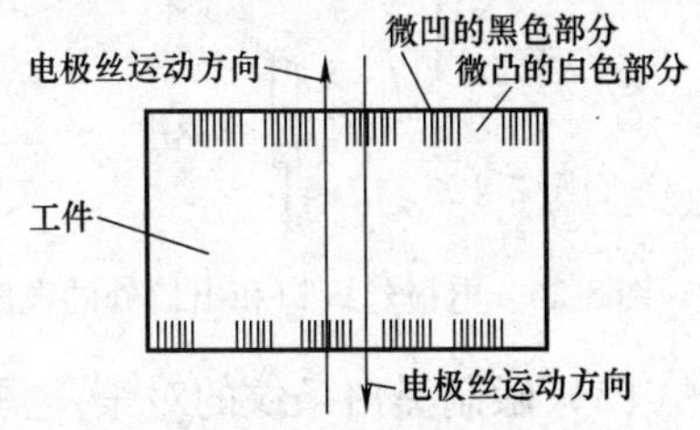

图3-25　电极丝往复运动产生的黑白条纹

条纹的出现与电极丝的运动有关，电极丝进口处呈黑色，出口处呈白色。这是因为排屑和冷却条件不同造成的。电极丝从上向下运动时，工作液由电极丝从上部带入工件内，放电产物由电极丝从下部带出。这时，上部工作液充分，冷却条件好，下部工作液少，冷却条件差，但排屑条件比上部好。工作液在放电间隙里受高温热裂分解，形成高压的气体，它急剧向外扩散，对上部蚀除物的排除造成困难，这时，放电产生的炭黑等物质将凝聚附着在上部加工表面上，使之显黑色。在下部，排屑条件好，工作液少，放电产物中炭黑较少，况且放电常常是在气体中发生，因此加工表面呈白色。同理，当电极丝从下向上运动时，下部呈黑色，上部呈白色。这样，经过电火花线切割加工的表面，就形成黑白交错相间的条纹。这是高速走丝工艺的特性之一。

这种条纹一般对加工表面粗糙度 *Ra* 值略有影响，其中白色条纹比黑色条纹凸出几微米到几十微米。因为电极丝进口处工作液充分，放电是在液体介质中进行，而在电极丝出口处，液体少，气体多，在低压放电条件下，气体中放电间隙小，所以，进口处的放电间隙比出口处大，结果白色条纹比黑色条纹凸出。

由于加工表面两端出现黑白交错相间的条纹，使工件加工表面两端的表面粗糙度比中部稍差一点。当电极丝较短、贮丝筒换向周期较短时，或者切割较厚工件时，尽管加工结果看上去似乎没有条纹，实际上是条纹很密，互相重叠而已。

（2）电极丝运动引起的斜度　电极丝上下运动时，电极丝进口处与出口处的切缝宽窄不同，如图 3-26 所示。宽口是电极丝的进口处，窄口是电极丝的出口处。当电极丝往复运动时，在同一切割表面中电极丝进口与出口的高低是不同的。这对加工精度和表面粗糙度有影响。

图 3-27 所示为电极丝不同走向处的切缝断面图。由图可知，电极丝的切缝不是直壁缝，对一个确定的电极丝运动方向而言，入口处缝大，出口处缝小。这是因为，在同一走丝方向条件下，上端面与下端面尺寸不同，呈现出斜度特征，而电极丝往复运动，就使斜度方向不断改变。

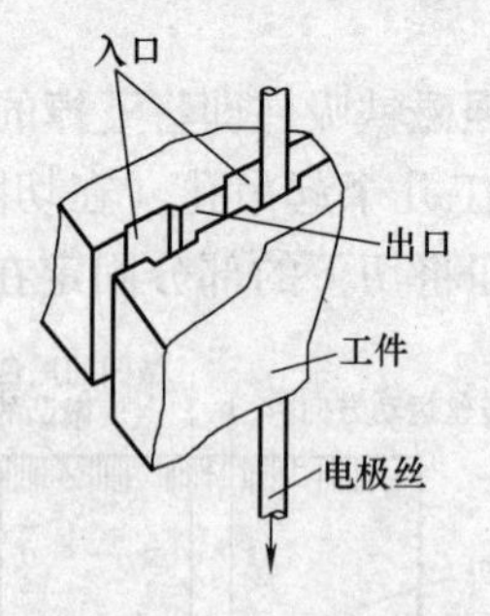

图 3-26　电极丝入口和出口处的宽度

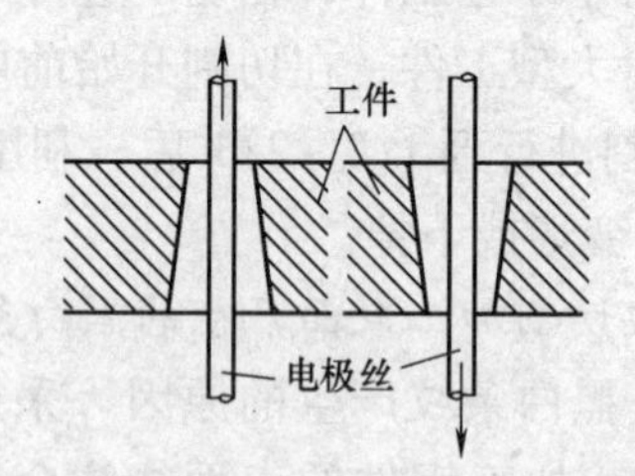

图 3-27　电极丝不同走向处的切缝断面图

（3）限制黑白条纹的对策　黑白条纹产生的最根本原因是电极丝往复运动时都放电切割加工，如果电极丝只在一个方向运动时放电，而在另外一个方向运动时不放电，就没有黑白相间的条纹。但若只在单方向运动时切割，生产率就太

低了。

采用较合理的工作液喷射方式，使电极丝出口和入口处工作液供应情况尽量一致，尤其要改善工件下部工作液的供应状况，对限制黑白条纹会有一定效果。

◈◈◈ 第三节　线切割加工技能训练实例

● 训练1　线切割加工图样编程训练

本训练的目的是了解 G90 和 G91 的使用方法，掌握绝对坐标和相对坐标的编程技巧。训练方法是根据加工轨迹图设置编程原点、电极停留位置并编写零件加工程序。

一、直线圆弧加工的绝对坐标编程

编制如图 3-28 和图 3-29 所示轨迹的加工程序。

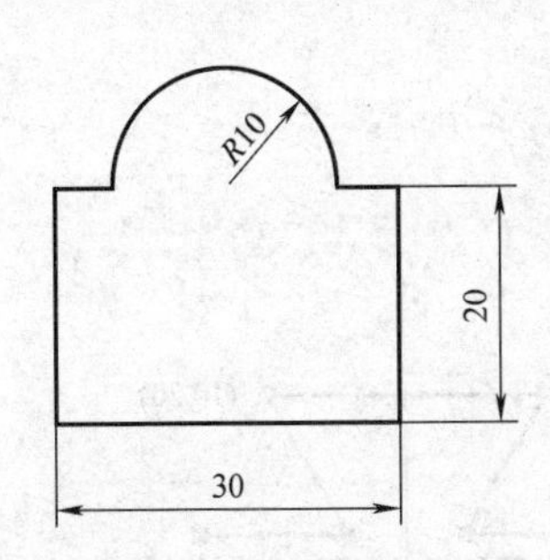

图 3-28　直线圆弧加工图

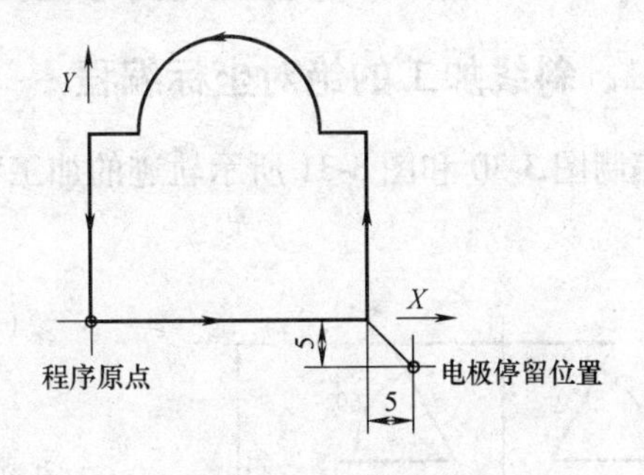

图 3-29　轨迹图

1. 编程要求

1）零件坐标系以零件的左下角为编程原点。

2）编程时按绝对值编程。

3）起割点在零件右下角，电极停留位置离零件图右下角（5，5）处。

4）不考虑电极尺寸大小，采用逆时针方向切割加工。

2. 编程步骤

1）确定编程原点及零件起割点。

2）确定编程格式：采用绝对坐标系。

3）确定图形相交点的各坐标值。

4）考虑加工时的辅助指令。

3. 编写程序

图 3-29 所示轨迹的加工程序如下：

G90 G92 X35.0 Y－5.0；（程序采用绝对坐标编程；电极停留在坐标系中的位置为 X35.0，Y－5.0）

C007；（采用参数为 C007 的代码加工）

G01 X30.0 Y0.0；　（电极直线切割加工至 X30.0，Y0 处）

X30.0 Y20.0；　（电极切割加工至 X30.0，Y20.0 处）

X25.0 Y20.0；　（电极切割加工至 X25.0，Y20.0 处）

G03 X5.0 Y20.0 I－10.0 J0.0；　（电极以圆弧方式切割，加工至 X5.0，Y20.0 处）

G01 X0.0 Y20.0；　（电极直线切割加工至 X0.0，Y20.0 处）

X0.0 Y0.0；　（电极切割加工至 X0.0，Y0.0 处）

M00；　（使机床暂停加工，便于做一些辅助工作，如工件粘接、精度测量等）

G01 X30.0 Y0.0；　（电极直线切割加工至 X30.0，Y0.0 处）

M00；　（使机床暂停加工，便于取出工件）

G01 X35.0　Y－5.0；　（电极直线切割加工至 X35.0，Y－5.0 处）

M02；　（机床停止加工，程序复位）

二、斜线加工的绝对坐标编程

编制图 3-30 和图 3-31 所示轨迹的加工程序。

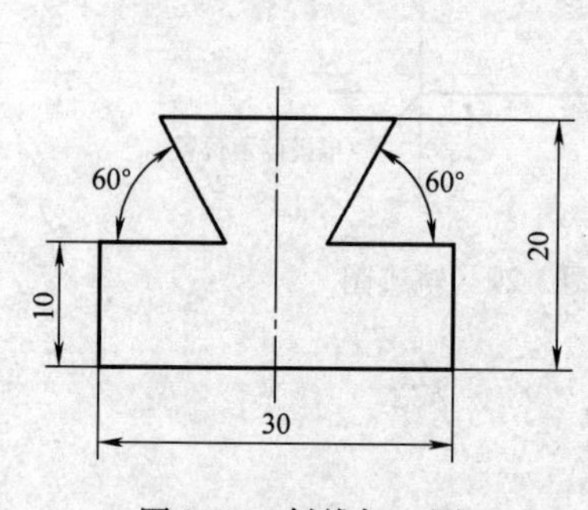

图 3-30　斜线加工图

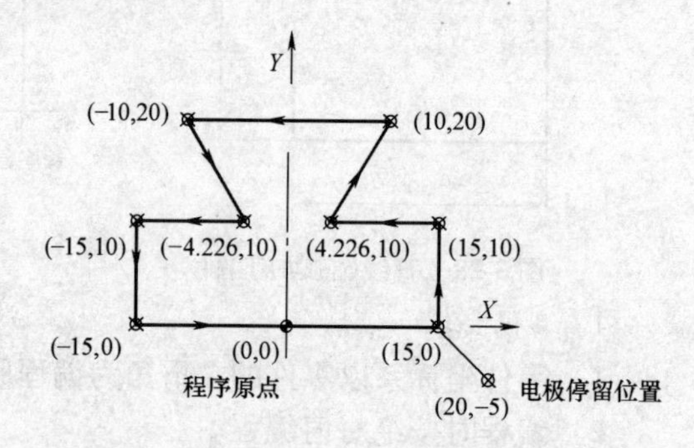

图 3-31　轨迹图

1. 编程要求

1）零件坐标系以零件的下边中点为编程原点。

2）编程时按绝对值编程。

3）起割点在零件右下角，电极停留位置离零件图右下角（5，5）处。

4）不考虑电极尺寸大小，采用逆时针方向切割加工。

2. 编程步骤

1）确定编程原点及零件起割点。

2）确定编程格式：采用绝对坐标系。

3）确定图形相交点的各坐标值。

4）考虑加工时的辅助指令。

3. 编写程序

图 3-31 所示轨迹的加工程序如下：

G90 G92 X20.0 Y－5.0；（程序采用绝对坐标编程；电极停留在坐标系中的位置为 X20.0，Y－5.0）

C007；（采用参数为 C007 的代码加工）

G01 X15.0 Y0.0；（电极直线切割加工至 X15.0，Y0 处）

X15.0 Y10.0；（电极切割加工至 X15.0，Y10.0 处）

X4.226 Y10.0；（电极切割加工至 X4.226，Y10.0 处）

X10.0 Y20.0；（电极切割加工至 X10.0，Y20.0 处）

X－10.0 Y20.0；（电极切割加工至 X－10.0，Y20.0 处）

X－4.226 Y10.0；（电极切割加工至 X－4.226，Y10.0 处）

X－15.0 Y10.0；（电极直线切割加工至 X－15.0，Y10.0 处）

X－15.0 Y0.0；（电极直线切割加工至 X－15.0，Y0.0 处）

M00；（使机床暂停加工，便于做一些辅助工作，如工件粘接、精度测量等）

G01 X15.0 Y0.0；（电极直线切割加工至 X15.0，Y0.0 处）

M00；（使机床暂停加工，便于取出工件）

G01 X20.0Y－5.0；（电极直线切割加工至 X20.0，Y－5.0 处）

M02；（机床停止加工，程序复位）

三、内轮廓加工的相对坐标编程

编制图 3-32 和图 3-33 所示轨迹的加工程序。

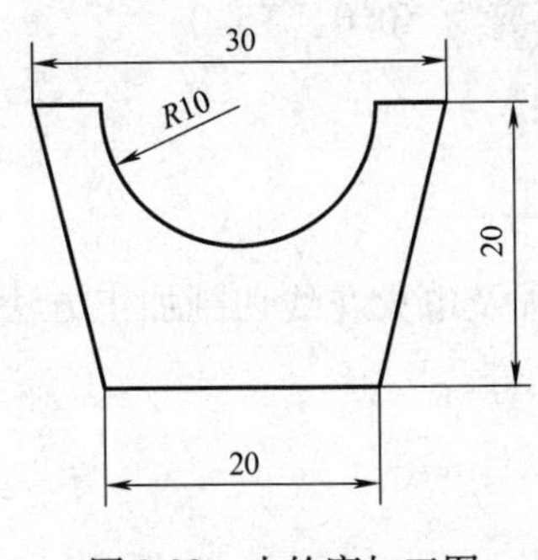

图 3-32　内轮廓加工图

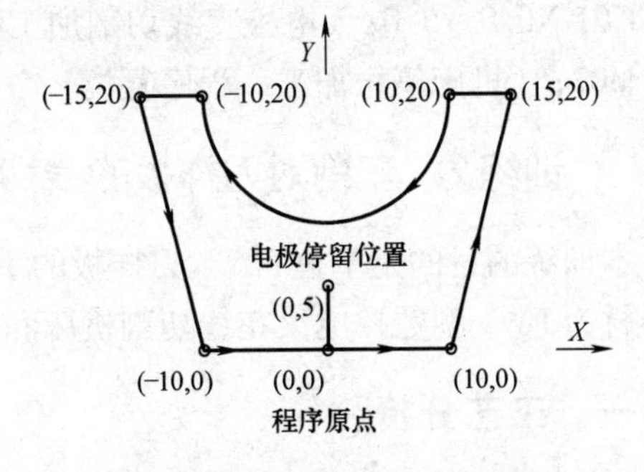

图 3-33　内轮廓加工轨迹图

1. 编程要求

1）零件坐标系以零件的下边中点为编程原点。

2）编程时按相对值编程。

3）起割点在零件内部，电极停留位置离零件图下边（0，5）处。

4）不考虑电极尺寸大小，采用逆时针方向切割加工。

2. 编程步骤

1）确定编程原点及零件起割点。

2）确定编程格式：采用相对坐标系。

3）确定图形相交点的各坐标值。

4）考虑加工时的辅助指令。

3. 编写程序

图 3-33 所示轨迹的加工程序如下：

G91 G92 X0.0 Y5.0；（程序采用相对坐标编程；电极停留在坐标系中的位置为 X0.0，Y5.0）

C007；（采用参数为 C007 的代码加工）

G01 X0.0 Y－5.0；（电极直线切割加工移动距离为 X0.0，Y－5.0）

X10.0 Y0.0；（电极切割加工移动距离为 X10.0，Y0.0）

X5.0 Y20.0；（电极切割加工移动距离为 X5.0，Y20.0）

X－5.0 Y0.0；（电极切割加工移动距离为 X－5.0，Y0.0）

G02 X－20.0 Y0.0 I－10.0 J0.0；（电极以圆弧方式切割加工，移动距离为 X－20.0，Y0.0）

G01 X－5.0 Y0.0；（电极直线切割加工移动距离为 X－5.0，Y0.0）

X5.0 Y－20.0；（电极切割加工移动距离为 X5.0，Y－20.0）

M00；（使机床暂停加工，便于做一些辅助工作，如加工件粘接、精度测量等）

G01 X10.0 Y0.0；（电极直线切割加工移动距离为 X10.0，Y0.0）

M00；（使机床暂停加工，便于取出工件）

G01 X0.0 Y5.0；（电极直线切割加工移动距离为 X0.0，Y5.0）

M02；（机床停止加工，程序复位）

训练 2　车削对刀样板的线切割加工

本训练的目的是掌握 60°车刀样板的手工编程及电火花线切割加工方法。训练器材为 FW1 型数控电火花线切割机床和加工工件。

一、工艺分析

60°对刀样板是车削加工螺纹时常用的测量工具，60°角及其中心对底面垂直度要求较高，加工时要合理选择切入点、切割方向、装夹位置等，防止工件变形。因对刀样板对具体尺寸精度要求不高，编程时可不考虑电极尺寸大小。为避免使用中生锈变形，可选用不锈钢板材加工。为了保证对刀样板的加工质量，切

割速度可稍慢些，选择加工参数时适当选择小一些的参数。

二、对刀样板的编程

编制图 3-34 和图 3-35 所示轨迹的加工程序。

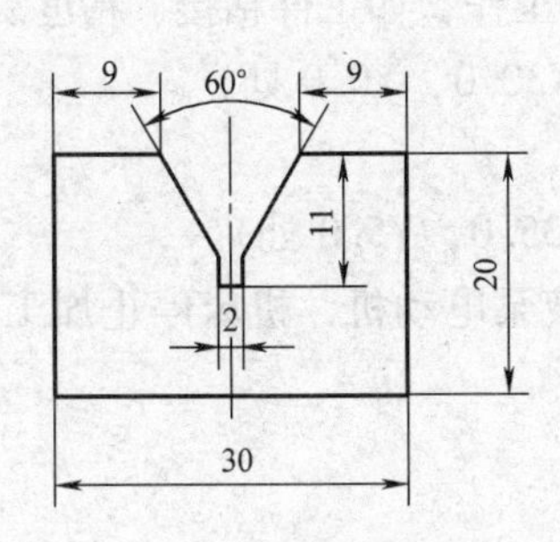

图 3-34 60°对刀样板加工图

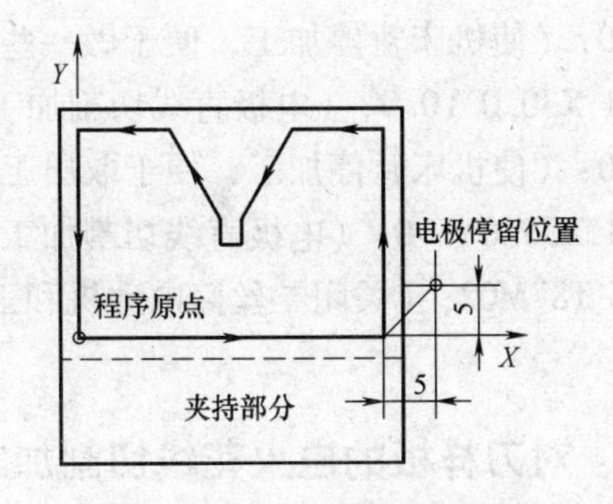

图 3-35 对刀样板加工轨迹图

1. 编程要求

1）零件坐标系以零件的左下角为编程原点。

2）编程时按绝对值编程。

3）起割点在零件右侧，电极停留位置离零件图右下角（5，5）处。

4）不考虑电极尺寸大小，采用逆时针方向切割加工。

2. 编程步骤

1）确定编程原点及零件起割点。

2）确定编程格式：采用绝对坐标系。

3）确定图形相交点的各坐标值。

4）考虑加工时的辅助指令。

3. 编写程序

图 3-35 所示轨迹的加工程序如下：

T84 T86；（启动贮丝筒电动机和工作液泵电动机）

G90 G92 X35.0 Y5.0；（程序采用绝对坐标编程；电极停留在坐标系中的位置为 X35.0，Y5.0）

C007；（采用参数为 C007 的代码加工）

G01 X30.0 Y0.0；（电极直线切割加工至 X30.0，Y0 处）

X30.0 Y20.0；（电极切割加工至 X30.0，Y20.0 处）

X21.0 Y20.0；（电极切割加工至 X21.0，Y20.0 处）

X16.0 Y11.34；（电极切割加工至 X16.0，Y11.34 处）

X16.0 Y9.0；（电极切割加工至 X16.0，Y9.0 处）

X14.0 Y9.0；（电极切割加工至 X14.0，Y9.0 处）

X14.0 Y11.34；（电极切割加工至 X14.0，Y11.34 处）

X9.0 Y20.0；（电极切割加工至 X9.0，Y20.0 处）

X0.0 Y20.0；（电极切割加工至 X0.0，Y20.0 处）

X0.0 Y0.0；（电极切割加工至 X0.0，Y0.0 处）

M00；（使机床暂停加工，便于做一些辅助工作，如工件粘接、精度测量等）

G01 X30.0 Y0.0；（电极直线切割加工至 X30.0，Y0.0 处）

M00；（使机床暂停加工，便于取出工件）

G01 X35.0Y5.0；（电极直线切割加工至 X35.0，Y5.0 处）

T85 T87M02；（关闭贮丝筒电动机和工作液泵电动机，机床停止加工，程序复位）

三、对刀样板的电火花线切割加工

1. 装夹工件及找正

1）将待加工的工件装夹到工作台上，并进行找正。

2）打开 FW1 型数控线切割机床电源，按绿色按钮，启动机床控制系统。

3）在系统手动模式界面下，键入“G80X（+或-）、G80Y（+或-）”并按回车键确认，让系统自动感知工件的 *X* 轴和 *Y* 轴边缘，按 F1 键置零后，确认坐标。或者在系统手动模式下，按 F4 键并按回车键确认后，按手控盒上的[+X]或[-X]和[+Y]或[-Y]键，用观察放电火花的半自动方式对工件对边，按 F1 键置零后，确认坐标。

2. 输入加工程序并检查

1）在系统手动模式界面下，按 F10 键进入编辑模式状态。

2）在编辑模式的界面下，键入已经编好的对刀样板加工程序。

3）按 F9 键，进入自动模式状态。

4）在自动模式的界面下，按 F3 键，将“模拟”的“OFF”状态改为“ON”状态，按回车键确认后，系统将自动地模拟运行检查程序。

3. 加工

1）模拟结束后，按“ESC”键，并将“模拟”的状态改回“OFF”。

2）按回车键确认，机床将起动工作液泵和走丝电动机，开始执行编程指令，沿角度样板的切割路径进行切割。

3）切割完毕后，机床会关闭工作液泵和走丝电动机。

4）取下工件，将工件擦拭干净，再将机床擦干净，工作台表面涂上机油。按红色按钮，关闭控制系统，再关闭机床总开关，切断电源。

训练3　啤酒瓶盖开启扳手的线切割加工

本训练的目的是通过啤酒瓶盖开启扳手的线切割加工操作训练，掌握零件跳步加工的编程操作技巧。训练器材为 FW1 型数控电火花线切割机床和加工工件。

一、工艺分析

啤酒瓶盖开启扳手是日常生活中的常用工具，其结构如图 3-36 所示。扳手由两段不相连的封闭环组成，加工时需分两部分跳步加工。为避免使用中生锈变形，可选用不锈钢板材加工。因此类扳手对具体尺寸精度要求不高，编程时可不考虑电极尺寸大小。切割速度可稍快些，选择加工参数时适当选择大一些的参数。

二、啤酒瓶盖开启扳手的编程

编制图 3-36 和图 3-37 所示轨迹的加工程序。

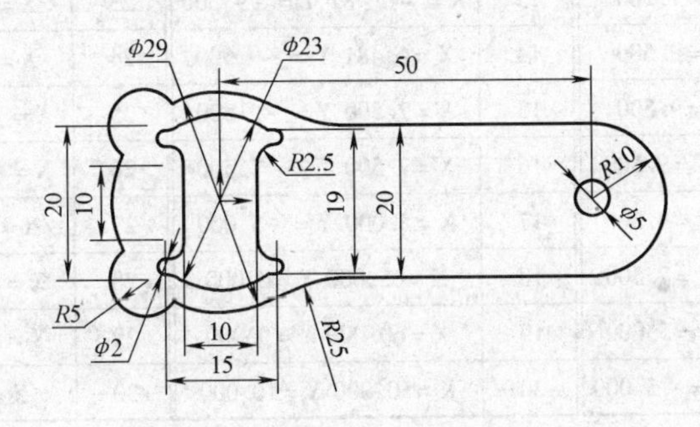

图 3-36　啤酒瓶盖开启扳手加工图

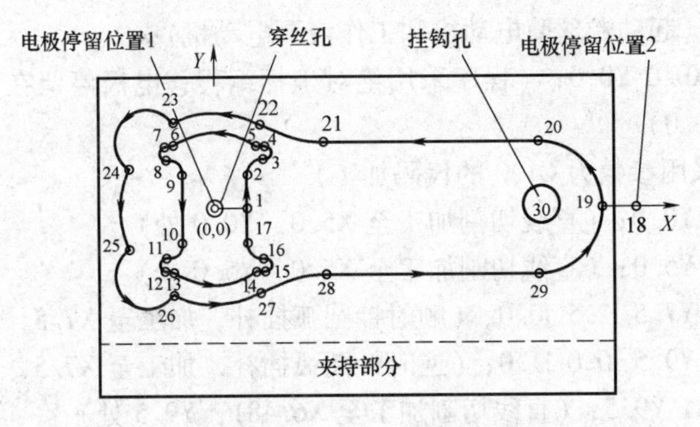

图 3-37　加工轨迹图

1. 编程要求

1）零件坐标系以扳手口的中心为编程原点。

2）编程时按绝对值编程。

3）起割点在零件右侧，电极停留位置离扳手口中心（65，0）处。

4）不考虑电极尺寸大小，采用逆时针方向切割加工。

2. 编程步骤

1）确定编程原点及零件起割点。

2）确定编程格式：采用绝对坐标系。

3）确定图形各节点的坐标值（见表3-2）。

4）考虑加工时的辅助指令。

表3-2 各节点坐标值

节点	坐标值	节点	坐标值	节点	坐标值
1	X=5.000 Y=0.000	11	X=-7.500 Y=-7.500	21	X=19.067 Y=10.000
2	X=5.000 Y=5.000	12	X=-7.500 Y=-9.500	22	X=6.729 Y=12.844
3	X=7.500 Y=7.500	13	X=-6.481 Y=-9.500	23	X=-6.115 Y=13.148
4	X=7.500 Y=9.500	14	X=6.481 Y=-9.500	24	X=-13.148 Y=6.115
5	X=6.481 Y=9.500	15	X=7.500 Y=-9.500	25	X=-13.148 Y=-6.115
6	X=-6.481 Y=9.500	16	X=7.500 Y=-7.500	26	X=-6.115 Y=-13.148
7	X=-7.500 Y=9.500	17	X=5.000 Y=-5.000	27	X=6.729 Y=-12.844
8	X=-7.500 Y=7.500	18	X=65.000 Y=0.000	28	X=19.067 Y=-10.000
9	X=-5.000 Y=5.000	19	X=60.000 Y=0.000	29	X=50.000 Y=-10.000
10	X=-5.000 Y=-5.000	20	X=50.000 Y=10.000	30	X=50.000 Y=0.000

3. 编写程序

图3-37所示轨迹的加工程序如下：

T84 T86；（起动贮丝筒电动机和工作液泵电动机）

G90 G92 X0.0 Y0.0；（程序采用绝对坐标编程；电极停留在坐标系中的位置为X0.0，Y0.0）

C120；（采用参数为C120的代码加工）

G01 X5.0 Y0.0；（直线切割加工至X5.0，Y0.0处）

X5.0 Y5.0；（直线切割加工至X5.0，Y5.0处）

G02 X7.5 Y7.5 I2.5 J0.0；（顺时针圆弧插补，加工至X7.5，Y7.5处）

G03 X7.5 Y9.5 I0.0 J1.0；（逆时针圆弧插补，加工至X7.5，Y9.5处）

G01 X6.481 Y9.5；（直线切割加工至X6.481，Y9.5处）

G03 X-6.481 Y9.5 I-6.481 J-9.5；（圆弧方式逆时针插补，加工至X-

6.481，Y9.5 处）

G01 X－7.5 Y9.5；（直线切割加工至 X－7.5，Y9.5 处）

G03 X－7.5 Y7.5 I0.0 J－1.0；（圆弧方式逆时针插补，加工至 X－7.5，Y7.5 处）

G02 X－5.0 Y5.0 I0.0 J－2.5；（圆弧方式顺时针插补，加工至 X－5.0，Y5.0 处）

G01 X－5.0 Y－5.0；（直线切割加工至 X－5.0，Y－5.0 处）

G02 X－7.5 Y－7.5 I－2.5 J0.0；（顺时针圆弧插补，加工至 X－7.5，Y－7.5 处）

G03 X－7.5 Y－9.5 I0.0 J－1.0；（逆时针圆弧插补，加工至 X－7.5，Y－9.5 处）

G01 X－6.481 Y－9.5；（直线切割加工至 X－6.481.0，Y－9.5 处）

G03 X6.481 Y－9.5 I6.481 J9.5；（逆时针圆弧插补，加工至 X6.481，Y－9.5 处）

G01 X7.5 Y－9.5；（直线切割加工至 X7.5，Y－9.5 处）

G03 X7.5 Y－7.5 I0.0 J1.0；（逆时针圆弧插补切割，加工至 X7.5，Y－7.5 处）

G02 X5.0 Y－5.0 I0.0 J2.5；（顺时针圆弧插补切割，加工至 X5.0，Y－5.0 处）

G01 X5.0 Y0.0；（直线切割加工至 X5.0，Y0.0 处）

X0.0 Y0.0；（直线切割加工至 X0.0，Y0.0 处）

T85 T87；（关闭贮丝筒电动机和工作液泵电动机）

M00；　（使机床暂停加工，将电极丝从工件中抽出并盘回贮丝筒）

G00 X65.0 Y0.0；（电极丝快速移动至 X65.0，Y0.0 处）

M00；　（使机床暂停加工，重新穿绕电极丝并拉紧固定）

T84 T86；（起动贮丝筒电动机和工作液泵电动机）

G01 X60.0 Y0.0；（直线切割加工至 X60.0，Y0.0 处）

G03 X50.0 Y10.0 I－10.0 J0.0；（逆时针圆弧插补加工至 X50.0，Y10.0 处）

G01 X19.067 Y10.0；（直线切割加工至 X19.067，Y10.0 处）

G02 X6.729 Y12.844 I－0.736 J24.989；（顺时针圆弧插补加工至 X6.729，Y12.884 处）

G03 X－6.115 Y13.148 I－6.729 J－12.844；（逆时针圆弧插补加工至 X－6.115，Y13.148 处）

X－13.148 Y6.115 I－3.885 J－3.148；（逆时针圆弧插补加工至 X－13.148，Y6.115 处）

X－13.148 Y－6.115 I13.148 J－6.115；（逆时针圆弧插补加工至 X－13.148，Y－6.115 处）

X－6.115 Y－13.148 I3.148 J－3.885；（逆时针圆弧插补加工至

X－6.115，Y－13.148 处）

X6.729 Y－12.844 I6.115 J13.148；（逆时针圆弧插补加工至 X6.729，Y－12.884 处）

G02 X19.067 Y－10.0 I11.602 J－22.145；（顺时针圆弧插补加工至 X19.067，Y－10.0 处）

G01 X50.0 Y－10.0；（直线切割加工至 X50.0，Y－10.0 处）

M00；（使机床暂停加工，便于做一些辅助工作，如工件粘接、精度测量等）

G03 X60.0 Y0.0 I0.0 J10.0；（逆时针圆弧插补加工至 X60.0，Y0.0 处）

M00；（使机床暂停加工，便于取出工件）

G01 X65.0 Y0.0；（直线切割加工至 X65.0，Y0.0 处）

T85 T87 M02；（关闭贮丝筒电动机和工作液泵电动机，机床停止加工，程序复位）

三、啤酒瓶盖开启扳手的电火花线切割加工

1. 材料准备

在工件恰当的位置上钻出 ϕ2.5mm 穿丝孔，以此孔为中心原点，划出点（50，0）的位置，并钻出 ϕ5mm 的挂钩孔（见图 3-37）。

2. 装夹工件及找正

1）将待加工的工件装夹到工作台上，并进行找正。

2）打开 FW1 型数控线切割机床电源，按绿色按钮，启动机床控制系统。

3）在系统手动模式界面下，将电极丝穿入 ϕ2.5mm 的穿丝孔；按 F3 键后，机床自动找出 ϕ2.5mm 穿丝孔中心；按 F1 键置零后，确认坐标。

3. 输入加工程序并检查

1）在系统手动模式界面下，按 F10 键进入编辑模式状态。

2）在编辑模式界面下，键入已经编好的啤酒瓶盖开启扳手加工程序。

3）按 F9 键，进入自动模式状态。

4）在自动模式界面下，按 F3 键，将“模拟”的“OFF”状态改为“ON”状态，按回车键确认后，系统将自动地模拟运行检查程序。

4. 加工

1）模拟结束后，按“ESC”键，并将“模拟”的状态改回“OFF”。

2）按回车键，机床将起动工作液泵和走丝电动机，开始执行编程指令，沿 0→1→2→3→4→5→6→7→8→9→10→11→12→13→14→15→16→17→1→0 路径切割内环后，机床暂停。

3）将电极丝从工件中抽出并盘回贮丝筒，按手控制盒“R”键，机床将快速移动至（65，0）后，机床再次暂停。

4）重新穿绕电极丝并拉紧固定后，按手控制盒“R”键，机床继续加工，将沿 18→19→20→21→22→23→24→25→26→27→28→29 路径进行切割。

5）为防止工件变形、掉落时夹断电极丝，当切割至 29 后机床再次暂停，便于做一些辅助工作，如工件粘接、精度测量等工作。

6）按手控制盒“R”键，机床继续加工，将沿 29→19→18 路径进行切割。

7）切割完毕后，机床会关闭工作液泵和走丝电动机。

8）取下工件，将工件擦拭干净，再将机床擦干净，工作台表面涂上机油。按机床红色按钮，关闭控制系统，再关闭机床总开关，切断电源。

复习思考题

1. 简述电火花线切割加工的一般工艺步骤。
2. 如何用右手直角笛卡儿坐标方法判断机床的坐标系？
3. 一个完整的数控加工程序由哪三部分组成？
4. 工件结构工艺性对编程有哪些影响？
5. 工件材料及工件厚度对线切割加工速度有哪些影响？
6. 线切割加工过程中发生断丝的原因和相应的对策有哪些？

第四章

电火花成形加工设备的系统组成、安装、操作及维护

电火花成形加工机床主要包括主机、电源箱、工作液循环过滤系统及附件等。主机用于支承、固定工具电极及工件，实现电极在加工过程中稳定的伺服进给运动。主机主要由床身、立柱、主轴头、工作台及工作液槽等部分组成。电源箱包括脉冲电源、伺服进给系统和其他电气控制系统。工作液循环过滤系统包括供液泵、过滤器、各种控制阀、管道等。图4-1所示为三轴数控电火花成形加工机床的总体结构。

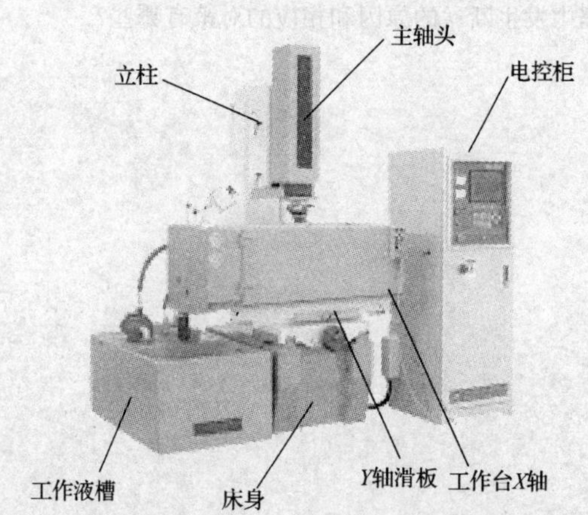

图4-1　三轴数控电火花成形加工机床的总体结构

第一节　电火花成形机床的分类和主要技术参数

一、机床的分类及结构形式

1. 机床的分类

1）按国家标准，可将电火花成形加工机床分为：单立柱机床（十字工作台

型和固定工作台型）和双立柱机床（移动主轴头型和十字工作台型）。

2）按机床主参数尺寸分为：小型机床（工作台宽度≤250mm）、中型机床（工作台宽度>250～630mm）、大型机床（工作台宽度>630～1250mm）和超大型机床（工作台宽度>1250mm）。

3）按数控程度分为：普通手动机床、单轴数控机床和多轴数控机床。

4）按精度等级分为：标准精度机床、高精度机床和超精密机床

5）按伺服系统类型分为：液压进给机床、步进电动机进给机床、直流或交流伺服电动机进给机床和直线电动机进给驱动机床。

6）按应用范围分为：通用机床和专用机床（航空叶片零件加工机床、螺纹加工机床、轮胎橡胶模加工机床等）

2. 机床的结构形式

电火花成形加工机床有多种结构形式，根据不同的加工对象，通常机床结构形式（见图4-2）有如下几种：

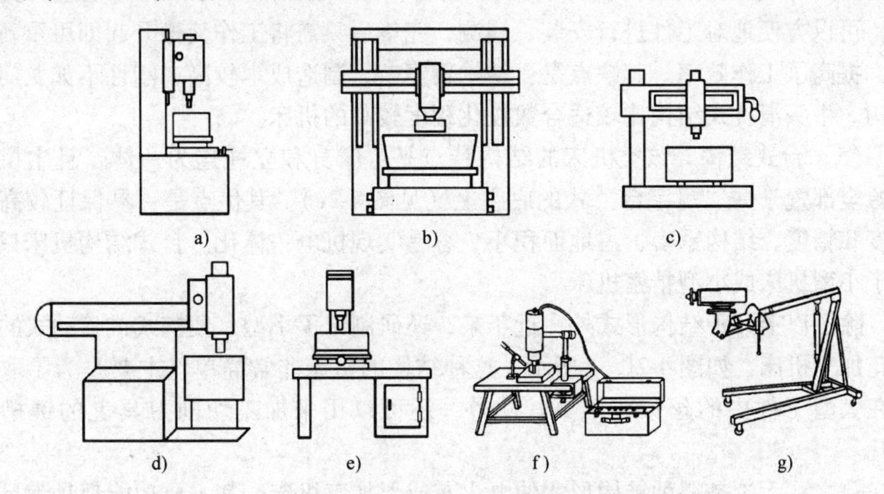

图4-2　电火花成形加工机床的几种结构形式

a）立柱式　b）龙门式　c）悬臂式　d）滑枕式

e）台式　f）便携式　g）移动式

（1）立柱式结构　该类机床的结构特点是：床身、立柱、主轴头、工作台构成一“C”字形（见图4-2a）。其优点是：结构简单，制造容易，具有较好的精度和刚性，操作者可从前、左、右三面充分靠近工作台。其缺点是：装卸工件不方便，每次安装、检测工件都必须开门放油，然后再关门上油，操作较复杂，容易漏油。立柱式结构较适合中、小型机床。

（2）龙门式结构　该类机床的结构特点是：主轴头悬挂在一“门”式结构的横梁上，类似金属切削机床中的龙门刨床（见图4-2b）。工作台一般都固定在

床身上，而主轴头可在横梁上作 X 方向的移动，工作台或龙门作 Y 方向的移动。其优点是：机床刚性好，精度高，稳定性好。其缺点是：制造成本高，操作不太方便，占地面积大。龙门式结构适合大、中型机床采用。

（3）悬臂式结构　该类机床的结构特点是：主轴头装在可以绕固定轴转动的摇臂上，并可在摇臂上移动，工作台固定不动（见图 4-2c）。其优点是：操作十分方便，主轴头可以迅速移开加工区，使操作者能从前、左、后面及上面充分接近工件，方便完成工件的装卸和检测。大模块可直接用吊车装卸。其缺点是：机床的刚性和精度差。悬臂式结构机床只适用于精度要求不高的模具或零件（如锻造模具）的加工。

（4）牛头滑枕式结构　这种结构形式类似金属切削机床中的牛头刨床（见图 4-2d）。工作台固定不动或实现 X 方向移动，主轴头通过滑枕实现 Y 方向的移动或 X、Y 方向的移动。其优点是：装卸、检测工件十分方便，此结构为设计、安装可升降式工作液槽提供方便；当可升降工作液槽降下时，工件完全暴露出来，可以方便地对工件进行安装、检测，完毕后只需将工作液槽升起即可重新加工，提高了工作效率。其缺点是：结构较复杂，制造成本较高，刚性不如龙门式结构。牛头滑枕式结构比较适合数控化程度较高的机床。

（5）台式结构　该类机床的结构特点是：床身和立柱连为一体，且主机和电源全部置于一“写字台”式的底座上（见图 4-2e）。其优点是：易保证较高的刚度和精度，结构紧凑，占地面积小，容易实现机电一体化。台式结构机床只适用于小型机床或小型精密机床。

除了以上几种结构形式外，近年来，还研制出了小型、便携式或移动式的电火花加工机床，如图 4-2f、g 所示。这种结构的机床非常简单，主要是为了取折断在大型工件中的丝锥或工具。此外，还可以用来加工切削刀具上的键槽或扩孔。

总之，无论是哪种结构形式的电火花成形加工机床，其主要功能都是满足电火花成形加工的工艺要求、伺服加工轴运动并保证电火花放电所需的最佳间隙的要求，同时按预定的运动轨迹移动，以完成工件的加工。随着模具制造业的发展，国内外已生产了各种结构形式的三轴（或多于三轴）数控电火花成形加工机床，有的带工具电极库按程序自动更换电极成为电火花加工中心。新型的电火花成形加工机床在环境保护、安全方面都采取了强有力的措施。

二、国产机床的型号与主要技术参数

1. 电火花成形机床的规格型号

在晶体管脉冲电源没有广泛采用的 20 世纪 60 ~ 70 年代，我国早期生产的电火花穿孔加工机床（采用 RC、RLC 和电子管、闸流管等窄脉冲电源）和电火花

成形加工机床（采用长脉冲发电机电源）分别命名为 D61 系列（如 D6125、D6135、D6140 型）和 D55 系列（如 D5540、D5570 型等）。

20 世纪 80 年代开始大量采用晶体管脉冲电源，电火花加工机床既可用于穿孔加工，又可用于成形加工，因此 1985 年起把电火花成形加工机床命名为 D71 系列，见 JB/T 7445. 2—2012《特种加工机床　第 2 部分：型号编制方法》，其型号表示方法如下：

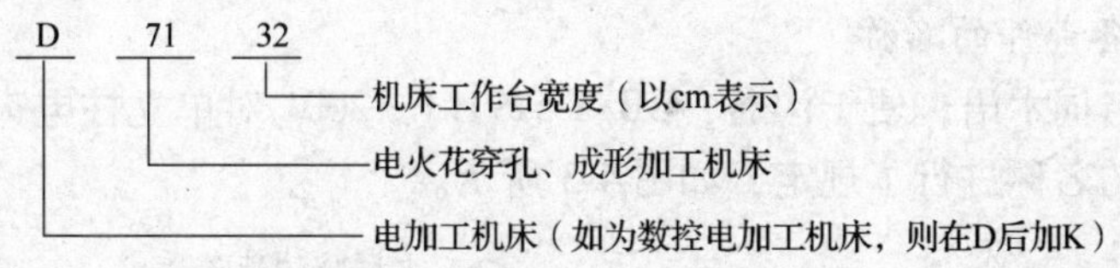

目前国产电火花机床的型号命名往往加上本单位名称的拼音代号及其他代号，如北京市电加工研究所加 B，北京凝华实业公司加 NH 等。中外合资及外资厂的型号更不统一，往往采用其自定的型号系列来表示。

2. 电火花成形机床的主要技术参数

数控电火花成形加工机床的主要技术参数包括尺寸及加工范围参数、电参数、精度参数等，其具体内容及作用见表 4-1。

表 4-1　数控电火花机床主要参数

类　别	主 要 内 容	作　　用
工作台参数	工作台面长度、宽度	影响加工工件的尺寸范围(质量)、夹具的设计及使用
	工作台纵向和横向的行程	
	工作台最大承重	
	T形槽槽宽、槽间距	
主轴头参数	伺服行程	影响加工工艺指标
	滑座行程	
	摆动角度及旋转角度	
运动参数	主轴伺服进给速度	影响加工性能及加工效率
	工作台移动速度	

类　别	主 要 内 容	作　　用
动力参数	主轴电动机功率	影响加工负荷
	伺服电动机额定转矩	
精度参数	工作台定位精度、重复定位精度	影响加工精度及其一致性
	电极的装夹定位精度、重复定位精度	
	横向、纵向坐标读数精度	
	最大加工电流、电压	
	最大电源功率	
	最小电极损耗	
	最小表面粗糙度值	
其他	主轴连接板至工作台面的最大距离	影响使用环境

第二节　电火花成形机床的结构及系统组成

一、机床各部件的名称和传动轴方向定义

1. 机床各部件的名称

为统一名词术语，便于沟通，GB/T 5291.1—2001 对单立柱电火花成形加工机床各部分的名称进行了规定，如图 4-3 所示。

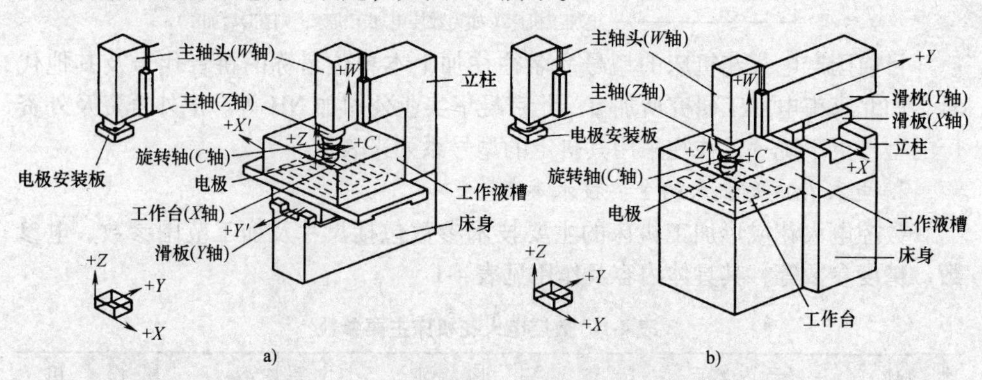

图 4-3　电火花成形加工机床各部分名称
a）十字工作台型单立柱机床　b）固定工作台型单立柱机床

2. 机床各传动轴的名称与方向定义

电火花成形加工机床主机一般有 X、Y、Z 三轴传动系统。当 Z 轴用电动机伺服驱动，X、Y 轴为手动时称为普通机床或单轴数控机床。当 X、Y、Z 三轴同时用电动机伺服驱动时称为三轴数控机床。C 轴为旋转伺服轴，R 轴为高速旋转轴。各传动轴的名称与方向定义如图 4-4 所示。

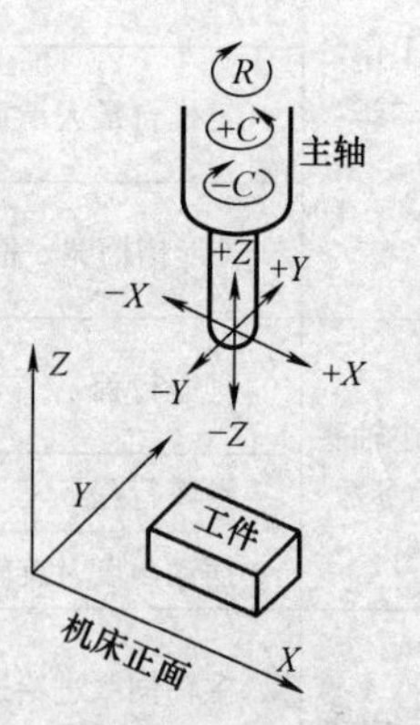

图 4-4　各传动轴的名称与方向定义

Z 轴（主轴）：主轴头上下移动轴。面对机床，主轴头移动向上为 +Z，向下为 −Z。

X 轴：工作台左右移动轴。面对机床，主轴向右（工作台向左）移动为 +X，反向为 −X。

Y 轴：工作台前后移动轴。面对机床，主轴向前（工作台向后）移动为 +Y，反向为 −Y。

C 轴：安装在主轴头下面的电极旋转伺服轴。从上向下看，电极逆时针方向

旋转为 $+C$，顺时针方向旋转为 $-C$。

二、机床主机各部分的结构及其作用

电火花成形加工机床主机有普通手动、单轴数控、三轴数控等形式，它们都是由床身、立柱、主轴头、工作台、工作液槽等组成的。

1. 床身、立柱

床身、立柱是基础结构件（见图 4-5），其作用是保证电极与工作台、工件之间的相互位置。它们的刚度和精度的高低对加工精度有直接的影响，如果刚度不足，加工精度难以保证。对床身和立柱的结构要求如下：

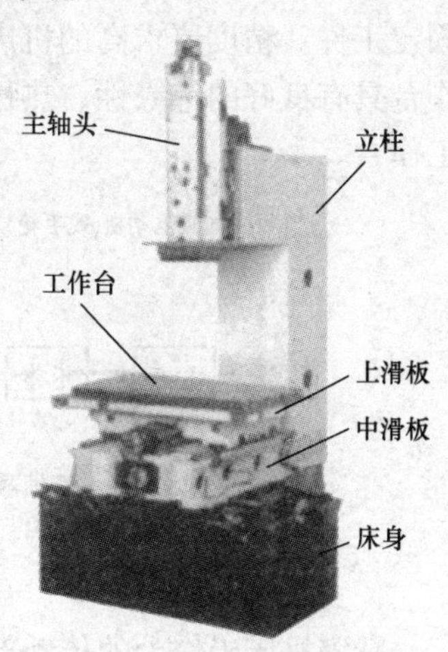

图 4-5 床身、立柱及工作台

（1）刚性要好 当较重的工件放在工作台上，在工作台前后运动时，床身会发生不同程度的变形。当主轴头悬挂较重的电极时，立柱也会发生变形。这些变形必须控制在允许的范围内。床身、立柱的结构设计不仅应合理，有足够的刚度，减少变形，能承受主轴负重和运动部件突然加速运动的惯性力，而且在结构设计时应考虑减小温度变化引起的变形。床身、立柱采用宽体式、箱式铸件结构，在内部合理布置加强肋可以增强刚度和强度。

（2）具有一定的精度 主要部件的装配精度或运动精度要高；立柱导轨面与床身工作基面之间的垂直度以及立柱导轨的直线度、床身工作基面的平面度均要控制在允许的范围内。

（3）抗振性要好 床身与立柱的自振频率一般大于 50Hz，以提高其抗振性能。数控机床的床身、立柱材料通常选用 HT200，树脂砂铸造，应经两次时效处理消除内应力，使其减少变形，保持良好的稳定性和尺寸精度。普通机床一般选用 HT200，普通铸造。

2. 工作台

工作台主要用来支承和装夹工件，可实现横向（X 轴）、纵向（Y 轴）两个方向的运动。在实际加工中，工作台是操作者在装夹找正工件时经常移动的部件，通过两个手轮（或电动机）来移动上、下滑板，改变纵、横向位置，达到电极与被加工件间所要求的相对位置。工作台上面装有工作液槽，用以容纳工作液，使电极和被加工件浸泡在工作液里，起到冷却、排屑作用。工作台可分为普通工作台和精密工作台。

工作台由中滑板、上滑板、工作台三部分组成（见图 4-5）。中滑板安装在床身的导轨上实现了 X 轴方向的运动，其传动系统原理如图 4-6 所示。它是由伺服电动机（或手轮）通过联轴器带动丝杠副移动，进而带动中滑板移动。双向推力球轴承和单列向心球轴承起支承和消除反向间隙的作用。另外，丝杠副多采用消间隙结构。上滑板安装在中滑板的导轨上实现了 Y 轴方向运动，其传动系统原理同 X 轴方向。工作台一般与上滑板做成一体，上面有了形槽或螺孔用于固定工件。精度要求高的机床有的采用花岗岩材质的单独工作台。这种材质的工作台具有良好的绝缘性、热稳定性和非常小的变形，可制成双公差等级为 IT0 的工作台。

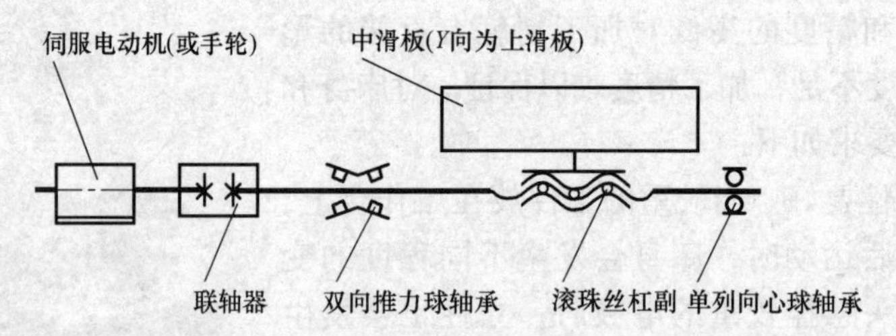

图 4-6　X、Y 轴方向的传动系统原理示意图

精密机床工作台的传动部分采用精密滚珠丝杠来实现，常选用的形式有错位预压式滚珠丝杠、双螺母滚珠丝杠等；导向部分采用两根承载大、刚度高的滚动直线导轨来实现，传动系统可通过数控系统进行丝杠螺距误差补偿和反向间隙补偿，保证精密机床有较高的定位精度（任意 100mm 为 5 ~ 10μm）和重复定位精度（1 ~ 2μm），达到精确定位的目的。

3. 主轴头

（1）主轴头的技术要求　主轴头是电火花成形加工机床的一个关键部件，可实现上、下方向的 Z 轴运动，是电火花成形加工的主要加工轴。它的伺服运动好坏直接影响加工的工艺指标，因此无论何种形式的主轴头，除结构上不同外，必须满足以下要求：

1）有一定的轴向和侧向刚度及运动精度。

2）有足够的进给速度和回升速度；变速范围要大（从几微米每分钟到几十米每分钟）。

3）主轴运动的直线性和防扭转性能好。

4）响应速度要快，分辨率要高，无爬行、滞后及超调现象。

5）不同的机床要具备合理的承载电极重量的能力。

6）有限位和保护装置。

7）制造工艺性好，结构简单，传动链短，维修方便。

（2）主轴头的组成　主轴头的结构是由伺服驱动机构、导向和防扭机构、

辅助机构三部分组成的。

1）主轴头伺服驱动机构。目前应用最普遍的伺服驱动机构是交、直流伺服电动机 + 滚动导轨、滚珠丝杠的直拖结构。

2）伺服电动机的选择。伺服电动机是伺服驱动机构的重要执行元件。在选择电动机时，应对驱动轴的受力进行正确的分析，计算电动机的总转矩 T_M、加速功率 P_0、运动功率 P_a 等以作为选择电动机的依据。

伺服电动机选择时应满足：总转矩 T_M ≤电动机公称转矩；所需功率 $P_0 + P_a$ =（1 ~3）电动机公称功率；电动机速度 n_n ≤电动机公称速度；电动机满载惯性容量 J_m ≤伺服电动机惯性容量。

（3）主轴头的常见结构形式

1）普通手动、单轴数控机床主轴头的结构。普遍采用步进电动机、直流伺服电动机作为主轴头的进给驱动元件，主轴头的伺服进给结构形式一般采用伺服电动机通过同步带带动齿轮减速，再带动丝杠副转动，进而驱动主轴作上下（*Z* 轴方向）移动，结构示意如图 4-7 所示。其导向和防扭是由双矩形贴塑导轨或平面-V 形贴塑导轨构成的，导轨结合面施加一定的预紧力用于消除间隙，以保证运动精度。图 4-8 所示为双矩形贴塑导轨导向和防扭结构示意。

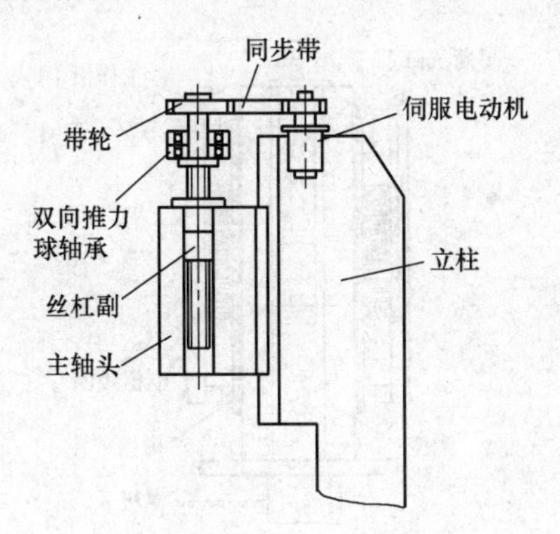

图 4-7　*Z* 轴方向的传动系统结构示意

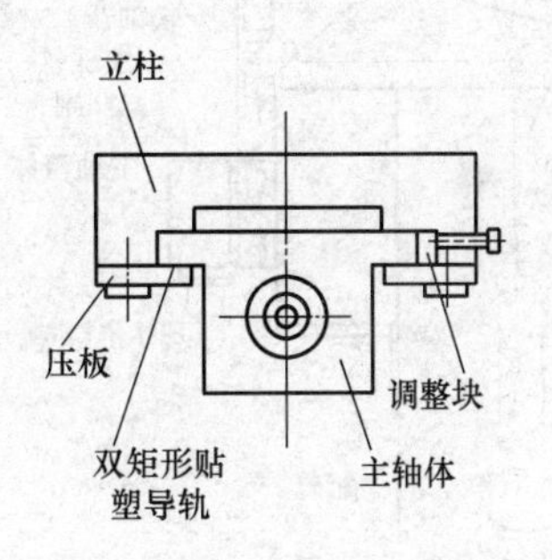

图 4-8　双矩形贴塑导轨导向和防扭结构示意

① 导轨、丝杠的组合方式有两种：一种是滑动导轨、滚珠丝杠副；另一种是滚动导轨、滑动丝杠副。后一种组合的优点是：既保证主轴运动的灵敏度和无爬行，又利用滑动丝杠螺旋角自锁性能，使主轴在断电停机时不会下滑碰坏工件或机床，不用单独设计主轴锁紧结构。

② 主轴头移动位置的显示形式有两种：一种是用大量程百分表直接显示加工深度；另一种是用光栅尺和数显表显示加工深度。

2）三轴数控机床主轴头的结构。图 4-9 所示为三轴数控机床的主轴头传动结构示意图，由交流或直流伺服电动机、联轴器、双向推力球轴承、滚珠丝杠副、主轴箱体和配重等组成。伺服电动机通过联轴器与丝杠固定，并直接带动丝杠转动，螺母与主轴箱体固定，由丝杠带动螺母及主轴箱体进行上下移动。其支承导向机构是通过两根直线滚动导轨完成的。由于滚珠丝杠副和直线滚动导轨在制作时已施加消间隙预紧力，可容易地实现高定位精度和重复定位精度的传动。其移动位置由 CRT 显示器显示，最小显示的数值达 1μm。由于采用滚珠丝杠副和直线滚动导轨，摩擦阻力非常小，为防止主轴因自重而滑落，主轴伺服电动机内装有失电制动装置，通电时，制动器松开，主轴可实现伺服控制；断电时，制动器吸合，主轴锁定。

3）直线电动机伺服驱动机构。直线电动机作为驱动器件是最新的一种伺服驱动机构形式，它的优点不仅是取消机械传动链，而且由于移动速度的提高，无需借助冲液就能有效地排除电火花加工蚀除产物，实现很好的加工效果，这是采用直线电动机结构对加工最明显的优势。图 4-10 所示为采用直线电动机的主轴头结构示意，这种结构是由直线电动机的陶瓷溜板（主轴）、电枢线圈、永久磁铁构成执行机构；由平衡气缸、直线滚动导轨构成导向和防扭机构；由光栅尺进行位置检测，并输出检测信号；还配有冷却系统，以减少因热变形而造成的精度误差。

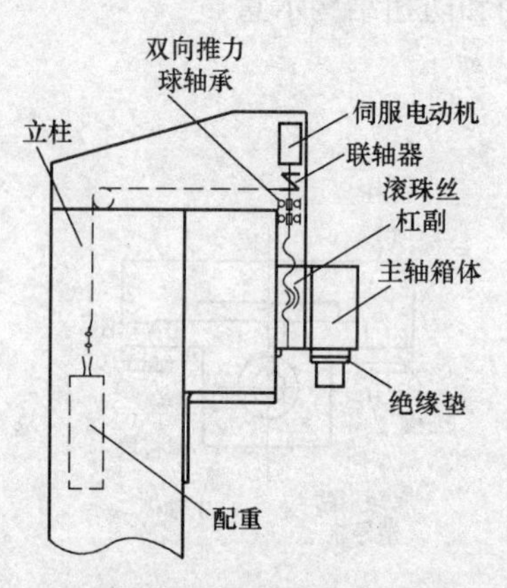

图 4-9　三轴数控机床主轴头传动结构示意

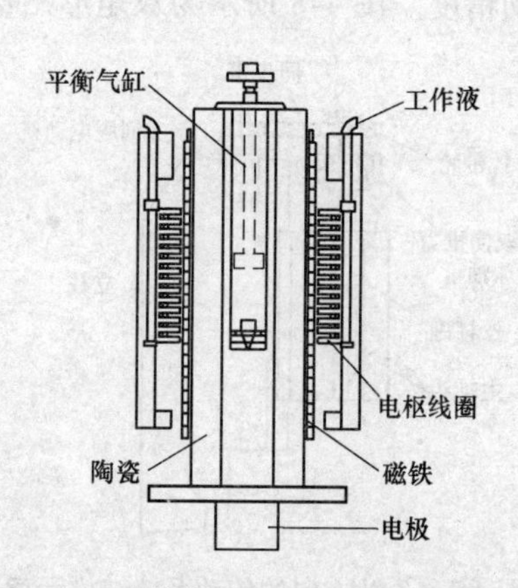

图 4-10　直线电动机的主轴头结构示意

由于直线电动机本身就是一个直接的驱动体，所以光栅尺的信号能直接传递到电动机上，无间隙的影响。另外，由于工具电极能直接安装在电动机的主体上，因此可以把两者的动作视为一个整体。即使把放电间隙电压加在反馈系统上也能达到良好的跟踪性，并能实现高速、高响应性以及高稳定的加工。

4. 电源箱

电源箱是整个数控电火花机床的重要组成部分。电源箱包括脉冲电源、自动进给控制系统和其他电气系统，如图 4-11 所示。其中脉冲电源是电源箱的核心部分，先进的数控电火花机床其技术核心主要集中在脉冲电源。这里对脉冲电源

的常识作介绍。

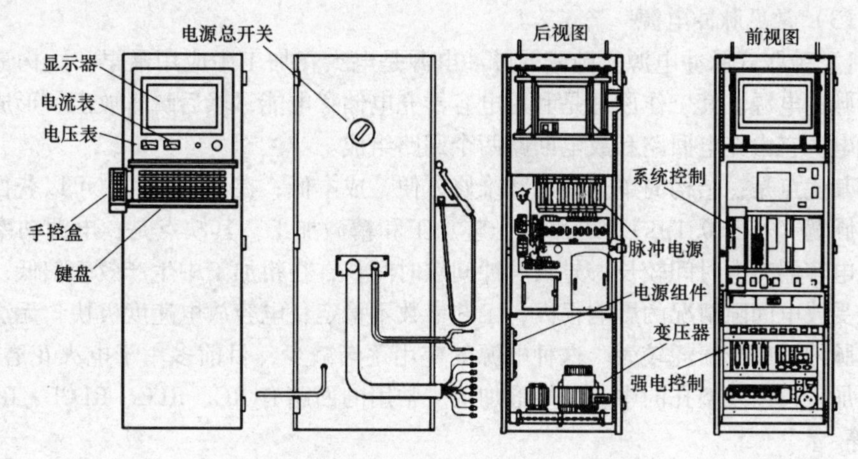

图 4-11　SE1 型电火花成形加工机电气控制柜

（1）脉冲电源的定义　所谓脉冲电源，就是能够把直流或工频正弦交流电流转变成具有一定频率的脉冲电流，提供电火花加工所需要的放电能量的设备装置。脉冲电源是参照“脉跳”这个名词命名的。人体的脉跳是有规律停歇进行的，电火花加工是机床的输出电压类似脉跳规律进行循环的微观过程。脉冲电源对电火花加工的生产效率、表面质量、加工过程的稳定性，及工具电极的损耗等工艺指标有直接的影响，应予以足够的重视。

（2）脉冲电源的要求及分类

1）脉冲电源的要求。

① 有足够的输出功率，能输出一系列脉冲。

② 每个脉冲应具备一定的能量，波形要合理，脉冲电压幅值、峰值电流、脉宽和间隔度要满足加工要求。

③ 应保证加工速度快、电极损耗低、表面质量高的特点。

④ 脉冲参数应能简便地进行调整，以适应各种材料和各种加工的要求。

⑤ 脉冲电源的性能应稳定可靠，力求结构简单、价格合理、维修方便。

2）脉冲电源的分类。

① 按主回路中主要元件种类分：弛张式、电子管式、闸流管式、脉冲发电机式、晶体管式、晶闸管式、大功率集成器件。

② 按输出脉冲波形分：矩形波、梳状波分组脉冲、三角波形、阶梯波、正弦波、高低压复合脉冲。

③ 按间隙状态对脉冲参数的影响分：非独立式、独立式。

④ 按工作回路数目分：单回路、多回路。

⑤ 按功能分：等电压、等电流脉宽脉冲电源，以及新型脉冲电源。

（3）常见脉冲电源

1）弛张式脉冲电源。弛张式脉冲电源是电火花加工中应用最早、结构最简单的脉冲电源。其工作原理是利用电容器充电储存电能，然后瞬时放出，形成火花放电。它由充电回路和放电回路两个回路组成。

其优点是：结构简单，使用和维修方便，成本低；在小功率时，可以获得很窄的脉宽（小于0.1μs），可用于光整加工和精微加工。其缺点是：电源功率不大，电容器充电时间较长，导致脉冲间歇时间长，在粗加工中生产效率偏低；电规准受放电间隙情况的影响很大，工艺参数不稳定；电容放电速度极快，无法获得宽脉冲，电极损耗较大。这种电源的应用逐渐减少，目前多用于电火花磨削、小孔加工，以及型孔的中、精规准加工。常用的回路有 RC、RLC、RLCL、RLC-LC 等。

2）电子管式和闸流管式脉冲电源。它是根据末级功率起开关作用的电子元件而命名的，该类电源是以电子管和闸流管作开关元件，把直流电源逆变为一系列高压脉冲，以脉冲变压器耦合输出放电间隙。

这种电源的电参数与加工间隙情况无关，属于“独立”式脉冲电源。电子管式和闸流管式脉冲电源由于受到末级功率管以及脉冲变压器的限制，脉冲宽度比较窄，脉冲电流也不能大，且电极损耗很大，因此目前此类脉冲电源已很少使用了。

3）晶闸管式脉冲电源。晶闸管式脉冲电源是利用晶闸管作为开关元件而获得单向脉冲的。由于晶闸管的功率较大，脉冲电源所采用的功率管数目可大大减少，因此非常适合作为大功率粗加工的脉冲电源。

晶闸管的控制特性和闸流管相似，晶闸管一经触发导通，不会自行截止，需外加关断电路，故只能在频率较低的一定范围内进行调整。晶闸管式脉冲电源的工具电极损耗比较小（可小于1%），能适应型腔模具的加工。随着晶闸管式脉冲频率的提高、高低压复合回路及适应控制回路的应用，这种脉冲电源在加工型腔模具中将会取得更好的工艺效果。

4）晶体管式脉冲电源。晶体管式脉冲电源的原理是利用大功率晶体管作为开关元件而获得单向脉冲的，其输出功率不如晶闸管式脉冲电源大，但它的脉冲频率高，脉冲参数容易调节，脉冲波形较好，易于实现多回路加工和自适应控制等，所以在100A 以下的中、小脉冲电源中应用相当广泛。

由于单个晶体管的功率较小，故多采用多管分组并联输出的办法提高电源的输出功率。

5. 工作液循环过滤系统

电火花加工是在液体介质中进行的，工作液的作用是使放电能量集中，强化

加工过程，带走放电时所产生的热量和电蚀产物。因此必须有工作液循环过滤系统，用于工作液流经放电间隙将电蚀产物排出，并且对使用过的工作液进行存储、冷却、循环过滤和净化。循环过滤系统由工作液箱、液压泵、电动机、过滤器、工作液分配器、阀门等组成。

图4-12所示为工作液循环系统图。它既能冲液又能抽液。其工作过程是：工作液箱内的工作液首先经过粗过滤器、单向阀吸入液压泵，这时高压工作液经过不同形式的精过滤器输向机床工作液槽，溢流阀控制系统的压力不超过400kPa，快速进液控制阀供快速进液用，待工作液注满工作液箱时，可及时调节冲液选择阀，由压力调节阀来控制工作液循环方式及压力，当冲液选择阀在冲液位置时，补液和冲液都不通，这时油杯中工作液的压力由压力调节阀控制。当冲液选择阀在抽液位置时，补液和抽液两路都通，这时压力工作液穿过射流抽吸管，利用流体速度产生负压，达到抽液的目的。

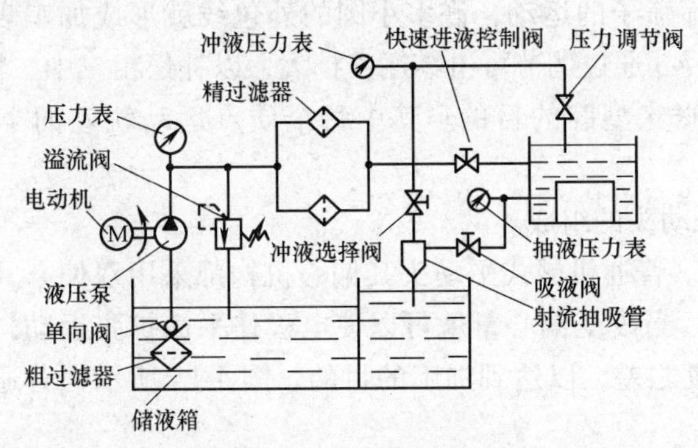

图4-12　工作液循环系统图

6. 主轴头和工作台的主要附件

(1) 可调节工具电极角度的夹头　装夹在主轴下的工具电极，在加工前需要调节到与工件基准面垂直的位置，这一功能的实现通常采用球面铰链；在加工型孔或型腔时，还需在水平面内调节、转动一个角度，使工具电极的截面形状与加工出的工件型孔或型腔位置一致。这一功能主要靠主轴与工具电极安装面的相对转动机构来调节，垂直度与水平转角调节正确后，采用螺钉拧紧。另外，工具电极的夹持调节部分应单独绝缘，以防止触电，其结构如图4-13所示。

(2) 平动头　平动头是一个能使装在其上的电极产生向外机械补偿动作的工艺附件，它在电火花成形加工采用单电极加工型腔时，可以补偿上下两个加工规准之间的放电间隙差和表面粗糙度之差，以达到型腔侧面修光的目的。

1) 平动头的动作原理。利用偏心机构将伺服电动机的旋转运动通过平动轨迹保持机构转化成电极上每一个质点都能围绕其原始位置在水平面内作平面小圆

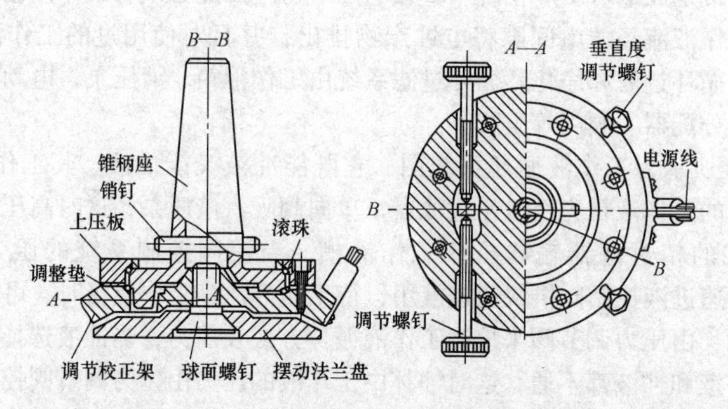

图 4-13　带垂直和水平转角调节装置的夹头

周运动，类似于筛筛子的运动，许多小圆的外包线就形成加工表面，如图 4-14 所示。其运动半径 δ 通过调节可由零逐步扩大，以补偿粗、中、精的放电间隙 S 之差，从而达到修光型腔的目的。其中每个质点运动轨迹的半径 δ 就称为平动量。

2）机械式平动头的组成。

① 偏心机构。普通机械式平动头其偏心机构都采用双偏心（偏心轴、偏心套）作相对转动，当改变偏心量就可以使电极作平面扩张运动，补偿放电间隙和加工表面粗糙度之差，以达到加工的目的。图 4-15 所示为普通平动头外形结构示意。

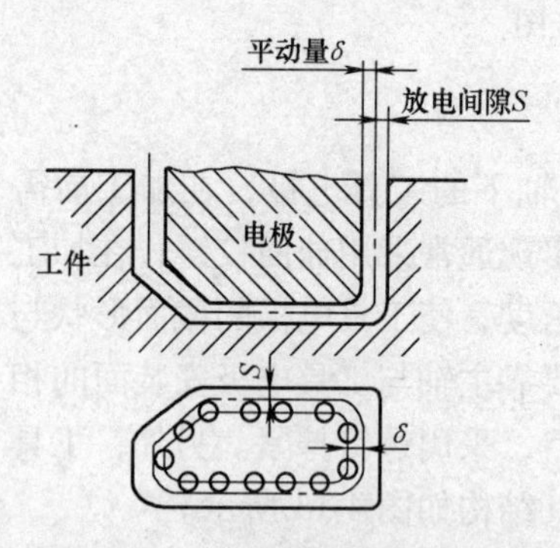

图 4-14　平动加工电极运动轨迹

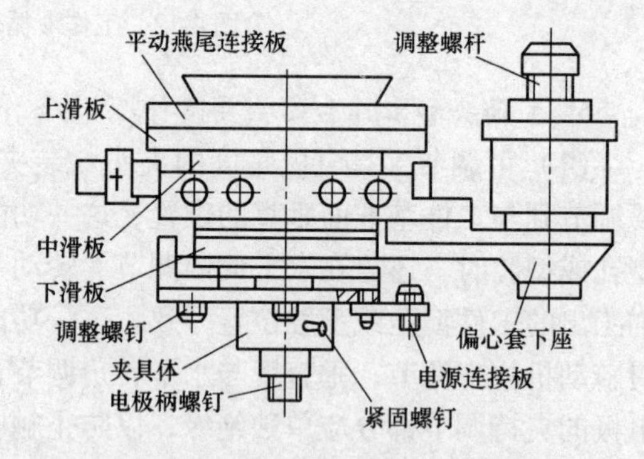

图 4-15　普通平动头外形结构示意

② 平动轨迹保持机构。平动头的形式基本上决定于平动保持机构。早期生产的弹簧片式平动头，是通过两对不同平面的弹簧片约束电极支承板，使只能在平面内产生给定轨迹半径的小圆周运动，两对弹簧片及两块支承板组成平面轨迹保持机构。以后又有以四连杆、十字滚动溜板等组成的平动轨迹保持机构，它们

分别被称之为四连杆式平动头及十字滚动溜板平动头等。

（3）油杯　在电火花加工中，油杯是实现工作液冲液或抽液强迫循环的一个主要附件，其侧壁和底边上开有冲液和抽液孔，电蚀产物在放电间隙通过冲液和抽液排出。因此油杯结构的好坏对加工效果有很大影响。工作液在放电加工时分解产生气体（主要是氢气），如果不能及时排出而存积在油杯里，在电火花放电时就会产生放炮现象，造成工具和电极的位移，影响被加工工件的尺寸精度。因此油杯通常有以下几点要求：

1）油杯要有合适的高度，在长度上能满足加工较厚工件的电极，在结构上应满足加工型孔的形状和尺寸要求。油杯的形状一般有圆形和长方形两种，必须具备冲液和抽液的条件，但不能在顶部积聚气泡。为此，抽液抽气管应紧挨在工件底部，如图4-16所示。

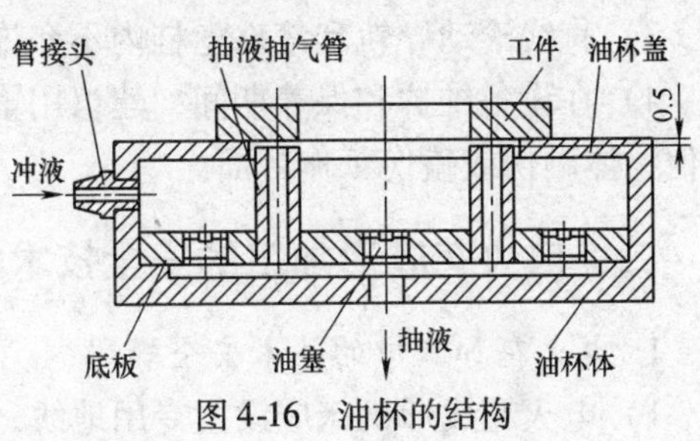

图4-16　油杯的结构

2）油杯的刚度和精度要好，根据实际加工需要，油杯两端平面度误差一定不能超过0.01mm，同时密封性要好，防止出现漏液现象。

3）在图4-16中，油杯底部的抽液孔，如果底部安装不方便，可安置在靠底部侧面，也可省去抽液抽气管和底板，而直接安置在油杯侧面的最上部。

◈◈◈ 第三节　电火花成形机床的维护与安全操作规程

一、电火花成形机床的维护保养

1. 机床安装处的要求

无大的振动，无烟尘，干燥，日光不直接照射，无直接热辐射，应有排烟装置和相应的消防器材，电源线最好与其他设备电源线分开。

2. 机床维护和保养的内容

1）应定期清洗机床。使用含有中性清洁剂的软布擦洗积聚在电气控制柜和机床表面的灰尘，用工作液清洗工作液槽及该部位所有部件，经常擦洗电缆上的线托，用细砂纸或金刚砂布擦掉锈斑或残渣，保持夹具干净。

2）定期向工作液箱添加工作液，保证加工正常进行。

3）保持回流槽干净，检查回油管是否堵塞，必要时更换过滤芯。

4）定期更换安装在电气控制柜后板上的空气过滤器，以防从风扇吸入灰尘。

5）定期检查安全保护装置，如紧急停止按钮、操作停止按钮、液面高度传感器是否工作正常。

6）间隔半年重新校验与调整机床。

3. 维护和保养时的注意事项

1）机床的零部件不能随意拆卸，以免影响机床精度。

2）工作液槽和工作液箱中不允许进水，以免影响加工。

3）直线滚动导轨和滚珠丝杠内不允许掉入脏物或灰尘。

4）在设备维护和保养期间，建议用罩子将工作台面保护起来，以免工具或其他物体砸伤或磕伤工作台面。

二、电火花成形加工的安全技术规程

1. 电火花加工中的技术安全规程

1）电火花成形机床应设置专用地线，使电源箱外壳、床身及其他设备可靠接地，防止因电气设备绝缘损坏而发生触电。

2）操作人员必须站在耐压20kV以上的绝缘物上进行工作，加工过程中不可碰触电极工具，一般操作人员不得较长时间离开电火花机床，重要机床每班操作人员不得少于两人。当人体部分接触设备的带电部分（与相线相连通的部分），而另一部分接触地线或大地时，就有电流流过人体。根据一般经验，如大于10mA的交流电，或大于50mA的直流电流过人体时，就有可能危及生命。当电流流过心脏区域，触电伤害最为严重，所以双手触电危险性最大。为了使电流不至于超过上述的数值，我国规定安全电压为36V、24V及12V三种（视场所潮湿程度而定，一般工厂采用36V）。

3）经常保持机床电气设备清洁，防止受潮，以免降低绝缘强度而影响机床的正常工作。若电动机、电器的绝缘损坏（击穿）或绝缘性能不好（漏电）时，其外壳便会带电，如果人体与带电外壳接触，而又站立在没有绝缘的地面时，这就相当于单线触电，轻则“麻电”，重则有生命危险。为了防止这种触电事故，一方面人体应站立在铺有绝缘垫的地面上；另外，电气设备外壳常采用保护接地措施，一旦发生绝缘击穿漏电，外壳与地短路，使熔丝熔断，保护人体不再触电源。

4）加添工作液时，不得混入类似汽油之类的易燃物，防止火花引起火灾。工作液箱要有足够的循环工作液，使工作液温度限制在安全范围内。

5）加工时，工作液液面要高于工件一定距离（30～100mm），如果液面过低，加工电流较大，很容易引起火灾。为此，操作人员应经常检查工作液面是否合适。表4-2为操作不当、易发生火灾的情况，要避免出现图中的错误。还应注

意，在火花放电转成电弧放电时，电弧放电点局部会因温度过高，工件表面向上积炭结焦，越长越高，主轴跟着向上回退，直至在空气中放火花而引起火灾。这种情况，液面保护装置也无法防止。为此，除非电火花机床上装有烟火自动监测和自动灭火装置，否则，操作人员不能较长时间离开。

表 4-2　几种意外发生火灾的原因

喷油嘴	导线	工作液
电极和喷油嘴间相碰引起火花放电	绝缘外壳多次弯曲，意外破裂的导线和工件夹具间火花放电	加工的工件在工作液槽中位置过高
	主轴 电极	夹具
在工作液槽中没有足够的工作液	电极和主轴连接不牢固，意外脱落时，电极和主轴之间火花放电	电极的一部分和工件夹具间产生意外的放电，并且放电又在非常接近液面的地方

6）根据工作液的混浊程度，要及时更换过滤介质，并保持油路畅通。

7）电火花加工间内，应有排烟换气装置，保持室内空气良好而不被污染。

8）机床周围严禁烟火，并应配备适用于工作液类别的灭火器，最好配置自动灭火器。好的自动灭火器具有烟雾、火光、温度感应报警装置，并自动灭火，比较安全可靠。若发生火灾，应立即切断电源，并用四氯化碳或二氧化碳灭火器吹灭火苗，防止事故扩大化。

9）电火花机床的电气设备应设置专人负责，其他人员不得擅自乱动。

10）下班前应关断总电源，关好门窗。

2. 电火花机床操作的注意事项

（1）准备加工时的检查事项

1）工件的装夹。用夹具装夹工件（见图 4-17a），因夹具的螺栓过长，接近夹具而出现短路，如果在液面附近有这种情况，易引起火灾。

2）电极的装夹。电极若固定不稳定（见图 4-17b），在加工过程中有可能会掉落，那么电极和夹具之间将会放电，若在液面附近，易引起火灾。

3）导线是否安全。确认导线的绝缘胶皮是否完好，导线与电极、工件、夹

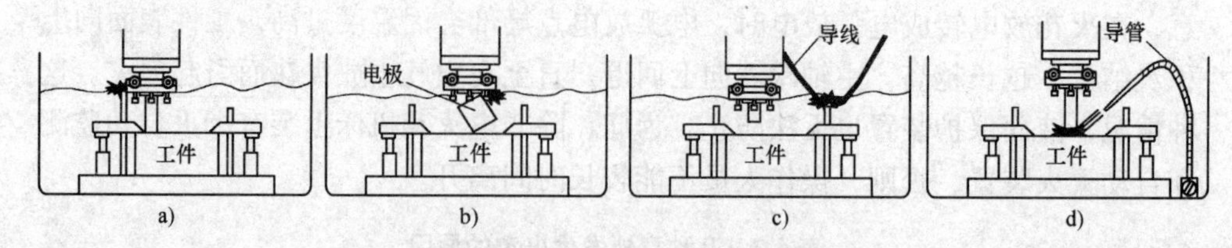

图 4-17　准备加工时的检查事项

具等之间是否有干扰，如果导线夹在运动物件之间，则极易破裂。还要检查导线的固定螺栓有没有松动。若破裂绝缘导线与夹具螺栓在液面附近出现短路（见图 4-17c），则易引起火灾。

4）工作液液面。

① 禁止单一喷射加工。使用喷射架进行喷射加工时（见图 4-17d），易引起火灾。

② 禁止空放电。决定空放电位置时，周围若有余量，加工工作液将会有火灾隐患。

③ 最好使用塑料喷管，防止进行加工轴移送时，金属喷射架、喷嘴与电极、工件、夹具等接触，发生短路和放电现象。

④ 工作液处理。注意安装电极、工件、辅助夹具等的位置，防止在加工中移动时，出现干扰或破坏喷管和喷嘴、或改变喷射方向的情况。

（2）加工之前的检查事项

1）检查液位高度。工作液的液位必须比工件高出 50mm（见图 4-18），若液位过低且在液面附近进行放电加工，将有火灾隐患。

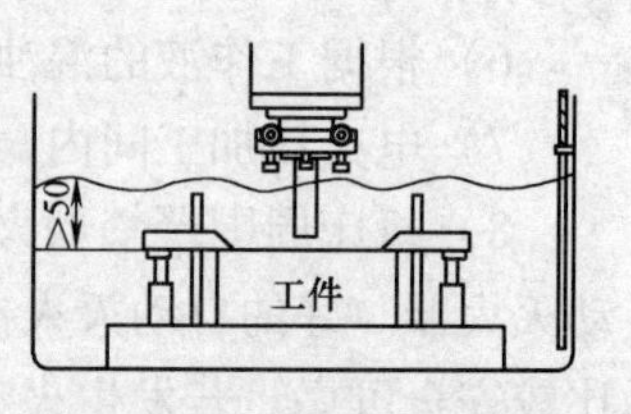

图 4-18　工作液的液位高度

2）检查工作液的状态

① 工作液的污染。污染严重的工作液会影响加工的稳定性，须根据检查情况，及时更换滤芯或工作液。

② 工作液为白而混浊状态，是因伺服槽内的工作液液位下降，工作液泵抽液时把空气一起吸入而发生的现象，若液位低于所需要求时请填补工作液。

③ 若感到喷射流动弱时，请检查伺服过滤器的压力，并根据其读数值确定是否要更换。有时为了提高喷射、吸入的压力，还应检查送液量调节装置是否要更换。

3）液位低下的原因。尽管液位高度设置正确，若加工槽泄漏也有可能引起液位低下。

4）检查灭火装置。为了预防火灾，执行加工之前应检查灭火装置。

(3) 加工中的检查事项

1）加工条件是否适合。不要用过大的放电条件来进行加工。若局部提高加工能量，工作液的温度将会上升，有引起火灾的危险。

2）放电工作液泄漏。检查从工作液箱到加工槽的连接部位送液喷嘴有无泄漏；检查工作液处理分流喷管、吸入喷嘴有无泄漏；检查喷嘴的连接部位是否还有易泄漏的部位。

3）分流处理的压力设置。查检分流、吸入的压力，压力过高将引起电极的异常消耗或吸入空气造成加工不稳定。另外，在工作液处理不好的状态下，如果加工条件不适合将会出现电弧放电。电弧放电不仅会损坏电极和工件，而且有火灾隐患。

4）工作液的温度。连续加工和粗加工容易造成工作液的温度上升，因此必须注意。

5）离开电火花机床时。开始加工后进入稳定加工状态期间，若想离开电火花机床，请认真检查加工状态。无人值守时，最好避免采用大电流自动加工。

第四节　电火花成形加工技能训练实例

训练1　电火花成形加工机床开机操作

本训练的目的是通过本次训练，掌握数控电火花机床的开机步骤，理解数控机床回原点的意义，正确判断机床开机后的状态是否正常。训练器材为 SE 型数控电火花成形机床。

一、起动机床电源进入系统

1. 开机前检查

1）确认三相变压器电压设置正确；确认所有连接器（包括电气控制柜里面的）接牢；确认所有电路板已插牢；确认无线头脱落。检查无误后方可通电（数控电火花机床第一次开机执行此步是必需的，以后开机可忽略）。

2）检查数控电火花机床的外观是否正常，比如检查前门和后门是否关好。

2. 机床通电

1）打开电源总开关，如图 4-19 所示。

2）松开电气控制柜面板上和机床上的急停开关；按下方形绿色弱电开关；系统进入第一画面后，再按白色强电开关。

注意：加工中若关闭强电开关后再起动强电，由于电动机的励磁过程，可能

会影响到机床的当前位置。

3. 机床进入数控系统

数控电火花机床在通电之后，就会进入系统软件的操作界面。如果机床软件功能较多的话，就会因为运行软件要占用系统较大的内存，所以进入系统软件会花费较多的时间。这时需要耐心等待，不要乱敲键盘或进行其他非规范操作。

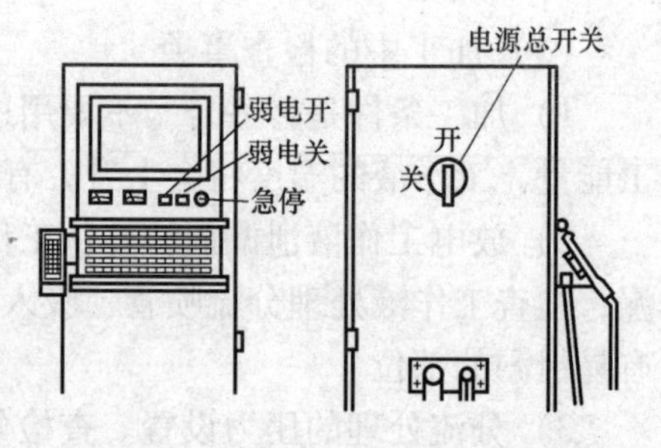

图 4-19　电气控制柜开关位置示意

二、数控电火花机床回原点操作

1. 先后顺序

进行回原点操作，一般是先回 *Z* 轴，再回 *X* 轴，最后回 *Y* 轴。如果不按此顺序，则可能会使工具电极和工件或夹具发生碰撞，从而导致短路或使工具电极受到损伤。

2. 操作方法

1）按 Alt + F1 组合键，系统将显示加工准备界面。

2）移动光标至“原点”图标后按回车键或直接按 F1 键进入图 4-20 所示的回原点操作界面。

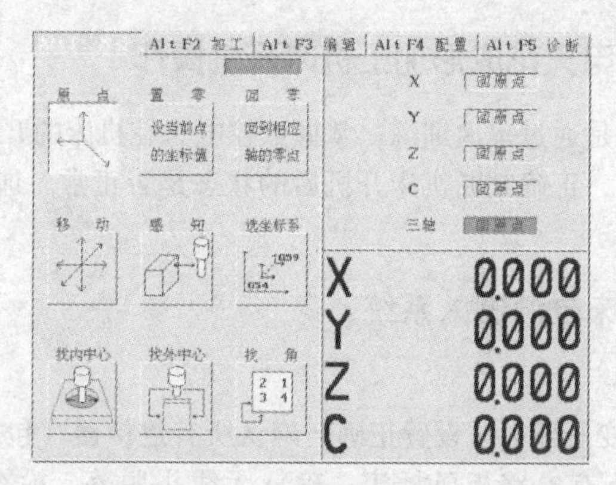

图 4-20　回原点操作界面

3）移动光标进行选择回原点的轴（单轴或三轴）。

注意：执行三轴回原点的动作时，执行顺序为先回 *Z* 轴原点，再回 *Y* 轴原点，最后回 *X* 轴原点。

4）选择完成后按回车键执行。

3. 机床回原点的目的

（1）建立机床坐标系（见图 4-21）　当机床坐标轴回到原点位置时，就能

知道该坐标轴的零点位置，机床所有的坐标轴都回到了参考点，此时数控机床就建立了机床坐标系，即机床回原点的过程实质上是机床坐标系的建立过程。因此，在数控电火花机床起动时，一般要进行回原点操作，以建立机床坐标系（采用绝对式测量装置的数控机床，由于机床断电后实际位置不丢失，因此，不必在每次起动机床时都进行回参考点操作）。

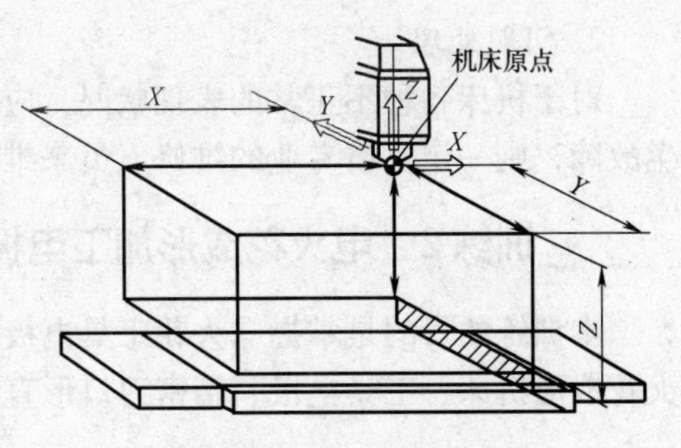

图 4-21　建立机床坐标系

（2）消除误差　数控机床回原点操作除了用于建立机床坐标系外，还可用于消除由于漂移、变形等造成的误差。机床使用一段时间后，各种原因使工作台存在着一些漂移，使加工有误差，回一次机床原点，就可以使机床的工作台回到准确位置，消除误差。所以，在机床加工前，也常进行回机床原点的操作。

4. 注意事项

1）数控电火花机床在开机后应回原点操作，在没有回原点的状态下，不能进行自动运转，也不能起动机床精度补偿功能（使用绝对方式测量装置时，可不回参考原点）。

2）加工中断电或其他原因造成机床重新开机的情况，需要进行回原点操作后才可继续执行加工。

3）回原点操作应确保安全，在各轴移动的轨迹上不得有障碍物。

三、检查机床系统各部分状态

数控电火花机床在回原点后，应对机床系统各部分状态进行检查，以排除机床的异常现象，保证后续加工的顺利进行。

1. 检查标准

1）检查系统显示界面是否有错误信息显示，是否有报警信息。

2）检查机床的风扇电动机运转是否正常。

3）检查机床电源箱内是否有异常声音。

4）进行机床手控盒、控制面板按钮的操作，检查是否有按键失灵、失效等情况。

5）手动操作移动机床的各轴，观察移动是否正常，移动过程是否有异常响声。

6）起动工作液泵电源，检查工作液系统是否正常。

2. 问题处理

对于机床各种不正常的表现状况，应采取相应的办法来解决。如果是机床发生故障，则一定要请专业的维修人员来维修，切勿擅自拆装。

训练 2　电火花成形加工电极找正

本训练的目的是掌握电火花工具电极的找正方法。训练器材为 SE 型数控电火花成形机床、工具电极、精密刀口形直尺、百分表、划针盘。

一、工艺分析

电火花加工中，工具电极的装夹尤其重要。其装夹方法可用钻夹头装夹，也可用专用夹具装夹，还可用瑞典 3R 夹具装夹。工具电极的找正是要确保工具电极与工件的垂直。找正的方法主要有用精密刀口形直尺找正、用百分表找正、用划针盘找正和用工件模板找正。

二、工具电极的装夹

1. 用钻夹头装夹工具电极

先用内六角扳手将装在主轴夹具上的内六角螺钉旋松，然后将装夹工具电极的钻夹头固定在主轴夹具上。主轴夹具的装夹部分为 90°靠山的结构，可将钻夹头稳固地贴在靠山上，最后再用内六角扳手将主轴夹具上的内六角螺钉旋紧，完成工具电极的装夹，如图 4-22 所示。

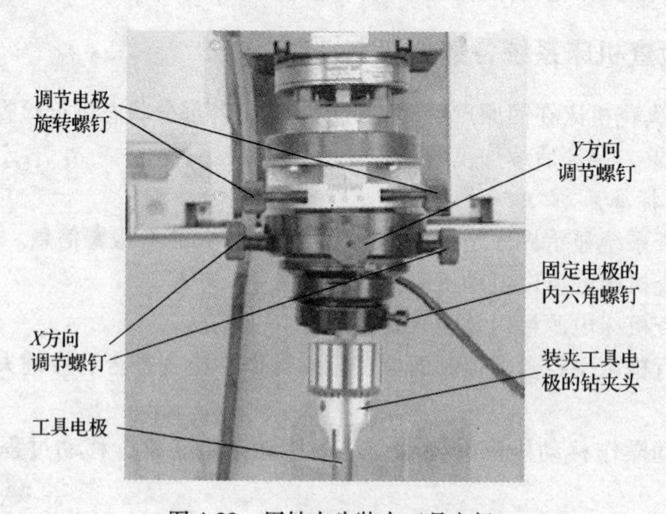

图 4-22　用钻夹头装夹工具电极

2. 用专用夹具装夹工具电极

用电火花线切割加工出电极扁夹，将其作为专用的夹具来装夹工具电极。电极扁夹用于装夹某些尺寸比较小的扁状电极。

3. 用瑞典3R夹具装夹工具电极

采用瑞典3R夹具装夹工具电极时，3R夹具与工具电极固定在一起，在数控机床上加工，加工后再一同装夹到主轴上。这种方法解决了工具电极拆装后的重复定位问题。

三、工具电极的找正

1. 用精密刀口形直尺找正工具电极

工具电极装夹完毕后，必须对工具电极进行找正，确保电极的轴线与工件保持垂直。图4-23所示为用精密刀口形直尺找正工具电极。

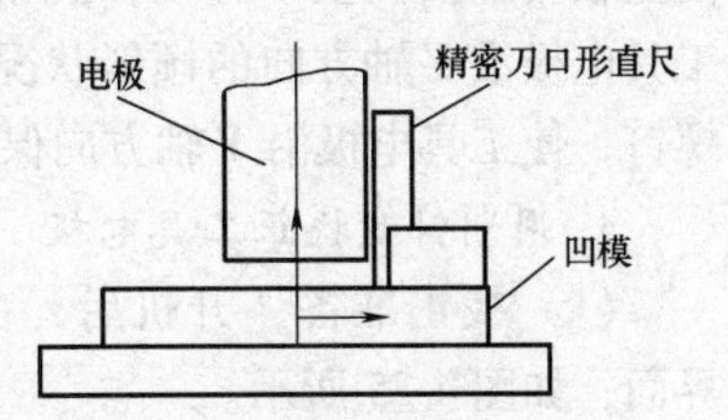

图4-23　用精密刀口形直尺找正工具电极

（1）移动电极　按下手控盒上的“Z－”按钮，将工具电极缓缓放下，使工具电极慢慢靠近工件，在与工件之间保持一段间隙后，停止下降工具电极。

（2）沿X轴方向将工具电极找正　沿X轴方向将精密刀口形直尺放置在工件（凹模）上，使精密刀口形直尺的刀口轻轻与工具电极接触，移动照明灯置于精密刀口形直尺的后方，通过观察透光情况来判断工具电极是否垂直。若不垂直，可调节处于主轴夹头球面上方的X轴方向的调节螺钉。

（3）沿Y轴方向将工具电极找正　沿Y轴方向将精密刀口形直尺轻轻与工具电极接触，移动照明灯置于精密刀口形直尺的后方，通过观察透光情况来判断工具电极是否垂直。若不垂直，可调节处于主轴夹头球面上方的Y轴方向的调节螺钉。

（4）工具电极的旋转找正　工具电极装夹完成后，工具电极形状与工件的型腔之间常常存在着不完全对准的情况，此时需要对工具电极进行旋转找正。找正方法是轻轻旋动主轴夹头上的调节电极旋转的螺钉，确保工具电极与工件型腔对准。

2. 用百分表找正工具电极

由于精密刀口形直尺的精度仍不是最高的，因此在用精密刀口形直尺校准完毕后，还应用百分表进行找正。图4-24所示为用百分表找正工具电极。

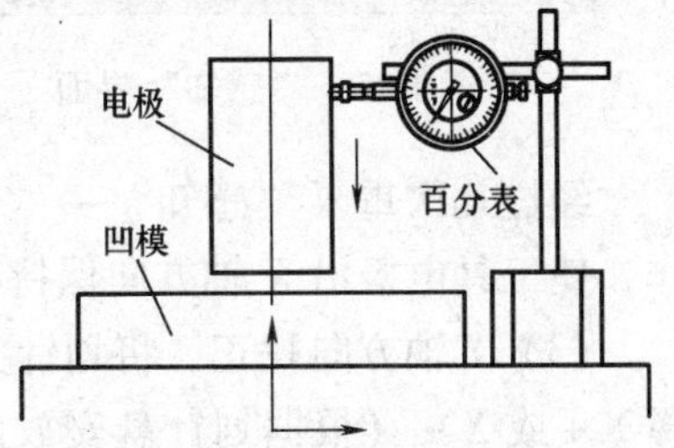

图4-24　用百分表找正工具电极

（1）安装表座　将磁性表座吸附在机床的工作台上，然后把百分表装夹在表座的杠杆上。

（2）沿 *X* 轴方向将工具电极找正　首先将百分表的测量杆沿 *X* 轴方向轻轻接触工具电极，并使百分表有一定的读数，然后按手控盒上“Z +”或“Z -”按钮，使主轴（*Z* 轴）上下移动，观察百分表的指针变化。根据指针变化就可判断出工具电极沿 *X* 轴方向的倾斜状况，再用手调节主轴机头上 *X* 轴方向的两个调节螺钉，使工具电极沿 *X* 轴方向保持与工件垂直。

（3）沿 *Y* 轴方向将工具电极找正　将百分表的测量杆沿 *Y* 轴方向轻轻接触工具电极，并使百分表有一定的读数。然后按手控盒上“Z +”或“Z -”按钮，使主轴（*Z* 轴）上下移动，观察百分表的指针变化。根据指针变化就可判断出工具电极沿 *Y* 轴方向的倾斜状况，再用手调节主轴机头上 *Y* 轴方向的两个调节螺钉，使工具电极沿 *Y* 轴方向保持与工件垂直。

3. 用划针盘找正工具电极

（1）找正准备　开机后，在系统“准备”界面下，按 F5 键进入“感知”界面，如图 4-25 所示。

（2）*X* 轴方向找正　将划针盘安放在机床的工作台上，然后把划针尖接近电极 *X* 轴方向，如图 4-26 所示。用↑或↓键移动光标，选择 X + 或 X -（根据划针盘安放的实际位置确定）并回车确认，进行接触“感知”。“感知”后，按 F2 键将当前位置设置为零。然后按手控盒上“Z +”或“Z -”按钮，使主轴（*Z* 轴）向上或向下移动一段距离后，进行接触“感知”并根据显示的数值，将主轴机头上 *X* 轴方向的两个调节螺钉作相应调整。

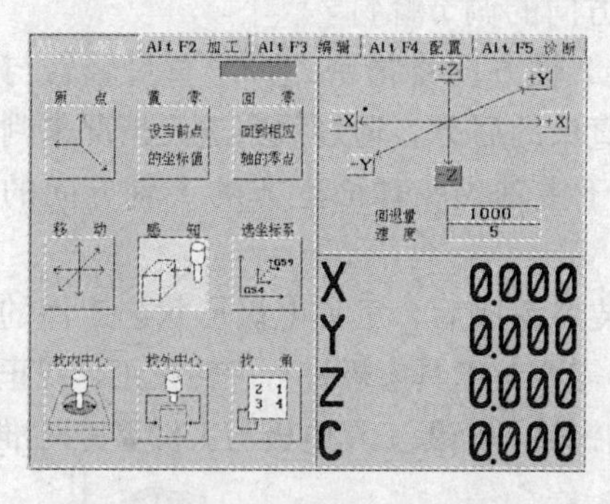

图 4-25　“感知”界面

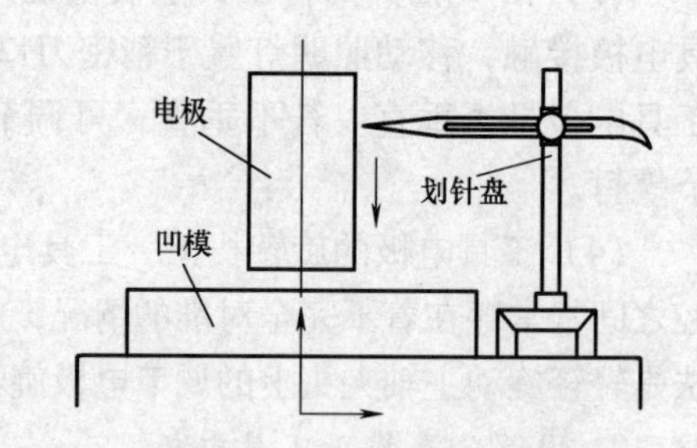

图 4-26　用划针盘找正工具电极

经过几次重复“感知”→“置零”→移动 *Z* 轴→“感知”→调整螺钉的工作，使工具电极沿 *X* 轴方向保持与工件垂直。

（3）*Y* 轴方向找正　将划针尖接近电极 *Y* 轴方向，用↑或↓键移动光标，选择 X + 或 X -（根据划针盘安放的实际位置确定）并回车确认，进行接触“感知”。“感知”后，按 F2 键将当前位置设置为零。然后按手控盒上“Z +”或

“Z－”按钮，使主轴（Z 轴）向上或向下移动一段距离后，进行接触“感知”并根据显示的数值，将主轴机头上 Y 轴方向的两个调节螺钉作相应调整。

经过几次重复“感知”→“置零”→移动 Z 轴→“感知”→调整螺钉的工作，使工具电极沿 Y 轴方向保持与工件垂直。

4. 用工件模板找正工具电极

操作时，将工件模板放置在工件电极上，工件模板上的孔与加工型腔对齐，用工具电极来找正工件模板上的孔位。一般工件模板上的孔采用线切割加工。这种方法常在生产中采用，可快速对工具电极的加工位置进行找正。

复习思考题

1. 电火花成形机床主要由哪几个部分组成？
2. 电火花成形机床加工参数主要包括哪些？
3. 电火花成形机床有哪几种结构形式？按国家标准如何分类？
4. 电火花成形机床的主轴头有哪几部分组成？
5. 电火花成形加工中电极安装方法有哪几种？找正方法有哪几种？
6. 电火花成形加工中的注意事项有哪些？

第五章

电火花成形加工操作及一般工艺

第一节　电火花成形加工的操作步骤

一、电火花成形加工的步骤

1. 电火花加工操作流程

电火花加工操作流程如图 5-1 所示。

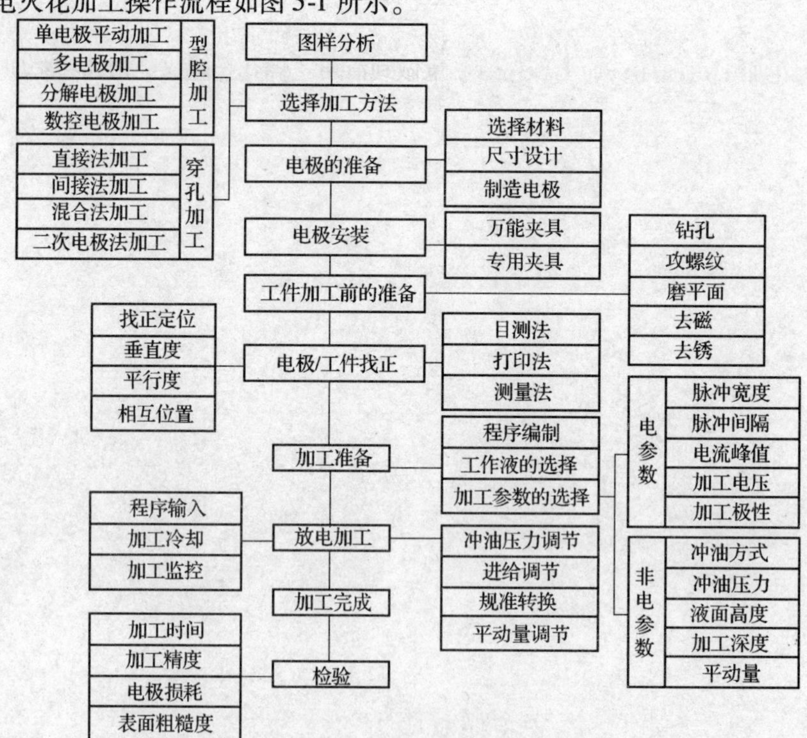

图 5-1　数控电火花成形加工操作流程

2. 电火花成形加工的步骤

（1）工艺分析　对零件图样进行分析，了解工件的结构特点、材料，明确加工要求。

（2）选择加工方法　根据加工对象、精度及表面粗糙度等要求和机床功能，选择采用单电极加工、多电极加工、单电极平动加工、分解电极加工、二级电极法加工或单电极轨迹加工。

（3）选择与放电脉冲有关的参数　根据加工表面粗糙度及精度要求，选择与放电脉冲有关的参数。

（4）选择电极材料　常用电极材料可分为石墨和铜，一般精密、小电极用铜加工，而大的电极用石墨。

（5）设计电极　按图样要求，并根据加工方法和放电脉冲等有关的参数设计电极纵、横断面尺寸及公差。

（6）制造电极　根据电极材料、制造精度、尺寸大小、加工批量、生产周期等选择电极制造方法。

（7）加工前准备　对工件进行电火花加工前钻孔、攻螺纹加工、磨平面、去磁、去锈等。电火花加工前，工件型孔部分要加工预孔，并留适当的电火花加工余量，一般每边留余量0.3～1.5mm，且要求均匀。如果加工形状复杂的型孔，余量要适当增大。凹模采用阶梯空刀时，台阶加工深度应一致。型孔有尖角部位时，为减少电火花加工角损耗，加工预孔要尽量做到清角。螺孔、螺纹、销孔均要加工出来。热处理，淬火硬度一般要求为58～60HRC。磨光、除锈、去磁。

（8）热处理安排　对需要淬火处理的型腔，根据精度要求安排热处理工序。

（9）编制、输入程序　一般采用国际标准ISO代码。加工程序是由一系列适应不同深度的工艺和代码所组成的。

1）用自动生成程序系统进行编程。

2）用手动方式进行编程。

3）用半自动生成程序系统进行编程。

（10）装夹与定位

1）根据工件的尺寸和外形选择或制造定位基准。

2）准备电极装夹夹具。

3）装夹和找正电极。工件和电极的装夹方法取决于所使用的装夹系统。在工作台面上设有螺纹孔，电极利用电极柄或电极夹具固定在机床主轴上，用顶尖把夹具或电极柄顶紧，使电极在加工过程中不会产生任何松动。

4）调整电极的角度和轴心线。

5）定位和夹紧工件。

（11）开机加工　选择加工极性，调整机床，保持适当的液面高度，调节加工参数，保持适当的电流，调节进给速度、冲油压力等。随时检查工件稳定情况，正确操作机床加工工件。

（12）加工结束　检查零件是否符合加工要求，加工完成后进行清理。

二、电火花成形加工的基本操作

随着电子技术与计算机控制技术的发展和应用普及，数控电火花加工机床逐渐占了主导地位。现仅以北京阿奇的 AGIE SF 系列电火花成形机床为例，介绍数控电火花成形加工的基本操作流程。

1. 开机准备

（1）开机

1）打开位于电气控制柜右侧的主开关。

2）打开电气控制柜正面控制板上的急停开关，按“蘑菇头”箭头方向旋转。

3）按电气控制柜正面控制板上的绿色按钮，启动系统。

4）在准备界面出现之前不要按任何键（大约 2min）。

（2）返回机床零点　开机后一般要先返回机床零点，以消除机床的零点偏移。返回机床零点操作步骤如下：

1）准备界面出现之后，在功能选择区选择“原点”功能模块后按回车键，此时“原点”功能块变为黄色，光标在用户选择区的开始处。

2）检查机床回原点的路径有无障碍。

3）按回车键开始执行命令，回原点的顺序先后为：Z 轴、Y 轴、X 轴，到达原点后，三轴坐标显示均变为零。

4）按 F10 键退出原点模式。

（3）安装工件和电极　在电火花加工之前必须安装工件和电极，两者的装夹方法因所选用的电火花加工机床而异。工件的安装方法有很多种，现常采用弱磁力夹具进行工件的安装。此外，有的电火花加工机床的工作台面上设置有螺纹孔，通过对工件非加工区域进行螺纹钻孔后用螺钉固定，也能实现工件的装夹。

在工件装夹后，一般要进行找正，以保证工件的坐标系方向与机床的坐标系方向一致。电极装夹的原则和方法可参考本书第四章第四节训练二的相关内容。

（4）移动电极至加工区域　上升 Z 轴，使主轴头沿 X、Y 轴方向移动时不发生碰撞，并将电极移动至加工位置。

2. 设定自动编程的相关参数

（1）进入自动编程界面

1）选择自动生成程序及加工界面。

2）选择加工轴向。用↑或↓键移动光标至“加工轴向”，按空格键进行选择，可供选择的轴向有：+X、－X、+Y、－Y、+Z、－Z。

（2）设定相关参数

1）输入投影面积。将光标移动到投影面积处输入投影面积。

2）选择材料组合。最常用的材料组合有三种：铜-钢、细石墨-钢和石墨-钢。

3）工艺选择。常用的加工工艺有三种：低损耗、标准值和高效率，可用空格键进行选择。低损耗工艺的电极损耗相对于标准值和高效率来说稍微低一点，表面质量也相对较好，但加工效率较低；高效率工艺正好相反，其加工效率较高但电极损耗较大，表面质量较差。

4）输入加工深度。将光标移至“加工深度”，输入具体数值（不带正负号），最大值为9999.999mm或999.9999in。

5）输入电极收缩量。将光标移至“电极收缩量”，输入具体数值，单位为mm或in。

6）输入表面粗糙度。将光标移至“粗糙度”，输入具体数值，单位为μm。

7）输入锥度角。对于锥度电极输入锥度角，对于其他形状的电极，锥度角设置为零。

8）确定平动类型。对于自由平动，平动轴和加工轴同时运动；对于伺服运动，则当加工轴加工到该条件深度后，平动轴才进行运动。

（3）生成程序代码　输入完工艺参数之后按F1键或F2键即生成加工程序。

3. 抬刀及加工条件的选择

（1）设置抬刀　抬刀在数控电火花加工中被普遍采用，它使放电的极间进行循环的开闭，以利于排屑。本系统的抬刀方式有两种：一种是由用户指定抬刀轴向；另一种是沿原加工路径进行。

抬刀可分定时抬刀和自适应抬刀。自适应抬刀通过模式去选择。定时抬刀有三个参数：

1）放电时间。即放电加工的时间，单位为0.1s，可输入的值为1～99。

2）抬刀高度。即抬刀退回的距离，单位为0.5mm，可输入的值为0～99，0表示不抬刀。

3）抬刀速度。分为0～9，共10档，0档最快，9档最慢。当用X、Y轴伺服时，系统自动把抬刀速度设置为5档，用户可根据实际情况进行更改。

（2）选择加工条件　一般数控电火花加工机床都带有多种默认的加工条件，有的系统可拥有1000多种加工条件，并且用户也可以自定义加工条件。每一个加工条件是一组和放电相关的参数组合，其各参数的定义如下：

1）脉冲宽度（PW）。即逐个放电脉冲持续的时间，范围为0～31，它是一个代号，不代表真正的时间。

2）脉冲间隙（PG）。表示两个脉冲间无电流的时间，范围为0～31，它是一个代号，不代表真正的时间。

3）管数（PI）。即加工电流，范围为0~15，它是一个代号，不代表真正的电流。

4）伺服基准（COMP）。表示加工的间隙电压。

5）高压管数（MI）。当高压管数为0时，两板间的空载电压为100V，否则为300V。管数在0~4之间时，每个功率管的电流为0.5A。

6）电容（C）。在两极间的回路上设置一个电容，用于表面粗糙度要求很高的加工，以增大加工回路的间隙电压，其值在1~31之间。

7）极性（POL）。放电加工的极性分为正极性和负极性两种。当电极为正时，极性为正；当电极为负时，极性为负。

8）伺服速度（GAIN）。即伺服反应的灵敏度，其值在0~20之间。

9）模式（MODE）。模式的表示采用两位十进制数字，分为00、04、08、16、32五种。

00：表示关闭模式，用于排屑特别好的加工条件。04：用于深孔加工或排屑特别困难的加工条件。08：用于排屑良好的加工条件。16：抬刀自适应控制。当放电状态不理想时，自动减少两次抬刀之间的放电时间，此时，抬刀高度不能为零。32：电流自适应控制。

10）拉弧基准（ARCV）。拉弧基准的表示采用两位十进制数字，用于设定拉弧保护的等级，分为00、01、02、03四种。

00：关闭基准。01：拉弧保护强。02：拉弧保护中等。03：拉弧保护弱。

4. 加工条件用户自定义的操作

此功能允许用户生成自己的加工条件，并将其存入内存之中。用户可以根据其自身的加工特点（如工件材料特点、电极特点、加工习惯等）定义独特的加工条件。用户自定义加工条件的编号范围为000~099。具体操作步骤如下：

1）进入自动生成程序及加工界面，按Esc键将光标移动到加工条件显示区的“条件号:”。

2）输入加工条件号，条件号最大为3，为十进制数字。

3）用↑、↓键将光标移动至加工条件的各项参数，每项参数设置完毕后按回车键，全部参数设置完毕后按F1键就能实现自定义加工条件的存储。

5. 加工操作

（1）添加工作液

1）扣上门扣，关闭液槽。

2）闭合放油手柄。

3）按手控盒上的键，或在程序中用“T84”指令来打开工作液泵。

4）用调节液面高度手柄调节液面高度，工作液必须比加工最高点高出50mm以上。

（2）加工开始

1）进入自动生成程序及加工界面，用↑、↓键或 F8 键将光标移动到程序显示区。

2）移动光标至目标程序段后按回车键或按手控盒上的[I]键即开始加工。

3）若上次开机时未回到零点，系统会进行提示，并对液面油温等进行检测，若液面油温未达到设定值也会进行提示。

（3）加工过程中的操作

1）更改加工条件。按 Esc 键后光标移动到加工条件显示区，用户可对加工条件进行修改，以适应不同的加工情况。用→、←、↑、↓键来选择更改项，输入数值或＋、－来更改加工条件的内容，更改完成后按 Esc 键，光标回到程序显示区。在更改加工条件时，坐标停止显示，但加工并未停止。

2）暂停加工。按手控盒上[II]键来暂停加工，暂停后可按手控盒上的[+X]、[-X]、[+Y]、[-Y]、[+Z]、[-Z]键移动电极，以便进行清扫或观察。按[I]键后电极自动按移开的路径返回到加工停止点，并继续进行加工。

3）停止加工。按手控盒上[⊙]键来停止加工。

（4）掉电后的恢复　在加工过程中，有时会停机，而加工过程中有时可能发生掉电。

1）停机或掉电后若要回到掉电前加工处的零点，则必须具备两个条件：

① 所有轴均回到机床原点。因为每一个零点的坐标都以机床原点为参考点。

② 所有轴均设定了零点。零点的设定在用自动生成程序系统生成的程序中，总是先与工件接触感知，然后把接触感知点设定为工件的零点。

2）具体的操作步骤。

① 电源恢复后，打开机床电源开关。

② 所有轴回零点。

③ 进入准备界面，把光标移动至回零模块后按回车键，选择回零的轴，再按回车键。为了避开工件，用户可用手控盒将机床移动至指定点，然后再进入回零模块并选择需回零的轴开始回零。

第二节　电火花成形加工一般工艺

一、电极材料的选择

电极材料的选取直接关系到放电的效果。在很大程度上，材料选取得是否恰当，决定了放电速度、加工精度以及表面粗糙度的最终情况。应根据不同类型模具的实际需求，有针对性地对电极材料进行选择使用。

如何能够应用有限的资源提高产值？如何在同等情况下节省时间、费用与能源？这些都是应综合考虑的因素。因此，应先对各种电极材料作出对比，再合理选择电极材料。

1. 电极材料必须具备的特点

在电火花加工过程中，电极用来传输电脉冲，蚀除工件材料。电极材料必须具有导电性能良好、损耗小、加工成形容易、加工稳定、效率高、材料来源丰富、价格便宜等特点。各种电极材料的特点见表5-1。

表5-1　各种电极材料的特点

电 极 材 料	熔点/℃	电阻率/(Ω · mm²/m)	密度/(g/mm³)	备　注
纯铜	1083	0.0167	0.00896	—
银钨合金	—	0.048	0.016	价格较贵
铜钨合金	—	0.055	0.015	价格较贵
石墨	3700	0.15 ~ 10	0.0015 ~ 0.0018	电火花专用
铸铁	1270	0.08 ~ 0.09	0.0072	穿孔有损耗加工
钢	1539	0.0971	0.0087	有损耗加工
黄铜	1060	0.071	0.0082	损耗大

2. 电极材料的选择原则

选择电极材料应考虑：电极是否容易加工成形？电极的放电加工性能如何？加工精度、表面质量如何？电极材料的成本是否合理？电极的重量如何？

在很多情况下，选择不同的电极材料各有其优劣之处，这就要求抓住加工的关键要素。如果进行高精度加工，那就要抛弃电极材料成本的考虑；如果要求进行高速加工，那就要将加工精度要求放低。很多企业在选择电极材料上，根本就不作考虑，大小电极一律习惯选用纯铜。这种做法在通常加工中不会发现其弊端，但在极限加工中就存在明显问题，影响加工效果；在精细加工中就往往会埋怨机床损耗太大，需要采用很多个电极进行加工，大型电极也选用纯铜，致使加工所耗时间很多。

3. 电极材料选择的优化方案

即使是同一工件的加工，不同加工部位的精度要求也是不一样的。在保证加工精度的前提下，选择电极材料应以大幅提高加工效率为目的。高精度部位的加工，可选用铜作为粗加工电极材料，选用铜钨合金作为精加工材料；较高精度部位的加工，粗精加工均可选用铜材料；一般加工可用石墨作为粗加工材料，精加工选用铜材料或者石墨也可以；精度要求不高的情况下，粗精加工均选用石墨。这里的优化方案还是强调，充分利用了石墨电极加工速度快的特点。

4. 电极材料的选择

各种材料制作的电极，在零件加工（通孔和型腔）中对表面粗糙度以及电极制作影响见表5-2。

表5-2　电极材料的选择

加工分类		电极材料				
种类	表面粗糙度/μm	铜	石墨	高级石墨	铜钨	银钨
通孔	≤5	○	△有损耗	△有损耗	□	□
	5～10	○	○	○	□	□
	10～20	□	○	□	○	○
	20～30	□	□	□	○	△昂贵
	30～50	□	□	□	×昂贵	×昂贵
	50～100	○	□	□	×昂贵	×昂贵
型腔	≤5	□	×有损耗	△有损耗	○	○
	5～10	□	△有损耗	○	○	○
	10～20	□	△有损耗	□	○	△昂贵
	30～50	□	○	□	△昂贵	×昂贵
	30～50	□	□	□	×昂贵	×昂贵
	50～100	○	□	□	×昂贵	×昂贵
	100～200	△有损耗	□	△昂贵	×昂贵	×昂贵
电极制造	铣	○	□	□	○	○
	磨	△	□	□	○	○
	线切割	□	△	○	○	○

注：□表示极好；○表示好；△表示较好；×表示差。

二、电加工条件及其设定

1. 电加工条件

电加工条件如图5-2所示。实现电火花加工，设备装置应具备如下条件：

（1）放电间隙　工具电极和工件之间必须维持合理的距离，在该距离范围内，既可以满足脉冲电压不断击穿介质，产生火花放电，又可以适应在火花通道熄灭后介质消电离以及排出蚀除产物的要求。若两电极距离过大，则脉冲电压不能击穿介质，不能产生火花放电；若两极短路，则在两电极间没有脉冲能量消耗，也不可能实现电腐蚀加工。

（2）放电介质　两极之间必须充入介质，在进行材料电火花尺寸加工时，两极间为液体介质（专用工作液或工业煤油）；在进行材料电火花表面强化时，两极间为气体介质。

(3) 峰值电流　输送到两电极间的脉冲能量密度应足够大，在火花通道形成后，脉冲电压变化不大，因此，通道的电流密度可以表现通道的能量密度。能量密度足够大，才可以使被加工材料局部熔化或汽化，从而在被加工材料表面形成一个腐蚀痕（凹坑），实现电火花加工。因而，通道一般必须有 $1\times10^5\sim1\times10^6 A/cm^2$ 的电流密度。放电通道必须具有足够大的峰值电流，通道才可以在脉冲期间得到维持。一般情况下，维持通道的峰值电流应不小于2A。

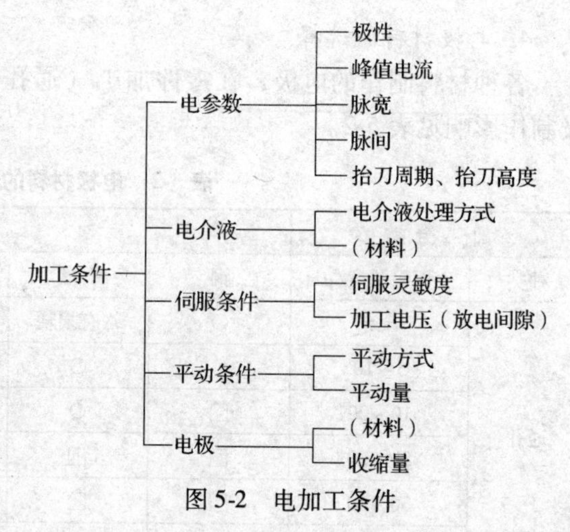

图 5-2　电加工条件

(4) 放电时间　放电必须是短时间的脉冲放电，放电持续时间一般为 $1\times10^{-7}\sim1\times10^{-3}s$（$0.1\mu s\sim1ms$）。由于放电时间短，使放电时产生的热能来不及在被加工材料内部扩散，从而把能量作用局限在很小范围内，保持火花放电的冷极特性。

(5) 脉冲放电　为了发生单次放电，使工件与电极之间流过具有图 5-3 所示的电压和电流波形的脉冲电流。首先在极间施加无负荷电压，直到自然发生放电。随着放电开始，以加工条件中设定的峰值电流值使电流开始通过，经过脉冲宽度之后，脉冲电流停止，放电结束。

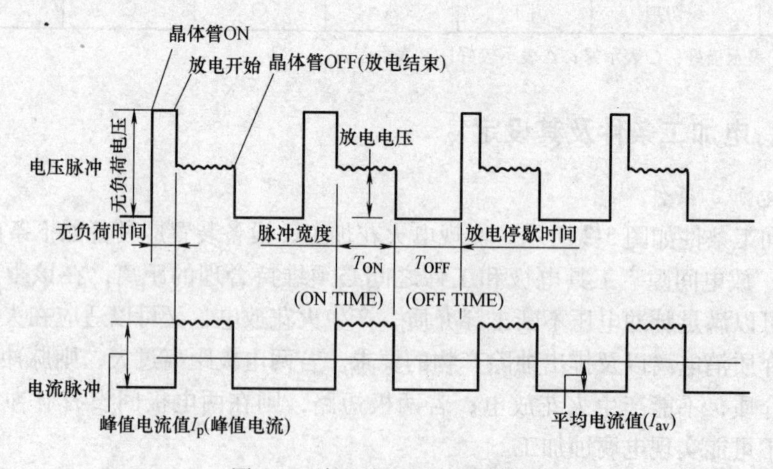

图 5-3　放电的电压和电流波形

（6）排离放电蚀物　脉冲放电后的电蚀产物能及时排放至放电间隙之外，使重复性放电顺利进行。在电火花加工的生产实际中，上述过程通过两个途径完成。一方面，火花放电以及电腐蚀过程本身具备将蚀除产物排离的固有特性，蚀除物以外的其余放电产物（如介质的汽化物）也可以促进上述过程；另一方面，还必须利用一些人为的辅助工艺措施，例如工作液的循环过滤，加工中采用的冲油、抽油措施等。

2. 加工条件的设定

1）根据工件的表面粗糙度要求确定最终加工条件。

2）根据放电面积和损耗要求确定最初加工条件。其中加工电流

$$I=(2\sim4)S$$

式中　2～4——电流密度（A/cm^2）；

S——放电面积（cm^2）。

3）确定中间各档加工条件。为了使粗加工表面达到最终要求的表面粗糙度，作为下一个放电条件，每次将表面粗糙度降低1/2，这是分段加工的最快方法。

4）确定转换加工条件时的进给量。计算进给量的原则：下一档加工条件产生的电蚀坑正好与上一档凹坑齐平。既修光了加工面，又使去除量最小，得到尽可能高的加工速度和尽可能低的电极损耗。进给量的确定如图5-4所示。

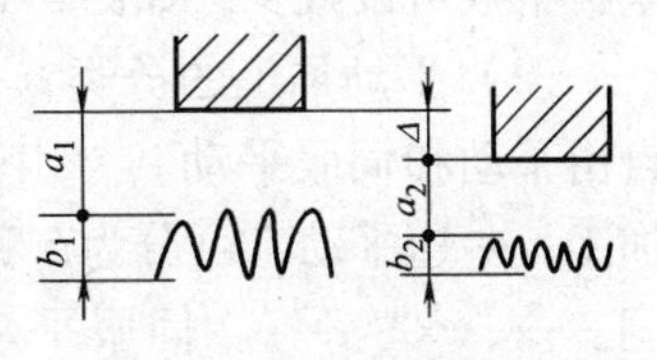

图5-4　进给量的确定

进给量　　$\Delta=a_1-a_2+b_1-b_2$

式中　a_1——上一档加工条件的放电间隙；

a_2——下一档加工条件的放电间隙；

b_1——上一档加工条件的表面粗糙度值；

b_2——下一档加工条件的表面粗糙度值。

三、平动加工

1. 平动加工的概念、作用和分类

（1）平动加工的概念　数控电火花机床具有X、Y、Z等多轴数控系统，工具电极和工件之间的运动就可多种多样。利用工作台或滑板按一定轨迹在加工过程中作微量运动，通常将这种加工称为平动加工。图5-5所示为数控电火花机床正方形平动加工的过程。

（2）平动加工的作用

1）平动加工可逐步修光侧面和底面，由于在所有方向上发生均匀的放电，可以得到均匀微细的加工表面。

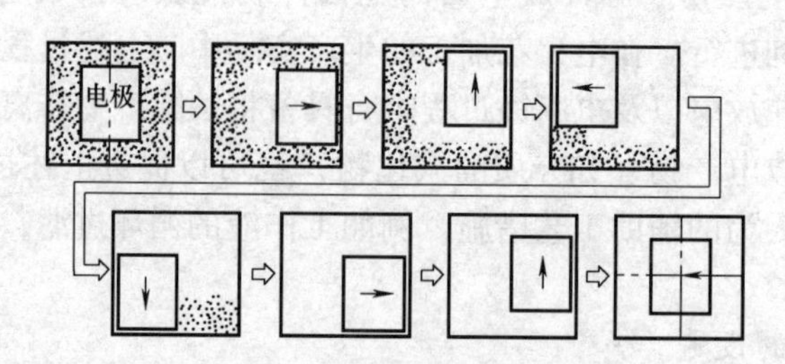

图 5-5　正方形平动加工的过程

2）平动加工可以精确控制尺寸精度，通过改变摇动量，可以简单地得到指定的尺寸，提高了加工精度。

3）平动加工可加工出清棱、清角的侧壁和底边。

4）平动加工可变全面加工为局部加工，改善加工条件，有利于排屑和稳定加工，提高加工速度。

5）平动加工时由于尖角部位的损耗小，电极根数可以减少，如图 5-6 所示。

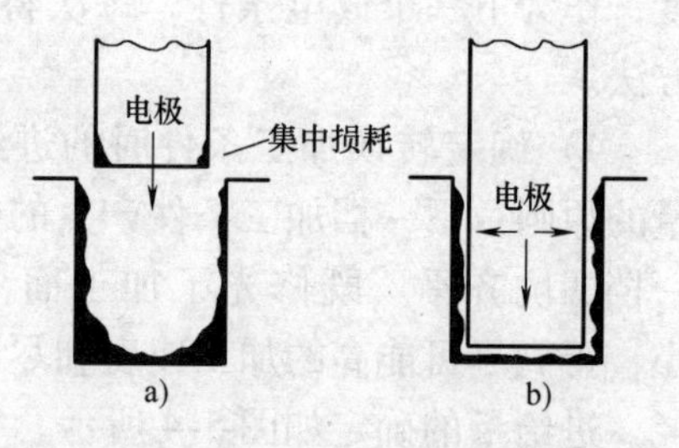

图 5-6　平动加工可减小电极损耗
a）无平动加工　b）有平动加工

（3）平动加工的分类　平动加工可分为自由平动和伺服平动。自由平动即一边向下加工，一边平动，可分为 5 种平动方式（○、□、◇、×、+）。伺服平动即加工到深度后再平动，可分为圆形和二维矢量两种方式。

2. 平动加工的应用

电火花成形加工过程简单地讲就是一个由粗到精的加工过程，如果粗加工后不换电极就进行精加工，为了修光侧面，电极需进行平动。

最常用的平动轨迹是圆形，对任何形状的电极都适用，任何形状的电极作圆形平动后其宏观形状不会变化，只是角上会产生一个等同于平动半径的过渡圆。为了减少角上的失真，可采用与电极形状相同的平动类型或采用清角效果与电极形状相符的平动类型。

对于一些有特殊要求的加工，如螺纹，型腔下面凹进的零件必须采用伺服平动。自由平动和伺服平动在实际应用上的选用，由实际的加工状况决定，对于中小零件的加工采用伺服平动用利于提高加工效率和加工精度，对于大面积加工采用自由平动有利于排屑和提高表面粗糙度的一致性。

平动轨迹与角部半径的关系见表 5-3。图 5-7 所示为平动加工时电极与型腔的关系。

表 5-3　平动轨迹与角部半径的关系

平动方式	电极外角	电极内角	形状限制
圆形轨迹平动	$R_w = R + r + g$	$R_w = R - (r+g)(\geqslant 0)$	除了角部没有特别的限制
方形轨迹平动	$R_w = R + g$	$R_w = R - g(\geqslant 0)$	仅在 X、Y 轴平行方向上均匀扩大

注：R_w为加工角半径，g 为最终加工间隙，R 为电极角半径，r 为最终平动量。

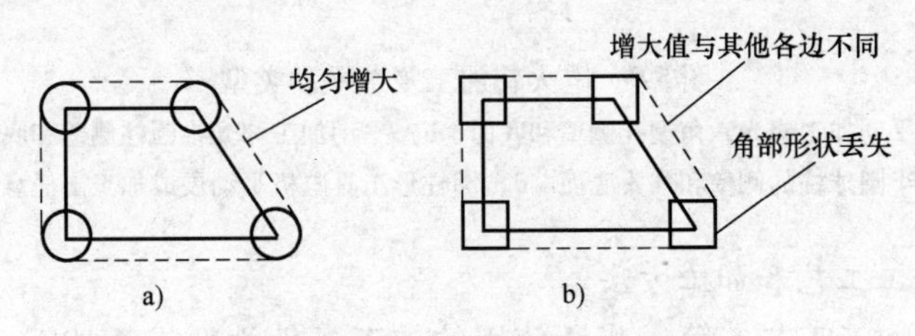

图 5-7　平动加工时电极与型腔的关系
a）圆形轨迹平动　b）方形轨迹平动

在复杂形状的平动加工中，同一电极上有方形和圆时，在用圆形轨迹平动加工中，边角部分的形状容易被破坏，如图 5-8a 所示。另外，在用方形轨迹平动加工中，半圆部分的形状容易被破坏，如图 5-8b 所示。对于这类情况，需要想法减小精加工电极的缩小量，把边角部分和半圆部分的形状破坏量控制在最小限度之内。正方形和半圆部分都要求进行高精度加工时，需要采取措施对正方形和半圆部分分别制作电极，用符合各自形状的电极进行平动加工。

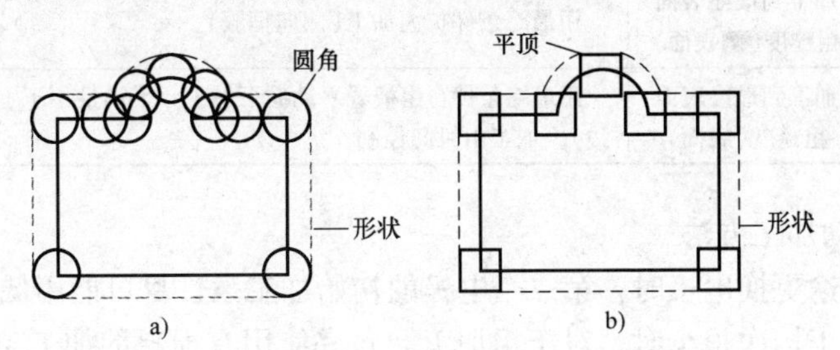

图 5-8　复杂形状的不同平动加工效果
a）圆形轨迹平动　b）方形轨迹平动

数控电火花机床不仅能够实现简单形状的平动加工，而且能够实现多方向的复杂平动加工。图 5-9 所示为电火花三轴数控平动加工（指加工轴在数控系统控制下向外逐步扩弧运动）型腔。图 5-9a 所示为平动加工修光六角型孔侧壁和底面；图 5-9b 所示为平动加工修光半圆柱侧壁和底面；图 5-9c 所示为平动加工修光半圆球柱的侧壁和球头底面；图 5-9d 所示为用圆柱形工具电极平动展成加工出任意角度的内圆锥面。

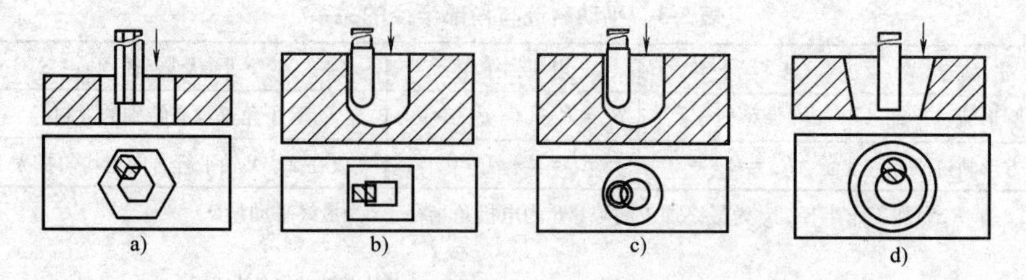

图 5-9　电火花加工复杂平动类型

a）平动加工修光六角型孔侧壁和底面　b）平动加工修光半圆柱侧壁和底面

c）平动加工修光半圆球柱的侧壁和球头底面　d）圆柱形工具电极平动展成加工出任意角度的内圆锥面

3. 平动加工工艺和加工方法

（1）平动加工工艺　第一步所使用的加工条件为低损耗加工，从第二步起加工条件逐步选用较大损耗的加工条件。平动加工工艺见表 5-4。

表 5-4　平动加工工艺

加工步骤	作　用	工艺方法
1	粗加工	当有预加工时，无平动；当无预加工时，平动量约 10μm
2	调整尺寸修整外形	用初给条件扩大加工（加平动量）
3～(*N*-2)	修正表面粗糙度	逐步减小规准，扩大加工（加平动量，表面粗糙度约为上一档的 1/2）
N-1	加工到最终表面粗糙度(侧表面)	用最终条件扩大加工(侧向伺服)
N	加工到最终表面粗糙度(底面)	用最终条件自由模式平动向下加工，平动量小于上一档 10μm(单边)，加工由时间控制

（2）平动加工方法

1）当中途更换电极时，第二个电极的初始加工条件尽可能用低损耗。

2）当加工档次很少时，对于粗加工，允许使用有损耗的加工条件（提高加工速度）；精加工的首次加工条件，尽可能采用低损耗加工条件（防止电极形状受损）。对带有平动的第二档加工，条件要依照上一档加工条件选用。

3）当设置修正次数很多时，从粗加工起采用低损耗加工条件进行加工；对于精加工，第一档尽可能采用低损耗加工条件。当最终加工条件的电极损耗在 5% 以下时，将不必考虑电极形状的破坏。

四、影响加工精度的因素

1. 制约电火花加工精度的因素

（1）尺寸精度　影响加工零件尺寸精度的因素主要有：电极损耗；加工屑

的影响；机床变形；安装机床的厂房条件；电极精度；电极（夹头）的刚度等。

（2）表面粗糙度　影响加工零件表面粗糙度的因素主要有：电源特性；工件材料；加工面积等。

（3）孔距精度　影响加工零件孔距精度的因素主要有：安装机床的厂房条件差，机床（热）变形；加工中产生热量（通过工作液）对机床的影响等。

（4）定位精度　影响加工零件定位精度的因素主要有：基准表面有毛刺、脏物及其他误差；机床（热）变形；定位电路的电容影响（引起误差）。

2. 电加工参数对零件加工表面粗糙度的影响

（1）脉冲宽度的影响　峰值电流一定时，脉冲宽度大，单个脉冲的能量就大，结果放电腐蚀的小坑大而深，表面粗糙度值大。试验表明，在峰值电流一定的条件下，随着脉冲宽度的增加，加工表面粗糙度值急速增大。

（2）峰值电流的影响　在脉冲宽度一定的条件下，随着峰值电流的增加，单个脉冲能量也增加，加工表面粗糙度值也增大。

（3）电极材料和加工极性的影响　电极材料和加工极性对加工表面粗糙度也有一定的影响。在粗、精加工规准范围内，脉冲宽度大时，用纯铜电极比用石墨电极的加工表面粗糙度值小些；脉冲宽度小时，用石墨电极比用纯铜电极的加工表面粗糙度值小。对同一种电极材料，脉冲宽度大，正极性加工比负极性加工表面粗糙度值小；反之，脉冲宽度小，负极性加工比正极性加工表面粗糙度值小。

当采用石墨电极正极性加工，脉冲宽度为 100～300μs 时，表面质量较好，加工速度较高，电极损耗也较小；而采用纯铜电极正极性加工，脉冲宽度就需加大为 300～1000μs，才能既兼顾加工速度和电极损耗，又能得到较小的表面粗糙度值。

3. 电加工参数对零件加工精度的影响主要因素

（1）影响加工间隙（侧面间隙）的主要因素　加工间隙直接影响成形加工的加工精度，只有掌握每个规准的加工间隙和表面粗糙度值，才能正确设计电极的尺寸，决定收缩量和加工过程中的规准转换。

影响加工间隙（侧面间隙）的主要因素有：

1）脉冲宽度的影响。在脉冲峰值电流一定的情况下，脉冲宽度越大，加工间隙也越大。

2）峰值电流的影响。在脉冲宽度一定的情况下，随着峰值电流的增加，加工间隙加大。

3）电压对加工间隙的影响。加在放电间隙的电压（包括高压回路的电压和低压回路的电压）对加工间隙的大小有明显的影响。电压增高，加工间隙增大；电压降低，间隙减小。

4）加工稳定性的影响。在加工中，加工稳定性不好，电极回升频繁，加工间隙就要比同一参数下的正常加工间隙大。尤其是主轴精度不高、工作液较脏时，更为明显。加工稳定性不好，电极频繁提升，“二次放电”的现象大量增多，是加工间隙增大的主要原因。

（2）影响加工斜度的因素　在加工中，不论是型孔还是型腔，侧壁都有斜度。形成斜度的原因，除电极侧壁本身在技术要求或制造中原有的斜度外，一般都是由于电极的损耗不均匀，以及“二次放电”等因素造成的。

1）电极损耗的影响。加工时，起始放电部位一般是与被加工面接近的电极端面。随着加工深度不断增加，放电加工由端部向上逐渐减少。也就是说，工件的侧面间隙主要是靠电极底部的侧面和尖角部分加工出来的。因此，加工制造电极本身的损耗也必然从底端、尖角部分往上逐渐减少，即电极由于损耗要形成锥度。这样的锥度反映到工件上，就形成了加工斜度，如图5-10所示。

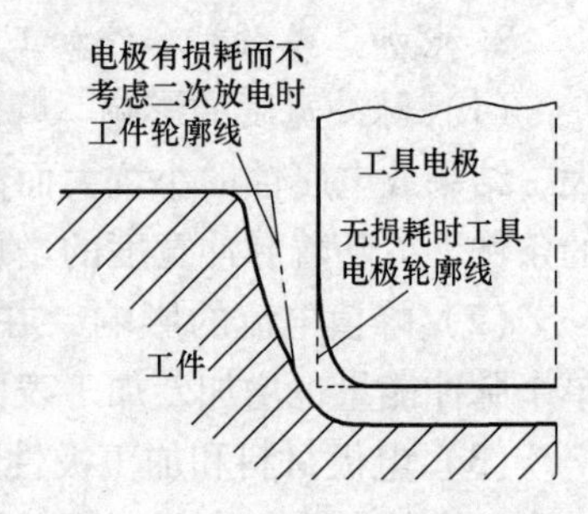

图5-10　电极损耗对斜度的影响

2）工作液脏污程度的影响。工作液越脏，“二次放电”的机会就越多；同时由于间隙恶劣，电极的回升次数必然增多。这两种情况都将使加工斜度增大。因此，加工中应注意工作液的脏污程度，否则将造成不必要的超差。

3）冲油或抽油的影响。采用冲油或抽油对加工斜度的影响是不同的。用冲油加工时，电蚀产物由已加工面流出，增加了“二次放电”的机会，使加工斜度增大；而用抽油加工时，电蚀产物由抽油管排出去，干净的工作液从电极周边进入，所以在已加工面出现“二次放电”的机会较少，加工斜度也就小。

4）加工深度的影响。随着加工深度的增加，加工斜度也随着增加，但不是成正比关系。当加工深度超过一定数值后，被加工件的上口尺寸就不再扩大，即加工斜度不再增加。

5）棱角倒圆的原因及规律。电极尖角和棱边的损耗比端面和侧面的损耗严重，所以随着电极棱角的损耗、棱边倒圆，加工出的工件不可能得到清棱。而且随着加工深度的增加，电极棱角倒圆的半径还要增大。但超过一定加工深度，其增大的趋势逐渐缓慢，最后停留在某一最大值上。棱角倒圆的原因除电极的损耗外，还有放电间隙的等距离性。凸尖棱电极由于尖角放电的等距离性，必然使工件产生圆角，凹尖棱电极的尖点根本不起放电作用，如图5-11所示。但由于积屑也会使工件凸棱倒圆。因此，即使电极完全没有损耗，由于放电间隙的等距离性仍然不可能得到完全的清棱。

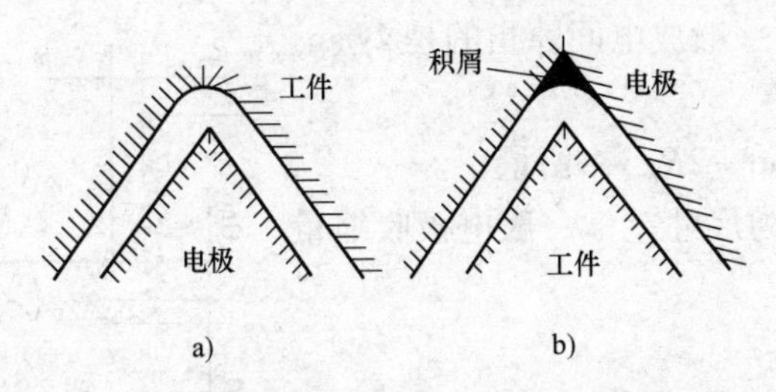

图 5-11 放电间隙的等距离性对尖角加工的影响

五、电火花成形加工的一般规律

1. 数控电火花加工电参数设置的基础

(1) 电火花加工的三大电参数　电火花加工包括脉冲峰值电流、脉冲宽度、脉冲间隔三大电参数。从理论上来说，这三大电参数决定了放电加工的能量。它们对加工生产率、表面粗糙度、放电间隙、电极损耗、表面变质层、加工稳定性等各方面的工艺效果有重要影响。三大电参数对工艺指标的影响见表 5-5。

表 5-5 三大电参数对工艺指标的影响

工艺指标 电参数	加工速度	电极损耗	表面粗糙度	放电间隙	综合影响评价
脉冲峰值电流↑	↑非常显著	↑显著	↑非常显著	↑非常显著	非常显著
脉冲宽度↑	↑显著	↓非常显著	↑显著	↑显著	显著
脉冲间隔↑	↓显著	↑不是很显著	↓不是很显著	↓不是很显著	不是很显著

(2) 电参数的粗、中、精加工规准　加工规准是在电火花加工过程中，为满足不同的加工要求而确定的多种电参数的组合。加工规准包括的主要电参数有：峰值电流、脉冲宽度、脉冲间隔、加工电压、加工极性等。必须根据工件要求、电极材料、工件材料、加工的工艺指标和经济效果等因素，配置好加工规准的各项电参数。

电火花加工一般选用粗、中、精三种加工规准。根据粗加工、中加工、精加工放电间隙不同的特点，采用几个相应尺寸缩放量的电极依次完成一个型腔的粗、中、精加工。首先用粗加工电极蚀除大量金属（选用粗加工规准），然后再换中加工电极完成粗加工到精加工的过渡加工（选用中加工规准），最后用精加工电极进行终精加工（选用精加工规准），每个规准又可分为几个档次。

(3) 电参数配置的工艺留量

1) 工艺留量的基本概念（见图 5-12）

① Gap：指单边放电间隙。

② 放电间隙：一般放电间隙指的是 2Gap。

③ 安全间隙 M

$$M = 2\text{Gap} + 2R_{\max} + \text{留量}$$

安全间隙也称为尺寸差，一般电极收缩量取 M 值。

④ 平动半径 R

$$R = \text{电极尺寸收缩量}/2$$

一般 R 按 $M/2$ 选取。

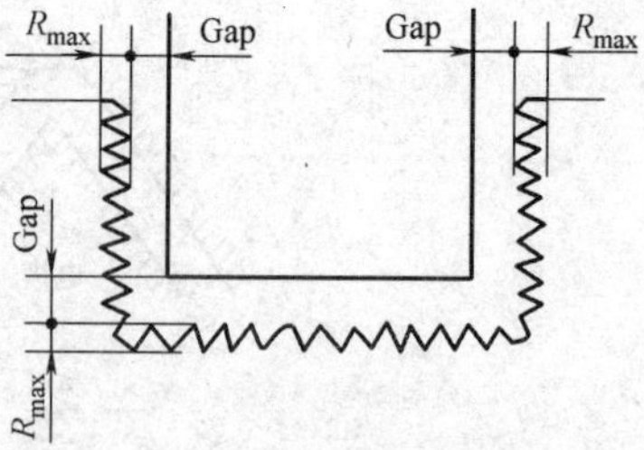

图 5-12　工艺留量的基本概念

⑤ 表面粗糙度：Ra、$R_{\max}$，单位为 μm。一般 $R_{\max} \approx 4Ra$。

2）工艺留量的确定（以 SE 系列数控电火花机床的加工实例来说明工艺留量的确定方法）。

例如：加工一 ϕ20mm 的圆柱孔，深 10mm，表面粗糙度要求为 $Ra = 2.0\mu m$，要求损耗、效率兼顾，为铜电极加工钢制工件。其加工的工艺过程和工艺留量按以下方法确定：

① 确定第一个加工条件。如果电极还未做好，可根据投影面积的大小和工艺组合，由加工参数表选择第一个加工条件。由于工艺要求为损耗、效率兼顾，投影面积为 3.14cm^2，按参数表确定第一个加工条件为 C131，从而确定电极缩放尺寸为 0.61mm。如果电极已经做好，缩放尺寸为 0.6mm，则由尺寸差和投影面积选择首要加工条件 C130。

注意：电极缩放尺寸是决定首要加工条件的优先条件。如果缩放尺寸差太小，即使投影面积很大，也无法选择较大的条件作为首要的加工条件。本例按选 C131 作为首要加工条件，电极缩放尺寸取 0.61mm。

② 由表面粗糙度要求确定最终加工条件。根据最终表面粗糙度要求为 $Ra = 2.0\mu m$，查看参数表，侧面、底面均满足要求的条件为 C125。

③ 中间条件全选，即加工过程为：C131→C130→C129→C128→C127→C126→C125。

④ 每个条件底面留量的计算方法：最后一个加工条件之前的底面留量按所选条件的 $M/2$ 留取。最后一个加工条件按本条件的 Gap 留量。本例每个加工条件与底面留量见表 5-6。

表 5-6　加工条件与底面留量

加工条件	C131	C130	C129	C128	C127	C126	C125
确定方法	取 $M/2$ 值						取 Gap 值
底面留量/mm	0.305	0.23	0.19	0.14	0.11	0.07	0.0275

⑤ 平动加工时平动量的计算：

平动半径 R = 电极尺寸收缩量/2。

平动量 = $R-M/2$（首要条件）= $R-0.4M$（中间条件）= $R-\text{Gap}$（最终条件）

故本例中每个加工条件与平动量见表 5-7。

表 5-7　加工条件与平动量

加工条件	C131	C130	C129	C128	C127	C126	C125
确定方法	取 $R-M/2$ 值	取 $R-0.4M$ 值					取 $R-\text{Gap}$ 值
平动量/mm	0	0.121	0.153	0.193	0.217	0.249	0.2775

3）加工速度与工艺留量的关系。电火花加工的工艺过程简单地讲，就是一个从粗加工到精加工的加工过程。因此，终加工之前的每一个工序，均要为后面的加工考虑材料余量。选择合理的工序间材料余量是保证加工质量与加工效率的关键。较大的材料余量会降低加工速度，较小的材料余量会影响加工的表面粗糙度。安全间隙 M 就是在首先考虑加工质量的情况下确定出来的一个工艺留量参数，由其组成公式及参数表给定的安全间隙值可以计算出每个条件的材料余量。

由 $M=2\text{Gap}+2R_{max}+$ 留量，得

$$\text{留量}=M-2\text{Gap}-2R_{max}$$

其中，2Gap 就是放电间隙，R_{max} 可按 $R_{max}=4Ra$ 近似计算。

最理想的加工状况是第一个条件加工完后，其后的加工只是修光第一个加工条件形成的表面平行度，而不去掉新的材料，也就是把每个条件的材料余量按零对待。但实际加工时，考虑到放电状况受到的制约因素千变万化，因此为了安全要考虑材料余量，余量的大小可根据实际的放电状况而定，对于那些放电比较稳定、加工状态比较好的情况，可适当减小材料余量，以提高加工速度。

改变材料余量有两种方法：一种是按一定的百分比减少每个所选条件的材料余量；另一种是只减少留量较大的一个或几个条件，一般为最后一个条件。

2. 数控电火花加工电参数的确定方法

（1）主要电参数的选用和调整规律　电火花加工过程中，脉冲放电是个快速复杂的动态过程，多种干扰对加工效果的影响很难掌握。

影响工艺指标的主要参数可以分为离线参数（加工前设定，加工中基本不再调节的参数，如极性、峰值电压等）和在线参数（加工中常需调节的参数，如脉冲间隔、进给速度等）。

1）离线控制参数。离线控制参数的选择应遵循一定的规律，它们直接影响加工的主要工艺指标，在参数组合中发挥着主要作用。为了达到具体的工艺指标要求，在加工前应对这类参数进行全面考虑，一旦确定了合适的参数，在加工中

最好不要进行修改，以免影响加工效果。

① 加工脉冲峰值电流 i_e 和脉冲宽度 t_i 的选择。这对参数的选择，主要根据加工经验和所用机床的电源特性进行选择，具体见表5-8。另外，不同电极材料的参数选择也是不一样的，可参考表5-9。

表5-8 脉冲峰值电流 i_e 和脉冲宽度 t_i 的选择

类别参数	机床的电源特性		加工时应用选择		
	最小	最大	精加工	中加工	粗加工
脉冲峰值电流 i_e/A	$i_{e\ min}$	$i_{e\ max}$	$i_{e\ min}$ ~ (1/6) $i_{e\ max}$ 可取偏小值	(1/6) $i_{e\ max}$ ~ (1/2) $i_{e\ max}$ 可取中间值	(1/2) $i_{e\ max}$ ~ $i_{e\ max}$ 可取偏大值
脉冲宽度 t_i/μs	$t_{i\ min}$	$t_{i\ max}$	$t_{i\ min}$ ~ (1/30) $t_{i\ max}$ 可取偏小值	(1/30) $t_{i\ max}$ ~ (1/12) $t_{i\ max}$ 可取中间值	(1/12) $t_{i\ max}$ ~ $t_{i\ max}$ 可取偏大值

表5-9 不同电极材料电参数的配对关系

电参数情况 \ 材料	纯铜	石墨	铜钨合金类
粗加工脉冲宽度为峰值电流值的倍数	15 ~ 25	10 ~ 15	10 ~ 20
粗加工脉冲间隔值与脉冲宽度值的比例	1 : 2 ~ 10	1 : 1 ~ 2	1 : 1 ~ 5
精加工脉冲宽度为峰值电流值的倍数	5 ~ 15	2 ~ 10	5 ~ 10
精加工脉冲间隔值与脉冲宽度值的比例	1 : 2 ~ 5	1 : 1/2 ~ 1	1 : 1 ~ 2

② 加工极性的选择。加工极性的一般选择原则是：

a. 铜电极对钢，或钢电极对钢，选“+”极性加工。

b. 铜电极对铜，或石墨电极对铜，或石墨电极对硬质合金，选“-”极性加工。

c. 铜电极对硬质合金，选“+”或“-”极性都可以。

d. 石墨电极对钢，加工 R_{max} 为15μm以下的孔，选“-”极性加工；加工 R_{max} 为15μm以上的孔，选“+”极性加工。

③ 离线控制参数通常在安排加工时要预先选定，并在加工中基本不变，但在下列一些特定的场合，它们还是需要在加工中改变的。

a. 加工起始阶段。实际放电面积由小变大，这时的过程扰动较大，采用比预定规准小的放电电流可使过渡过程比较平稳，等稳定加工几秒后再把放电电流调到设定值。

b. 补救过程扰动。加工中一旦发生严重干扰，往往很难摆脱。例如拉弧引起电极上的结炭沉积后，所有以后的放电就容易集中在积炭点上，从而加剧了拉弧状态。为摆脱这种状态，需要把放电电流减少一段时间，有时还要改变极性（暂时

人为的高损耗）来消除积炭层，直到拉弧倾向消失，才能恢复原规准加工。

c. 加工变截面的三维型腔。通常开始时加工面积较小，放电电流必须选小值，然后随着加工深度（加工面积）的增加而逐渐增大电流，直至达到表面粗糙度、侧面间隙或电极损耗所要求的电流值。对于这类加工控制，可预先编好加工电流与加工深度的关系表。

同样，在加工带锥度的冲模时，可编好侧面间隙与电极穿透深度的关系表，再由侧面间隙要求调整离线参数。

2）在线控制参数。在线控制参数在加工中的调整没有规律可循，主要依靠经验。它们对表面粗糙度和侧面间隙的影响不大。下面介绍在线控制参数调整的一些参考方法。

① 脉冲间隔 t_o。当 t_o减小时，可以使加工速度提高。但是过小的 t_o会引起拉弧，只要能保证进给稳定和不拉弧，原则上可选取尽量小的 t_o值，但在加工起始阶段应取较大的值。

② 伺服参考电压 S_v（平均端面间隙 S_F）。S_v与 S_F呈一定的比例关系，S_v对加工速度和电极相对损耗影响很大。一般说来，其最佳值并不正好对应于加工速度的最佳值，而应当使间隙稍微偏大些，这时的电极损耗较小。小间隙不但引起电极损耗加大，还容易造成短路和拉弧，因而稍微偏大的间隙在加工中比较安全，在加工起始阶段更为必要。

③ 伺服抬刀运动。在电火花加工过程中，一般都要通过伺服抬刀运动来帮助排渣。调节抬刀运动的参数（如放电时间、抬刀高度、抬刀速度）是调节放电参数的主要手段，可以有效地改善放电状态。但抬刀意味着时间损失，在保证放电稳定的情况下，要尽量缩小电极上抬和加工的时间比。

（2）加工条件选用的要点　数控电火花机床一般都有用于各种加工的成套电参数，并将一组电参数用一个条件号来表示，因此选用电参数时可以直接调用条件号。

选用电火花加工条件号的最终目的是为了达到预定的加工尺寸和表面粗糙度要求。一般是根据电极缩放量确定条件号，在控制间隙和平动量中进行加工的。

选用条件号时，基本上要考虑电极根数、电极损耗、工作液处理、加工表面粗糙度要求、电极缩放量、加工面积、加工深度等因素。

1）粗加工条件号的选用。粗加工时应选择放电能量比较大的条件号。选择的主要依据是电极缩放尺寸的大小。粗加工电极的缩放尺寸一般都比较大，可以选用其安全间隙接近电极缩放尺寸的条件号。为了保证精加工时有足够的加工余量，选择条件号时可以保守一些。但也不能选得太小，否则会因为放电能量不够大，不但浪费了粗加工的时间，而且会给精加工留下过多的余量，造成精加工速度缓慢、电极损耗较多的情况。另外，也要考虑电极面积是否能承受所选条件号的放电能量。

2）精加工条件号的选用。精加工条件号的放电能量要很小，选择的主要依据是最终的表面粗糙度要求。满足表面粗糙度要求的条件号，其放电间隙一般都很小，电极的缩放尺寸不可能取那么小，为了保证加工尺寸的精度要求，在精加工中常选用多组放电条件号，依次按放电能量从大到小进行平动加工。

（3）数控电火花机床电参数的配置方法

1）智能配置。数控电火花机床电参数的配置大多是智能化的。机床有许多配置好的最佳成套电参数，可以根据加工要求选择合适的条件号来进行加工。自动选择加工条件时，只需准确输入相关条件，如加工面积、加工形状、电极锥度、电极尺寸缩放量、平动方式、加工表面粗糙度值等，机床即可自动配置选择合适的参数。

机床选用的加工条件一般能满足加工要求，并且操作简单，能非常容易地配置好电参数，降低了对操作者的技能要求。人为可以对参数的停歇时间和抬刀条件稍作修改，但尽量不要去修改脉冲主要参数（如电流、脉冲宽度等），以免影响机床自选用的加工条件的火花间隙。高档机床加工中由计算机监测、判断电火花加工间隙的状态，在保持稳定电弧的范围内自动选择使加工效率达到最高的加工条件。

2）人工配置。数控电火花机床的参数也可以由人工来进行具体配置。配置好的参数可以保存于机床硬盘，方便以后再使用。人工进行参数配置时，需要对各项参数进行具体指定，所以要求操作者熟练掌握电参数配置的规律，能全面考虑电参数对各个工艺指标的影响。如果机床具有完善的智能配置参数功能，应尽量使用智能配置参数来代替人工配置参数。

六、电火花加工中常见症状的判别与处理

1. 加工零件不合格

（1）模具零件加工完成后加工部位实测尺寸不合格

1）电极尺寸缩放量的影响。解决方法是在不采用电极平动加工时，成形部位精加工的火花位一般为单侧 0.04 ~0.08mm，结构部位为单侧 0.02 ~0.06mm。确定粗加工火花位大小时以考虑加工速度和为精加工预留适当余量为标准，一般取单侧 0.15 ~0.25mm。在采用电极平动加工时，火花位取标准值减去火花间隙和平动量，精加工中电极火花位一般取单侧 0.12mm 左右。

2）电极实际尺寸、平动量控制的影响。解决方法是在不采用电极平动加工时，应该采用合理的加工方法保证制造电极的精度。在采用电极平动加工时，应根据电极实测尺寸的大小，确定正确的平动量来保证加工尺寸符合要求。

3）电极找正精度的影响。解决方法是准确地找正电极。

4）电参数调节因素的影响。解决方法是在调节电参数时一定要选用合理，更改电参数时要弄清楚会对加工尺寸产生的影响。

5）加工中电极损耗的影响。解决方法是控制好电极损耗来保证加工的尺寸符合标准。

6）加工深度控制的影响。

① 对刀精度的影响。解决方法是对刀时一定要保证两极间的干净。

② 预留的加工余量的影响。解决方法是合理选择加工部位预留量。

③ 对刀基准的精度的影响。解决方法是保证基准面光洁平整。

（2）加工完成部位表面质量不合格

1）积炭。解决方法是调节电参数，应该将放电时间减短，抬刀高度增大，脉冲宽度减小，脉冲间隙增大，伺服压力减小等。正确选择冲（抽）油方式及适时更换清洁的火花油。

2）表面粗糙度不符合要求。解决方法是选择适当的电参数和冲（抽）油方式，以及减小电极材料的表面粗糙度值。

3）表面变质层过厚。解决方法是选择适当的电规准。

（3）加工位置偏差　解决方法是提高装夹工件、电极方式的可靠度，要确保定位基准无毛刺及杂物。

2. 电火花加工异常

1）加工效率很低。解决方法是：选择较大的粗加工电流，提高粗加工效率；确定适当的精加工余量；选择适当电参数（加大脉冲宽度，减小脉冲间隙）、抬刀次数及冲（抽）油方式。

2）电极损耗很大。解决方法是：选择适当电参数及冲（抽）油压力。

3）放电状态不稳定。解决方法是选择适当电参数（减小电流及脉冲宽度，增大脉冲间隙）；清理加工部位的杂物、毛刺；检查冲油压力和方式是否合理。

4）电极发生变形。解决方法是选择适当电参数（减小放电电流和放电时间）；增大冲油压力；设计电极时，应考虑电极具有足够的强度。

5）型孔加工中产生“放炮”。解决方法是：适当抬刀或者在油杯顶部周围开出气槽、排气孔，以利排出积聚的气体。

3. 常见症状的判别与处理（见表5-10）

表5-10　电火花加工中常见症状的判别与处理

发生情况	电极：工件	原　因	措　施
电极 工件	铜：钢 发生在底部	① 加工电流太大 ② 抬刀设定错误 ③ 脉冲间隔太短	① 降低峰值电流 ② 提高抬刀频率 ③ 延长脉冲间隔

（续）

发生情况	电极：工件	原　因	措　施
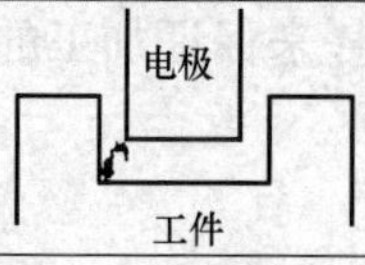 电极 工件	铜：钢 发生在角部	① 加工小面积时电流太大 ② 抬刀设定错误 ③ 脉冲间隔太短	① 降低峰值电流 ② 提高抬刀频率 ③ 延长脉冲间隔
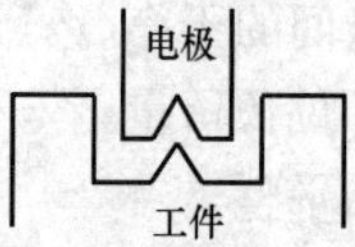 电极 工件	铜：钢 发生在电极的凹进部分	① 伺服电压太低 ② 抬刀设定错误 ③ 冲油处理错误	① 增加间隙电压 ② 增加抬刀高度 ③ 加大冲油压力
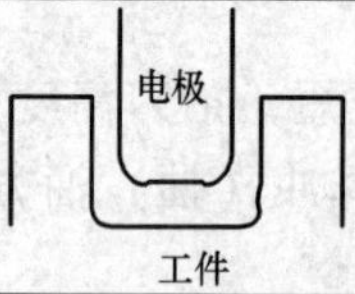 电极 工件	石墨：钢 槽口的角部	① 加工电流太大 ② 抬刀设定错误 ③ 脉冲间隔太短	① 降低峰值电流 ② 提高抬刀频率 ③ 延长脉冲间隔
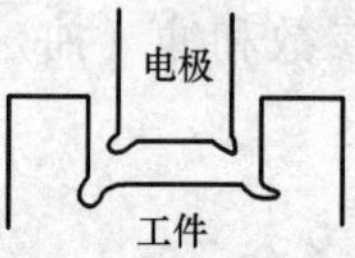 电极 工件	石墨：钢 在角部出现了隆起物	① 脉冲宽度太大 ② 脉冲间隔太短	① 降低峰值电流 ② 延长脉冲间隔
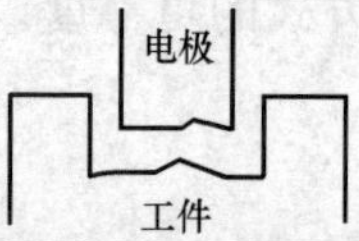 电极 工件	铜钨合金：硬质合金 电极异常损耗	① 脉冲间隔太短 ② 伺服电压太低 ③ 抬刀高度错误	① 延长脉冲间隔 ② 增加间隙电压 ③ 提高抬刀频率

4. 人为不小心造成的加工异常

解决方法是：不断地提高自身的技术水平，减少如将坐标数字设置错误、深度设错、电极装夹方向弄反、拿错电极、看错图样、数控程序编错、设计给数出错等失误。

第三节　电火花成形加工技能训练实例

• 训练1　工件的安装与找正

本训练的目的是掌握对各种不同的工件的装夹和找正方法。训练器材为电火花成形机、永磁吸盘、机用平口钳、正弦磁盘、角度导磁块、千分表或百分表、磁性表座及加工工件。

一、工艺分析

电火花加工的工件装夹与机械切削加工相似，但由于电火花加工时没有机械

加工的切削力，加工中工具电极与工件并不接触，宏观作用力很小，所以工件装夹一般都比较简单。因工件的形状、大小各异，电火花加工工件的装夹方法有很多种。常用压板、磁盘、机用平口钳等工具来装夹工件。

二、工件的装夹

1. 使用压板装夹工件

与机械切削加工相似，将工件放置在工作台上，将压板螺钉头部穿入工作台的T形槽中，把压板套在压板螺栓上，压板的一端压在工件上，另一端压在三角垫铁上，使压板保持水平或使压板靠近三角垫铁的一端稍高些，旋动螺母压紧工件。

2. 使用磁性吸盘装夹工件

永磁吸盘是使用高性磁钢通过强磁力来吸附工件的，它吸夹工件牢靠、精度高、装卸加工快。一般用压板把永磁吸盘固定在电火花机床的工作台面上。

永磁吸盘的磁力是通过吸盘内六角孔中插入的扳手来控制的。当扳手处于OFF侧时，吸盘表面无磁力，这时可以将工件放置于吸盘台上，然后将扳手旋转至ON侧，工件就被吸紧在吸盘上了。如图5-13所示，永磁吸盘适用于装夹安装面为平面的工件或辅助工具。

3. 平口钳装夹工件

对于一些因安装面积较小，用永磁吸盘安装不牢靠的工件，或一些特殊形状的工件，可考虑使用平口钳来进行装夹。平口钳是通过固定钳口部分对工件进行装夹定位，通过锁紧滑动钳口来固定工件的。图5-14所示为用平口钳装夹工件。

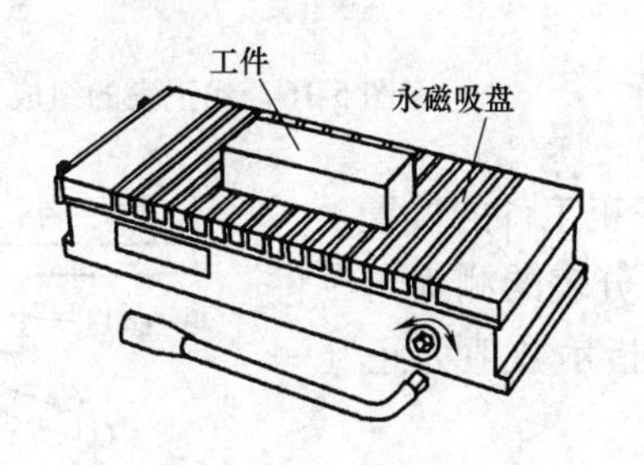

图5-13　永磁吸盘装夹工件

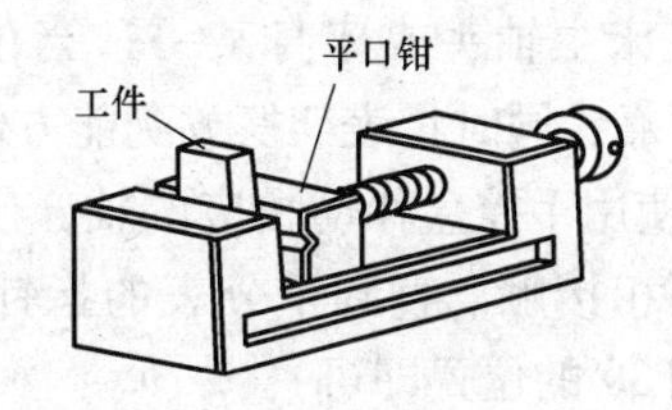

图5-14　平口钳装夹工件

4. 斜度工具装夹

对于安装面相对加工平面是斜面的工件，装夹要借助具有斜度功能的工具来完成。图5-15所示为使用正弦磁盘和角度导磁块来装夹工件。

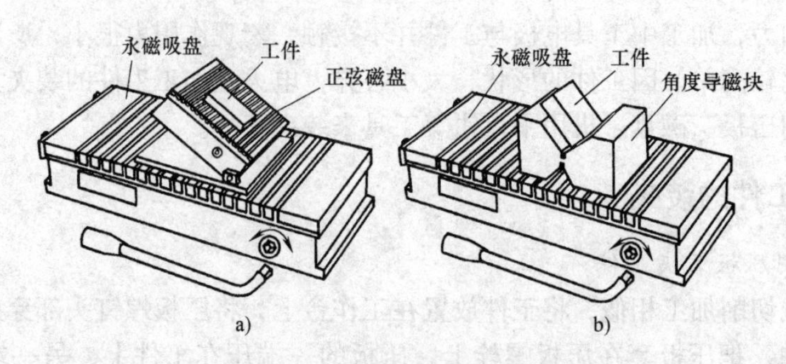

图 5-15　斜度工具装夹工件
a）正弦磁盘装夹工件　b）角度导磁块装夹工件

三、工件的找正

1. 找正目的

工件装夹完成以后，要对其进行找正。工件找正就是使工件的工艺基准与机床 *X*、*Y* 轴的轴线平行，以保证工件的坐标系方向与机床的坐标系方向一致。

2. 找正方法

（1）找正工具　使用找正表来找正工件是在实际加工中应用最广泛的找正方法。找正表由指示表和磁性表座组成，如图 5-16 所示。指示表有千分表和百分表两种，可根据加工精度要求选择适用的指示表。

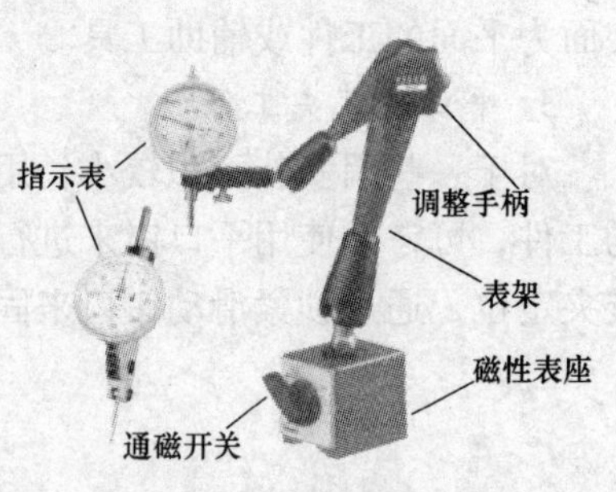

图 5-16　找正表的组成

（2）找正的操作过程

1）如图 5-17 所示，将千分表的磁性表座固定在机床主轴头或床身某一适当位置，保证固定可靠，同时将表架摆放到能方便找正工件的位置。

2）使用手控盒移动相应的轴，使千分表的测头与工件的基准面相接触，直到千分表的指针有指示数值为止（一般指示到 30 的位置即可）。

3）按手控盒上“X +”或“X -”键、“Y +”或“Y -”键、“Z +”或“Z -”，移动机床纵向、横向轴或主轴，观察千分表的读数变化，即反映出工件基准面与机床 *X*、*Y*、*Z* 轴的平行度。

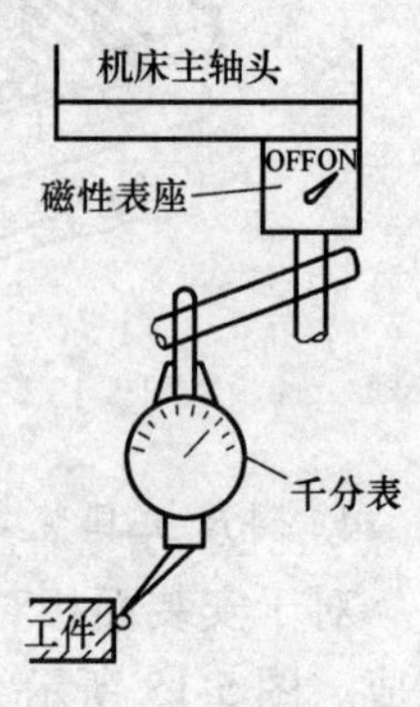

图 5-17　工件找正示意图

4）使用铜棒敲击工件来调整平行度，如果千分表指针变化很大，可以在调整中稍用力进行敲击，发现变化趋小

时，就要耐心地轻轻敲击，直到千分表指针的摆动范围尽可能小，工件被调整到正确的位置，满足精度要求为止。

5）操作过程中要注意把握好手感，重复进行训练，逐步提高工作效率。

6）工件找正后，应将工件固定牢靠。

① 压板装夹工件：将压板螺母旋紧，使工件得以固定。

② 磁性吸盘装夹工件：用内六角扳手旋转磁盘上的内六角螺母，使磁性吸盘带上磁性，将工件牢牢固定。

③ 平口钳装夹工件：应当加力旋转手柄，使工件固定牢靠。

训练 2　数控电火花加工的定位

本训练的目的是掌握数控电火花加工常用的定位方式和定位方法，灵活处理各种加工情况的定位，正确控制定位精度。训练器材为 SE 系列数控电火花成形机、深度千分表、基准定位球、电极和加工工件。

一、工艺分析

工件和电极都正确装夹、找正完成后，就需要将电极对准工件的加工位置，在工件上加工出准确的型腔。定位就是找准电极与工件的相对位置，数控电火花加工定位通常包括 X、Y、Z 三个轴的定位，它们可分为加工位置的定位（通常为 X 轴和 Y 轴）和加工深度（通常为 Z 轴）的定位两类。各种定位方式都是通过一定的方法来实现的。定位方法要根据电极的几何形状、精度要求、尺寸大小、结构，以及机床的规格、技术性能、功能等来具体选择。

二、定位方式和定位方法

1. 定位方式

（1）加工位置定位方式

1）电极中心与工件中心之间的距离。如图 5-18a 所示，定位方式采用的是电极与工件的中心距离，定位时能将它们的制造误差均衡地分布在中心四周，提高了定位精度。电极加工位置的坐标值也不受电极缩放尺寸的影响，可以直接按照中心坐标值定位，操作方便。另外，实现这种定位方式的方法简单，不容易发生操作错误。

2）电极中心与工件单边之间的距离。如图 5-18b 所示，有些形状复杂的工件只有一个明确的基准面，因此只能选用工件单边来定位。电极选用的是基准中心，能保证较高的定位精度，电极加工位置的坐标值不受电极缩放尺寸的影响。

3）电极单边与工件中心之间的距离。如图 5-18c 所示，适用于简单的方形电极，或加工形状有一条直边的异形电极。通常电极是以加工部位的直边作为基

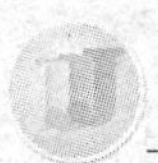

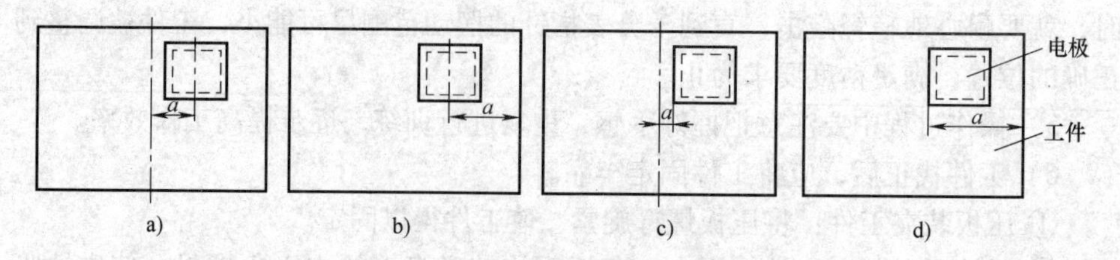

图 5-18　加工位置定位方式

a）电极中心与工件中心　b）电极中心与工件单边　c）电极单边与工件中心　d）电极单边与工件单边

准边来定位的，它的定位优势是能保证电极的基准边在工件上的准确位置，但对电极制造精度要求较高。实际操作时应考虑电极加工位置的坐标值受火花间隙的影响，其坐标值应减去电极单面缩放尺寸，且粗、精加工的位置坐标值是不同的。

4）电极单边与工件单边之间的距离。如图 5-18d 所示，由于电极和工件选用的都是基准单边，所以定位精度的累积差别较大，定位时要考虑工件定位基准边精度、电极缩放尺寸、火花间隙等因素对定位效果的影响。

（2）加工深度的定位方式

1）电极基准台底部与工件基准边的距离。如图 5-19a 所示，由于电极的各个部位都均等地缩放了一个尺寸值，因此在计算加工深度时，应补偿实际火花间隙与电极缩放尺寸的差距。如电极的缩放尺寸为单边 0.05mm，而选用的加工条件的实际火花间隙值为 0.02mm，在设置加工深度时，应将 a 值再减去 0.03mm。

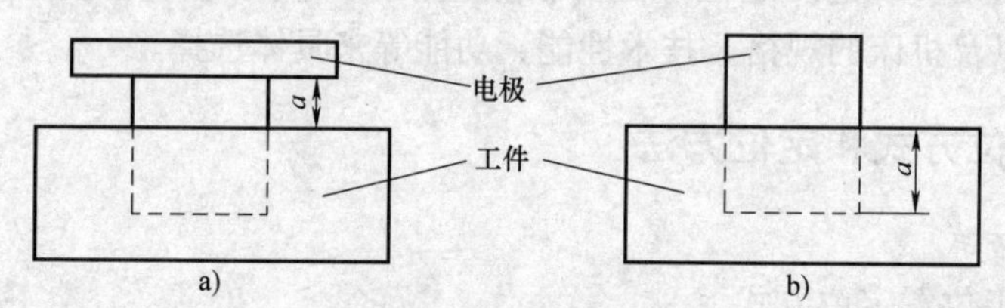

图 5-19　加工深度的定位方式

a）电极基准台底部与工件基准边的距离　b）电极底部与工件基准边的距离

2）电极底部与工件基准边的距离。如图 5-19b 所示，这种定位方式适用于底部为平面的电极，在设置加工深度时，只要直接补偿一个实际火花间隙值即可，即加工深度为 a 值减去实际火花间隙值。对于底面尖、小的电极不能采用这种定位方式，否则会产生较大的形状、尺寸误差。另外，采用这种方式加工过的电极在重复进行加工时，其定位精度将受到影响。

2. 定位方法

（1）接触感知功能定位　接触感知功能就是让数控装置引导伺服驱动装置

驱动工作台或电极，使工具电极和工件相对运动并且接触，准确找到接触点的一种方法。

1）电极直接与工件进行接触感知。利用电极的基准面与工件的基准面进行接触感知，来找准电极在工件上的加工位置。

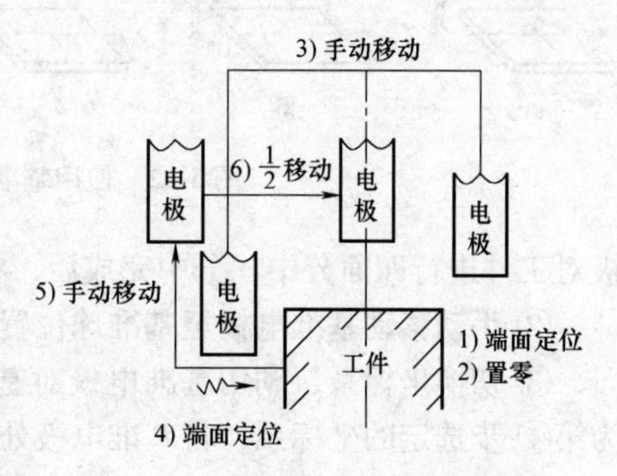

图 5-20　手动找外中心操作示意图

① 图 5-20 所示为数控电火花机床手动找外中心的方法，具体操作过程为：将电极与工件的端面定位；将定位轴的当前坐标值设为 0；将电极移动到工件端面定位端的另一侧；执行端面定位；将电极移动到定位轴的 1/2 处；将定位轴的坐标值设为 0。

② 图 5-21 所示为利用电极对工件进行 X 轴、Y 轴找中心（又称“四面分中”）和 Z 轴定位的全过程。

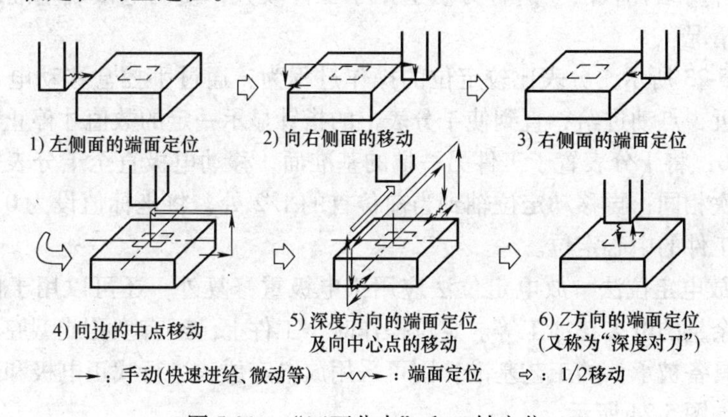

图 5-21　“四面分中”和 Z 轴定位

③ 目前的数控电火花机床都具有自动找外中心、找内中心、找单边、找角等功能，这些功能是按照固定的执行方式来进行找正的，只要输入相关的测量数值，即可较方便地实现加工的定位。比手动定位要方便得多，但数控电火花机床的定位功能也存在一定的局限性，这就要求灵活处理好自动定位与手动定位方法在不同加工场合的应用。

2）基准球测量。利用介于电极与工件之间的基准球（用钢球精加工而成）进行端面定位，由于点接触减少了误差，可实现较高精度的定位。使用基准球定位的方法及操作过程如图 5-22 所示。

① 将基准电极置于主轴侧的任何位置。选定一个加工坐标系，利用基准电

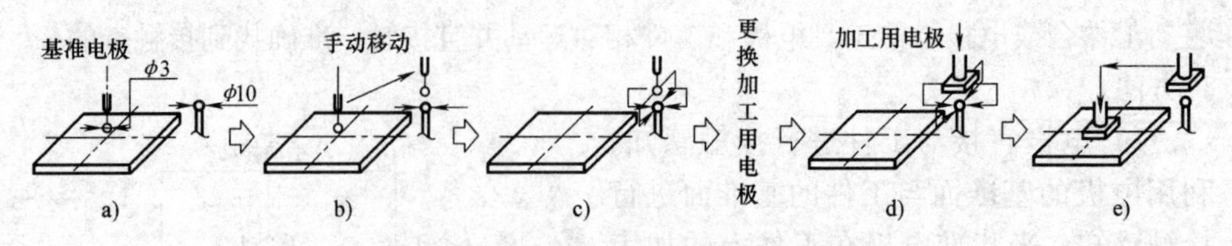

图 5-22　使用基准球定位的操作过程

极对工件进行四面分中，分中完成后，将基准电极处于工件中心的位置设为 0。

② 手动移动基准电极至基准球位置处。

③ 切换坐标系，利用基准电极对基准球进行四面分中。分中完成后，切换为第① 步选定的坐标系，将基准电极处于基准球中心位置的坐标值记忆下来。

④ 取下基准电极，将要加工的电极装夹上去，选定一个加工坐标系，利用电极对基准球进行四面分中，将第③ 步记忆的数值赋予分中完成后电极处于基准球中心位置的坐标。

⑤ 这时也就找准了电极与工件的相对位置，可以进行坐标定位加工。

（2）千分表比较法　这种方法适用于工件较大，使用电极或基准球测量行程不够的情况。

如图 5-23 所示，分表比较定位的操作过程为：通过手控盒移动电极至千分表测头附近，点动进给，直到使千分表上的指针显示一定的数值才停止移动，前坐标设为 0；将千分表置于工件另一端的基准面，移动电极直至千分表上指示的数值与上次相同；再移动定位轴到当前位首的 1/2 处，将坐标值设为 0，即完成了电极与工件的中心定位。

（3）放电定位法　放电定位法应用于电极重修复外，还可以用于修复模具型腔、小余量的电火花加工等。定位操作时，工件上已经有型孔或型腔，且原型孔或型腔具备被承认的工艺基准，则可采用放电定位法进行找正电极和工件的相对位置，如图 5-24 所示。

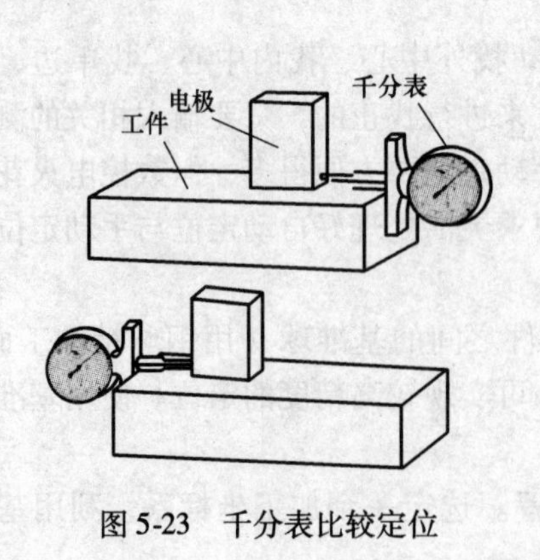

图 5-23　千分表比较定位

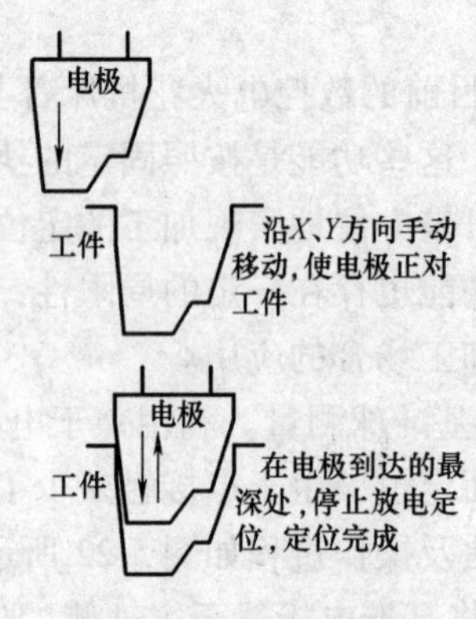

图 5-24　放电定位操作

三、工件的定位

1. 工件电极中心定位（确定工件在 X 向、Y 向上的中心）

1）在“准备”界面下，移动光标至“找外中心”图标后按回车键或直接按 F8 键进入图 5-25 所示的找外中心界面。

2）用↑或↓键移动光标来选择 X 向行程或 Y 向行程，并输入值（X 向行程、Y 向行程应大于工件与电极该方向长度之和的一半；电极应大致位于工件中心，运动范围内无障碍；下移距离应大于电极与工件间的距离）。

3）用空格键来改变感知速度（感知速度有 0 ~ 9 共 10 档，0 档最快，9 档速度最慢）。

4）用↑或↓键移动光标来确定选择相应轴上找的中心，确定后按回车键开始执行。

在找中心前，工具电极应大致位于工件电极中心位置，且在其运动范围内没有障碍物。执行完成后，工具电极位于工件电极中心上方 1mm 处。

2. 工件电极任意已知位置定位

1）移动光标至“找角”图标后按回车键或直接按 F9 键进入图 5-26 所示找角界面。

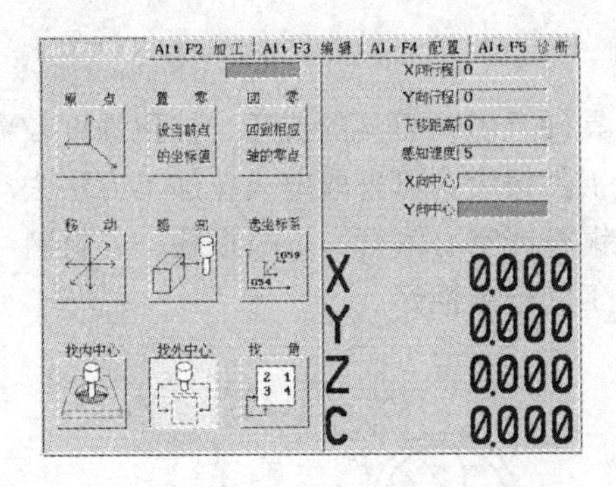

图 5-25　找外中心界面

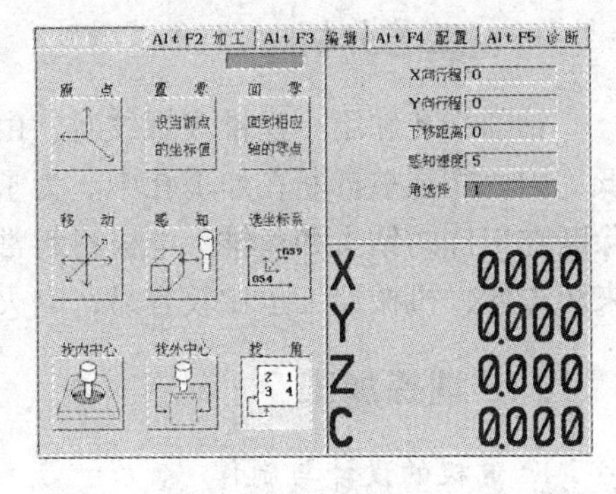

图 5-26　找角界面

2）用↑或↓键移动光标来选择 X 向行程或 Y 向行程，并输入值。（X 向行程、Y 向行程应大于工件与电极该方向长度之和的一半；电极应大致位于工件中心，运动范围内无障碍；下移距离应大于电极与工件间的距离。）

3）用空格键来改变感知速度（感知速度有 0 ~ 9 共 10 档，0 档最快，9 档速度最慢）；

4）用空格键选择拐角（有 1 ~ 4 个角供选择），选择后按回车键开始执行。执行完成后，电极位于工作上方 1mm 处，如图 5-27 所示。

5）移动光标至“移动”图标后按回车键或直接按 F4 键进入图 5-28 所示移

动界面。

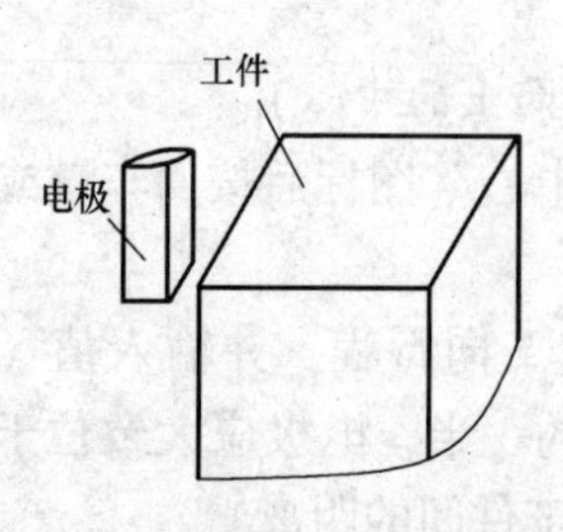

图5-27 工件找角后电极停留位置

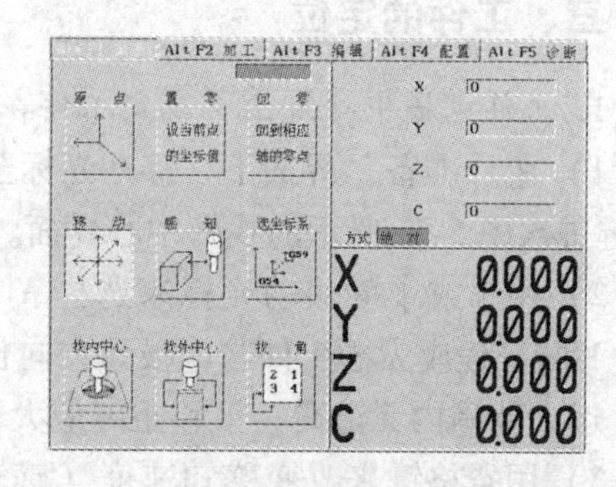

图5-28 移动界面

6）选定需要移动的轴，用空格键来进行选择移动的方式（绝对坐标或增量坐标）并在输入数值后按回车键执行。把工具电极移至工件电极已知的位置上，实现工件电极已知位置的定位。

训练3 工件中断钻头和丝锥残骸的去除

本训练的目的是掌握电火花加工去除断钻头、丝锥残骸的方法。训练器材为SE型数控电火花成形机床、精密刀口形直尺、百分表、电极、工件。

一、工艺分析

钻削小孔和用小丝锥攻螺纹时，由于刀具硬且脆，刀具的抗弯、抗扭强度较低，因而往往被折断在加工孔中。为了避免工件报废，可采取电火花加工方法去除断在工件的钻头和丝锥。电极材料常用纯铜杆或空心铜管，电极损耗小，材料来源方便，机械加工也比较容易，电火花加工的稳定性好。

二、训练加工

1. 电极的设计与制作

（1）电极的设计　电极直径应根据钻头或丝锥的尺寸来决定。对钻头，工具电极的直径d'应大于钻心直径d_0，小于钻头外径d，如图5-29a所示。一般d_0约为（1/5）d，故可取电极外径d'=（2/5～4/5）d，以取（3/5）d为最佳。对丝锥，电极的直径d应大于丝锥的心部直径d_0，小于攻螺纹前的预孔直径d_0（或丝锥的内径d），如图5-29b所示。通常，电极的直径d'=（d_0 + d_1）/2为最佳值。

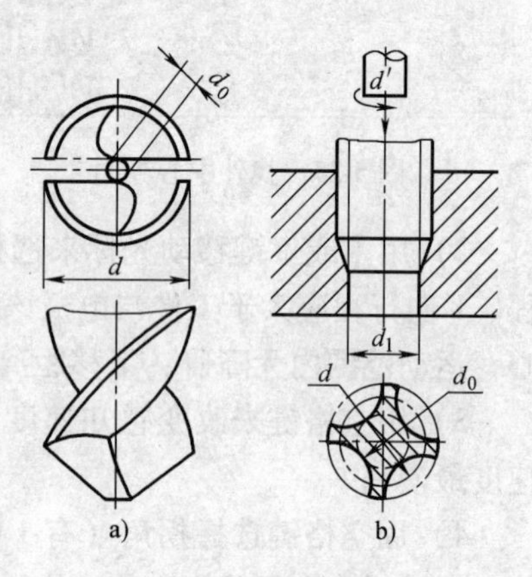

图5-29 钻头和丝锥有关尺寸
a）钻头的外径和钻心 b）丝锥的有关尺寸

加工前，应根据丝锥规格和钻头的直径按表 5-11 来选择电极的直径。

表 5-11　根据丝锥规格和钻头直径选取工具电极直径

工具电极直径/mm	1 ~ 1.5	1.5 ~ 2	2 ~ 3	3 ~ 4	3.5 ~ 4.5	4 ~ 6	4 ~ 8
丝锥规格	M2	M3	M4	M5	M6	M8	M10
钻头直径/mm	$\phi2$	$\phi3$	$\phi4$	$\phi5$	$\phi6$	$\phi8$	$\phi10$

如钻头直径为 ϕ6mm，丝锥规格为 M6，工具电极可设计成直径为 ϕ3.5 ~ ϕ4.5mm。电极长度应根据断在小孔中的长度加上装夹长度来定，并适当地留出一定的余量。

（2）电极的制作　工具电极为圆柱形，可在车床上一次加工成形。通常制作成阶梯轴，装夹大端，这样有利于提高工具电极的强度，如图 5-30 所示。

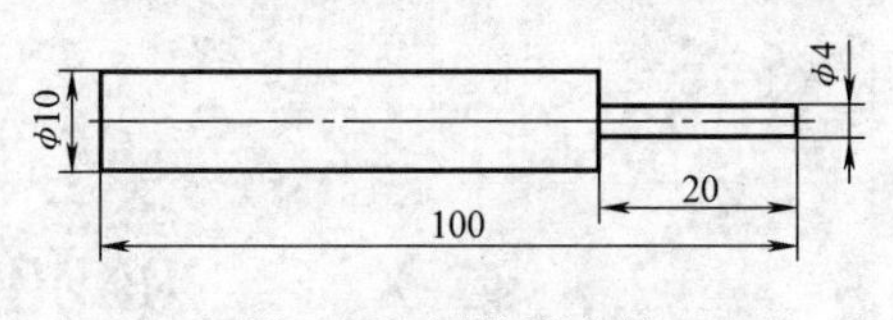

图 5-30　圆柱形电极

2. 操作训练

（1）电极的装夹与找正　工具电极可用钻夹头固定在主轴夹具上，先用精密刀口形直尺找正工具电极对工作台 X 轴和 Y 轴方向的垂直，然后用百分表再次找正。

（2）工件的装夹与定位

1）工件的装夹与找正。工件可用压板固定在工作台上，也可用磁性吸盘将工件吸附在工作台上，用百分表对工件进行找正。

2）工件的位置定位。电极和工件上钻头或丝锥孔位置的定位操作，参见本节训练二。

3）深度位置定位。在系统“准备”界面下，按 F5 键进入“感知”子界面。按↑或↓键，将光标移至“Z -”并按回车键确认，进行 Z - 方向感知。感知结束后，将此点设置为零点。按 F10 键退出此界面。

（3）选择电参数　由于对加工精度和表面粗糙度的要求一般，应选用加工速度快、电极损耗小的粗加工规准，但加工电流受加工面积的限制，电流过大容易造成拉弧；另一方面，为了达到电极低损耗的目的，要注意峰值电流和脉冲宽度之间的匹配关系，电流过大，会增加电极的损耗。脉冲宽度可以适当取大些，并采用负极性加工，脉冲间隔要和脉冲宽度匹配合理。对晶体管脉冲电源，可参考表 5-12 的规准。

表 5-12　低损耗粗加工规准

脉冲宽度/μs	脉冲间隔/μs	峰值电流/A
150～300	30～60	5～10

也可在说明书参数表（铜电极加工钢制工件-最小损耗电极参数）中，选择一个适合的参数条件号（建议用 C108 或 C109）。

（4）放电加工

1）按 Alt + F2 组合键进入“加工”界面，再按 F9 键进入手动加工界面，如图 5-31 所示。输入加工深度数值（加工深度值应根据断在工件中的钻头或丝锥长度来定）及加工条件号。

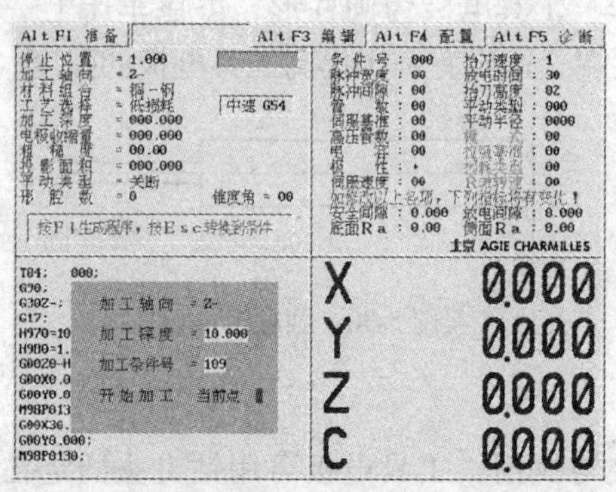

图 5-31　手动加工界面

2）起动工作液泵，向工作液槽内加注工作液，工作液应高出工件 30～50mm，并保证工作液循环流动。

3）按回车键确认，实现放电加工。

4）待加工完成后，放掉工作液，取下工具电极和工件，清理机床工作台，完成加工。

复习思考题

1. 简述电火花加工的操作流程。
2. 用于电火花加工的电极材料必须具备哪些特点？
3. 电火花加工条件有哪些？
4. 什么是平动加工？平动有哪些作用？
5. 制约电火花加工精度的因素有哪些？
6. 引起电火花加工零件不合格的因素和解决方法有哪些？
7. 电火花加工中，常用的工件安装方法有哪些？
8. 电火花加工定位方式有哪些？

试 题 库

知识要求试题

一、判断题

1. 电火花加工过程中，工具和工件之间的脉冲放电产生瞬时高温，把金属材料蚀除掉。 （ ）
2. 电火花加工中，工件材料强度、硬度越好，加工越困难。 （ ）
3. 电火花加工只能加工金属等导电材料。 （ ）
4. 电火花加工也可以加工塑料、陶瓷等非导电材料。 （ ）
5. 按国家标准可将电火花成形加工机床分为单立柱机床和双立柱机床。 （ ）
6. 电切削加工中，由于正负两极之间并不接触，所以工具电极并不损耗。 （ ）
7. 电极和工件间的放电间隙一般浸泡在有一定绝缘性能的液体介质中。 （ ）
8. 脉冲宽度是指加到电极间隙两端的电压脉冲的持续时间。 （ ）
9. 脉冲间隔是指电极与工件间有绝缘介质的放电停止时间。 （ ）
10. 快走丝是指机床的切削速度快，慢走丝是指机床的切削速度慢。（ ）
11. 电火花成形加工型腔时，电极的损耗将影响加工精度。 （ ）
12. 采用平动加工时，型腔最小圆角半径有限制，太小难以清角。 （ ）
13. 无论何种电火花加工，都需预先制作成形电极。 （ ）
14. 慢走丝电火花线切割加工中，电极丝的损耗对加工精度几乎没有影响。 （ ）
15. 电火花线切割加工中，电极丝的损耗影响零件加工精度。 （ ）
16. 通常走丝速度在 5 ~ 12m/s 为快速走丝，走丝速度在 0.1 ~ 0.5m/s 为慢

速走丝。 （ ）

17. 慢走丝线切割机床是利用钨丝做电极丝，靠火花放电对工件进行切割的。 （ ）

18. 快走丝线切割机床使用的电极丝有钼丝、钨丝和钨钼丝。 （ ）

19. 数控电火花线切割机床代号为 DK7732，其中 32 是指工作台横向行程为 320mm。 （ ）

20. 电火花成形加工机床代号为 D7132，其中 32 是指工作台宽度为 320mm。 （ ）

21. 机床代号为 DK7732，其中 K 表示快走丝机床，是“快”汉语拼音第一个字母。 （ ）

22. 线切割机床维护保养要求定期润滑、定期调整、定期更换易损件。 （ ）

23. 线切割机床上丝用的套筒手柄使用后，必须立即取下，以免伤人。 （ ）

24. 高速走丝电火花线切割机床的脉冲当量一般为每步 1mm。 （ ）

25. 线切割加工放电间隙与电极丝直径及脉冲电源的电规准有关，不受其他因素影响。 （ ）

26. 在拐角处增加一个过切的小正方形或小三角形的附加程序，可避免“塌角”。 （ ）

27. 减小脉宽、增加脉间、减小电压幅值及减小峰值电流，都会降低切割速度。 （ ）

28. 减小脉宽、增加脉间、减小电压幅值及减小峰值电流，均可提高加工精度。 （ ）

29. 在 ISO 代码中，G90 是增量坐标指令，G91 是绝对坐标指令。 （ ）

30. 在辅助指令中，T84 是开工作液指令，T86 是关工作液指令。 （ ）

31. 在辅助指令中，T86 是开贮丝筒指令，T87 是关贮丝筒指令。 （ ）

32. 电参数代号为 C007，其中后两位数字 07 为工件厚度的 1/10。 （ ）

33. 3B 代码中，L1 指直线在第Ⅰ象限；L2 指直线在第Ⅱ象限，L3、L4 依次类推。 （ ）

34. 线切割加工中，工件过薄或工件过厚，都难于获得理想的切割速度。 （ ）

35. 铝合金电火花线切割时会形成不导电的 Al_2O_3，有助于保护走丝系统。 （ ）

36. 找正的目的是保证工件的坐标系方向与机床的坐标系方向一致。 （ ）

37. 电火花成形加工的工作液易引发火灾，操作人员绝对不能离开现场。（ ）

38. 电火花成形加工时，为操作方便可以进行单一喷射加工。（ ）

39. 没有烟火自动监测和自动灭火装置的电火花机床，操作人员不能长时间离开。（ ）

40. 电极材料选择时，一般精密、小电极用铜制作，而大的电极用石墨。（ ）

二、选择题

1. 正负两极之间必须（ ），是电火花加工的条件。
A. 保持一定的放电间隙　B. 瞬时的脉冲性放电
C. 有一定绝缘性能的液体介质　D. 都是电解铜

2. 电火花放电加工的微观物理过程经过的阶段是（ ）。
A. 极间介质的电离、击穿、形成放电通道
B. 介质热分解、材料融化、汽化膨胀
C. 电极材料的抛出
D. 极间介质的消电离

3. 电火花加工的优点体现在（ ）。
A. 适合于难切削材料的加工　B. 可以加工特殊及复杂形状的零件
C. 可以加工塑料模具　D. 可以加工陶瓷工艺品

4. 电火花加工的局限性在于（ ）
A. 只能加工金属等导电材料　B. 加工速度一般较慢
C. 存在电极损耗　D. 只能加工非金属材料

5. 电火花加工的电参数主要有（ ）。
A. 脉冲宽度　B. 脉冲间隔　C. 峰值电压　D. 峰值电流

6. 在电火花加工过程中，在放电的微细通道中瞬时集中大量的热能，温度可高达（ ）。
A. 100℃以上　B. 1000℃以上　C. 5000℃以上　D. 10000℃以上

7. 电火花加工中，作为放电介质的工作液，要求具有（ ）等性能。
A. 隔热　B. 绝缘　C. 冷却　D. 洗涤排屑

8. 通常快走丝机床丝速在（ ）m/s，慢走丝机床丝速在（ ）m/s。
A. 1～2，0～0.01　B. 3～5，0.01～0.09　C. 5～12，0.1～0.5　D. 13～20，0.6～1.2

9. 电火花线切割加工中，加工精度不受电极丝的损耗状况影响的机床是（ ）。
A. 快走丝　B. 中走丝　C. 慢走丝　D. 快走丝和慢走丝

10. 慢走丝电火花线切割加工中，使用的电极丝材料主要是（　　）。

A. 钼丝　　B. 黄铜丝　　C. 钨丝　　D. 钨钼丝

11. 数控电火花线切割机床代号为DK7732，其中32是指工作台的（　　）mm。

A. 宽度为320　　B. 长度为320　　C. 横向行程为320　　D. 纵向行程为320

12. 电火花成形加工机床代号为D7132，其中32是指工作台的（　　）mm。

A. 宽度为320　　B. 长度为320　　C. 横向行程为320　　D. 纵向行程为320

13. 线切割机床维护保养的要求（　　）。

A. 定期润滑　　B. 定期调整机件

C. 定期更换磨损件　　D. 定期调换操作人员

14. 线切割机床需要定期润滑的部位，主要有（　　）等。

A. 机床导轨　　B. 丝杠螺母　　C. 传动齿轮　　D. 导轮轴承

15. 线切割机床需要定期调整的部位，主要有（　　）等。

A. 丝杠螺母　　B. 导轨　　C. 电极丝挡块　　D. 进电块

16. 线切割机床主要由机床本体、（　　）、工作液循环系统、控制系统等部分组成。

A. 伺服电源　　B. 三相电源　　C. 脉冲电源　　D. 稳压电源

17. 线切割机床电极丝常用的找正方法有（　　）

A. 找正器找正　　B. 放电找正

C. 精密刀口形直尺找正　　D. 标准块找正

18. 零件进行电火花线切割加工，一般经过（　　）工艺步骤。

A. 审核分析图样　　B. 工艺准备　　C. 编程　　D. 加工与检验

19. 高速走丝电火花线切割机床的脉冲当量一般为每步（　　）。

A. 10mm　　B. 1mm　　C. 0.1mm　　D. 0.01mm

20. 增加脉宽、减小脉间、增大脉冲电压及增大峰值电流，都会引起加工质量变化，包括（　　）

A. 表面粗糙度↓精度↓　　B. 表面粗糙度↑精度↑

C. 表面粗糙度↑精度↓　　D. 表面粗糙度↓精度↑

21. 在ISO代码中，可以作为程序结束标记的M指令有（　　）。

A. M01　　B. M02　　C. M03　　D. M30

22. 在ISO代码中，设置当前点的坐标值指令是（　　）。

A. G90　　B. G91　　C. G92　　D. G93

23. 电参数条件代号为C007，其中后两位数字07×10mm等于（　　）。

A. 工件长度　　B. 工件宽度　　C. 工件厚度　　D. 工件面积

24. 一个完整的数控加工程序的组成包括（　　）。

A. 程序开始部分　　B. 程序内容部分　　C. 程序结束部分　　D. 程序备用部分

25. 解决电火花线切割加工零件表面产生黑白条纹的主要对策有（　　）。

A. 更换电极丝　　B. 单方向走丝时放电

C. 调整工作液喷射方式　　D. 更换工件液

26. 数控电火花成形加工机床主要技术参数包括（　　）等。

A. 尺寸及加工范围参数　　B. 电参数

C. 价格参数　　D. 精度参数

27. 电火花成形加工机床对床身和立柱结构的要求有（　　）。

A. 刚性要好　　B. 重量要轻　　C. 精度要高　　D. 抗振性要好

28. 电火花成形加工前，对使用的工作液进行检查的内容应包括（　　）。

A. 检查液位高度　　B. 检查工作液的状态

C. 检查工作液合格证　　D. 检查灭火装置

29. 电火花成形加工中使用平动工艺的作用是（　　）

A. 修光、清棱、清角　　B. 提高加工精度

C. 提高加工速度　　D. 减少电极根数

30. 平动加工的方式可分为（　　）。

A. 自由平动　　B. 伺服平动　　C. 圆形平动　　D. 二维矢量平动

31. 影响电火花加工零件表面粗糙度的因素主要有（　　）等。

A. 电源特性　　B. 定位精度　　C. 工件材料　　D. 加工面积

32. 铜电极对钢、钢电极对钢进行电火花成形加工时，加工极性一般选择（　　）极性加工。

A. “+”　　B. “-”　　C. “+”或“-”　　D. “+”和“-”

33. 电火花成形加工中，解决电极损耗很大的方法是（　　）。

A. 选择适当的电参数　　B. 及时更换工作液

C. 重选工件材料　　D. 调整冲（抽）油压力

34. 数控电火花加工中的定位可分为（　　）。

A. 加工立体定位　　B. 加工平面定位　　C. 加工位置定位　　D. 加工深度定位

35. 数控电火花加工定位就是找准电极与工件相对位置，通常包括（　　）的定位。

A. *X* 轴　　B. *Y* 轴　　C. *Z* 轴　　D. *C* 轴

36. 在慢走丝线切割加工中，常用的工作液为（　　）。

A. 乳化液　　D. 机油　　C. 去离子水　　D. 柴油

37. 目前快走丝线切割加工中应用较普遍的工作液是（　　）。

A. 煤油　　B. 乳化液　　C. 去离子水　　D. 水

38. 电火花加工过程中，出现异常放电的形式有（　　）

A. 烧弧　　B. 桥接　　C. 短路　　D. 开路

39. 快走丝线切割加工中可以使用的电极丝有（　　）。

A. 黄铜丝　　B. 纯铜丝　　C. 钼丝　　D. 钨钼丝

40. 不能使用数控电火花线切割加工的材料为（　　）。

A. 石墨　　B. 铝　　C. 硬质合金　　D. 大理石

技能要求试题

一、电火花线切割机床穿丝与找正

1. 考核图样（略）

2. 准备要求

数控电火花线切割机床、电极丝、找正工具（垂直度找正器或精密刀口形直尺或标准块）、百分表、螺钉及压板等。

3. 考核要求

（1）考核内容　能够正确地将电极丝穿过各导轮，调整贮丝筒行程并紧丝。能够正确地安装找正工具、电极丝垂直度找正符合要求。操作方法正确、熟练，准备工作充分。

（2）工时定额　0.5h。

（3）安全文明生产　能够正确执行电火花线切割加工安全技术操作规程。能够按照企业有关文明生产规定，做到车间设备场地环境整洁，工件、工装夹具、量具摆放整齐。

4. 考核评分表（见表1）

表1　电火花线切割机床穿丝与找正考核评分表

姓　名			总得分			
项　目	序　号	技术要求	配　分	评分要求及标准	检测记录	得　分
机床穿丝	1	钼丝装入导轮中	20	不正确全扣		
	2	贮丝筒行程调整	10	不正确全扣		
	3	钼丝张紧	10	不正确全扣		
	4	操作熟练	10	不熟练酌扣		
钼丝找正	5	找正装置的安装	10	不正确全扣		
	6	钼丝垂直度找正	20	不正确全扣		
	7	操作熟练	10	不熟练酌扣		
安全及文明操作	8	遵守安全操作规程、操作现场整洁	10	不规范酌扣		
		安全用电，无人身、设备事故		全扣		

二、螺纹车削对刀样板的加工

1. 考核图样（见图1）

2. 准备要求

数控电火花线切割机床、60mm×120mm×1.5mm板材、游标卡尺及万能量角器等。

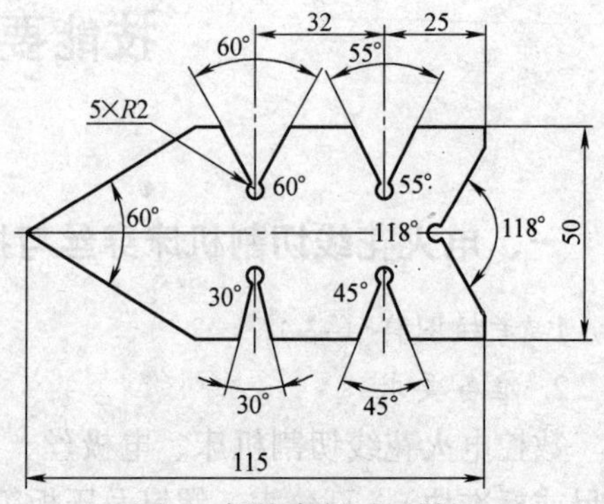

图1　螺纹车削对刀样板

3. 考核要求

（1）考核内容　能够熟练地编写数控程序，准确计算各节点坐标值。工件安装方式、穿丝点、切入点、切割方向选择正确。补偿参数设置、电参数选择适当。零件加工尺寸符合图样要求。操作方法正确、熟练，准备工作充分。

（2）工时定额1h。

（3）安全文明生产　能够正确执行电火花线切割加工安全技术操作规程。能够按照企业有关文明生产规定，做到车间设备场地环境整洁，工件、工装夹具、量具摆放整齐。

4. 考核评分表（见表2）

表2　螺纹车削对刀样板的加工考核评分表

姓　名			总得分			
项　目	序　号	技术要求	配　分	评分要求及标准	检测记录	得　分
参数设置	1	电源参数设置	10	不适当酌扣		
	2	补偿参数设置	10	不适当酌扣		
工艺安排	3	工件安装方式	10	不正确全扣		
	4	穿丝点、切入点、切割方向设置	20	不正确全扣		
	5	操作熟练	10	不熟练酌扣		
加工尺寸	6	工件变形	10	全扣		
	7	各角度尺寸	20	超差酌扣		
安全及文明操作	8	遵守安全操作规程、操作现场整洁	10	酌扣		
		安全用电，无人身、设备事故		全扣		

三、齿轮键槽的加工

1. 考核图样（见图2）

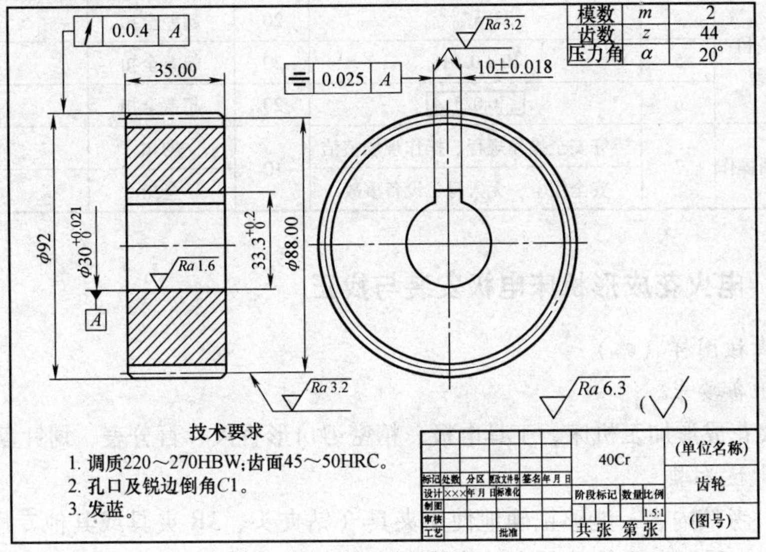

图2　齿轮零件图

2. 准备要求

数控电火花线切割机床、工件、卡尺及杠杆表等。

3. 考核要求

（1）考核内容　能够熟练地编写数控程序，各节点坐标值计算准确。工件安装、中心找正方式正确。补偿参数设置、电参数选择适当。加工键槽尺寸符合图样要求。操作方法正确、熟练，准备工作充分。

（2）工时定额　1h。

（3）安全文明生产　能够正确执行电火花线切割加工安全技术操作规程。能够按照企业有关文明生产规定，做到车间设备场地环境整洁，工件、工装夹具、量具摆放整齐。

4. 考核评分表（见表3）

表3　齿轮键槽加工考核评分表

姓　名			总 得 分			
项　目	序　号	技 术 要 求	配　分	评分要求及标准	检 测 记 录	得　分
工艺安排	1	工件安装	10	不正确全扣		
	2	内中心找正	10	不正确全扣		
	3	操作熟练	10	不熟练酌扣		

（续）

姓　名			总 得 分			
项　目	序　号	技 术 要 求	配　分	评分要求及标准	检 测 记 录	得　分
尺寸公差和几何公差	4	$33.3^{+0.2}_{0}$	20	超差全扣		
	5	10 ± 0.018	20	超差全扣		
	6	⌯ 0.025 A	20	超差全扣		
安全及文明操作	7	遵守安全操作规程、操作现场整洁	10	酌扣		
		安全用电，无人身、设备事故		全扣		

四、电火花成形机床电极安装与找正

1. 考核图样（略）

2. 准备要求

电火花成形加工机床、工具电极、精密刀口形直尺、百分表、划针盘等。

3. 考核要求

（1）考核内容　能够正确地使用夹具（钻夹头、3R夹具或其他专用夹具）安装电极。了解电极找正的方式方法，电极找正符合要求。操作方法正确、熟练，准备工作充分。

（2）工时定额　0.5h。

（3）安全文明生产　能够正确执行电火花线切割加工安全技术操作规程。能够按照企业有关文明生产规定，做到车间设备场地环境整洁，工件、工装夹具、量具摆放整齐。

4. 考核评分表（见表4）

表4　电极安装与找正考核评分表

姓　名			总 得 分			
项　目	序　号	技 术 要 求	配　分	评分要求及标准	检 测 记 录	得　分
电极安装	1	安装正确	20	不正确全扣		
	2	操作熟练	20	不熟练酌扣		
电极找正	3	垂直找正	20	不正确全扣		
	4	水平找正	20	不正确全扣		
安全及文明操作	5	遵守安全操作规程、操作现场整洁	20	酌扣		
		安全用电，防火、无人身、设备事故		全扣		

五、电火花成形加工工件的找正和定位

1. 考核图样（略）

2. 准备要求

电火花成形机、夹具（压板、永磁吸盘、机用平口钳、正弦磁盘、角度导磁块）、量具（千分表或百分表、深度千分表、基准定位球）、电极和加工工件。

3. 考核要求

（1）考核内容　能够利用夹具正确地安装并找正工件。了解工件、电极定位的方式方法，工件定位准确。操作方法正确、熟练，准备工作充分。

（2）工时定额　1h。

（3）安全文明生产　能够正确执行电火花线切割加工安全技术操作规程。能够按照企业有关文明生产规定，做到车间设备场地环境整洁，工件、工装夹具、量具摆放整齐。

4. 考核评分表（见表5）

表5　工件的找正和定位考核评分表

姓　　名			总　得　分			
项　　目	序　号	技术要求	配　分	评分要求及标准	检测记录	得　分
安装找正	1	安装方法	20	不适当酌扣		
	2	找正精度	20	误差酌扣		
工件定位	3	定位方式	20	不适当酌扣		
	4	定位精度	20	不熟练酌扣		
	5	操作熟练	10	误差酌扣		
安全及文明操作	6	遵守安全操作规程、操作现场整洁	10	酌扣		
		安全用电，防火，无人身、设备事故		全扣		

六、M8不通孔断丝锥的去除

1. 考核图样（略）

2. 准备要求

能够选择合适的电极材料，并能设计出简单的加工电极。电火花成形机、永磁吸盘、精密刀口形直尺、百分表、工件。

3. 考核要求

（1）考核内容　正确安装并找正电极，工件安装定位准确，加工参数选择适当。操作方法正确、熟练，准备工作充分。

（2）工时定额　1h。

（3）安全文明生产　能够正确执行电火花线切割加工安全技术操作规程。能够按照企业有关文明生产规定，做到车间设备场地环境整洁，工件、工装夹具、量具摆放整齐。

4. 考核评分表（见表6）

表6　工件中丝锥残骸的去除考核评分表

姓　名			总得分			
项　目	序　号	技术要求	配　分	评分要求及标准	检测记录	得　分
安装	1	电极安装、找正	20	误差酌扣		
	2	工件安装、找正	20	误差酌扣		
定位	3	位置定位	10	误差酌扣		
	4	深度定位	10	误差酌扣		
加工	5	参数选择	10	不合适酌扣		
	6	操作熟练	20	不熟练酌扣		
安全及文明操作	7	遵守安全操作规程、操作现场整洁	10	酌扣		
		安全用电，防火，无人身、设备事故		全扣		

模拟试卷样例

一、判断题（每题1分，满分35分）

1. 在电火花线切割加工中工件受到的作用力较大。（ ）

2. 利用数控电火花线切割加工机床可以加工导电材料，也可以加工不导电材料。（ ）

3. 如果数控高速走丝电火花线切割加工单边放电间隙为0.01mm，钼丝直径为0.18mm，则加工圆孔时的电极丝补偿量为0.19mm。（ ）

4. 电火花穿孔加工一般指贯通的二维型孔的电火花加工，它既可以是简单的圆孔，也可以是复杂的型孔。（ ）

5. 线切割加工中工件几乎不受力，所以加工中工件不需要定位。（ ）

6. 电火花成形加工型腔时排屑较困难，只能在电极上钻冲油孔或排气孔，要特别防止电弧烧伤。（ ）

7. 快走丝线切割加工中，常用的电极丝为钨丝。（ ）

8. 通过压缩脉冲间隔可提高放电脉冲频率，但脉冲间隔过短容易产生电弧放电，反而降低了加工速度。（ ）

9. 电火花加工表面粗糙度主要取决于单个脉冲能量，单个脉冲能量越高，表面粗糙度值越大。（ ）

10. 数控低速走丝电火花线切割机床一般采用步进电动机来驱动轴的运动。（ ）

11. 电火花加工中，放电间隙并非越小越好，间隙小单个脉冲能量很小，加工效率很低，而且因排屑不畅而使加工不稳定，从而导致放电间隙不均匀，加工精度反而降低。（ ）

12. 放电间隙是指加工时工具和工件之间产生火花放电的一层距离间隙。（ ）

13. 脉冲宽度是指加到工具和工件上放电间隙两端的电压脉冲的持续时间。（ ）

14. 在数控电火花线切割加工过程中，可以不使用工作液。（ ）

15. 快走丝线切割机床的导轮要求使用硬度高、耐磨性好的材料制造，如高速钢、硬质合金、人造宝石或陶瓷等材料。（ ）

16. 目前我国主要生产的数控电火花线切割加工机床是低速走丝电火花线切

割机床。（　）

17. 上丝用的套筒手柄使用后，必须立即取下，以免伤人。（　）

18. 在电火花线切割加工中，M02 的功能是关闭贮丝筒电动机。（　）

19. 电火花加工中，加添工作介质煤油时，不得混入类似汽油之类的易燃物，防止火花引起火灾。（　）

20. 采用较合理的工作液喷射方式，使电极丝出口和入口处工作液供应情况尽量一致，尤其要改善工件下部工作液的供应状况，这对限制黑白条纹会有一定效果。（　）

21. 在型号为 DK7632 的数控电火花线切割机床中，D 表示电加工机床。（　）

22. 数控高速走丝电火花线切割加工速度快，低速走丝电火花线切割加工速度慢。（　）

23. 电火花成形加工可以加工各种复杂的型腔，通过数控平动加工可以获得很高的加精度和很小的表面粗糙度值。（　）

24. 提高加工速度的途径主要有提高放电脉冲频率及增大单个脉冲能量等方式。（　）

25. 为了降低电极的相对损耗，必须充分利用放电过程中的极性效应和吸附效应时，要选用适宜的材料制作电极。（　）

26. 线切割工件时应控制喷嘴流量不要过大，以确保工作液能包住电极丝，并注意防止工作液的飞溅。（　）

27. 在数控高速走丝电火花线切割加工中，由于电极丝走丝速度比较快，所以电极丝和工件间不会发生电弧放电。（　）

28. 电火花成形精加工时，只有工具电极表面粗糙度明显不良时，才会对加工表面的质量有明显的影响。（　）

29. 电火花加工中，提高间隙电压及增大单个脉冲能量都能加大放电间隙。（　）

30. 电规准、电参数主要指电火花加工时选用的电加工用量、电加工参数，有脉冲宽度、放电时间、脉冲间隔、峰值电压、峰值电流等。（　）

31. 电火花加工时，工作液面要高于工件一定距离（30～100mm），如果液面过低，加工电流较大，很容易引起火灾。（　）

32. 电火花线切割加工机床的夹具比较简单，除了在通用夹具上采用压板螺钉固定工件外，还可使用磁性夹具、旋转夹具或专用夹具等。（　）

33. 数控线切割机床的坐标系采用的是右手直角笛卡儿坐标系。（　）

34. 在一定的工艺条件下，脉冲间隔的变化对切割速度的影响比较明显，对表面粗糙度的影响比较小。（　）

35. 线切割机床维护保养要求做到定期润滑、定期调整机件、定期更换磨损件等。　　（　）

二、选择题（不定项选择）（每题3分，满分45分）

1. 数控电火花线切割加工属于（　　）。

A. 放电加工　　B. 特种加工　　C. 电弧加工　　D. 切削加工

2. 用快走丝线切割机床加工较厚的工件时，电极丝的进口宽度与出口宽度相比（　　）。

A. 相同　　B. 进口宽度大　　C. 出口宽度大　　D. 不一定

3. 在电火花线切割加工过程中，放电通道中心温度最高可达（　　）℃左右。

A. 1000　　B. 10000　　C. 100000　　D. 5000

4. 目前快走丝线切割加工中应用较普遍的工作液是（　　）。

A. 煤油　　B. 乳化液　　C. 去离子水　　D. 水

5. 下列材料的零件可以用电火花机床进行加工的是（　　）。

A. 钢　　B. 铜　　C. 工程塑料　　D. 陶瓷

6. 快走丝线切割加工中可以使用的电极丝有（　　）。

A. 黄铜丝　　B. 纯铜丝　　C. 钼丝　　D. 钨钼丝

7. 用数控高速走丝电火花线切割机床加工直径为10mm的圆孔，电极丝偏移量设置为0.11mm，孔的实际直径为10.02mm。要使加工的孔径为10mm，则偏移量应调整为（　　）mm。

A. 0.10　　B. 0.11　　C. 0.12　　D. 0.13

8. 电火花加工过程中，出现异常放电的形式有（　　）。

A. 烧弧　　B. 桥接　　C. 短路　　D. 开路

9. 提高放电脉冲频率及增大单个脉冲能量会使加工速度（　　）。

A. 提高　　B. 降低　　C. 不变　　D. 提高或降低

10. 常用于制作电极的材料有（　　）。

A. 石墨　　B. 纯铜

C. 铜钨合金及银钨合金　　D. 铝合金

11. 对于快走丝线切割机床，在切割加工过程中电极丝运行速度一般为（　　）m/s。

A. 3～5　　B. 8～10　　C. 11～15　　D. 4～8

12. 在电火花线切割加工中，加工穿丝孔的目的有（　　）。

A. 保证零件的完整性　　B. 减小零件在切割中的变形

C. 容易找到加工起点　　D. 提高加工速度

13. 快走丝电火花线切割加工电极丝张紧力的大小应根据（　　）来确定。

A. 电极丝的直径　　B. 加工工件的厚度

C. 电极丝的材料　　D. 加工工件的精度要求

14. 数控电火花线切割加工过程中，工作液必须具有的性能是（　　）。

A. 绝缘性能　B. 洗涤性能　C. 冷却性能　D. 润滑性能

15. 不能使用数控电火花线切割加工的材料为（　　）。

A. 石墨　B. 铝　C. 硬质合金　D. 大理石

三、编程题（每题10分，满分20分）（要求：加工程序单字迹工整；可以用ISO或3B代码）

1. 根据图1所示，对切割轨迹进行手工编程。零件不带锥度，只要求切一次。偏移量设定为110μm，加工条件用C004表示。

2. 根据图2所示，对切割轨迹进行手工编程。零件不带锥度，只要求切一次。偏移量设定为110μm，加工条件用C005表示。

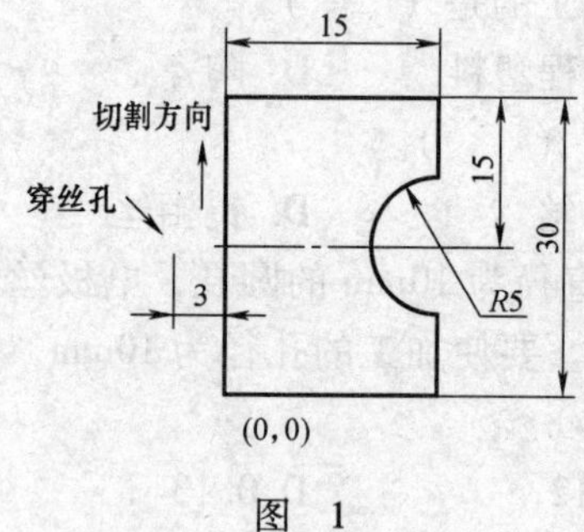

图　1

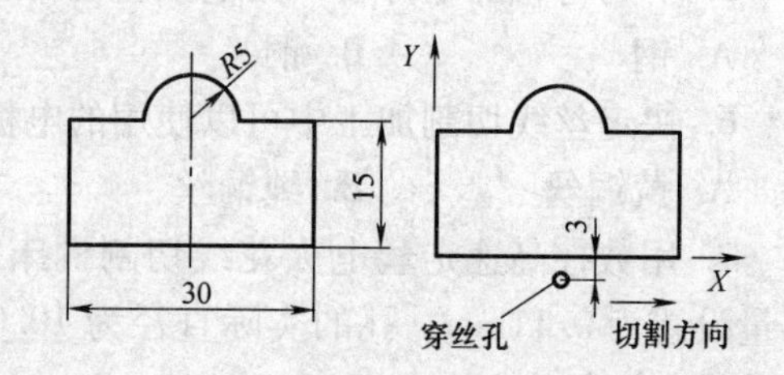

图　2

答 案 部 分

知识要求试题参考答案

一、判断题

1. √ 2. × 3. √ 4. × 5. √ 6. × 7. √ 8. √ 9. ×
10. × 11. √ 12. √ 13. × 14. √ 15. × 16. √ 17. × 18. √
19. √ 20. √ 21. × 22. √ 23. √ 24. × 25. × 26. √ 27. √
28. √ 29. × 30. × 31. √ 32. √ 33. √ 34. √ 35. × 36. √
37. × 38. × 39. √ 40. √

二、选择题

1. ABC 2. ABCD 3. AB 4. ABC 5. ABCD 6. D
7. BCD 8. B 9. C 10. B 11. C 12. A
13. ABCD 14. ABCD 15. ABCD 16. C 17. ABCD 18. ABCD
19. D 20. A 21. BD 22. C 23. C 24. ABC
25. BC 26. ABD 27. ACD 28. ABD 29. ABCD 30. AB
31. ABD 32. A 33. AD 34. CD 35. ABC 36. C
37. B 38. ABC 39. CD 40. D

模拟试卷样例参考答案

一、判断题

1. × 2. × 3. × 04. √ 5. × 6. √ 7. × 8. √ 9. √

10. × 11. √ 12. √ 13. √ 14. × 15. √ 16. × 17. √ 18. ×
19. √ 20. √ 21. √ 22. × 23. √ 24. √ 25. √ 26. √ 27. ×
28. √ 29. √ 30. √ 31. √ 32. √ 33. √ 34. × 35. √

二、选择题

1. AB 2. B 3. B 4. B 5. AB 6. CD 7. D 8. ABC
9. A 10. ABC 11. B 12. B 13. A 14. ABC 15. D

三、编程题

1. ISO 程序如下：	2. ISO 程序如下：
H000 =0　H001 =110； T84 T86 G54 G90 G92X –3. Y15. U0 V0； C004； G41 H000； G01 X0 Y15. ； G41 H001； G01 X0 Y30. ； 　X15. ； 　　Y20. ； G03 X15. Y10. 0 I0J –5. ； G01 X15. Y0； 　X0； 　　Y15. ； G40H000G01X –3. Y15. ； T85 T87； M02；	H000 =0 H001 =110； T84 T86 G54 G90 G92X15. Y –3. U0V0； C005； G42H000； G01X15. Y0； G42H001； G01X30. Y0； 　　Y15. ； 　X20. ； G03 X10. Y15. I –5. J0； G01 X0 Y15. ； 　　Y0； 　　X15. ； G40H000G01X15. Y –3. ； T85 T87； M02；

第二部分

电切削工（中级）

第六章

线切割手工编程

◈◈◈ 第一节　3B 代码编程

一、3B 代码编程方式

1. 3B 代码加工指令

3B 代码编程格式是数控电火花线切割机床上最常用的程序格式，在该程序格式中无间隙补偿，但可通过机床的数控装置或一些自动编程软件自动实现间隙补偿。其具体格式见表 6-1。

表 6-1　3B 代码程序格式

B	X	B	Y	B	J	G	Z
分隔符号	*X* 坐标值	分隔符号	*Y* 坐标值	分隔符号	计数长度	计数方向	加工指令

注：表中，B 为分隔符号，它的作用是将 X、Y、J 数码分开来；X、Y 为增量（相对）坐标值；J 为加工线段的计数长度；G 为加工线段的计数方向；Z 为加工指令。

例如：B1000 B2000 B2000 GY L2。

2. 代码指令的确定

（1）坐标系与坐标值 *X*、*Y* 的确定　平面坐标系是这样规定的：面对机床操作台，工作台平面为坐标系平面，左右方向为 *X* 轴，且右方向为正；前后方向为 *Y* 轴，前方为正。编程时，采用相对坐标系，即坐标系的原点随程序段的不同而变化。加工直线时，以该直线的起点为坐标系的原点，*X*、*Y* 取该直线终点的坐标值；加工圆弧时，以该圆弧的圆心为坐标原点，*X*、*Y* 取该圆弧起点的坐标值，单位为 μm。坐标值的负号不写。

（2）计数方向 G 的确定　不管加工圆弧还是直线，计数方向均按终点的位置来确定。加工直线时，终点靠近何轴，则计数方向取该轴。

加工与坐标轴成45°角的线段时，计数方向取 X 轴、Y 轴均可，记作 GX 或 GY，如图 6-1 所示；加工圆弧时，终点靠近何轴，则计数方向取另一轴。

加工圆弧的终点与坐标轴成45°角时，计数方向取 X 轴、Y 轴均可，记作 GX 或 GY，如图 6-2 所示。

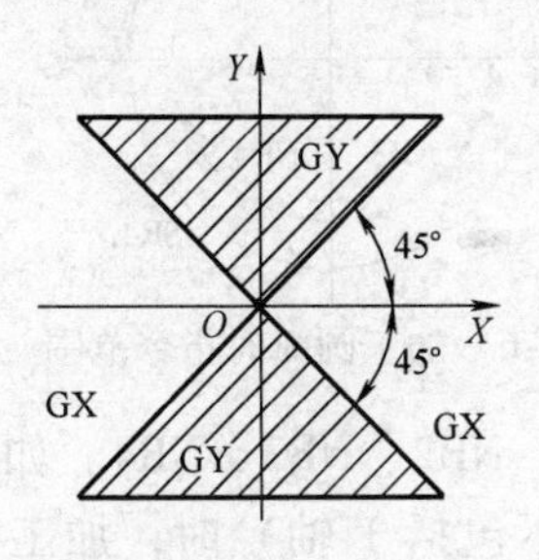

图 6-1　加工直线时计数方向的确定

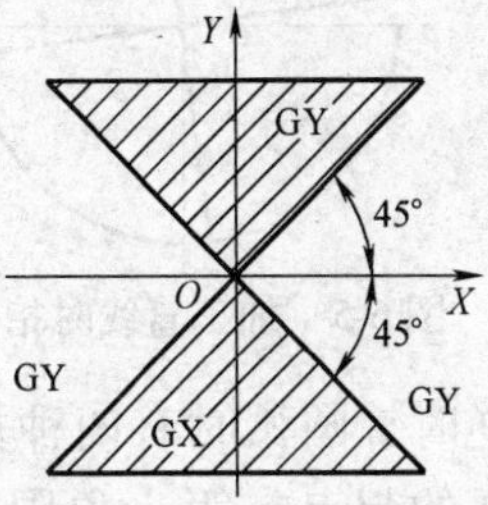

图 6-2　加工圆弧时计数方向的确定

（3）计数长度 J 的确定　计数长度是在计数方向的基础上确定的。计数长度是被加工的直线或圆弧在计数方向坐标轴上的绝对值总和，其单位为 μm。

如图 6-3 所示，加工直线 OA 时计数方向为 X 轴，计数长度为 OB，数值等于 A 点的 X 坐标值；如图 6-4 所示，加工半径为500mm 的圆弧 MN 时，计数方向为 X 轴，计数长度为 $500\text{mm} \times 3 = 1500\text{mm}$，即 MN 中三段圆弧在 X 轴上投影的绝对值总和。

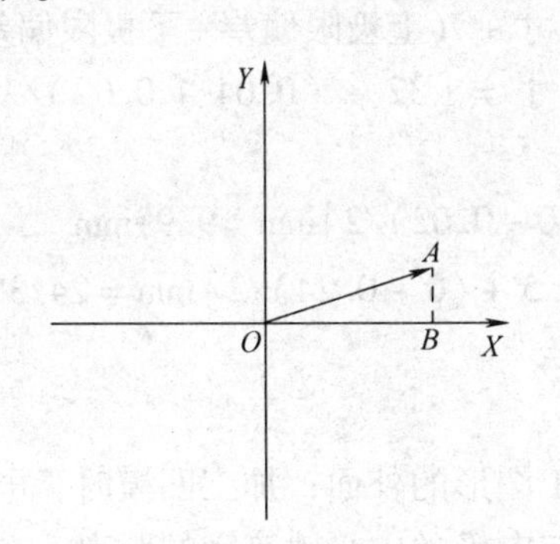

图 6-3　加工直线时计数长度的确定

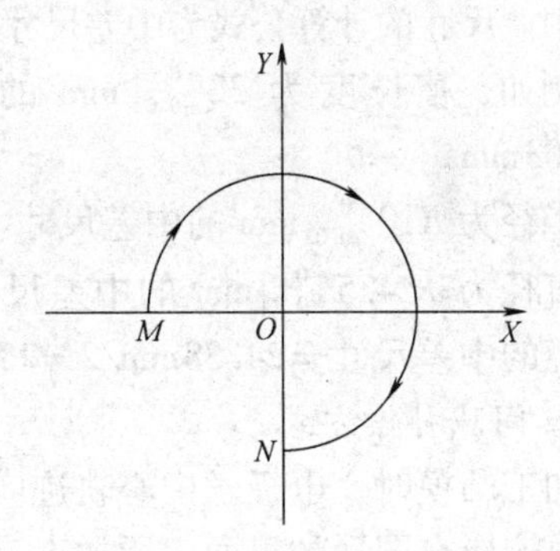

图 6-4　加工圆弧时计数长度的确定

（4）加工指令 Z 的确定　加工直线有四种加工指令：L1、L2、L3、L4。如图 6-5 所示，当直线在第Ⅰ象限（包括 X 轴而不包括 Y 轴）时，加工指令记作 L1；当直线处于第Ⅱ象限（包括 Y 轴而不包括 X 轴）时，记作 L2；L3、L4 依次类推。

加工顺时针圆弧时有四种加工指令：SR1、SR2、SR3、SR4。如图 6-6 所示，当圆弧的起点在第Ⅰ象限（包括 Y 轴而不包括 X 轴）时，加工指令记作 SR1；当圆弧的起点处于第Ⅱ象限（包括 X 轴而不包括 Y 轴）时，记作 SR2；SR3、

SR4 依次类推。

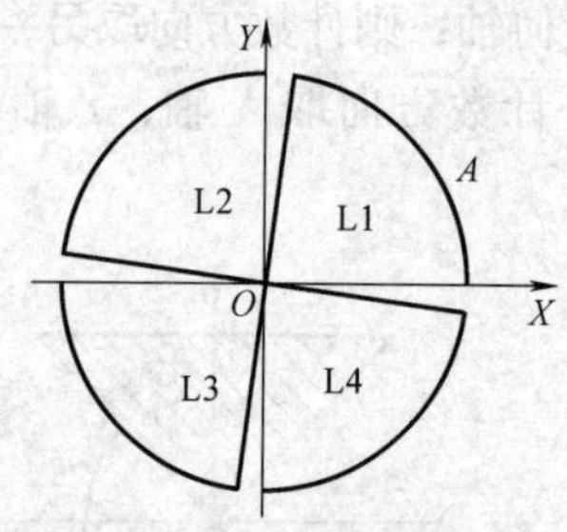

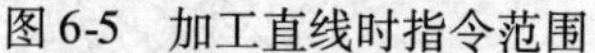
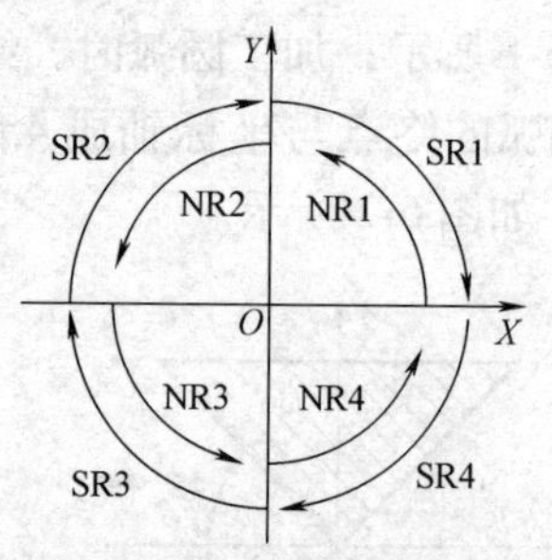

图 6-5　加工直线时指令范围　　　　图 6-6　加工圆弧时指令范围

加工逆时针圆弧时有四种加工指令：NR1、NR2、NR3、NR4。如图 6-6 所示，当圆弧的起点在第Ⅰ象限（包括 X 轴而不包括 Y 轴）时，加工指令记作 NR1；当圆弧的起点处于第Ⅱ象限（包括 Y 轴而不包括 X 轴）时，记作 NR2；NR3、NR4 依次类推。

二、尺寸公差及间隙补偿值的计算

1. 带尺寸公差的编程计算法

根据加工经验，零件加工后的实际尺寸大部分在公差带的中值附近。因此，对标注有公差的尺寸，大多采用中差尺寸编程。

中差尺寸的计算公式为中差尺寸 = 公称尺寸 + （上极限偏差 + 下极限偏差）/2

例如，槽长度为 $32^{+0.04}_{+0.02}$ mm 的中差尺寸 = [32 + (0.04 + 0.02)/2] mm = 32.03mm

半径为 $R10^{+0.}_{-0.02}$ mm 的中差尺寸 = [10 + (0 − 0.02)/2] mm = 9.99mm

直径为 $\phi24.5^{+0.}_{-0.24}$ mm 的中差尺寸 = [24.5 + (0 − 0.24)/2] mm = 24.38mm，其半径的中差尺寸 = 24.38mm/2 = 12.19mm

2. 间隙补偿方式

加工凸模时，电极丝中心轨迹应在所加工图形的外面；加工凹模时，电极丝中心轨迹应在图形的里面。所加工工件图形与电极丝中心轨迹间的距离，在圆弧的半径方向和线段垂直方向都等于间隙补偿量 f。

（1）间隙补偿量的正负　确定间隙补偿量正负的方法如图 6-7 所示。间隙补偿量的正负可根据在电极丝中心轨迹图形中圆弧半径及直线段法线长度的变化情况来确定，$\pm f$ 对圆弧是用于修正圆弧半径 r，对直线段是用于修正其法线长度 P。对于圆弧，当考虑电极丝中心轨迹后，其圆弧半径比原图形半径增大时取 $+f$，减小时则取 $-f$。对于直线段，当考虑电极丝中心轨迹后，使该直线段的法线长度增加时取 $+f$，减小时则取 $-f$。

（2）间隙补偿量 f 的计算　加工冲模的凸、凹模时，应考虑电极丝半径 $d/$

2、电极丝和工件之间的单边放电间隙 S 及凸模和凹模间的单边配件间隙 δ。

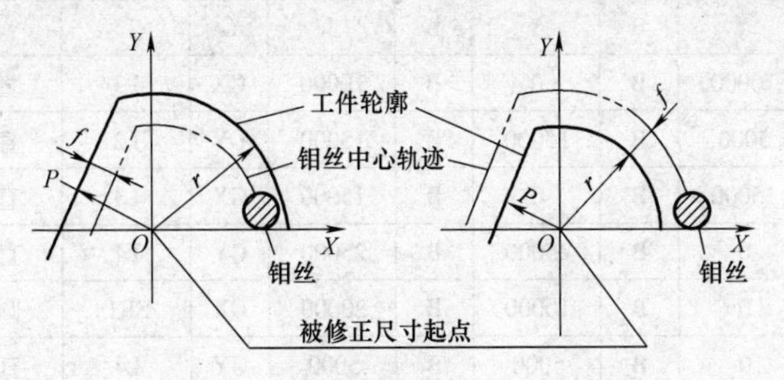

图 6-7　确定间隙补偿量正负的方法

当加工冲孔模具时（即冲后要求工件保证孔的尺寸），凸模尺寸由孔的尺寸确定，此时 δ 在凹模上扣除。故凸模的间隙补偿量 $f_{凸}=d/2+S$，凹模的间隙补偿量 $f_{凹}=d/2+S-\delta$。

当加工落料模时（即冲后要求保证冲下的工件尺寸），凹模尺寸由工件的尺寸确定，此时 δ 在凹模上扣除。故凸模的间隙补偿量 $f_{凸}=d/2+S-\delta$，凹模的间隙补偿量 $f_{凹}=d/2+S$。

三、3B 代码编程实例

实例 1　用 3B 代码编制图 6-8 所示图形轮廓的线切割加工程序，不考虑间隙补偿。

1）确定加工路线。切割起始点选为 P 点，加工路线按逆时针方向进行，加工顺序为：$P\to A\to B\to C\to D\to E\to F\to G\to H\to I\to J\to K\to L\to P$。

2）计算各段曲线的坐标值（略）。

3）按 3B 代码格式编写程序。由于不考虑间隙补偿，可直接按图形轮廓编程，则所编制加工程序见表 6-2。

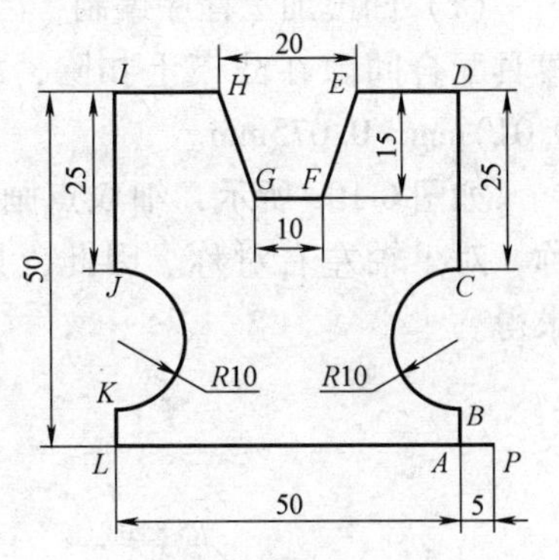

图 6-8　加工图形

表 6-2　加工程序

序　号	B	X	B	Y	B	J	G	Z	备　注
1	B	5000	B	0	B	5000	GX	L3	引入直线段 *PA*
2	B	0	B	5000	B	5000	GY	L2	直线 *AB*
3	B	0	B	10000	B	20000	GX	SR3	圆弧 *BC*
4	B	0	B	25000	B	25000	GY	L2	直线 *CD*
5	B	15000	B	0	B	15000	GX	L3	直线 *DE*
6	B	5000	B	15000	B	15000	GY	L3	直线 *EF*

（续）

序　号	B	X	B	Y	B	J	G	Z	备　注
7	B	10000	B	0	B	10000	GX	L3	直线 *FG*
8	B	5000	B	15000	B	15000	GY	L2	直线 *GH*
9	B	15000	B	0	B	15000	GX	L3	直线 *HI*
10	B	0	B	25000	B	25000	GY	L4	直线 *IJ*
11	B	0	B	10000	B	20000	GX	SR1	圆弧 *JK*
12	B	0	B	5000	B	5000	GY	L4	直线 *KL*
13	B	50000	B	0	B	50000	GX	L1	直线 *LA*
14	B	5000	B	0	B	5000	GX	L1	引出直线段 *AP*
15	D								停机结束

实例2　用3B代码编制图6-9所示零件的凹模和凸模的线切割加工程序，此模具是落料模，单边配合间隙 $\delta=0.01\text{mm}$，单面放电间隙 $S=0.01\text{mm}$，电极丝直径 $d=0.13\text{mm}$。

（1）凹模加工程序编制　因该模具是落料模，冲下零件的尺寸由凹模决定，模具配合间隙在凸模上扣除，故凹模的间隙补偿值 $f_{凹}=d/2+S=(0.13/2+0.01)\text{mm}=0.075\text{mm}$。

如图6-10a所示，细双点画线表示电极丝中心轨迹，此图对 X 轴上、下对称，对 Y 轴左右对称。因此，只要计算一个点，其余三个点均可由对称原理求得。

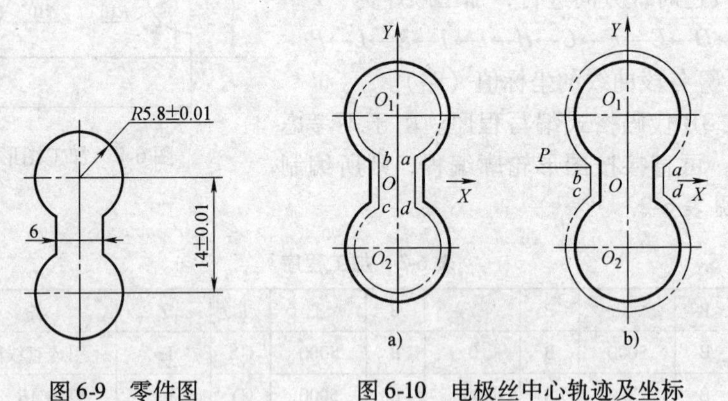

图6-9　零件图

图6-10　电极丝中心轨迹及坐标
a）加工凹模　b）加工凸模

圆心 O_1 的坐标为（0，7），交点 a 的坐标为

$$X_a=3\text{mm}-f_{凹}=(3-0.075)\text{mm}=2.925\text{mm}$$

$$Y_a=7\text{mm}-\sqrt{(5.8\text{mm}-0.075\text{mm})^2-X_a^2}=2.079\text{mm}$$

根据对称原理可得其余各点的坐标为：O_2（0，－7）；b（－2.925，2.079）；c（－2.925，－2.079）；d（2.925，－2.079）。

若凹模的穿丝孔钻在 O 点处，电极丝中心的切割路线是 $O \to a \to b \to c \to d \to a \to O$，则凹模的加工程序见表 6-3。

表 6-3　加工程序

序　号	B	X	B	Y	B	J	G	Z	备　注
1	B	2925	B	2079	B	2925	GX	L1	引入直线段 *Oa*
2	B	2925	B	4921	B	17050	GX	NR4	圆弧 *ab*
3	B	0	B	4158	B	4158	GY	L4	直线 *bc*
4	B	2925	B	4921	B	17050	GX	NR2	圆弧 *cd*
5	B	0	B	4158	B	4158	GY	L2	直线 *da*
6	B	2925	B	2079	B	2925	GX	L3	引出直线段 *aO*
7	D								停机结束

（2）凸模加工程序编制　加工凸模时电极丝中心轨迹如图 6-10b 中细双点画线所示。

凸模的间隙补偿值 $f_凸 = d/2 + S - \delta = (0.13/2 + 0.01 - 0.01)\text{mm} = 0.065\text{mm}$。

计算细双点画线上圆弧和直线相交的交点 a 的坐标值。因圆心 O_1 的坐标为（0，7），故交点 a 的坐标为

$$X_a = 3\text{mm} + f_凸 = (3 + 0.065)\text{mm} = 3.065\text{mm}$$

$$Y_a = 7\text{mm} - \sqrt{(5.8\text{mm} + 0.065\text{mm})^2 - X_a^2} = 2\text{mm}$$

按对称原理可得到其余各点的坐标为：O_2（0，－7）；b（－3.065，2）；c（－30.65，－2）；d（3.065，－2）。

加工时从起始点 P 先用 L1 切进去 5mm 至 b 点，沿凸模按逆时针方向切割回 b 点，再沿 L3 退回 5mm 至起始点 P，电极丝中心的切割路线是 $P \to b \to c \to d \to a \to b \to P$，则凸模的加工程序见表 6-4。

表 6-4　加工程序

序　号	B	X	B	Y	B	J	G	Z	备　注
1	B	5000	B	0	B	5000	GX	L1	引入直线段 *Pb*
2	B	0	B	4000	B	4000	GY	L4	直线 *bc*
3	B	3065	B	5000	B	17330	GX	NR2	圆弧 *cd*
4	B	0	B	4000	B	4000	GY	L1	直线 *da*
5	B	3065	B	5000	B	17330	GX	NR4	圆弧 *ab*
6	B	5000	B	0	B	5000	GX	L3	引出直线段 *bP*
7	D								停机结束

第二节 4B代码编程

一、4B代码编程方式

4B代码格式也是我国早期电火花线切割机床常用的程序格式。4B代码格式是有间隙补偿程序格式，能实现电极丝半径和放电间隙自动补偿。

1. 编程格式

4B程序格式：BX BY BJ BR G D(或DD) Z

其中：B为分隔符，用来将X、Y、J、R数值分隔开来；X、Y为X、Y坐标的绝对值；J为加工轨迹的计数长度；R为圆弧或公切圆半径；G为加工轨迹的计数方向；D或DD为曲线形式（D为凸圆弧，DD为凹圆弧）；Z为加工指令。

2. 4B代码编程特点

与3B代码格式相比，4B代码格式多了两项程序字。

1）圆弧半径R。R通常是图形尺寸已知的圆弧半径，4B代码格式不能处理尖角的自动间隙补偿，若加工图形中出现尖角时，取圆弧半径R大于间隙补偿量f的圆弧过渡。

2）曲线形式D或DD。与3B代码格式相比，4B代码格式有间隙补偿，使加工具有很大灵活性。其补偿过程是通过数控装置偏移计算完成的。

加工外表面时，当调整补偿间隙后使圆弧半径增大的称为凸圆弧，用D表示；当调整补偿间隙后使圆弧半径减少的称为凹圆弧，用DD表示。加工内表面时，D和DD表示与加工外表面相反。因此，用4B代码编写加工相互配合的凸、凹模程序时，只需要适当改变引入、引出程序段和补偿间隙，其他程序段是相同的。

如图6-11所示，当输入凸圆弧DE加工程序以后（程序中填入D），机床能自动把它变成$D'E'$程序（正补偿）或变为$D''E''$的程序（负补偿）。补偿过程中直线段尺寸不变，只要改变图形中的圆弧段加工程序，就可得到不同尺寸零件$D'E'F'G'H'I'$和$D''E''F''G''H''I''$。

4B代码格式可满足模具零件的一些配合要求，在同一加工程序的基础上能完成凸模、凹模、卸料板等加工。

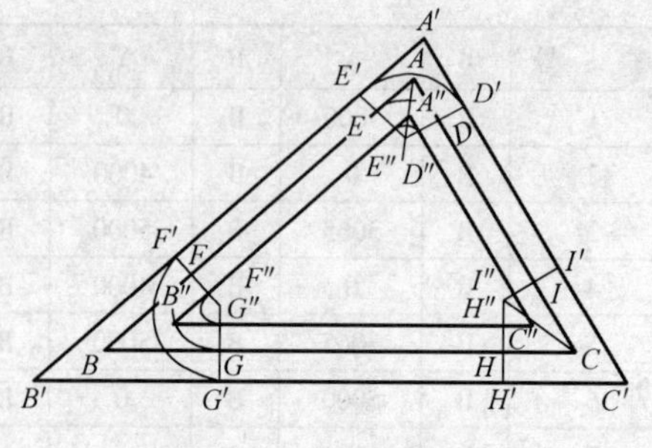

图6-11 间隙补偿示意

3. 间隙补偿程序的引入、引出程序段

利用间隙补偿功能可以用特殊的编程方式来编制不加过渡圆弧的引入、引出程序段。若图形的第一条加工程序加工的是斜线，引入程序段指定的引入线段必须与该斜线垂直；若是圆弧，引入程序段指定的引入线段应沿圆弧的径向进行（如图6-12中的引入线段 O_1A）。数控装置将引入、引出程序段的计数长度 J 修改为 $J-f$，这样就能方便地实现引入、引出程序段沿规定方向增加或减少 f 进行自动补偿。编程时，在引入、引出程序段中可以不考虑偏移量（间隙补偿量 f）。

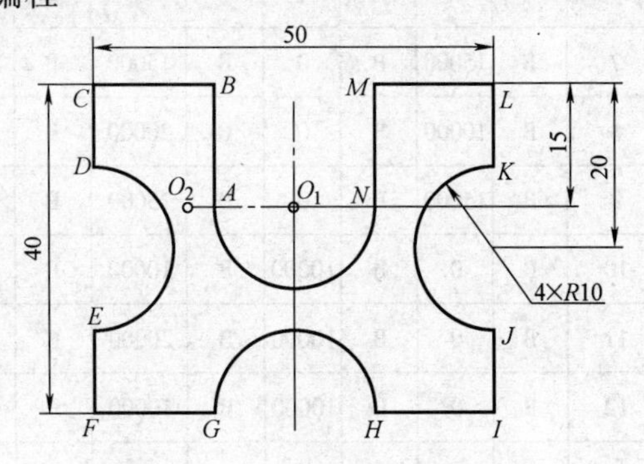

图6-12　冲孔模具的平均尺寸

二、4B代码编程实例

图6-12所示为冲孔模具设计图，图中的所有尺寸都为公称尺寸，现要求凹模按凸模配作，保证双边配合间隙 $Z=0.04$mm，试编制凸模和凹模的电火花线切割加工程序（电极丝为 $\phi0.12$mm 的钼丝，单边放电间隙为0.01mm）。

1. 编制凸模加工程序

（1）设定穿丝点　建立坐标系并计算出尺寸后，选取穿丝孔为 O_1 点，加工顺序为：$O_1 \to A \to B \to C \to D \to E \to F \to G \to H \to I \to J \to K \to L \to M \to N \to A \to O_1$。

（2）确定间隙补偿量

$$f_{凸}=d/2+S=(0.12/2+0.01)\text{mm}=0.07\text{mm}$$

加工前将间隙补偿量输入数控装置。图形上 B、C、D、E、F、G、H、I、J、K、L、M 各点处需加过渡圆弧，其半径应大于间隙补偿量（取 $r=0.10$mm）。

（3）凸模加工程序单（见表6-5）

表6-5　凸模加工程序单

序　号	B	X	B	Y	B	J	B	R	G	D(DD)	Z	备　注
1	B	10000	B	0	B	10000	B		GX		L3	引入直线段 O_1A
2	B	0	B	15000	B	15000	B		GY		L2	直线 AB
3	B	15000	B	0	B	15000	B		GX		L3	直线 BC
4	B	0	B	10000	B	10000	B		GY		L4	直线 CD
5	B	0	B	10000	B	20000	B	10000	GX	DD	SR1	圆弧 DE
6	B	0	B	10000	B	10000	B		GY		L4	直线 EF

（续）

序　号	B	X	B	Y	B	J	B	R	G	D(DD)	Z	备　　注
7	B	15000	B	0	B	15000	B		GX		L1	直线 *FG*
8	B	10000	B	0	B	20000	B	10000	GY	DD	SR2	圆弧 *GH*
9	B	15000	B	0	B	15000	B		GX		L1	直线 *HI*
10	B	0	B	10000	B	10000	B		GY		L2	直线 *IJ*
11	B	0	B	10000	B	20000	B	10000	GX	DD	SR3	圆弧 *JK*
12	B	0	B	10000	B	10000	B		GY		L2	直线 *KL*
13	B	15000	B	0	B	15000	B		GX		L3	直线 *LM*
14	B	0	B	15000	B	15000	B		GY		L4	直线 *MN*
15	B	10000	B	0	B	20000	B	10000	GY	DD	SR4	圆弧 *NA*
16	B	10000	B	0	B	10000	B		GX		L1	引出直线段 AO_1
17	B	D	B		B		B					停机结束

2. 编制凹模加工程序

加工凹模时的间隙补偿量为

$$f_{凹} = d/2 + S - \delta = (0.12/2 + 0.01 - 0.04/2)\text{mm} = 0.05\text{mm}$$

因 4B 代码有间隙补偿，所以凹模加工程序只需修改引入、引出程序段（引入点选在 O_2点），其他程序段与凸模加工程序相同。

◈◈◈ 第三节　ISO 代码编程

一、ISO 代码程序段格式和程序格式

1. ISO 代码程序段格式

程序段是由若干个程序字组成的，其格式为：

N____　G____　X____　Y____

字是组成程序段的基本单元，一般都是由一个英文字母加若干位十进制数字组成的（如 X8000），这个英文字母称为地址字符。不同的地址字符表示的功能也不一样（见表 6-6）。

表 6-6 地址字符表

功能	地址	意义	功能	地址	意义
顺序号	N	程序段号	锥度参数字	W、H、S	锥度参数指令
准备功能	G	指令动作方式	进给速度	F	进给速度指令
尺寸字	X、Y、Z	坐标轴移动指令	刀具速度	T	刀具编号指令（切削加工）
	A、B、C、U、V	附加轴移动指令	辅助功能	M	机床开/关及程序调用指令
	I、J、K	圆弧中心坐标	补偿字	D	间隙及电极丝补偿指令

（1）顺序号　位于程序段之首，表示程序的序号，后续数字 2 ~ 4 位，如 N03、N0010。

（2）准备功能 G　准备功能 G（以下简称 G 功能）是建立机床或控制系统工作方式的一种指令，其后续有两位正整数，即 G00 ~ G99。

（3）尺寸字　尺寸字在程序段中主要是用来指定电极丝运动到达的坐标位置。电火花线切割加工常用的尺寸字有 X、Y、U、V、A、I、J 等。尺寸字的后续数字在要求代数符号时应加正负号，单位为 μm。

（4）辅助功能 M。辅助功能 M 后续有两位正整数，即 M00 ~ M99，用来指令机床辅助装置的接通或断开。

2. ISO 代码程序格式

一个完整的加工程序是由程序名、程序主体（若干程序段）和程序结束指令组成的，如：

```
P10;
N01  G92  X0  Y0;
N02  G01  X5000  Y5000;
N03  G01  X2500  Y5000;
N04  G01  X2500  Y2500;
N05  G01  X0  Y0;
N06  M02;
```

（1）程序名　程序名由文件名和扩展名组成。程序的文件名可以用字母和数字表示，最多可用 8 个字符，如 P10，但文件名不能重复。扩展名最多可用 3 个字母表示，如 P10. CUT。

（2）程序主体　程序的主体由若干程序段组成，如上面加工程序中 N01 ~ N05 段。在程序的主体中又分为主程序和子程序。将一段重复出现的、单独组成的程序，称为子程序。子程序取出命名后单独储存，即可重复调用。子程序常应用在某个工件上有几个相同型面的加工中。调用子程序所用的程序，称为主程序。

（3）程序结束指令 M02　M02 安排在程序的最后，单列一段。当数控系统执行到 M02 程序段时，就会自动停止进给并使数控系统复位。

二、ISO 代码及其编程

电火花线切割数控机床常用的 ISO 代码见表 6-7。

表 6-7　电火花线切割数控机床常用的 ISO 代码

代　码	功　能	代　码	功　能	代　码	功　能
G00	快速定位	G30	取消 G31	G85	四轴联运关闭
G01	直线插补	G31	延长给定距离	G80	接触感知
G02	顺圆插补	G34	开始减速加工	G81	移动轴直到机床极限
G03	逆圆插补	G35	取消减速加工	G82	移动到原点与现在位置的一半
G04	暂停指令	G40	取消补偿	G90	绝对坐标指令
G05	X 轴镜像	G41	电极左偏补偿	G91	增量坐标指令
G06	Y 轴镜像	G42	电极右偏补偿	G92	指定坐标原点
G07	Z 轴镜像	G50	消除锥度	M00	程序暂停
G08	X、Y 轴交换	G51	锥度左偏	M02	程序结束
G09	取消镜像和 X、Y 轴交换	G52	锥度右偏	M05	接触感知解除
G11	打开跳转	G54	加工坐标系 1	M98	子程序调用
G12	关闭跳转	G55	加工坐标系 2	M99	子程序结束
G20	米制	G56	加工坐标系 3	T84	喷液电动机起动
G21	英制	G57	加工坐标系 4	T85	喷液电动机关闭
G25	回指定坐标系原点	G58	加工坐标系 5	T86	走丝电动机起动
G26	图形旋转打开	G59	加工坐标系 6	T87	走丝电动机关闭
G27	图形旋转关闭	G60	上下异形关闭	W	下导轮到工作台面高度
G28	尖角圆弧过渡	G61	上下异形打开	H	工件厚度
G29	直线圆弧过渡	G74	四轴联运打开	S	工作台面到上导轮高度

1. 快速定位指令 G00

在机床不加工情况下，G00 指令可使指定的某轴以最快速度移动到指定位

置，其程序段格式为：G00 X ____ Y ____

如图 6-13 所示，快速定位到线段终点的程序段格式为：G00 X60000 Y80000，但如果程序段中有了 G01 或 G02 指令，则 G00 指令无效。

2. 直线插补指令 G01

该指令可使机床在各个坐标平面内加工任意斜率直线轮廓和用直线段逼近曲线轮廓，其程序段格式为：G01 X ____ Y ____。

如图 6-14 所示，直线插补的程序段格式为：

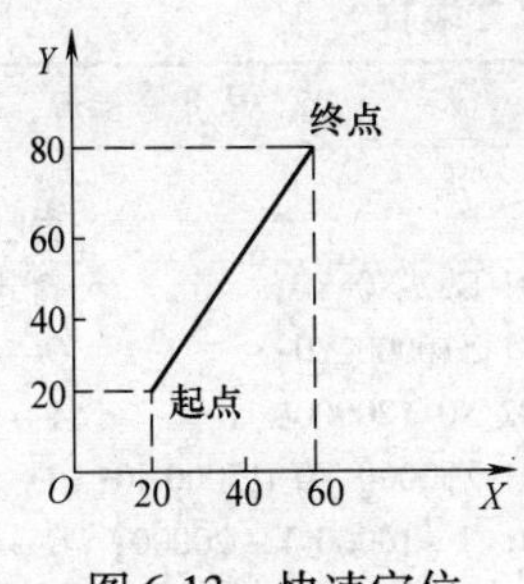

图 6-13　快速定位

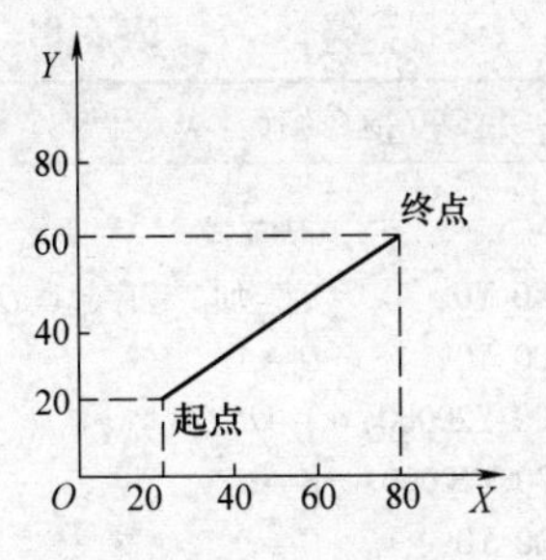

图 6-14　直线插补

G92　X20000　Y20000；

G01　X80000　Y60000；

目前，可加工锥度的电火花线切割数控机床具有 X、Y 坐标轴及 U、V 附加轴工作台，其程序段格式为：G01　X ____ Y ____ U ____ V ____

3. 圆弧插补指令 G02/G03

G02 为顺时针插补圆弧指令，G03 为逆时针插补圆弧指令。用圆弧插补指令编写的程序段格式为：G02 X ____ Y ____ I ____ J ____和 G03 X ____ Y ____ I ____ J ____。

程序段中，X、Y 分别表示圆弧终点坐标；I、J 分别表示圆心相对圆弧起点在 X、Y 方向的增量尺寸。如图 6-15 所示，圆弧插补的程序段格式为：

G92　X10000　Y10000；　　（起切点 A）

G02　X30000　Y30000　I20000　J0；（AB 段圆弧）

G03　X45000　Y15000　I15000　J0；（BC 段圆弧）

4. 坐标指令 G90、G91、G92

G90 为绝对尺寸指令。该指令表示该程序中的编程尺寸是按绝对尺寸给定的，即移动指令终点坐标值 X、Y 都是以工件坐标系原点（程序的零点）为基准来计算的。

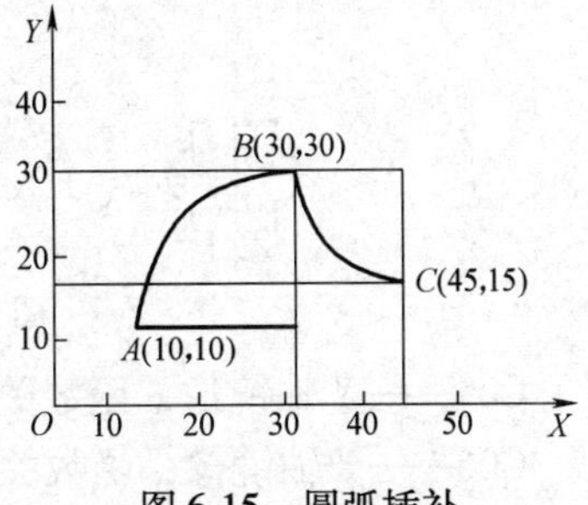

图 6-15　圆弧插补

G91 为增量尺寸指令。该指令表示程序段中的编程尺寸是按增量尺寸给定的，即坐标值均以前一个坐标位置作为起点来计算下一点位置值。

G92 为定起点坐标指令。G92 指令中的坐标值为加工程序的起点的坐标值，其程序段格式为：G92 X ____ Y ____。例如，加工图 6-16 所示的零件，按图样尺寸编程（见表 6-8）。

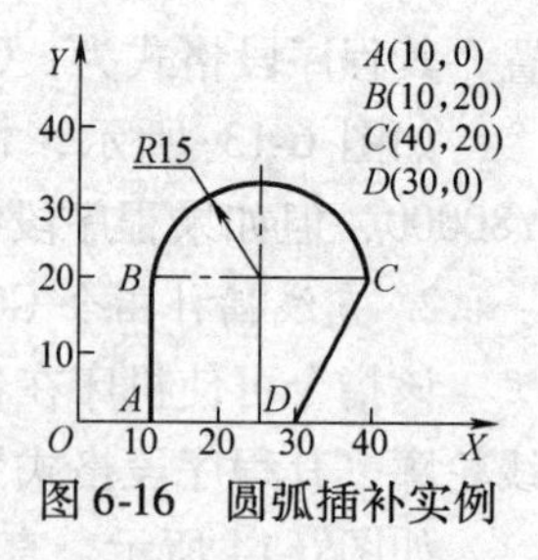

图 6-16　圆弧插补实例

表 6-8　零件图样尺寸编程

用 G90 指令编程：		用 G91 指令编程：	
A1;	程序名	A2;	程序名
N01 G90 G92 X0 Y0;	确定加工程序起点 *O* 点	N01 G91 G92 X0 Y0;	确定加工程序起点 *O* 点
N02 G01 X10000 Y0;	*O*→*A*	N02 G01 X10000 Y0;	*O*→*A*
N03 G01 X10000 Y20000;	*A*→*B*	N03 G02 X0 Y20000;	*A*→*B*
N04 G02 X40000 Y20000	*B*→*C*	N04 G01 X30000 Y0 I15000 J0;	*B*→*C*
N05 G01 X30000 Y0;	*C*→*D*	N05 G01 X－10000 Y－20000;	*C*→*D*
N06 G01 X0 Y0;	*D*→*O*	N06 G01 X－30000 Y0;	*D*→*O*
N07 M02;	程序结束	N07 M02;	程序结束

5. 镜像和交换指令 G05、G06、G07、G08、G09、G10、G11、G12

轴镜像就是在各轴移动及加工时使指令值的符号反向。轴交换就是把 *X* 轴的指令值和 *Y* 轴的指令值进行交换处理。轴镜像和交换举例如图 6-17 所示。

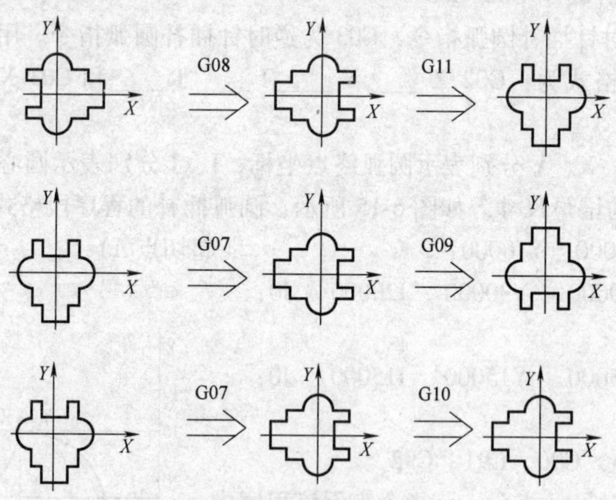

图 6-17　轴镜像和交换举例

G05——*X* 轴镜像，函数关系式：$X = -X$。

G06——*Y* 轴镜像，函数关系式：$Y = -Y$。

G07——X、Y轴交换，函数关系式：$X=Y$，$Y=X$。

G08——X轴镜像，Y轴镜像，函数关系式：$X=-X$，$Y=-Y$，即 G08 = G05 + G06。

G09——X轴镜像，X、Y轴交换，即 G09 = G05 + G07。

G10——Y轴镜像，X、Y轴交换，即 G10 = G06 + G07。

G11——X、Y轴镜像，X、Y轴交换，即 G11 = G05 + G06 + G07。

G12——取消镜像，每个程序镜像结束后都要加上该指令。

6. 间隙补偿指令 G40、G41、G42

G40 为取消补偿指令。零件切割完毕，电极丝撤离工件回到起始点的过程中，执行 G40 指令，电极丝逐渐回位。

G41 为左偏补偿指令，即沿加工方向看，电极丝在加工图形左边。其程序段格式为：G41　D（间隙补偿量）。

G42 为右偏补偿指令，即沿加工方向看，电极丝在加工图形右边。其程序段格式为：G42　D（间隙补偿量）。

7. 锥度加工指令 G50、G51、G52

G50 为取消锥度指令。

G51 为锥度左偏指令，即沿走丝方向看，电极丝向左偏离。顺时针加工，锥度左偏加工的工件为上大下小；逆时针加工，左偏时工件上小下大。

G52 为锥度右偏指令，即沿走丝方向看，电极丝向右偏离。顺时针加工，锥度右偏加工的工件为上小下大；逆时针加工，右偏时工件上大下小。

锥度加工的建立和退出都是一个渐变的过程，建立锥度加工（G51 或 G52）和退出锥度加工（G50）程序段必须是 G01 直线插补程序段，分别在进刀线和退刀线中完成。

锥度指令的程序段格式为：G51　A ____和 G52　A ____（A 为锥度值）。

如图 6-18 所示，凹模锥度加工指令的程序段格式为“G51 A0.5”。加工前还需输入工件及工作台参数指令 W、H、S（见表 6-7）。

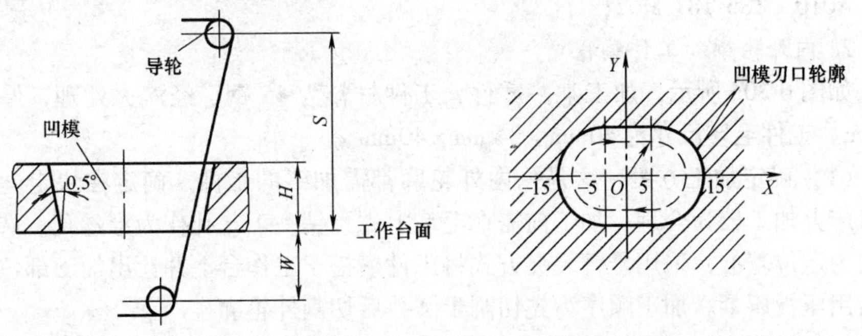

图 6-18　凹模锥度加工

三、ISO 代码编程实例

1. 外轮廓加工件编程

如图 6-19 所示，采用直径 $d = 0.18$mm 的电极丝，单边放电间隙 $S = 0.01$mm，编制其加工程序。

（1）确定穿丝孔位置与加工路线　要对该图形轨迹进行编程，首先要根据装夹方位建立一坐标系，再求出各节点的坐标，然后按加工顺序对直线和圆弧段分别编程即可。穿丝孔位置如图 6-19 所示，加工路线为图中箭头在图形轮廓上所示的逆时针方向。

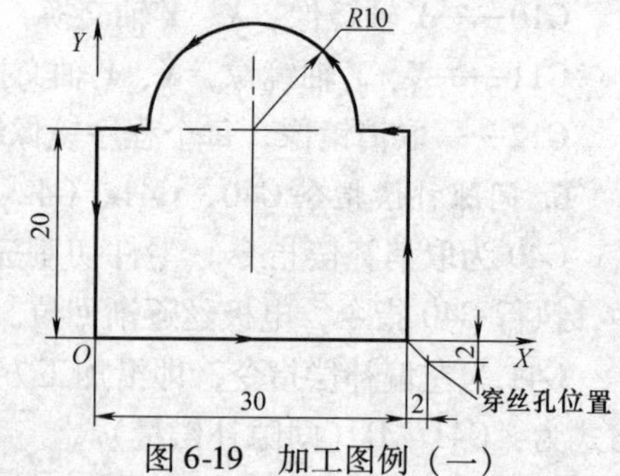

图 6-19　加工图例（一）

（2）确定补偿量 f。选用钼丝直径为 ϕ0.18mm，单边放电间隙 $S = 0.01$mm，则补偿量 $f = d/2 + S = (0.18/2 + 0.01)$mm $= 0.10$mm。

（3）编制程序　建立的坐标系如图 6-19 所示，O 为坐标原点，加工起始点即为穿丝孔所在位置，此点坐标为（32，-2），则加工程序如下：

```
N001   T84 T86 G90 G92 X32.0 Y-2.0;
N002   G01 G42 X30.0 Y0.0 D100;
N003   G01 X30.0 Y20.0;
N004   G01 X25.0 Y20.0;
N005   G03 X5.0 Y20.0 I-10.0 J0.0;
N006   G01 X0.0 Y20.0;
N007   G01 X0.0 Y0.0;
N008   G01 X30.0 Y0.0;
N009   G40 G01 X32.0 Y-2.0;
N010   T85 T87 M02;
```

2. 内外轮廓加工件编程

如图 6-20a 所示，加工某一零件，工件材料为 45 钢，经淬火处理，厚度为 40mm。工件毛坯尺寸为 40mm × 34mm × 40mm。

（1）确定加工方案　这是一内外轮廓都需加工的工件，确定在快走丝线切割机床上加工较为合理。加工前需在毛坯上先预钻一工艺孔作为穿丝孔。选择底平面为定位基准，采用悬臂装夹方式将工件横搭于工作台上并让出加工部位，找正后用压板压紧。加工顺序为先切割半圆孔后切割外轮廓。

（2）确定穿丝孔位置与加工路线　穿丝孔位置即加工起点，如图 6-20b 所

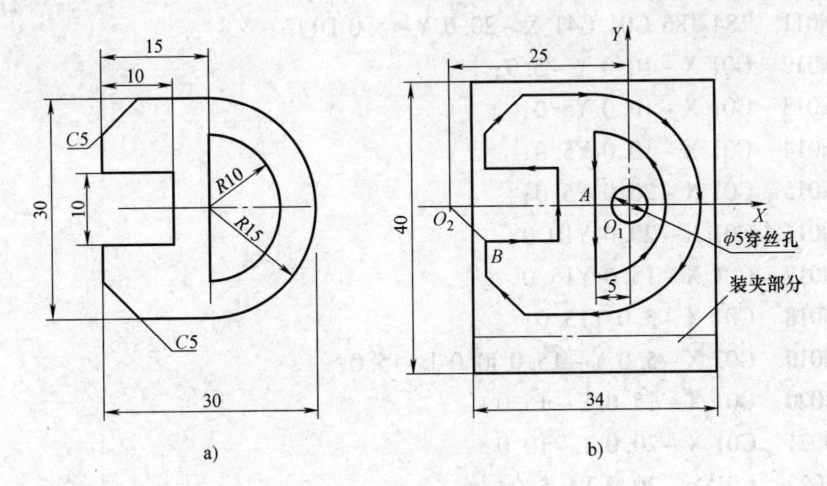

图6-20 加工图例（二）

a）加工零件图样 b）零件加工方案

示，半圆孔加工以 ϕ5mm 工艺孔中心 O_1 为穿丝孔位置，外轮廓加工的加工起点设在毛坯左侧 X 轴上 O_2 处，$O_1O_2=25$mm。加工路线如图6-20b 中箭头所示，半圆孔逆时针加工，外轮廓顺时针加工。

（3）确定补偿量 f 选用钼丝直径为 ϕ0.18mm，单边放电间隙 $S=0.02$mm，则补偿量 $f=d/2+S=(0.18/2+0.02)$mm $=0.11$mm。按图中箭头所示加工路线方向，半圆孔与外轮廓加工均应采用左补偿指令 G41。

（4）编制程序

1）半圆孔加工：以穿丝孔中心 O_1 点为工件坐标系零点，O_1A 为进刀线（退刀线与其重合），逆时针方向切割。

2）外轮廓加工：以加工起点 O_2 为工件坐标系零点，O_2B 为进刀线（退刀线与其重合），顺时针方向切割。参考程序如下：

```
N001   T84 T86 G90 G92 X0.0 Y0.0;
N002   G01 G41 X-5.0 Y0.0 D110;
N003   G01 X-5.0 Y-10.0;
N004   G03 X-5.0 Y10.0 I0.0 J10.0;
N005   G01 X-5.0 Y0.0;
N006   G40 G01 X0.0 Y0.0;
N007   T85 T87;
N008   M00;
N009   G00 X-25.0 Y0.0;
N010   M00;
```

```
N011  T84 T86 G01 G41 X-20.0 Y-5.0 D110;
N012  G01 X-10.0 Y-5.0;
N013  G01 X-10.0 Y5.0;
N014  G01 X-10.0 Y5.0;
N015  G01 X-20.0 Y5.0;
N016  G01 X-20.0 Y10.0;
N017  G01 X-15.0 Y15.0;
N018  G01 X-5.0 Y15.0;
N019  G02 X-5.0 Y-15.0 I0.0 J-15.0;
N020  G01 X-15.0 Y-15.0;
N021  G01 X-20.0 Y-10.0;
N022  G01 X-20.0 Y-5.0;
N023  G40 G01 X-25.0 Y0.0;
N024  T85 T87 M02;
```

复习思考题

1. 在冲模和落料模的线切割加工编程时，凸模和凹模的间隙补偿量 f 分别是如何计算的？
2. 画简图分别说明 3B 代码指令中，计数方向 G、计数长度 J 及加工指令 Z 的确定方法。
3. 4B 代码指令中，R 及 D（或 DD）的含义是什么？
4. 在 ISO 编程代码中，左偏和右偏、左锥和右锥是如何判别的？
5. 用 3B 或 ISO 编程代码分别编制出图 6-21 所示落料模图形的凸模及凹模加工代码。

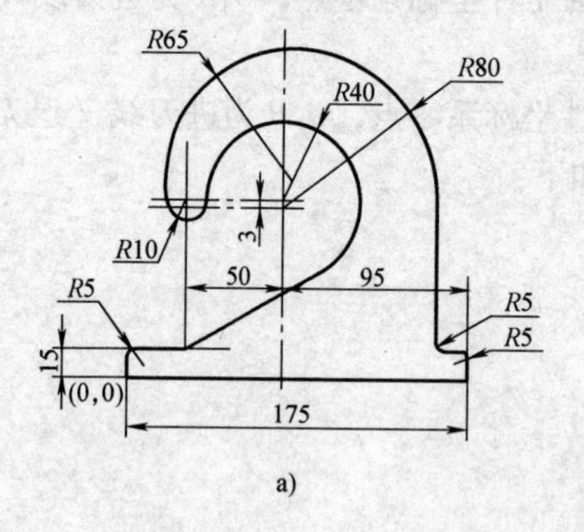

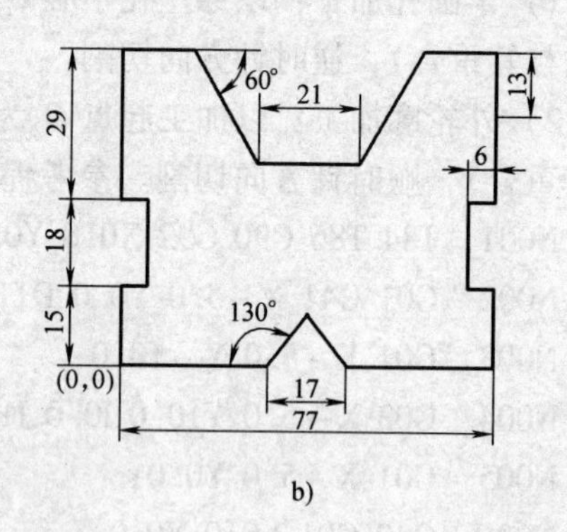

图 6-21　落料模图形

第七章

CAXA 线切割 V2 编程软件

第一节　CAXA 线切割 V2 系统

一、系统简介

CAXA 线切割 V2 系统是面向线切割加工行业的计算机辅助自动编程工具软件。它可以为各种线切割机床提供快速、高效率、高品质的数控编程代码，极大地简化了数控编程人员的工作。并且对于在传统编程方式下很难完成的工作，它都可以快速、准确地完成。

1. 运行环境

微软 Windows95、Windows98、WindowsNT4.0 以上版本操作系统；586 以上微机、主频 166MHz 以上；32M 以上内存。

2. 软件安装与运行

将软件光盘插入光驱中，运行安装文件 install.exe，进入安装程序。确定安装路径后，安装开始。安装结束后，单击 Windows 的“开始”菜单，找“程序”“CAXA 线切割 V2”“CAXA 线切割”，启动 CAXA 线切割 V2 系统；或者进入安装目录，假设为 C：\ eaxawedm。该目录下有一名为 wedm.exe 的可执行文件，运行此文件，也可以启动 CAXA 线切割 V2 系统。

第一次运行本系统时，会弹出一个对话框，要求用户输入序列号。正确输入序列号后，单击确定按钮，即可进入系统。

二、软件用户界面与绘图

1. 用户界面

图 7-1 所示为 CAXA 线切割 V2 系统用户界面，它包括三大部分：绘图功能区、菜单系统和状态显示与提示。

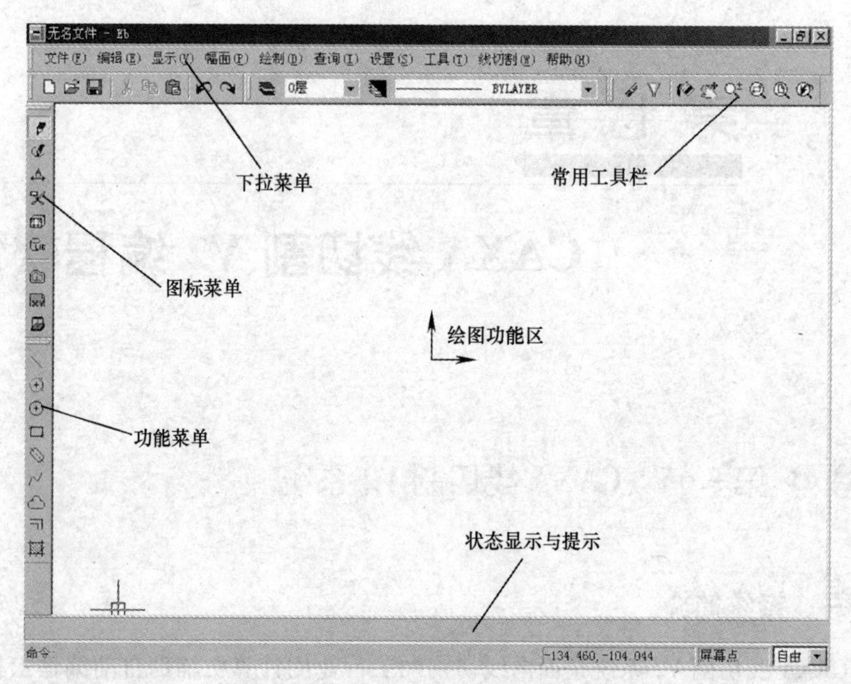

图 7-1　CAXA 线切割 V2 系统用户界面

（1）绘图功能区　绘图功能区为用户进行绘图设计的工作区域，它占据了用户界面的大部分面积。绘图功能区中央设置有一个二维直角坐标系，是绘图时的默认坐标系。

（2）菜单系统　CAXA 线切割 V2 系统的菜单系统包括下拉菜单、图标菜单、立即菜单、工具菜单和工具栏五个部分。

（3）状态显示与提示　用户界面的下方为状态显示与提示框，显示当前坐标、当前命令以及对用户操作的提示等。它包括当前点坐标显示、操作信息提示、工具菜单状态提示、点捕捉状态提示和命令与数据输入五项。

2. 基本操作

（1）常用键的含义

1）鼠标。左键：点取菜单、拾取选择。右键：确认拾取、终止当前命令、重复上一条命令（在命令状态下）；弹出操作热菜单（在选中实体时）。

2）回车键。确认选中的命令、结束数据输入或确认默认值、重复上一条命令（同鼠标右键）。

3）空格键。弹出工具点菜单或弹出拾取元素菜单。

4）快捷键 Alt + 1 ~ Alt + 9。其功能是迅速激活立即菜单相应数字所对应的菜单命令。

5）控制光标的键盘键。方向键：在输入框中移动光标，移动绘图区的显示中

心。Home 键：在输入框中将光标移至行首。End 键：在输入框中将光标移至行尾。

6）功能热键。Esc 键：取消当前命令。F1 键：请求系统帮助。F3 键：显示全部。F8 键：显示鹰眼。F9 键：全屏显示。

（2）点的输入　CAXA 线切割 V2 系统对点的输入提供了三种方式：键盘输入、鼠标点取输入和工具点捕捉。

1）键盘输入。通过键盘输入点的 *X*、*Y* 坐标值以达到输入点的目的。点的坐标分为绝对坐标和相对坐标两种，绝对坐标输入只需输入点的坐标值，它们之间用逗号隔开。相对坐标输入时，需在第一个数值前加一个符号@。例如输入“@ 20，10”，表示输入一个相对于前一点的坐标为（20，10）的点。

2）鼠标输入。鼠标输入是指通过移动鼠标选择需要的点，按下鼠标左键，该点即被选中。

3）工具点的捕捉。工具点是指作图过程中有几何特征的圆心点、切点、端点等。而工具点捕捉就是利用鼠标捕捉工具点菜单中的某个特征点。当需要输入特征点时，按空格键即可弹出工具点菜单，它包括以下内容：（S）屏幕点、（E）端点、（M）中点、（C）圆心、（I）交点、（T）切点、（P）垂足点、（N）最近点、（K）孤立点、（O）象限点。

（3）实体的拾取　拾取实体是根据需要在已经绘出或生成的直线、圆弧等实体中选择需要的一个或多个。当交互操作处于拾取状态时，按下空格键可弹出拾取元素菜单，包括拾取所有、拾取添加、取消所有、拾取取消和取消尾项。

（4）立即菜单的操作　用户在输入某些命令时，绘图区左下角会弹出一行立即菜单。如输入画直线的命令（从键盘输入“line”或用鼠标单击相应的命令），系统立即弹出如图 7-2 所示的立即菜单及相应的操作提示。

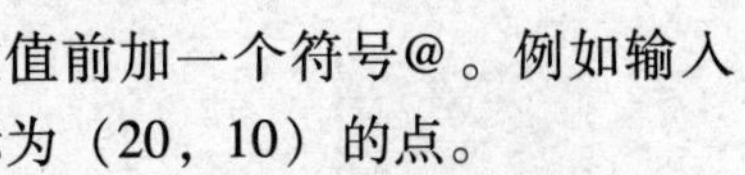

1: 两点线　2: 连续　3: 非正交
第一点(切点, 垂足点):

图 7-2　立即菜单

此菜单表示当前待画的直线为两点线方式，非正交的连续直线。同时下面的提示框显示提示“第一点（切点，垂足点）:”。用户按要求输入起点后，系统会提示“第二点（切点，垂足点）:”。

立即菜单的主要作用是可以选择某一命令的不同功能。例如想画一条正交直线，可用鼠标点取“3：非正交”旁的按钮或利用快捷键（A1t +3）将其切换为“3：正交”。另外还可以点取“1：两点线”旁的按钮选择不同的画直线方式（平行线、角度线、曲线切线/法线、角等分线、水平/铅垂线）。

下面用一个简单的例子来体会上述这些基本操作，首先选取功能命令项中的“圆”命令⊕，选择“1：圆心-半径”“2：半径”模式，系统提示“圆心点:”，从键盘输入（0，0）后按提示继续输入半径 20，屏幕上即画出一个圆，单击鼠标右键结束命令。用同样的方法在旁边画一个圆，如图 7-3 所示。

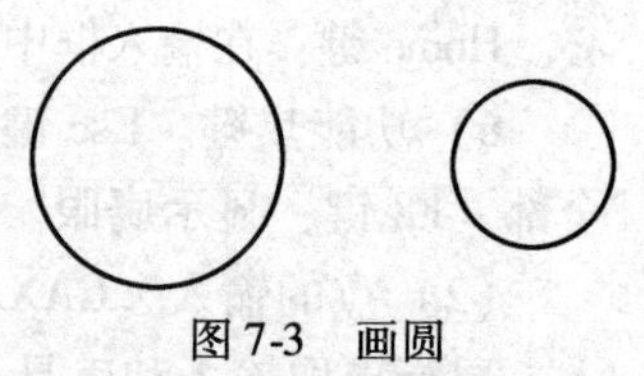
图 7-3　画圆

接着选取直线命令，用“1：两点线”“2：连续”“3：非正交”模式，系统提示输入起点时，按下空格键，此时弹出如图 7-4 所示的点工具菜单。

选择“T 切点”，当系统提示输入起点和终点时，分别用鼠标点取两圆，则画出了两圆的一条切线。用户必须注意的是，在拾取圆时，拾取的位置不同，则切线绘制的位置也不同。图 7-5 和图 7-6 所示为选取不同位置时画出的不同切线。

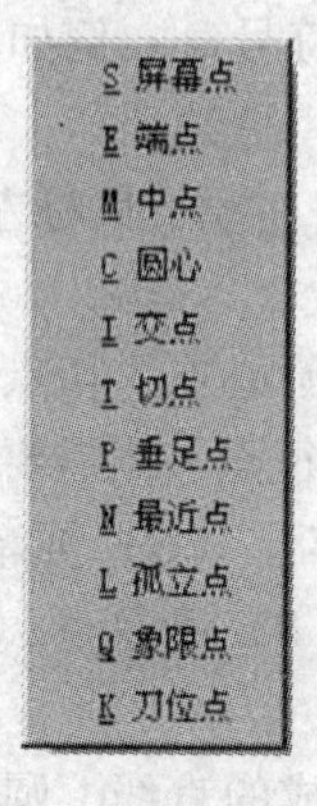

图 7-4　点工具菜单

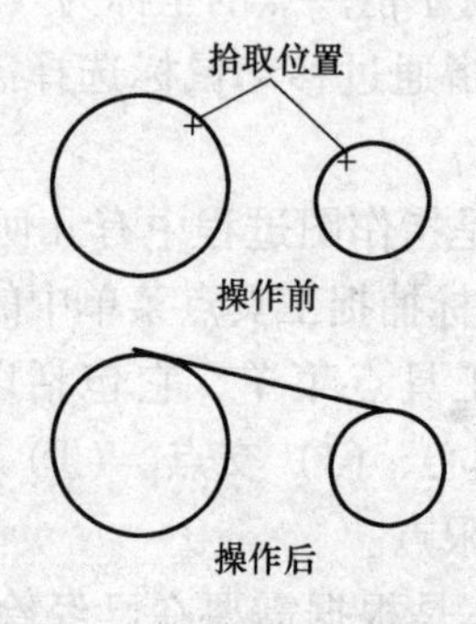

图 7-5　圆的外公切线

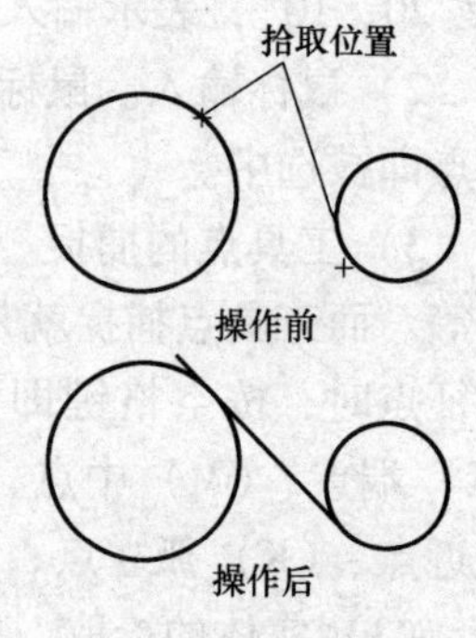

图 7-6　圆的内公切线

3. 菜单命令系统简介

CAXA 线切割 V2 系统的功能都是通过各种不同类型的菜单和命令项来实现的。各菜单项和命令项的简要介绍见表 7-1 和表 7-2。

表 7-1　下拉菜单命令简介

主菜单	下 拉 菜 单	功 能 简 介
文件	新文件	建立一个新文件
	打开文件	打开一个已有的文件
	存储文件	存储当前文件
	另存文件	用另一个文件名存储当前文件
	文件检索	从本地计算机或网络计算机上查找符合条件的文件
	并入文件	将一个存在的文件并入当前文件
	部分存储	将当前文件的一部分存储为一个文件
	绘图输出	打印图样
	数据接口	读入和输出 DWG、DXF、WMF、DAT、IGES、HPGL、AUTOP 等格式的文件，以及接收和输出视图
	应用程序管理器	管理电子图板二次开发的应用程序
	最近文件	显示最近打开过的一些文件名
	退出	退出本系统

（续）

主菜单	下 拉 菜 单	功 能 简 介
编辑	取消操作	取消上一项操作
	重复操作	取消一个“取消操作”命令
	图形剪切	剪切掉选中的实体对象
	图形复制	复制选中的实体对象
	图形粘贴	粘贴实体对象
	选择性粘贴	选择剪贴板内容的属性后再进行粘贴
	插入对象	插入 OLE 对象到当前文件中
	删除对象	删除一个选中的 OLE 对象
	链接	实现以链接方式链接插入到文件中的对象的有关操作
	对象属性	查看对象的属性以及相关操作
	拾取删除	删除选中的对象
	删除所有	初始化绘图区，删除绘图区中所有实体对象
	改变颜色	改变所拾取图形元素的颜色
	改变线型	改变所拾取图形元素的线型
	改变层	改变所拾取图形元素的图层
显示	重画	刷新屏幕
	鹰眼	打开一个窗口对主窗口的显示部分进行选择
	显示窗口	用窗口将图形放大
	显示平移	指定屏幕显示中心
	显示全部	显示全部图形
	显示复原	恢复图形显示的初始状态
	显示比例	输入比例对显示进行放大或缩小
	显示回溯	显示前一幅图形
	显示向后	相对于显示回溯的显示功能，相当于撤消一次显示回溯
	显示放大	按固定比例（1.25）将图形放大显示
	显示缩小	按固定比例（0.8）将图形缩小显示
	动态平移	利用鼠标的拖动平移图形
	动态缩放	利用鼠标的拖动缩放图形
	全屏显示	用全屏显示图形
幅面	图纸幅面	选择或定义图纸的大小
	图框设置	调入、定义和存储图框
	标题栏	调入、定义、存储或填写标题栏
	零件序号	生成、删除、编辑或设置零件序号
	明细表	有关零件明细表制作和填写的所有功能

（续）

主菜单	下拉菜单	功能简介
绘制	基本曲线	绘制基本的直线、圆弧、样条等
	高级曲线	绘制多边形、公式曲线以及齿轮、花键和位图矢量化
	工程标注	标注尺寸、公差等
	曲线编辑	对曲线进行剪切、打断、过渡等编辑
	块操作	进行与块有关的各项操作
	库操作	从图库中提取图形以及相关的各项操作
查询	点坐标	查询点的坐标
	两点距离	查询两点间的距离
	角度	查询角度
	元素属性	查询元素的属性
	周长	查询封闭曲线的周长
	面积	查询封闭曲线包含区域的面积
	重心	查询封闭曲线包含区域的重心
	惯性矩	查询所选封闭曲线相对所选直线的惯性矩
	系统状态	查询系统状态
设置	线型	定制和加载线型
	颜色	设置颜色
	层控制	新建和设置图层，以及图层管理
	屏幕点设置	设置屏幕点的捕捉属性
	拾取设置	设置拾取属性
	文字参数	设置和管理字型
	标注参数	设置尺寸标注的属性
	剖面图案	选择剖面图案
	用户坐标系	设置和操作用户坐标系
	三视图导航	根据两个视图生成第三个视图
	系统配置	设定如颜色、文字之类的系统环境参数
	恢复老面孔	将用户界面恢复到 CAXA 以前的形式
	自定义	自定义菜单和工具栏
线切割	轨迹生成	生成加工轨迹
	轨迹跳步	用跳步方式链接所选轨迹
	跳步取消	取消轨迹之间的跳步链接
	轨迹仿真	进行轨迹加工的仿真演示
	查询切割面积	计算切割面积
	生成 3B 代码	生成所选轨迹的 3B 代码
	4B/R3B 代码	生成所选轨迹的 4B/R3B 代码

（续）

主菜单	下拉菜单	功能简介
线切割	校核 B 代码	校核已经生成的 B 代码
	G 代码	与 G 代码有关的各项操作
	查看/打印代码	查看或者打印已经生成的加工代码
	代码传输	传输已生成的加工代码
	R/3B 后置设置	对 R/3B 格式进行设置
工具	图纸管理系统	打开图纸管理系统
	打印排版工具	打开打印排版工具
	EXB 文件浏览器	打开电子图板文档浏览器
	记事本	打开 Windows 记事本工具
	计算器	打开 Windows 计算器工具
	画笔	打开 Windows 画笔工具
帮助	日积月累	介绍软件的一些操作技巧
	帮助索引	打开软件的帮助
	命令列表	查看各功能的键盘命令及说明
	服务信息	查看与售后服务有关的信息
	关于电子图板	显示版本及用户信息

表 7-2 图标菜单

类别	图标	二级图标	功能简介
基本曲线			绘制各类直线段
			绘制圆弧
			绘制圆
			绘制矩形
			绘制孔或轴的中心线
			绘制样条曲线
			绘制直线和圆弧构成的首尾相接或不相接的一条轮廓线
			以等距方式生成一条或同时生成数条给定曲线的等距线
			绘制剖面线
高级曲线			绘制任意正多边形
			绘制椭圆
			在给定位置画出带有中心线的孔和轴
			按给定方式生成波浪曲线

（续）

类别	图标	二级图标	功能简介
高级曲线			绘制双折线
			按给定公式绘制曲线
			将一块封闭区域用一种颜色填满
			绘制单个实心箭头或给圆弧、直线增加实心箭头
			生成孤立点实体
			绘制齿轮
			绘制花键
			读入图形文件，并生成图形轮廓曲线
		A	输入各种格式的文字，生成文字轮廓曲线
工程标注			标注各种图形尺寸
			标注点的坐标
			标注直线的倒角
		A	在图形中标注文字
			标注引出注释
			标注形位公差中的基准部位的代号
			标注表面粗糙度代号
			标注形位公差
			标注焊接符号
			标出剖面的剖切位置
			对所有的工程标注（尺寸、符号和文字）进行编辑
			修改尺寸标注风格
			根据尺寸的修改而改变图形的大小、形状
曲线编辑			对给定曲线（被裁剪线）进行修整
			处理曲线间的过渡关系（圆角、倒角或尖角）
			以一条曲线为边界对一系列曲线进行裁剪或延伸
			将一条曲线在指定点处打断成两条曲线
			对选中的直线、圆或圆弧进行拉长或缩短
			对拾取到的实体进行平移或复制操作
			对拾取到的实体进行复制或旋转操作
			对拾取到的实体进行镜像复制或镜像位置移动
			对拾取到的实体按给定比例进行缩小或放大
			圆形或矩形阵列选中的图形
			用图形窗口或矩形窗口将图形的任意一个局部图形进行放大

（续）

类别	图标	二级图标	功能简介
轨迹操作			生成线切割加工轨迹
			将多个轨迹连接成一个跳步轨迹
			将跳步轨迹分解成各个独立的加工轨迹
			对切割过程进行仿真
			根据加工轨迹和工件厚度计算切割面积
代码生成		3B	生成 3B 代码数控程序
		4B	生成 4B 或 R3B 代码数控程序
		B	校对生成的 B 代码数控程序的正确性
		G	生成 G 代码数控程序
		G	校对生成的 G 代码数控程序的正确性
			查看并打印已生成的代码文件或其他文本文件
代码传输后置设置			将生成的代码以模拟电报头形式传输给线切割机床
			将生成的代码快速同步传输给线切割机床
			将生成的代码利用计算机串口传输给线切割机床
			将生成的代码传输给纸带穿孔机，给纸带打孔
			根据不同的机床、数控系统设定数控代码及程序格式等
		P	设置输出的数控程序的格式
		R3B	设置 R3B 数控程序命令

第二节　CAXA 自动编程

一、自动编程基础

1. 轮廓

如图 7-7 所示，轮廓是一系列首尾相接曲线的集合。进行数控编程的轮廓，

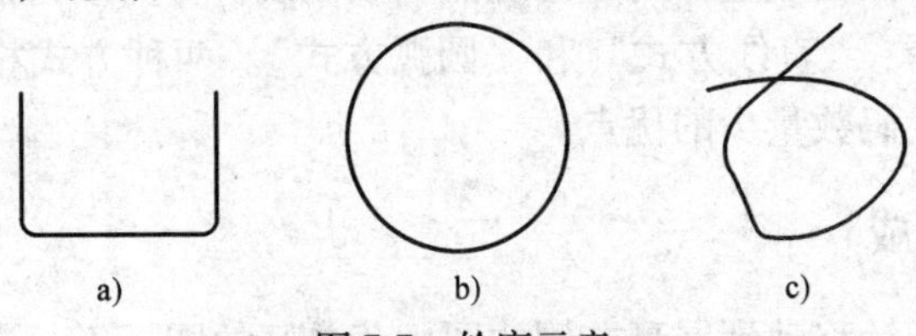

图 7-7　轮廓示意

a）开轮廓　b）闭轮廓　c）有交点的轮廓

不应有自交点。如用来界定被加工区域的，则要求指定的轮廓是闭合的；如果加工的是轮廓本身，则轮廓也可以不闭合。

2. 加工误差与步长

加工轨迹和实际加工模型的偏差即是加工误差。在线切割加工中，对于直线和圆弧的加工不存在加工误差。加工误差是指对样条曲线进行加工时，用折线段逼近样条时的误差。图 7-8 所示为误差与步长。

3. 拐角处理

在线切割加工中，还会遇到拐角处如何进行过渡的问题，在轮廓中相邻两直线或圆弧（取切点同向）呈大于180°的夹角时（即是凹的），需确定在其间进行“圆角过渡”或“尖角过渡”，其含义如图 7-9 所示。

图 7-8　误差与步长　　　图 7-9　过渡拐角方式

4. 切入方式

在线切割加工中，如果对起始切入位置有特殊要求时，可选择切入方式。切入方式有三种：直线切入、垂直切入和指定切入点，如图 7-10 所示。

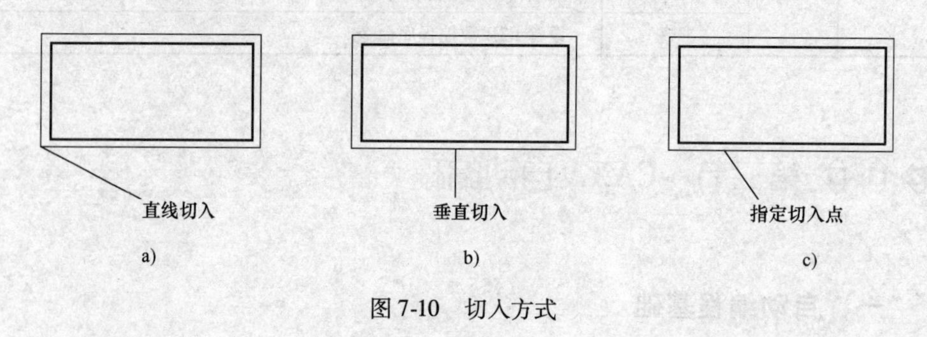

图 7-10　切入方式

5. 拟合方式

当要加工有非圆曲线边界时，系统需将该曲线拆分为多段短线进行拟合。拟合方式有两种选择：“直线方式”和“圆弧方式”。两种方式相比，圆弧拟合方式具有精度高、代码数量少的优点。

二、轨迹生成

用户将鼠标指针移动到屏幕左侧的图标菜单区的图标上，当鼠标停留在图标上一段时间后，则会在相应位置弹出一个亮黄底色的提示条：“切割轨迹生成”。用鼠标左键点取该图标后，系统在功能菜单区弹出其子功能的菜单，如图 7-11 所示。

图 7-11　轨迹生成子菜单

1. 生成轨迹操作

（1）轨迹生成模块　用鼠标左键点取（轨迹生成）菜单条，系统弹出“线切割轨迹生成参数表”对话框，如图 7-12 所示。此对话框是一个需要用户填写的参数表。其他各种参数的含义和填写方法如下：

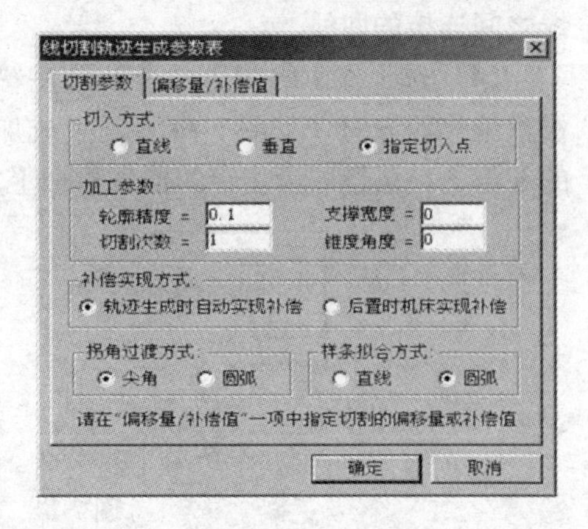

图 7-12　“线切割轨迹生成参数表”对话框

1）切割次数。即生成的加工轨迹的行数。CAXA 线切割 V2 系统不支持带锥度的多次切割。当加工次数大于 1 时，需在“偏移量/补偿值”参数表里填写每次加工丝的偏移量。

2）轮廓精度。对由样条曲线组成的轮廓，系统将按给定的误差把样条离散成多条线段，用户可按需要来控制加工的精度。

3）锥度角度。锥度角度是指做锥度加工时，电极丝倾斜的角度。系统规定，当输入的锥度角度为正值时，采用左锥度加工；当输入的锥度角度为负值时，采用右锥度加工。

4）支撑宽度。进行多次切割时，指定每行轨迹的始末点间保留的一段没切割部分的宽度。

5）补偿实现方式。系统提供两种实现补偿的方式供用户选择。

（2）拾取轮廓线　在确定好加工参数后，单击对话框中的“确定”按钮，系统提示拾取轮廓。单击空格键，系统弹出如图 7-13 所示的轮廓曲线拾取工具菜单。

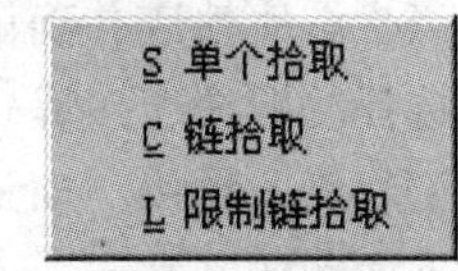

图 7-13　轮廓曲线拾取工具菜单

1）单个拾取。需用户挨个拾取需同时处理的各条轮廓曲线。适合于曲线数量不多并且不适合使用“链拾取”功能的情形。

2）链拾取。系统按起始曲线及搜索方向自动寻找所有首尾相接的曲线。适合于需批量处理的曲线数目较多，同时无两根以上曲线搭接在一起的情形。

3）限制链拾取。系统按指定起始曲线及搜索方向自动寻找首尾相接的曲线至指定的限制曲线。适用于避开有两根或两根以上曲线搭接在一起的情形，从而正确拾取所需的曲线。

（3）拾取轮廓线方向　第一条轮廓线拾取后，变为虚线（见图 7-14a）。系统提示：选择链搜索方向，此方向为加工方向。选择方向后，如果采用的是链拾取方式，则系统自动拾取首尾相接的轮廓线；如果采用单个拾取方式，则系统提示继续拾取轮廓线；如果采用限制链拾取方式，则系统自动拾取该曲线与限制曲线之间连接的曲线。

（4）选择加工的侧边　当拾取完轮廓线后，系统要求选择切割侧边，即电极丝偏移的方向（见图 7-14b），生成加工轨迹时将按这一方向自动实现电极丝的补偿，补偿量即为指定的偏移量加上加工参数表里设置的加工余量。

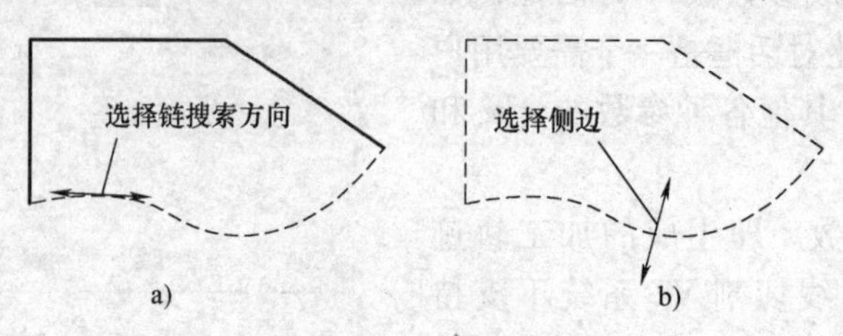

图 7-14　轮廓线拾取
a）方向选择　b）侧边选择

（5）指定穿丝点位置及电极丝最终切到的位置　穿丝点的位置必须指定，加工轨迹将按要求自动生成，至此完成线切割加工轨迹的生成。

2. 轨迹跳步

通过跳步线将多个加工轨迹连接成为一个跳步轨迹。当选取（轨迹跳步）时，系统提示拾取加工轨迹。拾取轨迹可用轨迹拾取工具菜单，如图 7-15 所示。工具菜单提供两种拾取方式：拾取所有和拾取添加。另外，还可通过拾取取消功能改变轨迹拾取。

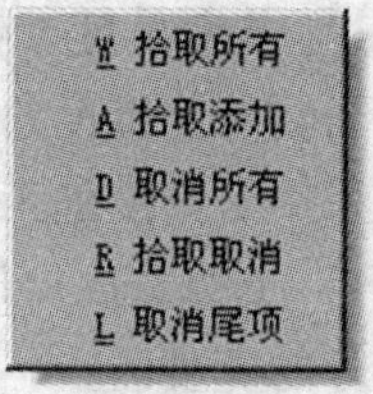

W 拾取所有
A 拾取添加
D 取消所有
R 拾取取消
L 取消尾项

图 7-15　轨迹拾取工具菜单

当拾取完轨迹并确认后，系统即将所选的加工轨迹按选择的顺序连接成一个跳步加工轨迹。例如，分别对一个圆和一个三角形生成加工轨迹，再用“轨迹跳步”将它们连接起来，如图 7-16 所示，读者可以比较一下两者的区别。

图 7-16　轨迹跳步实例
a）跳步前轨迹　b）跳步后轨迹

3. 取消跳步

取消跳步的功能是将“轨迹跳步”功能中生成的跳步轨迹分解成各个独立的加工轨迹。当选取（取消跳步）时，系统提示拾取加工轨迹。拾取并确认后，系统即将所选的加工轨迹分解成多个独立的加工轨迹。

4. 轨迹仿真

轨迹仿真是指对切割过程进行动态或静态的仿真。以线框形式表达的电极丝沿着指定的加工轨迹遍历一周，模拟实际加工过程中切割工件的情况。其操作过程为：单击后，选择仿真方式与步长，再单击鼠标右键即可。

CAXA 线切割 V2 系统提供连续和静态两种仿真方式。其中，在连续方式下，系统将完整地模拟从起切到加工结束之间的全过程。

5. 计算切割面积

单击按钮后，根据系统提示，拾取需要计算的加工轨迹并给出工件厚度，确认后系统将自动计算实际的切割面积。

三、代码生成

用户将鼠标指针移动到屏幕左侧的图标菜单的图标上，当鼠标停留在图标上一段时间，则会在相应位置弹出一个亮黄底色的提示条：“代码生成”。用左键点取该图标后，系统在功能菜单区弹出其子功能的菜单，如图 7-17 所示。

1. 生成 3B 代码

1）点取（生成 3B 代码）功能项，系统弹出一个需要用户输入文件名的对话框（见图 7-18），要求用户填写代码程序文件名。

图 7-17　代码生成子菜单

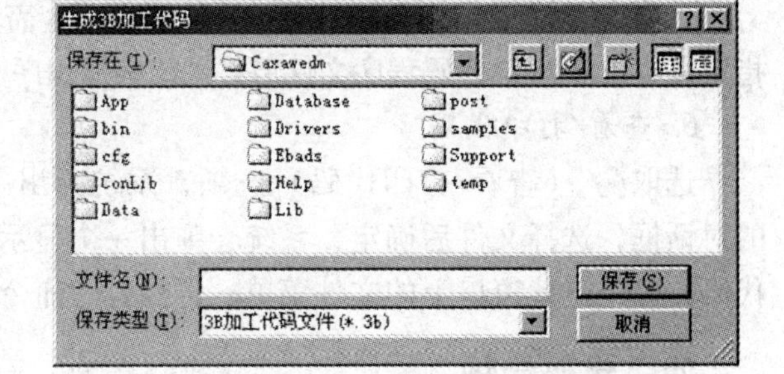

图 7-18　生成 3B 代码时输入文件名对话框

2）输入文件名后单击“确认”按钮，系统提示“拾取加工轨迹”。此时还可以设置程序使用的停机码、暂停码和程序格式（见图 7-19）。当拾取到加工轨迹后，该轨迹变为红色线。可以一次拾取多个加工轨迹，单击鼠标右键结束拾取，系统即生成 3B 代码数控程序。

1:指令校验格式 2:显示代码 3:停机码 DD 4:暂停码 D

图 7-19　生成 3B 代码参数设置

2. 生成 4B/R3B 代码

点取4B（生成 4B/R3B）功能项，后续操作过程与生成 3B 代码操作过程相同，只是代码格式不同而已。

3. 校核 B 代码

校核 B 代码是指把生成的 B 代码反读进来，恢复线切割加工轨迹，以检查代码程序的正确性。

4. 生成 G 代码

按照当前机床类型的配置要求，把已经生成的加工轨迹转化生成 G 代码数据文件，即 CNC 数控程序。

1）选取G（生成 G 代码）功能项，则弹出一个需要用户输入文件名的对话框，要求用户填写代码程序文件名，此外系统还在信息提示区给出当前所生成的数控程序所适用的数控系统和机床系统信息，表明目前所调用的机床配置和后置设置情况。

2）输入文件名并确认后，系统提示拾取加工轨迹。当拾取到加工轨迹后，该加工轨迹变为红色线。操作者可以连续拾取多条加工轨迹，单击鼠标右键结束拾取，系统生成数控程序。

5. 校核 G 代码

校核 G 代码就是把生成的 G 代码文件反读进来，恢复生成加工轨迹，以检查生成的 G 代码的正确性。

选取（校核 G 代码）选项，系统弹出一个需要用户选取数控程序的对话框，指定需要校对的 G 代码程序文件后，系统根据程序 G 代码立即生成加工轨迹。

6. 查看/打印代码

选取（查看/打印代码）选项，系统弹出一个需要操作者选取代码文件的对话框，选择文件后确定，系统会弹出一个显示代码文件的窗口。若需要打印代码，可单击此窗口上的文件菜单，选择打印命令即可。

四、代码传输

将鼠标指针移动到屏幕左侧的图标菜单区的图标上，鼠标停留在图标上一段时间，则会在相应位置弹出一个亮黄底色的提示条：“代码传输”。用鼠标左键点取该图标后，系统在功能菜单区弹出代码传输子菜单，如图 7-20 所示。

图 7-20　代码传输子菜单

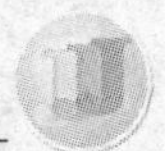

1. 应答传输

应答传输的功能是将生成的加工代码传输给线切割机床。适用于以电报头方式进行通信的机床，配套的接线方式如图 7-21 所示。应答传输的操作步骤为：单击功能项，则弹出一个名为“选择传输文件”的对话框。选取需要传输的文件后，单击“确定”按钮。系统提示“按键盘任意键开始传输（Esc 退出）”，按任意键。

2. 同步传输

同步传输的功能是用模拟光电头的方式将生成的 3B 加工代码快速同步传输给线切割机床。适用于以光电头进行通信的机床，配套的接线方式如图 7-22 所示。

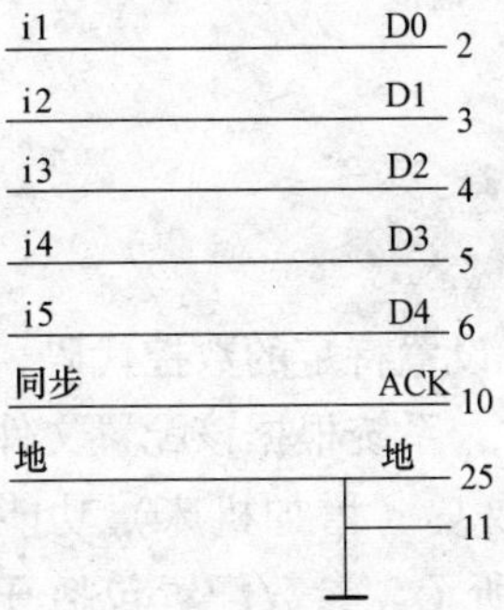

i1
D0
2
i2
D1
3
i3
D2
4
i4
D3
5
i5
D4
6
同步
ACK
10
地
地
25
11
图 7-21 应答传输接线方式

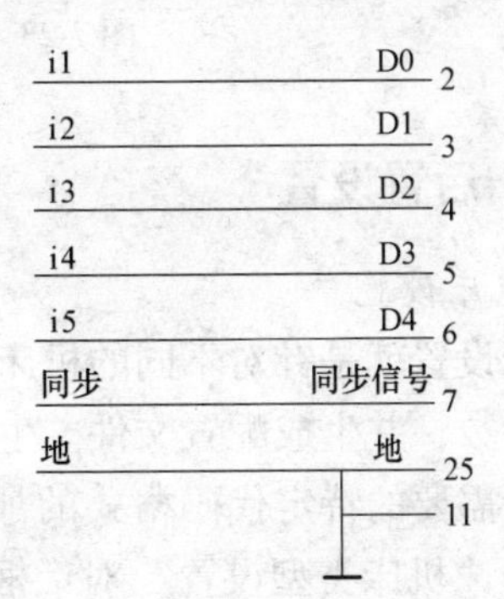

i1
D0
2
i2
D1
3
i3
D2
4
i4
D3
5
i5
D4
6
同步
同步信号
7
地
地
25
11
图 7-22 同步传输接线方式

同步传输的操作步骤为：选取（同步传输）按钮，弹出“输入文件名”对话框，要求输入需要传输的 3B 程序文件名；输入文件名及正确路径后，单击“确定”按钮，系统提示“按键盘任意键开始传输”，在保证机床正在接收的情况下，按任意键，开始传输；停止传输后，系统提示“按键盘任意键退出”，按任意键，结束命令。

3. 串口传输

串口传输是利用计算机串口将生成的加工代码快速传输给线切割机床。其操作步骤为：单击（串口传输）按钮，弹出如图 7-23 所示的“串口传输”对话框，要求输入串口传输的参数；输入好参数后，单击“确定”按钮，即弹出“选择传输文件”对话框；输入文件名及正确路径后，单击“确定”按钮，系统提示“按键盘任意键开始传输”，在保证机床正在接收的情况下，按任意键，开始传输；停止传输后，系统提示“按键盘任意键退出”，按任意键，结束命令。

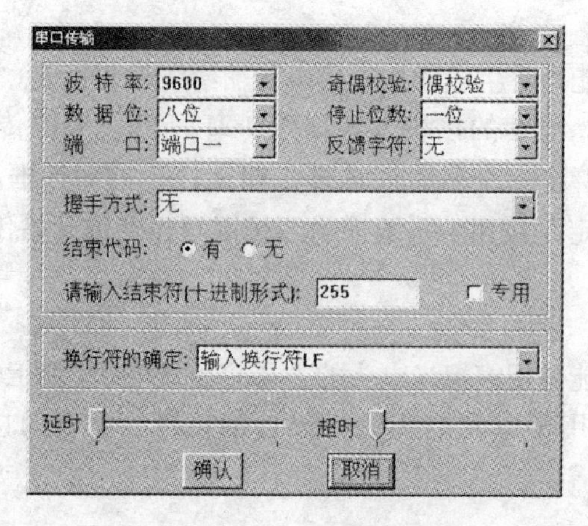

图 7-23 “串口传输”对话框

五、后置设置

1. 机床设置

机床设置就是针对不同的机床和数控系统，设置特定的数控代码、数控程序格式及参数，并生成配置文件。生成数控程序时，系统根据该配置文件的定义生成用户所需要的特定代码格式的加工指令。选取（增加机床）功能项，系统弹出一个“机床类型设置”对话框，如图 7-24 所示。参数配置包括开走丝、关走丝、数值插补方法、补偿方式、冷却控制、程序起停以及程序首尾控制符等。

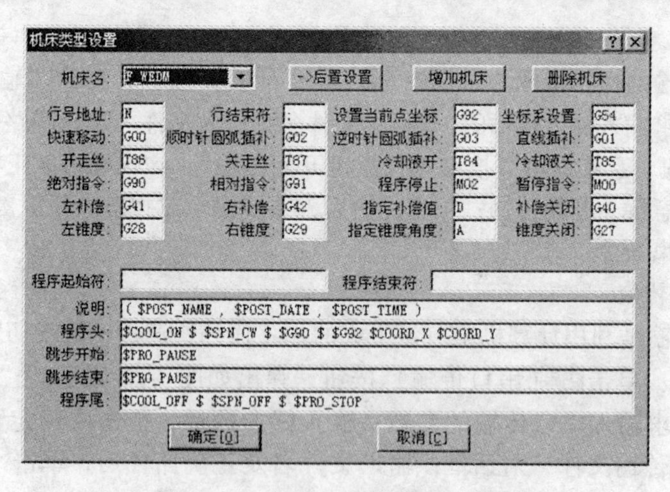

图 7-24 “机床类型设置”对话框

（1）机床参数设置 在“机床名”一栏中输入新的机床名或用鼠标单击

“▼”键选择一个已存在的机床进行修改。对机床的各种指令地址进行配置。

其配选项置包括：行号地址（N××××）、行结束符（;）、直线插补（G01）、顺时针圆弧插补（G02）、逆时针圆弧插补（G03）、开走丝（T86）、关走丝（T87）、冷却液开（T84）、冷却液（T85）、坐标系设置（G54）、绝对指令（G90）、相对指令（G91）、设置当前点坐标（G92）、左补偿（G41）、右补偿（G42）、补偿关闭（G40）、暂停指令（M00）、程序结束（M02）、左锥度（G28）、右锥度（G29）、锥度关闭（G27）、锥度角度表示（A）等。

（2）程序格式设置　程序格式设置就是对 G 代码各程序段格式进行设置。“程序段”含义见 G 代码程序示例。用户可以对程序起始符号、程序结束符号、程序说明、程序头、程序尾换刀等程序段进行格式设置。

1）设置方式。字符串或宏指令@字符串或宏指令，其中宏指令格式为：$+宏指令串。

系统提供的宏指令串有：当前后置文件名（POST_NAME）、当前日期（POST_DATE）、当前时间（POST_TIME）、当前 *X* 坐标值（GOORD_X）、当前 *Y* 坐标值（GOORD_Y）、当前程序号（POST_CODE）

以下宏指令内容与图 7-24 中的设置内容一致：

行号指令（LINE_NO_ADD）、行结束符（BLOCK_END）、直线插补（G01）、顺时针圆弧插补（G02）、逆时针圆弧插补（G03）、打开锥度（G28）、关闭锥度（G27）、绝对指令（G90）、相对指令（G91）、设置当前点坐标（G92）、开走丝（SPN_CW）、关走丝（SPN_OFF）、冷却液开（COOL_ON）、冷却液关（COOL_OFF）、程序（PRO_STOP）、程序暂停（PRO_PAUSE）、左锥度（ZD_LEFT）、右锥度（ZD_RIGHT）、关闭锥度（ZD_CLOSE）、@号为换行标志。若是字符串则输出它本身。$输出空格。

2）程序说明。说明部分是对程序的名称、与此程序对应的零件名称编号、编制日期和时间等有关信息的记录。程序说明部分是为了管理的需要而设置的。有了这个功能项目，用户可以很方便地进行管理。比如要加工某个零件时，只要从管理程序中找到对应的程序编号即可，而不需要从复杂的程序中去一个一个地寻找需要的程序。

3）程序头。针对特定的数控机床来说，其数控程序开头部分都是相对固定的，包括一些机床信息，如机床回零、工件零点设置、开走丝以及冷却液开等。

例如：直线插补指令内容为 G01，那么$ G01 的输出结果为 G01；同样，$ COOL_ON 的输出结果为 T84；$ PRO_STOP 的输出结果为 M02；依次类推。

又如$ COOL_ON　@　$ SPN_CW@　$ G90　$　$ G92　$ COORD_X　$ COORD Y　@G41H01，在后置文件中的内容为：

T84;

T86；

G90 G92X10. 000Y20. 00；

G41H01；

4）跳步。跳步开始及跳步结束指令可以由用户根据机床设定。

2. 后置设置

后置设置就是针对特定的机床，结合已经设置好的机床配置，对后置输出的数控程序的格式，如程序段号、程序大小、数据格式、编程方式、圆弧控制方式等进行设置。

选取（后置设置）功能项，则系统弹出“后置处理设置”对话框，如图7-25所示。在选项中，选择相应的单选按钮，如果是需要填写具体数值的，用鼠标左键点取该项，然后在相应的文本框中输入数值。

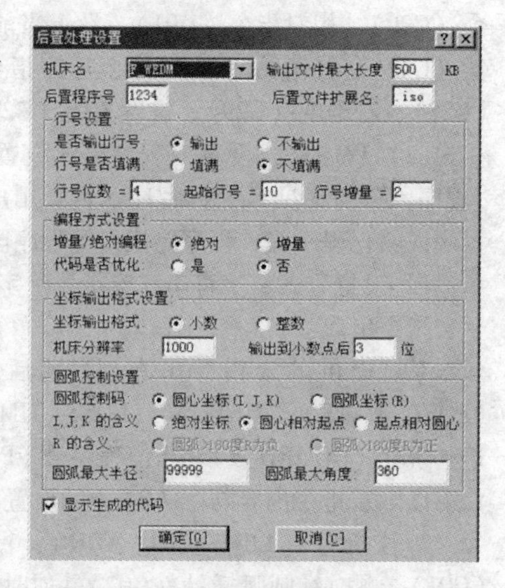

图7-25　“后置处理设置”对话框

（1）机床系统　数控程序必须针对特定的数控机床、特定的配置才具有加工的实际意义，所以后置设置必须先调用机床配置。用鼠标点取箭头就可以很方便地从配置文件中调出机床的相关配置。

（2）文件长度控制　可以对数控程序的大小进行控制，文件大小控制以KB为单位。当输出的代码文件长度大于规定的长度时，系统自动分割文件。

（3）行号设置　程序段行号设置包括行号的位数，行号是否输出，行号是否填满，起始行号以及行号递增数值等。

（4）编程方式设置　分绝对编程G90和相对编程G91两种方式。

（5）坐标输出格式设置　决定数控程序中数值的格式，包括：小数输出还是整数输出；机床分辨率和输出小数位数。

（6）圆弧控制设置　主要设置控制圆弧的编程方式。即采用圆心编程方式或采用半径编程方式。当采用圆心编程方式时，圆心坐标（I，J，K）有三种含义。

（7）扩展名控制和后置设置编号　后置文件扩展名是控制所生成的数控程序文件名的扩展名。有些机床对数控程序要求有扩展名，有些机床没有这个要求，应视不同的机床而定。后置程序号是记录后置设置的程序号，不同的机床其后置设置不同，所以采用程序号来记录这些设置，以便于用户日后使用。

（8）优化代码及显示代码　如果选择优化代码的坐标值，当代码中程序段

的某一坐标值与前一程序段的坐标值相等时，不再输出相同的坐标值；否则，所有坐标值都输出。如果选择窗口显示代码，代码生成后马上在窗口中显示代码内容。

第三节　CAXA 自动编程技能训练实例

训练1　燕尾压板线切割加工程序的编制

本训练的目的是了解 CAXA 线切割 V2 软件的基本功能，掌握一般零件图形的绘制方法及线切割加工程序的编程技巧。训练方法是根据零件图绘制加工图，并按系统提示进行相关设置，由计算机自动编制出线切割加工程序。

一、工艺分析

图 7-26 所示为燕尾压板的零件图，采用直径 $d=0.18\text{mm}$ 的电极丝，单边放电间隙 $S=0.01\text{mm}$。要求合理选择零件加工安装方式、穿丝点、切入点、切割方向等要素，利用 CAXA 线切割 V2 系统设计该零件并生成 3B 加工代码和 G 代码。

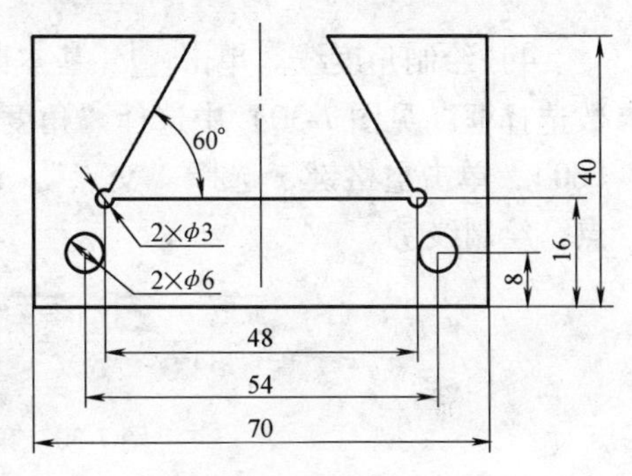

图 7-26　燕尾压板零件图

经分析，图形中 2 个 $\phi 6\text{mm}$ 孔用钻床加工，其余部分用线切割机床加工。选用钼丝直径为 $\phi 0.18\text{mm}$，单边放电间隙 S 为 0.01mm，则补偿量 $f=d/2+S=(0.18/2+0.01)\text{mm}=0.10\text{mm}$。安装方式为悬臂式，以图形左下角为原点建立直角坐标系，则穿丝点（75，0）、切入点（70，0），采用逆时针方向切割。

二、图形与加工轨迹设计

1. 图形设计

图 7-27 所示为绘制步骤图，其操作步骤如下：

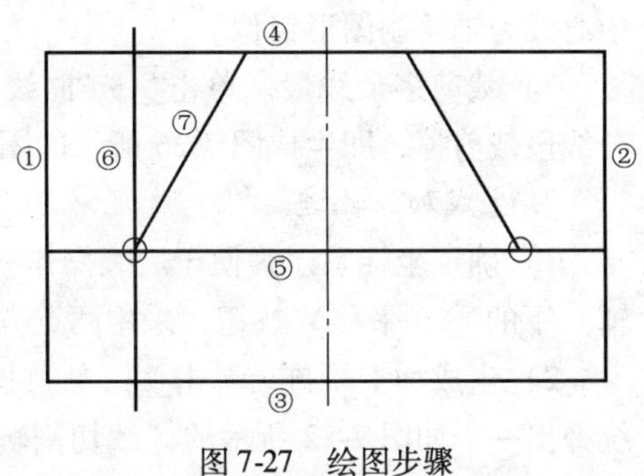

图 7-27　绘图步骤

1）绘制矩形。选择粗实线，单击（基本曲线）下的（矩形）按钮，在矩形参数选择框（见图 7-28）中选择“长度和宽度”“中心定位”，输入长度（70）、宽度（40）、定位点（0，0）并按回车键确认。

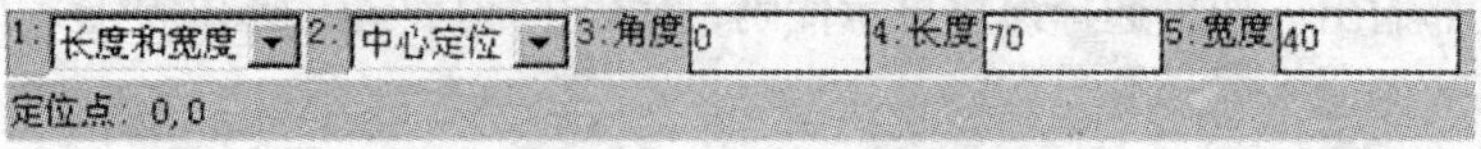

1: 长度和宽度
2: 中心定位
3: 角度 0
4: 长度 70
5: 宽度 40
定位点: 0,0

图 7-28 矩形参数选择框

2）绘制矩形中心线。选择点画线，单击（基本曲线）下的（中心线）按钮，绘制线① 和② 的中心线。

3）绘制等距线。选择粗实线，单击（基本曲线）下的（等距线），在等距线参数选择框（见图 7-29）中选择“单个拾取”“单向”“空心”，分别输入（16）绘制线③ 的等距线⑤；输入（24）绘制中心线的等距线⑥。

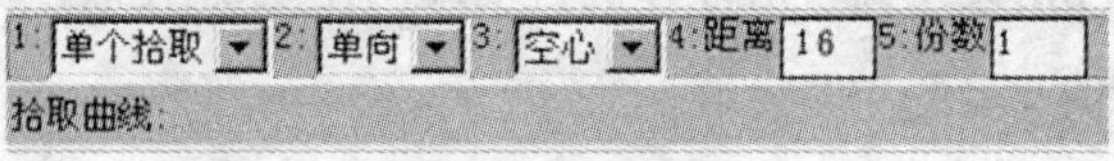

1: 单个拾取
2: 单向
3: 空心
4: 距离 16
5: 份数 1
拾取曲线:

图 7-29 等距线参数选择框

4）绘制角度线。单击（基本曲线）下的＼（直线）按钮，在角度线参数选择框（见图 7-30）中选择“角度线”“X 轴夹角”“到线上”，输入角度 =（60），单击空格键，选择“交点”。以线⑤ 、线⑥ 的交点为起点，线④ 为终点，绘制线⑦。

1: 角度线
2: X轴夹角
3: 到线上
4: 角度= 60
第一点(切点):

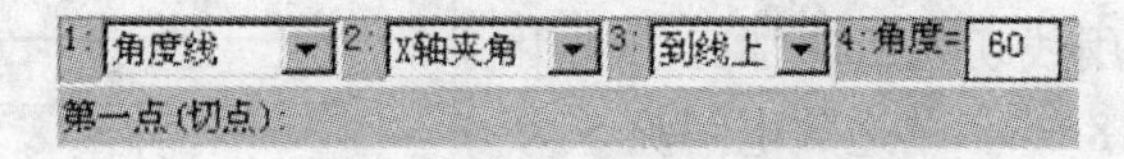

图 7-30 角度线参数选择框

5）绘制圆。单击（基本曲线）下的（圆）按钮，以线⑤ 、线⑥ 交点为圆心绘制圆（ϕ3mm）。

6）图形镜像。选取图形 ϕ3 圆及线⑦ ，单击鼠标右键，选择“镜像”，以中心线为轴绘制图形镜像。

7）裁剪多余线段。单击（曲线编辑）下的（裁剪）按钮，把多余部分线段裁剪掉，即生成图 7-26 所示的图形。

2. 生成加工轨迹

1）确定坐标系。为便于后续操作（如输入穿丝点位置），单击（曲线编辑）下的（平移）按钮，采用两点方式，将样板左下角平移至点（0，0）。

2）生成加工轨迹。单击（轨迹操作）下的命令按钮（轨迹生成），系统弹出一个如图 7-12 所示的“线切割轨迹生成参数表”对话框。

3）输入参数值。按实际需要填写相应的参数（本例中切入形式为指定切入

点、轮廓精度设为0.05mm、偏移量设为0.1mm），单击“确定”按钮。

4）确定加工起始边。系统提示“拾取轮廓”，用鼠标点取样板图形的右边直线②。

5）确定切割方向。被拾取线变为红色虚线，并沿轮廓方向出现一对反向的红色箭头，系统提示“请选择链搜索方向”，选择逆时针方向的箭头。

6）确定补偿方向。全部线条变为红色，且在轮廓的法线方向上又出现一对反向的红色箭头，系统提示“选择切割的侧边或补偿方向”，选择指向图形外侧的箭头。

7）确定穿丝点。系统提示“输入穿丝点的位置”，输入（75，0），按回车键确认。

8）确定加工终点。系统提示“输入退回点（回车则与穿丝点重合）”，单击鼠标右键，表示该位置与穿丝点重合。

9）确定切入点。系统提示“输入切入点位置”，输入（70，0），按鼠标右键，系统自动计算出加工轨迹，即屏幕上显示出的绿色线。

10）生成加工轨迹。再单击鼠标右键，结束命令。

三、代码生成

1. 生成3B代码

单击（代码生成）下的命令按钮（生成3B代码），输入文件名：YB，拾取加工轨迹，单击鼠标右键，即生成车工车螺纹用的对刀样板的3B代码数控线切割加工程序。具体内容如下：

```
****************************************
CAXAWEDM  - Version 2.0 , Name : YB.3B
Conner R =   0.00000    , Offset F =    0.10000 , Length =     319.149mm
****************************************
Start Point      =     75.00000 ,       0.00000   ;          X   ,      Y
N      1: B    4900 B     100 B   4900 GX    L3;  70.100 ,    -0.100
N      2: B       0 B   40200 B  40200 GY    L2;  70.100 ,    40.100
N      3: B   25130 B       0 B  25130 GX    L3;  44.970 ,    40.100
N      4: B   13245 B   22941 B  22941 GY    L4;  58.215 ,    17.159
N      5: B     785 B    1159 B   4541 GY   SR2;  57.604 ,    16.101
N      6: B   45208 B       0 B  45208 GX    L3;  12.397 ,    16.100
N      7: B    1396 B     100 B   4989 GX   SR1;  11.787 ,    17.157
N      8: B   13242 B   22943 B  22943 GY    L1;  25.029 ,    40.100
N      9: B   25129 B       0 B  25129 GX    L3;  -0.100 ,    40.100
N     10: B       0 B   40200 B  40200 GY    L4;  -0.100 ,    -0.100
N     11: B   70200 B       0 B  70200 GX    L1;  70.100 ,    -0.100
N     12: B     100 B     100 B    100 GY    L2;  70.000 ,     0.000
N     13: DD
```

2. 生成G代码

单击[代码生成图标]（代码生成）下的命令按钮[G]（生成G代码），输入文件名：YB，拾取加工轨迹，单击鼠标右键，即生成车工车螺纹用的对刀样板的G代码数控线切割加工程序。具体内容如下：

```
(YB.ISO, 01/16/00, 02: 09: 49)
N0010 T84 T86 G90 G92X75.000Y0.000;
N0012 G01 X70.100 Y-0.100;
N0014 G01 X70.100 Y40.100;
N0016 G01 X44.970 Y40.100;
N0018 G01 X58.215 Y17.159;
N0020 G02 X57.604 Y16.100 I0.785 J-1.159;
N0022 G01 X12.396 Y16.100;
N0024 G02 X11.785 Y17.159 I-1.396 J-0.100;
N0026 G01 X25.030 Y40.100;
N0028 G01 X-0.100 Y40.100;
N0030 G01 X-0.100 Y-0.100;
N0032 G01 X70.100 Y-0.100;
N0034 G01 X75.000 Y0.000;
N0036 T85 T87 M02;
```

训练2　渐开线齿轮线切割加工程序的编制

本训练的目的是掌握CAXA线切割V2软件绘制齿轮的方法及自动生成线切割加工程序的技巧。训练方法是根据齿轮参数绘制加工图，并按系统提示进行相关设置，由计算机自动编制出线切割加工程序。

一、训练要求

设计一个模数为2mm，齿数为25，压力角为20°的标准渐开线外齿齿轮，并生成G代码线切割加工程序。

二、图形与加工轨迹设计

1. 齿轮绘制

1）选择下拉子菜单“绘制”中“高级曲线”下面的“齿轮”子菜单，系统弹出“渐开线齿轮齿形参数”对话框，如图7-31所示。

2）输入模数2、齿数25、压力角20°、齿顶高系数1和齿顶隙系数0.25等参数。

3）单击“下一步”按钮，系统弹出“渐开线齿轮齿形预显”对话框，取消“有效齿数”复选框，单击“预显”和“完成”按钮，如图7-32所示。

4）系统提示输入齿轮定位点，输入（0，0）。

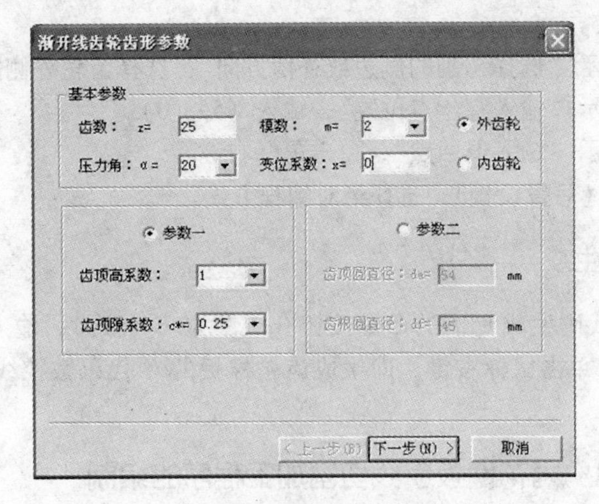

图 7-31　“渐开线齿轮齿形参数”对话框

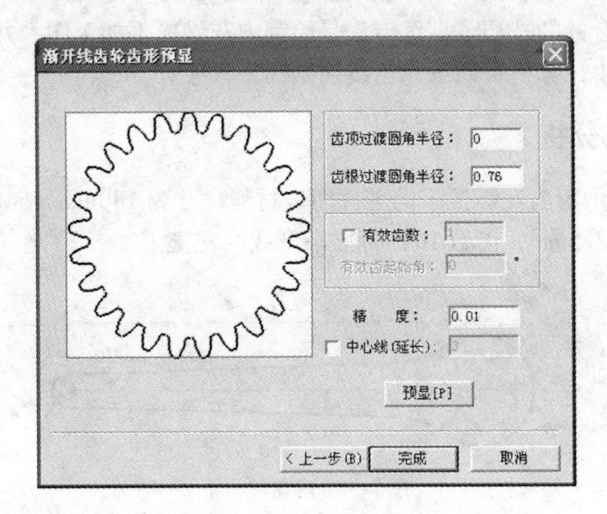

图 7-32　“渐开线齿轮齿形预显”对话框

2. 生成加工轨迹

1）单击（轨迹操作）下的命令按钮（轨迹生成），系统弹出一个如图 7-12 所示的“线切割轨迹生成参数表”对话框；选择直线切入方式，设置轮廓精度为 0.05，设置补偿值为 0.1，单击“确定”按钮。

2）系统提示“拾取轮廓”，单击 P_1 点（见图 7-33）。

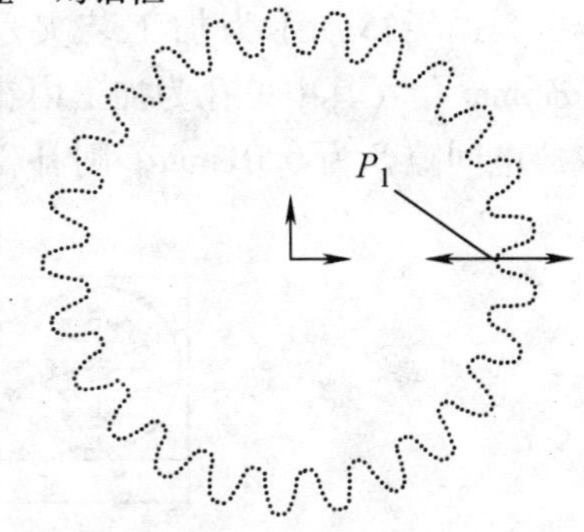

图 7-33　拾取轮廓

3）系统提示“请选择链搜索方向”，选择逆时针方向的箭头。

4）系统提示“选择切割的侧边或补偿方向”，选择齿轮外侧的箭头。

5）系统提示“输入穿丝点位置”，输入（55，0）。

6）系统提示“输入退回点”，单击鼠标右键。

7）单击（后置设置），选择绝对编程方式。

三、代码生成

单击（代码生成）下的命令按钮（生成G代码），输入文件名：YB，拾取加工轨迹，单击鼠标右键，即生成齿轮样板的G代码数控线切割加工程序（程序清单略）。

训练3　内花键扳手线切割加工程序的编制

本训练的目的是掌握CAXA线切割V2软件绘制内花键的方法及自动编程中多段轨迹跳步合并的技巧。训练方法是绘制内花键扳手加工图，并按系统提示进行相关设置，由计算机自动编制出线切割加工程序。

一、工艺分析

图7-34所示为内花键扳手的零件图，材料尺寸为180mm×54mm×8mm。内花键为（模数2.5mm，齿数10）标准渐开线内花键。

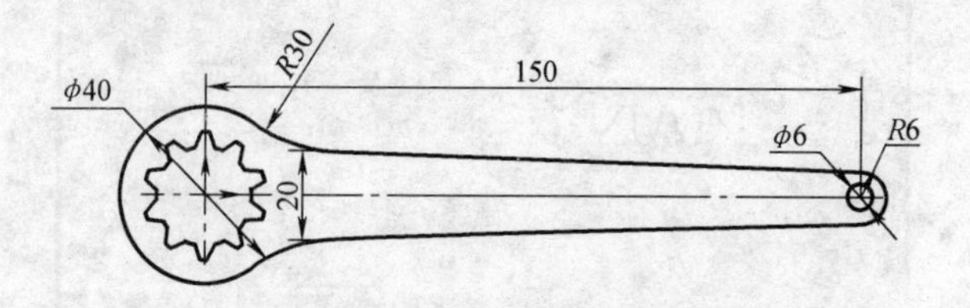

图7-34　内花键扳手

图7-35所示为加工装夹示意图。在相距150mm处分别用钻床加工2个ϕ6mm孔（其中1孔为加工内花键的穿丝孔）。选用钼丝直径为ϕ0.18mm，单边放电间隙S为0.01mm，则补偿量$f=d/2+S=(0.18/2+0.01)\text{mm}=0.10\text{mm}$。

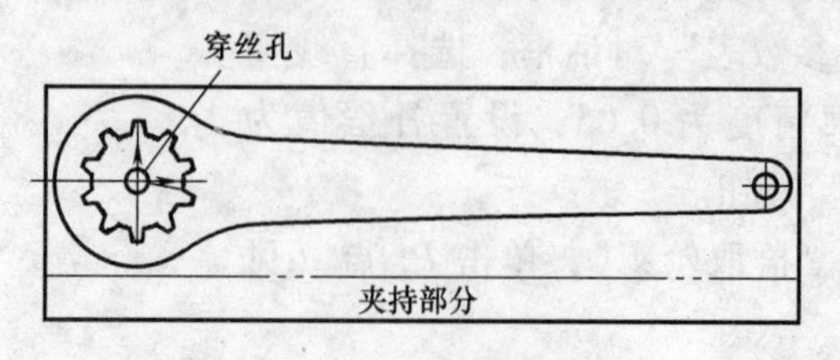

图7-35　加工装夹示意图

安装方式为悬臂式，以穿丝孔中心线建立直角坐标系，其交点为坐标原点(0，0)，内花键穿丝点（0，0）、外轮廓穿丝点（-25，0)，采用顺时针方向切割。

二、图形与加工轨迹设计

1. 绘制图形

1）绘制内花键图。

① 单击（高级曲线）下的（花键）按钮，系统弹出如图 7-36 所示的“渐开线花键齿形参数”对话框；选择“内花键”“平齿根”“30°”单选按钮，输入齿数（10)、模数（2.5）等参数。

② 单击“下一步”按钮，系统弹出“渐开线花键齿形预显”对话框，如图 7-37 所示，输入精度（0.01)，取消“有效齿数”复选框，单击“预显”和“完成”按钮；系统提示输入花键定位点，输入（0，0)。

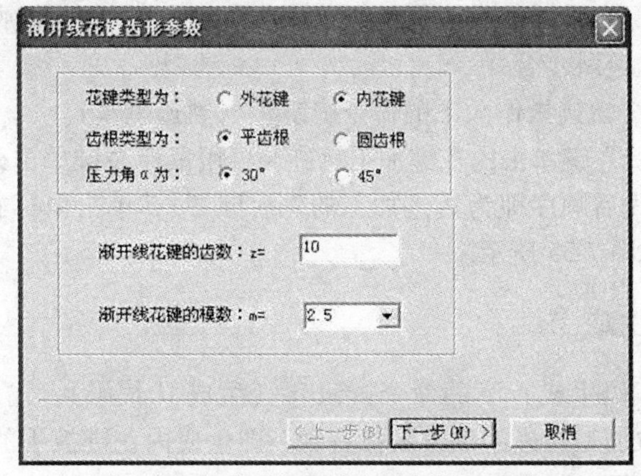

图 7-36　“渐开线花键齿形参数”对话框

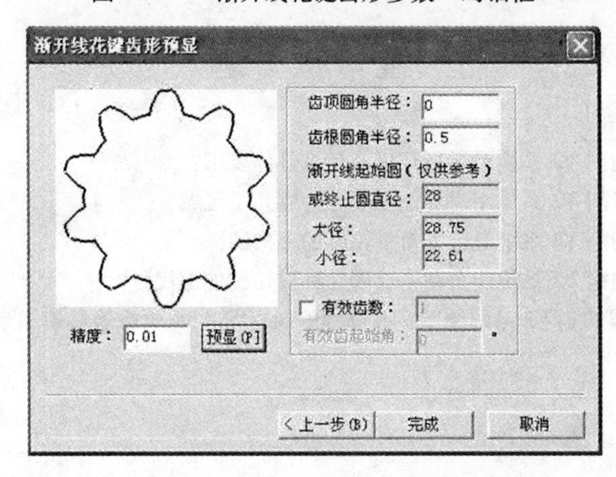

图 7-37　“渐开线花键齿形预显”对话框

2）根据图样尺寸要求，绘制出内花键扳手外轮廓图。

2. 生成加工轨迹

（1）内花键加工轨迹

1）单击（轨迹操作）下的命令按钮（轨迹生成），系统弹出一个如图 7-12 所示的“线切割轨迹生成参数表”对话框；填写参数（切入方式为垂直，轮廓精度设为 0.05mm，偏移量设为 0.1mm），单击“确定”按钮。

2）用鼠标点取内花键图形的边线后，分别选择顺时针、切割内侧，以及输入穿丝点坐标（0，0），按回车键确认。

3）单击鼠标右键（表示该位置与穿丝点重合），生成内花键的加工轨迹。

（2）外轮廓加工轨迹

1）用鼠标点取 ϕ40mm 的圆边线后，选择顺时针、切割外侧，及输入穿丝点坐标（-25，0），按回车键确认。

2）单击鼠标右键（表示该位置与穿丝点重合），生成外轮廓的加工轨迹。

（3）加工轨迹跳步合并

1）单击（轨迹操作）下的命令按钮（轨迹跳步）。

2）先用鼠标左键单击内花键加工轨迹，再用鼠标左键单击外轮廓加工轨迹（鼠标左键单击先后顺序即为轨迹加工的先后顺序），单击鼠标右键后，两个加工轨迹合并，如图 7-35 所示。

三、代码生成

单击（代码生成）下的命令按钮（生成 G 代码），输入文件名：NHJ（内花键），拾取加工轨迹，单击鼠标右键，即生成内花键扳手的 G 代码数控线切割加工程序（程序清单略）。

复习思考题

1. CAXA 线切割 V2 系统对运行环境有什么具体要求？
2. CAXA 线切割 V2 系统用户界面主要分为哪几个区域？
3. CAXA 线切割 V2 系统是否支持带锥度的多次切割？
4. CAXA 线切割 V2 系统能自动生成哪几种线切割加工代码？
5. 用 CAXA 线切割 V2 系统绘图，并分别编制出图 7-38 所示落料模图形的凸模及凹模加工代码。

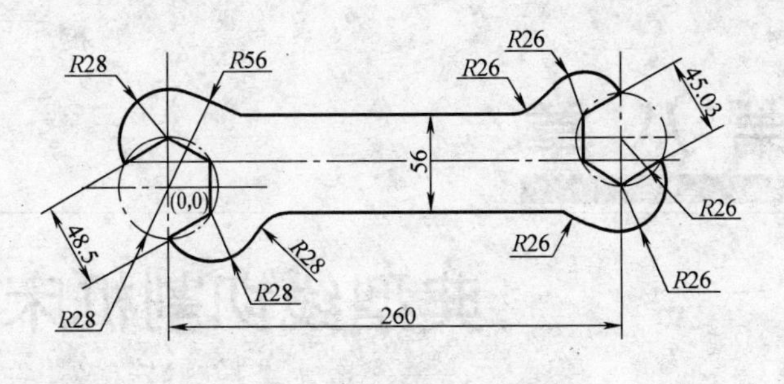

a)

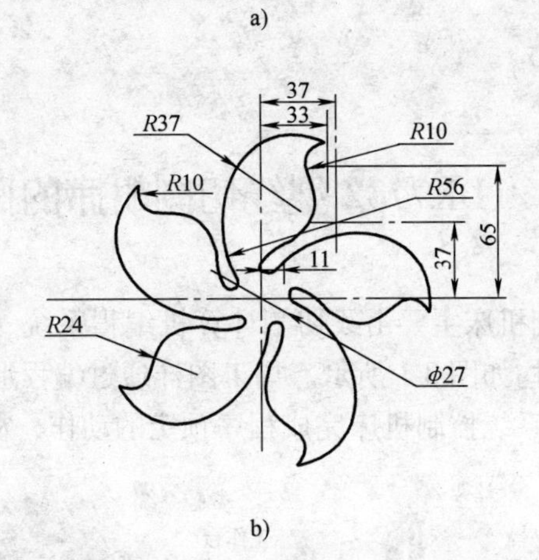

b)

图 7-38　落料模图形

第八章

典型线切割机床的操作

第一节　DK7732 型线切割机床的操作

DK7732 型线切割机床主要由线切割计算机编程系统、机床控制系统和机床机械系统组成，其结构如图 8-1 所示。加工图样通过编程形成计算机程序输入机床控制系统，由控制系统控制机床完成程序预定的动作，从而完成加工任务。

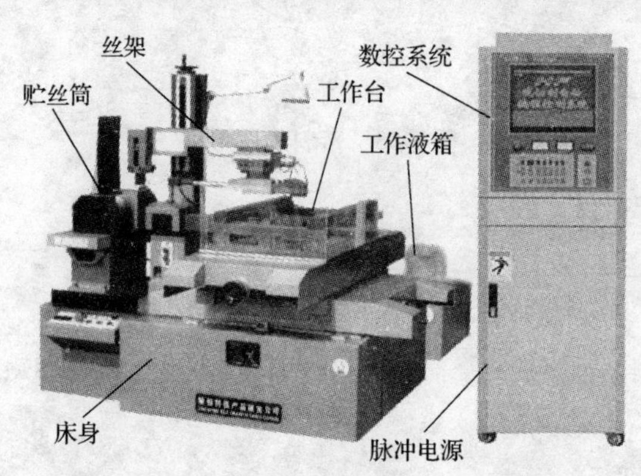

图 8-1　DK7732 型线切割机床结构

其中机械系统包括床身、精密坐标工作台、运丝系统。运丝系统和工作台固定在床身上。运丝系统包括贮丝机构和线架两部分，贮丝筒在电动机控制下正反往复运转，带动电极丝在线架上作上下往复运动，以此来形成加工动作。工件固定在坐标工作台的夹具上，工作台在丝杠的带动下动作，丝杠则由步进电动机控制。

国内生产 DK7732 型线切割机床的厂商较多，其配备的数控系统有 HF、HL、YH 等多种编程控制系统。本节以 HF 线切割编程控制系统为例，介绍 DK7732 型线切割机床编程与操作方法。

一、HF 系统用户界面

1. HF 线切割微机编程控制系统的组成

HF 线切割微机编程控制系统由 HF 绘图式线切割微机编程系统和 HF 微机控制系统两大部分组成。HF 绘图式线切割微机编程系统按照待切割工件的图样绘出图形，编出 ISO 代码或 3B 程序，再把 ISO 代码或 3B 程序调入同一台微机中的 HF 线切割微机控制系统，用以控制数控电火花线切割机床，使其加工出所要求的工件。

HF 线切割微机编程控制系统的软件由重庆华明光电技术研究所研制，固化在 HF 编程控制卡上，此卡简称内置卡，如图 8-2 所示。HF 编程控制卡插在微机的 ISA 插槽中或 PCI 插槽中，软件狗插在打印输出的插座上。

2. HF 数控电火花线切割微机编程控制系统的界面

在图 8-3 的顶部显示出的是该系统的主菜单，包括：退出、全绘编程、加工、异面合成、系统参数、其他、系统信息。

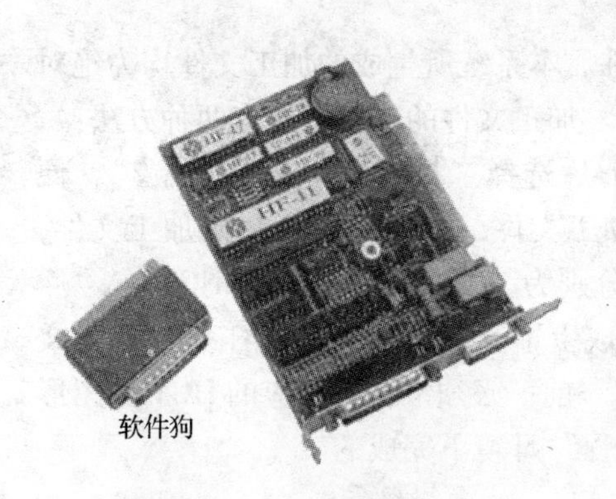

图 8-2　HF 编程控制卡

图 8-3　HF 线切割微机编程控制系统的界面

二、HF 编程控制系统

1. HF 绘图式线切割微机编程系统

单击主菜单中的“全绘编程”，就进入“全绘式编程”界面，如图 8-4 所示。该界面主要由三大部分组成：中间面积最大的部分为图形显示区，右侧为功能选择框 1，下部为功能选择框 2，功能选择框 1 和功能选择框 2 的内容随着单击不同的主菜单或子菜单而变化。图 8-4 中功能选择框 1 和功能选择框 2 当前显示的是全绘式编程的各种功能。

功能选择框 1 共划分为三个区，如图 8-5 所示。常用子菜单有作点、作线、作圆、单切圆、二切圆、三切圆、公切线、绘直线、绘圆弧、排序、倒圆边、引入线和引出线。

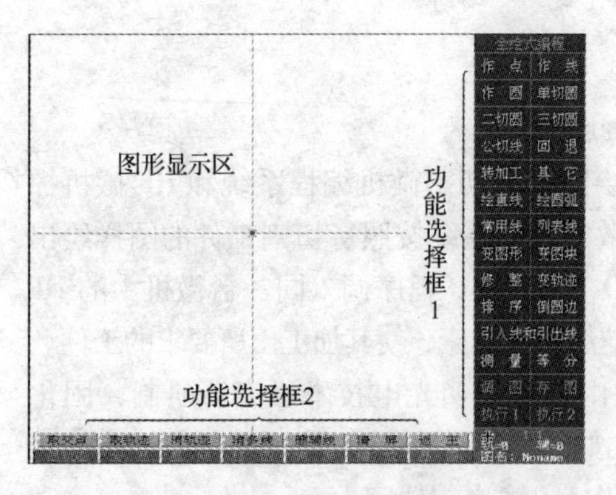

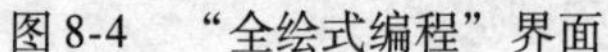

图 8-4 “全绘式编程”界面

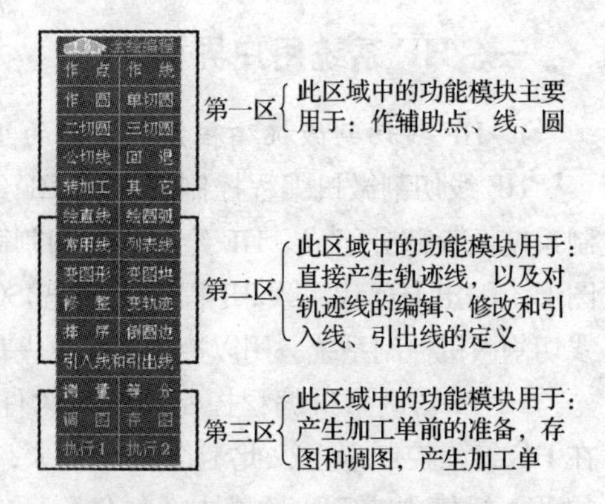

图 8-5 全绘式编程的三个区

功能选择框 2 是单一功能的选择对话框，其功能包括：取交点、取轨迹、消轨迹、消多线、删辅线、清屏、返主、显轨迹、全显、显向、移图、满屏、缩放和显图。

在加工前，需要准备好相应的加工文件。本系统所生成的加工文件均为绝对式 G 代码（无锥式也可生成 3B 加工文件）。加工文件的准备主要有两种方法：

1）在“全绘编程”环境下，绘好图形后选择“执行 1”或“执行 2”，便会进入“后置”，从而生成无锥式 G 代码加工文件，或锥度式 G 代码加工文件，或变锥式 G 代码加工文件，其文件的后缀分别为“2NC”“3NC”“4NC”。

2）在主菜单中选“异面合成”，则生成上下异面体 G 代码加工文件，其文件的后缀为“5NC”。当然，在“异面合成”前，必须准备好相应的 HGT 类图形文件。这些 HGT 图形文件都是在“全绘编程”环境下完成的。

2. HF 控制系统

有了加工文件，就可以进行加工了。在编程控制系统主菜单（见图 8-3）中选择“加工”菜单便进入加工界面（见图 8-6），加工部分的按钮如下：

(1) 参数　单击（图 8-6）“参数”按钮，系统弹出设置加工参数表，如图 8-7 所示。

进行锥度加工和异面体加工时（即四轴联动时），需要对“上导轮和下导轮距离”“下导轮到工作台面距离”“导轮半径”这三个参数进行设置。四轴联动时（包括小锥度）均采用精确计算，即考虑了导轮半径对 X、Y、U、V 四轴运动所产生的轨迹偏差。平面加工时，用不到这三个参数，任意值都可。

在加工过程中，有些参数是不能随意改变的。因为在“读盘”生成加工数据时，已将当前的参数考虑进去。比如，加工异面体时，已用到“两导轮间距离”等参数，如果在自动加工时，改变这些参数，将会产生矛盾。在自动加工时，要修改这些参数，系统将不予响应。

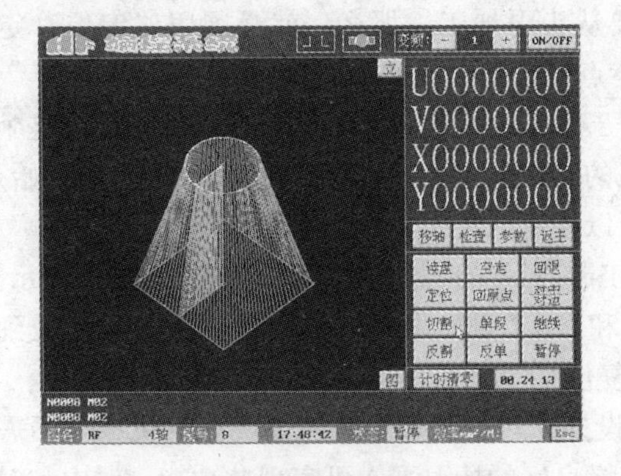

图 8-6 HF 编程控制系统加工界面

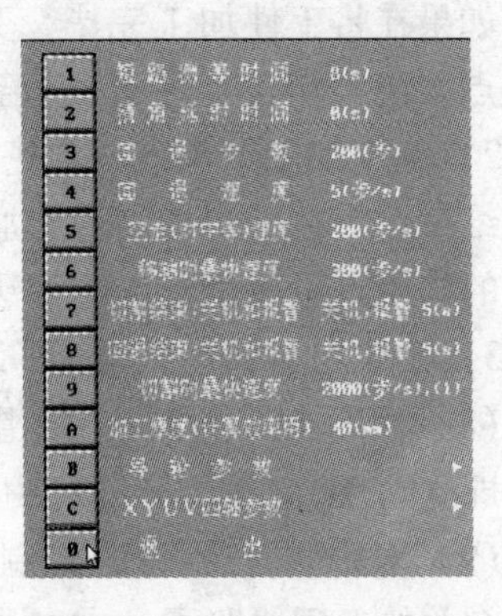

图 8-7 设置加工参数表

(2) 检查 检查两轴时显示内容包括：加工单、加工数据、模拟轨迹、回零检查。检查四轴时显示内容包括：显加工单、加工数据、模拟轨迹、回零检查、极值检查、计算导轮。

(3) 移轴 可手动移动 X、Y 轴和 U、V 轴，移动距离有自动设定和手工设定两种。要自动设定，则选“移动距离”，其距离为 1.00mm、0.100mm、0.010mm、0.001mm。要手动设定，则选“自定移动距离”，其距离需通过键盘输入。

(4) 读盘 前面提到，要加工切割，必须在全绘图编程环境下或“异面合成”下，生成加工文件。文件名的后缀为“2NC”“3NC”“4NC”“5NC”。有了这些文件，就可以选择“读盘”这一项，将要加工的文件进行相应的数据处理，然后就可以加工了。

在图 8-6 所示界面下，单击“读盘”按钮，出现选项菜单，在选择“读 G 代码程序”或“读 3B 式程序”并且找到相关程序后，按回车键，即可调入加工程序。

该系统读盘时也可以处理 3B 式加工单。3B 式加工单可以在“后置”的“其他”中生成，也可直接在主菜单“其他”的“编辑文本文件”中编辑。当然也可以读取其他编程软件所生成的 3B 式加工单。

(5) 空走 空走分正向空走、反向空走、正向单段空走和反向单段空走。空走时，按 Esc 键即可中断空走。

(6) 回退 手工回退时，可按 Esc 键中断手工回退。手工回退的方向与自动切割的方向是相对应的，即：如果在回退之前是正向切割，那么回退后就沿着反方向走。

(7) 定位。

1) 确定加工起点：对某一文件“读盘”后，将自动定位到加工起点。但是，如果在将工件加工完毕，又要从头再加工，那么，就必须用“定位”定位到起点。用“定位”还可定位到终点，或某一段的起点。

2）确定加工结束点：在正向切割时，加工的结束点一般为报警点或整个轨迹的结束点。在反向切割时，加工的结束点一般为报警点或整个轨迹的开始点。加工的结束点可通过定位的方法予以改变。

3）确定是否保留报警点：加工起点、结束点、报警点在屏幕上均有显示。

（8）回原点　将 X、Y 轴滑板和 U、V（如果是四轴）轴滑板自动复位到起点，即（0，0）。按 Esc 键可中断复位。

（9）对中和对边　HF 控制卡设计了对中和对边的有关线路，机床上不需要另接有关的专用线路了。在夹具绝缘良好的情况下，可实现此功能。对中和对边时有滑板移动指示。可按 Esc 键中断对边和对中。采用此项功能时，钼丝的初始位置到要碰撞的工件边沿距离不得小于 1mm。

（10）自动切割　自动切割有“切割”“单段”“反割”“反单”“继续”“暂停”六种方式。

自动切割时，其速度是由变频数来决定的，变频数大，速度慢；变频数小，速度快。变频数变化范围从 1～255。在自动切割前或自动切割过程中均可改变频数。

按“－”键变频数变小，按“＋”键变频数变大。改变变频数，均用鼠标操作，按鼠标左键，按 1 递增或递减变化，按鼠标右键则按 10 递增或递减变化。

在自动切割时，如遇到短路而自动回退时，可按 F5 键中断自动回退。

在自动切割时，可同时进行全绘式编程或其他操作，此时，只要选“返主”便回到系统主菜单，便可选择“全绘编程”或其他选项。在全绘编程环境下，也可随时进入加工菜单。如仍是自动加工状态，那么屏幕上将继续显示加工轨迹和有关数据。

三、切割加工

1. 运用 HF 系统编程加工前必须先明确的几个问题

HF 全绘图式编程包含两种绘图方式：辅助线和轨迹线；两种生成轨迹线。

利用图 8-5 中第一区内的作图功能所作出的是辅助点、线和圆，这种图作出后不能直接用来作后置处理编出加工程序，必须对用辅助点、线和圆所作出的图形“取交点”之后再“取轨迹”，使其变为轨迹线之后才能用于后置处理，编出 ISO 代码或 3B 程序用于加工。

利用图 8-5 中第二区内的各种功能所绘出的图是轨迹图，绘出的轨迹图能直接用于后置处理，编出加工程序。

（1）辅助线和轨迹线　辅助点、辅助直线和辅助圆统称为辅助线。轨迹直

线和轨迹圆弧（包含圆）统称为轨迹线。

（2）生成轨迹线的两种方法

1）直接用“绘直线”“绘圆弧”“常用线”及“列表线”等功能绘轨迹线。

2）用“作点”“作线”“作圆”“单切圆”“二切圆”“三切圆”及“公切线”等功能作出辅助线，再用“取交点”及“取轨迹”功能将两节点之间的辅助线变成轨迹线。

（3）排序　切割加工是按图形的顺时针方向或逆时针方向顺序进行的，但在作图及“取轨迹”时，则不一定按切割的方向及顺序进行，所以当对轨迹图进行“显向”时，小白圆圈移动的方向或顺序可能不合乎切割要求，因此需要对轨迹图进行排序，一般用自动排序就能达到要求，排序之后再“显向”就能显示出排序的效果。

如果有个别线段“显向”移动方向不对，可用“反向轨迹”功能来修正方向；若发现某线段轨迹在“显向”时，小白圆圈移动两次，表示这段轨迹线绘重了，可用“取消重复线”功能取消画重复的轨迹线。用“排序”使“显向”正确之后才能进行后置处理。

（4）开始切割点的位置及切割方向　可用“引入线和引出线”功能设定开始切割点的位置、切割方向以及间隙补偿量。

（5）HGT 和 HGN 文件格式　HGT 和 HGN 是 HF 系统的专用图形文件，HGT 是轨迹线图形文件，HGN 是辅助线图形文件。

（6）点的极坐标表示法　有一个点，其极径 $\rho=10\text{mm}$，极角 $\theta=45°$，可写为@10，45。

（7）X、Y 坐标轴与直线的关系　HF 系统把 X、Y 坐标轴当做辅助直线使用，凡与 X、Y 坐标轴重合的直线，不必另外作图，用 L1 表示 X 坐标轴，L2 表示 Y 坐标轴，因此其他直线由 L3 开始编号。

（8）加工补偿值、间隙补偿值和补偿系数

1）间隙补偿值 f。间隙补偿值 $f=d$（钼丝直径）$/2+S$（单面放电间隙），如钼丝直径为 $\phi0.18\text{mm}$，单面放电间隙 $S=0.01\text{mm}$，则 $f=d/2+S=(0.09+0.01)\text{mm}=0.1\text{mm}$。

2）补偿系数。补偿系数等于 1 或 -1，一般在作引入和引出线时由 HF 软件自动给出，不需编程者输入，但必要时也可以在输入的间隙补偿值 f 的前面加正号或负号，对补偿系数进行修改。

3）加工补偿值。加工补偿值 = 间隙补偿值 × 补偿系数。

（9）鼠标键和键盘的关系　输入数据可用键盘或鼠标，在输入时应注意几点：用键盘输入后不能用鼠标输入；用鼠标输入后在未单击鼠标键前，还可改用键盘输入；用鼠标单击一点后，可用键盘接着输入其他数据。如作圆时，用鼠标单击圆心点时出现（0，0）后再用键盘接着输入半径值。

（10）鼠标右键与键盘回车键的关系　提示按回车键时，可单击鼠标右键或按回车键。

（11）加工单文件名的区别　2 轴或 2NC 表示平面；3 轴或 3NC 表示锥体；4 轴或 4NC 表示异面体；3B 或 BBB 表示 3B 加工单。

2. 编程加工实例

现以图 8-8 所示的五角星图案为例，介绍用 DK7732 型线切割加工机床加工该图案的操作过程。选用钼丝直径为 $\phi 0.18$mm，单边放电间隙 S 为 0.01mm，则补偿量 $f = d/2 + S = (0.18/2 + 0.01)$mm $= 0.10$mm。

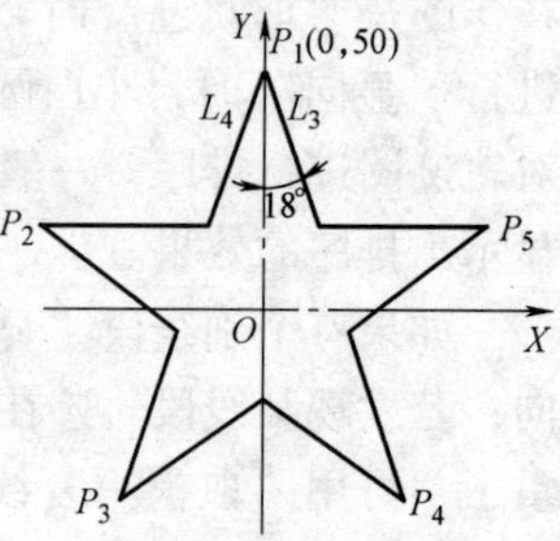

图 8-8　五角星图案

（1）HF 系统全绘编程

1）作图。

① 作点 P_1。单击“作点”→单击子菜单中的“作点”→提示（X，Y），输（0，50）→（回车），作出点 P_1→按 Esc 键→（回车）。

② 作直线 L_3。单击“作线”→单击“点角线”→提示已知直线，单击 Y 坐标轴→提示过点，单击点 P_1→提示角度，输入 18→（回车），作出直线 L_3→按 Esc 键。

③ 作直线 L_4。单击“轴对称”→提示已知直线，单击直线 L_3→提示对称轴，单击 Y 轴，作出直线 L_4→按 Esc 键。

④ 旋转作其余四个角。单击“旋转”，提示已知直线→单击直线 L_3→提示旋转中心，单击坐标原点→提示旋转角，输入 72→按回车键→提示旋转次数，输入 4→（回车），→按 Esc 键→（回车）。

2）加工轨迹。

① 取交点。单击“取交点”→单击五角形的五个顶点，其余九个交点都显红点→按 Esc 键。

② 取轨迹。单击“取轨迹”→从 L_4 开始按图形逆时针方向单击五角星的各个边，使其都变为浅蓝色。→按 Esc 键→单击“显轨迹”，显示只有轨迹的五角星，这时若单击“显向”，白圆圈移动的方向和各线段的顺序是混乱的。

③ 排序。单击“排序”→单击“自动排序”→（回车）。

④ 显向。单击“显向”，出现白圆圈从点 P_1 开始按图形逆时针方向移动至返回点 P_1，如图 8-9 所示。

⑤ 存图。单击“存图”→单击“存轨迹线图”→提示存入轨迹线的文件名，输入 x5→按回车键两次。

3）全绘编程。

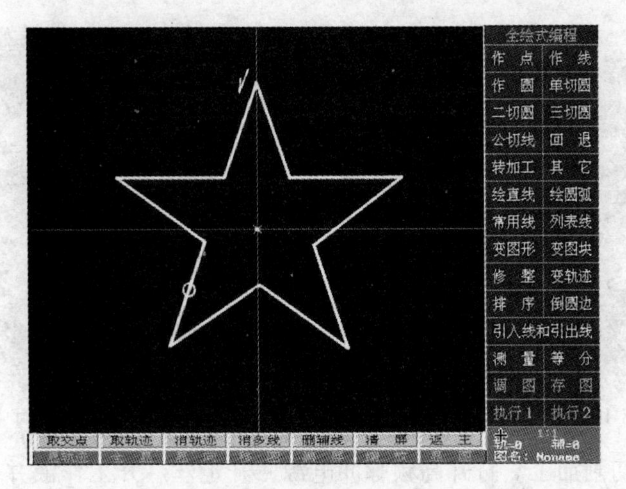

图 8-9　HF 绘图界面

① 作引入引出线。单击“引入和引出线”→单击“作引线（端点法）”→提示引入线的起点，这是一个凸件，根据具体情况，可把穿丝孔中心钻在（0，55）位置，故输入（0，55）→（回车）→提示引入线的终点，故输入（0，50），显示出起点和引入引出线→按 Esc 键。

② 后置处理。单击“执行 2”→要求输入间隙补偿值，输入 0.1→（回车）→单击弹出菜单中的“后置”，弹出后置处理菜单→单击“显示 G 代码加工单（无锥）”，显示出 2 轴无锥 G 代码→按回车键两次。

③ G 代码加工单存盘。单击“G 代码加工单存盘（无锥）”→提示请给出存盘文件名，输入 E：\ wjx（五角星）→按回车键两次，返回系统主菜单。

（2）切割加工零件

1）程序准备。

① 进入加工界面。单击“加工”进入图 8-10 所示的加工界面。

② 读盘。单击“读盘”→单击“读 G 代码程序”→单击“另选盘号”→输入“E”，显示 E 盘中所存的各个工件的文件名，找到刚才所存的 wjx. 2 轴文件名，单击该文件名，提示稍等并显示调文件的进行过程，调完之后显示带引入引出线的图形，如图 8-10 所示。

③ 模拟轨迹。单击“检查”→单击“模拟轨迹”，从起点开始用红线画出整个加工轨迹并回到起点。

2）工件准备。将工件安装在工件台上，并进行找正。其定位方法为：将电极丝穿入工件上预先加工好的穿丝孔中，单击“对边/对中”，出现图 8-11 所示界面，单击“中心”后，机床自动找到孔的中心。

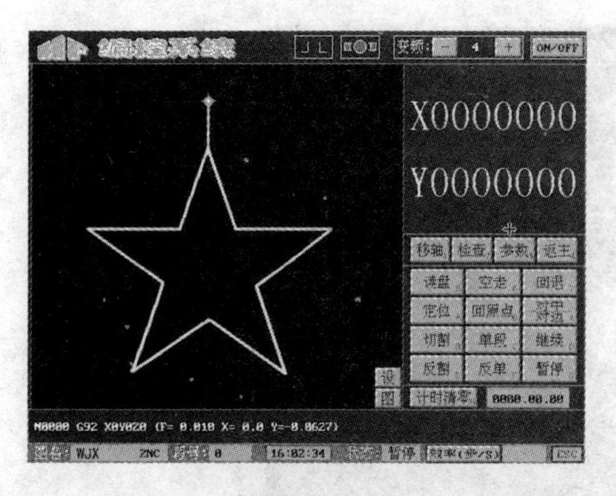

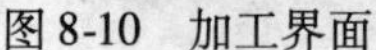
图 8-10　加工界面

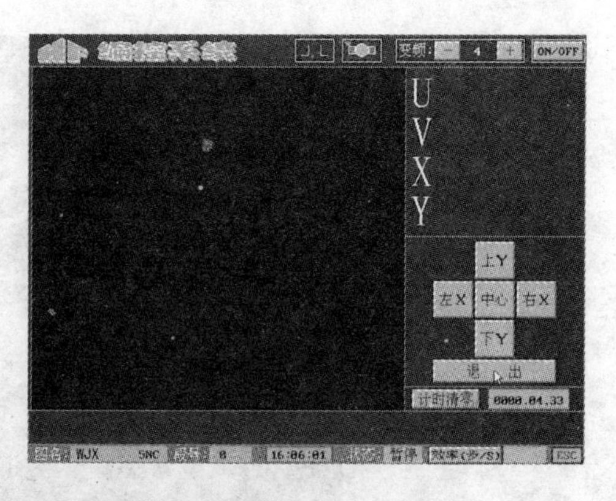

图 8-11　对边、对中心界面

3）自动切割加工。打开高频脉冲电源，开走丝、开工作液并使步进电动机锁住，单击“切割”就可以进行自动加工。在切割加工过程中能适时跟踪显示钼丝的加工轨迹。*X*、*Y* 坐标值的变化情况是按程序并顺序移动显示的。

加工完毕后，取下工件，将工件擦拭干净，再将机床擦干净，工作台表面涂上机油。按下停止按钮，关闭切割机床电源和总电源开关。

第二节　FW 系列线切割机床的操作

FW 系列精密数控高速走丝线切割机床采用计算机控制，可实现 *X*、*Y*、*U*、*V* 四轴联动，能与其他计算机和控制系统方便地交换数据，放电参数可自动选取与控制，采用国际通用的 ISO 代码编程，也可使用 3B/4B 格式，配有 CAD/CAM 系统。FW1 型数控电火花线切割机床的外形如图 8-12 所示。

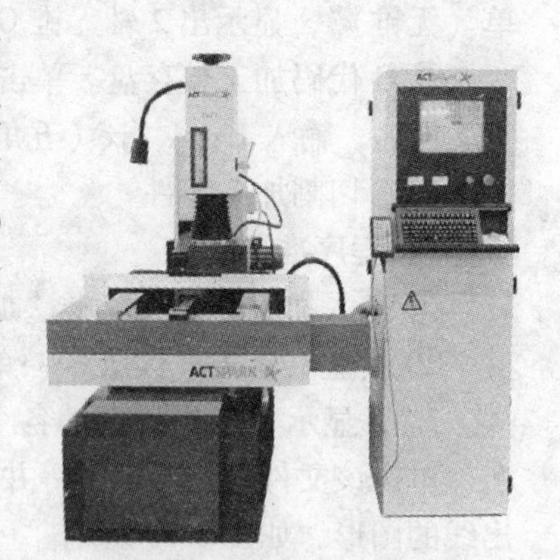

图 8-12　FW1 型数控电火花线切割机床的外形

一、用户界面及手控盒介绍

（1）用户界面　在系统启动成功后，即出现如图 8-13 所示的手动模式主界面。如果在自动加工中掉电，则进入自动模式主界面。

1）坐标显示区。分别用数字显示 *X*、*Y*、*Z*、*U*、*V* 轴的坐标。*Z* 轴为非数控，因此其坐标显示一直为 0。

2）参数显示区。显示当前 NC 程序执行时一些参数的状态。

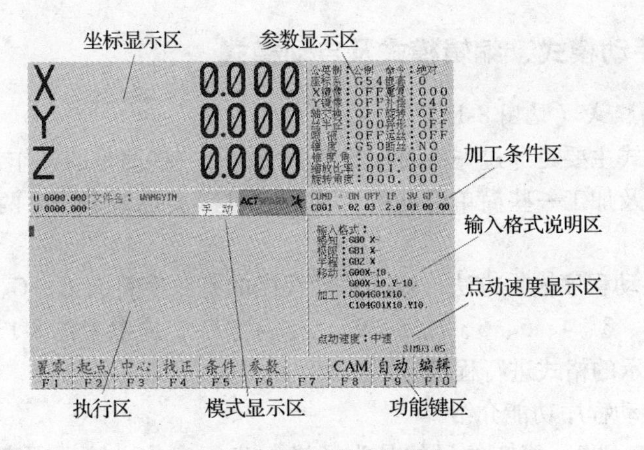

图 8-13　手动模式主界面

3）加工条件区。显示当前加工条件。

4）输入格式说明区。在手动方式下说明主要手动程序的输入格式；在自动方式执行时，显示加工轨迹。

5）点动速度显示区。显示当前点动速度。

6）功能键区。显示各功能键所对应的模式。功能键显示为蓝色，表示按此键进入别的模式，红色表示本模式下的功能。如果在某操作方式下无提示，则再按该功能键一次，即返回至该操作模式主界面。

7）模式显示区。显示当前模式。

8）执行区。在手动模式下执行输入的程序，在自动模式下为执行已在缓冲区的 NC 程序。

（2）手控盒　手控盒通过电缆同控制柜相连，其界面如图 8-14 所示，各个按钮具体功能如下：

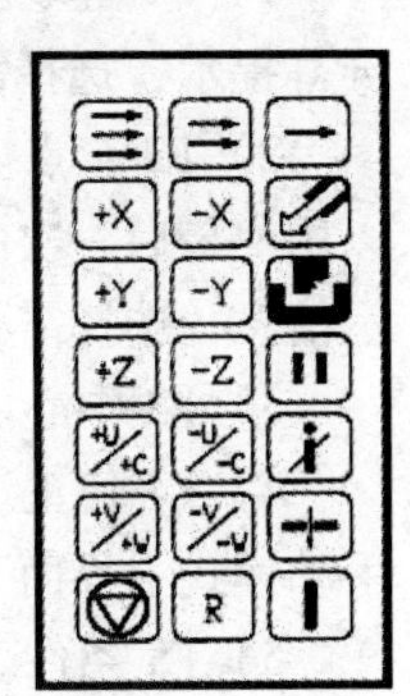

图 8-14　手控盒

：高、中、低速度选择键。

：选择轴及方向。

PUMP：工作液泵开/关键。

WR：贮丝筒电动机开/关键。

HALT：暂停键，使加工暂时停止。

RST：恢复加工键，当在加工过程中按键，加工暂停后，按此键能恢复暂时停止的加工。

ACK：系统提示确认键。

OFF：中断正在执行的操作。

ENT：开始执行 NC 程序或手动程序。

二、手动模式、编辑模式及自动模式

1. 手动模式（见图 8-13）

手动模式主要是通过一些简短的命令来执行一些简单的操作，如加工前的准备工作，以及加工一些简单形状的工件。它可以实现最多同时两轴（*X*、*Y*）直线加工。

（1）手动程序输入方法　输入手动程序的有效字符有 G、C、S、X、Y、U、V、0、1、2、3、4、5、6、7、8、9、. 、+、-，应参考图 8-13 右边输入格式说明区所提示的格式进行程序输入。

（2）手动程序功能介绍

1）感知 G80。感知的目的是为了进行坐标定位。输入程序“G80 轴（*X*、*Y*、*U*、*V*）轴向（+或-）”后，按回车键确认。

2）极限 G81。工作台或电极移动到指定轴向的极限。输入程序“G81 轴（*X*、*Y*、*U*、*V*）轴向（+或-）”后，按回车键确认。

3）半程 G82。电极丝回到当前点与坐标零点的一半处。输入程序“G82 轴（*X*、*Y*、*U*、*V*）”后，按回车键确认。

4）移动 G00。轴向移动指令，可实现两轴联动。在输入程序“G00 轴 1 坐标值轴 2 坐标值”并按回车键确认后，系统自动执行。

5）加工 G01。可以实现 *X*、*Y* 轴的直线插补加工。程序输入格式为“C 加工条件号 + G01 + 轴 1 + 坐标值 1 + 轴 2 + 坐标值 2”。

（3）功能键介绍

1）F1 置零。设置当前位置点坐标为零。在手动模式主界面按 F1 键，根据屏幕提示，选择需要置零的轴（*X*、*Y*、*U*、*V*）后，对应的轴坐标变为零。

2）F2 起点。回到“置零”所设的零点或自动程序中用 G92 所设的坐标点，以用户最后一次的操作为准。在手动模式主界面下，按 F2 键，根据屏幕上的提示信息，选择需要回起点的轴（*X*、*Y*、*U*、*V*）后，系统执行回起点。

3）F3 中心。自动找工件内孔中心位置。

4）F4 找正。可借助于手控盒及找正块来进行电极丝的半自动垂直找正。在手动模式主界面下，按 F4 键并按回车键确认后，用手控盒点动进行找正。

5）F5 条件。按下 F5 键后，可对加工参数进行修改。

6）F6 参数。提供了本系统所必需的一些参数，用户可以用↑、↓键移动光标选择进行修改。在手动模式主界面下按 F6 键，即进入参数方式。

2. 编辑模式（见图 8-15）

（1）NC 程序的编辑　在此模式下可进行 NC 程序的编辑，文件最大为 80K，按回车键后自动加“;”号。

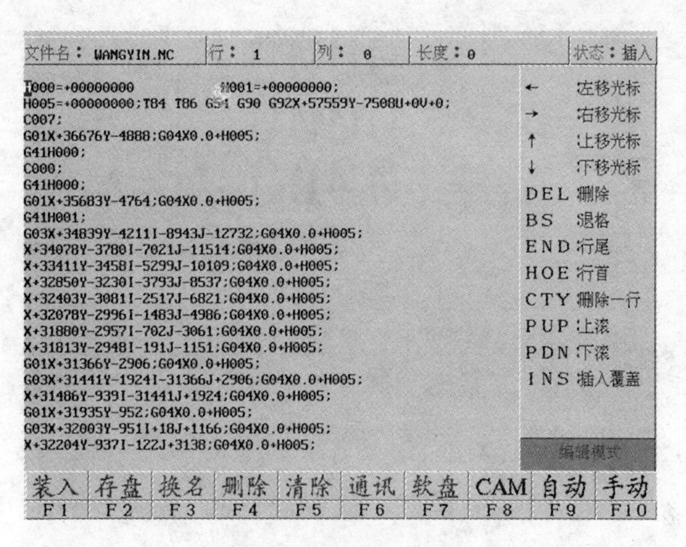

图 8-15　编辑模式界面

（2）自动显示功能　在屏幕上方，显示当前编辑状态，如文件名、行、列、长度、状态等信息。

（3）编辑功能键

1）F1 装入。将硬盘或软盘上的 NC 文件装入内存缓冲区。

2）F2 存盘。将内存中 NC 程序存到硬盘或软盘上。

3）F3 换名。用新文件名替换磁盘上某一旧文件名。

4）F4 删除。删除磁盘上指定的文件。

5）F5 清除。清除屏幕及内存里的 NC 程序。

6）F6 通讯。通讯是用户可选择项，标准系统并不提供。

7）F7 软盘。可对软盘进行格式化和进行复制。

3. 自动模式（见图 8-16）

在自动模式下，可以执行用户在编辑方式下已编辑好的 NC 程序，这个程序已被装入内存缓冲区。在自动模式下可以进行模拟、单步运行，以检验用户的 NC 程序的运行状况。在加工时，可以及时修改加工条件，修改后的加工条件立即被加到机床上，可以进行图形跟踪，以检查用户的 NC 程序是否正确及程序的执行情况，即时显示接触感知、极限等信息。可以从用户指定的地方开始执行程序。在其他模式按“自动”所对应的功能键，即进入自动模式主界面。

（1）NC 程序的执行

1）首先在编辑模式下装入 NC 文件，修改好。在自动模式下不能修改程序。

2）用功能键预选好所需的状态，通常“无人”“单段”“响铃”为 OFF，“代码”为 ISO。用光标选好开始执行的程序段，一般情况下从首段开始。

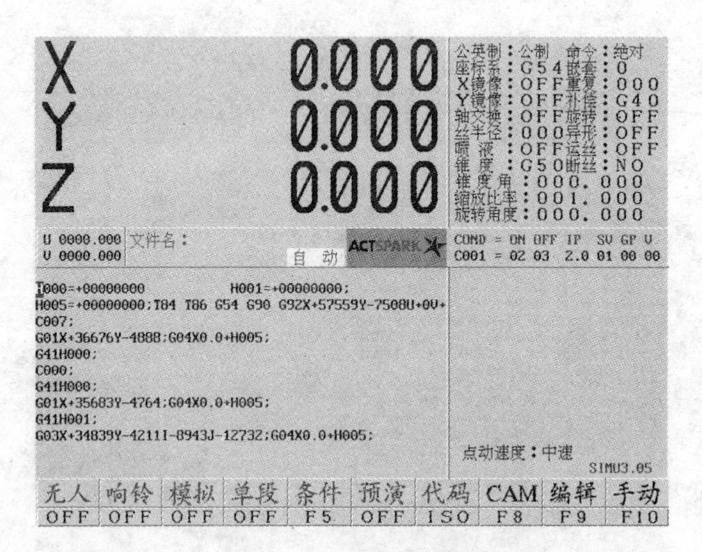

图 8-16　自动模式主界面

3）加工前，建议先将“模拟”“预演”置为 ON，运行一遍，以检验程序是否有错误。如有，系统会提示错误所在行。

4）将“模拟”置为 OFF，开始加工。如需要暂停，按手控盒上 Ⅱ 键，再继续按 R 键。

5）执行程序中按 F5 键可以修改加工条件。

参数区显示的是当前状态，由程序指令决定。加工时间显示：P 为本程序已加工时间，S 为本程序段加工时间。加工速度显示：在右下角，单位为 mm/min。

（2）功能键介绍

1）无人（F1）：ON 状态，程序结束自动切断强电关机；OFF 状态时，不切断电源。

2）响铃（F2）：ON 状态，程序结束奏乐，发生错误报警。

3）模拟（F3）：ON 状态，只进行轨迹描画，机床无任何运动；OFF 为实际加工状态。

4）单段（F4）：ON 状态，执行完一个程序段自动暂停，按 RST 执行下一段。加工中设为 ON，则在当前段结束后暂停。

5）条件（F5）：在加工中修改条件，与手动模式相同，按下 F5 键后，可对加工参数进行修改。

6）预演（F6）：ON 状态，加工前先绘出图形，加工中轨迹跟踪，便于观察整个图形及加工位置；OFF 状态时，则不预先绘出图形，只有轨迹跟踪。

7）代码（F7）：选择执行代码格式，3B 或 ISO 代码，本系统一般使用 ISO 代码。

（3）掉电保护　加工中关机或断电，保护系统会发出报警声，同时将所有加工状态记录下来。再开机时，系统将直接进入自动模式，并提示：从掉电处开始加工吗？按手控盒上◎键退出，按R键继续。掉电后只要不动机床和工件，此时按R键可继续加工。

三、自动编程系统

主菜单各功能键作用为：按F1键，进入CAD绘图界面（见图8-17）；按F2键，进入CAM主界面（见图8-18）；按F10键，返回到控制系统。

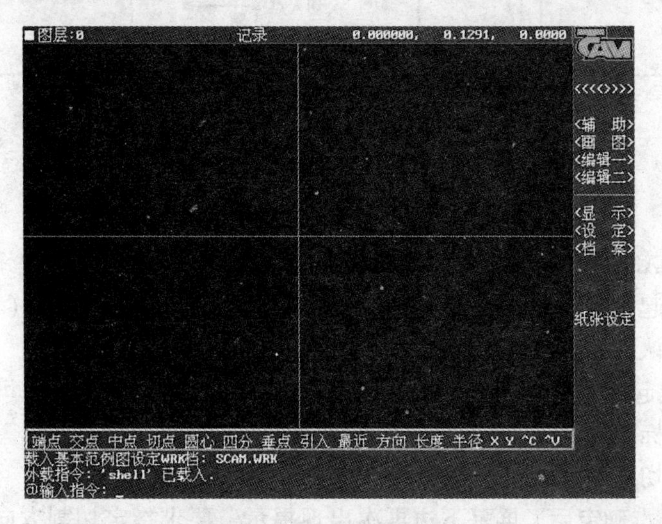

图8-17　CAD绘图界面

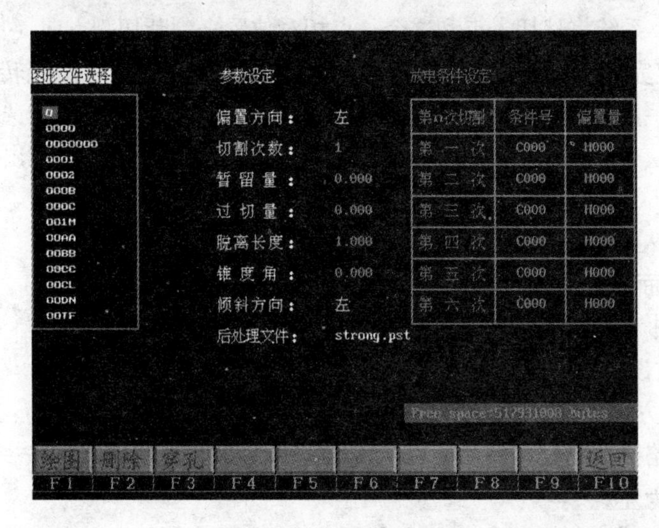

图8-18　CAM主界面

（1）进入 CAD 绘图界面

1）按 F1 键进入 CAD 绘图界面后，可根据加工图样提供的数据绘制零件图。

2）零件绘制完成后，通过框选来确定需要加工的图形（见图 8-19a），并把该零件图转换成加工路径状态（指定穿丝点、切入点、切割方向等）。方法如下：

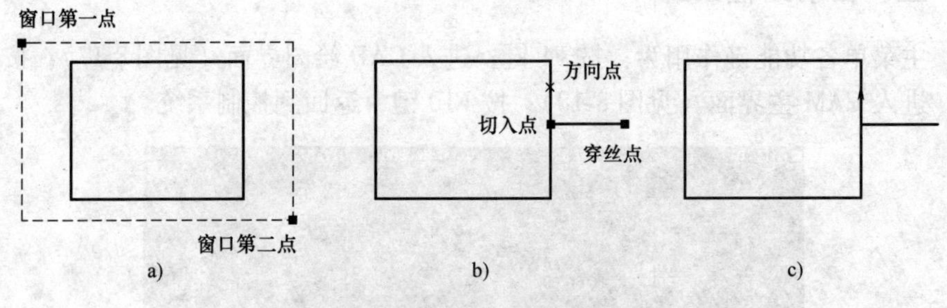

图 8-19　选取切割路径

① 在 CAM 的下拉菜单中选取路径项，在屏幕的底部会出现提示，要求输入一个切割的起始点（穿丝点）。可以从键盘上输入点的坐标，如（1.5，0），并按回车键确认，也可以用鼠标在屏幕上定一个点。

② 确定起始点后，屏幕下边又出现提示，要求指定切入点。可以从键盘上输入点的坐标，如（0，0），并按回车键确认，也可以用鼠标在屏幕指定图形上的一点作为切入点。

③ 切入点确定后，屏幕下边再次出现提示，要求指定切割方向。可以从键盘上输入点的坐标，如（0，10），并按回车键确认，也可以用鼠标在屏幕指定图形上的一点。系统将从切入点和这个一点相对位置来判断切割方向（见图 8-19b）。

3）指定完成后切割方向点后，可按 Ctrl + C 组合键结束路径转换或按 C 键继续转换下一路径。按 Ctrl + C 组合键并输入文件名后，加工路径选择状态。

4）键入“QUIT”后按回车键，屏幕下边接着出现：“是否退出出系统（Y/N)?”，输入“Y”退出 CAD 系统返回到 SCAM 主菜单界面。

（2）进入 CAM 主界面　按 F2 键进入 CAM 界面（见图 8-18）。

CAM 界面有三栏（图形文件选择、参数设定、放电条件设定），可用键盘上的→、←、↓、↑方向键进行选择和输入相关参数进行具体设置。

1）参数设定。

① 偏置方向。指补偿方向，有左补偿和右补偿。设定方法为：选择偏置方向栏，用空格键进行切换（左、右交替出现），即如当前为左，按一下空格键变为右，反之为左。

② 切割次数。指要切割的次数（可输入 1 ~ 6 之间的任何数）。

③ 暂留量。多次切割时为防止工件掉落，需留一定量不切，最后一次再切掉，同时程序在此处做一暂停。

④ 过切量。为避免工件表面留下一凸痕，往往最后一次加工时产生过切。

⑤ 脱离长度。多次切割时，为了改变加工条件和补偿值，需要离开轨迹一段距离，这段距离称之为脱离长度。

⑥ 锥度角。进行锥度切割时的锥度值，单位为度。设定方法和上面相同。

⑦ 倾斜方向。指进行锥度切割时，电极丝的倾斜方向。设定方法和偏置方向的设定相同。

⑧ 后处理文件。为能生成不同控制系统所能接收的NC代码程序，通过不同的后置处理文件来生成相应的NC代码。后处理文件是一个ASCII文件，扩展名为PST。

2）放电条件设定。用→或←键把光标移到放电条件设定栏（见图8-18），对加工条件和偏置量进行设定。

设定方法为：用↑、↓、→、←键把光标移到所要进行设定的一栏，从键盘上输入数字即可，加工条件的设定范围为C000～C999，偏置量的设定范围为H000～H999，输入完后按回车键或输入的数字超过3位后，后面的小白方形光标消失，输入完成。如：输入C1，按回车键，变成C001。

四、切割加工

现以图8-20所示的零件为例，介绍FW系列线切割加工机床的加工操作过程。工件厚度为60mm，材料为Cr12，热处理65HRC，表面粗糙度$Ra3.2\mu m$。选用钼丝直径为$\phi0.18mm$，单边放电间隙S为0.01mm，则补偿量$f=d/2+S=(0.18/2+0.01)mm=0.10mm$。加工条件为C106。

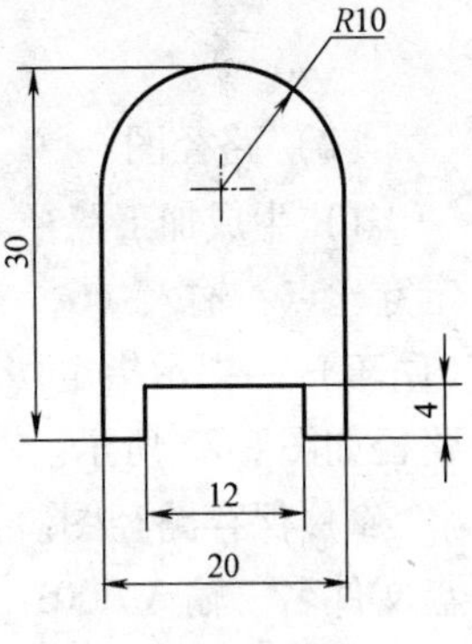

图8-20　零件图

1. SCAM线切割自动编程系统

（1）绘制零件图

1）绘图界面。在手动模式主界面（见图8-13）下，按F8键，进入SCAM线切割自动编程界面，再按F1键，进入CAD绘图界面。

2）绘制矩形。单击屏幕上方菜单“画图”→单击“矩形”→提示C中心定位，输入C→（回车）→提示定位点坐标，输入（0，0）→（回车）→提示矩形宽度，输入20→（回车）→提示矩形高度，输入20→（回车）。

3）分解矩形。单击屏幕上方菜单“编辑二”→单击“分解”→用鼠标左键单击矩形边线→单击鼠标右键，使矩形分解。

4）绘制等距线。单击屏幕上方菜单“编辑一”→单击“平行偏移”→提示定偏移量，输入4→（回车）→分别用鼠标左键单击矩形左、右及下边线，绘制出各自向图形中心偏移的4mm等距线。

5）绘制圆。单击屏幕上方菜单“画图”→单击“圆”→单击屏幕下方菜单“中心”→用鼠标左键单击矩形上边线→提示定半径值，输入10→（回车）。

6）修剪杂线。单击屏幕上方菜单“编辑一”→单击“修剪”→用鼠标左键框选全图→单击鼠标右键→用鼠标左键单击（删除）杂线，零件图绘制完成，如图8-21所示。

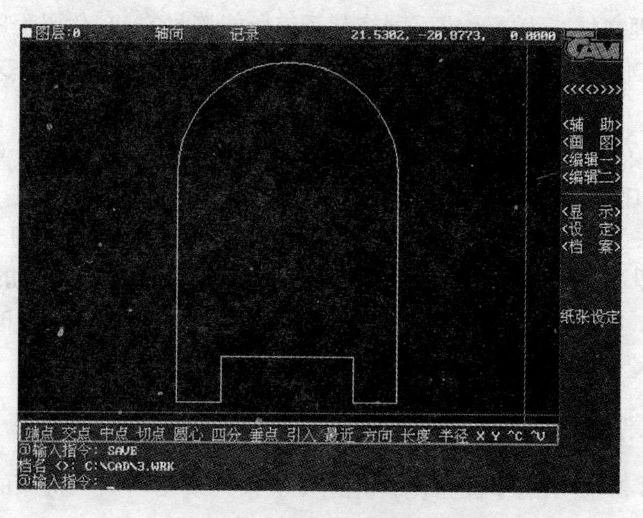

图8-21 SCAM绘图界面

（2）路径图

1）生成加工路径。单击屏幕上方菜单“线切割”→单击“路径”→提示指定穿丝点，输入（6，-15）→（回车）→提示指定切入点，输入（6，-10）→（回车）→提示指定切割方向，用鼠标左键单击（逆时针）矩形边线，生成加工路径如图8-22所示。

2）保存路径图。按提示，按Ctrl+C组合键，结束路径转换→提示输入存盘文件名，输入0001→（回车）。

（3）自动编程

1）进入界面。单击屏幕上方菜单“线切割”→单击“CAM”退回自动编程界面→按F2键，进入参数设置界面（见图8-18）→用↑、↓键找到文件0001→（回车）→调入文件。

2）参数设置。用空格键选择偏置方向“右”→切割次数：输入1→条件号：输入106→偏置量：输入100。

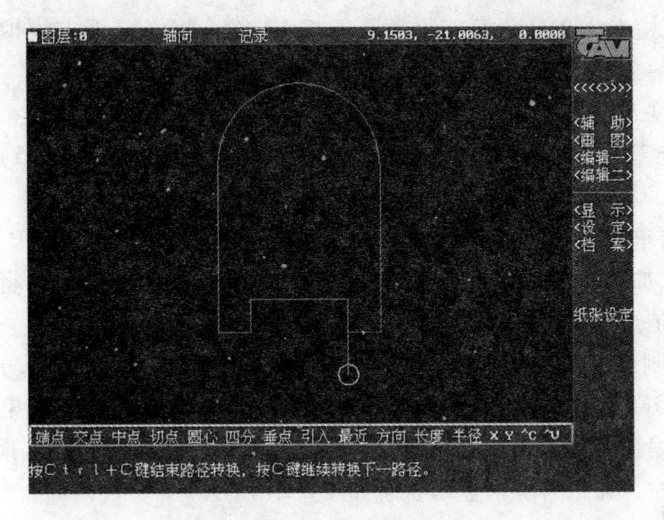

图 8-22　生成加工路径界面

3）编制程序。按 F1 键，进入编程界面→按 F3 键，自动编制 ISO 加工程序（见图 8-23）→按 F9 键，存盘→提示输入存盘文件名，输入 0001→（回车）。

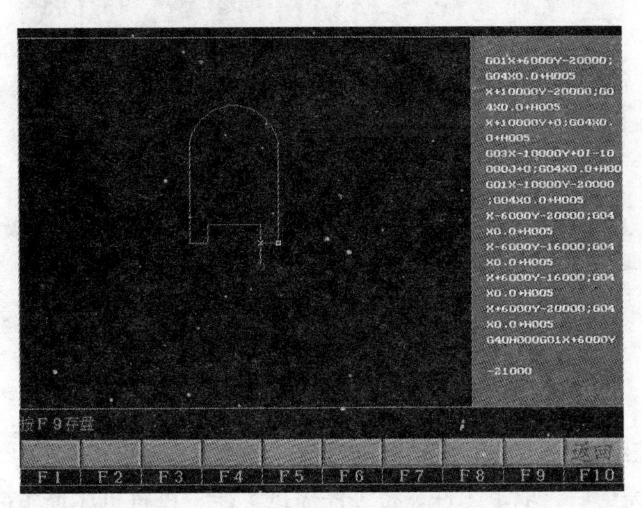

图 8-23　自动编程界面

2. 切割加工

（1）程序准备

1）调入加工程序。在系统手动模式界面下，按 F10 键，进入编辑模式界面→按 F1 键→提示选择盘号，输入 D→用↑、↓键选择文件 0001→（回车）→按 F9 键，进入自动模式界面。

2）仿真检查。在自动模式界面下，按 F3 键，将屏幕下方模拟改成（ON）→（回车）→系统将自动进行线切割的仿真模拟。

（2）加工准备

1）检查工件，以材料中心建立坐标系（0，0），在（6，－15）的位置上，加工穿丝孔。

2）按要求对钼丝、工件进行找正、定位。

3）正式加工前，应当再次仔细检查机床各部，特别注意是否将绕丝的套筒手柄取下，是否罩好防护罩。

（3）切割加工　在自动模式界面下，再次按 F3 键，将屏幕下方模拟（ON）改回模拟（OFF），按回车键后，机床将起动工作液泵，起动运丝电动机，工作台移动，沿编程路径开始加工工件。当钼丝轻触工件时，将会产生火花放电，工件金属被蚀除。加工时屏幕显示状态如图 8-24 所示。

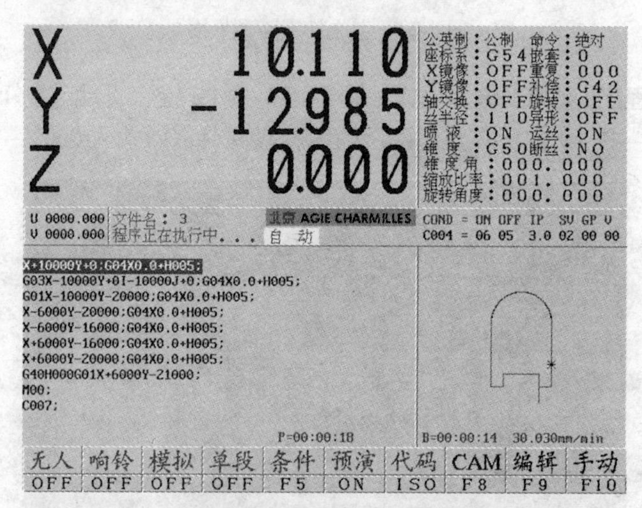

图 8-24　线切割加工界面

（4）加工结束

1）加工完毕后，取下工件，将工件擦拭干净，再将机床擦干净，工作台表面涂上机油。

2）按下停止按钮，关闭机床电源和总电源开关。

第三节　CF20 型线切割机床的操作

CF20 型浸水式慢走丝线切割机床主要由机床本体、精密工作台、运丝系统、

去离子系统、数控系统、电控柜及手控盒组成，其外形如图 8-25 所示。该机床的电源部分采用瑞士 AGIE 原装脉冲电源板，可靠性高，最大加工速度为 $250mm^3/min$，最佳表面粗糙度 $Ra<0.5\mu m$。机床 X、Y、U、V 轴采用直流伺服电动机驱动，激光检测，坐标补偿。工作台采用双十字滑台式结构，整机造型美观大方，结构紧凑，刚性好。

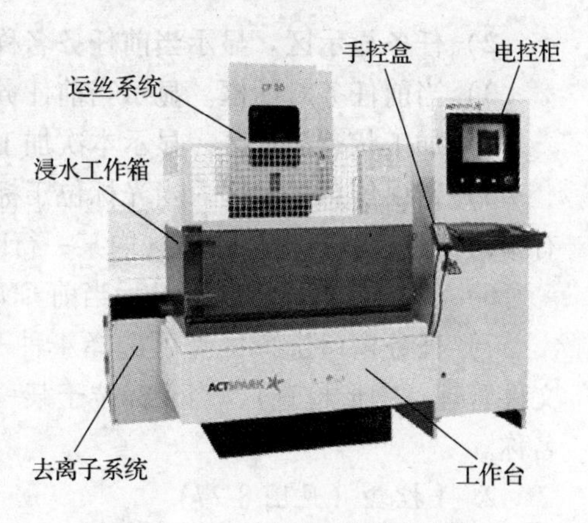

图 8-25　CF20 型慢走丝线切割机床

一、用户界面及手控盒介绍

1. CF20 用户界面

（1）用户界面介绍　CF20 型慢走线线切割机床系统的用户界面主要有 7 个区域组成，如图 8-26 所示。

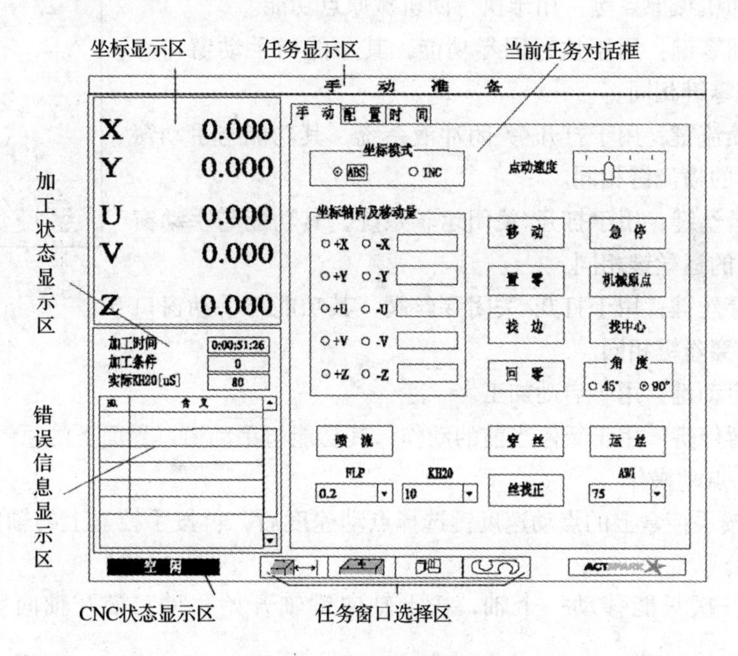

图 8-26　CF20 用户界面

（2）各区域功能

1）坐标显示区。显示当前坐标。当光标位于该区域时双击鼠标左键可进行机械坐标系和用户坐标系切换。

2）任务显示区。显示当前任务名称。

3）当前任务对话框。显示当前任务操作界面。

4）加工状态显示区。显示本次加工时间、当前加工条件号和实际电导率。

5）错误信息显示区。当光标位于标题行时，双击鼠标左键删除显示区内所有错误信息；当光标位于该区内某一行时，双击鼠标左键仅删除本条信息。

6）CNC 状态显示区。显示当前 CNC 状态。

7）任务窗口选择区。可选择 4 种不同的任务窗口（手动准备、放电加工、文件管理、图形检查），当光标位于某一任务按键时，显示该按键所对应的任务名称。

2. 手控盒（见图 8-27）

（1）按键功能　手控盒通过电缆同控制柜相连，各个按钮具体功能如下：

+X -X +Y -Y +Z -Z +U -U +V -V 轴向键：用户根据需要选择坐标轴及移动方向。

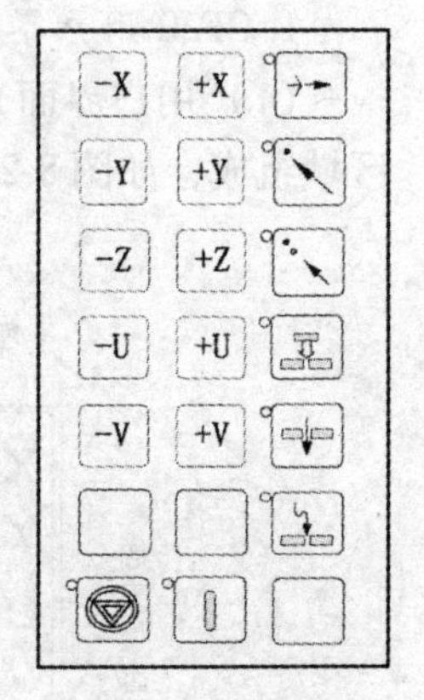

图 8-27　手控盒

点动速度键：用户根据需要选择点动速度。

回机械原点键：用于执行回机械原点功能。

回零键：用于执行回零功能，其功能与手动窗口界面下的回零键相同。

喷流键：用于打开/关闭冲液系统，其功能与手动窗口界面下的喷流键相同。

运丝键：用于打开/关闭运丝系统，其功能与手动窗口界面下的运丝键相同。

穿丝键：用于打开/关闭穿丝阀，其功能与手动窗口界面下的穿丝键相同。

启动键：用于启动加工。

暂停键：用于暂停当前的动作，其功能与手动窗口界面下的急停键相同。

（2）点动操作

1）按手控盒上的点动速度键选择点动速度后，再按手控盒上的轴向键执行点动功能。

2）一次只能移动一个轴，按下轴向键轴开始移动，松开轴向键轴停止移动。

3）按速度键可循环选择单步、低速、中速、高速。也可用鼠标移动屏幕上的点动速度指针来实现速度调整。当速度键上的灯点亮时，表示处于点动高速状态。

二、参数设置的 4 个窗口

1. 手动准备窗口（见图 8-28）

手动准备窗口用于加工前的准备，包括手动页、配置页和时间页，单击手动准备任务按钮进入本窗口。

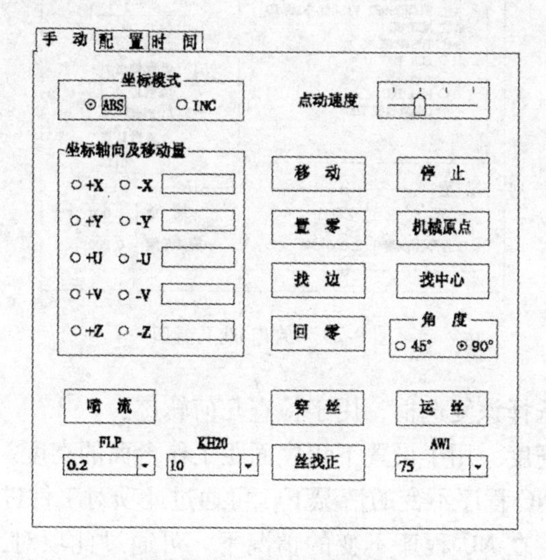

图 8-28　手动准备窗口

（1）手动界面　在手动界面中可进行坐标模式、点动速度、坐标轴向及移动量的设置，还可进行坐标值移动、置零、找边、回零、回机械原点以及喷流设置、运丝等相关操作。

（2）配置界面　可以修改“语言”“单位”“丝垂直校正参数中 U、V 轴的回退距离”以及“3D 加工参数中的 H1 \ H2 \ 工件厚度”相关信息。

（3）时间界面　本界面还显示本次和累积的加工及开机时间。

2. 放电加工窗口（见图 8-29）

放电加工窗口用于选择所需加工的 NC 文件和 TEC 文件，设置加工选项、加工参数，显示加工状态和加工轨迹。单击放电加工任务按钮进入本窗口。

（1）控制界面

1）选择所需 NC 文件。首先单击 NC 文件单选按钮，然后在文件选择框中单击所需的 NC 文件，选择后文件路径和文件名显示在相应的位置。

2）选择所需 TEC 文件。首先单击 TEC 文件单选按钮，然后在文件选择框中单击所需的 TEC 文件，选择后文件路径和文件名显示在相应的位置。

3）配置选项。

① 无人。选择该复选框后，加工完成后系统自动关机。

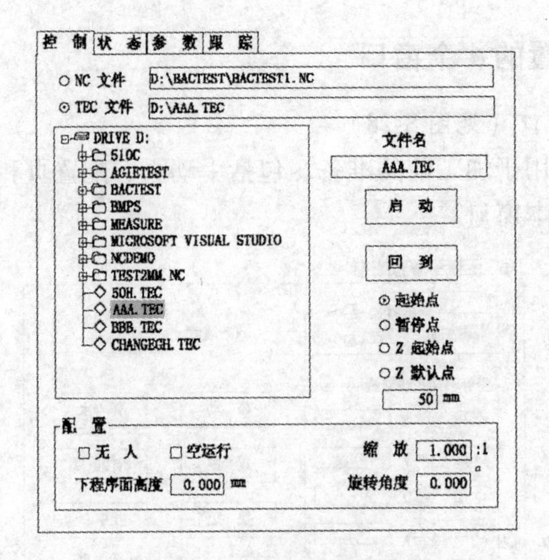

图 8-29 放电加工窗口

② 空运行。选择该复选框，用于检查几何轨迹。

③ 下程序面高度。用于设置下程序面距工作台面的高度。

④ 缩放。在 NC 程序不变的情况下，可通过此项对工件进行缩放加工。

⑤ 旋转角度。在 NC 程序不变的情况下，可通过此项对工件进行旋转角度加工。

⑥ 启动/结束。用于启动和人为结束加工。

⑦ 回到。可以回到 X、Y、U 和 V 轴的加工起始点、暂停点（如断丝点）以及 Z 轴的加工起始点和默认点。

（2）状态界面　此界面显示当前加工状态中的间歇状态 TD（绿色曲线）、加工速度 VADV（红色曲线）、平均电流 IFS（粉红色曲）、平均电压 UFS（黄色曲线）等相关信息。

（3）参数界面　此界面用于编辑和显示加工条件。可以直接输入或利用右侧的▲和▼来更改条件号或修改所需参数项的值。为了方便编辑此界面中还提供了复制加工条件的功能。

（4）跟踪界面　此界面可实时跟踪当前加工轨迹。可用鼠标左键对图像进行平移、局部放大、整体缩放以及三维立体观察的操作。此界面显示 XY（绿色）和 UV（红色）平面轨迹以及 PRG（蓝色）编程轨迹，还显示当前加工次数的加工轨迹，1（黄色）、2（淡蓝色）、3（紫色）、4（橙色）。

（5）文件管理窗口（见图 8-30）　用于 NC 文件和目录的新建、复制、移动、删除、改名，NC 文件的编辑，TEC 文件的编辑，以及文件输入/输出，单击文件管理任务按钮进入本窗口。

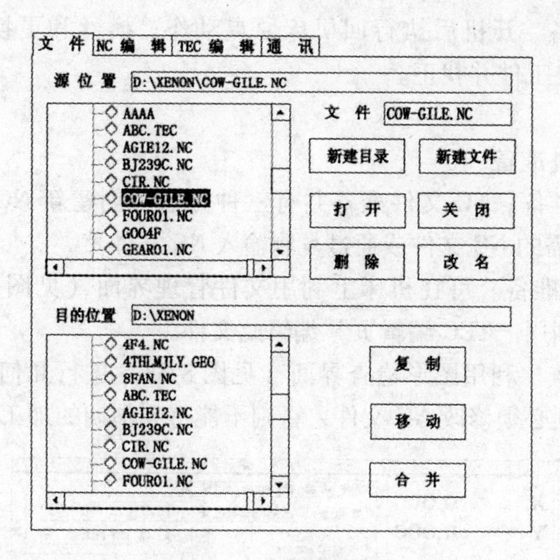

图 8-30　文件管理窗口

（6）图形检查窗口（见图 8-31）　实现对所选 NC 文件的图形检查。单击图形检查任务按钮进入本窗口。

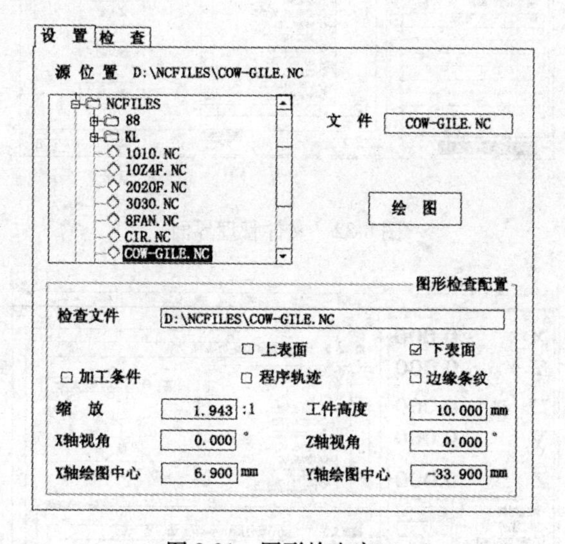

图 8-31　图形检查窗口

三、切割加工

1. 加工前的准备

（1）开机前检查　检查贮丝筒就位情况、各电器开关的位置、清水箱及污水箱水位线的位置情况，以及电极线连接情况。

（2）操作准备　开机后执行回机床原点动作；换丝和更换上、下导丝嘴；穿丝并找正；装夹工件并找正。

2. 加工开始

（1）加工文件准备

1）NC 文件准备。NC 文件准备共有三种方法：创建新 NC 文件、用 CAD/CAM 系统生成所需的 NC 文件或通过复制输入 NC 文件。

2）TEC 文件准备。可在机床上利用文件管理界面（见图 8-32）新建一个 TEC 文件，然后利用“TEC 编辑页”编辑此文件。

（2）图形检查　利用图形检查界面（见图 8-33）进行几何轨迹检查。若几何轨迹有错误，则必须修改 NC 文件，否则不能得到预期的加工工件。

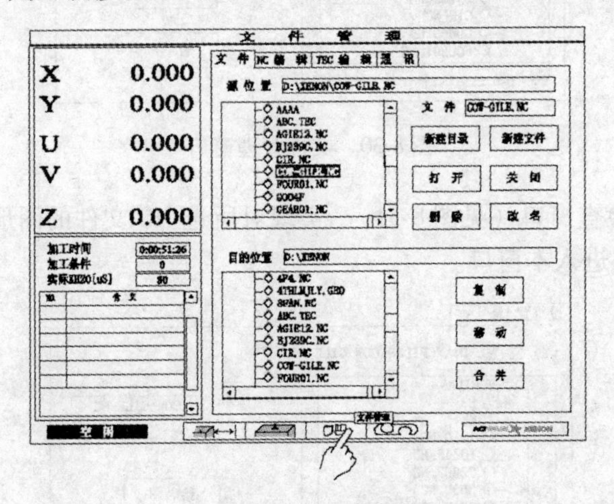

图 8-32　文件管理界面

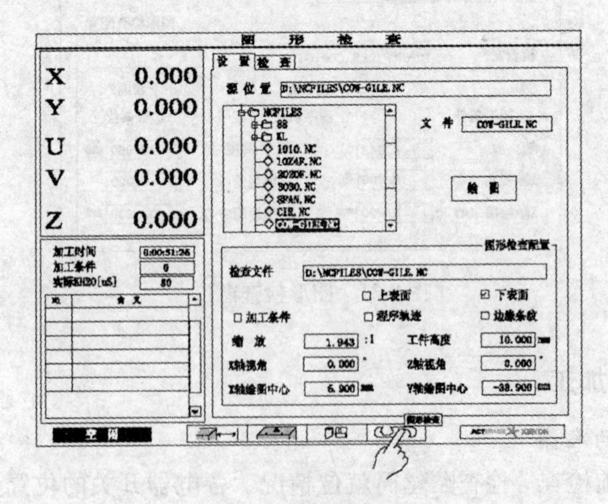

图 8-33　图形检查界面

（3）定位加工起始点　利用手动准备界面（见图 8-34）和手控盒，完成加工起始点的定位，准备好运丝系统，并设置好 *Z* 轴的适当高度，装上挡水帘。

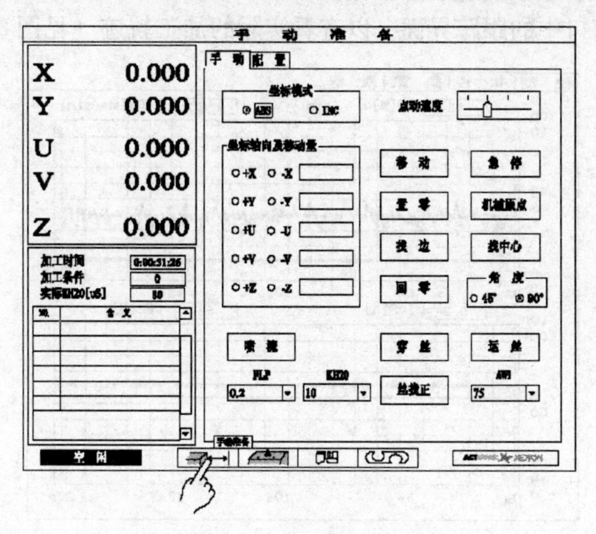

图 8-34　手动准备界面

（4）执行加工　进入放电加工窗口中的控制界面（见图 8-35），选择欲加工的 NC 和 TEC 文件，设置其他加工选项并按“启动”按钮，进入参数界面修改加工参数或进入跟踪界面进一步确认欲加工的几何轨迹。按手控盒上的“启动”按钮开始加工。

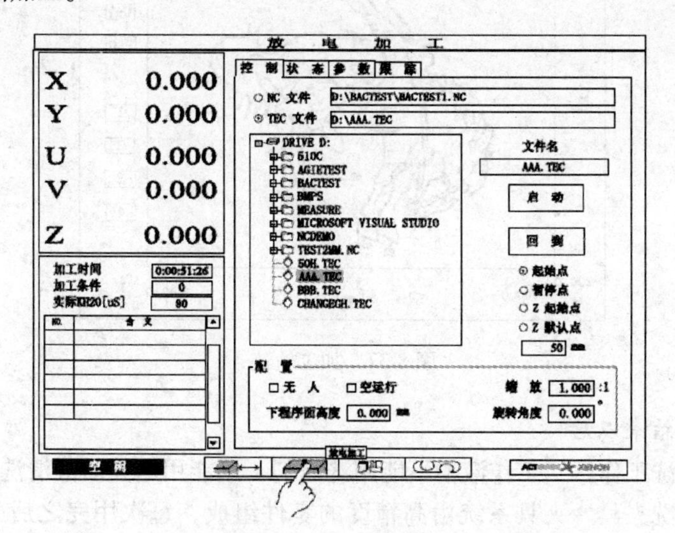

图 8-35　放电加工界面

（5）加工过程中　可进入放电加工窗口中的状态界面，以查看加工状态（见图 8-36）。可进入放电加工窗口中的参数界面，以查看或修改加工参数；可进入放电加工窗口中的跟踪界面，以查看实际的加工轨迹（见图 8-37）。

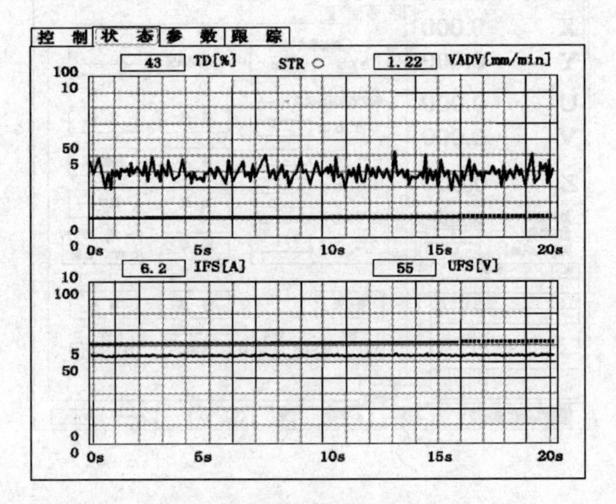

图 8-36　加工状态

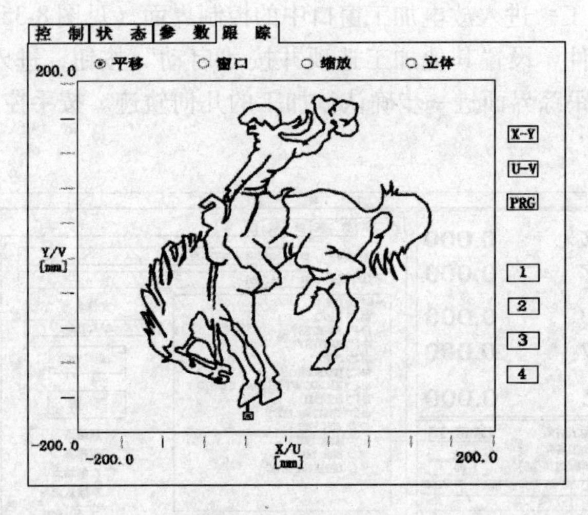

图 8-37　加工轨迹

3. 加工结束以后

（1）清洗工作区　工作液槽不能用洗涤剂，只能用电介质液清洗。

（2）清洗夹具　夹具系统由高精度的零件组成，每次用完之后必须清洗系统的所有部件，并保护好它们。用擦布擦干或压缩空气吹干，用多用途喷雾器喷油防止腐蚀，下次再用时用清洁布除去保护层。这样就能保证夹具的精度可靠、

经久耐用。

（3）清扫废丝箱　当废丝箱装满3/4容积或者要执行一个长的加工任务时，废丝箱必须要倒空。

复习思考题

1. HF线切割微机编程控制系统由哪几部分组成？它实现从图形到零件加工过程是怎样的？

2. HF数控电火花线切割微机编程控制系统的主界面由哪几部分组成？

3. FW1型数控电火花线切割机床控制主界面由哪几部分组成？

4. FW1型数控电火花线切割机床自动编程系统的参数设置主要有哪些项目？

5. CF20型数控电火花线切割机床的用户界面由哪几部分组成？

6. CF20型数控电火花线切割机床的控制系统创建加工NC文件的方法有哪几种？

第九章

线切割加工工艺

第一节　工作液概述

一、工作液

1. 工作液的作用

在电火花线切割加工中，工作液是脉冲放电的介质，对加工工艺指标的影响很大。它对切割速度、表面粗糙度、加工精度也有影响。高速走丝电火花线切割机床使用的工作液是专用的乳化液，目前供应的乳化液有多种，各有特点，有的适于精加工，有的适于大厚度切割，也有的是在原来工作液中添加某些化学成分来提高其切割速度或增加防锈能力等。无论哪种工作液都应具有下列性能：

（1）一定的绝缘性能　火花放电必须在具有一定绝缘性能的液体介质中进行。普通自来水的绝缘性能较差，其电阻率仅为$10^3 \sim 10^4 \Omega \cdot cm$，加上电压后容易产生电解作用而不能火花放电。加入矿物油、皂化钾等后制成的乳化液，电阻率为$10^4 \sim 10^5 \Omega \cdot cm$，适合于电火花线切割加工。煤油的绝缘性能较高，其电阻率大于$10^6 \Omega \cdot cm$，同样电压之下较难击穿放电，放电间隙偏小，生产率低，只有在特殊精加工时才采用。

工作液的绝缘性能可使击穿后的放电通道压缩，局限在较小的通道半径内火花放电，形成瞬时局部高温熔化、汽化金属。放电结束后又迅速恢复放电间隙成为绝缘状态。

（2）较好的洗涤性能　所谓洗涤性能，是指液体有较小的表面张力，对工件有较大的亲和附着力，能渗透进入窄缝中，且有一定去除油污能力的性能。洗涤性能好的工作液，切割时排屑效果好，切割速度高，切割后表面光亮清洁，割缝中没有油污粘糊。洗涤性能不好的工作液则相反，有时切割下来的料芯被油污糊状物粘住，不易取下来，切割表面不易清洗干净。

(3) 较好的冷却性能　在放电过程中，放电点局部、瞬时温度极高，尤其是大电流加工时表现更加突出。为防止电极丝烧断和工件表面局部退火，必须充分冷却，要求工作液具有较好的吸热、传热和散热性能。

(4) 对环境无污染，对人体无危害　在加工中不应产生有害气体，不应对操作人员的皮肤、呼吸道产生刺激等反应，不应锈蚀工件、夹具和机床。

2. 工作液的配制

线切割工作液由专用乳化油与自来水配制而成，有条件采用蒸馏水或磁化水与乳化油配制效果更好，工作液配制的浓度取决于加工工件的厚度、材质及加工精度要求。

(1) 工作液的配制方法　一般按一定比例将自来水冲入乳化油，搅拌后使工作液充分乳化成均匀的乳白色。天冷（在0℃以下）时可先用少量开水冲入拌匀，再加冷水搅拌。某些工作液要求用蒸馏水配制，最好按生产厂的说明配制。

配制线切割乳化液的水的适宜硬度应为50～200 mg/L，可用去离子水和未经处理的工业水混配使用。我国幅员辽阔，切削液品种多，因此在选购水基切削液之前，最好用当地的水作调配试验。

一般禁止使用处理后的污水、含化学物质的水和二次水来配制线切割乳化液。锅炉用的软化水也要慎用。硬水地区的用户可采用碳酸钠法把水软化后使用。软化剂用量最好经试验确定。要防止软水后水的pH值过高。软水剂使用过度会破坏线切割乳化液的稳定性，因此也要慎用。工作介质可用自来水，也可用蒸馏水、高纯水和磁化水。

(2) 工作液的配制比例（质量分数）　根据不同的加工工艺指标，一般在5%～20%范围内（乳化油5%～20%，水95%～80%）。一般均按质量比配制，在秤量不方便或要求不太严时，也可大致按体积比配制。

1) 从工件厚度来看，厚度小于30mm的薄型工件，工作液浓度在10%～15%（质量分数）之间；30～100mm的中厚型工件，浓度在5%～10%（质量分数）之间；大于100mm的厚型工件，浓度在3%～5%（质量分数）之间。

2) 从工件材质来看，易于蚀除的材料，如铜、铝等熔点和汽化潜热低的材料，可以适当提高工作液浓度，以充分利用放电能量，提高加工效率，但同时也应选较大直径的电极丝进行切割，以利于排屑充分。

3) 从加工精度来看，工作液浓度高，放电间隙小，工件表面粗糙度值较小，但不利于排屑，易造成短路。工作液浓度低时，工件表面粗糙度值较大，但利于排屑。

总之，在配制线切割工作液时应根据实际加工的情况，综合考虑以上因素，在保证排屑顺利、加工稳定的前提下，尽量提高加工表面质量。

二、工作液的使用方法和对工艺指标的影响

1. 工作液的使用方法

（1）加工高精度零件　对加工表面粗糙度和尺寸精度要求比较高的工件，乳化油的质量分数可适当大些，为10%～20%，这可使加工表面洁白均匀。加工后料芯可轻松地从料块中取出，或靠自重落下。

（2）加工大厚度零件　对要求切割速度高或大厚度工件，乳化油的质量分数可适当小些，为5%～8%，这样加工比较稳定，且不易断丝。

（3）加工Cr12材料零件　对材料为Cr12的工件，工作液用蒸馏水配制，乳化油的质量分数稍小些，这样可减轻工件表面的黑白交叉条纹，使工件表面洁白均匀。

（4）使用方法　新配制的工作液，当加工电流约为2A时，其切割速度约为40mm^3/min，若每天工作8h，使用约2天以后效果最好，继续使用8～10天后就易断丝，须更换新的工作液。加工时供液一定要充分，且使工作液要包住电极丝，这样才能使工作液顺利进入加工区，达到稳定加工的效果。

2. 工作液对工艺指标的影响

在电火花线切割加工中，可使用的工作液种类很多，有煤油、乳化液、去离子水、蒸馏水、洗涤剂、酒精溶液等，它们对工艺指标的影响各不相同，特别是对加工速度的影响较大。早期采用慢速走丝方式、RC电源时，多采用油类工作液。其他工艺条件相同时，油类工作液的切割速度相差不大，一般为2～3mm^3/min，其中以煤油中加30%的变压器油为好。醇类工作液不及油类工作液能适应高切割速度。采用快速走丝方式、矩形波脉冲电源时，试验结果表明，工作液不同，对工艺指标的影响也不同。

（1）自来水、蒸馏水、去离子水等水类工作液　对放电间隙冷却效果较好，特别是在工件较厚的情况下，冷却效果更好。然而采用水类工作液时，切割速度低，易断丝。这是因为水的冷却能力强，电极丝在冷热变化频繁时，丝易变脆，容易断丝。此外，水类工作液洗涤性能差，对放电产物排除不利，放电间隙状态差，故表面黑脏，加工速度低。

（2）煤油工作液　煤油工作液切割速度低，但不易断丝，因为煤油介电强度高，间隙消耗放电能量多，分配到两极的能量少；同时，同样电压下放电间隙小，排屑困难，导致切割速度低。但煤油受冷热变化影响小，且润滑性能好，电极丝运动磨损小，因此不易断丝。

（3）洗涤剂、皂片工作液　水中加入少量洗涤剂、皂片等，切割速度就可能成倍增长，这是因为水中加入洗涤剂或皂片后，工作液洗涤性能变好，有利于排屑，改善了间隙状态。

(4) 乳化型工作液　乳化型工作液比非乳化型工作液的切割速度高，因为乳化液的介电强度比水高，比煤油低，冷却能力比水弱，比煤油好，洗涤性比水和煤油都好，故切割速度高。

总之，工艺条件相同时，改变工作液的种类或浓度，就会对加工效果产生较大影响。工作液的脏污程度对工艺指标也有较大影响。工作液太脏，会降低加工的工艺指标，纯净的工作液也并非加工效果最好，往往经过一段放电切割加工之后，脏污程度还不大的工作液可得到较好的加工效果。因纯净的工作液不易形成放电通道，经过一段放电加工后，工作液中存在一些悬浮的放电产物，这时容易形成放电通道，有较好的加工效果。但工作液太脏时，悬浮的加工屑太多，使间隙消电离变差，且容易发生二次放电，对放电加工不利，这时应及时更换工作液。

第二节　电极丝对工艺性能的影响

一、电极丝的选择

1. 对电极丝材料性能的要求

(1) 良好的导电性　电极丝应是良好的导电体，单位长度上的电阻越小越好。如果电极丝的导电性不好，消耗在电极丝电阻上的能量就多，这不但使加工电源输送到放电间隙的能量减少，而且消耗在电极丝上的能量使电极丝发热，容易造成断丝。

(2) 较低的电子逸出功　电极丝材料的电子逸出功低，放电时能够发出大量电子，形成到阳极的强大电子流。

(3) 耐电腐蚀性强　电极丝在加工中也会被放电腐蚀，即电极丝发生损耗。这会使电极丝变细，强度降低，寿命减少。如果电极丝往复运转使用，还会影响加工精度。通常熔点高和导热性好，将有助于减少电极丝损耗。

(4) 抗拉强度大　电极丝在使用时承受一定的张紧力，特别是快速走丝时，电极丝往复运转，受到的拉力更大些，因此电极丝应该具有足够大的抗拉强度。此外，弹性极限值也应较高，经过长期拉伸不易产生永久变形，避免延伸造成松丝和断丝。

(5) 丝质均匀、平直　电极丝在放电间隙中必须是直的。为保证这一要求，电极丝不能出现弯折、打结现象。

2. 电极丝材料的选择

电火花线切割加工使用的电极丝材料有钼丝、钨丝、钨钼丝、黄铜丝、铜钨丝等，其中以钼丝和黄铜丝用得较多。

（1）钨丝　采用钨丝加工时，可获得较高的加工速度，但放电后丝质变脆，容易断丝，故应用较少，只在慢速走丝弱规准加工中尚有使用。

（2）钼丝　钼丝比钨丝熔点低，抗拉强度低，但韧性好，在频繁急热急冷变化中，丝质不易变脆，不易断丝。因此，尽管加工速度比钨丝低，却仍被广泛采用。钨钼丝（钨钼质量分数各50%的合金）加工效果比前两种都好，它具有钨钼两者的特性，因此，使用寿命和加工速度都比钼丝高。

（3）铜钨丝　铜钨丝有较好的加工效果，但抗拉强度差些。价格比较昂贵，来源较少，故应用较少。

（4）黄铜丝　采用黄铜丝加工时，加工速度较高，加工稳定性好，但抗拉强度差，损耗大。一般采用直径0.1mm以上的黄铜丝，特别是在大型线切割加工设备中，采用直径0.3mm左右的粗黄铜丝时加工效果较好。

常用电极丝材料的性能见表9-1。

表9-1　常用电极丝材料的性能

材　料	适用温度/℃		延伸率（%）	抗拉强度/MPa	熔点/℃	电阻率/Ω·cm	备　注
	长　期	短　期					
钨（W）	2000	2500	0	1200～1400	3400	0.0612	较脆
钼（Mo）	2000	2300	30	700	2600	0.0472	较韧
钨钼（W50Mo）	2000	2400	15	1000～1100	3000	0.0532	脆韧适中

3. 电极丝的直径

电极丝的直径是根据加工要求和工艺条件选取的。

在加工要求允许的情况下，可选用直径大些的电极丝。直径大，抗拉强度大，承受电流大，可采用较强的电规准进行加工，能够提高输出的脉冲能量，提高加工速度。同时，电极丝粗，切缝宽，放电产物排除条件好，加工过程稳定，能提高脉冲利用率，也能提高加工速度。粗丝难于加工出内尖角工件，降低了加工精度；切缝宽使材料的蚀除量变大，加工速度降低。

电极丝直径太细，抗拉强度低，易断丝；切缝窄使放电产物排除条件差，加工经常出现不稳定现象，导致加工速度降低。但是可得到较小半径的内尖角，使加工精度相应提高。

一般情况下，慢速走丝时，多采用直径为0.06～0.12mm的电极丝；快速走丝时，多采用直径为0.10～0.25mm的电极丝。在精密微细加工中，还有采用直径小于0.06mm细丝的。采用铜丝时，电极丝直径稍大些。

二、走丝速度对工艺指标的影响

1. 慢速走丝方式

早期的电火花线切割加工机床几乎都采用慢速走丝方式，电极丝的线速度约为每秒零点几毫米到几百毫米的范围。这种走丝方式是比较平稳均匀的，电极丝抖动小，故可得到较小的表面粗糙度值和较高的加工精度，但加工速度比较低。因为走丝慢，放电产物不能及时被带出放电间隙，使脉冲频率较低，易造成短路及不稳定放电现象。

提高电极丝走丝速度，工作液容易被带入放电间隙，放电产物也容易排除间隙之外，改善了间隙状态，进而可提高加工速度。但在工艺条件确定后，随走丝速度的提高，加工速度的提高是有限的，当丝速达到某一值后，加工速度就趋向稳定。

图 9-1 所示是慢速走丝方式时，丝速对加工速度的影响。这里，电极丝直径为 0.082mm 的钼丝；工件为 8.7mm 厚的硬质合金；工作液为煤油；脉冲电源为非独立式 RC 电源，电容为 0.07μF，电压为 100V，电流为 0.4A。由图 9-1 可知，丝速在 7mm/s 之前，随着丝速的提高加工速度提高；丝速超过 7mm/s 之后，再提高丝速，加工速度增加缓慢，并逐渐趋于稳定。

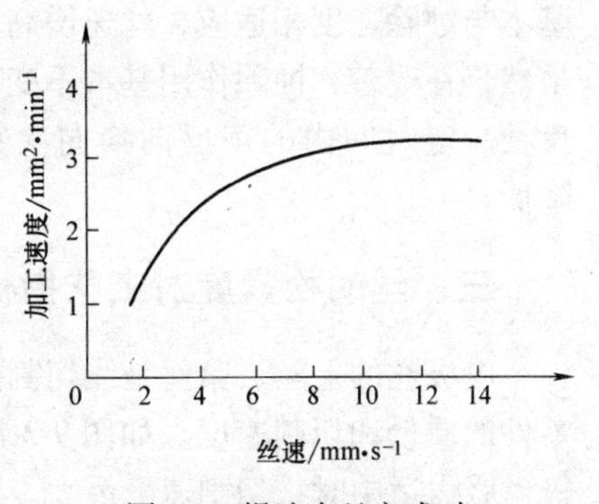

图 9-1 慢速走丝方式时丝速对加工速度的影响

必须指出，根据加工对象、电极丝材料和直径可选取适当的丝速。慢速走丝方式时，加工硬质合金与铜材料的丝速一般取 4 ~ 10mm/s，加工钢、不锈钢、铝等材料的丝速可取 20 ~ 30mm/s。

2. 快速走丝方式

快速走丝方式和慢速走丝方式比较，在速度上是悬殊的。走丝速度的快慢不仅仅是量上的差异，而且会使加工效果产生质的差异。走丝速度对加工过程的稳定性、加工速度的快慢、可加工的厚度等有明显的影响。

快速走丝方式的丝速一般为每秒几百毫米到十几米，如果丝速为 10m/s 时，相当于 1μs 时间，电极丝移动 0.01mm。这样快的速度有利于脉冲结束时，放电通道迅速消电离。同时，高速运动的电极丝能把工作液带入厚度较大工件的放电间隙中，有利于排屑和放电加工稳定进行。

在一定加工条件下，随着丝速的增大，加工速度高，但有一最佳走丝速度对应着最大加工速度。超过这一丝速，加工速度开始下降。例如用直径 0.22mm 的钼丝，在乳化液介质中，加工厚为30mm的T10淬火钢，采用矩形波脉冲电源，脉冲宽度为30μs，脉冲间隔为50μs，空载电压为90V，短路电流峰值为30A时，改变电极丝的走丝速度，可得到对应的加工速度曲线，如图9-2所示。

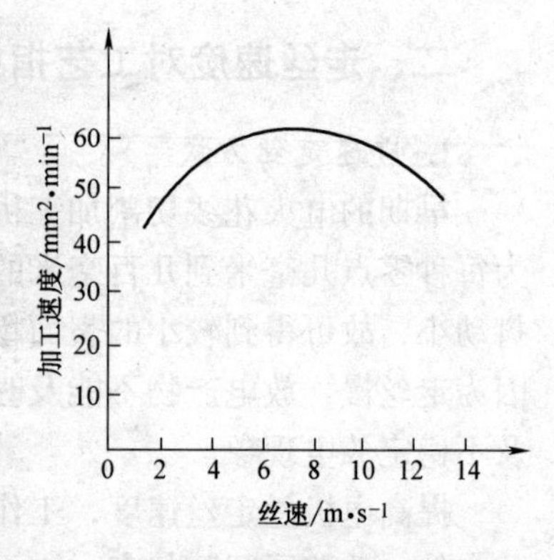

图9-2 快速走丝方式时丝速对加工速度的影响

由图9-2可知，丝速在5m/s以下时，加工速度随丝速的增加而提高；丝速在5~8m/s时，丝速的变化对加工速度的影响较小；丝速超过8m/s时，随着丝速的增加，加工速度反而下降。这是因为，丝速在5m/s以下时，随着丝速增加，排屑条件改善较大，加工速度也增加较多；当丝速达到一定程度（5~8m/s）时，排屑条件已经基本与蚀除速度相适应，丝速增高，加工速度变化缓慢，丝速再增高，排屑条件虽然仍在改善，蚀除作用基本不变，但是贮丝筒在一次排丝的运转时间减小，相反在一定时间内的正反向换向次数增多，非加工时间增多，从而使加工速度降低。

三、丝的松紧度对工艺指标的影响

电极丝的上丝、紧丝是线切割操作的一个重要环节，它的好坏直接影响加工零件的质量和切割速度。如图9-3所示，当电极丝张力适中时，切割速度最大。

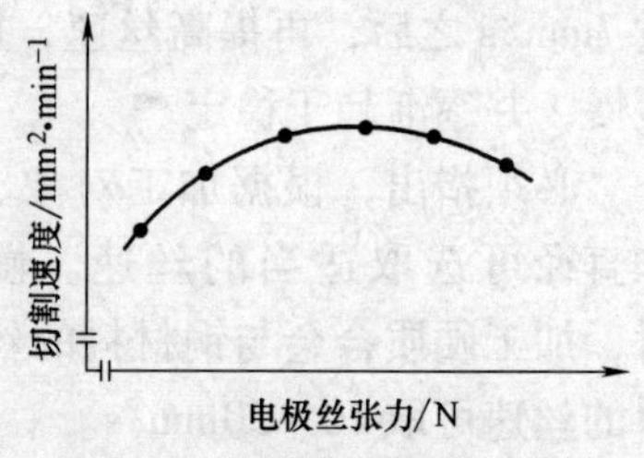

图9-3 线切割电极丝张力与加工进给速度的关系

1. 上丝过紧

电极丝超过弹性变形的限度，由于频繁地往复弯曲、摩擦，加上放电时遭受急热、急冷变换的影响，可能发生疲劳而造成断丝。高速走丝时，上丝过紧断丝往往发生在换向的瞬间，严重时即使空走也会断丝。

2. 上丝过松

由于电极丝具有延伸性，在切割较厚工件时，由于电极丝的跨距较大，除了它的振动幅度大以外，还会在加工过程中受放电压力的作用而弯曲变形，结果电极丝切割轨迹落后并偏离工件轮廓，即出现加工滞后现象，如图9-4所示，从而造成形状与尺寸误差，如切割较厚的圆柱体会出现腰鼓形状，严重时电极丝快速

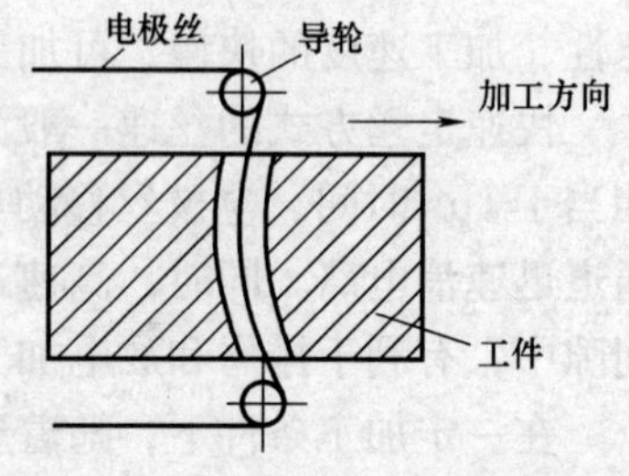

图9-4 放电切割时电极丝弯曲滞后

运转容易跳出导轮槽或限位槽，而被卡断或拉断。所以，电极丝张力的大小对运行时电极丝的振幅和加工稳定性有很大影响。

3. 电极丝张紧措施

如在上丝过程中外加辅助张紧力，通常可逆转电动机，或上丝后再张紧一次（例如采用张紧手持滑轮）。为了不降低电火花线切割的工艺指标，张紧力在电极丝抗拉强度允许范围内应尽可能大一点，张紧力的大小应视电极丝的材料与直径的不同而异，一般高速走丝线切割机床钼丝张力应在5～10N范围内。

第三节　加工参数的选择

一、脉冲电源参数和速度参数的选择

1. 脉冲电源参数的选择

（1）空载电压　可参考表9-2进行选择。

表9-2　空载电压的选择

工艺状况	空载电压	工艺状况	空载电压
切割速度高	低	减少加工面的腰鼓形	低
线径细（0.1mm）	低	改善表面粗糙度	高
硬质合金加工	低	减小拐角塌角	高
切缝窄	低	纯铜线电极	高

（2）放电电容　使用纯铜丝电极时，为了得到理想的表面粗糙度，减小拐角的塌角，应选择较小的放电电容；使用黄铜丝电极时，进行高速切割，希望减小腰鼓量，要选用大的放电电容。

（3）脉冲宽度和脉冲间隔　对材料的电腐蚀过程影响极大。它们决定着放电痕（表面粗糙度）蚀除率、切缝宽度的大小和钼丝的损耗率，进而影响加工的工艺指标。

在一定工艺条件下，增加脉冲宽度，可使切割速度提高，但表面粗糙度值增大。这是因为脉冲宽度增加，使单个脉冲放电能量增大，则放电痕也大。同时，随着脉冲宽度的增加，电极丝损耗变大。

数控线切割用于精加工时，单个脉冲放电能量应限制在一定范围内。当短路峰值电流选定后，脉冲宽度要结合具体的加工要求来选定。一般精加工时，脉冲宽度可在20μs内选择，半精加工时，可在20～60μs内选择。

减小脉冲间隔，切割速度提高，表面粗糙度 Ra 值稍有增大。脉冲间隔对切割速度影响较大，对表面粗糙度影响较小。这是因为在单个脉冲放电能量确定的情况下，脉冲间隔较小，致使脉冲频率提高，即单位时间内放电加工的次数增多，平均加工电流增大，切割速度提高。

实际上，脉冲间隔不能太小，它受间隙绝缘状态恢复速度的限制。如果脉冲间隔太小，放电产物来不及排除，放电间隙来不及充分消电离，这将使加工变得不稳定，易造成工件的烧伤或断丝。但是脉冲间隔也不能太大，因为这会使切割速度明显降低，严重时不能连续进给，使加工变得不够稳定。

一般脉冲间隔在 10～250μs 范围内，基本上能适应各种加工条件，可进行稳定加工。选择脉冲间隔和脉冲宽度与工件厚度有很大关系。一般来说，工件厚，脉冲间隔也要大，以保持加工的稳定性。

（4）峰值电流 i_e　主要根据表面粗糙度和电极丝直径选择。要求 Ra 小于 1.25μm 时，取 $i_e \leqslant 4.8$A；要求 Ra 在 1.25～2.5μm 之间时，取 $i_e = 6 \sim 12$A；要求 $Ra > 2.5$μm 时，i_e可取更大一些。电极丝直径越粗，i_e可取值越大。钼丝直径与可承受峰值电流的关系见表 9-3。

表 9-3　钼丝直径与可承受峰值电流的关系

钼丝直径/mm	峰值电流 i_e/A	钼丝直径/mm	峰值电流 i_e/A	钼丝直径/mm	峰值电流 i_e/A
0.06	15	0.1	25	0.15	37
0.08	20	0.12	30	0.18	45

2. 速度参数的选择

（1）进给速度　工作台进给速度太快，容易产生短路和断丝；工作台进给速度太慢，加工表面的腰鼓量就会加大，但表面粗糙度值较小。正式加工时，一般将试切的进给速度下降 10%～20%，以防止短路和断丝。

（2）走丝速度　对快速走丝来说，应尽量快一些。这有利于减少因电极丝损耗对加工精度的影响。尤其是对厚工件的加工，由于电极丝的损耗，会使加工面产生锥度。一般走丝速度是根据工件厚度和切割速度来确定的。

二、工作液参数、线径偏移量及切割次数的选择

1. 工作液参数的选择

（1）工作液的电阻率　工作液的电阻率根据工件材料确定。对于表面在加工时容易形成绝缘膜的铝、钼、结合剂烧结的金刚石以及受电阻腐蚀易使表面氧化的硬质合金和表面容易产生气孔的工件材料，需提高工作液的电阻率（可参考表 9-4 进行选择）。

表 9-4　不同工件材料适用的工作液电阻率

工件材料	钢　铁	铝、钼、结合剂烧结的金刚石	硬质合金
工作液电阻率/$10^4\Omega \cdot cm$	2~5	5~20	20~40

（2）工作液喷嘴的流量和压力　工作液的流量或压力大，冷却排屑的条件好，有利于提高切割速度和加工表面的垂直度。但是在精加工时，要减小工作液的流量或压力，以减少电极丝的振动。

2. 线径偏移量的确定

正式加工前，按照确定的加工条件，切一个与工件相同材料、相同厚度的正方形，测量尺寸，确定线径偏移量。这项工作对第一次加工者是必须要做的，但是当积累了很多的工艺数据或者生产厂家提供了有关工艺参数时，只要查数据即可。

进行多次切割时，要考虑工件的尺寸公差，估计尺寸变化，分配每次切割时的偏移量。偏移量的方向按切割凸模或凹模以及切割路线的不同而定。

3. 切割次数的选择

多次切割加工也称二次切割加工，它是在对工件进行第一次切割之后，利用适当的偏移量和更精的加工规准，使电极丝沿原切割轨迹逆向再次对工件进行精修的切割加工。对快速走丝线切割机床来说，由于穿丝方便，因而一般在完成第一次加工之后，可自动返回到加工的起始点，在重新设定适当的偏移量和精加工规准之后，就可沿原轨迹进行精修加工。

多次切割加工可提高线切割精度和表面质量，修整工件的变形和拐角塌角。一般情况下，采用多次切割能使加工精度达到±0.005mm，圆角和垂直度公差小于0.005mm，表面粗糙度 Ra0.63μm。但如果粗加工后工件变形过大，应通过合理选择材料和热处理方法，正确选择切割路线来尽可能减小工件的变形，否则，多次切割的效果会不好，甚至反而差。

凹模加工时，第一次切除中间废芯后，一般工件留0.2mm左右的多次切割的加工余量即可，大型工件应留1mm左右。

凸模加工时，第一次加工时，小工件要留1~2处0.5mm左右的固定留量，大工件要多留些。对固定留量部分切割下来后的精加工，一般用抛光等方法。

多次切割加工的有关参数可按表9-5进行选择。

表 9-5　多次切割加工参数选择

条　件	薄工件	厚工件	条　件		薄工件	厚工件
空载电压/V	80~100	80~100	加工进给速度/$mm \cdot min^{-1}$		2~5	2~5
峰值电流/A	1~5	3~10	电极丝张力/N		8~9	8~9
（脉冲宽度/脉冲间隔）/μs	2/5	2/5	偏移量增减范围/mm	开阔面加工	0.02~0.03	0.02~0.06
电容/μF	0.02~0.05	0.04~0.2		切槽中加工	0.02~0.04	0.02~0.06

◈◈◈ 第四节　复杂工件的装夹

一、不易装夹工件的安装工艺

1. 切割圆棒、薄壁或形状复杂工件的装夹方法

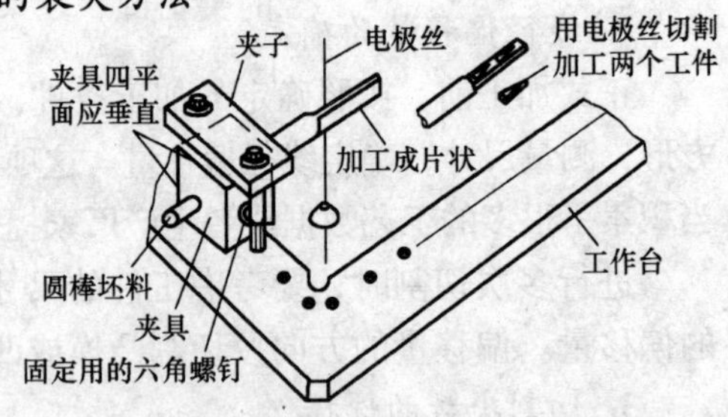

图 9-5　切割圆棒工件时的装夹方法

（1）切割圆棒工件时的装夹方法　线切割圆棒形坯料时，可用图 9-5 所示的装夹方法。圆棒可装夹在六面体的夹具内，夹具上钻一个与基准面平行的孔，用内六角螺钉固定。有时把圆棒坯料先加工成需要的片状，卸下夹子把夹具体转 90°再加工成需要的形状。

（2）切割薄壁工件时的装夹方法　装夹薄壁工件用的夹具主要应考虑工件夹紧后不应变形，可采用图 9-6 所示的装夹方法，即让薄壁管的一面接触基准块。靠贴有许多橡胶板的胶夹由一侧加压，夹紧力由夹持弹簧产生。在易变形的工件上可分散设置多个弹性加压点，这样不仅能达到减小变形的目的，而且工件固定也很可靠。此方法适合批量生产。

（3）加工形状复杂工件的装夹方法　图 9-7 所示是一个用环状毛坯加工具有菠萝图形工件的夹具，工件加工完后切断成四个。夹具分为上板和下板，两者互相固定，下板的四个突出部支持工件，突出部分避开加工位置。用螺钉通过矩形压板把工件夹固在上板上。这种安装方法也适合批量生产。

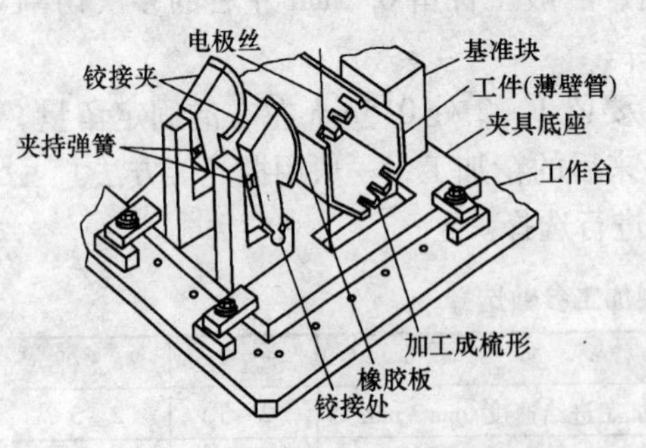

图 9-6　切割薄壁工件时的装夹方法

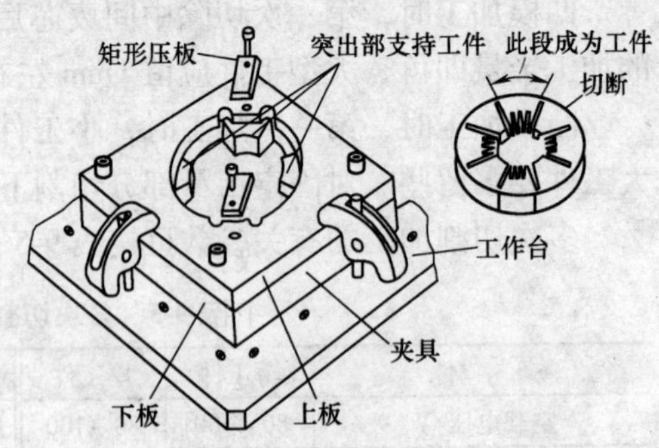

图 9-7　加工形状复杂工件的装夹方法

2. 小余量坯料或无余量工件装夹的方法

（1）坯料余量小时的装夹方法　为了节省材料，经常会碰到加工坯料没有

夹持余量的情况。由于模具重量大，单端夹持往往会使工件造成低头，使加工后的工件不垂直，致使模具达不到技术要求。如果在坯料边缘处不加工的部位加一块托板，使托板的上平面与工作台面在一个平面上，就能使加工工件保持垂直，如图 9-8 所示。

（2）无夹持部位的工件装夹的方法　加工无夹持部位的工件可用基准凸台装夹。图 9-9 所示是用基准凸台装夹工件侧面来加工异形孔的夹具。在夹具的 A 部有与工件凹槽密切吻合的突出部，用以确定工件位置。B 部由螺钉固定在 A 部上，而工件用 B 部侧面的夹紧螺钉固定。这种夹具可使完全没有夹持部位的工件靠侧面用基准凸台来定位和夹紧，既能保证精度，也能进行切割加工。如果夹具的基准凸台由线切割加工，根据基准凸台的坐标再加工两个异形孔，这样更易于保证工件的尺寸精度和垂直度，而且可保证批量加工时尺寸精度的一致性。

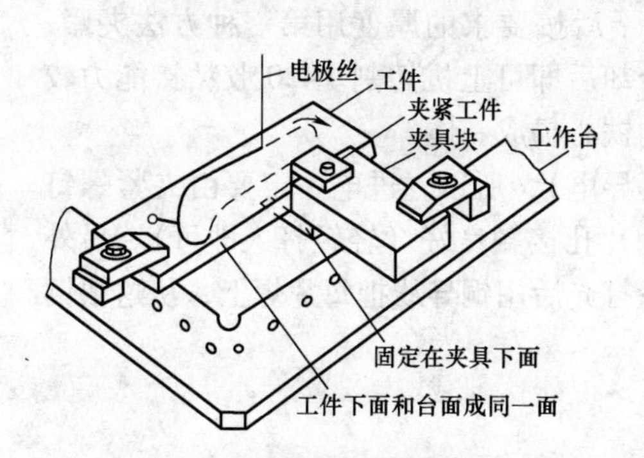

图 9-8　坯料余量小时的装夹方法

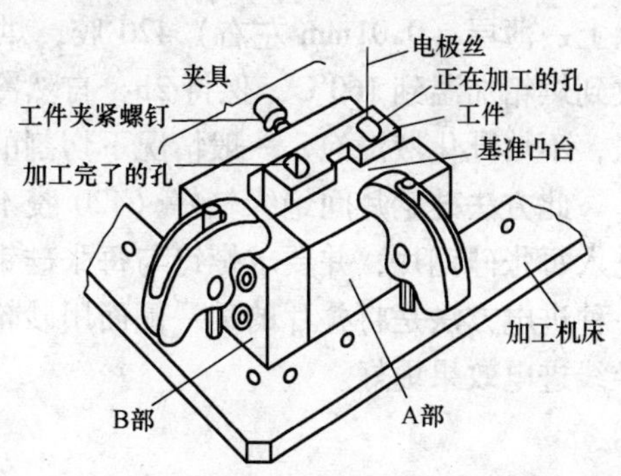

图 9-9　加工无夹持余量工件用的基准凸台夹具

二、薄片工件的安装工艺

1. 切割不锈钢带

用线切割机床将长 10m、厚 0.3mm 的不锈钢带加工成不同的宽度（见图 9-10），可将不锈钢带头部折弯，插入转轴的槽中，并利用转轴上两端的孔，穿上小轴，将钢带紧紧地缠绕在转轴上，然后装入套筒里，利用钢带的弹力自动胀紧。这样即可固定在数控线切割机床上进行加工。切割时将转轴、套筒、钢带一起切割，保证所需规格的各种宽度尺寸 L、L_1、L_2、…。

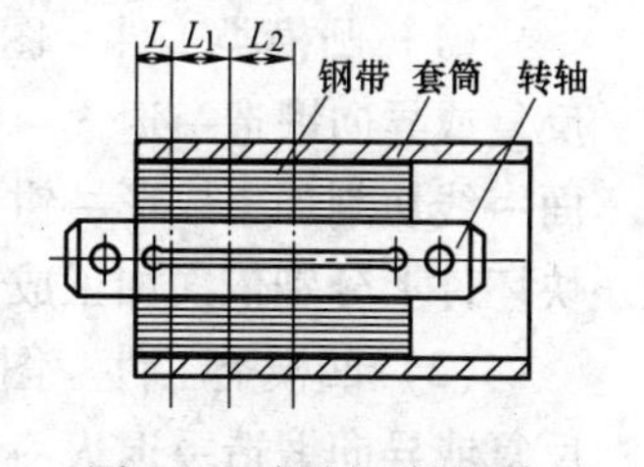

图 9-10　切割不锈钢带

必须注意：套筒的外径须在数控线切割机床的加工厚度范围以内，否则无法进行加工。

2. 切割硅钢片

单件小批生产时，用线切割可加工各种电机定子、转子铁心的硅钢片。

（1）夹紧压合　把裁好的硅钢片按铁心所要求的厚度（超过50mm的分几次切割），用3mm厚的钢板夹紧，下面的夹板两侧比铁心长30～50mm，作装夹用。铁心外径在150mm左右的可在中心用一个螺钉，四角用四个螺钉夹紧，如图9-11所示。螺钉的位置和个数可根据加工图形而定，既能夹紧又不影响加工。进电可用原来的机床夹具进电，但因硅钢片之间有绝缘层，电阻较大，最好从夹紧螺钉处进电。

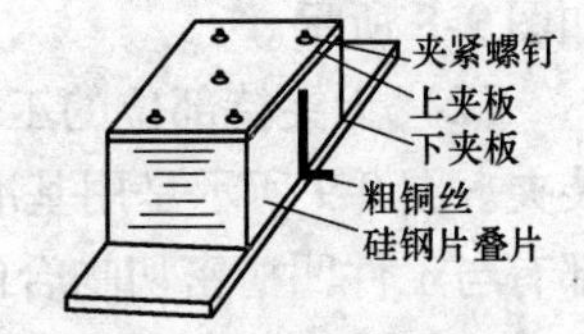

图9-11　硅钢片的夹紧方法

（2）420胶粘　用胶将裁好的硅钢片粘成一体，这样既保证切割过程中硅钢片不变形，又使加工完的铁心成为一体，不用再重新叠片。

粘接工艺是：先将硅钢片表面的污垢洗净并烘干，然后将硅钢片两面均匀地涂上一薄层（0.01mm左右）420胶，烘干后按要求的厚度用第一种方法夹紧，放到烘箱加温到160℃，保持2h，自然冷却后即可上机切割。420胶粘接能力较强，不怕乳化液浸泡，一般情况下切割的铁心仍成一体。

此方法硅钢片间绝缘较好（420胶不导电），所以，进电一定要由夹紧螺钉进入每张硅钢片，并要求螺钉与每张硅钢片孔接触良好（轻轻打入即可）。另外一种进电方法是将叠片的某一侧面用砂轮打光后用铜导线把每片焊上，从这根铜导线进电效果更好。

第五节　典型零件加工的工艺分析

一、冲压模具加工

1. 加工工艺路线

（1）凸模类工件　图9-12所示为一凸模工件。其加工工艺路线为：下料→反复或异向锻造→退火→铣削上下平面→钳工钻穿丝孔→淬火与回火→磨上下平面→线切割加工成形→钳工修整。对于一定批量或常规生产的小型模件可以在一块坯件上分别依次加工成形。

（2）凹模类工件　图9-13所示为一凹模工件。其加工工艺路线为：下料→反复或异向锻造→退火→刨六面→磨上下平面和基面→钳工划线钻穿丝孔→淬火与回火→磨上下平面和基面→线切割加工成形→钳工修配。本例中，磨削基面的目的是为了线切割加工时的找正，基面一般选择工件侧面的一组直角边。其穿丝孔直径不能偏大，为了保证穿丝孔与定位面的垂直度，以免影响电极丝与穿丝孔的正确定位，钻削穿丝孔前应对工件的定位和找正基面进行磨削。安排两次磨削

也有利于保证上下平面的平行度。

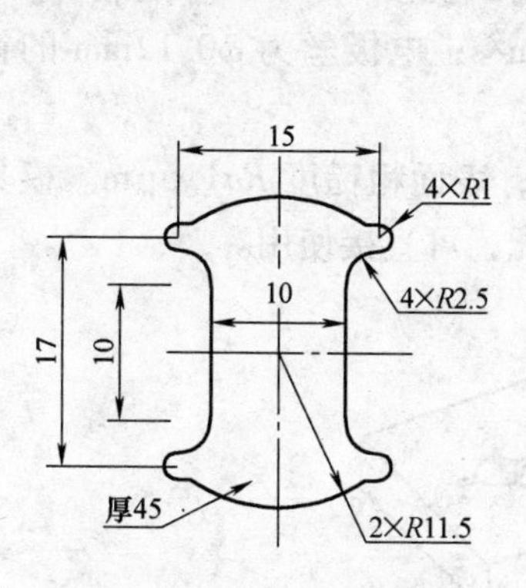

图 9-12　凸模工件示例

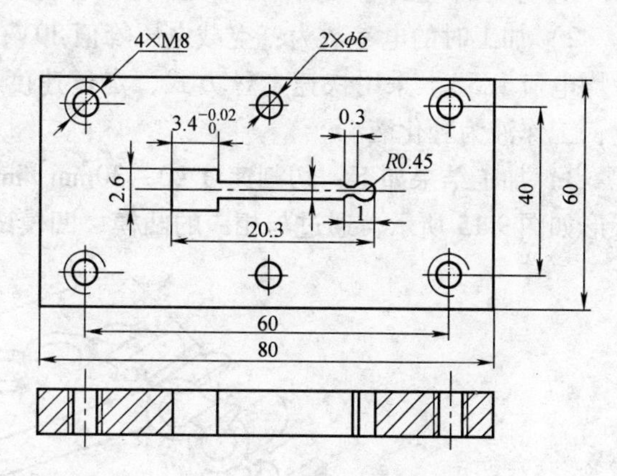

图 9-13　凹模工件示例

2. 加工顺序

冲模一般主要由凸模、凹模、凸模固定板、卸料板、侧刃、侧导板等部件组成。

在线切割加工时，安排加工顺序的原则是先切割卸料板、凸模固定板等非主要件，然后再切割凸模、凹模等主要件。这样，在切割主要件之前，通过对非主要件的切割，可检验操作人员在编程过程中是否存在错误，同时也能检验机床和控制系统的工作情况，若有问题可及时得到纠正。

在加工中也可用圆柱销将固定板、凹模、卸料板组合起来一次加工。这要求冲裁的材料厚度最好在 0.5mm 以下，如果冲裁的材料厚度大于 0.5mm，凹模和卸料板可一起切割。

3. 加工实例

（1）数字冲裁模（凸凹模）的加工　图 9-14 所示为数字冲裁模（凸凹模），材料为 CrWMn，凸凹模与相应凹模和凸模的双面间隙为 0.01 ~0.02mm。

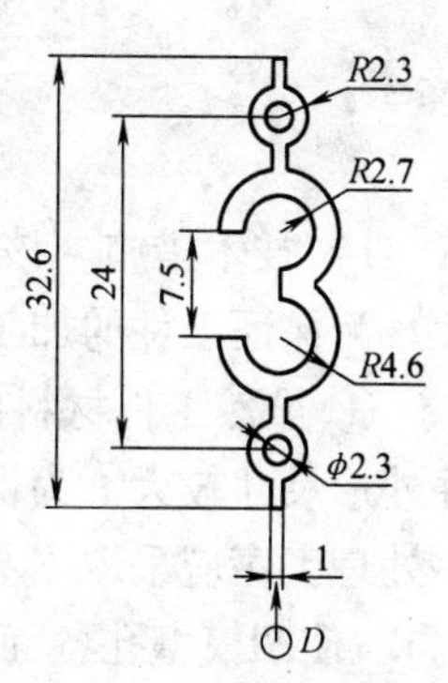

图 9-14　数字冲裁模尺寸

1）技术措施。

① 淬火前工件坯料上预制穿丝孔，如图 9-14 中孔 D 及两个 $\phi2.3$mm 孔处（穿丝孔直径小于 $\phi2.3$mm）。

② 将所有非光滑过渡的交点用半径为 0.1mm 的过渡圆弧连接。

③ 先切割两个 $\phi2.3$mm 小孔，再由辅助穿丝孔位开始，进行凸凹模的成形加工。

④ 冲裁模：凸模的间隙补偿量 $f_{凸} = d/2 + S$，凹模的间隙补偿量 $f_{凹} = d/2 + S - \delta$（d 为电极丝直径、S 为单边放电间隙、δ 为配合间隙）。

⑤ 选择合理的电参数，以保证切割表面粗糙度和加工精度的要求。

2）加工时的电参数为：空载电压峰值80V；脉冲宽度8μs；脉冲间隔30μs；平均电流1.5A。采用快速走丝方式，走丝速度9m/s；电极丝为ϕ0.12mm的钼丝；工作液为乳化液。

3）加工结果如下：切割速度20～30mm²/min；表面粗糙度*Ra*1.6μm。模具外形如图9-15所示，通过与相应的凸模、凹模试配，可直接使用。

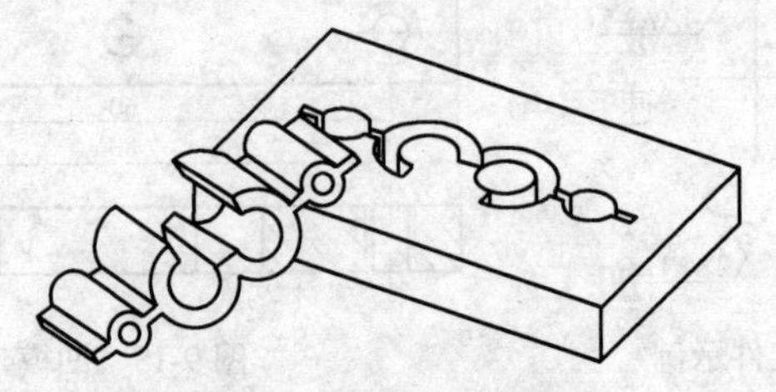

图9-15　数字冲裁模外形

（2）大、中型冷冲模加工　图9-16所示为落料模（凹模），工件材料为Cr12MoV，凹模工作面厚度为10mm。

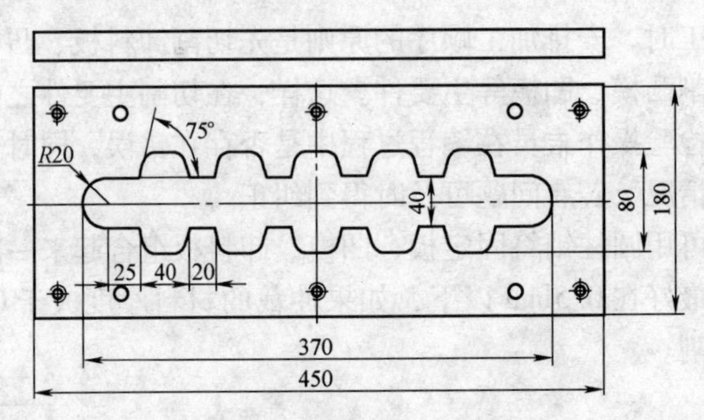

图9-16　落料模（凹模）

1）技术措施。该凹模待加工图形行程长、质量大、厚度高、去除金属量大。为保证工件的加工质量，采取如下工艺措施。

① 虽然工件材料已经选择了淬透性好、热处理变形小的高合金钢，但因工件外形尺寸较大，为保证孔位置的硬度及减少热处理过程中产生的残余应力，除热处理工序应采取必要的措施外，在淬硬前，应增加一次粗加工（铣削或线切割），使凹模型孔各面均留2～4mm的余量。

② 加工时采用双支承的装夹方式，即利用凹模本身架在两夹具体定位面上。

③ 因去除金属质量大，在切割过半特别是快完成加工时，废料易发生偏斜和位移，从而影响加工精度或卡断电极丝。为此，在工件和废料块的上平面

上，添加一平面经过磨削的永久磁钢，以利于废料块在切割的全过程中位置固定。

④ 落料模：凸模的间隙补偿量$f_{凸}=d/2+S-\delta$，凹模的间隙补偿量$f_{凹}=d/2+S$（d为电极丝直径、S为单边放电间隙、δ为配合间隙）。

2）加工时选择的电参数为：空载电压峰值95V；脉冲宽度25μs；脉冲间隔78μs；平均加工电流1.8A。采用快速走丝方式，走丝速度为9m/s；电极丝为ϕ0.3mm的黄铜丝；工作液为乳化液。

3）加工结果：切割速度40～50mm²/min；表面粗糙度和加工精度均符合要求。

二、喷丝板异形孔加工

1. 加工零件的特点

1）品种多，批量大小不定。

2）具有薄壁、窄槽、异形孔等复杂结构图形。

3）不仅有直线和圆弧组成的图形，还有阿基米德螺旋线、抛物线、双曲线等特殊曲线的图形。

4）图形大小和材料厚度常有很大的差别。技术要求高，特别是在加工精度和表面粗糙度方面有着不同的要求。

2. 加工实例

图9-17所示为喷丝板异形孔。其孔形特殊、细微、复杂，图形外接参考圆的直径在1mm以下，缝宽为0.08～0.1mm。孔的一致性要求很高，加工精度±0.005mm，表面粗糙度$Ra<0.4\mu m$，喷丝板的材料是不锈钢1Cr18Ni9Ti。

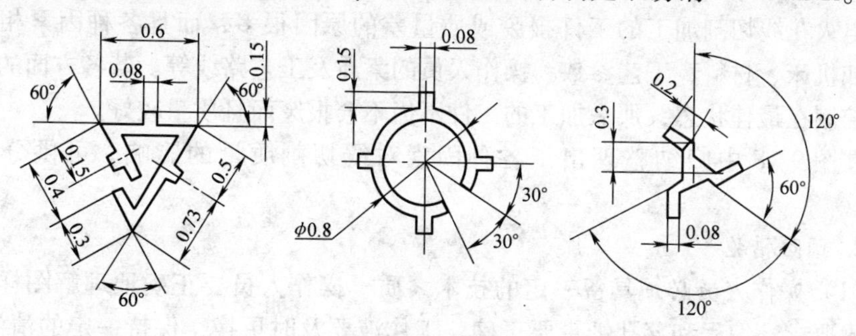

图9-17　喷丝板异形孔

（1）技术措施

1）加工穿丝孔。细小的穿丝孔是用细钼丝作电极在电火花成形机床上加工的。穿丝孔在异形孔中的位置要合理，一般是选择在窄缝相交处，这样便于找正和加工。穿丝孔的垂直度要有一定的要求，在0.5mm高度内，穿丝孔孔壁与上下平面的垂直度误差应不大于0.01mm，否则会影响线电极与工件穿丝孔的正确定位。

2）保证一次加工成形。当电极丝进退轨迹重复时，应当切断脉冲电源，使得异形孔槽能一次加工成形，有利于保证缝宽的一致性。

3）选择电极丝直径。电极丝直径应根据异形孔缝宽来选定，通常采用直径为0.035～0.10mm的电极丝。

4）确定线电极线速度。实践表明，对快速走丝线切割加工，当线速在0.6m/s以下时，加工不稳定；线速为2m/s时工作稳定性显著改善；线速提高到3.4m/s以上时，工艺效果变化不大。因此，目前线速常用0.8～2.0m/s。

5）保持线电极运动稳定。利用宝石限位器保持电极丝运动的位置精度。

（2）线切割加工参数　选择的电参数为：空载电压峰值55V；脉冲宽度1.2μs；脉冲间隔4.4μs；平均加工电流100～120mA。采用快速走丝方式，走丝速度2m/s；电极丝为ϕ0.05mm的钼丝；工作液为油酸钾乳化液。

（3）加工结果　表面粗糙度$Ra<0.4\mu m$，加工精度±0.005mm，均符合要求。

第六节　线切割加工产生废品的因素分析

一、产生废品及加工质量差的因素及其预防

1. 工件报废或质量差的因素

电火花线切割加工的工件报废或质量差的原因很多，而且各种因素相互影响。如机床、材料、工艺参数、操作人员的素质及工艺路线等。若各方面的因素都能控制在最佳状态，那么加工的工件不但不会报废而且质量较好。

在图9-18中归纳整理出了各种因素对线切割质量的影响，可供分析时参考。

2. 预防措施

（1）操作人员必须具备一定的技术素质　操作人员要正确地理解图样的各项技术要求，编程和穿孔纸带要正确。工作液要及时更换，保持一定的清洁度，保证上、下喷嘴不阻塞、流量合适。电极丝找正垂直，工件装夹正确。合理选用脉冲电源参数，加工不稳定时及时调整变频进给速度。加工时每个工件都要记录起割点坐标。

（2）机床、控制器、脉冲电源工作要稳定

1）保证导丝机构必要的精度，经常检查导轮、导电块、导丝块。导轮的底

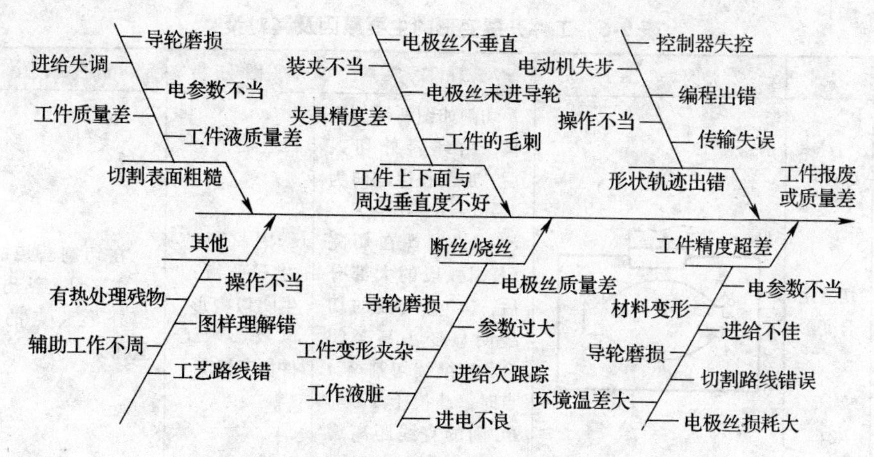

图9-18　各种因素对线切割质量和产生废品的影响

径应小于电极丝半径，支承导轮的轴承间隙要严格控制，以免电极丝运转时破坏了稳定的直线性，使工件精度下降，放电间隙变大，导致加工不稳定。

导电块应保持接触良好，磨损后要及时调整，不允许在钼丝和导电块间出现火花放电，应使脉冲能量全部送往工件与电极丝之间。导丝块的位置应调整合适，保证电极丝在贮丝筒上排列整齐，否则会出现叠丝或夹丝现象。

2）控制器必须有较强的抗干扰能力。变频进给系统要有调整环节。电动机进给要平稳、不失步。

3）脉冲电源的脉冲间隔、功率管个数及电压幅值要能调节。

（3）工件材料选择要正确　工件材料（如凸凹模）要尽量使用热处理淬透性好、变形小的合金钢，如Cr12及Cr12MoV等。锻造毛坯的热处理工艺，要严格按要求进行。最好进行两次回火，回火后的硬度在58～60HRC为宜。在电火花线切割加工前，必须将工件被加工区热处理后的残物和氧化物清理干净。因为这些残存氧化物不导电，会导致断丝、烧丝或使工件表面出现深痕。严重时会使电极丝离开加工轨迹，造成工件报废。

二、工件开裂变形的原因及其对策（见表9-6）

在实际生产中，有些工件切割后，尺寸总是出现明显偏差，检查机床精度、控制机和程序都正常，这时，应考虑偏差是否由变形和开裂引起。

除了表9-6所列的6种情况外，还应注意钢件的应力随含碳量的增加而增加，使高碳钢易开裂，故应避免使用高碳钢作凹、凸模材料，而应尽量使用热处理淬透性好、变形小的合金钢，如Cr12及Cr12MoV等。有时采用单点夹压来代替多点夹压，以及多次更换夹压点的办法，也可以使变形减小。

表 9-6　工件开裂变形的主要原因及其对策

序号	名称	例图	现象	原因分析	改善措施
1	切缝闭合变形	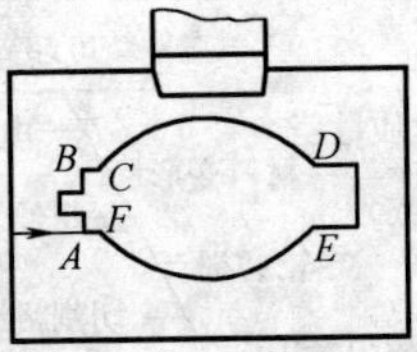 B C D F A E	切割如图所示的凸模，由坯料外切入后，加工程序走向为 A→B→C→D→E→F→A，发现在切完 EF 圆弧段的大部分后，BC 直线段的切缝明显变小甚至闭合，当继续切割至 A 点时，凸模上 FA 与 BC 间的直线距离增大了一个等于切缝宽度的尺寸	因材料应力不平衡产生闭口变形，以致影响工件加工精度	在切割凸模时，应在坯料上钻出凸模外形起点的穿丝孔
2	切缝张开变形	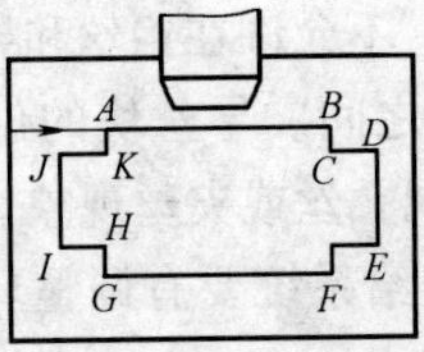 A B D J K C H I E G F	切割如图所示的凸模，也是从坯料外切入，加工程序走向为 A→B→…→K→A。此图形没有较大的圆弧段，发现变形时切缝不是闭合的，而是张开的。继续切割 FG 段时，凸模上的 AB 和 FG 间的直线距离将会逐渐减小	因材料应力不平衡产生张口变形，以致影响工件加工精度	在坯料上钻出凸模外形起点的穿丝孔；将加工程序走向改为 A→K→…→B→A，由于夹压工件的位置在最后一条程序处，所以在切割过程产生的变形不致影响凸模的尺寸精度
3	未淬火件张口变形	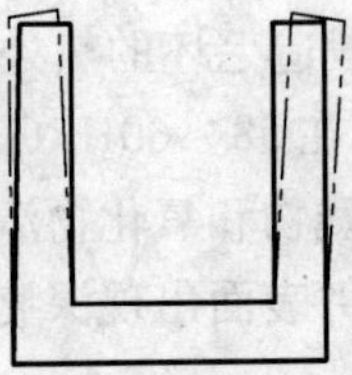	切割如图所示的未经淬火的工件，发现切割后在开口处张开，开口尺寸增大	尺寸单薄，切去内框体积较大，且框形不封闭，使应力变化很大，容易产生张口变形	改变一次切割到尺寸的传统习惯，改为粗、精二次切割，使粗切后的变形量在精切时被修正，粗切后为精切留的余量约为 0.5mm
4	淬火工件切割后开口变小	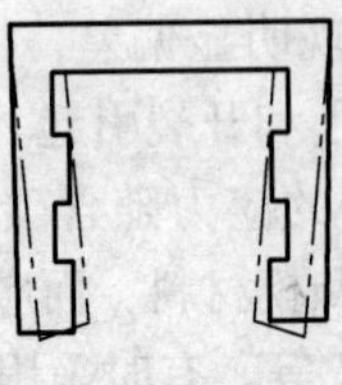	切割如图所示经过淬火的材料，发现切割后开口部位的尺寸变小	淬火产生的应力使开口部位产生闭口变形	淬火时在确保硬度的情况下，应尽可能使用较低的淬火温度和较缓慢的加热和冷却速度，以减少应力；切割后再进行 180～200℃、4h 的回火，以达到减小应力和稳定金相组织的目的

（续）

序号	名称	例　图	现　象	原因分析	改善措施
5	尖角处开裂		切割如图所示尺寸较大的凹模，发现尖角处开裂	由于腔内尖角处没有较大的工艺圆角 r，当切去内框体积较大时，使材料应力平衡受到严重破坏，导致尖角处应力集中而开裂	一是应在淬火前将中部镂空，给线切割留 2～3mm 的余量，这可使线切割时产生的应力减小；二是应在尖角处增设适当大小的工艺圆角 r，以缓和应力集中
6	凹模中间部位宽度变小		切割如图所示的长宽之比较大的窄长凹模，在切割后测量时发现槽的中间部位变窄	由于图形中的长槽和小槽的应力变形所引起的	改为在恒温环境中进行粗、精二次切割

第七节　线切割加工技能训练实例

训练1　定位盘的线切割加工

本训练的目的是通过 CAXA-V2 线切割软件对定位盘曲线槽进行绘图、编程和加工的操作训练，掌握曲线槽零件的线切割加工技巧。训练器材为 DK7732（HF 系统）电火花线切割机床、CAXA-V2 线切割软件、加工工件、量具、辅具等。

一、工艺分析

1. 零件图

图 9-19 所示为定位盘零件图，其材料为 1Cr18Ni9Ti。该零件的主要尺寸：直径为 ϕ270mm，厚度为 20mm，3 个 M20 螺钉孔；线切割主要加工由 5 个圆弧组成的曲线槽，尺寸为 $2\times R70$mm，$R132$mm，以及两个 $R15$mm 过渡圆弧；曲线槽对称中心平面相对于零件外圆面中心线对称度公差为 0.3mm，图中尺寸公差均为未注公差；曲线槽的表面粗糙度为 $Ra3.2\mu$m。

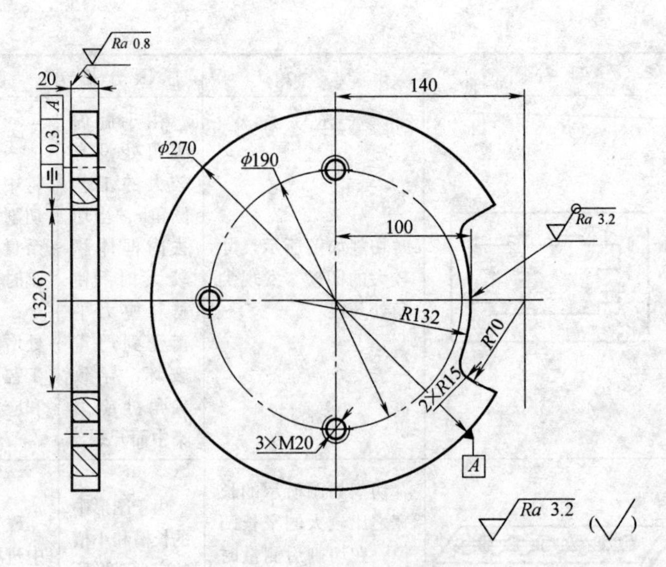

图 9-19 定位盘零件图

2. 加工工艺

（1）工艺路线 下料→车外圆和上、下两端面→磨上、下端面→钳工划线、钻孔、攻螺纹→线切割加工曲线槽→检验。

（2）确定坐标系（曲线槽） 为了计算坐标方便，直接选择 $R70$mm 的圆心为坐标系的原点，建立坐标系（见图 9-20）。

（3）确定偏移量 选用钼丝直径为 0.18mm，单面放电间隙为 0.01mm，偏移量 $f = (0.18/2 + 0.01)\text{mm} = 0.1\text{mm}$。

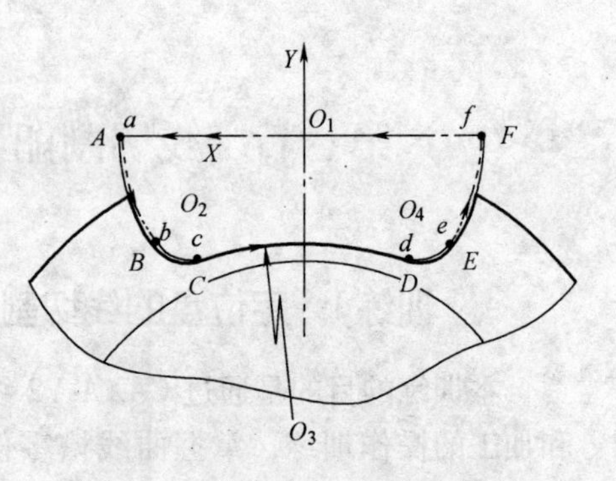

图 9-20 曲线槽线切割加工轨迹

二、线切割加工步骤

1. 工件的安装、找正及定位

（1）工件的装夹与找正

1）将定位靠板放置在工作台支承板上，如图 9-21 所示，用百分表拉直定位靠板 A 面，在全长范围内，百分表指针摆动不应大于 0.04mm。定位靠板用压板组件固定。

2）将工件外圆与定位靠板靠紧，用压板组件固定工件，此时不要把工件压紧，为工件找正作准备。

3）将划针一端固定在丝架上，另一端指向工件中心线任意一点。

4）往复移动工作台，检查划针尖与工件中心线偏移情况。用手扳动或用锤子轻轻敲击旋转工件，保证所加工凹槽的中心线与机床坐标重合。

5）用扳手旋转压板螺钉，确保压板组件把工件压紧。

（2）工件的定位

1）安装并找正电极丝（与工件上表面垂直）。

2）摇动工作台手柄，将电极丝移动到（见图9-21）“1”的右侧（距定位靠板A面>1mm）。

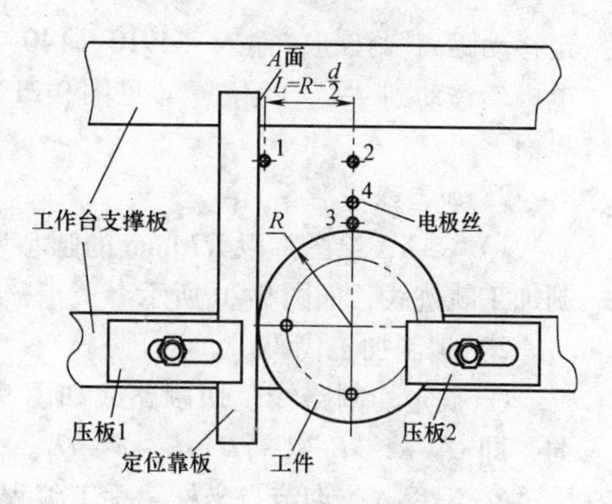

图9-21　工件安装示意图

3）开机进入HF数控系统（见图8-3）→单击“加工”进入加工界面（见图8-6）→单击“对边/对中”进入对边/对中界面（见图9-22）→单击“左X”，系统自动将电极丝移动到“1”的位置（见图9-21）→单击“退出”按钮，退回加工界面。

4）在加工界面下，单击“移轴”进入移轴界面（图9-23）→单击“自定移动距离”按钮，输入“134910（R－d/2）”步→单击“X＋”按钮，系统自动将电极丝移动到“2”的位置（见图9-21）→单击“退出移轴”按钮，回加工界面。

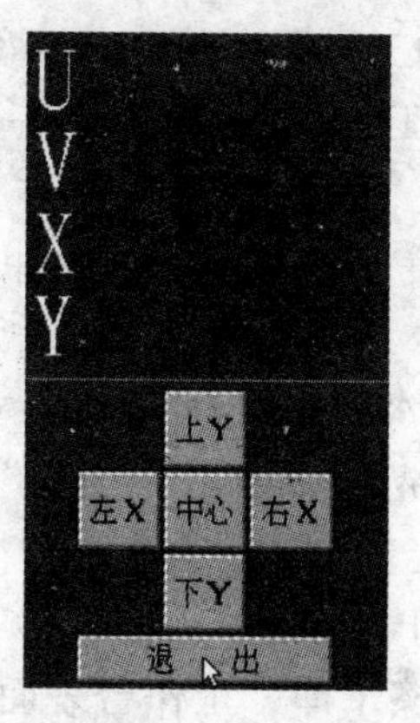

图9-22　HF对边/对中界面

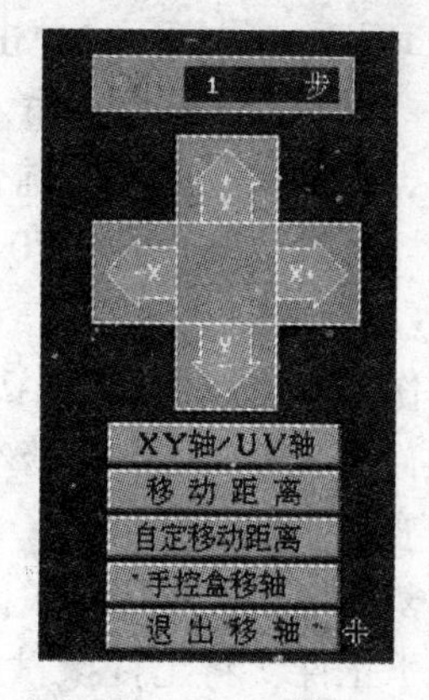

图9-23　HF移轴界面

5）在加工界面下，单击“对边/对中”按钮，进入对边/对中界面（见图9-22）→单击“下Y”按钮，系统自动将电极丝移动到“3”的位置（见图9-21）→单击“退出”按钮，退回加工界面。

6）在加工界面下，单击“移轴”进入移轴界面（见图9-23）→单击“自定移动距离”按钮，输入“4910（140－R－d/2）”步→单击“Y＋”按钮，将电极丝移动到“4”的位置（见图9-21）→单击“退出移轴”按钮，退回加工界面。

2. 加工程序准备

1）CAXA绘图。以R70mm的圆心为坐标系的原点，绘制曲线槽图形和线切割加工轨迹线，如图9-20所示。

2）编制加工代码。

① 确定切割路线。切割路线如图9-20所示，箭头所指方向为切割路线方向，即$O_1 \to A \to B \to C \to D \to E \to F \to O_1$。

② 编程。查询节点坐标，手工编程或用CAXA线切割自动编程。加工代码如下：

```
T84 T86 G90 G92X0.000Y0.000;
G01 X-69.900 Y0.000;
G03 X-56.872 Y-40.640 I69.900 J0.000;
G03 X-40.213 Y-46.170 I12.123 J8.663;
G02 X40.213 Y-46.170 I40.213 J-125.830;
G03 X56.872 Y-40.640 I4.536 J14.193;
G03 X69.900 Y0.000 I-56.872 J40.640;
G01 X0.000 Y0.000;
T85 T87 M02;
```

③ 存盘。将编制好的加工代码取名（qxc.iso）存入机床系统“E”盘。

3. 线切割加工

1）在HF系统界面下，单击“加工”进入加工界面→单击“读盘”→“读G代码”→“另选盘号”→输入“E”，找到加工文件（qxc.iso）→输入“2”→（回车），将加工代码调入前台。

2）选择电参数。电压：70～75V；脉冲宽度：16～28μs；脉冲间隔：6～8μs；电流：2～2.5A。

3）工作液选择。选择DX-2油基乳化液，与水配比约为1∶15。

4）工件加工。“开电极丝”→“开工作液”→单击“切割”后，开始加工。

5）切割完毕后，机床会关闭工作液泵，关闭走丝。

6）取下工件，将工件擦拭干净，再将机床擦干净，工作台表面涂上机油。按机床红色关机按钮，关闭控制系统，再关闭机床总开关，切断电源。

4. 检验（略）

训练2　多功能扳手的线切割加工

本训练的目的是通过利用CAXA-V2软件绘制加工图形和编程，掌握电火花

线切割跳步的加工方法。训练器材为 FW1 型电火花线切割机床、计算机、CAXA-V2 线切割软件、加工工件。

一、工艺分析

多功能扳手如图 9-24 所示，分别由 6 个（8、10、12、14、17、19）六角扳手、5 个（8、10、13、16、18）梅花扳手和 1 只钩头扳手组成。此工件属于薄材零件，材料为不锈钢，毛坯尺寸为 210mm×70mm×2mm。在毛坯上切割零件，除切割工件外形之外，包括切割 5 个梅花孔。线切割时，在工件各孔位置加工出穿丝孔，另外，在工件外轮廓的右侧边缘处加工出一个穿丝孔，这样可有效地限制工件内应力的释放，从而提高工件的加工精度。

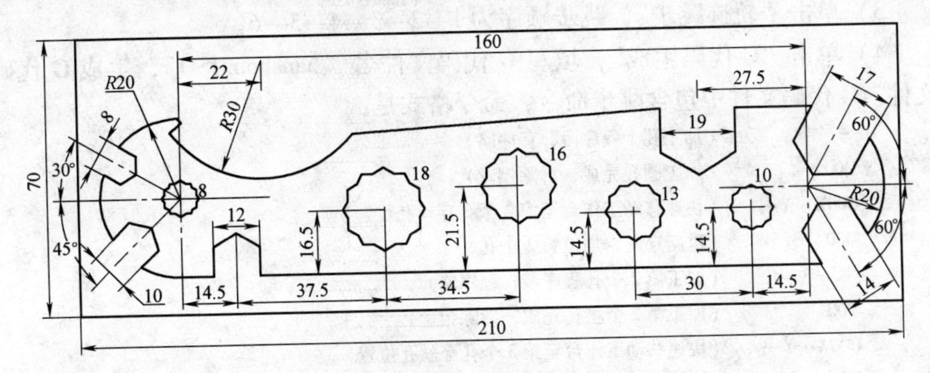

图 9-24　多功能扳手

工件加工时，需要使用跳步加工，如图 9-25 所示。即先将钼丝从穿丝孔 1 穿过，切割 8mm 梅花孔，切割结束后，应使机床暂停。拆除钼丝后快速移动工作台到孔 2 穿丝点，重新穿丝切割，切割完成后，再到第 3、第 4、第 5 个孔穿丝切割，最后工作台移到工件外轮廓的穿丝孔 6，穿丝切割外轮廓。

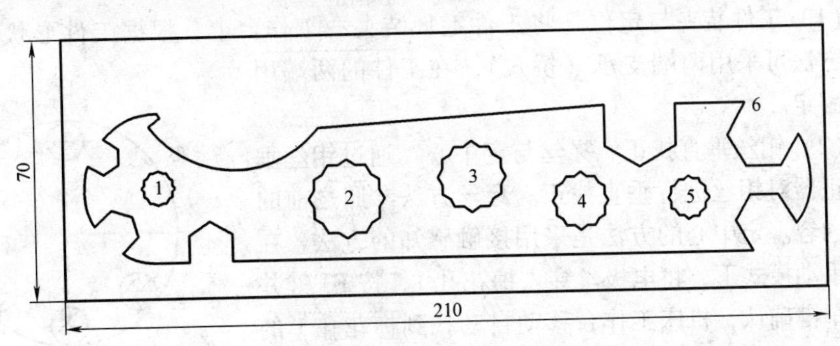

图 9-25　工件轨迹生成示意图

二、利用 CAXA-V2 线切割软件绘制工件图形和编程

1. 工件图形绘制

运用 CAXA-V2 线切割软件绘制工件图形，如图 9-25 所示。图形文件名为“banshou”。

2. 加工编程

1）单击“线切割”菜单，选择“轨迹生成”，填写“线切割轨迹生成参数表”后，单击“确定”按钮。

2）分别选择各梅花孔及扳手外形（见图 9-25），生成加工轨迹（穿丝点为各孔中心）。

3）单击“轨迹跳步”，跳步顺序为 1→2→3→4→5→6。

4）单击“G 代码生成”，填写 G 代码文件名“banshou. ISO”，生成 G 代码文件。G 代码文件中包含跳步命令，命令格式是：

…	（加工孔 1 程序段，程序略）
M00	（加工圆孔完成，拆除钼丝）
G00X…Y…	（快速移动工作台至第 2 个孔穿丝孔位置）
M00	（重新穿丝，加工第 2 个孔）
…	（加工第 2 个孔程序段，程序略）
M00	（加工第 2 个腰孔完成，拆除钼丝）
G00X…Y…	（快速移动工作台至第 3 个孔穿丝孔位置）
M00	（重新穿丝，加工第 3 个腰孔）
…	（加工第 3 个孔程序段，程序略）

5）将编制好的程序（banshou. ISO）复制到软盘上，准备通过复制输入 FW1 型快走丝线切割机床的数控系统。

三、线切割加工

（1）工件装夹与定位　将工件毛坯装夹在工作台上，根据工件形状分析，装夹方法可采用两端支承（桥式），在工件的两端用压板固定。

（2）钼丝垂直找正、穿丝与定中心　通过钼丝垂直找正器对钼丝进行垂直找正。穿丝方法参照之前的训练内容。定中心的方法是采用接触感知的方法，在系统手动模式下，将电极丝穿入梅花孔 1，按 F3 键并按回车键确认，机床工作台移动自动找到梅花孔 1 的中心（见图 9-26）。

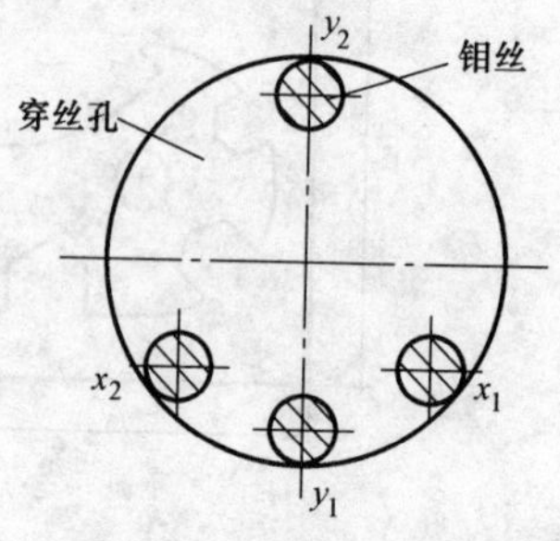

图 9-26　钼丝定中心

（3）将编制好的程序通过复制输入系统　在系统

编辑状态，按 F1 键，从软盘装入编制好的程序（banshou. ISO）。为了在切割过程中，前一次切割完成后移动工作台时，停喷工作液、停转贮丝筒（以免乱丝），可在前一次切割程序的 M00（暂停）前加入 T85（停喷工作液）和 T87（停转贮丝筒），在下一个切割程序的 M00（暂停）后加入 T84（喷工作液）和 T86（起动贮丝筒）。

程序添加的格式具体如下：

…（前一个切割程序段，程序略）

T85　T87（加入的新程序段）

M00　（暂停）

G00X…Y…　（快速移动工作台至下一个切割程序的穿丝孔位置）

M00　（暂停）

T84　T86（加入的新程序段）

…　（后一个切割程序段，程序略）

（4）切割加工参数选择　在参数表中选择合适的切割加工参数，并在程序前加入这个选定的参数（如 C120）。

（5）加工程序模拟　在自动模式的界面下，按 F3 键，将“模拟”的“OFF”状态改为“ON”状态，按回车键确认后，系统将自动地模拟运行检查程序。模拟结束后，将“模拟”的状态改回“OFF”。

（6）切割加工

1）按回车键，机床将起动工作液泵，开走丝，开始执行编程指令，沿梅花孔 1 的切割路径进行切割。

2）梅花孔 1 切割完成后，机床将暂时停下，操作者拆下钼丝，再按手控盒上[R]键，机床将快速移动到下一孔的穿丝孔的位置上。

3）将钼丝从此穿丝孔穿过，重新固定在贮丝筒上。重新安装贮丝筒防护罩、上丝架防护罩和工作台防护罩。再次按手控盒上[R]键，机床将起动工作液泵，开走丝，机床开始沿第 2 个梅花孔轨迹切割。

4）切割完毕后，机床再次暂停，拆除钼丝，将机床移动到第 3 个梅花孔的穿丝点后，操作者完成钼丝穿丝过程，再进行下一步的切削加工。

5）接着是第 3 个梅花孔、第 4 个梅花孔和第 5 个梅花孔，最后是外轮廓的加工，方法同上。

（7）加工完成　加工完成后，关闭总电源，取下工件，用棉丝擦拭机床的工作台，并涂上机油。

训练 3　齿轮的线切割加工

本训练的目的是通过使用 CAXA-V2 线切割软件绘制齿轮图形，并生成加工轨迹和 G 代码文件，掌握齿轮的线切割加工方法。训练器材为 FW1 型电火花线切割机床、计算机、CAXA-V2 线切割软件、加工工件。

一、工艺分析

齿轮毛坯应磨削，无毛刺，事先加工出穿丝孔，并淬火处理。

线切割加工中，齿轮毛坯的厚度是齿轮的齿宽，加之齿轮轮齿为渐开线，应选择电极丝损耗小的电参数，工作液浓度稍低些，工作台进给速度应慢些。

二、用 CAXA-V2 线切割软件绘制齿轮图形、生成轨迹和 G 代码

（1）用 CAXA-V2 线切割软件绘制齿轮图形

1）进入 CAXA-V2 线切割线切割软件，建立新文件，文件名为 CHILUN。

2）单击“绘制”菜单，选择“高级曲线”下的“齿轮”选项，屏幕上会弹出齿轮参数表，在表中填写 $z=15$，$m=1\text{mm}$ 后单击“下一步”按钮，屏幕上会弹出“渐开线齿轮齿形预显”对话框，输入有效齿数 15，单击“完成”按钮，如图 9-27 所示。

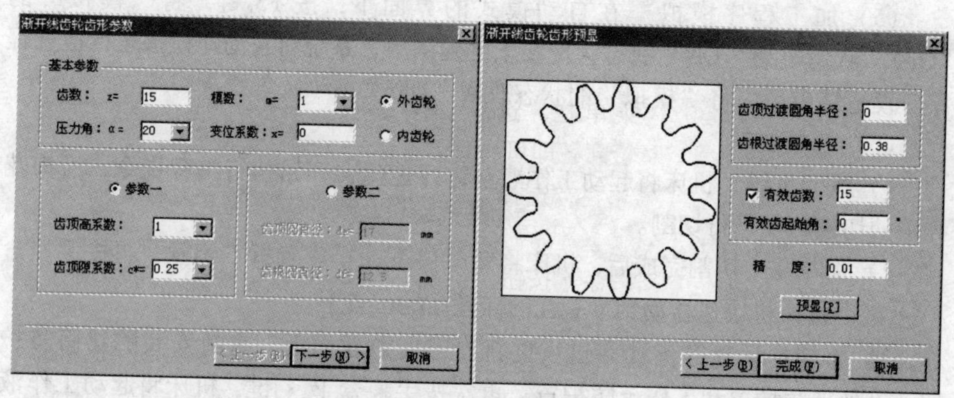

图 9-27　渐开线齿轮参数

3）屏幕上出现齿轮的齿形，输入定位点（0，0）后，齿轮图形将被定位在屏幕上。

（2）用 CAXA-V2 线切割软件完成轨迹生成和 G 代码文件

1）单击“线切割”菜单栏，选择“轨迹生成”，屏幕上会弹出“线切割轨迹生成参数表”对话框，按要求填写参数后，单击“确定”按钮，如图 9-28 所示。

2）屏幕左下方提示拾取齿轮轮廓方向，齿轮轮廓线上出现两个相反方向的箭头，分别指示的是顺时针切割方向和逆时针切割方向，用鼠标选择其一。

3）屏幕左下方提示加工侧边或补偿的方向，也是两个相反方向的箭头，选

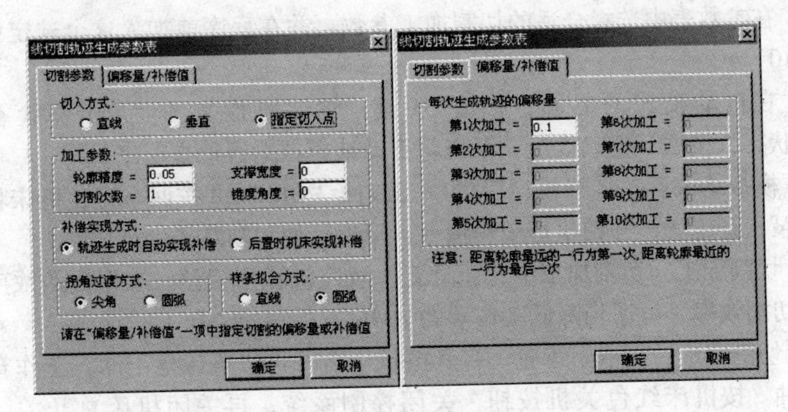

图 9-28　“线切割轨迹生成参数表”对话框

择齿轮齿形外侧的方向。

4）屏幕左下方提示确定穿丝点位置，可在齿轮的四周任意位置选择穿丝点，单击鼠标左键确定，软件提示退出点位置（按回车键，穿丝点与退出点重合），按回车键确定，轨迹生成，齿轮轮廓上出现绿色线条（见图 9-29）。

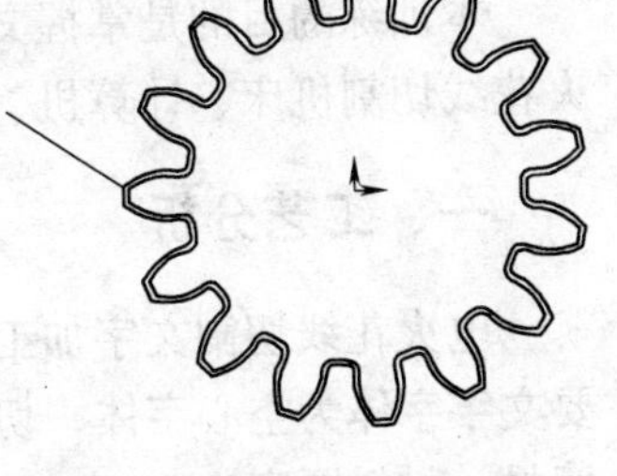
图 9-29　齿轮轨迹生成

5）单击“线切割”菜单栏，选择“轨迹仿真”，屏幕左下方提示拾取轮廓，即可仿真。

6）单击“线切割”菜单栏，选择生成 G 代码，软件弹出对话框，要求写出 G 代码文件名（CHILUN. ISO），写出后单击“保存”按钮。屏幕下方提示拾取轮廓，拾取后齿轮轮廓出现红色线条，单击鼠标右键，弹出“记事本”对话框，显示 G 代码文件（G 代码文件略）。

7）将编制好的程序（CHILUN. ISO）复制到软盘上，准备通过复制输入 FW1 型快走丝线切割机床的数控系统。

三、齿轮线切割加工

（1）齿轮毛坯的装夹与定位　将钻好穿丝孔的工件装夹到机床的工作台上，并对工件进行找正。

（2）钼丝穿丝与垂直找正　将钼丝从齿轮毛坯的穿丝孔穿过，再使用钼丝垂直找正器对钼丝进行垂直找正，最后安装贮丝筒保护罩、上丝架保护罩和工作台保护罩。

（3）齿轮线切割加工

1）在系统编辑状态，按 F1 键，从软盘装入编制好的程序（CHILUN. ISO）。

2）在参数表中选择合适的切割加工参数，并在程序前加入这个选定的参数（如 C010）。

3）在自动模式的界面下，按 F3 键，将“模拟”的“OFF”状态改为“ON”状态，按回车键确认后，系统将自动地模拟运行检查程序。

4）模拟结束后，将“模拟”的状态改回“OFF”并按回车键，机床将起动工作液泵，开走丝，开始执行编程指令，沿齿轮的切割路径进行切割。

5）切割加工。切割加工中，注意工作液应包裹住钼丝。工作液的浓度变化会影响切割效率，可适当降低工作液的浓度。

6）切割完成后，取下齿轮，将其擦拭干净，再将机床擦干净，工作台表面涂上机油。按机床红色关机按钮，关闭控制系统，再关闭机床总开关，切断电源。

训练 4　字模的线切割加工

本训练的目的是掌握文字的电火花线切割加工方法。训练器材为 DK7732 电火花线切割机床、计算机、CAXA-V2 线切割软件、加工工件。

一、工艺分析

电火花线切割文字加工主要是为了制作文字模板。电火花线切割文字加工需要文字字体为空心字体，切割时沿文字轮廓加工。电火花线切割文字加工常选择薄材，材料厚度为 2 ~ 3mm，薄材须平整，无毛刺，事先加工好穿丝孔。切割加工中，选择电极丝损耗小的电参数，工作液浓度应稍浓些。

二、用 CAXA-V2 线切割软件绘制文字、生成文字轨迹和 G 代码文件

（1）用 CAXA-V2 线切割软件绘制文字

1）进入 CAXA-V2 线切割编程软件系统，建立新文件，文件名为 WENZI。

2）单击“绘制”菜单，选择“高级曲线”生成栏中的“文字轮廓”，输入第一角点（0，0），及另一角点（100，60），屏幕上出现“文字标注与编辑”对话框，如图 9-30 所示。

3）在“文字标注与编辑”对话框中输入“寿比南山”四个汉字。若要对文字大小或字形调整，可单击对话框中的“设置”按钮，软件会弹出“文字标注参数设置”对话框，在此对话框中可以设置文字大小（70）和字体（华文行楷），如图 9-31 所示。设置完后按“确定”按钮返回“文字标注与编辑”对话框，再次按“确定”按钮，屏幕上出现“寿比南山”四个字，如图 9-32 所示。

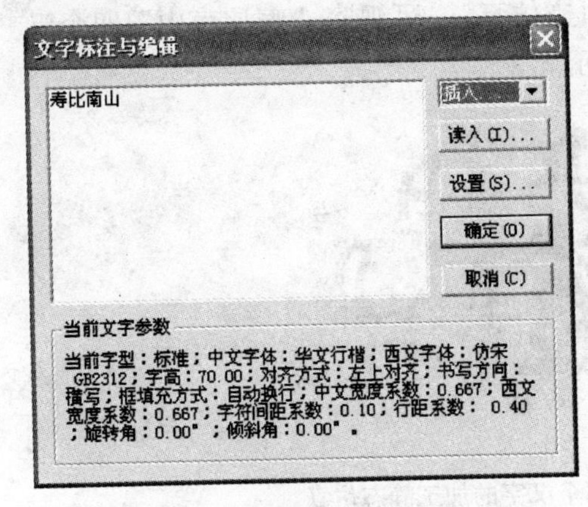

图 9-30　文字标注与编辑

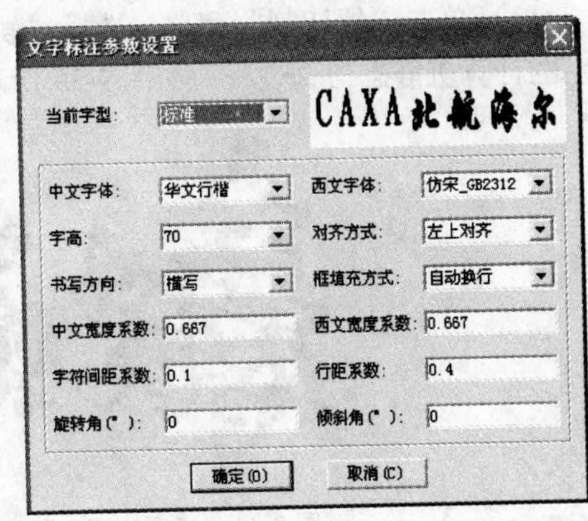

图 9-31　文字标注参数设置

4）对“寿比南山”字样局部笔画及字间距进行编辑（见图 9-33），删除相交线段，使其构成“一笔画”并连成整体。

图 9-32　输入汉字

图 9-33　编辑平移字间距

（2）用 CAXA-V2 线切割软件生成文字的线切割轨迹和 G 代码文件

1）单击“线切割”菜单，选择“轨迹生成”，在“轨迹生成参数表”中填写所要求参数，单击“确定”按钮。

2）屏幕左下方提示要求选择曲线轮廓，单击“寿比南山”四个汉字曲线轮廓，确定切割加工方向，即顺时针加工或逆时针加工。然后再选择侧边加工方向，即切割“寿比南山”四个汉字的外轮廓或是内轮廓。最后确定穿丝点和退出点的位置，从而完成“寿比南山”四个汉字的轨迹生成，如图 9-34 所示。

图 9-34　“寿比南山”四个汉字的轨迹生成

3）单击“线切割”菜单，选择“轨迹仿真”，可观察“寿比南山”四个汉字的计算机静态仿真过程，如图9-35所示。

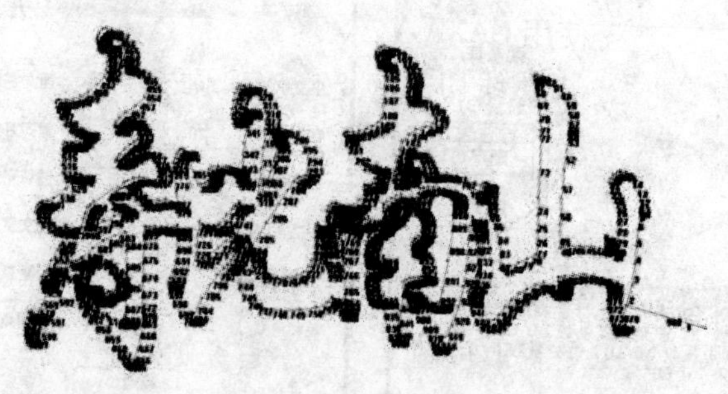

图9-35 “寿比南山”四个汉字的加工静态仿真

4）单击“线切割”菜单，选择“G代码生成”，系统弹出对话框，输入文件名为“WENZI. ISO”，单击“确定”按钮。

5）拾取“寿比南山”四个汉字的曲线轮廓，“寿比南山”四个汉字显示红色，单击鼠标右键，系统弹出记事本，记事本中呈现“寿”字的G代码程序（G代码略）。

6）将编制好的程序文件保存到DK7732线切割系统的“E盘”上，准备调入系统进行加工。

三、文字的线切割加工

（1）钼丝的穿丝与找正　先将钼丝从文字毛坯的穿丝孔处穿过，固定在贮丝筒上，再用钼丝找正器对钼丝进行垂直找正。

（2）工件的装夹与定位　将工件装夹到工作台上，并对工件进行找正。

（3）线切割加工

1）在HF系统界面下，单击“加工”进入加工界面→单击“读盘”→“读G代码”→“另选盘号”→输入“E”，找到加工文件（WENZI. ISO）→输入“2”→（回车），将加工代码调入前台。

2）选择电参数。电压：70～75V；脉冲宽度：16～28μs；脉冲间隔：6～8μs；电流：2～2.5A。

3）工作液选择。选择DX-2油基乳化液，与水配比约为1∶15。

4）零件加工。“开电极丝”→“开工作液”→单击“切割”后，开始加工。

5）切割完毕后，机床会关闭工作液泵，关闭走丝。

6）取下工件，将工件擦拭干净，再将机床擦干净，工作台表面涂上机油。按机床红色关机按钮，关闭控制系统，再关闭机床总开关，切断电源。

● 训练 5　图案的线切割加工

本训练的目的是通过使用 CAXA-V2 线切割软件进行矢量图的生成、轨迹生成和 G 代码生成，掌握电火花线切割矢量图的加工方法。训练器材为电火花线切割机床、计算机、扫描仪、CAXA-V2 线切割软件、加工工件。

一、工艺分析

图片将通过扫描仪，生成位图文件，再通过位图矢量化将该图的 BMP 格式文件转换成矢量图，这样可提取位图上的数据点，画出图形轮廓线。提取数据点的精度往往影响图形的准确性，可根据实际情况选择。

另外，转换成的轮廓线可以用尖角拟合或圆弧拟合。

用位图矢量化的方法做线切割加工主要用在美术制品的模板制作或是扫描图形的加工方面。一般工件大多用薄材加工，应选择电极损耗小的电参数，工作液的浓度适当高些，机床进给速度可快些。

二、扫描图形

用扫描仪将图片扫描成 BMP 格式的位图文件，如图 9-36 所示。

三、用 GAXA-V2 线切割软件进行矢量图的生成、轨迹生成和 G 代码生成

1. 矢量图的生成

1）进入 CAXA-V2 线切割编程软件，建立新文件，文件名为 SLT。

2）单击“绘制”菜单，选择“位图矢量化”菜单栏的“矢量化”命令，系统会弹出“选择图像文件”对话框，选择文件类型为 BMP 文件，选择后单击“确定”按钮，屏幕上出现矢量化后的图形，如图 9-37 所示。

图 9-36　扫描的 BMP 格式的位图文件

图 9-37　矢量化后的图形

3）为了避免加工后部分笔画的脱落，以及加工过程中封闭笔画穿丝的麻烦，必须将整个矢量图修改成“一笔画”图形，如图9-38所示。

2. 矢量图的轨迹和G代码的生成

1）单击“线切割”菜单，选择“轨迹生成”，系统弹出“轨迹生成参数表”对话框，填写合适参数后，单击“确定”按钮。系统提示轮廓拾取，用鼠标单击图形轮廓，选择图形轮廓的切割方向，再选择切割图形是内轮廓还是外轮廓，最后确定穿丝点和退出点位置。

2）单击“线切割”菜单，选择“轨迹仿真”，观察矢量化后的图形计算机仿真过程，如图9-39所示。

图9-38　改成一笔画后的图形

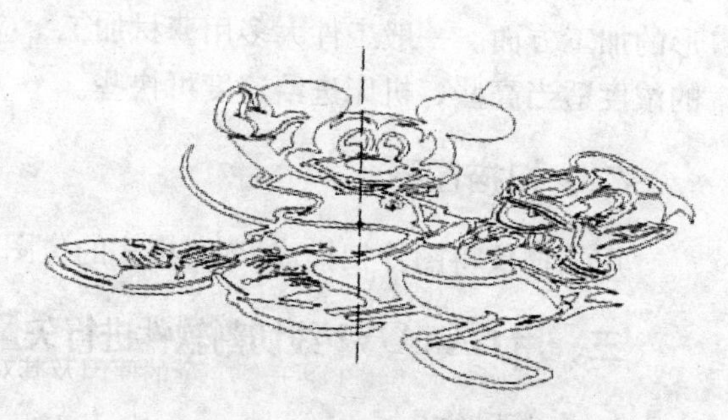

图9-39　图形的动态仿真图

3）单击“线切割”菜单，选择“G代码生成”，系统弹出对话框，输入文件名为“SLT. ISO”。

4）用鼠标拾取曲线轮廓，轮廓将显示红色，单击鼠标右键，系统弹出记事本，记事本中为曲线轮廓的G代码程序（G代码程序文件略）。

5）将编制好的程序（SLT. ISO）复制到软盘上，准备输入FW1型快走丝线切割机床的数控系统。

四、电火花线切割矢量图的加工

（1）工件装夹与定位　将工件装夹到工作台上，并进行定位找正。

（2）钼丝的穿丝与找正　先将钼丝从穿丝孔穿过，绕过导轮、张紧轮并在卷丝筒的一侧固定好，在检查确认穿丝工作完毕后，再用钼丝找正器对钼丝进行垂直找正。

（3）线切割矢量图的加工

1）在手动模式界面下，按F3（中心）键并按回车键确认后，系统将自动

寻找穿丝孔的中心。找中心结束后，按 F10 键，进入编辑模式。按 F1 键，从软盘装入编制好的程序（SLT. ISO）。

2）在参数表中选择合适的切割加工参数，并在程序前加入这个选定的参数（如 C120）。

3）程序修改结束后，在此界面下，按 F9 键，进入自动模式状态。

4）在自动模式的界面下，按 F3 键，将“模拟”的“OFF”状态改为“ON”状态，按回车键确认后，系统将自动地模拟运行检查程序。

5）模拟结束后，将“模拟”的状态改回“OFF”，按回车键，机床将起动工作液泵，开走丝，开始执行编程指令，沿图形的线切割路径进行切割。

6）切割完毕后，关闭控制系统并切割电源，将工件取下，擦拭干净，清理工作台，并涂上机油。

复习思考题

1. 电火花线切割加工中，使用的工作液必须具备的性能有哪些？
2. 电火花线切割加工使用的电极丝在材料性能上有哪些具体要求？
3. 线切割走丝速度对工艺指标有哪些影响？
4. 单件小批量线切割可加工各种电动机定、转子铁心的硅钢片，一般如何进行装夹？
5. 采取哪些预防措施可避免线切割加工中工件废品的产生？
6. 简述线切割加工中工件开裂变形的原因及其对策。

第十章

典型电火花成形加工机床的操作

第一节　SE系列数控电火花成形机床的操作

SE系列数控电火花机床的外观及其各部分的构成如图10-1所示。

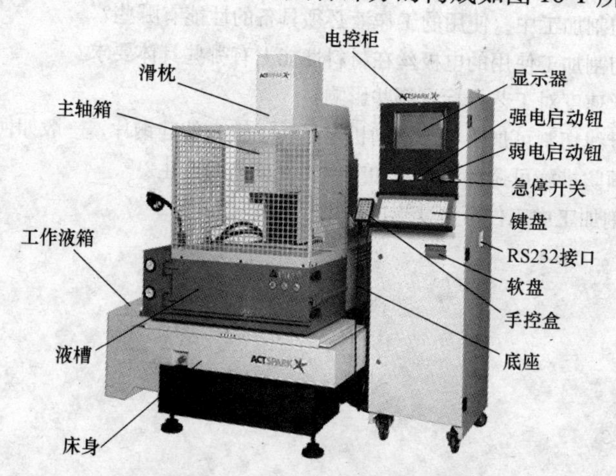

图10-1　SE系列数控电火花机床的外观及其各部分的组成

一、手控盒与准备工作界面

1. 手控盒

SE系列数控电火花机床的手控盒如图10-2所示。手控盒各键的具体功能介绍如下：

1）☰：工作移动速度选择键（中速、高速、单步）。

2）+X、-X、+Y、-Y、+Z、-Z、+C、-C：选择轴及运动方向。

3）PUMP：工作液泵开关键。

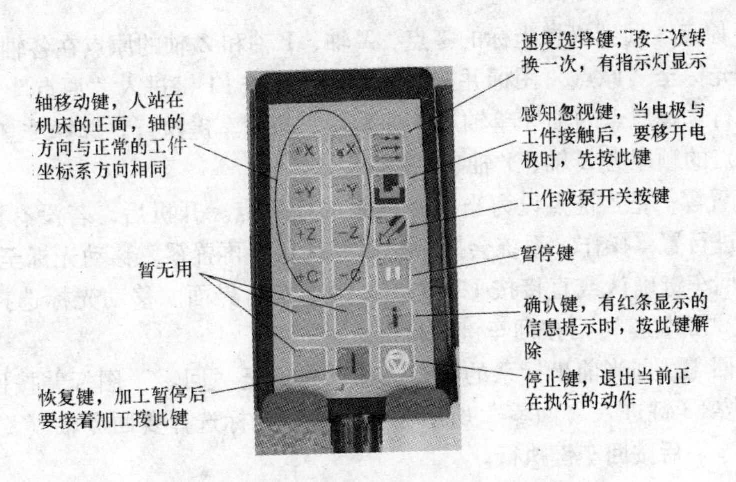

图 10-2　SE 系列数控电火花机床的手控盒

4）HALT：暂停键，将使机床动作暂停。

5）RST：恢复键，恢复暂停前的加工。

6）ST：感知忽视键。

7）ACK：确认键，在出错或某些情况下，其他操作被中止，按此键确认。

8）OFF：停止键，退出正在执行的操作。

2. 准备工作界面（ALT + F1）

准备工作界面用来进行加工前的准备操作，可用于回机械原点、设置坐标系、回到当前坐标系的零点、移动机床、接触感知、找中心等操作。准备工作界面如图 10-3 所示。

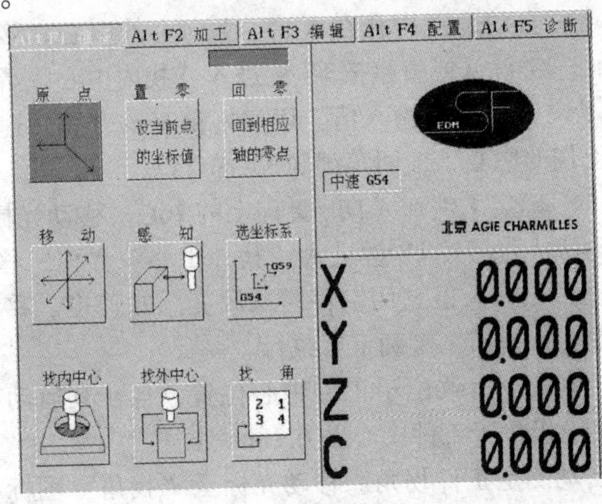

图 10-3　准备工作界面

（1）原点　回到机械坐标的零点，*X* 轴、*Y* 轴和 *Z* 轴的原点在各轴的正极限处。移动光标至“原点”图标并按回车键确认或按 F1 键进入“原点”界面。移动光标进行选择原点的轴（单轴或三轴）后，按回车键执行。选择“三轴”时，执行回原点的顺序为 *Z* 轴、*Y* 轴、*X* 轴。

（2）置零　把当前点设为当前坐标系的任一点。开机后，若没有返回上次的零点就进行置零操作，系统会提示操作者确认后再置零。移动光标至“置零”图标并按回车键确认或直接按 F2 键进入“置零”界面。移动光标选择轴（*X*、*Y*、*Z*）或“都置零”后按回车键执行。

（3）回零　回当前坐标系的零点。移动光标至“回零”图标并按回车键确认或直接按 F3 键进入“回零”所示界面。移动光标选择要回零轴（*X*、*Y*、*Z*）或“都回零”后按回车键执行。

（4）移动　有绝对（当前坐标系零点为参考点）和增量（当前点为参考点）两种方式。移动光标至“移动”图标并按回车键确认或直接按 F4 键进入“移动”界面。选定需要移动的轴，用空格键来进行选择移动的方式（绝对或增量），并在输入数值后按回车键执行。

（5）感知　通过电极与工件接触来定位。移动光标至“感知”图标并按回车键确认或直接按 F5 键进入“感知”界面。用↑或↓键选择感知方向，用空格键选择感知速度（回退量是指感知后向反方向移动的距离。感知速度有 0 ~ 9 共 10 档，0 档速度最快，9 档速度最慢，细小电极应选低速感知）。

（6）选坐标系　有 G54 ~ G59 共 6 个坐标系，每一个坐标系都有一个零点，可自行设定，从而便于多工位加工。移动光标至“选择坐标系”图标并按回车键确认或直接按 F6 键进入“选择坐标系”界面。用空格键选择坐标系，按 F10 键退出此模块。

（7）找内中心　自动确定内孔在 *X* 向、*Y* 向上的中心。移动光标至“找内中心”图标并按回车键确认或直接按 F7 键进入“找内中心”界面。移动光标来选择 *X* 向行程或 *Y* 向行程，并输入值。用空格键来改变感知速度。移动光标来确定选择那个轴上找的中心，按回车键确定后执行。

（8）找外中心　确定工件在 *X* 向、*Y* 向上的中心。移动光标至“找外中心”图标并按回车键确认或直接按 F8 键进入“找外中心”界面。移动光标来选择 *X* 向行程或 *Y* 向行程，并输入值。用空格键来改变感知速度。移动光标来确定选择那个轴上找的中心，按回车键确定后执行。

在找中心前，电极应大致位于工件中心位置，且在其运动范围内没有障碍物。执行完成后，电极位于工件中心上方 1mm 处。

（9）找角　自动测定工件拐角。移动光标至“找角”图标并按回车键确认或直接按 F9 键进入“找角”界面。移动光标来选择 *X* 向行程或 *Y* 向行程，并输

入值。用空格键来改变感知速度；用空格键选择拐角（有 1 ~ 4 个角供选择），选择后按回车键开始执行。执行完成后，电极位于工件上方 1mm 处。

二、编程、加工及编辑界面

1. 自动/手动生成程序及加工界面（Alt + F2）

（1）自动生成程序及加工界面（见图 10-4）

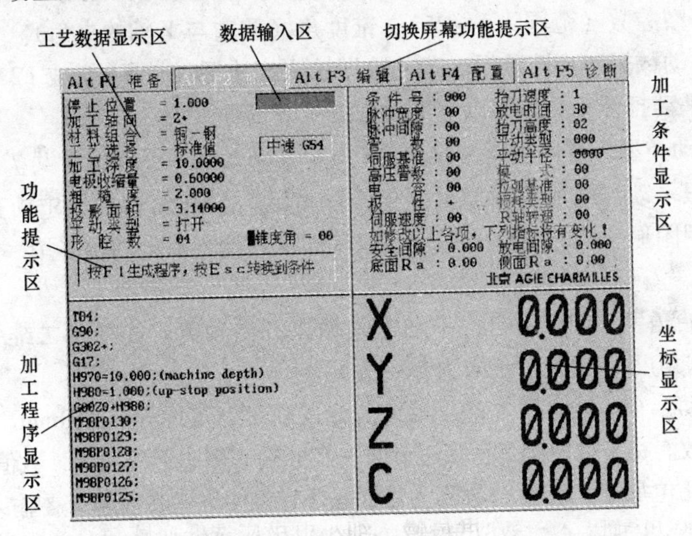

图 10-4　自动生成程序及加工界面

1）加工界面区域功能。

① 工艺数据显示区。此区用于显示自动生成程序所需的工艺数据，包括停止位置、加工轴向、材料组合、工艺选择、加工深度、电极缩放量、表面粗糙度、投影面积、平动类型、型腔数和锥度角。用户在此区可以用↑或↓键来移动光标至目标项进行工艺参数的设置。

② 加工程序显示区。显示当前内存中的程序，红色表示当前运行段。移动光标或按 F8 键进入该区，按回车键开始加工。

③ 加工条件显示区。显示加工条件内容。加工中按 Esc 键把光标转到此区，可修改加工条件。关机后所做的改动即失效。非加工情况下改动加工条件，按 F1 键可以存储，成为长期性修改。系统可以存储 1000 种加工条件，其中 0 ~ 99 为用户定义的加工条件，其余为系统自带加工条件。

④ 坐标显示区。实时显示加工中的坐标值。在加工中，加工轴字符下面的数字表示本程序段要加工到的实际深度。

2）工艺参数的设置。工艺参数的设置项目包括：停止位置（每个条件加工

完成后，电极回退停止的位置）；加工轴向（选定轴和加工方向，有 Z +、Z –、X –、X +、Y –、Y +，用空格键选择）；材料组合（铜-钢、细石墨-钢、石墨-钢）；工艺选择（低损耗、标准值、高效率）；加工深度（最终要达到的深度尺寸，单位为 mm）；电极收缩量（电极尺寸与最终尺寸的差值，单位为 mm）；粗糙度（最终表面的表面粗糙度，单位为 μm）；投影面积（最终要得到的放电部分在加工面上的投影面积）；平动类型（用空格键选择关闭或打开，即有平动或无平动）；型腔数（范围为 1 ~ 26）；锥度角（侧边与 *Y* 轴的夹角）。

3）平动数据和型腔数据。工艺数据输入完成后，按 F1 键或 F2 键自动生成程序。若平动打开，要输入以下平动数据：

① 平动类型。有圆形、二维矢量、⊖、⊟、◇、×、+ 共 7 种选择。前两种是伺服平动，即加工轴加工到指定深度后，另外两轴按一定轨迹作扩大运动；其他用图形表示的是自由平动，即从加工开始，平动轴始终按一定轨迹作扩大运动。

② 开始角度。圆形及自由平动无须输入开始角度。如果是二维矢量，则需输入矢量的角度（以 *X* 轴正向为起始边）。

③ 平动半径。输入平动的半径或矢量的长度，范围为 0 ~ 30mm。

④ 角数。在平动轨迹是正多边形时，在此输入多边形的角数，数值为1 ~ 20。

⑤ 多孔位加工。若型腔数不为零，按 F1 键自动生成程序，在输入平动数据后按 F10 键，出现一个表格，要求用户输入每个型腔的绝对坐标值，如图 10-5 所示。如按 F2 键自动生成程序，则表格要求的是 H 寄存器的号，移动距离则已存入指定的 H 寄存器中。表格分两页，每页可输入 13 个型腔的数据，用 Page Down、Page Up 键翻页。

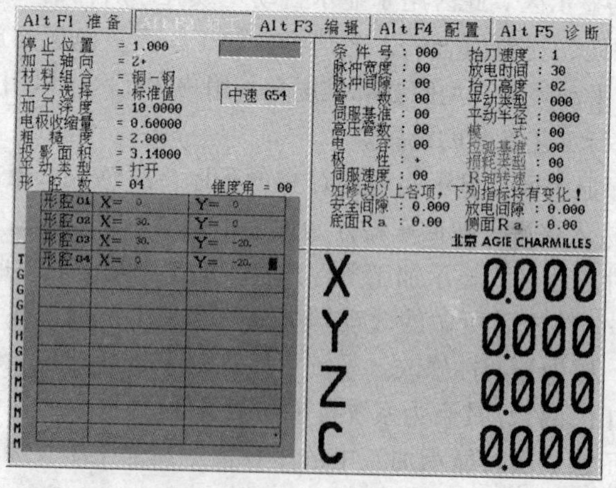

图 10-5　坐标值方式多孔加工

⑥ 多孔位的加工方式，是以一个条件依次加工完所有型腔，再转换下一个条件。

（2）半自动编程　在加工界面按 F5 键进入半自动生成程序模块，如图 10-6 所示。在数据区输入相关操作（如果调用已知程序，此处输入程序号；如果是移动等动作，输入具体值；如果是加工，输入加工深度后再按回车键，出现一辅助界面，需要输入加工条件号、平动类型、开始角度、平动半径、角数、间隙补偿等数据，按 F1 键生成程序并返回）。

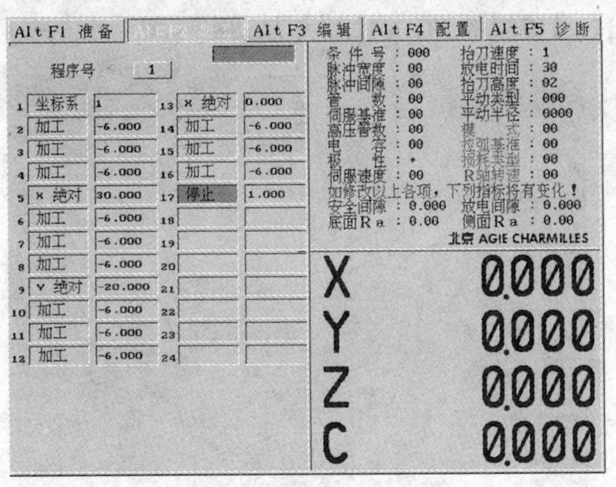

图 10-6　半自动生成程序模块

（3）手动加工　手动加工是指由用户指定一个加工的轴向，输入加工的深度和放电加工的条件号后，进行单段加工的方式。在加工界面下按 F9 键，即出现如图 10-7 所示的手动加工界面。

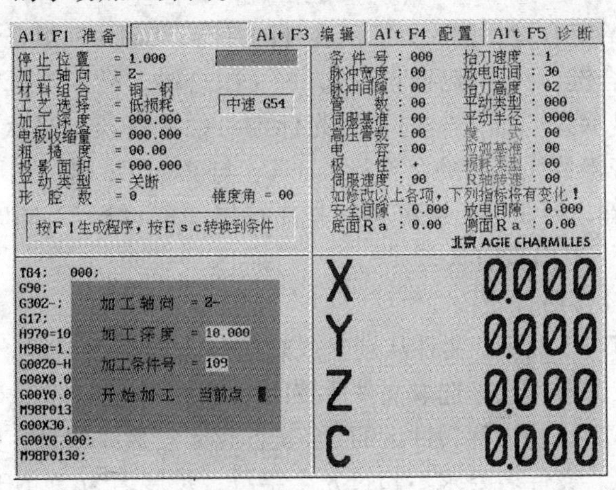

图 10-7　手动加工界面

手动加工的设置项目包括：加工轴向（用空格键来进行选择，有 Z－、Z＋、

Y－、Y＋、X－、X＋共6种选择）；加工深度（加工后的深度，增量坐标）；加工条件号（放电加工的条件号）；开始加工（当光标在此项时，按回车键，此项会变成黄色，即开始加工。加工中的所有操作和非手动加工方式一样）。

2. 编辑界面（Alt＋F3）

编辑界面如图10-8所示，提供了NC程序的输入、输出等操作。编辑界面用ISO代码进行编程，在按回车键处自动加“;”号。用键盘或磁盘输入，用磁盘或打印机输出。可编辑的NC文件最大为58K。

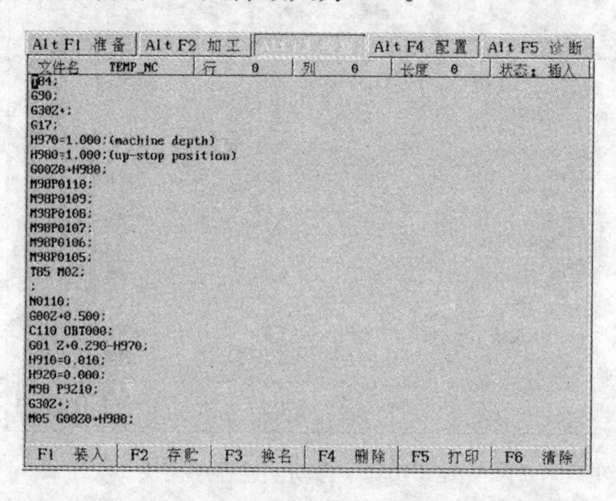

图10-8 编辑界面

1）各编辑键功能。↑、↓、←、→（光标移动）键；Del（删除）键，删除光标所处的字符；Backspace（←）退格键，光标左移一格，并删除光标左边的字符；Ctrl＋Y组合键，删除光标所在处的一行；Ctrl＋E组合键，光标移到行尾；Ctrl＋H组合键，光标移到行首；Ctrl＋I组合键，插入与覆盖转换键，屏幕右上角的状态显示为“插入”时，在光标前可插入字符，当状态变为“覆盖”时，输入的字符将替代原有的字符；Page Up与Page Dn键，向上翻一页与向下翻一页；Enter键，回车键，结束本行并在行尾加“;”号，同时光标移到下一行行首；Esc键，退出当前状态。

2）F功能键介绍。

① 装入（F1）。将NC文件从硬盘或软盘装入内存缓冲区。选定驱动器后，将显示文件目录，再用光标选取文件后按回车键确认。

② 存贮（F2）。将内存缓冲区的NC文件存入硬盘或软盘。如无文件名，会提示输入文件名。文件名要求不超过8个字符，扩展名为“.NC”，自动加在文件名后。

③ 换名（F3）。更换文件名。如果新文件名与磁盘已有的文件重名，或文

件名输入错误，将提示“替换错误”。

④ 删除（F4）。将 NC 文件从硬盘或软盘中删掉。

⑤ 打印（F5）。用户可选项，标准系统不提供。

⑥ 清除（F6）。清除 NC 程序区的内容。

3. 其他界面

（1）配置界面（Alt + F4）　配置界面用于设置系统的配置及运行中的一些系统参数。可设置语言选择，*X*、*Y*、*Z* 轴分辨率，有无 C 轴，计量单位，最大电流，*X*、*Y*、*Z* 轴反向间隙，*C* 轴反向间隙，点动各速度，感知反向行程，感知次数，感知速度，抬刀速度，无人，KM1 控制等内容，用光标选取、空格键转换或输入数据。

（2）诊断界面（Alt + F5）。诊断界面提供了检查机床状态的诊断工具，同时显示机床的各种信息，以便进行诊断和维护。

（3）参数界面（Alt + F6）。*X*、*Y*、*Z* 机械坐标显示及编码器的位置、加工时间等参数。

（4）螺距界面（Alt + F7）。各轴螺距补偿均记录在此界面。

（5）补偿界面（Alt + F8）。此界面可浏览 H 补偿码的值。

三、机床操作

（1）机床的操作过程

1）开机准备。合上电柜右侧总开关，脱开急停按钮（蘑菇头按箭头方向旋转），起动机床。约 20s 进入准备界面后，执行回原点动作。未进入准备界面之前，不要按任何键。

2）返回机床的绝对零点。选择回原点模块并按回车键确认，系统按 *Z* 轴、*Y* 轴、*X* 轴的顺序开始回零，当回到原点后，轴显示自动变为零。注意开始执行回零前，应先检查机床回原点的路径有无障碍。操作结束后按 F10 键退出回原点模式。

3）安装电极和工件。工件和电极的安装方法取决于所使用的装夹系统，在工作台面上设有螺纹孔。

4）将主轴头移动到加工所需位置。升起 *Z* 轴，以使主轴头沿 *X*、*Y* 向移动时不发生碰撞，并根据需要将主轴头移至所需位置。

5）编程。按 Alt + F2 组合键进入加工界面，输入或者选择自动编程的相关工艺数据，生成 NC 文件。按 Alt + F3 进入编辑界面，手工编辑 NC 文件，也可以装入一个现成的 NC 文件进行修改。根据加工要求，设置好平动、抬刀数据，选择好加工条件。关闭液槽门，闭合放油阀，回到加工界面，移动光标到起始程序段，按回车键开始加工。加工中可以更改加工条件、暂停加工，但不能修改程序。

（2）工艺方法

1）选择加工条件。

① 粗加工条件（第一个加工条件）。根据加工面积选用在设置粗加工电极的尺寸时应考虑加工条件的安全间隙。

② 精加工条件（最后一个加工条件）。按所需的表面粗糙度值 *Ra* 来选择

③ 中间条件。如果粗加工和精加工条件的表面粗糙度值 *Ra* 之差超过 4 倍，那么就要适当选择一个或多个中间加工条件，两个相邻加工条件间所引起的 *Ra* 之差不能超过 4 倍。

2）确定电极数量。

① 第一个加工条件表面粗糙度 *Ra* < 最后一个加工条件表面粗糙度值 *Ra* 的 4 倍，选用一个电极。

② 第一个加工条件表面粗糙度 *Ra* > 最后一个加工条件表面粗糙度值 *Ra* 的 4 倍，选用两个电极。

3）平动。系统提供两种平动类型：一种是自由平动，另一种是伺服平动。

① 自由平动，即在原轴加工时，其他两轴反复进行特定程序的合成动作的加工方法。

② 伺服平动，即在主轴加工到指定深度后其他两轴按一定轨迹作扩大运动，平动半径 = 第一个加工条件安全间隙的一半。

（3）向液槽中加工作液　扣上门扣，关闭液槽；闭合放油手柄（旋转后下压）；按手控盒上“PUMP”键或在程序中用 T84 代码来打开工作液泵；用调节液面高度手柄调节液面的高度，工作液必须比加工最高点高出 50mm 以上。

（4）加工开始

1）进入加工界面，按 F8 键把光标移到程序显示区。

2）移动光标到用户要开始加工的程序段，按回车键开始加工。

3）若未回到上次关机时的零点，系统会进行提示，让用户选择是继续加工还是停止加工，并对液面高度和油温等进行检测，若液面达不到设定值或油温高于设定值系统也会进行提示。

（5）加工过程中的操作　在系统进行加工时，用户可进行如下的操作：

1）更改加工条件。

① 按“Esc”键把光标移到加工条件显示区，用户可对加工条件各项进行修改，以适应不同情况的加工。

② 用相应键来移动光标进行选择更改项，用输入数值或 +、- 号来更改条件的内容，更改完成后按“Esc”键，光标回到程序显示区。

③ 在更改加工条件时，坐标显示会停止，但加工并不停止。加工中修改的参数只对本次加工有效。本次加工结束后，各参数自动恢复为加工前的值。即使

加工中按 F1 键，也不能把修改过的值存入系统中，即在加工中按 F1 键无效。

2）暂停加工。按手控盒上的暂停键来暂停加工，暂停后可以按手控盒上的 +Z、-Z 、+X、-X、+Y 、-Y 键，把电极从加工处移开，以便清扫或观视，但精加工中不能清扫加工区否则会破坏原始加工状态，造成加工不稳定。按恢复键后，会按自动移开的路径返回到停止加工点，并继续进行加工。按确认键结束加工。若在平动中按确认键结束加工后，电极不会自动回到平动中心，若下次要继续加工时，应先让电极回到平动中心。

3）停止加工。按手控盒上的停止键来停止加工。

（6）掉电后的恢复　机床掉电后若要回到掉电前加工处的零点，则必须具备的条件为：所有轴均回到了机床的原点，因为每一个零点的坐标都是以机床原点为参考点的；所有轴均设定了零点。

操作方法：电源恢复后，打开机床电源开关；将所有轴回原点；进入准备工作界面，把光标移到回零模块处，按回车键，选择回零的轴，然后按回车键确认，为了避开工件，用户可以用手控盒把机床移到指定点，然后再进入回零模块选择适当回零的轴，再开始回零。

◈◈◈ 第二节　SC400 型数控电火花成形机床的操作

SC400 型数控电火花成形机床具有刚性好、精度高、造型美观、布局合理、自动化程度高、操作方便、使用范围广等优点，是加工高精度模具及零件的常用设备。数控电源柜界面美观、操作方便，采用国际通用的代码编程，放电参数可自动选取和控制。其外形及结构如图 10-9 所示。

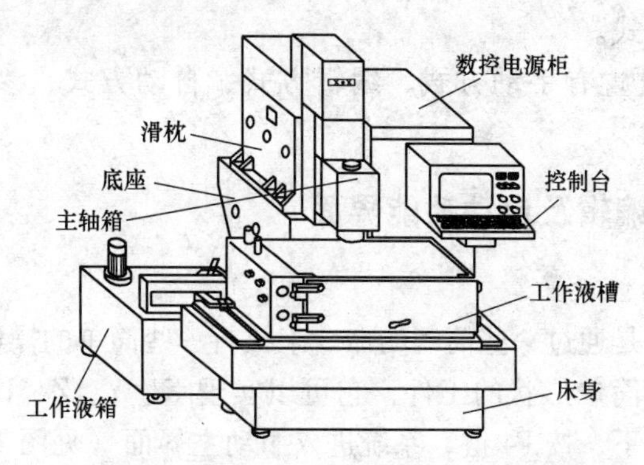

图 10-9　SC400 型数控电火花成形机床的外形及结构

一、工作界面

1. 系统主界面

图 10-10 所示为系统主界面，可以用键盘按照界面中的区域或模式，进行输入、调用等操作。

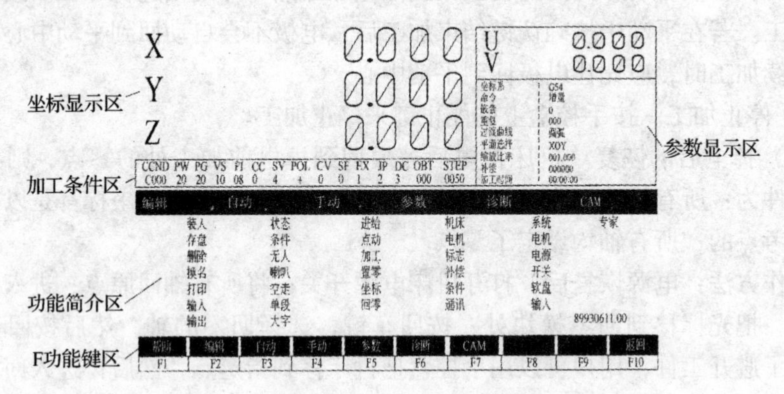

图 10-10　系统主界面

2. 主界面各区域的功能

主界面共分五大区域，有坐标显示区、参数显示区、加工条件区、功能简介区和 F 功能键区。

（1）坐标显示区　分别用数字显示 X、Y、Z、U、V 轴的坐标。

（2）参数显示区　显示当前 NC 程序中一些参数的状态及加工时间。

（3）加工条件区　显示加工时当前加工条件的内容。

（4）功能简介区　说明该模式下的功能。

（5）F 功能键区　显示 F 功能键的位置，利用 F 功能键（F1 ~ F10）可以更方便地进入各个模式。

系统功能的设置有手动方式、编辑方式、自动方式、参数方式和诊断方式等。

二、手动、编辑及自动功能界面

1. 手动方式功能设置

手动方式主要是通过一些简短的命令来执行一些简单的操作，如加工前的准备工作，加工一些简单形状的工件，它可以实现 X、Y、Z、U 的四轴三联动加工。在系统主界面下，按 F4 键，系统进入手动主界面（见图 10-11）。手动模式提供了 6 个 F 功能，其主要功能如下：

（1）进给功能　进给子方式主要完成进给、感知、极限、半程四个功能，

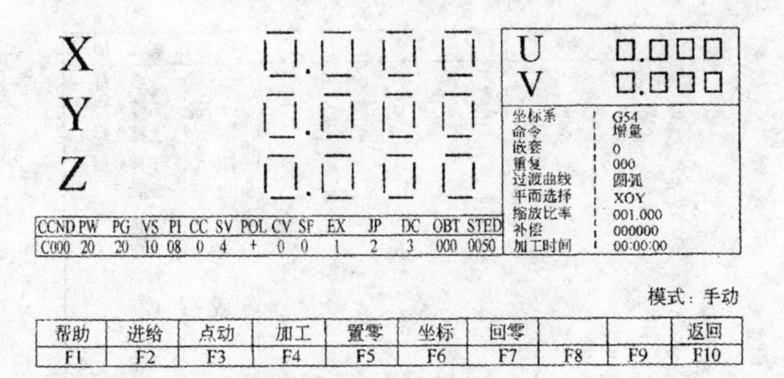

图 10-11　手动主界面

在手动主界面按 F2 键即进入进给界面。

1）进给。进给是进给方式的默认功能，它根据输入的轴、轴移动量进行移动，可实现三轴联动的移动。

2）感知。感知能够实现某一轴向的接触感知动作。

3）极限。工作台或电极移动到指定轴向的极限。

4）半程。电极回到当前点与坐标零点的一半处。

（2）点动功能　点动方式可以实现某一轴向的移动，移动速度有高、中、低、单步四档速度可选。点动方式必须使用手控盒来实现，默认速度是中速。可在手控盒上选择所需的速度档，选择所需移动的轴，则按给定速度移动，再按该轴时，则停止移动。如果在移动中有接触感知，到极限动作，则停止移动，执行该动作，并有信息显示。

（3）加工功能　加工方式可以实现四轴三联动的直线插补加工，只要程序区输入简单的加工程序即可。在加工中可以随时修改加工条件，可以暂停、中止加工，可以关闭、起动工作液泵。

（4）置零功能　设置当前点坐标为零，只需按对应的 F 功能键即可实现置零。操作时，首先确定需要置零的轴，然后按对应的 F 功能键，则在当前坐标系下该轴的当前点被置为零，同时坐标显示区对应轴也显示为零。

（5）坐标功能　设置工作坐标系指令，共有 G54 ~ G59 六个工作坐标系可供选择。在手动模式下每按一次 F6 键，工作坐标系都要变化一次，六个工作坐标循环变化。

（6）回零功能　回零使某一轴从当前坐标点回到坐标零点。

2. 编辑方式功能设置

编辑方式提供了 NC 程序编辑及输入、输出操作，编辑采用全屏幕编辑。输入装置有键盘、磁盘、串行输入，输出装置有磁盘、打印机、串行输出。在系统主界面下，按 F2 键，即进入编辑方式（见图 10-12）。

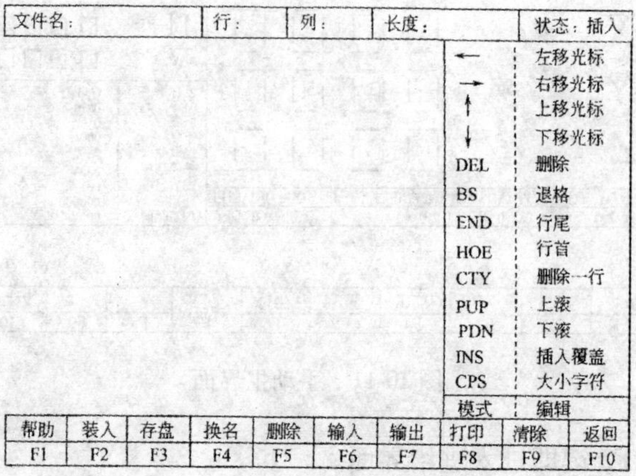

文件名：	行：	列：	长度：	状态：插入

←	左移光标
→	右移光标
↑	上移光标
↓	下移光标
DEL	删除
BS	退格
END	行尾
HOE	行首
CTY	删除一行
PUP	上滚
PDN	下滚
INS	插入覆盖
CPS	大小字符
模式	编辑

帮助	装入	存盘	换名	删除	输入	输出	打印	清除	返回
F1	F2	F3	F4	F5	F6	F7	F8	F9	F10

图 10-12　编辑方式主界面

编辑方式共提供 8 个子方式：

（1）F2 装入功能　从软盘上装入 NC 文件到内存缓冲区。

（2）F3 存盘功能　将内存缓冲区 NC 程序存到软盘上。

（3）F4 换名功能　用新文件名替换软盘上某一旧文件名。

（4）F5 删除功能　删除软盘上指定的文件。

（5）F6 输入功能　通过 RS232 口输入 NC 程序。

（6）F7 输出功能　通过 RS232 口输出程序。

（7）F8 打印功能　输出 NC 程序到打印机。

（8）F9 清除功能　清除内存缓冲区和屏幕缓冲区。

3. 自动方式功能设置

自动方式可以执行在编辑方式已编辑好的 NC 程序。这个程序已被装入内存缓冲区，自动方式可以进行空走、单步运行，以检验 NC 程序的运行状况。在加工时，可以即时修改加工条件。修改后的加工条件立即被加到机床上。可以在大字方式看各轴的坐标显示，即时显示接触感知、极限等信息。可以从指定的地方开始执行程序。在系统主界面按 F3 键，即进入自动方式（见图 10-13）。自动方式提供了 7 个子方式：

（1）F2 状态功能　在程序区显示当前的一些加工状态。

（2）F3 无人功能　当程序执行完成后，强电电源自动切断。

（3）F4 响铃功能　当程序执行完成后或有误时，响铃提醒。

（4）F5 大字功能　大字显示坐标值。

（5）F6 条件功能　可修改加工条件。

（6）F7 单段功能　程序在执行完一段后自动停止，并显示信息。

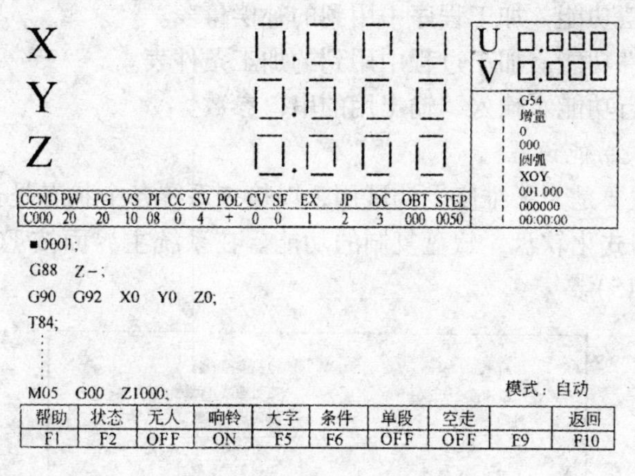

图 10-13　自动方式主界面

（7）F8 空走功能　执行程序时不放电。

三、参数设置及诊断功能界面

1. *参数方式功能设置*

参数方式提供了一些决定机床状态和 NC 程序执行状况的参数，在出厂前，把这些参数做成文件提供给用户以备用。在系统主画面按 F5 键，即进入参数界面的机床方式（见图 10-14）。

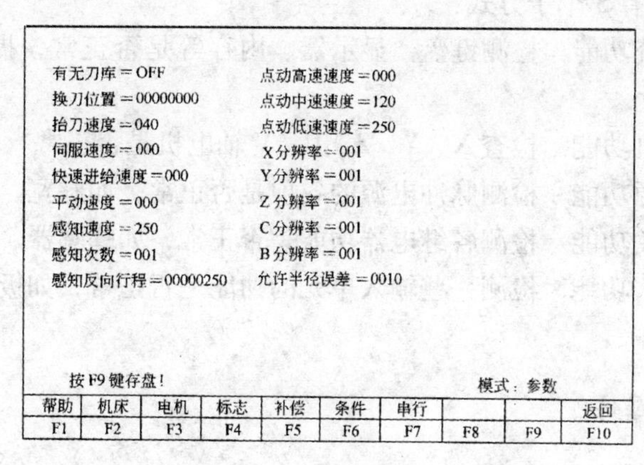

图 10-14　参数方式界面

参数方式共有 6 个子方式：

（1）F2 机床功能　机床方式提供了电机的一些速度参数及脉冲当量值。

（2）F3 电机功能　设置 X、Y、Z、U、V 电机参数。

（3）F4 标志功能　设置程序执行中的一些标志。

（4）F5 补偿功能　加工程序中用到的补偿量表。

（5）F6 条件功能　加工过程中用到的加工条件表。

（6）F7 串行功能　输入、输出用的串口参数。

2. 诊断方式功能设置

诊断方式主要是为了维修、调试用，以检查系统各个状态是否处于正常。同时提供了用户格式化软盘、软盘复制的功能。在系统主界面按 F6 键即进入诊断方式（见图 10-15）。

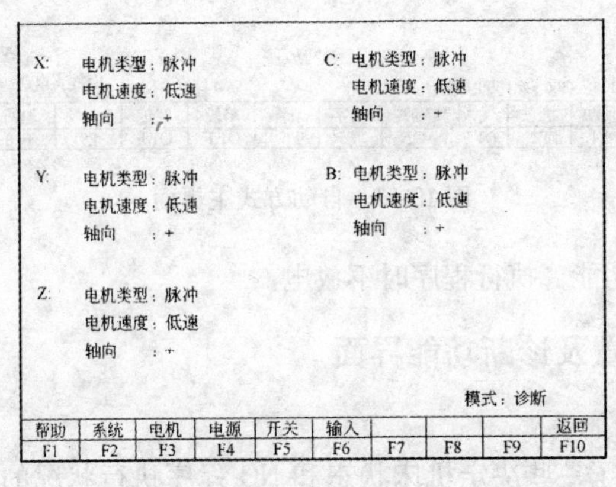

图 10-15　诊断界面

诊断方式共有 5 个子方式：

（1）F2 系统功能　检测键盘、显示器、内存等是否正常，提供软盘格式化及复制功能。

（2）F3 电机功能　检查 X、Y、Z、U、V 轴电机是否正常。

（3）F4 电源功能　检测脉冲电源的各项是否正常，如脉宽、停歇等。

（4）F5 开关功能　检测各继电器功能是否正常，如蜂鸣器、磁离合器等。

（5）F6 输入功能　检测一些输入单元的功能是否正常，如极限、接触感知、浮子开关等。

四、机床操作

1. 机床通电

（1）机床起动　合上电源柜上的电源总开关，打开总电源和计算机电源开关，绿色指示灯亮，稍等片刻，计算机屏幕上显示主菜单界面，再根据屏幕提示，打开强电开关，绿色指示灯亮，表示强电接通。机床进入工作状态。

（2）功能检查　在主菜单界面上按手动功能按键 F4 后，再按自动功能键 F3，这时可用操作盒分别按 *X*、*Y*、*Z* 键以中速移动坐标轴，并且检查机床运动

部件是否轻快运动。接着按 Z 键使主轴箱向下运动，检查运动是否轻快，然后再进行试车。

2. 加工准备

（1）工件的安装和找正　有定位要求的工件一定要作出一对直角基准面，在副工作台或工作台垫块固定前，用千分表找正使工作台坐标移动方向与基准面平行，根据工件加工精度要求调节精度，加工精度一般要求在 0.005 ~ 0.01mm 以内。

（2）电极的安装和找正

1）安装机床附件夹具。根据加工工件的不同选择适合的电极夹具，用螺钉把夹具固定在主轴套上。

2）电极的找正。使用普通电极夹具时，用直角尺或千分表找正电极与工作面垂直，如图 10-16 所示，调整调节螺钉 1 和 2，使电极在垂直面 30°范围内转动；调节电极在 XZ 平面和 YZ 平面内的垂直，用调节螺栓 3、4、5、6 来调整，用调节螺栓 7 夹紧电极。

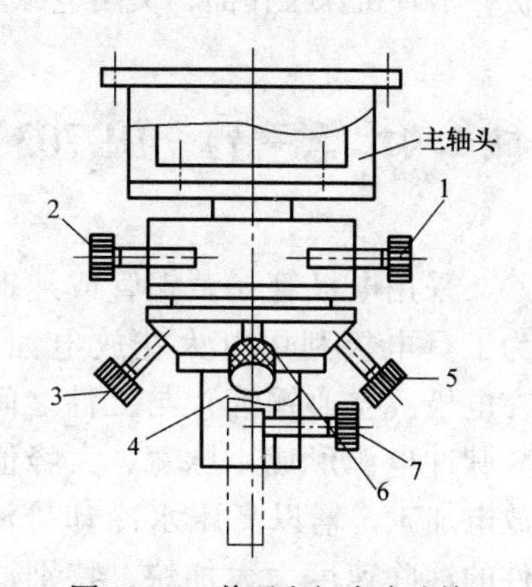

图 10-16　普通电极夹头连接

1、2—调节螺钉　3、4、5、6、7—调节螺栓

（3）调整工作液面　为了加工安全，工作液表面应高出工件加工表面一定的安全高度，用机床手柄调节。一般情况下，液面应高出加工表面 50mm。机床开始加工前，工作液泵自动接通，手柄至通位置，液槽排液手柄关闭，工作液即可达到预定高度。为了改善加工条件，机床配有磁性冲吸油管装置。调节手柄，可得到不同的冲、吸油压力，以期达到稳定的加工条件。工作液达到预定的高度后，机床开始加工，这时机床对液面的高度以及工作液的温度可自动监控。

3. 加工

（1）电源的起动　先合上弱电开关，稍等片刻，在屏幕上显示字符“系统正在装入…请稍候…”，这表明系统已在装入系统文件。系统启动成功后，可以通过图 10-10 所示界面按照相应区域和模式，用键盘进行操作或进行系统设置。

（2）切削加工

1）装入 NC 程序。在系统主界面下（见图 10-10），按 F2 键进入编辑方式主界面（见图 10-12）→按 F2 键进入输入界面→可以用↑、↓键移动光标，选择预先编好的 NC 文件名→（回车），装入 NC 文件。对于装入后的文件，可用相应键进行编辑→按 F10 键返回系统主界面。

2）验证加工程序。在系统主界面下，按 F3 键进入自动方式主界面（见图 10-13）→按 F7 或 F8 键，将其“OFF”状态改成“ON”状态→（回车），验证加工程序。

3）自动加工。在自动方式主界面下按 F7 或 F8 键，将其“ON”状态改成“OFF”状态→（回车），执行加工程序。系统提示“液面太低，请上油！”→按工作液泵开关键，加工作液，液面达预定高度后，系统自动开始放电加工。

4）加工完成后，关闭工作液泵，排空工作液槽内的工作液，取下工件和电极，清理机床工作面，关闭电源。

第三节　DD703 型电火花穿孔机床的操作

采用电极管（黄铜管或纯铜管）作为工具电极利用电火花放电蚀除原理，在电极（空心铜管）与工件之间施加高频脉冲电源形成小脉宽、大峰值电流的放电加工，辅以高压水冷却排渣，使工件的蚀除速度大大加快，特别适用于在不锈钢、淬火钢、铜、铝、硬质合金等各种导电材料上加工直径在 0.2～3.0mm 之间的小孔。

图 10-17 所示为苏州威汉数控科技有限公司生产的 DD703 型电火花穿孔机床的外形。

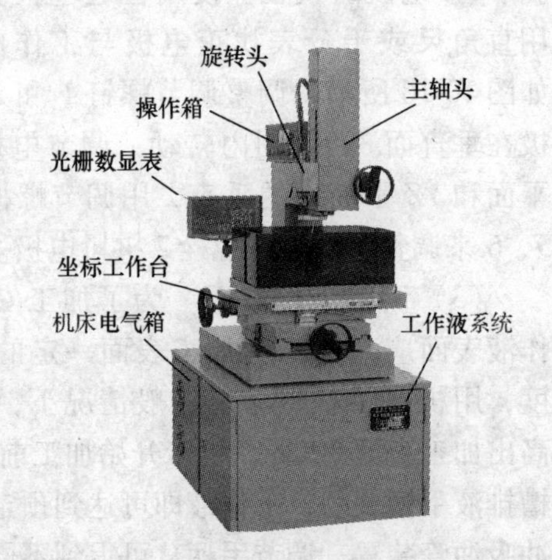

图 10-17　DD703 型电火花穿孔机床的外形

一、机床布局及组成部分

1. 机床的结构

本机床主要由主轴、旋转头、坐标工作台、机床电气箱、操作箱、工作液系统六部分组成，如图 10-18 所示。图 10-19 所示为该机床传动示意图。

（1）主轴头　主轴头装在立柱头部，立柱安装在机床机架上，主轴头是完成加工中电极伺服进给的主要部件。

（2）旋转头　它装在主轴头双圆柱导向直线轴承的滑块上，由主轴丝杠带动其上下运动。它实现电极的装夹、旋转、导电及旋转时高压工作液的密封等功能。

（3）坐标工作台　坐标工作台由底座、下滑板、中滑板、上滑板、大理石

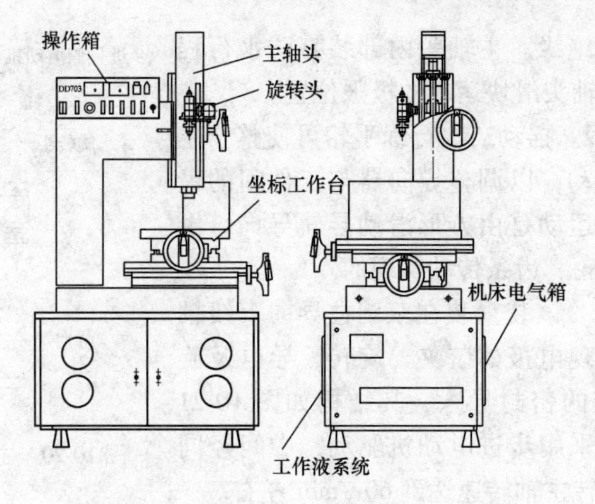

图 10-18　DD703 型电火花穿孔机床的结构

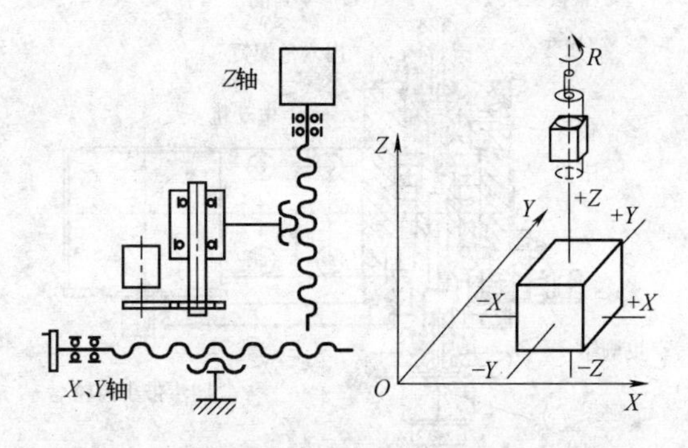

图 10-19　机床传动示意图

台面及不锈钢接水盘等组成，它安装在机床机架上，完成工件的装夹和前后、左右移动。

（4）机床电气箱　机床电气箱放置在机床机架内后侧，装有脉冲电源、主轴伺服系统、机床电器等，主要实现机床的放电及控制功能。

（5）操作箱　操作箱主要实现机床的各功能操作，其面板上装有操作开关、按钮及数显装置。

（6）工作液系统　工作液系统放置在机床机架前侧，是对工作液储存、过滤、循环，并将其运送到旋转头中实现电极的高压喷水排屑的部件。

2. 机床系统

（1）主轴头　主轴头上下移动可实现不同厚度工件的加工。主轴头移动分为一次行程移动和二次行程移动。主轴头的基本结构如图 10-20 所示。

1）一次行程。主轴头的双圆柱导向直线轴承滑块由步进伺服电动机带动一次丝杠螺母完成上下运动。旋转头装在双圆柱导向直线轴承滑块上，它们之间用有机玻璃绝缘板绝缘。主轴头内部装有防水行程开关，以限定主轴头滑块运动的极限位置。

2）二次行程。摇动二次行程手轮可使整个主轴头滑座上下移动，以调整导向器与工件间的最佳距离。这部分运动是由方形滑动导轨导向，由蜗轮、蜗杆、齿轮、齿条传动实现的。

（2）旋转头　该装置装在双圆柱导向直线轴承滑块上。它实现电极的装夹、旋转、导电及旋转时高压工作液的密封导入，其结构如图 10-21 所示。主轴旋转采用步进电动机驱动，中间经同步带减速器使旋转主轴转速达到 60r/min 左右。

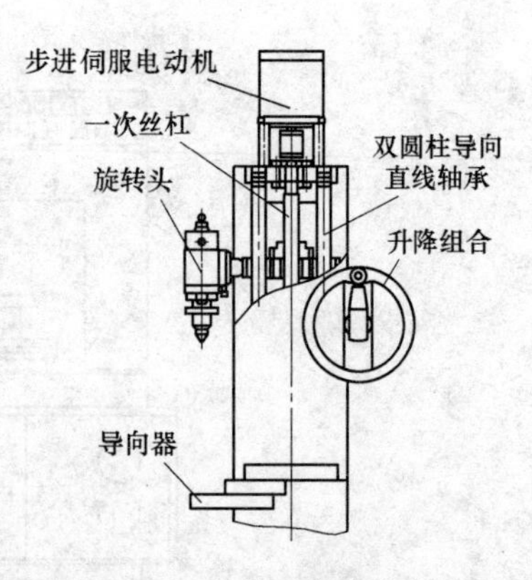

图 10-20　主轴头的基本结构

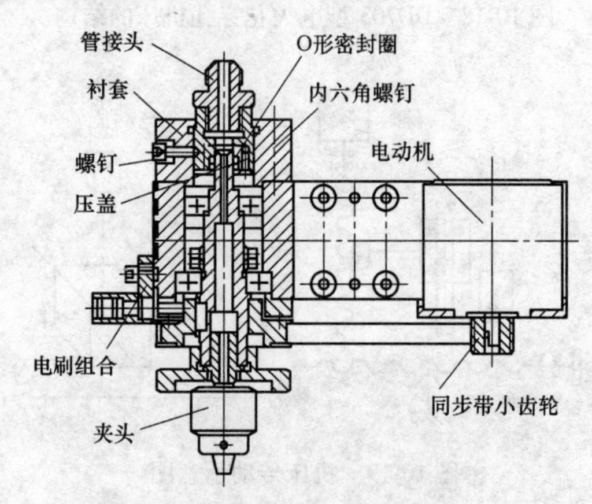

图 10-21　旋转头的结构

机床电极采用小型不锈钢钻夹头夹持，并利用特制的密封圈进行高压水的密封。在更换不同电极时，需同时更换相应的导向器、密封圈，具体操作按图 10-22 所示电极安装结构简图进行更换。电极的旋转导电采用一组电刷的进电来实现。如果电刷磨损，可以拧下电刷套，取下旧电刷，然后按图 10-23 所示的顺序将电刷组件装好。

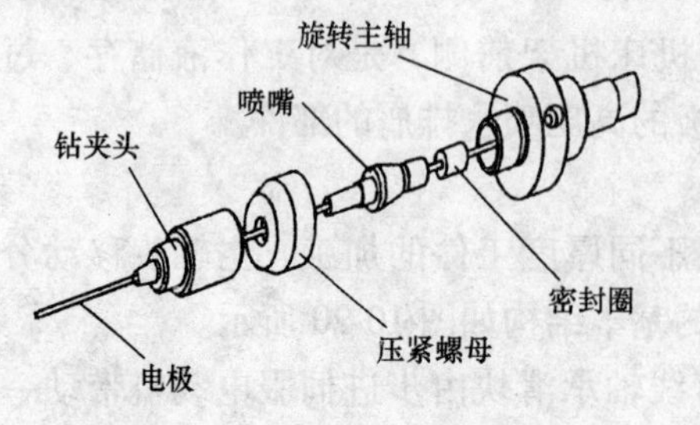

图 10-22　电极安装结构简图

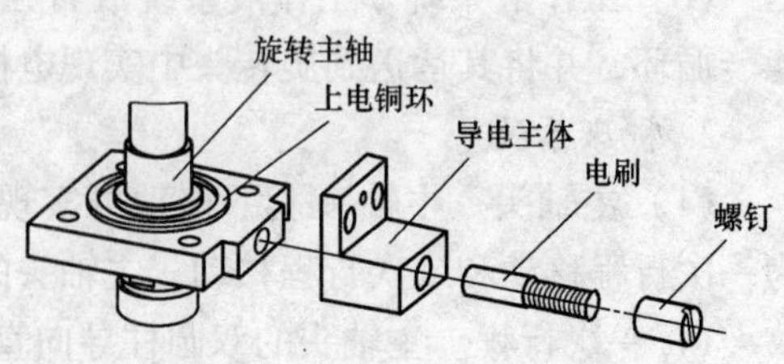

图 10-23　电刷组件结构简图

（3）坐标工作台　坐标工作台装在机床机架上。*X* 轴运动行程为200mm，*Y* 轴运动行程为300mm，由底座、下滑板、中滑板、上滑板、大理石台面及接液盘等组成。

滑板运动由平面滑动导轨副和丝杠螺母副转动。工作台配有框型夹具，用户能很方便地装卸工件。工作台装有接液盘，并配有有机玻璃防水罩。

（4）工作液系统　利用高压泵自吸作用经过滤器将工作液从工作液箱的净水箱中以7MPa的工作压力抽送到电极中，调压阀（卸压溢流阀）用于调节送到电极的工作液的压力，压力表显示调节的压力，工作液经电极后，从积水盘回流至污水箱中，如图10-24所示。

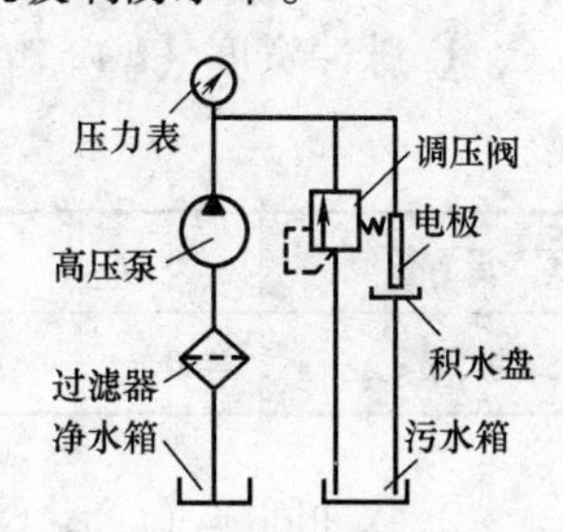

图10-24　工作液系统原理图

（5）电气控制系统　图10-25所示为电气系统总体框架图，本机床的电气系统由脉冲电源、主轴伺服系统（*Z* 轴控制）、旋转控制、机床电器、整流单元等组成。

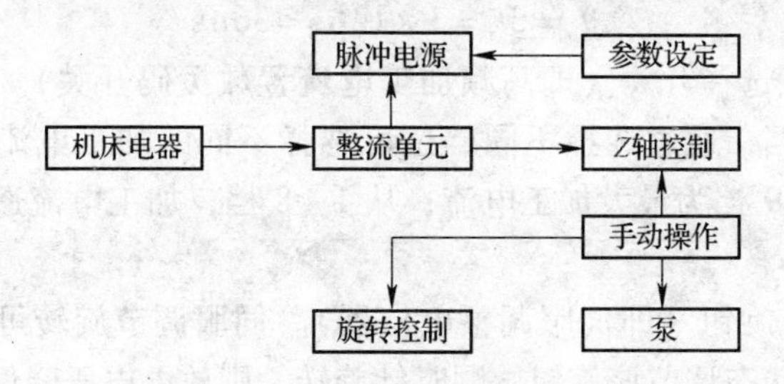

图10-25　电气系统总体框架图

3. 操作面板及各部分功能

（1）面板布局　如图10-26所示。

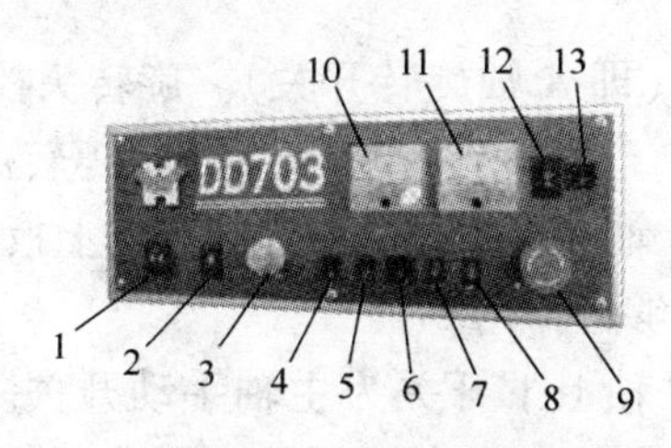

图10-26　面板布局

1—脉冲参数选择开关　2—加工电流选择开关　3—伺服调节旋钮　4—水泵开关　5—加工开关
6—旋转头控制开关　7—*Z* 轴锁停开关　8—*Z* 轴上下开关　9—急停按钮
10—电压表　11—电流表　12—加工规准选择开关　13—碰边开关

（2）名称及功能

1）脉冲参数选择开关（即高频规准置数拨码开关）。其中，（1-1）为脉冲宽度，0 ~9 中共 7 组有效档位，分别是：1 ~7，8、9 档为无效档位；（1-2）为脉冲间隔，有效档位为 1 ~9。通过选择不同档位，可选择不同的脉冲参数。根据电极直径、电极和工件的材料，加工速度要求及工作的孔深，可选择不同的脉冲参数。

① 脉冲宽度（t_i），单位为 μs。设置数值和对应脉冲宽度见表 10-1。

表 10-1　设置数值和对应脉冲宽度

设置数值	0	1	2	3	4	5	6	7
脉冲宽度 t_i/μs	0	6	12	18	24	32	40	50

② 脉冲间隔（t_o），$t_o = Nt_i$（N 为脉冲间隔选择开关档位）。

例如，高频规准置数拨码开关上面设置的数值是 2，档位为 3，那么对应的脉冲间隔为

$$t_o = 3t_i = 3 \times 12\mu s = 36\mu s$$

2）加工电流选择开关（即高频加工电流置数拨码开关）。加工电流选择开关有 0 ~9 共 10 档，通过选择不同档位可选择不同的加工电流，0 时电流为 0，无电压输出；8、9 档为最大加工电流；从 1 ~8 档，加工电流逐增加，最大峰值电流为 30A。

3）伺服调节旋钮（即伺服调整电位器）。伺服调节旋转可无级调节，根据加工要求及加工状态调节该旋钮，顺时针旋转，则放电电压降低，一般放电电压以 20 ~25V 为宜。

4）水泵开关。水泵开关向上扳，开泵；向下扳，关泵。

5）加工开关（即高频开关）。加工开关向上扳，开脉冲电源；向下扳，关脉冲电源。

6）旋转头控制开关（即 R 轴旋转开关）。旋转头控制开关向上扳，开启旋转头，使电极旋转；反之，则关闭旋转头，使电极停转。

7）Z 轴锁停开关。Z 轴锁停开关在加工状态向上扳，主轴将处于所停状态，但此时手动上下开关仍能够起作用。

8）Z 轴上下开关。Z 轴上下开关为主轴手动开关。向上扳，使 Z 轴上行；向下扳，使 Z 轴下行；自由状态（中间位置）则转入自动状态。

9）急停按钮。急停按钮在开机时松开按钮，使整机控制部分通电，当出现突发现象或关机时，按下急停按钮，则可切断控制电源，使机床停机。

10）加工规准选择开关、电流表和电压表。加工规准选择开关提供选择不同的加工条件。电流表显示加工电流。电压表显示加工间隙电压。

二、操作准备

1. 机床连接与机床调试

（1）机床连接

1）机床到位后，卸去机床运输固定件。检查电气部件，接线端子和插头座等有无松动。

2）检查完毕，将机床后盖上的总电源开关置在断路状态，将机床上引出的电源线接驳在配电盘3相380VAC的出线上。切记应将黄绿线接地，不允许用零线代替地线。

3）从侧门里取出加仑桶（25L）装满清洁的自来水或蒸馏水，将吸水管、回流管等插入清水桶中，取出另一加仑桶（10L）作为回收工作液之用。

（2）机床调试

1）将总电源开关置于通的位置上，系统的冷却风机开始运行。松开面板上的急停开关，机器的各电气部分起动。

2）将面板上Z轴锁定开关置在ON（上位）的位置，主轴锁定不动。拨动Z轴上下开关，主轴可以任意上下运动。把Z轴锁定开关置在OFF（下位）的位置，主轴应自动回升至上限位置。

3）将面板上水泵开关置在ON时，工作液泵起动，观察出液情况，调节泵体上的压力阀，把压力整定在5~7MPa平稳运行。运行一段时间，请注意查看压力有无变化，因为振动偶尔会造成阀松动。

4）将面板上旋转头控制开关上扳，使旋转头旋转工作。

5）起动脉冲参数选择开关。将拨盘开关置在非“0”时，（1-1）在1~7档和（1-2）在1~9档的状态下，电压表指示电压为80~90V。当（1-1）和（1-2）有一个在“0”位置上，电压表指示电压应该为0V。

2. 工作液系统准备

工作液系统的操作按钮在操作面板（见图10-26）上。

1）连接好如图10-24所示的工作液系统。

2）将工作液箱注满工作液（蒸馏水或纯净水）；

3）检查高压泵内润滑油是否充足，观察高压泵左端的玻璃圆窗窗口孔，润滑油不得低于其下边线，但也不能超过其一半。

4）将高压管的一端接于机床旋转头上的接头，拧紧螺母，将积水盘的回流管道接到过滤装置（污水池）中，其余管道置于工作液中。

5）打开操作面板上总电源开关（POWER）。

6）将工作液泵开关（PUMP）置于“1”处，工作液系统开始起动运转，第一次起动10min后，电极中心孔内将有工作液射出。

7）旋转调压阀，将工作液压力调到所需值（压力表显示值），至此，工作液系统调整准备完毕，可以进行正常加工了。

三、机床加工操作

1. 加工准备

（1）开机　接上380V/50Hz电网电源，合上左侧的总电源开关，风扇转动。将面板（见图10-26）上的急停按钮顺时针旋转，则可使整机带电，系统启动。

（2）装夹电极丝

1）将Z轴锁定开关上扳，使主轴处于锁停状态。根据工件厚度，利用Z轴上下开关使主轴处于合适位置。

2）利用压板、T形螺杆将工件固定在工作台上，一定要牢靠，不松动。

3）根据电极直径选择相应的密封圈，并按图10-22所示进行电极装夹。

2. 穿孔加工

（1）加工前

1）电参数设置。根据电极直径、电极工件材料对和加工表面粗糙度、加工效率等，设置好脉冲参数和加工电流（参见表10-1）。

2）检查放电导线及工作液管路是否连接可靠。

3）通过移动滑板将工件移至所需位置，使电极对准钻孔处。手摇二次行程滑板的手摇柄，使导向器下移至离工件上表面5~10mm处。同时上扳旋转头控制开关，使旋转头转动。

4）上扳水泵开关使工作液泵工作，查看其压力表并可调节压力阀，使压力在5~7MPa之间，在电极出口处的工作液应射出有力。

5）上扳加工开关，开启加工电源，电压表上指示的电压在80~90V之间。

6）将Z轴锁定开关下扳，Z轴会自动向下进给，当电极与工件之间的距离小到放出火花时，说明加工已经开始。然后调节伺服调节旋钮，使主轴运行稳定，电压表上的读数在20~25V之间。

（2）加工中

1）在加工过程中，查看加工状态，若频繁短路，电压表读数跳动厉害，则应手动操作，使主轴抬起，观察工作液的喷射，根据电极端部的斜偏损耗情况，然后加以适当处理。

2）孔穿后，会在工件下端面的孔口处看见火花及喷水，欲使孔的出口较好，则加工时间要适当延长。

（3）加工后

1）加工结束，关闭加工电源及工作液泵，Z轴自动回升，当电极完全退出所加工的孔后，将锁停开关上扳，主轴锁停，再将导向器抬起，卸下工件。

2）确认不再加工后，按下急停按钮，然后将总开关下扳，切断总电源，清洗工作台面及擦拭机床。

复习思考题

1. SE 系列数控电火花成形机床的系统准备界面可用于哪几种操作？
2. SE 系列数控电火花成形机床的加工界面各区域分别有哪些功能？
3. SE 系列数控电火花成形机床在加工过程中，用户如何更改加工条件？
4. SC400 型精密数控电火花成形机床系统主界面由哪几个区域构成？
5. 简述 SC400 型精密数控电火花成形机床的切削加工过程。
6. DD703 型电火花穿孔机床由哪几个部分构成？
7. 简述 DD703 型电火花穿孔机床操作面板的布局及各部分的功能。
8. DD703 型电火花穿孔机床在穿孔加工过程中，主要检查调整哪些项目？

第十一章

电火花成形加工工艺

第一节　工具电极

一、电极材料的选择

1. 电极材料的基本条件

电极材料必须是导电性能良好，损耗小，造型容易，并具有加工稳定、效率高、材料来源丰富、价格便宜等特点。

2. 常用电极材料

（1）纯铜　纯铜的特点是塑性好，可机械加工成形、锻造成形、电铸成形、雕刻成形及电火花线切割成形等。纯铜质地细密，加工稳定性好，相对电极损耗小，适应性广，易于制成薄片或其他复杂形状。常选用板材、棒材、冷拔空芯铜管或冷拔棍作电极材料。

在电加工过程中纯铜电极物理性能稳定，不容易产生电弧，在较困难的条件下也能稳定加工。常用精加工低损耗规准获得轮廓清晰的型腔，因其组织结构致密，加工表面粗糙度 *Ra* 值要小。

但因纯铜本身熔点低（1083℃），不宜承受较大的电流密度，如果长时间大电流加工（超过 30A）容易使电极表面粗糙、龟裂，从而破坏型腔表面质量。故适用于中小型复杂形状、加工精度质量要求高的花纹模和型腔模具。

（2）石墨　石墨是一种难熔材料（熔点 3700℃），具有良好的抗热冲击性、耐蚀性，在高温下具有良好的机械强度，热膨胀系数小，在宽脉冲大电流的情况下具有电极损耗小的特点，能承受较高的电流密度，具有重量轻、变形小、容易制造的特点。

石墨电极的缺点是精加工时电极损耗较大，加工表面粗糙度 *Ra* 值略大于纯

铜电极，并且电极表面容易脱落、掉渣，易拉弧烧伤。但是随着石墨材料制作工艺的不断完善，高新技术的不断发展，上述缺点将会逐渐克服。目前石墨的分类按平均粒径分为埃米级、特细级、超细级、精细级。

(3) 黄铜　选择黄铜作电极，加工稳定性好，制造也较容易，适宜中小加工规准情况下加工。但缺点是电极损耗大，不容易使被加工件一次成形，所以一般只用于简单的模具加工或穿孔加工，如取断丝锥等。

(4) 铜钨合金　由于铜钨合金中含钨量较高，耐腐蚀，所以在加工中电极损耗小，机械加工成形也较容易。其优点是适用于工具钢、硬质合金等模具加工及特殊异形孔、槽的加工；加工稳定，在放电加工中是一种性能较好的材料。其缺点是价格较贵，尤其是银钨合金电极材料。

(5) 钢　一般情况下主要指合金钢、工具钢等，如常用的铬钢（Cr12、CrWMn）、工具钢（T10、T10A）等。特别适合冲模电火花加工，可将凸模适当加长直接作电极用，没必要另制作电极。因此，是应用比较广泛的一种材料。

钢电极的优点是损耗相对较小，结构致密，易于机械加工、磨削成形，加工尺寸精度容易保证，适合用化学腐蚀方法缩小电极尺寸来制造阶梯电极。钢电极的缺点是损耗不好控制，加工速度慢，排屑不好时容易造成加工不稳定。

(6) 铸铁　铸铁的种类较多，常见的有灰铸铁、球墨铸铁、可锻铸铁、耐磨铸铁、耐蚀铸铁、耐热铸铁等。一般情况下，铸铁电极主要适用于穿孔加工，优点是用铸造的方法容易得到任何一种形状，加工速度高，加工稳定，价廉，机械切削性能好，适合磨削成形。其缺点是容易有砂眼聚积电蚀产物，造成拉弧烧伤。铸铁是属于有损耗加工的一种电极材料。

3. 电极材料的选择原则

(1) 根据加工精度选择　进行高精度的电火花成形加工时，为了保持工具电极的尺寸精度和形状精度，必须选用电极损耗最低的材料，例如银钨合金、铜钨合金等。

(2) 根据加工形状选择　加工形状复杂，但尺寸精度要求不高的工件时，可选用石墨或纯铜材料。对于尺寸较大型腔的加工，希望工具电极自重较轻时，宜选用密度小、易成形的石墨材料。而在需要加工出窄筋、沟、槽或花纹等，要求工具电极材料除有较好的电火花加工性能外，还要求具有较高的强度和韧性，这种情况多采用纯铜材料。

(3) 根据工艺要求选择　有些工件（例如冷冲模）从整个模具制造工艺考虑，往往要求直接采用与工件材料相同的材料作为工具电极，例如用凸模加工凹模的冲模电火花加工。

总之，工具电极材料的选择原则是在满足加工工艺要求的前提下，应兼顾经济性和材料来源等因素。

二、电极结构的设计要点

1. 电极的结构形式

（1）实心电极　一般是指没有冲液孔和排气孔的电极，常用一块材料加工制成。其结构简单、制造容易、找正方便，加工质量容易得到可靠保证，适用于加工简单的型孔或型腔。

（2）组合电极　一般指将形状相同或不同的电极组合在一起，使之在机械上和电气上成为一体的多个电极。其优点是有利于提高生产率和工件的制造精度，一般常采用多电极的整体组合浇注或采用螺钉联接组合等。

（3）镶拼电极　主要指一些复杂的电极结构难以进行整体机械加工，可将镶块分别加工后再镶拼成一体的结构形式。其优点是能简化电极制作的复杂程度、省工省料，但对镶拼的装夹精度要求较高。

（4）分级电极　冲模电火花加工为了精修侧面，电极以不同的尺寸分为若干等级的电极。为使用一个电极完成粗、中、精规准加工，常采用化学腐蚀法将电极腐蚀成阶梯状，以尺寸最小部位进行粗加工之后，再进行中、精加工，满足加工的质量要求。

（5）分解电极　为了便于加工和电极的制造，将复杂的型腔分解为主型腔和副型腔或多个型腔，分别制造加工电极，再分别加工型腔的各个部位。其优点是简化了电极制造的复杂程度，有利于提高加工精度，保证加工质量。

（6）带孔电极　为了冲（抽）液、排气而设计的有孔电极。目的是便于加工过程的稳定，有利于排屑和排气，特别是电极端面有内凹形状的电极一定要加工出排气孔，避免存气、存屑和烧伤拉弧现象的出现。

（7）分割电极　指机械上连成一体，而电气上互相绝缘的若干电极块组合而成的电极结构。

2. 确定电极结构的原则

必须根据具体情况、具体加工条件、技术要求，灵活选择确定电极结构。

（1）工件的技术要求　主要指工件图样设计时的具体要求，包括工件的尺寸精度、几何形状精度、相对位置精度、加工表面质量、加工面积、加工深度、形状的复杂程度及需要加工的数量等。

（2）加工工艺条件　主要指机床设备允许的加工范围，脉冲电源的技术性能，能达到的工艺指标（包括电极损耗、加工速度、加工表面粗糙度等）及工艺方法，电极制造，电极材料，电极装夹，电极找正，工件定位和加工过程中排屑、排气的要求等。

3. 工具电极设计的原则

1）工件的尺寸和形状要求是工具电极的设计依据。电火花成形加工是一种

仿形加工，工具电极尺寸和形状的任何错误和误差，通过加工都必然反映在工件的加工结果上。

2）工具电极的设计必须考虑电极损耗。在电火花加工中，工具电极尺寸和形状千变万化，工具电极各部位投入加工放电的顺序有先有后，工具电极上各点的损耗也不相同。因此，必须以此为依据，定量预测各部位的损耗值，将其作为修正值来设计工具电极的尺寸。

3）工具电极的设计必须充分考虑蚀除产物的排除。影响蚀除产物的排除有几种原因，如放电面积太大或太小，工具电极面上有凹形，放电间隙太小，工作液流动不好或被污染，以及加工深度太深等。在设计电极时必须采取有利于排屑、排气的措施。

4）工具电极的设计必须考虑总高度尺寸。工具电极总高度尺寸除了要考虑电极损耗、加工深度等因素外，还必须考虑非直壁工具电极的垂直基准面、工具电极的装夹部位、侧面冲液和排气时排气孔的位置等。

三、工具电极的制造

1. 电极制造的工艺要点

1）用数控铣削方法制造电极。在CAM编程过程中，应考虑程序进给路线的合理性并进行优化选择。

2）电极尺寸“宁小勿大”。电极的尺寸公差最好取负值，如果电极做小了，可以在电火花加工中通过电极摇动方法来补偿修正尺寸，或者在加工后经钳工修配加工部位即可使用；如果电极做大了，往往会造成工件不可修复的报废情况。

3）为电极雕上电极编号、粗精电极标识。这样可以避免电极制造混乱情况的发生，也为电火花加工提供了方便，减少了错误的发生概率。

4）电极制造的后处理。电极制造完成后，应对其进行修整、抛光。

5）电极制造完成以后，应进行全面检查。检查电极的实际尺寸是否在公差允许范围内，表面粗糙度是否达到要求，是否有变形、有无毛刺，以及形状是否正确等。

2. 电极的制造方法

（1）机械切削加工　机械切削加工是最常用的电极制造方法，适用于纯铜、石墨等多种电极材料。数控铣削加工比传统铣削加工要好，速度快、全自动、重复生产的精度很高（对加工多个电极十分有用），同时可得到较复杂的形状。

（2）电火花线切割加工　电火花线切割加工也是目前很常用的一种电极加工方法，非常适合2D电极的制造。可用来单独完成整个电极的制造，或者用于机械切削制造电极的清角加工。可用于一些精密电极的制造，可以准确地切割出有斜度、上下异形的复杂电极。

（3）电铸加工　用电铸法制造电极，复制精度高，可制出用机械加工方法难以完成的细微形状的电极。它特别适合于有复杂形状和图案的浅型腔的电火花加工。电铸法制造电极的缺点是加工周期长、成本较高，并且电极质地比较疏松，使电加工时的电极损耗较大。对于大型电铸电极，内部要采取加固措施，有时还要通以冷却水。

第二节　电火花成形加工工作液

一、工作液的作用和特点

1. 工作液的作用

1）在脉冲间隔火花放电结束后，尽快恢复放电间隙的绝缘状态（消电离），以便下一个脉冲电压再次形成火花放电。为此要求工作液有一定的绝缘强度，电阻率较高，放电间隙消电离、恢复绝缘的时间较短。

2）使电蚀产物较易从放电间隙中悬浮、排泄出去，避免放电间隙严重污染，导致火花放电点不分散而形成有害的电弧放电。粘度、密度、表面张力越小的工作液，此项作用越强。

3）冷却工具电极和降低工件表面瞬时放电产生的局部高温，否则表面会因局部过热而产生积炭、烧伤并形成电弧放电。

4）工作液还可以压缩火花放电通道，增加通道中被压缩气体、等离子体的膨胀及爆炸力，以抛出更多熔化和汽化了的金属，增加蚀除量。粘度、密度等越大的工作液，此项作用越强。

2. 工作液的特点

1）低粘度。流动性好，冷却性好，加工碎屑易排出。

2）高闪点、高初馏点。闪点高，不易起火；初馏点高，不易汽化、损耗。

3）绝缘性好。能维系工具电极与工件之间适当的绝缘强度。

4）臭味小。加工中分解的气体无毒，对人体无害，无分解气体最好。

5）对加工件不污染、不腐蚀。

6）氧化稳定性好，寿命长，性价比高。

二、工作液的种类

1. 煤油

（1）煤油的特性　我国过去普遍采用煤油作为电火花成形加工的工作液，它的性能比较稳定，其粘度、密度、表面张力等也全面符合电火花加工的要求。

但煤油的缺点也显而易见，主要是闪点低（46℃左右），使用中会因意外疏忽导致火灾，加上其芳烃含量高，易挥发，加工分解出的有害气体多等。

（2）煤油与专用工作液的特性比较。近年来，在引进机床的同时，也引进了国外不同类型的电火花成形加工专用工作液，同时国内的数家企业也成功开发出了电火花成形加工专用工作液，逐步替代了煤油。煤油与专用工作液的特性比较见表11-1。

表11-1 煤油与专用工作液的特性比较

项　目	煤　油	专用工作液
气味及颜色	气味重，会麻痹神经，普遍存在使用后发黄的现象	无色，无味，无毒，清澈如水
闪点及安全性	40℃易燃、危险、易发生火灾	114～120℃，安全
抗氧化性	抗氧化性差，易炭化、积炭、结焦	高抗氧化性，不易炭化，减少废油残渣的产生
耗用量及使用寿命	易被工件带走而且用量多，利用率低，寿命短（30～90天）	被工件带走少，损耗是煤油的1/4，利用率高，环境好则寿命长达2年以上
挥发性及厂房环境	高挥发性，因高烟雾、高油雾、加工环境恶劣，地板会有油打滑	低挥发性，减少液体的流失和操作者对雾化气体的接触；低油雾，厂房无油污且干净
热传导性	普通，油温升快	优，不致使工件回火
起泡性及清洗效果	起泡性高，清洗效果不稳定	几乎无起泡性，清洗效果稳定
环保性及附加价值	易造成滤芯、滤纸频繁更换	本身生物可分解性高，反复使用污染小

2. 水基工作液及一般矿物油

水基工作液仅局限于电火花高速穿孔加工等极少数类型使用，电极消耗大，绝缘性、缓蚀性等都很差，电火花成形加工基本不用。而以煤油为代表的矿物油，也逐渐被专用的矿物油型工作液所代替。

矿物油的粘度一般都较低，具有良好的排屑和排除积炭的性能，但闪点偏低。通常，电火花工作液中加有酚类抗氧剂，色度变深，并常含有一定量的芳烃，导致油品的安全性差，有臭味，对人体健康有影响。矿物油价格低廉，且有一定的芳烃含量，对提高加工速度有利。

3. 合成型（或半合成型）工作液

合成型（或半合成型）工作液主要指正构烷烃和异构烷烃。随着数控成形机数量的增多，加工对象的精度、表面粗糙度、加工生产率都在提高，因此，对工作液的要求也日益提高。由于不加酚类抗氧剂，因此合成型（或半合成型）工作液的颜色水白透亮，几乎不含芳烃，没有异味。

目前，国内生产厂商已完全有能力生产这种工作液，而且价格低廉。合成型

（或半合成型）工作液的缺点是不含芳烃，故加工速度稍低于矿物油型的工作液。

4. 高速合成型工作液

高速合成型工作液是在合成型工作液的基础上，加入聚丁烯等类似添加剂，旨在提高电蚀速度和加工效率。日本、瑞士、德国等公司研制加入了聚丁烯、乙烯、乙烯烃的聚合物和环苯类芳烃化合物等的工作液。电火花加工过程中，其熔融金属的温度常常达到104℃，因此，工作液必须要有良好的冷却性，迅速将其冷却。

由于工作液闪点、沸点低，熔融金属温度高而蒸发的蒸气膜使冷却金属熔融物的时间变长。加入聚合物后，沸点高的聚合物将迅速破坏蒸气膜，提高了冷却效率，从而也提高了加工速度。但这种添加剂成本高，工艺不易掌握，通常脂肪烃类聚合物加多了，容易引起电弧现象。

三、工作液对工艺指标的影响

1. 对电火花加工的影响

（1）能提高加工工件表面精度

1）电火花工作液粘度仅有2.0mm²/s（而一般火花油粘度都较高），因此渗透性好，导热性好，且具有良好的流动性与冲刷性；工作液的粘度适当与否直接影响到它在工件与电极间的循环效果（一般放电加工间隙在0.03~0.06mm之间，故良好的流动性很关键），在放电过程中，就会有效地保护电极的精度不受损。

2）当电极本身的表面精度高，又不受损时，电极就不易氧化、结焦、积炭，所以能降低电极的损耗率，从而提高了模具表面精度。

3）配有石墨电极加工时，使用本产品可以提高石墨电极寿命2~3倍。

4）用混粉（镁、硅）加工时，可以与混粉相溶附着，提高镜面效果。

（2）能提高放电加工速度

1）由于电火花工作液具有卓越的电绝缘性，能压缩放电通道，能快速消电离，并能实现高频、短脉冲间隔的放电加工作业，而且能加快对工件电极的冷却速度，所以大大地提高了放电加工速度。

2）粗放电时（即加低压、高电流进行重型放电加工），平均腐蚀率增加了300~500mm³/min。

3）细放电时（即加高压、低电流进行轻型放电加工），由于铜、石墨等其他材质的电极的平均消耗率降低了0.05%，提高了电极寿命，所以能缩短细放电（精加工）的时间。

（3）挥发率极小　挥发率较煤油降低40%以上。电火花工作液持续使用3

个月，挥发率仅有5%。

2. 工作液的使用要点

随着锻造、压铸、冲压、塑胶模具加工技术的迅速发展，电加工技术不断发展与完善，就要求对配套的工作液能正确地选择和使用。

1）在闪点尽量高的前提下，粘度要低。因为在电加工过程中，可放电的接触面距离大约是0.03~0.06mm，粘度低，油的渗透性就好，导热性也好，电极与工件之间不易产生金属或石墨颗粒，不仅能减小表面的表面粗糙度值，而且能相对防止电极积炭。

2）可采用工作液混粉（硅粉、铬粉等）的工艺方法。加入粉末可使工作液更均匀、更稳定地实施放电；使加工表面波纹减少，尤其适用于大面积的塑料模具；在大型石墨电极及筋条加工时，采用此方法能均匀、稳定地高速放电；而在实施镜面电火花成形加工时，可使精加工时间缩短20%~30%。

3）按加工要求使用工作液。按照工作液的使用寿命定期更换；严格控制工作液高度；根据加工要求选择冲液、抽液方式，并合理设置工作液压力。

第三节　加工参数的选择对工艺指标的影响

一、电参数的选择原则

1. 正确选择电规准

电规准是指电火花加工过程中的一组电参数，如电压、电流、脉冲宽度、脉冲间隔等。电规准选择正确与否，将直接影响型腔加工工艺指标。应根据工件的要求、电极和工件的材料、加工工艺指标和经济效果等因素来确定电规准，并在加工过程中及时地转换。

（1）粗加工　要求较高的加工速度和低电极损耗，这时可选用宽脉冲、高峰值电流的粗规准进行加工，电流要根据工件而定。刚开始加工时，接触面积小，电流不宜过大，随着加工面积的增大，可逐步加大电流。当粗加工进行到接近的尺寸时，应逐步减小电流，改善表面质量，以尽量减少中加工的修整量。

（2）在单电极加工的场合　从中规准起就应利用平动运动来补偿前后两个加工规准间放电间隙差和表面粗糙度差。中规准为粗、精规准之间的过渡，与粗规准之间并没有明显界限，选用的脉冲宽度、电流比粗规准相应小些。

（3）精加工　采用窄脉宽、小电流的精规准，将表面粗糙度改善到优于$Ra2.5\mu m$的范围。这种规准下的电极相对损耗相当大，可达10%~25%，但因加工量很少，所以绝对损耗并不大。

（4）中、精规准加工　有时还要根据工件尺寸和复杂性适当转换几档参数。为了得到较高的加工速度和尽可能低的电极损耗，要求每档规准加工的凹坑底部刚能达到（或稍深，以去除上次加工的表层）上档加工的凹坑底部，达到既能修光，又使中、精加工的去除量最少。

2. 选择原则

参数的选择没有固定的模式，它不是一成不变的，它受面积、放电间隙、表面粗糙度等诸多因素的影响。只有通过实践以及经验的积累，才能慢慢地掌握它，可以按以下几个原则选择脉冲参数。

（1）根据面积　根据欲加工电极的面积来选择电流，然后在电流确定的前提下，选择适当的脉宽。为了保证加工的低损耗，一般电流密度不要过大，脉宽适当宽一些，一般选在效率曲线的下降沿。但也不宜过宽，过宽对减小损耗的效果不明显，而且效率和放电间隙都要受影响，加工件的棱角要变钝。

脉冲间隔的选择原则上讲，小一些对提高效率减小损耗都有好处，但前提是加工稳定，排屑容易。譬如用 ϕ30mm 的圆电极加工一个 5mm 深的孔，面积 7.6cm^2，根据纯铜电极选择电流的原则，为了保证电极的低损耗，峰值电流选 25A，脉宽选 500μs，脉冲间隔选 150μs，平均电流为 14～15A。这样加工速度比较快，损耗也可控制在 0.3% 以下。如果电流再大，或脉宽再窄一点，加工速度可以提高，但损耗会明显加大。如果希望侧壁表面粗糙度值小一些，或放电间隙再小一些，可将电流减小一些，或电流、脉宽、间隔都适当减小一些。

（2）根据放电间隙　如果加工过切量已限定，那么无论电极面积大小，电流密度和脉宽都受到不同程度的制约。如果还是 ϕ30mm 的圆电极，要求加工深度为 1mm，单边放电间隙小于 0.11mm 的浅腔，由于放电间隙的限制，峰值电流和脉宽都要减小，但为了降低损耗，脉宽不宜过小，可降低峰值电流。脉宽选 250μs，脉冲间隔选 100μs，峰值电流为 13A。

（3）根据表面粗糙度　如果要求所加工的模具侧壁表面粗糙度要求较高，如 Ra3.2μm（不平动）。如果不换电极，就只能采用小电流和较小的脉宽慢慢地加工。这时峰值电流一般不超过 10A，脉宽不超过 100μs。

（4）根据效率　如果加工落料模，间隙、表面粗糙度要求都不高，只要快，损耗控制在 5%。这时可加大峰值电流，但由于损耗要控制在 5%，脉宽要选大一些。如电极为 ϕ30mm，单边间隙为 0.3mm，峰值电流可选 30A，脉宽选 800μs。为了增大电流、减小损耗，脉冲间隔选 300μs，加强抬刀。

（5）根据损耗　有的模具加工，需要一个电极加工多个型腔。这时控制损耗和电极表面的平整是首要任务。首先要选择适当的脉宽，为保证电极表面不被破坏，峰值电流宜小一些。如儿童用的薄塑料片拼插玩具，型腔都不深，面积也不大，用一个电极要加工多个型腔，这时电流要小一些，脉宽不要太宽，一方面

可保持电极表面平整，另一方面可使表面粗糙度值较小，易于下一步的修光。如果对型腔的棱角要求较高，最好用两个电极，第二个电极用于清角。

二、电参数对电火花成形加工的影响

1. 电规准的重要参数

（1）主要电参数　电规准中对加工影响最大的三个参数分别是：脉冲宽度 t_i（持续放电时间）、脉冲间隔 t_o（放电间隙时间）和脉冲峰值电流 i_e（正常放电时的脉冲电流幅值）。

（2）其他电参数

1）击穿电压，每个脉冲放电的起始电压。

2）脉冲放电波形，分为空载波形和放电波形。

3）放电脉冲的前后沿，即电流的上升梯度和下降梯度。

4）平均加工电流 I_m，放电时的间隙平均电流。

5）单个脉冲能量，每个脉冲的能量，通常以 $i_e t_i$ 计。

6）脉宽峰值比，即 t_i/i_e。

大多数脉冲电源输出的放电脉冲是固定的（t_i、t_o、i_e），改变参数要人工调节。适应控制的脉冲电源则可以根据加工状态的不同，自动调节 t_i、t_o、i_e 中的一个或全部。

2. 电规准对加工的影响

影响工艺指标的因素包括电规准，工件与电极的材料，电极的制造精度，工件型腔的复杂程度与深度，工作液的种类、净化程度及供给方式，以及辅助工作的完善等。主要电参数对工艺指标的影响见表 11-2。

表 11-2　主要电参数对工艺指标的影响

工艺指标 电参数	加工速度	电极损耗	表面粗糙度值	备　注
峰值电流 i_e↑	↑	↑	↑	加工间隙↑，型腔加工锥度↑
脉冲宽度 t_i↑	↑	↓	↑	加工间隙↑，加工稳定性↑
脉冲间隔 t_o↑	↓	↑	影响不大	加工稳定性↑
空载电压 U_o↑	影响不大	影响不大	↑	加工间隙↑，加工稳定性↑
介质清洁度↑	中粗加工↓，精加工↑	影响不大	影响不大	加工稳定性↑

（1）脉冲宽度的影响　脉冲越宽，则放电间隙越大，加工表面粗糙度值变大，生产率高，电极损耗小；反之，则相反。图 11-1 所示是脉冲宽度与工艺指标的关系曲线。

（2）高压脉冲的影响　高压脉冲通常比低压脉冲要窄得多，增加高压脉冲可以提高加工稳定性和获得较高的生产率，而且随高压脉冲的增加而增加，但是增加到一定程度后，变化不太明显。

（3）脉冲电流的影响　脉冲电流的影响包括脉冲电流峰值的影响和电流密度的影响。脉冲电流峰值的影响是在相同脉宽下，生产率和电极的损耗随电流峰值的增加而增加。电流密度的影响是在一定的脉宽和峰值电流情况下，随加工面积的减小和电流密度的增加，生产率和电极损耗显著在变化，如图 11-2 所示。

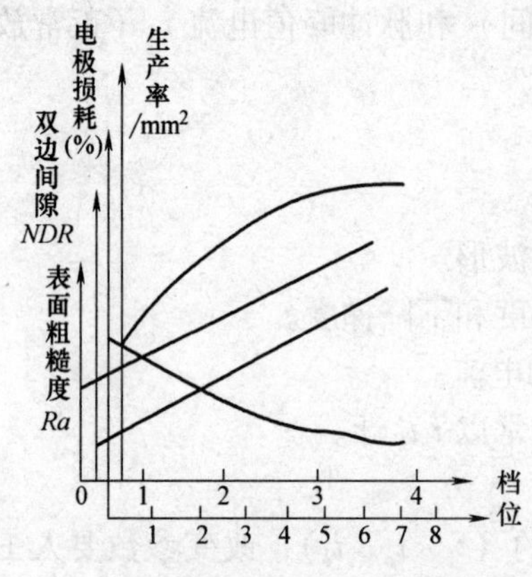

图 11-1　脉冲宽度与工艺指标的关系曲线

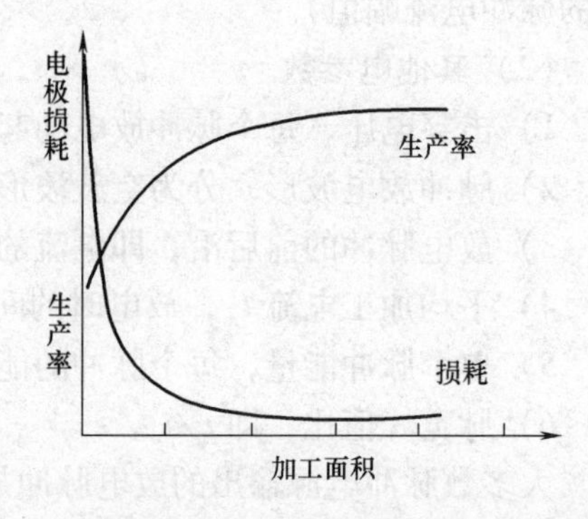

图 11-2　生产率和电极损耗与加工面积的关系

三、其他加工参数的影响

1. 工作液的影响

在进行穿孔和加工形状复杂或型腔较深的型腔模时，必须向放电间隙冲液。或者抽出放电间隙的气体和混浊的工作液，并且注意调节工作液循环的压力，粗加工小些，精加工大些；开始加工小些，正常加工大些。

压力调节过低，不易排除间隙中的电蚀物，使加工不稳定；压力调节过高，会造成外界干扰，也会使加工不稳定和电极损耗增大。

2. 极性效应的影响

极性是影响电火花加工工艺性能的重要因素之一，对电极的影响很大。例如，纯铜或石墨电极在粗加工时，工件接负极比工件接正极损耗要小得多；精加工时则相反。所以加工时必须注意极性的转换。

3. 主轴的定时抬刀

在进行型腔模加工的过程中，放电间隙中的蚀除物尽管有工作液的强迫循环并增加压力，但往往不易排出，尤其是在大面积加工和深孔加工中，将造成加工不稳定，甚至加工不能连续。采用定时抬刀装置，使主轴定时抬起，能帮助间隙中蚀除物的排出。为保证加工的稳定性，抬刀时间是可调的。

4. 微精加工

用微精加工可进一步减小模具的表面粗糙度值。微精加工装置通常用脉冲电源的高压回路并且改变电容器的容量值和晶体管导通时间来实现的。所以只要改变电容器转换开关和脉冲宽度转换开关，就可以得到不同的表面粗糙度。

5. 电极的平动

型腔加工多采用多规准加工，即先用粗规准加工成形，然后逐渐转为精规准，获得一定的表面粗糙度。为了补偿前一个规准和后一个规准间隙差和平面度，必须使电极作平行移动，这个移动靠平动夹具来实现。平动夹具的偏心量为

$$e_{\mathrm{max}} = \Delta e_{\mathrm{c}} + H_{\mathrm{cmax}} + \delta$$

式中　e_{max}——所用平动夹具的最大偏心量；

Δe_{c}——粗加工的放电间隙；

H_{cmax}——粗加工后表面平面度误差值；

δ——电极在长度方向的单边损耗。

6. 电极的制造

由于电腐蚀加工是工具电极的直接仿形，因此电极的外形尺寸和表面质量与被加工的型孔是一相似形，电极与工件间有一定的放电间隙。若用同一个电极进行通孔的粗、精加工，还要考虑阶梯电极的制造问题。一般用化学腐蚀法，电极收缩量的确定方法为

$$D_{\mathrm{d}} = D_{\mathrm{g}} - 2(\Delta e_{\mathrm{j}} + H_{\mathrm{cmax}} + \Delta e_{\mathrm{c}})$$

式中　D_{d}——电极尺寸；

D_{g}——工件型孔的公称尺寸；

Δe_{j}——精加工时的放电间隙；

H_{cmax}——粗加工后表面平面度误差值；

Δe_{c}——粗加工时的放电间隙。

四、电参数的合理选择

1. 加工参数的调整

（1）离线控制参数

1）加工起始阶段。实际放电面积由小变大，这时的过程扰动较大，采用比预定规准小的放电电流可使过渡过程比较平稳，等稳定加工几秒钟后再把放电电流调到设定值。

2）补救过程扰动。加工中一旦发生严重干扰，往往很难摆脱。例如拉弧引起电极上的结炭沉积后，所有以后的放电就容易集中在积炭点上，从而加剧了拉弧状态。

为摆脱这种状态，需要把放电电流减小一段时间，有时还要改变极性（暂

时人为地高损耗）来消除积炭层，直到拉弧倾向消失，才能恢复原规准加工。

3）加工变截面的三维型腔。通常开始时加工面积较小，放电电流必须选小，然后随着加工深度（加工面积）的增加而逐渐增大电流，直至达到表面粗糙度、侧面间隙或电极损耗所要求的电流值。

对于这类加工控制，可预先编好加工电流与加工深度的关系表。同样，在加工带锥度的冲模时，可编好侧面间隙与电极穿透深度的关系表，再由侧面间隙要求调整离线参数。

（2）在线控制参数

1）伺服参考电压 S_V（平均端面间隙 S_F）。S_V与 S_F呈一定的比例关系，S_V对加工速度和电极相对损耗影响很大。一般来说，其最佳值并不正好对应于加工速度的最佳值，而应当使间隙稍微偏大些，这时的电极损耗较小。小间隙不但引起电极损耗加大，还容易造成短路和拉弧，因而稍微偏大的间隙在加工中比较安全，在加工起始阶段更为必要。

2）脉冲间隔 t_o。当 t_o减小时，加工速度提高，电极损耗减小，但是过小的 t_o会引起拉弧，只要能保证进给稳定和不拉弧，原则上可选取尽量小的 t_o值，但在加工起始阶段应取较大的值。

3）冲液流量。由于电极损耗随冲液流量（压力）的增加而增大，因而只要能使加工稳定，保证必要的排屑条件，应使冲液流量尽量小。

4）伺服抬刀运动。抬刀意味着时间损失，只有在正常冲液不够时才采用，而且要尽量缩小电极上抬和加工的时间比。

（3）出现拉弧时的补救措施　增大脉冲间隔；调大伺服参考电压（加工间隙）；引入周期抬刀运动，加大电极上抬和加工的时间比；减小放电电流（峰值电流）；暂停加工，清理电极和工件（例如用细砂纸轻轻研磨）后再重新加工；试用反极性加工一段时间，使积炭表面加速损耗掉。

2. 正确选择加工规准

为了能正确选择电火花加工参数规准，人们根据工具电极、工件材料、加工极性、脉冲宽度、脉冲间隔、峰值电流等主要参数对主要工艺指标的影响，预先制订出工艺曲线图表，以此来选择电火花加工的规准。

图 11-3 ~ 图 11-6 所示为工具电极为铜、加工材料为钢且负极性加工（工件接负极）时，工件表面粗糙度、单边侧面放电间隙、工件蚀除速度、电极损耗率与脉冲宽度和峰值电流的关系曲线图。

由于脉冲间隔只要保证能消除电离和稳定加工，不引起电弧放电，它对工件表面粗糙度、单边侧面放电间隙、工件蚀除速度、电极损耗率等没有太大的影响，因此在图中未注明脉冲间隔。

另外，电极的抬刀高度、抬刀频率、冲液压力和流量等参数，主要是为了促

进放电间隙中的排屑，保证电火花加工的稳定性，除对加工速度有所影响外，对工艺指标影响不大，因此这部分的参数在图中也未注明。

（1）工件表面粗糙度与脉冲宽度和峰值电流的关系　图 11-3 所示为工具电极为铜、加工材料为钢且负极性加工（工件接负极）时，工件表面粗糙度与脉冲宽度和峰值电流的关系曲线。由图可得如下结论：

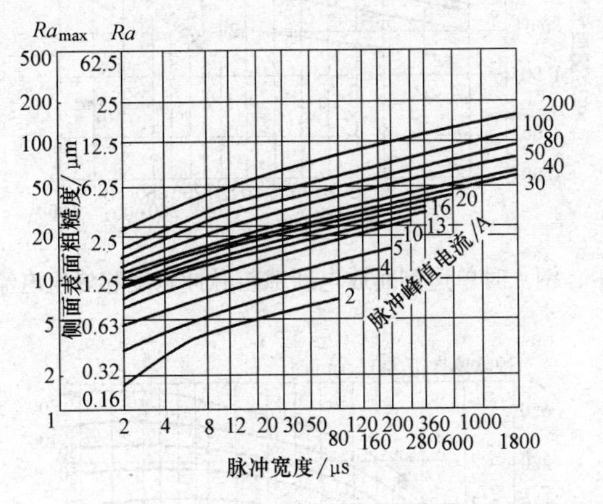

图 11-3　铜 +、钢 − 时表面粗糙度与脉冲宽度和峰值电流的关系曲线

1）要获得较小的表面粗糙度值，必须选用较窄的脉冲宽度和较小的峰值电流。

2）脉冲宽度对表面粗糙度的影响比峰值电流稍微大一些。

3）要达到某一表面粗糙度，可以选择不同的脉冲宽度和峰值电流。例如，欲达到表面粗糙度 Ra1. 25μm，可选择脉冲宽度为 4μs、峰值电流为 10A 的参数组合；也可以选择脉冲宽度为 120μs、峰值电流为 4A 的参数组合；还可以选择脉冲宽度为 25μs、峰值电流为 6A 的参数组合。

4）不同参数组合的蚀除速度和电极损耗率不同，甚至差别很大，因此选择电规准的时候，必须进行分析比较，抓住工艺中的主要矛盾做出选择，必要时分成粗、中、精加工。

（2）单边侧面放电间隙与脉冲宽度和峰值电流的关系　图 11-4 所示为工具电极为铜、加工材料为钢且负极性加工（工件接负极）时，单边侧面放电间隙与脉冲宽度和峰值电流的关系曲线。

由图 11-4 可知，它的规律类似于表面粗糙度。当脉冲宽度较窄，峰值电流较小时可获得较小的侧面放电间隙；反之，侧面放电间隙就大。由于在通常情况下，侧面间隙是电火花加工时底面间隙产生的电蚀产物二次放电所形成的，因此侧面间隙会稍大于底面间隙的平均值。

（3）工件蚀除速度与脉冲宽度和峰值电流的关系　图 11-5 所示为工具电极

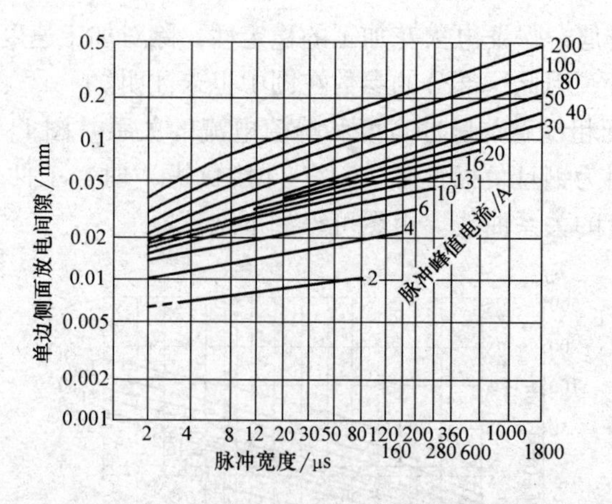

图 11-4　铜 +、钢 - 时单边侧面放电间隙与脉冲宽度和峰值电流的关系曲线

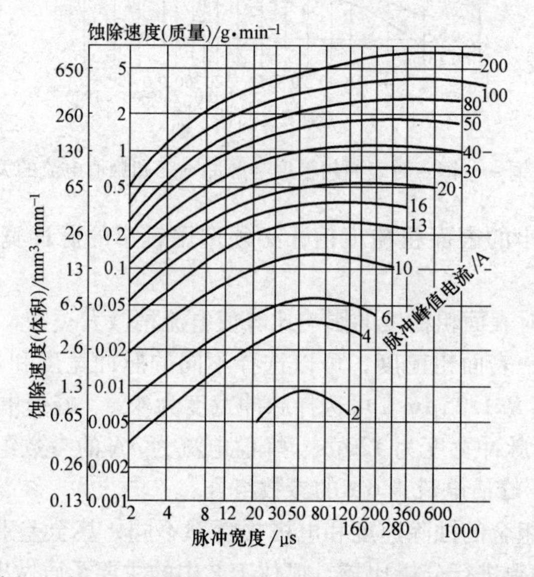

图 11-5　铜 +、钢 - 时工件蚀除速度与脉冲宽度和峰值电流的关系曲线

为铜、加工材料为钢且负极性加工（工件接负极）时，工件蚀除速度与脉冲宽度和峰值电流的关系曲线。

由图 11-5 可得，随着脉冲间隔和峰值电流的增加，工件的蚀除速度也随之增大，但当脉冲宽度增大到一定程度时，蚀除速度达到最大值并趋于稳定。

在选择加工规准时，脉冲间隔必须适中。过大的脉冲间隔将使蚀除速度成比例地减少，过小的脉冲间隔会引起排屑不畅而产生电弧放电。在加工过程中，尤其是中、精加工，当加工到一定深度应抬刀排屑，这将降低单位时间内的工件蚀除速度。此曲线图是在合理的脉冲间隔、较浅的加工深度、无抬刀运动、中等加

工面积和微冲液条件下绘制的，因此实际使用中，蚀除速度将低于图 11-5 中的数值。

（4）电极损耗率与脉冲宽度和峰值电流的关系　图 11-6 所示为工具电极为铜、加工材料为钢且负极性加工（工件接负极）时，电极损耗率与脉冲宽度和峰值电流的关系曲线。由于极性效应的缘故，在负极性加工时，只有在较大的脉冲宽度和较小的峰值电流条件下才能得到很低的电极损耗率。

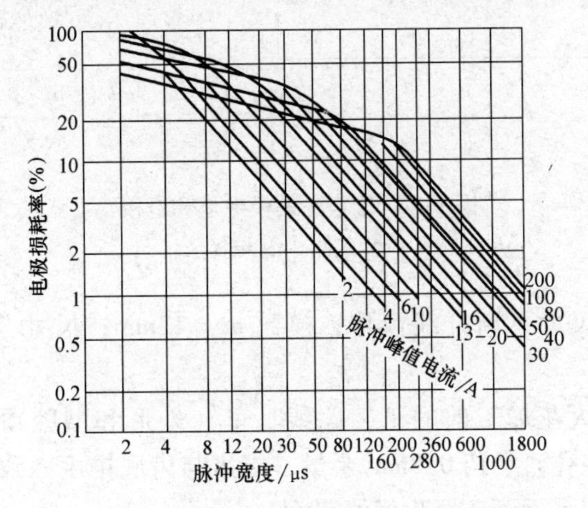

图 11-6　铜 +、钢 – 时电极损耗率与脉冲宽度和峰值电流的关系曲线

在粗加工过程中，负极性、长脉冲宽度可获得较低的电极损耗率，因此可以用一个电极加工掉很大的余量而电极的形状基本保持不变。

在中、精加工中，脉冲宽度较小，电极损耗率比较大，但由于加工余量较小，因此电极的绝对损耗率也不是很大，可以用一个电极加工出一个甚至多个型腔。

第四节　典型零件加工的工艺分析

一、锥齿轮精锻模加工

1. 工艺分析

（1）工件条件

1）工件名称：锥齿轮精锻模。

2）工件技术要求。

① 工件材料：如图 11-7 所示，锻模为模具钢 CrWMn，套圈为普通钢。

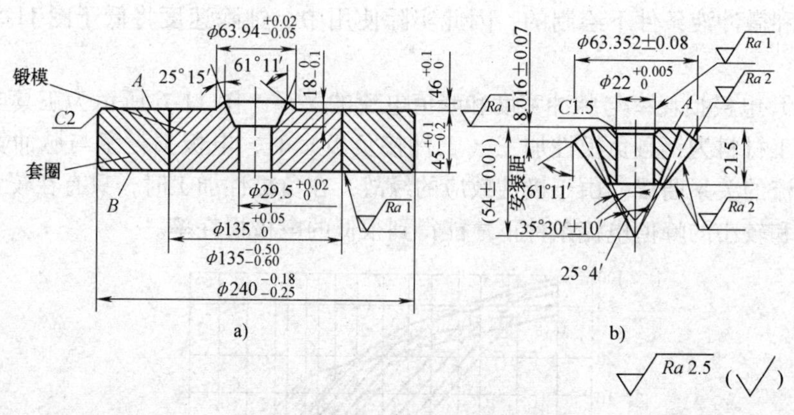

图 11-7　锥齿轮锻模毛坯和电极

a）工件　b）电极

② 工件形状尺寸：渐开线齿形；模数 m = 12mm；尺寸公差等级 IT7，如图 11-7a 所示。

3）工件在电火花加工前的工艺路线。车（外形和型腔预孔，模块底面留 0.2mm 磨量，型腔孔直径留 0.5mm 余量，锥齿与齿底锥度一致）→热处理（淬火处理）→磨（用平面磨床磨出模块底面）。

（2）加工工艺　根据工件条件，该锥齿轮精锻模采用单电极直接加工成形工艺，加工中不采用平动、摇动较为适宜。

所谓单电极直接加工成形工艺，主要用于加工深度很浅的型腔，如各种纪念章、证章、纪念币的花纹模压型，在模具表面加工商标、厂标、中外文字母以及工艺美术图案、浮雕等。

除此以外，也可用于加工无直壁的浅型腔模具或成形表面。因为浅型腔模具，除要求精细的花纹还要求棱角清晰，所以不能采用平动或摇动加工；而无直壁的浅型腔表面都与水平面有一倾斜角，工具电极在向下垂直进给时，对倾斜的型腔表面有一定的修整、修光作用，再通过多次加工规准的转换，采用精加工低损耗电源，有时不用平动、摇动就可以修光侧壁，达到加工目的。

2. 锥齿轮精锻模的电火花加工

（1）工具电极的技术要求

1）材料：纯铜。

2）工具电极在电火花加工前的工艺路线：精车（按图样精车工具电极外形、锥度部分，参见图 11-7b）→铣（铣斜齿，公差等级 IT7）→钳（修形抛光）。

（2）装夹、找正与固定工具电极和工件

1）工具电极：用游标万能角度尺找正工具电极上的锥面。每相差 90°找正

一点，共四点，其锥度角对称。

2）工件：将工件平放在工作台上，利用机床的撞刀保护（接触感知）功能，采用复位法找正、对刀，将工具电极对入预加工锥孔，从而对正工件和工具电极，最后压紧工件。

（3）加工要点

1）锥齿轮精锻模要求几何精度准确，电极损耗极小，保持齿型面轮廓清晰。

2）锥齿轮精锻的电火花加工是单电极直接加工成形法的加工典型。此类模具不允许平动、摇动加工，由于几何形状复杂，齿顶、齿面、齿根与进给轴向夹角各不相同，小的几度，大的几十度，每进给1mm时侧面的扩大量也各不相同（从0.05~1mm不等），因此，以最小的扩大量作为规准转换时进给量的依据。

3）加工时不冲液，不钻排气孔，靠主轴自控抬刀、排屑与排气。

（4）使用设备和加工规准　D7140型电火花机床和JDS50型脉冲电源；加工规准见表11-3。

表11-3　锥齿轮精锻模型腔的加工规准

加工规准	脉冲宽度/μs	脉冲间隔/μs	功放管数		平均加工电流/A	总进给深度/mm	表面粗糙度 Ra/μm	极性
			高压	低压				
粗加工	1024	200	8	24	26	11	>25	负
	1024	200	8	12	15	12	>25	负
	512	200	8	8	12	14	20~22	负
	256	100	8	4	8	15.5	9~11	负
中精加工	64	2	4	4	1.5	16	4.5	负
	2	20	8	24	1.5	16.07	2.5	正

（5）加工效果

1）因采用单电极直接成形法，靠垂直进给方向的加工对各锥面进行加工和抛光，所以不可采用平动工艺，避免破坏渐开线齿形。

2）采用低损耗工艺规准，尤其在中精低损耗规准以后，表面粗糙度 Ra 值达到4.5μm时，仍获得小于1%的相对损耗指标，为保证尺寸公差等级IT7的加工精度奠定了基础。

3）仅用了0.07mm的进给深度精修，使工件型腔的表面粗糙度 Ra 值达到2.5μm的指标。经电加工后，型腔部分无需进行任何钳工修形或抛光，可直接使用。

二、5m钢卷尺盒注射模加工

1. 工艺分析

（1）工件条件

1）工件名称：5m 钢卷尺盒注射模。

2）工件的技术要求。

① 工件材料：45 钢。

② 工件外形尺寸：160mm×150mm×40mm，要求工件六面均磨平，够 90°直角，其上下两端及四侧面即为基准面；同时划出型腔位置轮廓线（见图 11-8）。

③ 铣削：按型腔轮廓线位置进行铣削加工留出电加工余量，型腔侧壁单边留量在 0.8～1mm 范围内，型腔底面留 0.5～1mm。

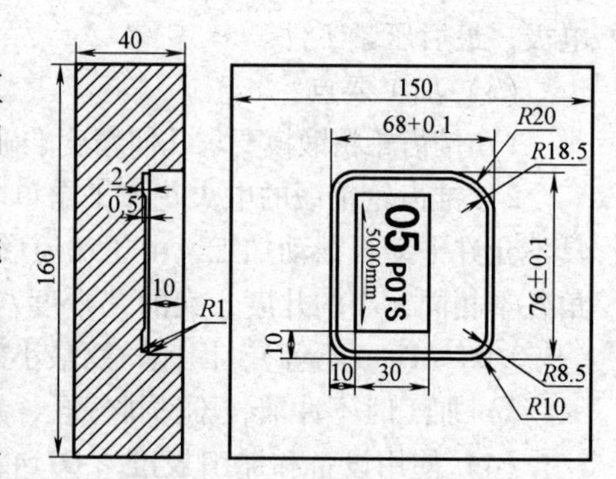

图 11-8　5m 钢卷尺盒注射模

（2）加工工艺　根据工件条件，该 5m 钢卷尺盒注射模采用多工具电极更换加工成形工艺，加工中不采用平动、摇动较为适宜。

所谓多工具电极更换加工成形工艺是指不用平动或摇动加工条件，采用多个工具电极依次更换加工同一个型腔，每个电极加工时必须把上一规准的放电痕迹去掉。

一般用两个电极进行粗、精加工就可满足要求；当模具型腔的精度和表面质量要求很高时，才采用三个或更多个电极进行加工，但要求多个电极的一致性好、制造精度高；另外，更换电极时要求定位装夹（即重复定位要求高），因此，一般只用于精密型腔的加工控制。图 11-9 所示为多工具电极加工示意。

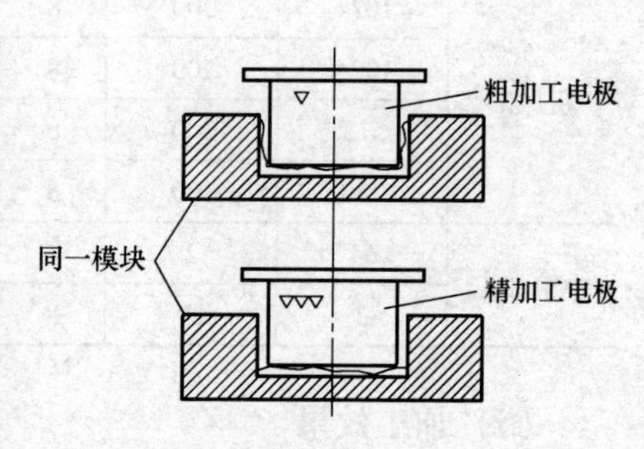

图 11-9　多工具电极加工示意

2. 电火花加工

（1）工具电极的技术要求

1）材料：高纯石墨和纯铜。

2）电极制造形状尺寸（见图 11-8）：一般情况下，分别在同一块固定板上（或尺寸一致的固定板）制作粗、精加工两个电极，经铣削直接成形，再经钳工修整、打磨。同时在电极端面商标处钻 2～4 个直径为 2mm 的排气孔。商标电极采用纯铜板腐蚀的办法制造。

3）电极尺寸：按模具图样，其粗加工电极尺寸应均匀缩小 0.8～1mm（双边）；精加工电极应均匀缩小 0.4～0.6mm（双边）。在商标位置处石墨电极做出平面即可，加工成形后再用铜电极加工出商标位置。

（2）加工要点 采用粗、精两个电极加工同一个型腔，必须要保证两个电极一致性好，避免出现精修不光的现象。

1）由于采用石墨材料作电极，可适当加大峰值电流，但在中、精加工时应控制峰值电流大小，避免侧壁修不光。

2）当电极加工到预铣型腔底面时，应将型腔内清除干净，避免拉弧、烧伤。在电极端面处一定要钻排气孔，加抬刀控制，便于排屑、排气。

3）由于型腔底面需要亚光面的效果，所以在选规准时表面粗糙度达到 2.5～4μm 即可。

（3）装夹、找正、固定

1）电极必须固定在同样的固定板上，以固定板两侧为基准面，找正 X、Y 向与机床 X、Y 坐标平行；然后以固定板上端面为基准面，找正固定板上的水平度，保证与 Z 轴垂直。

2）将工件放置工作台上，保证工件的两面与机床 X、Y 坐标平行，压上压板紧固工件，然后移动机床 X、Y 坐标，使电极对准工件，移动数值应以工件基准面为基准，按图样计算出来。

（4）使用设备和加工规准 使用 D7140 型电火花机床和 JDS50 型脉冲电源；加工规准见表 11-4。

表 11-4 5m 钢卷尺盒注射模加工规准

加 工 规 准	脉冲宽度 /μs	脉冲间隔 /μs	电源电压 /V	加工电流 /A	加工深度 /mm	表面粗糙度 Ra/μm	加工极性
粗加工	400	100	60	18	11.5	>20	负
精加工	100	70	60	10	11.9	<10	负
	2	50	60	2～4	12	<2.5	正

（5）加工效果

1）由于使用粗、精两个加工电极加工主型腔，虽然加工过程麻烦，但能保证加工精度和表面质量，基本满足图样要求。

2）加工表面粗糙度均匀，Ra 值为 2.5μm。

3）亚光面效果是将放电加工表面经过柔性抛光，以及用研磨膏抛光，使放电凹坑呈现银白，放电毛刺圆滑。

4）此模具为上下两型腔，应当注意合模精度尺寸，保证上、下模型腔加工尺寸和位置尺寸的一致性。

第五节　电火花成形加工常见问题的处理

一、电火花穿孔加工

1. 非故障的异常情况处理

（1）喷嘴无力，加工速度低　首先查看工作液压力是否正常，若压力低于4MPa则可调节压力阀，使之达到7MPa。

（2）电极烧结出液不畅　这种情况一般是因为工作液在管路中受阻，查看管路有无弯曲，电极内孔是否通畅，然后进行排除，有时也会因参数选择不合理，加工电流过大，电极产生熔融部分而造成电极头部堵塞，此时可将熔融部分截去或者更换电极即可。

（3）电极出口偏斜，出液不正，加工不稳定　有时由于电极管质量不高，或工件材质偏差，造成电极头部损耗不均匀，从而出现电极偏斜。这种偏斜会引起加工不稳定，严重时会导致孔的过度偏斜，处理方法是选用质量较高的电极和工件，装夹完电极后，可试着起动旋转电动机，检查电极是否偏旋转过度，如果是可以重新装夹，或者截去偏斜部分。

（4）加工不稳，电压表电流表指针抖动厉害　检查工件是否压紧，电极是否夹紧，电极是否有小的弯曲存在，放电导线是否连接可靠，并逐一排除。操作者在加工前应仔细阅读说明书，并在实践中，摸索出一套相关经验，使机床加工稳定，处于最佳状态。

2. 电火花穿孔加工应当注意的问题

（1）采用混合法加工凹模　其电极与凸模在连接之前，应先进行预加工，外形放1～2mm余量；然后用焊锡、粘结剂或螺钉把它们紧固连接；连接后一般采用成形磨削加工。为避免磨削误差，保证电加工后凸、凹模配合均匀，电极与凸模的连接面选择在凸模的刃口端。

（2）凹模若有凸角　其电极相对应的内角，在电加工前先要用锯条或扁锉在腐蚀高度以内加上一条凹槽，以免粗加工时夹角放电集中，蚀除量过多，使粗加工修不到，产生凹模“塌角”，造成工件报废。

（3）大小电极组装在一起穿孔加工　由于小电极的垂直精度不易保证，加工时又容易引起侧向振动，再加上二次放电等因素，使小电极的加工间隙比大电极的加工间隙要大些。为了防止两者间隙相差过大而影响尺寸加工精度，一般在这种情况时，可将小电极尺寸适当缩小一些，这点在编排工艺及设计电极时，应预先考虑好。

（4）避免加工中“放炮”　电火花加工时，会产生各种气体，如不及时排出，它将集聚在电极下端或油杯内部，当气体积累较多并被电火花引燃时，就会像“放炮”一样冲破阻力排出。这时若工件或电极装夹不牢，就会产生错动，影响加工精度。因此，有些较大电极若要减轻重量钻孔，应使平的端面朝下，以减少储存空气的空间。另外，还可在油杯侧面开小孔，或采用周期抬刀排气来防止产生“放炮”。

二、电火花型腔加工

1. 加工精度

加工精度主要包括“仿形”精度和尺寸精度两个方面。所谓“仿形”精度就是指电加工后的型腔与加工前工具电极几何形状的相似程度。

（1）影响“仿形”精度的主要因素

1）使用平动头造成的几何形状失真，如很难加工出清角、尖角变圆等。

2）工具电极损耗及“反粘”现象的影响。

3）电极装夹找正装置的精度和刚性，平动头、主轴头精度和刚性的影响。

4）规准选择转换不当，造成电极损耗增大，也影响“仿形”精度。

（2）影响尺寸精度的因素

1）操作者选用的电规准与电极缩小量不匹配，以致加工完成以后，使尺寸精度超差。

2）在加工深型腔时，二次放电机会较多，使加工间隙增大，以致侧面不能修光，或者能修光却超出了图样尺寸。

3）冲油管的设置和导线的架设存在问题；导线与油管产生阻力，使平动头不能正常进行平面圆周运动。

4）电极制造误差。

5）主轴头、平动头、深度测量装置等存在机械误差。

2. 表面质量

（1）表面粗糙度问题　电火花加工型腔时，型腔表面会出现尺寸到了，但修不光的现象。造成这种现象的原因有以下几方面：

1）电极对工作台的垂直度没找正好，使电极的一个侧面成了倒斜度，相对应模具侧面的上口修不光。

2）主轴进给时，出现扭曲现象，影响了型腔侧表面的修光。

3）在加工开始前，平动头没有调到零位，以至到了预定的偏心量时，有一面无法修出。

4）各档规准转换过快，或者跳规准进行修整，使端面或侧面留下粗加工的麻点痕迹无法再修复。

5）电极工件没有装夹牢，在加工过程中出现错位移动，影响型腔侧面表面粗糙度的修整。因平动量调节过大，加工过程出现大量碰撞短路，使主轴不断上下往返，造成有的面修出，有的面修不出。

（2）影响型腔表面质量的“波纹”问题　用平动头修光侧面的型腔，在底部圆弧或斜面处易出现“细丝”，如鱼鳞状凸起，这就是“波纹”。“波纹”问题将严重影响型腔加工的表面质量。一般波纹的产生有下列原因：

1）电极材料的影响。由于电极材料质量差，如石墨材料颗粒粗、组织疏松、强度差，粗加工后电极表面会产生严重剥落现象（包括疏松性剥落、压层不均匀性剥落、热疲劳破坏剥落、机械性破坏剥落）。纯铜材料质量差会产生网状剥落。而电火花加工是精确“仿形”加工，经过平动修正反映到工件，就产生了“波纹”。

2）中、精加工电极损耗大。由于粗加工后电极表面粗糙度值很大，而一般的电加工电源，中、精加工时电极损耗较大。加工过程中，工件上粗加工的表面平面度会反拷到电极上，电极表面产生了高低不平并反映到工件上，最终就产生了“波纹”。

3）冲油、排屑的影响。电加工时，若冲油孔开设的不合理，排屑情况不良，则蚀除物会堆积在底部转角处，这样也会助长“波纹”的产生。

4）电极运动方式的影响。“波纹”的产生并不是平动加工引起的，相反平动运动能有利于底面“波纹”的消除，但它对不同角度的斜度或曲面“波纹”仅有不同程度的减少，却无法消除。这是因为平动加工时，电极与工件有一个相对错位量。加工底面错位量大，加工斜面或弧面错位量小，因而导致两种不同的加工效果。

“波纹”的产生既影响了工件的表面粗糙度，又降低了加工精度，为此，在实际加工中应尽量设法减小或消除“波纹”。

第六节　电火花成形加工技能训练实例

训练1　冲孔落料模工具电极设计

本训练的目的是通过工具电极的材料及结构选择、电极高度尺寸设计和横截面尺寸设计，掌握电火花冲孔落料模的电极设计方法。

一、冲孔落料模工艺分析

电火花冲孔落料模是生产上应用较多的一种模具，其型孔的加工精度与电极

的精度和穿孔加工时的工艺条件密切相关。为了保证型孔的加工精度，在设计电极时必须合理选择电极材料和确定电极尺寸。此外，还要使电极在结构上便于制造和安装。

二、冲孔落料模电极设计

1. 电极的材料及结构选择

（1）电极的材料选择　常用的电极材料有钢、铸铁、石墨、黄铜、纯铜、铜钨合金和银钨合金等，选择时应根据加工对象、工艺方法、脉冲电源的类型等因素综合考虑。

（2）电极的结构选择　冲孔落料模电极常用的结构有整体式、组合式和镶拼式三种，电极的结构形式应根据其外形尺寸的大小与复杂程度、电极的结构工艺性等因素综合考虑。

2. 电极的尺寸确定

（1）高度尺寸设计　工具电极的高度尺寸取决于冲孔落料模的结构形式、模板厚度、电极材料、装夹方式、电极使用次数和电极制造工艺等一些因素（见图 11-10），可用如下公式表示

$$L = KH + H_1 + H_2 + (0.4 \sim 0.8)(n-1)KH$$

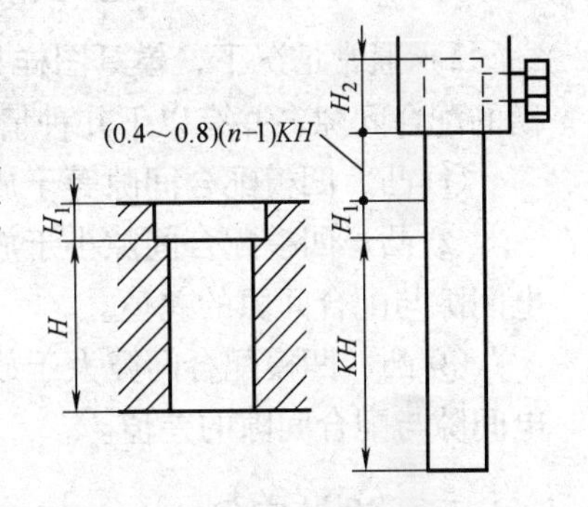

图 11-10　电极长度计算说明图

式中　L——设计工具电极高度；

H——凹模需要加工的深度；

H_1——当模板后部挖空时，电极所需加长部分的深度；

H_2——一些小电极端部不宜开联接螺孔，而必须用夹具夹持电极尾部时，需要增加的夹持部分长度（约 10 ~ 20mm）；

n——一个电极使用的次数，一般情况下，多用一次电极需要比原有长度增加 0.4 ~ 0.8 倍；

K——与电极材料、加工方式、型腔复杂程度有关的系数，对不同的电极材料，其取值不同，纯铜为 2 ~ 2.5、黄铜为 3 ~ 3.5、石墨为 1.7 ~ 2、铸铁为 2.5 ~ 3、钢为 3 ~ 3.5。若加工硬质合金，电极损耗会增大，因此，应适当增加电极长度。

（2）水平截面尺寸设计

1）工具电极的水平截面尺寸应比预定的冲孔截面尺寸均匀地缩小一个平面的放电间隙，如图 11-11 所示。与型孔尺寸相对应的电极尺寸为

$$a = A - 2S,\quad b = B + 2S,\quad c = C,\quad r_1 = R_1 + S,\quad r_2 = R_2 - S$$

式中　A、B、C、R_1、R_2——型孔尺寸；

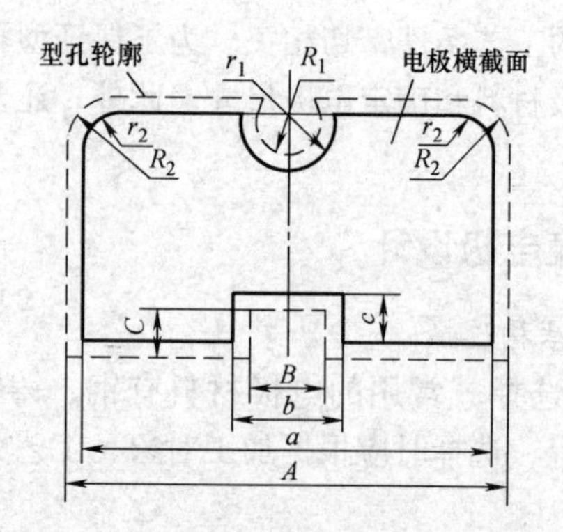

图 11-11　按型孔尺寸计算电极水平截面尺寸

a、b、c、r_1、r_2——电极的水平截面尺寸；

S——单边的放电间隙。

2）通常情况下，模具图样只标注凸模的具体尺寸，而凹模图样只标注与凸模的配合间隙，并有以下几种情况：

① 凸、凹模配合间隙等于放电间隙，此时电极尺寸与凸模尺寸完全相同。

② 凸、凹模配合间隙小于放电间隙，此时电极尺寸应等于凸模尺寸减去放电间隙与配合间隙的差值。

③ 凸、凹模配合间隙大于放电间隙，此时电极尺寸应等于凸模尺寸加上放电间隙与配合间隙的差值。

三、设计实例

加工一个“口”字形冲压件，冲压件尺寸为 10mm × 10mm，材料为硅钢片，凹模加工深度为 60mm，凹模与凸模的配合间隙为 0.1mm，设计工具电极，如图 11-12 所示。

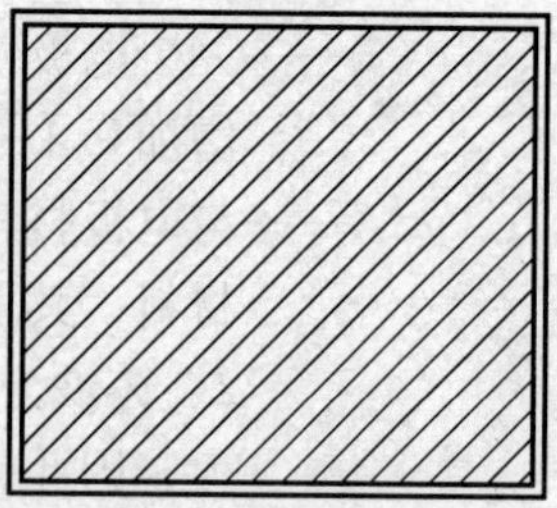

图 11-12　冲模电极设计

1. 电极的材料及结构选择

根据加工的冲压件大小，采取凸模加工凹模的方法，即工具电极材料为钢。结构采用整体式。

2. 电极尺寸确定

（1）高度尺寸设计　根据公式

$$
\begin{aligned}
L &= KH + H_1 + H_2 + (0.4 \sim 0.8)(n-1)KH \\
&= [3 \times 60 + 20 + 20 + 0.6 \times (2-1) \times 3 \times 60]\text{mm} \\
&= 328\text{mm}
\end{aligned}
$$

确定工具电极长度取 340mm。

（2）水平截面尺寸设计　设单面放电间隙为 0.01mm，单面放电间隙等于凹

模与凸模的配合间隙，因此工具电极尺寸按凸模计算（略）。

训练2　型腔模具电极设计

本训练的目的是通过电火花型腔模工具电极的材料及结构选择、高度及水平截面尺寸设计，掌握电火花型腔模工具电极设计方法。

一、型腔模工艺分析

型腔模的电火花加工属于不通孔加工，在加工过程中，应注意电蚀物的排出和工作液气体的排出。另外，型腔模形状复杂，加工面积变化大，电参数的选择比较困难。这些都应在加工过程中予以关注。

在设计型腔模工具电极尺寸时，一方面要考虑模具型腔的尺寸、形状和复杂程度，另一方面要考虑电极材料和电参数的选择。当然，若采用单电极平动法加工侧面，还需考虑平动量的大小。

二、型腔模电极设计

1. 电极的材料及结构选择

（1）电极的材料选择　铜钨合金和银钨合金是较理想的电极材料，但价格昂贵，只在特殊情况下采用。目前，在型腔加工中应用最多的电极材料是石墨和纯铜。其他电极材料如铸铁、黄铜、钢等都有损耗大、加工速度低等显著缺点，均不宜用于型腔的加工。

（2）电极的结构选择　型腔加工用的电极也有三种结构形式：① 整体式电极，多用于加工尺寸大小和形状复杂程度一般的型腔；② 镶拼式电极，适用于型腔尺寸较大，单块电极材料坯料不够或型腔形状复杂、电极易于分块制作的情况；③ 组合式电极，在一模多腔的条件下采用，以简化型腔加工的操作过程，提高加工速度和加工精度。

2. 型腔模工具电极尺寸设计

（1）型腔模工具电极高度设计　如图11-13所示，工具电极高度按如下公式计算

$$H \geqslant l + L$$

式中　H——除装夹外的电极高度；

l——高度方向上的有效尺寸，等于型腔深度减去端面放电间隙和电极的端面损耗；

L——电极重复使用所需高度。

（2）型腔模工具电极水平截面尺寸设计　型腔模工具电极水平截面尺寸缩放示意图如图11-14所示。

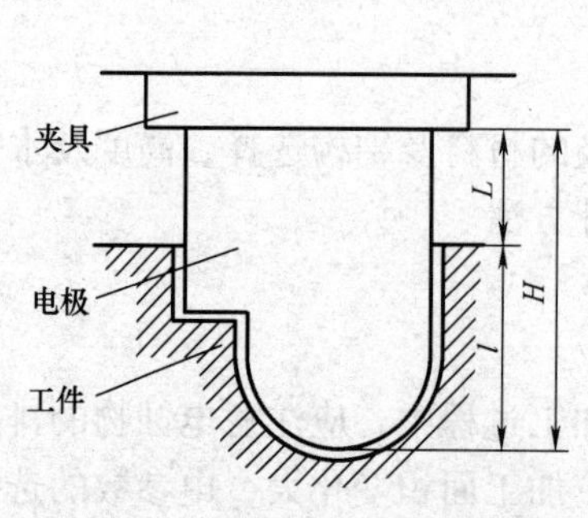

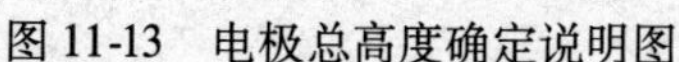
图 11-13　电极总高度确定说明图

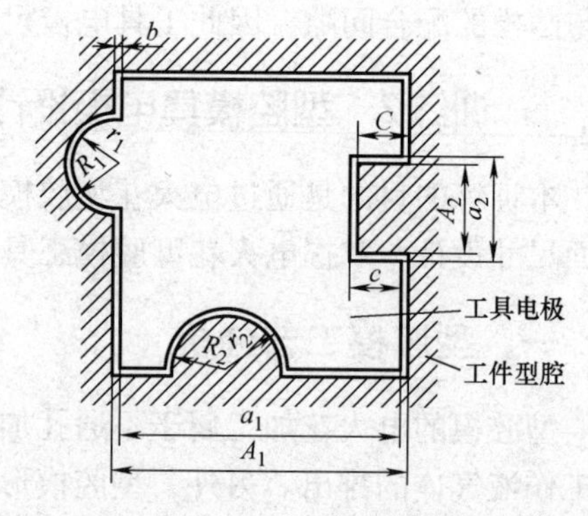

图 11-14　电极水平截面尺寸缩放示意图

设计时，应将放电间隙和平动量计算在内，即

$$a = \pm Kb$$

式中　±——电极的“缩和放”，工具电极内凹，取“+”号，工具电极外凸，取“-”号；

a——工具电极的水平尺寸；

K——与型腔有关的尺寸（双边时 $K=2$，单边时 $K=1$）；

b——电极的单边缩放量。

单边缩放量的计算公式为

$$b = S + Ra_1 + Ra_2 + z$$

式中　S——单边放电间隙，一般放电间隙在 0.1mm 左右；

Ra_1——前一电规准时的表面粗糙度值；

Ra_2——本次电规准时的表面粗糙度值；

z——平动量，一般为 0.1 ~ 0.5mm。

三、设计实例

如图 11-15 所示，该型腔模的深度为 20mm，端面放电间隙为 0.1mm，单边放电间隙为 0.1mm，试设计工具电极。

1. 工具电极的材料及结构选择

工具电极材料为纯铜，结构采用整体式电极。加工中采用平动工艺，平动量为 0.1mm。

2. 电极尺寸设计

（1）电极高度尺寸设计

$$H \geqslant l + L = (20 - 0.1 + 10)\text{mm} = 29.9\text{mm}$$

（2）工具电极水平截面尺寸设计　工具电极水平截面尺寸计算结果如图 11-16 所示。

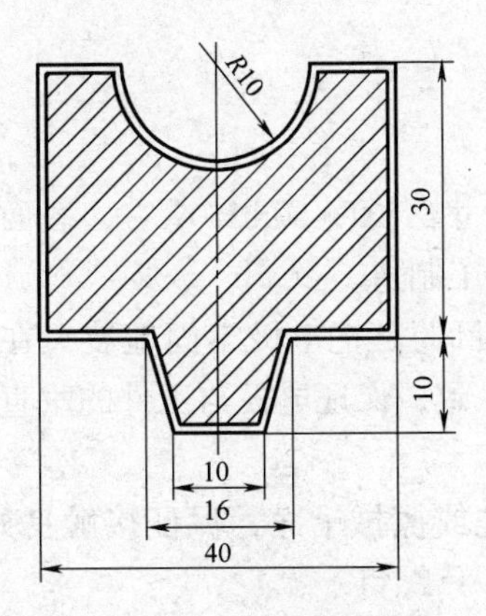

图 11-15　某型腔模示意图

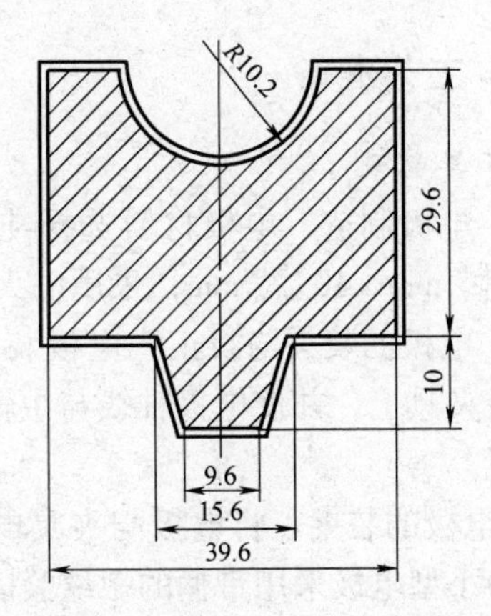

图 11-16　某型腔模工具电极水平尺寸计算结果

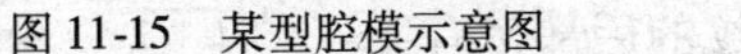

训练 3　方孔冲模电火花成形加工

本训练的目的是通过方孔冲模零件的加工工艺流程训练，掌握单孔电火花加工的工艺方法。训练器材为 SE 系列数控电火花成形机床、精密刀口形直尺、百分表、电极、工件。

一、工艺分析

1. 零件图

图 11-17 所示为方孔冲模零件图，其材料为 45 钢。该零件的主要尺寸：直径为 ϕ30mm，高度为 20mm，需要电火花加工该零件方孔的尺寸为(10 ±0. 03) mm ×(10 ±0. 03) mm × (10 ± 0. 03) mm，被电火花加工的表面粗糙度 Ra 为 2μm，零件其余表面粗糙度 Ra 均为 6. 3μm。

2. 加工工艺流程

下料（在锯床上下 ϕ35 ×30mm 圆棒料）→车削加工（车削至图样要求为 ϕ30mm，高 20mm；在图样方孔处钻直径为 ϕ9mm、深为 9. 5mm 的孔）→热处理（调质 180 ~185HBW）→电火花加工（加工方孔尺寸为图样要求）→检验。

3. 电火花加工工艺分析

该零件的尺寸精度和表面粗糙度要求较高，故采用电极伺服平动的加工方式，其方法就是将孔钻到深度后，电极再按一定的方式平动。

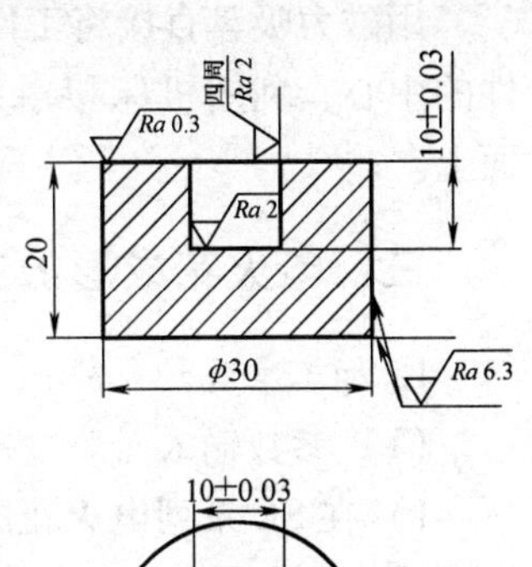

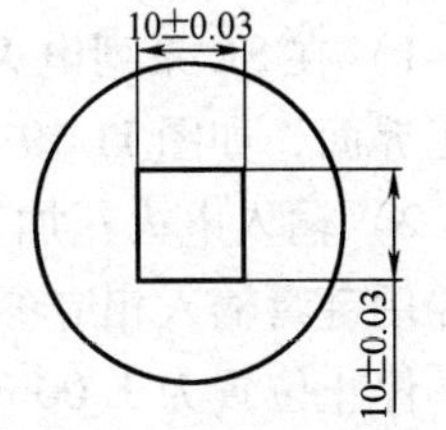

图 11-17　方孔冲模零件图

二、工艺准备

1. 工具电极

（1）电极制造　电极材料选择纯铜；电极尺寸：长度60mm左右，截面尺寸为$10_{-0.63}^{-0.60}$mm×$10_{-0.63}^{-0.60}$mm；采用电火花线切割加工制造。

（2）电极的装夹与找正　电极装夹与找正的目的是把电极牢固地装夹在主轴的电极夹具上，并使电极轴线与主轴进给轴线一致，保证电极与工件的垂直和相对位置。

1）电极的装夹。将电极与夹具的安装面清洗或擦拭干净，保证接触良好。此电极为小型电极采用带柄的螺纹紧固，故采用一只螺钉紧固，如图11-18所示。正确的方法应使螺纹的后部带有基准平面，加大与电极的接触面积，并加一弹簧垫圈防止松动。也可把电极和夹具制造成一体，直接装夹在机床主轴上。

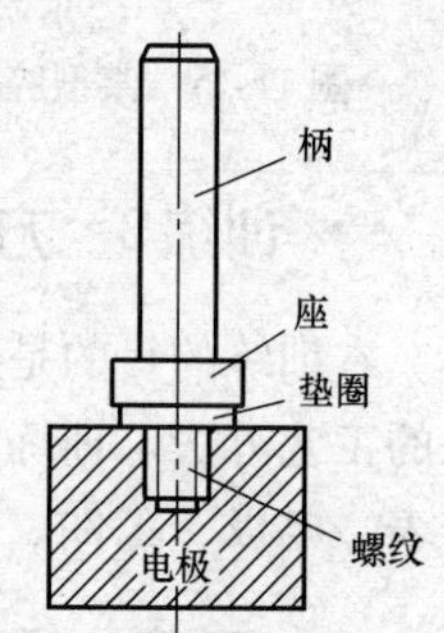

图11-18　电极的装夹

2）电极找正。首先将百分表固定在机床上，百分表的触点接触在电极上，让机床*Z*轴上下移动，此时要按下“忽略接触感知”键，将电极的垂直度调整到满足工件加工要求的位置，然后再找正电极*X*方向（或*Y*方向）的位置，其方法是让工作台沿*X*方向（或*Y*方向）移动，直至满足工件加工的要求。

2. 工件的装夹与找正

用磁力吸盘直接将工件固定在电火花机床上，将*X*、*Y*方向坐标原点定在工件的中心，利用机床接触感知的功能，将*Z*方向坐标的原点定在工件的上表面上。

三、电火花成形加工

1. 加工准备

（1）参数输入

1）在SE系列电火花成形加工机床系统准备界面下，按Alt + F2组合键进入加工界面，如图11-19所示。

2）输入电火花加工工艺数据。用↑、↓键移动光标，在工艺数据选择区选择并用键盘输入相应参数。

停止位置为1.00mm，加工方向为*Z*－（*Z*轴负方向），材料组合为铜-钢，工艺选择为标准值，加工深度为10.00mm，电极收缩量为0.4mm，表面粗糙度为2μm，投影面积为1cm^2。

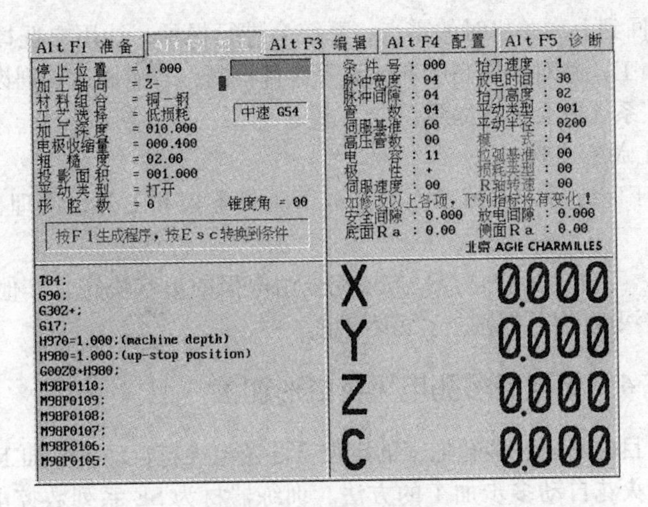

图 11-19　加工界面

3）平动参数选择。按空格键，将平动类型设为“打开”。按 F1 键进入平动参数选择界面（见图 11-20）。用↑、↓键移动光标，单击空格键，将伺服平动类型选择为“二维矢量”，平动半径为 0. 2mm。

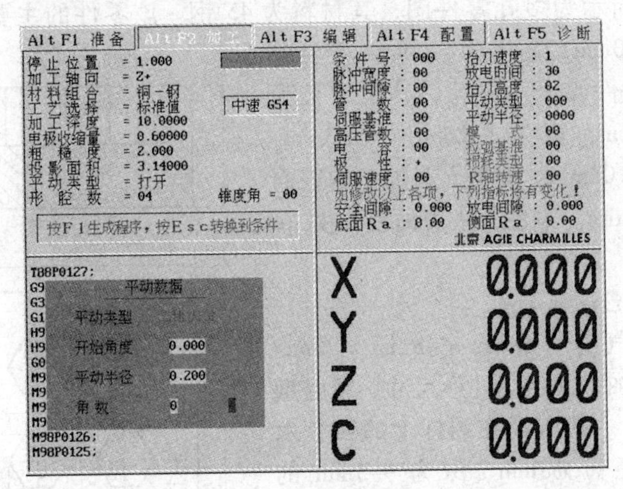

图 11-20　平动选择界面

（2）编制加工程序　输入加工参数及伺服平动相关参数后，按 F10 键自动生成冲模的电火花加工程序（加工程序略）。

2. 加工开始

1）在加工界面下，用↑、↓键把光标移动到加工开始程序段，按回车键，开始加工。

2）若未回到上次关机时的零点，系统会进行提示，让用户选择是否继续加工还是停止加工；并对液面高度和油温等进行检测，若液面达不到设定值或油温高于设定值，系统也会进行提示。

3. 加工完成及检验

1）待加工完成后，放掉工作液，取下工具电极和工件，清理机床工作台，完成加工。

2）检验。工件的形状是否是方形完全由电极的形状决定，其他尺寸用数显卡尺和百分表深度测量装置进行深度测量。

训练4　单电极多孔电火花成形加工

本训练的目的是通过多孔加工的定位方法及电火花自动多步加工设定方法的练习，掌握电火花自动多步加工的方法。训练器材为SE系列数控电火花机床、精密刀口形直尺、百分表、工具电极、工件电极。

一、工艺分析

1. 零件图

图11-21所示为多孔零件图，其材料为45钢。该零件的主要尺寸：长为40mm，宽为40mm，高度为20mm。需要电火花加工该零件四个六方孔，其尺寸长为10mm ± 0.03mm，宽为8.1mm ± 0.03mm，深为10mm ±0.03mm。被电火花加工的表面粗糙度 *Ra* 为2μm。零件其余表面粗糙度 *Ra* 均为6.3μm。

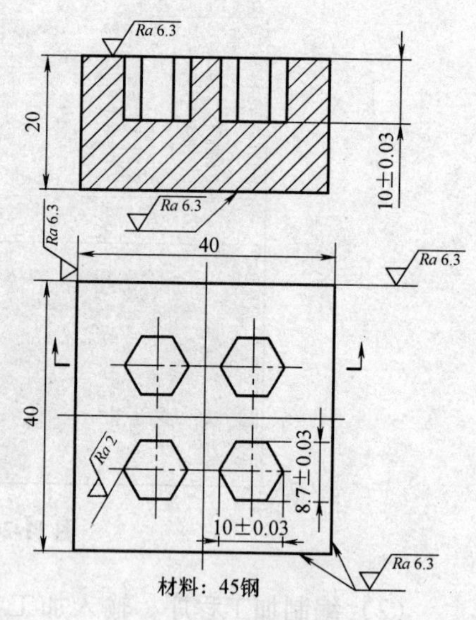

图11-21　多孔零件图

2. 加工工艺流程

下料（用气割下48mm × 48mm × 25mm板料）→铣削加工（铣削外形尺寸，留磨量0.2～0.3mm）→钻床（在图样上的四个六方孔处钻直径为 ϕ8mm、深为9.5mm的孔）→热处理（调质180～185HBW）→磨床（磨削六面至图样要求，被加工表面粗糙度 *Ra* 为0.8μm）→电火花加工（加工四个六方孔尺寸为图样要求）→检验。

3. 电火花加工工艺分析

本例采用单电极对各孔依次加工，其优点是电极制造简单，缺点是加工时间长，最后一个孔的加工质量较第一个孔差。若加工质量要求较高，可采用两个电

极，第一个电极粗加工，第二个电极精加工，可满足加工要求。为了减小侧壁的表面粗糙度值，采用单电极伺服圆形平动加工方法。

二、工艺准备

1. 工具电极

（1）电极制造　电极材料选择纯铜；电极尺寸：截面尺寸为（9.7mm ± 0.03mm）×（8.1mm ± 0.03mm），电极长度约70mm（见图11-22）；采用电火花线切割加工。

（2）电极的装夹与找正　电极装夹与找正的目的是把电极牢固地装夹在主轴的电极夹具上，并使电极轴线与主轴进给轴线一致，保证电极与工件的垂直和相对位置。

1）电极的装夹。将电极与夹具的安装面清洗或擦拭干净，保证接触良好。把电极牢固地装夹在主轴的电极夹具上。

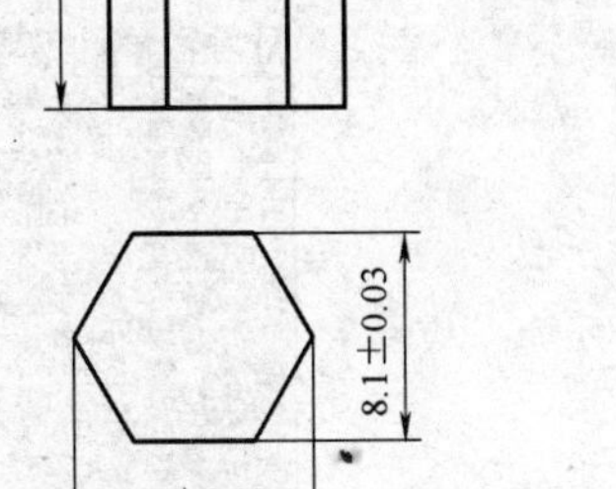

图11-22　电极尺寸

2）电极的找正。首先将百分表固定在机床上，百分表的触点接触在电极上，让机床 Z 轴上下移动，此时要按下“忽略接触感知”键，将电极的垂直度调整到满足零件加工要求的位置，然后再找正电极 X 方向（或 Y 方向）的位置，其方法是让工作台沿 X 方向（或 Y 方向）移动，直至满足零件加工的要求。

2. 工件的装夹与找正

用磁力吸盘直接将工件固定在电火花机床上。

1）工件的找正。按下“忽略接触感知”键，将百分表固定在机床主轴上，移动工作台 X、Y 向，将工件的位置调整到满足零件加工要求为止。

2）工件的定位。利用机床找工件的角点功能，将 X、Y 方向坐标原点定在工件的左下角，利用机床接触感知功能，将 Z 方向坐标的原点定在工件的上表面。

三、电火花成形加工

1. 加工准备

（1）参数输入

1）在SE系列电火花成形加工机床系统准备界面下，按Alt + F2组合键进入加工界面，如图11-19所示。

2）电火花加工工艺数据的输入。用↑、↓键移动光标，在工艺数据选择区选择并用键盘输入相应参数。

停止位置为 1.00mm，加工轴向为 $Z-$，材料组合为铜-钢，工艺选择为标准值，加工深度为 10.00mm，电极收缩量为 0.4mm，表面粗糙度为 2μm，投影面积为 0.65cm^2，型腔数设为 4。

3）平动参数选择。按空格键，将平动类型设为“打开”。按 F1 键进入平动参数选择界面（见图 11-20）。用↑、↓键移动光标，按空格键，将伺服平动类型，选择为“圆形”，平动半径为 0.2mm。

4）型腔参数选择。按 F10 键进入型腔参数选择窗口（见图 11-23），输入各型腔坐标：X1 = 12.5mm，Y1 = 12.5mm；X2 = 12.5mm，Y2 = 27.5mm；X3 = 27.5mm，Y3 = 27.5mm；X4 = 27.5mm，Y4 = 12.5mm。

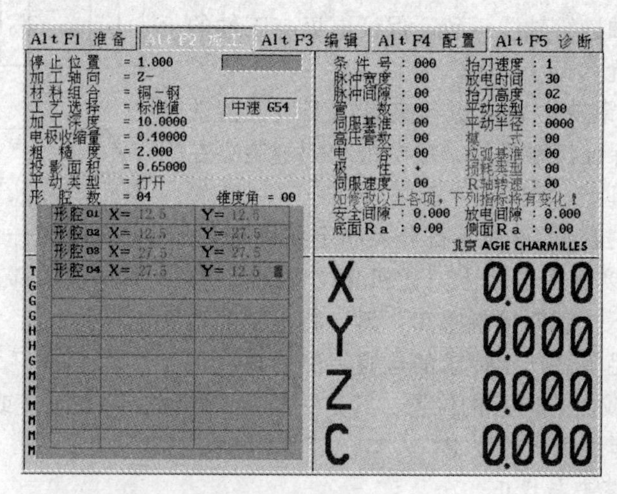

图 11-23　型腔参数选择窗口

（2）编制加工程序　输入加工参数及伺服平动相关参数后，按 F10 键自动生成冲模的电火花加工程序（加工程序略）。

2. 加工开始

1）在加工界面下，用↑、↓键把光标移动到加工开始程序段，按回车键开始加工。

2）若未回到上次关机时的零点，系统会进行提示，让用户选择是否继续加工还是停止加工；并对液面高度和油温等进行检测，若液面达不到设定值或油温高于设定值，系统也会进行提示。

3. 加工完成及检验

1）待加工完成后，放掉工作液，取下工具电极和工件，清理机床工作台，完成加工。

2）检验。工件的形状是否是方形完全由电极的形状决定，其他尺寸用数显

卡尺和百分表深度测量装置进行深度测量。

复习思考题

1. 常用的电极材料有哪些？其选用原则是什么？
2. 电火花成形加工中使用的工作液有哪些类型？其主要作用有哪些？
3. 如何在电火花成形加工中正确选择电参数？
4. 电火花穿孔加工操作时，避免加工中“放炮”的措施有哪些？
5. 电火花成形加工中，影响“仿形”精度的主要因素是什么？
6. 电火花型腔加工中，型腔表面出现“波纹”的原因有哪些？

试　题　库

知识要求试题

一、判断题

1. 3B 代码编程格式是线切割机床上常用的程序格式，在该程序格式中无间隙补偿。（　　）

2. 4B 代码编程格式有间隙补偿程序格式，能实现电极丝半径补偿和放电间隙自动补偿。

3. 用 3B 代码编程时，不管加工圆弧还是直线，计数方向均按起点的位置来确定。（　　）

4. 计数长度 J 是被加工的直线或圆弧在计数方向坐标轴上的绝对值总和。（　　）

5. 工件与电极丝中心轨迹的距离，在圆弧的半径方向和线段垂直方向都等于补偿量。（　　）

6. 当加工冲孔模具时的补偿量设定，$f_{凸模} = d/2 + S$，$f_{凹模} = d/2 + S - \delta$。（　　）

7. 当加工落料模时的补偿量设定，$f_{凸模} = d/2 + S - \delta$，$f_{凹模} = d/2 + S$。（　　）

8. 在机床不加工情况下，G01 指令可使指定的某轴以最快速度移动到指定位置。（　　）

9. CAXA 线切割 V2 编程软件，可以在 Windows XP 系统下安装运行。（　　）

10. CAXA 线切割 V2 系统对点的输入方式有：键盘输入、鼠标点取输入和工具点捕捉。（　　）

11. 在线切割加工中，对于直线和圆弧的加工不存在加工误差。加工误差是

指对样条曲线进行加工时，用折线段逼近样条时的误差。（ ）

12. 在线切割加工中，如果对起始切入位置有特殊要求，可选择两种切入方式。（ ）

13. 轨迹跳步功能是指通过跳步线将 3 个加工轨迹连接成为一个跳步轨迹。（ ）

14. CAXA 线切割 V2 编程软件，对切割过程只能进行动态的仿真。（ ）

15. CAXA 线切割 XP 编程软件，只有 3B/4B 代码自动生成选择功能，无法生成 G 代码。（ ）

16. CAXA 线切割 V2 编程软件，只能对编制的 G 代码的正确性进行反读校核。（ ）

17. 3B 代码编程法是最先进的电火花线切割编程方法。（ ）

18. 在 G 代码编程指令中 G04 属于延时指令。（ ）

19. 上一程序段中有了 G01 指令，下一程序段如果仍然是 G01，则 G01 可省略。（ ）

20. 在电火花线切割加工程序中，M02 的功能是关闭贮丝筒电动机。（ ）

21. 国产的线切割机床以前多用 B 代码格式编程，即 3B 格式、4B 格式、5B 格式等。（ ）

22. DK7732 型线切割机床的机械系统包括床身、精密坐标工作台、运丝系统。（ ）

23. 国产 DK7732 型线切割机床都配备了 HF 线切割微机编程控制系统。（ ）

24. HF 线切割微机编程控制系统的加工状态，可正向切割也可反向切割，但不能单段加工。（ ）

25. HF 线切割微机编程控制系统在自动切割时，可同时进行全绘式编程或其他操作。（ ）

26. FW 系列线切割机床，采用国际通用的 ISO 代码编程，但不可使用 3B/4B 格式。（ ）

27. FW 系列数控高速走丝线切割机控制系统的手动程序功能，可以实现圆弧插补加工。（ ）

28. CF20 型慢走线线切割机床，NC 文件准备方法有：创建新 NC 文件、用 CAD/CAM 系统生成所需的 NC 文件或拷入 NC 文件三种。（ ）

29. CF20 型慢走线线切割机床的工作液槽不能用洗涤剂，只能用电介质液清洗。（ ）

30. 电火花线切割加工中，为防止电极丝烧断和工件表面局部退火，必须充分冷却。（ ）

31. 线切割工作液配制的浓度取决于加工工件的厚度、材质及加工精度要求。 （ ）

32. 配制线切割工作液时，工作介质可用蒸馏水、高纯水和磁化水，但不用自来水。 （ ）

33. 电火花线切割加工铜、铝等熔点和汽化潜热低的材料，可以适当提高工作液浓度。 （ ）

34. 电火花线切割加工不同厚度的工件时，工作液配制浓度与工件厚度成反比。 （ ）

35. 线切割加工时供液要充分，且使工作液要包住电极丝，才能达到稳定加工的效果。 （ ）

36. 电火花线切割加工中，使用较多的电极丝材料主要是钼丝和黄铜丝。 （ ）

37. 早期的电火花线切割加工机床几乎都是采用快速走丝方式。 （ ）

38. 线切割电极丝上丝、紧丝的好坏，不会直接影响到加工零件的质量和切割速度。 （ ）

39. 脉冲间隔对切割速度影响较大，对表面粗糙度影响较小。 （ ）

40. 多次切割加工是指在对工件进行第一次切割之后，利用适当的偏移量和更精的加工规准，使电极丝沿原切割轨迹逆向再次对工件进行精修的切割加工。 （ ）

41. SE 系列数控电火花机床的准备界面是用来进行加工前的准备操作的用户界面。 （ ）

42. SE 系列数控电火花机床控制系统的加工界面主要由四个显示区域组成。 （ ）

43. SE 系列数控电火花机床时平动加工类型有圆形、二维矢量、⊖、⊟、◇、×、+7 种。 （ ）

44. SC400 型精密数控电火花成形机系统主界面共分五大区域。 （ ）

45. DD703 型穿孔机床，适用于在各种导电材料上加工直径在 $\phi0.2\sim3.0$mm 之间的小孔。 （ ）

46. 电极材料选择要求导电性能良好、损耗小、易制造，而价格一般不作为考虑因素。 （ ）

47. 工具电极制造时，对电极尺寸要求“宁大勿小”。 （ ）

48. 用铸铁材料制造电极，主要用于穿孔加工，它属于有损耗加工的一种电极材料。 （ ）

49. 在油杯侧面开小孔或采用周期抬刀排气等措施，可防止加工中产生“放炮”现象。 （ ）

50. 用平动头修光侧面的型腔，在底部圆弧或斜面处易出现鱼鳞状凸起的“波纹”。（ ）

二、选择题

1. 用3B代码编程格式编制线切割加工程序时，其间隙补偿是通过（ ）来实现的。

A. 程序格式中自带，无需通过机床数控装置实现

B. 程序格式中自带或机床数控装置实现

C. 程序格式中没有，也无法通过机床数控装置实现

D. 程序格式中没有，由机床数控装置实现

2. 机床平面坐标系是这样规定的：面对机床操作台，工作台平面为坐标系平面，（ ）。

A. 左右方向为 X 轴，且右方向为正　　B. 前后方向为 Y 轴，后方为正

C. 左右方向为 X 轴，且左方向为正　　D. 前后方向为 Y 轴，前方为正

3. 3B代码加工直线及圆弧的指令Z有（ ）。

A. L1、L2、L3、L4　　B. SR1、SR2、SR3、SR4

C. NR1、NR2、NR3、NR4　　D. T1、T2、T3、T4

4. ISO代码编程时，其程序段是由若干个程序字组成的，其格式为（ ）。

A. B__B__B__B__G__Z__　　B. N__G__X__Y__

C. B__B__B__G__Z__　　D. 三种都不是

5. ISO代码编程指令中，关于间隙补偿的指令有（ ）。

A. G40　　B. G41　　C. G42　　D. G43

6. ISO代码编程指令中，关于锥度加工的指令有（ ）。

A. G50　　B. G51　　C. G52　　D. G53

7. 圆弧段编程，当考虑电极丝中心轨迹后，比较圆弧半径和原图形半径，间隙补偿量（ ）。

A. 都取正　　B. 增大时取正

C. 都取负　　D. 减小时则取负

8. 直线段编程加工中，当考虑电极丝中心轨迹后，比较法线长度和直线长度，间隙补偿量的正负（ ）。

A. 增大时取正　　B. 减小时则取负　　C. 都取正　　D. 都取负

9. CAXA线切割V2系统用户界面，它包括（ ）部分。

A. 立即菜单　　B. 状态显示与提示

C. 菜单系统　　D. 绘图功能区

10. CAXA线切割V2系统的菜单系统包括下拉菜单、图标菜单、（ ）五

个部分。

A. 工具菜单　　B. 工具栏　　C. 弹出操作热菜单　D. 立即菜单

11. CAXA 线切割 V2 系统对点的输入提供了(　　)种方式。

A. 2　　B. 3　　C. 4　　D. 5

12. 在线切割加工中，如果对起始切入位置有特殊要求时，可选择（　　）切入方式。

A. 直线方式　　B. 垂直方式　　C. 选择方式　　D. 法线方式

13. 使用线切割 V2 软件编程操作，能通过跳步线将（　　）个加工轨迹连接成整体轨迹。

A. 2　　B. 5　　C. 10　　D. 多

14. CAXA 线切割 V2 编程软件，可对切割过程进行（　　）的仿真。

A. 动态　　B. 实时　　C. 限时　　D. 静态

15. CAXA 线切割 V2 编程软件，能自动生成零件的线切割加工（　　）及 G 代码。

A. 2B　　B. 3B　　C. 4B　　D. 5B

16. CAXA 线切割 V2 编程软件，将加工代码传输给线切割机床的菜单选择有(　　)。

A. 纸带传输　　B. 同步传输　　C. 串口传输　　D. 应答传输

17. 在使用 3B 代码编程时，要用到（　　）个指令参数。

A. 2　　B. 3　　C. 4　　D. 5

18. 在使用 ISO 代码编程时，关于圆弧插补指令，下列说法正确的是(　　)。

A. 整圆只能用圆心坐标来编程

B. 从工作台上方看顺时针加工为 G03，反之为 G02

C. 圆心坐标必须是绝对坐标

D. 所有圆弧或圆都可以使用圆心坐标来编程

19. 以下说法中(　　)是正确的。

A. 只有 G92 是工件坐标设定指令

B. 所有数控机床在加工时都必须返回参考点

C. 程序开头必须用 G00 运行到原点

D. 根据需要，一个工件可设置多个工件坐标系

20. 线切割单边放电间隙为 0.02mm，丝径为 0.18mm，则加工圆孔时的偏移量为(　　)。

A. 0.10mm　　B. 0.11mm　　C. 0.20mm　　D. 0.21mm

21. HF 线切割微机编程控制系统由(　　)两大部分组成。

A. HF 绘图式线切割微机编程系统　　B. HF 微机控制系统
C. HF 编程控制卡　　D. HF 全绘式编程界面

22. HF 线切割微机编程控制系统加工状态的空走方式有（　）。

A. 正向空走　　B. 反向空走
C. 正向单段空走　　D. 反向单段空走

23. FW 系列丝线切割机床的手动模式界面与自动模式界面可分为（　　）个区域。

A. 5　　B. 6　　C. 7　　D. 8

24. FW 系列线切割机床的手动程序功能有感知 G80、极限 G81、半程 G82、（　　）。

A. 移动 G00　　B. 加工 G01　　C. 加工 G02　　D. 加工 G03

25. CF20 型慢走丝线切割机床，最大加工速度为 $250mm^2/min$，最佳表面粗糙度（　　）。

A. $Ra<0.25\mu m$　　B. $Ra<0.5\mu m$
C. $Ra<1\ \mu m$　　D. $Ra<1.5\mu m$

26. CF20 型慢走线线切割机床系统的用户界面，主要有（　　）个区域组成。

A. 5　　B. 6　　C. 7　　D. 8

27. CF20 型慢走线线切割机床系统用户界面的任务窗口选择区，选择的任务窗口有(　　)

A. 手动准备　　B. 放电加工　　C. 文件管理　　D. 图形检查

28. CF20 型慢走线线切割机床，开机前检查工作内容包括（　　）及检查电极线连接情况。

A. 检查贮丝筒就位情况　　B. 检查清水箱水位线的位置情况
C. 检查各电器开关的位置　　D. 检查污水箱水位线的位置情况

29. CF20 型慢走线线切割机床的废丝箱装满（　　）容积，必须要倒空。

A. 1/3　　B. 1/2　　C. 3/4　　D. 4/5

30. 电火花线切割加工中使用的工作液都应具有的性能是（　　）。

A. 一定的绝缘性能　　B. 较好的洗涤性能
C. 较好的冷却性能　　D. 对环境无污染

31. 电火花线切割加工中，一般禁止使用（　　）来配制线切割乳化液。

A. 处理后的污水　　B. 井水
C. 自来水　　D. 含化学物质的水和二次水

32. 工作液浓度对电火花线切割加工工件表面质量的影响是(　　)。

A. 浓度高，工件表面粗糙度好　　B. 浓度低，工件表面粗糙度较差
C. 浓度高，工件表面粗糙度差　　D. 浓度低，工件表面粗糙度较好

33. 电火花线切割加工厚度小于30mm的薄型工件，工作液配制浓度在(　　)之间。

A. 15%～20%　B. 10%～15%　C. 5%～10%　D. 3%～5%

34. 线切割加工厚度为30～100mm的中厚型工件，工作液配制浓度在(　　)之间。

A. 15%～20%　B. 10%～15%　C. 5%～10%　D. 3%～5%

35. 电火花线切割加工厚度大于100mm的厚型工件，工作液配制浓度在(　　)之间。

A. 15%～20%　B. 10%～15%　C. 5%～10%　D. 3%～5%

36. 电火花线切割加工中，常用的电极丝材料有(　　)。

A. 钼丝　B. 钢丝　C. 钨丝　D. 黄铜丝

37. 对电极丝材料性能的要求：较低的电子逸出功、(　　)。

A. 良好的导电性　B. 耐电腐蚀性强

C. 抗拉强度大　D. 丝质均匀、平直

38. 慢走丝方式加工硬质合金与铜材的丝速为(　　)，钢、不锈钢、铝等材料的丝速为(　　)

A. 1～2mm/s，10～15mm/s　B. 2～3mm/s，15～25mm/s

C. 4～10mm/s，20～30mm/s　D. 10～15mm/s，30～50mm/s

39. 在一定工艺条件下，增加脉冲宽度，可使切割速度(　　)，表面粗糙度(　　)。

A. 提高，减小　B. 提高，增大

C. 降低，减小　D. 降低，增大

40. 电火花线切割加工的工件报废或质量差的因素主要有(　　)及工艺路线等。

A. 机床质量　B. 工件材料

C. 工艺参数　D. 操作人员的素质

41. SE系列数控电火花机床的准备界面可用于回原点、设置坐标系、(　　)及找中心等操作。

A. 回到当前坐标系的零点　B. 移动机床

C. 接触感知　D. 放电加工

42. 使用SE系列数控电火花机床的回原点功能时，选择“三轴”时，执行的先后顺序为(　　)。

A. $X \to Y \to Z$　B. $Y \to X \to Z$　C. $Z \to Y \to X$　D. $Z \to X \to Y$

43. SE系列数控电火花机床控制系统的加工界面主要由(　　)组成。

A. 工艺数据显示区　B. 加工程序显示区

C. 加工条件显示区　　　　　　　　　　　　D. 坐标显示区

44. SE 系列数控电火花机床加工时平动方式有（　　）两种类型。

A. 伺服平动　　　B. 圆形平动　　　C. 自由平动　　　D. 二维矢量

45. 常用电极材料有：纯铜材料、石墨材料、（　　）及铸铁材料等。

A. 黄铜材料　　　B. 玉石材料　　　C. 铜钨合金材料　　　D. 钢材料

46. 电极材料的选择原则是：（　　）。

A. 根据客户要求　　　　　　　　　　　　B. 根据加工精度

C. 根据加工形状　　　　　　　　　　　　D. 根据工艺要求

47. 作为电火花加工的工作液，应具备（　　）及氧化稳定性好，寿命长等特点。

A. 低粘度　　　　　　　　　　　　　　　B. 高闪点、高初馏点

C. 绝缘性好　　　　　　　　　　　　　　D. 对加工件无污染、不腐蚀

48. 电规准中对加工影响最大的三个参数分别是（　　）。

A. 脉冲宽度　　　　　　　　　　　　　　B. 脉冲间隔

C. 脉冲峰值电压　　　　　　　　　　　　D. 脉冲峰值电流

49. 脉冲宽度对电火花加工的影响是（　　）。

A. 脉冲越宽，加工表面粗糙度值大，生产率高，电极损耗则小；反之则相反

B. 脉冲越宽，加工表面粗糙度值大，生产率低，电极损耗则高；反之则相反

C. 脉冲越宽，加工表面粗糙度值小，生产率低，电极损耗则小；反之则相反

D. 脉冲越宽，加工表面粗糙度值小，生产率高，电极损耗则高；反之则相反

50. 引起型腔电火花加工表面产生“波纹”的因素主要有（　　）。

A. 电板材料质量差　　　　　　　　　　　B. 中、精加工电极损耗大

C. 冲液、排屑不合理　　　　　　　　　　D. 电极运动方式不当

技能要求试题

一、阶梯垫块的线切割加工

1. 考核图样（见图1）

2. 准备要求

数控电火花线切割机床、计算机、CAXA-V2线切割软件、材料尺寸为90mm×48mm×30mm、卡尺等。

3. 考核要求

（1）考核内容

1）将材料按图1所示加工成一对阶梯垫块，只需加工阶梯部分。

2）要求能够熟练地编写数控程序，准确计算各节点坐标值。工件安装方式、穿丝点、切入点、切割方向选择正确。补偿参数设置、电参数选择适当。零件加工尺寸符合图样要求。操作方法正确、熟练，准备工作充分。

（2）工时定额　1.5h。

（3）安全文明生产　能够正确执行电火花线切割加工安全技术操作规程。能够按照企业有关文明生产规定，做到车间设备场地环境整洁，工件、工装夹具、量具摆放整齐。

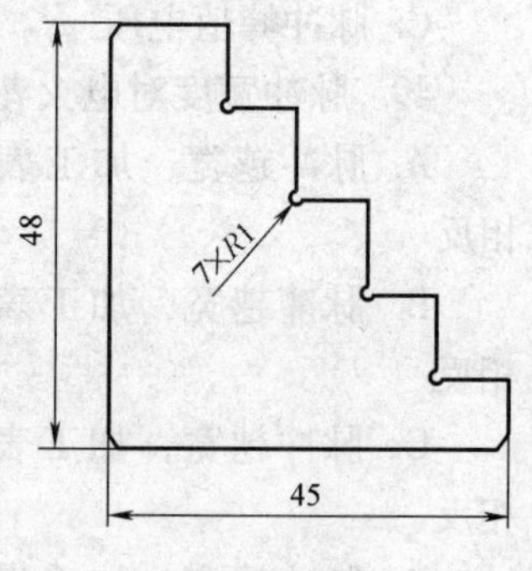

图1　阶梯垫块

4. 考核评分表（见表1）

表1　阶梯垫块加工考核评分表

姓名			总得分			
项目	序号	技术要求	配分	评分要求及标准	检测记录	得分
参数设置	1	电源参数选择	10	不适当酌扣		
	2	补偿参数设置	10	不适当酌扣		
工艺安排	3	工件安装方式	10	不正确全扣		
	4	穿丝点、切入点、切割方向设置	20	不正确全扣		
	5	操作熟练	10	不熟练酌扣		
加工尺寸	6	工件变形	10	全扣		
	7	两件各部尺寸的一致性	20	超差酌扣		

（续）

项目	序号	技术要求	配分	评分要求及标准	检测记录	得分
安全及文明操作	8	遵守安全操作规程、操作现场整洁	10	酌扣		
		安全用电，无人身、设备事故		全扣		

二、电极扁夹的线切割加工

1. 考核图样（见图2）

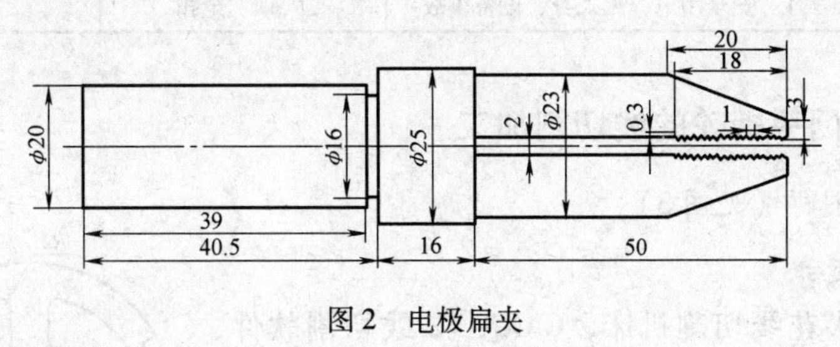

图2 电极扁夹

2. 准备要求

数控电火花线切割机床、CAXA-V2线切割软件、ϕ30mm×140mm的45钢材料、卡尺等。

3. 考核要求

（1）考核内容

1）材料先在车床上将外圆车出外形，线切割只需加工斜面和夹齿部分。

2）要求能够熟练地编写数控程序，准确计算各节点坐标值。工件安装方式、穿丝点、切入点、切割方向选择正确。补偿参数设置、电参数选择适当。零件加工尺寸符合图样要求。操作方法正确、熟练，准备工作充分。

（2）工时定额　1.5h。

（3）安全文明生产　能够正确执行电火花线切割加工安全技术操作规程。能够按照企业有关文明生产规定，做到车间设备场地环境整洁，工件、工装夹具、量具摆放整齐。

4. 考核评分表（见表2）

表2　电极扁夹加工考核评分表

姓名			总得分			
项目	序号	技术要求	配分	评分要求及标准	检测记录	得分
节点计算	1	程序原点设定	10	不正确全扣		
	2	电极停留点、起切点设定	15	不适当酌扣		

（续）

项目	序号	技术要求	配分	评分要求及标准	检测记录	得分
程序规范	3	轮廓正确	20	不正确全扣		
	4	参数设置	20	不正确扣2分/处		
工艺安排	5	工件安装	10	不正确全扣		
	6	程序停止及工艺停止	15	全扣		
安全及文明操作	7	遵守安全操作规程、操作现场整洁	10	酌扣		
		安全用电，无人身、设备事故		全扣		

三、阀门手柄轮的线切割加工

1. 考核图样（见图3）

2. 准备要求

数控电火花线切割机床、CAXA-V2线切割软件、60mm×60mm×5mm的45钢材料、卡尺等。

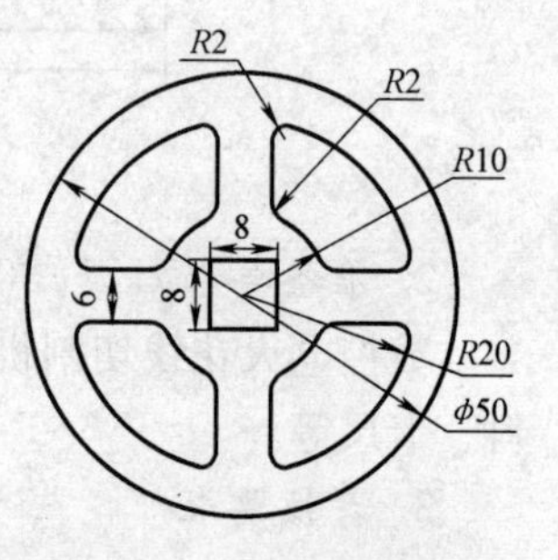

图3　阀门手柄轮

3. 考核要求

（1）考核内容　要求能够熟练地编写数控程序，各节点设置、跳步顺序适当。工件安装方式、穿丝点、切入点、切割方向选择正确。补偿参数设置、电参数选择适当。零件加工尺寸符合图样要求。操作方法正确、熟练，准备工作充分。

（2）工时定额　1.5h。

（3）安全文明生产　能够正确执行电火花线切割加工安全技术操作规程。能够按照企业有关文明生产规定，做到车间设备场地环境整洁，工件、工装夹具、量具摆放整齐。

4. 考核评分表（见表3）

表3　阀门手柄轮加工考核评分表

姓名			总得分			
项目	序号	技术要求	配分	评分要求及标准	检测记录	得分
程序规范	1	程序原点、电极停留点、起切点设定	10	不正确全扣		
	2	跳步顺序适当	15	不适当酌扣		
	3	参数设置	10	不正确全扣		
	4	程序停止及工艺停止	15	全扣		

（续）

项目	序号	技术要求	配分	评分要求及标准	检测记录	得分
工艺安排	5	工件安装、找正	10	不正确全扣		
	6	跳步穿丝	10	酌扣		
	7	操作熟练	20	酌扣		
安全及文明操作	8	遵守安全操作规程、操作现场整洁	10	酌扣		
		安全用电，无人身、设备事故		全扣		

四、文字冲模头的线切割加工

1. 考核图样（略）

2. 准备要求

数控电火花线切割机床、CAXA-V2 线切割软件、30mm × 30mm × 20mm 的 40Gr 材料、卡尺等。

3. 考核要求

（1）考核内容

1）加工汉字“寿”，要求隶书，字高 25mm。

2）要求能够熟练地编写数控程序，字体输入、笔画修整、各节点设置适当。工件安装方式、穿丝点、切入点、切割方向选择正确。补偿参数设置、电参数选择适当。零件加工尺寸符合图样要求。操作方法正确、熟练，准备工作充分。

（2）工时定额　1.5h。

（3）安全文明生产　能够正确执行电火花线切割加工安全技术操作规程。能够按照企业有关文明生产规定，做到车间设备场地环境整洁，工件、工装夹具、量具摆放整齐。

4. 考核评分表（见表 4）

表 4　文字冲模头加工考核评分表

姓名			总得分			
项目	序号	技术要求	配分	评分要求及标准	检测记录	得分
程序规范	1	汉字输入及设置	10	不正确全扣		
	2	笔画修整	15	不适当酌扣		
	3	原点、停留点、起切点设定	10	不正确全扣		
	4	参数设置	10	不适当酌扣		
	5	程序停止及工艺停止	15	全扣		

（续）

项目	序号	技术要求	配分	评分要求及标准	检测记录	得分
工艺安排	6	工件安装、找正	15	不正确全扣		
	7	操作熟练	15	酌扣		
安全及文明操作	8	遵守安全操作规程、操作现场整洁	10	酌扣		
		安全用电，无人身、设备事故		全扣		

五、图形冲模头的线切割加工

1. 考核图样（见图4）

2. 准备要求

数控电火花线切割机床、CAXA-V2 线切割软件、30mm×30mm×20mm 的 40Gr 材料、卡尺等。

图4　图形冲模图案

3. 考核要求

（1）考核内容

1）图形矢量化后，进行修正，要求内外轮廓清晰。

2）要求能够熟练地编写数控程序，输入图形，轮廓清晰、各节点设置适当。工件安装方式、穿丝点、切入点、切割方向选择正确。补偿参数设置、电参数选择适当。零件加工尺寸符合图样要求。操作方法正确、熟练，准备工作充分。

（2）工时定额　1.5h。

（3）安全文明生产　能够正确执行电火花线切割加工安全技术操作规程。能够按照企业有关文明生产规定，做到车间设备场地环境整洁，工件、工装夹具、量具摆放整齐。

4. 考核评分表（见表5）

表5　图形冲模头加工考核评分表

姓名			总得分			
项目	序号	技术要求	配分	评分要求及标准	检测记录	得分
程序规范	1	图形矢量化	10	不正确全扣		
	2	图形修整	15	不适当酌扣		
	3	原点、停留点、起切点设定	10	不正确全扣		
	4	参数设置	10	不适当酌扣		
	5	图形部件脱落	15	全扣		

（续）

项目	序号	技术要求	配分	评分要求及标准	检测记录	得分
工艺安排	6	工件安装、找正	15	不正确全扣		
	7	操作熟练	15	酌扣		
安全及文明操作	8	遵守安全操作规程、操作现场整洁	10	酌扣		
		安全用电，无人身、设备事故		全扣		

六、多孔工件的电火花加工

1. 考核图样（见图5）

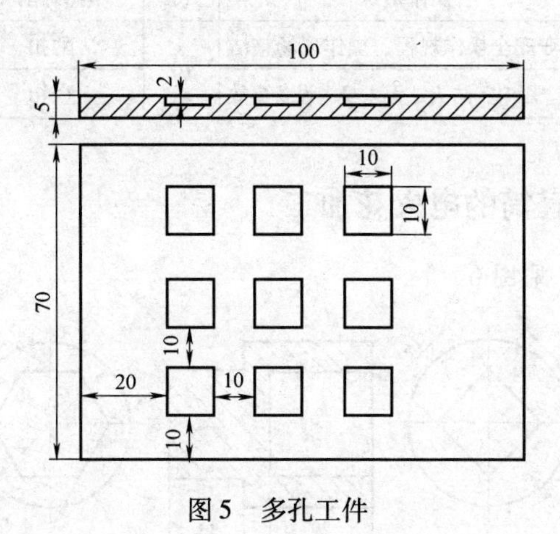

图5　多孔工件

2. 准备要求

电火花成形机、永磁吸盘、精密刀口形直尺、百分表、电极、工件。

3. 考核要求

（1）考核内容

1）用单电极对多孔工件，完成从粗加工到精加工的全过程。

2）工件原点设置适当，各孔中心坐标计算准确。正确安装并找正电极；工件安装定位准确。加工参数选择适当。操作方法正确、熟练，准备工作充分。

（2）工时定额　2.5h。

（3）安全文明生产　能够正确执行电火花线切割加工安全技术操作规程。能够按照企业有关文明生产规定，做到车间设备场地环境整洁，工件、工装夹具、量具摆放整齐。

4. 考核评分表（见表6）

表6　多孔工件加工考核评分表

姓名			总得分			
项目	序号	技术要求	配分	评分要求及标准	检测记录	得分
安装	1	电极安装、找正	10	误差酌扣		
	2	工件安装、找正	10	误差酌扣		
定位	3	各孔位置定位	20	误差酌扣		
	4	深度定位	10	误差酌扣		
加工	5	参数选择	20	不合适酌扣		
	6	平动方式选择及参数设定	10	不合适酌扣		
	7	操作熟练	10	不熟练酌扣		
安全及文明操作	8	遵守安全操作规程、操作现场整洁	10	酌扣		
		安全用电，防火，无人身、设备事故		全扣		

七、内六角套筒的电火花加工

1. 考核图样（见图6）

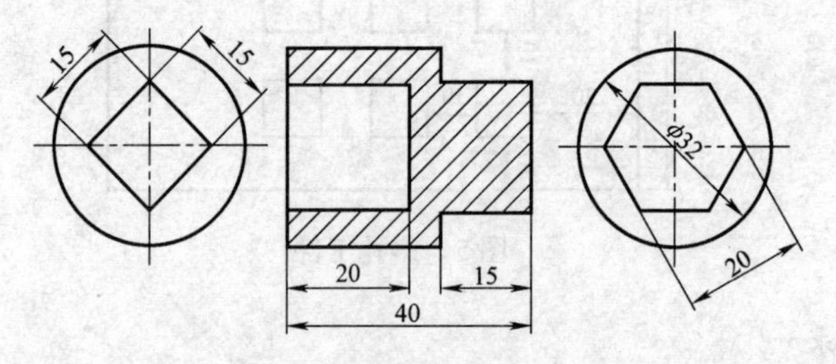

图6　内六角套筒工件

2. 准备要求

电火花成形机、永磁吸盘、精密刀口形直尺、百分表、电极（纯铜）、工件。

3. 考核要求

（1）考核内容　正确安装并找正电极；工件安装定位准确。加工参数选择适当。操作方法正确、熟练，准备工作充分。

（2）工时定额　2h。

（3）安全文明生产　能够正确执行电火花线切割加工安全技术操作规程。能够按照企业有关文明生产规定，做到车间设备场地环境整洁，工件、工装夹具、量具摆放整齐。

4. 考核评分表（见表7）

表7　内六角套筒加工考核评分表

姓名			总得分			
项目	序号	技术要求	配分	评分要求及标准	检测记录	得分
安装	1	电极安装、找正	10	误差酌扣		
	2	工件安装、找正	10	误差酌扣		
定位	3	位置定位	20	误差酌扣		
	4	深度定位	10	误差酌扣		
加工	5	参数选择	20	不合适酌扣		
	6	操作熟练	20	不熟练酌扣		
安全及文明操作	7	遵守安全操作规程、操作现场整洁	10	酌扣		
		安全用电，防火，无人身、设备事故		全扣		

八、自制表面粗糙度样板

1. 考核图样（见图7）

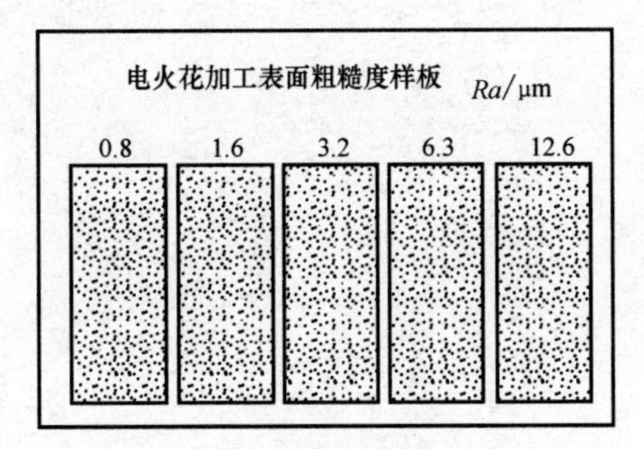

图7　表面粗糙度样板

2. 准备要求

电火花成形机、永磁吸盘、精密刀口形直尺、百分表、电极（纯铜）、工件（不锈钢100mm×50mm×2mm）。

3. 考核要求

（1）考核内容　正确安装并找正电极；工件安装定位准确。加工参数选择适当。操作方法正确、熟练，准备工作充分。

（2）工时定额　2h。

（3）安全文明生产　能够正确执行电火花线切割加工安全技术操作规程。能够按照企业有关文明生产规定，做到车间设备场地环境整洁，工件、工装夹具、量具摆放整齐。

4. 考核评分表（见表8）

表8　自制表面粗糙度样板考核评分表

姓名			总得分			
项目	序号	技术要求	配分	评分要求及标准	检测记录	得分
安装	1	电极安装、找正	15	误差酌扣		
	2	工件安装、找正	15	误差酌扣		
加工	3	参数选择	20	不合适酌扣		
	4	操作熟练	20	不熟练酌扣		
	5	表面粗糙度	20	误差酌扣		
安全及文明操作	6	遵守安全操作规程、操作现场整洁	10	酌扣		
		安全用电，防火，无人身、设备事故		全扣		

模拟试卷样例

一、判断题（每题1分，满分35分）

1. 上一程序段中有G02指令，下一程序段如果仍是G02指令，则该指令可省略。（ ）

2. 在一定的工艺条件下，脉冲间隔的变化对切割速度的影响比较明显，对表面粗糙度的影响比较小。（ ）

3. 在数控电火花线切割加工中工件受到的作用力较大。（ ）

4. 为了保证切割凸模零件的精度，则应从外部直接切入。（ ）

5. 要想把某一零件的切割方向旋转90°，可对程序采用X、Y轴交换的方法。（ ）

6. 在线切割编程中G01、G00的功能相同。（ ）

7. 电火花成形加工选用条件号时，基本上要考虑：电极根数、电极损耗、工作液处理、加工表面粗糙度要求、电极缩放量、加工面积、加工深度等因素。（ ）

8. 在电火花线切割加工中，M00的功能是关闭贮丝筒电动机。（ ）

9. 线切割机床在加工过程中产生的电磁辐射对操作者的健康没有影响。（ ）

10. 自动编程根据方式的不同分为两种：绘图式编程和语言式编程。（ ）

11. 刀具（线电极）执行在直线插补与圆弧插补时，是完全严格地走直线或圆弧的轨迹来加工工件的。（ ）

12. 数控编程的核心工作是生成刀具（线电极）轨迹，然后将其离散成刀位点，经后置处理产生数控加工程序。（ ）

13. 高速走丝线切割普遍采用的是钼丝、钨钼合金丝。低速走丝线切割多采用黄铜丝。（ ）

14. 电火花加工型腔常用的电极材料主要有纯铜、石墨，特殊情况下也可采用铜钨合金与银钨合金材料。（ ）

15. 由于电火花工作液具有绝缘性，能压缩放电通道，能快速消电离，并能实现高频、短脉冲间隔的放电加工作业，而且冷却速度快，所以大大地提高了放电加工速度。（ ）

16. 在FW系列线切割机床手动模式下，不仅可以通过一些简短的命令来执

行一些简单的操作，如加工前的准备工作，加工一些简单形状的工件；而且能执行复杂的曲线操作。（ ）

17. SW 系列电火花成形加工机床掉电后若要回到掉电前加工处的零点，则必须具备的条件为：所有轴均回到了机床的原点，因为每一个零点的坐标都是以机床原点为参考点的；所有轴均设定了零点。（ ）

18. 线切割工作液由专用乳化油与自来水配制而成，有条件采用蒸馏水或磁化水与乳化油配制效果更好，工作液配制的浓度取决于加工工件的厚度、材质及加工精度要求。（ ）

19. 电火花加工时，会产生各种气体，如不及时排出，就会像“放炮”一样冲破阻力排出。这时若工件或电极装夹不牢，就会产生错动，影响加工精度。（ ）

20. 电火花成形加工中，保持主轴头的稳定性，避免电极不必要的反复提升。调节好冲液、抽液压力，选择好适当的电参数，使主轴伺服处于最佳状态，既不过于灵敏，也不迟钝，都可减少锥度误差。（ ）

21. 机床在执行 G00 指令时，电极丝所走的轨迹在宏观上一定是一条直线段。（ ）

22. 悬臂式支撑是数控高速走丝电火花线切割加工最常用的装夹方法，其特点是通用性强，装夹方便，装夹后稳定，平面定位精度高，适用于装夹各类工件。（ ）

23. 如果切出的凹模尺寸偏大，则应增大偏移量。（ ）

24. ISO 代码中 G92 指令不但能把当前点设成零，还能设成非零值。（ ）

25. 镶配件凹模中的外角对应的凸模处一定是内角，所以在内外角上均应加过渡圆。（ ）

26. 悬臂式支承是快走丝线切割比较常用的装夹方法，其特点是通用性强，装夹方便，但装夹后工件容易出现倾斜现象。（ ）

27. 在线切割编程中 G02、G03 都是圆弧插补功能，所以在编程中可以通用。（ ）

28. 在使用 3B 代码编程中，B 称为分隔符，它的作用是将 X、Y、J 的数值分隔开，如果 B 后的数字为 0，则 0 可以省略不写。（ ）

29. 刀具（线电极）在执行直线插补与圆弧插补时，其轨迹并不是完全严格地走直线或圆弧，而是一步步地走阶梯折线，该折线逼近预定的直线或圆弧。（ ）

30. 电极材料的选取是否恰当，决定了放电速度、加工精度以及表面粗糙度。（ ）

31. 电火花线切割加工工作液应具有下列性能：一定的绝缘性能、较好的洗涤性能、较好的冷却性能、对环境无污染、对人体无危害。 ( )

32. B 代码格式分为 3B 格式、4B 格式、5B 格式等，其中 3B、4B、5B 的含义是指编程时使用指令参数的个数，它们分别为 3 个、4 个、5 个指令参数。 ( )

33. 目前线切割加工中应用较普遍的工作液是煤油。 ( )

34. 电火花线切割在加工过程中总的材料蚀除量比较小，使用电火花线切割加工比较节省材料，因此电火花线切割加工是零件加工时首先考虑选择的加工方法。 ( )

35. 由于电火花线切割加工的材料蚀除量比电火花成形加工要少很多，所以电火花线切割加工速度比电火花成形加工要快许多。 ( )

二、选择题（不定项选择）（每题 3 分，满分 45 分）

1. 在快走丝线切割加工中，当其他工艺条件不变时，增大开路电压，可以( )

A. 提高切割速度　　B. 使表面粗糙度变差

C. 增大加工间隙　　D. 降低电极丝的损耗

2. 在电火花线切割加工中，当其他工艺条件不变时，增大脉冲宽度，切割正常的情况下可以（ ）。

A. 提高切割速度　　B. 使表面粗糙度变好

C. 增大电极丝的损耗　　D. 增大单个脉冲能量

3. 数控高速走丝电火花线切割加工电极丝张紧力的大小应根据（ ）来确定。

A. 电极丝的直径　　B. 加工工件的厚度

C. 电极丝的材料　　D. 加工工件的精度要求

4. 数控电火花线切割加工过程中，工作液必须具有的性能是（ ）。

A. 绝缘性能　　B. 洗涤性能　　C. 冷却性能　　D. 润滑性能

5. 合理选择线切割加工电参数的方法是（ ）。

A. 当脉冲电源的空载电压高、短路电流大、脉冲宽度大时，则切割速度高

B. 选用分组波的脉冲电源，可以获得较好的表面粗糙度

C. 多选用前阶梯脉冲波形或脉冲前沿上升缓慢的波形，可以减小电极丝损耗

D. 选用矩形波、高电压、大电流、大脉宽和大脉间可充分消电离，使加工的稳定性

6. 下列关于使用 G41、G42 指令建立电极丝补偿功能的有关叙述，正确的有

(   )。

A. 当电极丝位于工件的左边时，使用 G41 指令

B. 当电极丝位于工件的右边时，使用 G42 指令

C. G41 为电极丝右补偿指令，G42 为电极丝左补偿指令

D. 沿着电极丝前进方向看，当电极丝位于工件的左边时，使用 G41 左补偿指令；当电极丝位于工件的右边时，使用 G42 右补偿指令

7. 在快走丝线切割加工中，关于工作液的陈述正确的有(   )。

A. 纯净工作液的加工效果最好

B. 煤油工作液切割速度低，但不易断丝

C. 乳化型工作液比非乳化型工作液的切割速度高

D. 水类工作液冷却效果好，所以切割速度高，同时使用水类工作液不易断丝

8. 影响电火花成形加工“仿形”精度的主要因素有(   )。

A. 使用平动头造成的几何形状失真，如很难加工出清角、尖角变圆等

B. 工具电极损耗及“反粘”现象的影响

C. 电极装夹找正装置的精度和刚性，平动头、主轴头精度和刚性的影响

D. 规准选择转换不当，造成电极损耗增大，也影响“仿形”精度

9. 电火花成形加工中，减少和消除“波纹”的方法(   )。

A. 采用较好的石墨电极，粗加工开始时用小电流密度，以改善电极表面质量

B. 采用中精加工低损耗的脉冲电源及电参数

C. 合理开设冲油孔，采用适当抬刀措施

D. 采用单电极进行粗加工后修正电极，再用平动精加工修正的工艺或采用多电极工艺

10. (   )是快走丝线切割机床工作液的正确使用方法。

A. 对加工表面粗糙度和精度要求比较高的工件，乳化油的质量分数可适当大些

B. 对要求切割速度高或大厚度工件，乳化油的质量分数可适当小些

C. 对材料为 Cr12 的工件，工作液用蒸馏水配制，乳化油的质量分数稍小些

D. 加工时供液一定要充分，且使工作液要包住电极丝

11. 下列关于电极丝的张紧力对电火花线切割加工的影响，说法正确的有(   )。

A. 电极丝张紧力越大，其切割速度越大

B. 电极丝张紧力越小，其切割速度越大

C. 电极丝的张紧力过大，电极丝有可能发生疲劳而造成断丝

D. 在一定范围内，电极丝的张紧力增大，切割速度增大：当电极丝张紧力增加到一定程度后，其切割速度随张紧力增大而减小

12. 用快走丝线切割加工厚度较大工件时，对于工作液的使用下列说法正确的是(　　)。

A. 工作液的浓度要大些，流量要略小

B. 工作液的浓度要大些，流量也要大些

C. 工作液的浓度要小些，流量也要略小

D. 工作液的浓度要小些，流量要大些

13. 快走丝线切割在加工钢件时，在切割出表面的进出口两端附近，往往有黑白相间交错的条纹，关于这些条纹下列说法中正确的是(　　)。

A. 黑色条纹微凹，白色条纹微凸；黑色条纹处为入口，白色条纹处为出口

B. 黑色条纹微凸，白色条纹微凹；黑色条纹处为入口，白色条纹处为出口

C. 黑色条纹微凹，白色条纹微凸；黑色条纹处为出口，白色条纹处为入口

D. 黑色条纹微凸，白色条纹微凹；黑色条纹处为出口，白色条纹处为入口

14. 目前快走丝线切割加工中应用较普遍的工作液是(　　)。

A. 煤油　　B. 乳化液　　C. 全损耗系统用油　　D. 水

15. 在使用3B代码编程时，要用到(　　)指令参数。

A. 2个　　B. 3个　　C. 4个　　D. 5个

三、编程题（每题10分，满分20分）（要求：加工程序单字迹工整；可以用ISO或3B代码）

1. 根据下图所示，起点为（0，0）切割一个正五角星凹模，要求对切割轨迹进行手工编程。零件不带锥度，只要求切一次。偏移量设定为110μm，加工条件用C120表示。

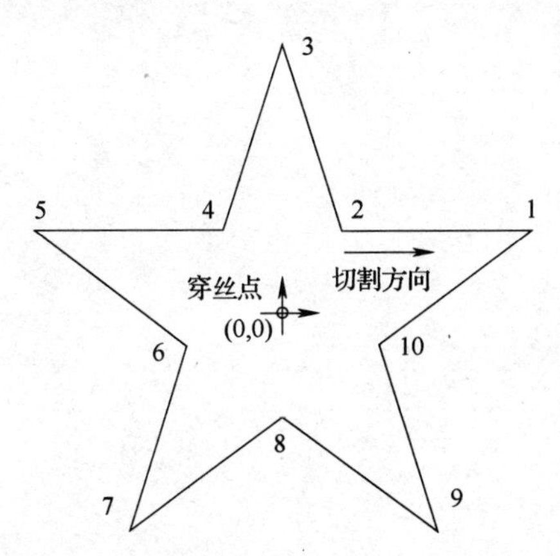

第1个点坐标：X=47.553　Y=15.451
第2个点坐标：X=11.226　Y=15.451
第3个点坐标：X=0.000　Y=50.000
第4个点坐标：X=−11.226　Y=15.451
第5个点坐标：X=−47.553　Y=15.451
第6个点坐标：X=−18.164　Y=−5.902
第7个点坐标：X=−29.389　Y=−40.451
第8个点坐标：X=−0.000　Y=−19.098
第9个点坐标：X=29.389　Y=−40.451
第10个点坐标：X=18.164　Y=−5.902

2. 使用数控电火花线切割加工自动编程软件，按照要求绘制出图形，并进行后处理转换成数控程序。

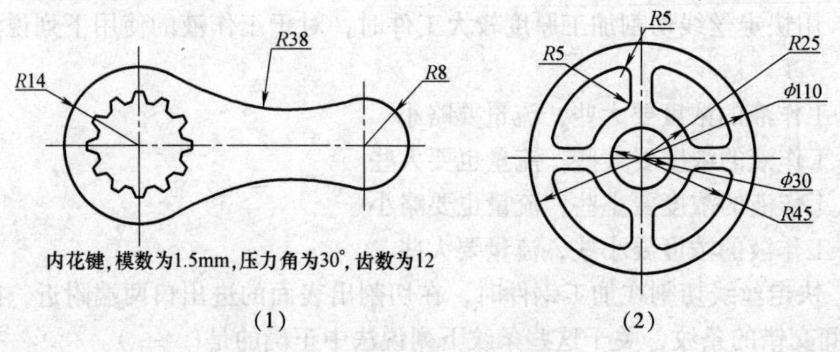

(1) (2)

答案部分

知识要求试题参考答案

一、判断题

1. √ 2. √ 3. × 4. √ 5. √ 6. √ 7. √ 8. × 9. ×
10. √ 11. √ 12. × 13. × 14. × 15. √ 16. × 17. × 18. √
19. √ 20. × 21. √ 22. √ 23. × 24. × 25. √ 26. × 27. ×
28. √ 29. √ 30. √ 31. √ 32. × 33. √ 34. √ 35. √ 36. √
37. × 38. × 39. √ 40. √ 41. √ 42. √ 43. √ 44. √ 45. √
46. × 47. × 48. √ 49. √ 50. √

二、选择题

1. D 2. AD 3. ABC 4. B 5. ABC 6. ABC
7. BD 8. AB 9. BCD 10. ABD 11. B 12. ABC
13. D 14. AD 15. BC 16. BCD 17. D 18. AD
19. D 20. B 21. AB 22. ABCD 23. D 24. AB
25. B 26. C 27. ABCD 28. ABCD 29. C 30. ABCD
31. AD 32. AB 33. B 34. C 35. D 36. ACD
37. ABCD 38. C 39. B 40. ABCD 41. ABC 42. C
43. ABCD 44. AC 45. ACD 46. BCD 47. ABCD 48. ABD
49. A 50. ABCD

模拟试卷样例参考答案

一、判断题

1. √　2. ×　3. ×　4. ×　5. √　6. ×　7. √　8. ×　9. ×
10. √　11. ×　12. √　13. √　14. √　15. √　16. ×　17. √　18. √
19. √　20. √　21. √　22. ×　23. √　24. √　25. √　26. √　27. ×
28. √　29. √　30. √　31. √　32. ×　33. ×　34. ×　35. ×

二、选择题

1. ABC　2. AD　3. A　4. ABC　5. ABCD　6. D
7. BC　8. ABCD　9. ABCD　10. ABCD　11. C　12. D
13. A　14. B　15. D

三、编程题

1. 程序如下：	2. 程序如下：
H000 = +00000000　H001 = +00000110； T84 T86 G54 G90 G92X +0Y +0； C120； G42H000； G01X +11. 226Y +15. 451； G42H001； G01 X +47. 553Y +15. 451； X +18. 164Y -5. 902； X +29. 389Y -40. 451； X +0Y -19. 098； X -29. 389Y -40. 451； X -18. 164Y -5. 902； X -47. 553Y +15. 451； X -11. 226Y +15. 451； X +0Y +50. 000； X +11. 226Y +15. 451； G40H000G01X +0Y +0； T85 T87 M02；	（略）

第三部分

电切削工（高级）

第十二章

计算机绘图与编程

在电切削加工中应用的计算机绘图编程软件种类较多，常用的软件有 YH、HF、TurboCAD、CAXA 等，本章对几种绘图编程软件的使用方法作简要介绍。

◈◈◈ 第一节　YH 绘图编程软件

一、软件简介

YH 绘图式线切割编程是全绘图式编程，它按加工零件图样上标注的尺寸，在计算机上作图输入，过程直观清晰，一般用鼠标输入，必要时也可以用键盘输入。能求解交、切点，二切圆和三切圆。具有自动尖角修图、过渡圆处理、非圆曲线拟合、齿轮生成以及大圆弧处理功能。有跳步模设定以及切割加工面积自动计算等功能。可编出 3B 程序或 ISO 代码，编好的程序可以打印、穿纸带或直接传输到线切割机床控制器中。

二、编程系统的操作方法

YH 编程系统的全部操作集中在 20 个控制图标和 4 个弹出式菜单内，它们构成了系统的基本工作平台，如图 12-1 所示。系统主界面左上方是 16 个绘图控制图标，左下方是 4 个编辑控制图标。主界面顶部 4 个菜单按钮分别为：文件、编辑、编程和杂项。用光标按每个按钮，都能弹出一个相应的子功能菜单，其内容如图 12-2 所示。

在图 12-1 所示系统主界面上除了左边 20 个图标和上部 4 个菜单按钮外，下方还有一行提示。用来显示输入图号、比例系数、粒度和光标位置（*X*、*Y* 坐标值）。

YH 系统操作命令的选择及状态和窗口的切换全部用鼠标实现（为下文叙述方便起见，称鼠标上的左按钮为命令键，右按钮为调整键）。

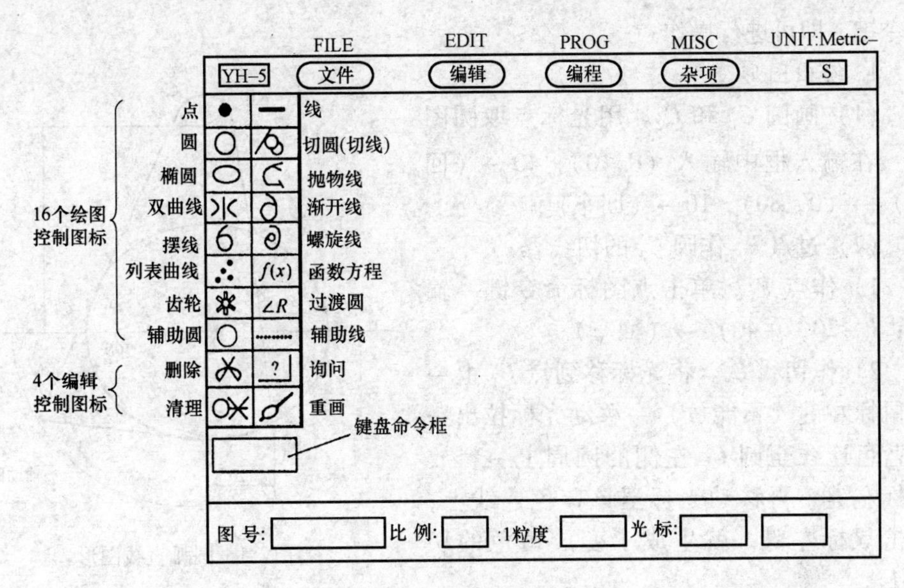

图 12-1　系统主界面

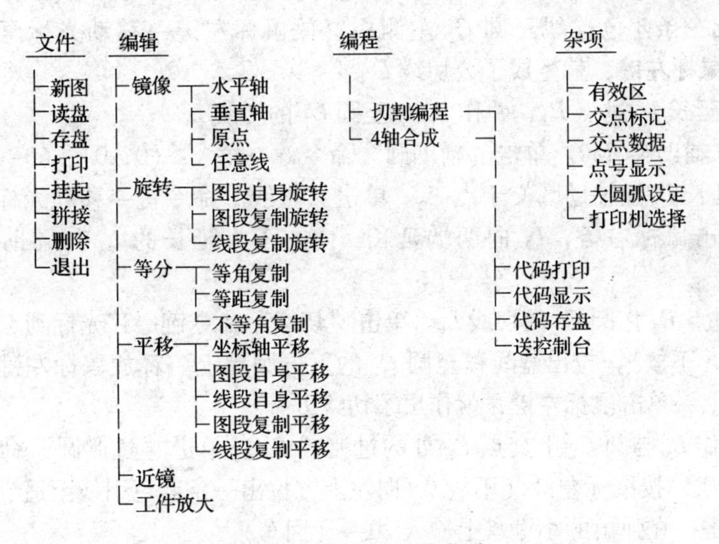

图 12-2　各级子功能菜单

三、绘图编程实例

编写一个图形的线切割程序，可分为两个阶段：绘出图形和编制加工程序。现以编图 12-3 所示圆弧直线图形的线切割程序为例。

YH 系统操作命令的选择及状态窗口的切换，全部用鼠标实现，如要选用某个图标或按钮（菜单按钮或参数窗控制按钮），只要将光标移到相应位置按一下命令键，即可进行操作。

1. 绘出图形

(1) 画圆 C_1 和 C_2。用光标点取圆图标→在输入框中输入（0，0），40→（回车）→（0，80），10→（回车）。

(2) 过点 P_1 作圆 C_2 的切线 L_3。

1）作点 P_1。单击点图标命令键→输入：（-20，-40）→（回车）。

2）作切线 L_3。将光标移到点 P_1 上→按鼠标左键（不能放）→移动光标拉出一条蓝色连线至圆 C_2 左侧的圆周上→释放鼠标左键→再移动光标至该蓝色连线上，单击鼠标左键，就生成了变成黄色的切线 L_3。

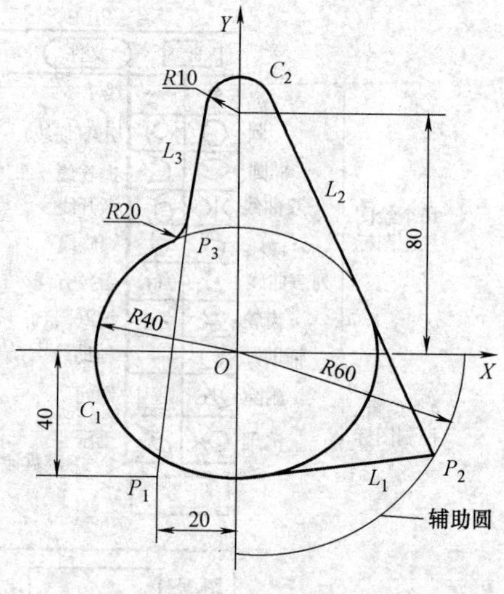

图 12-3　圆弧直线图形

(3) 画圆 C_1 和圆 C_2 的公切线 L_2　将光标移到圆 C_1 上→按鼠标左键（不放），拉出一条蓝色连线至圆 C_2 左侧→释放鼠标左键→移动光标至蓝色连线上→单击鼠标左键，就生成了公切线 L_2。

(4) 延长 L_2 过点 P_2，并作点 P_2 至圆 C_1 的切线 L_1

1）作辅助圆 R60。单击“辅助圆”命令键→输入：（0，0），60→（回车）。

2）延长 L_2 至辅助圆交于点 P_2。单击“直线”命令键→移动光标移至公切线 L_2→单击鼠标右键，L_2 向两端延长，向右下方延长的 L_2 与辅助圆相交得点 P_2。

3）过点 P_2 作圆 C_1 的切线 L_1。单击“切线”命令键→移光标到点 P_2→按下鼠标左键（不放），拉出蓝线移至圆 C_1 的下方圆周上→释放鼠标左键→移动光标至蓝线上→单击鼠标左键，就作出了切线 L_1。

(5) 作 L_3 与圆 C_1 上交点 P_3 处的过渡圆 R_{20}。单击“过渡圆”命令键→光标移至点 P_3，按鼠标左键（不放），向左上方拉出一条蓝色引线至适当位置→释放鼠标左键→在弹出的小键盘上输入 20→（回车）。

(6) 清除杂线

1）清除非闭合线段和辅助圆。单击“清理”命令键→当移动光标进入屏幕一定位置时，系统自动清除所有非闭合线段和辅助圆。

2）剪裁图形。单击“剪刀”命令键→移动光标至需清除的线段→单击鼠标左键。

2. 编制加工程序

(1) 编程准备

1）选择穿丝孔位置。单击“编程”键→单击菜单中“切割编程”键→单击屏幕左下角的工具包，取出丝架状光标（屏幕右上角显示“穿丝孔”）→移动丝架状光标移至（62，-26）位置处→单击鼠标左键。

2）选择加工参数。单击鼠标左键（不放）→移动光标到点 P_2→释放鼠标左键→单击 P_2→在出现的加工参数窗，选择编出的程序为 ISO 代码，也可以再修改穿丝孔位置及输入间隙补偿量等→按“Yes”按钮确认（此时出现路径选择窗）。

3）路径选择和加工模拟。将光标移至窗中开始要切割的线段 L_2 上→单击鼠标左键，L_3 变黑色（逆时针方向切割）→单击“认可”按钮，系统开始模拟加工。

（2）计算切割长度及切割面积　用鼠标左键单击屏幕左下角的工具包→左上角显出（工件）厚度，输入 20→（回车），显示长度：354.472，面积：7089.435→单击“退出”按钮退至图形界面。

（3）编程　单击“编程”键→单击菜单中“代码输出”（输出的方式有打印、校验、显示、存盘、穿孔、控制台及送串行口等多种）→单击“代码显示”键，屏幕显示 ISO 加工代码。

第二节　HF 绘图编程软件

一、软件简述

HF 线切割数控自动编程软件系统，是一个高智能化的图形交互式软件系统。通过简单、直观的绘图工具，将所要进行切割的零件形状描绘出来；按照工艺的要求，将描绘出来的图形进行编排等处理，再通过系统处理成一定格式的加工程序。

二、软件各用户界面

在主菜单下，单击“全绘编程”按钮就进入软件主界面，软件主界面分为 3 个功能区域，如图 12-4 所示。其中图形显示框是所画图形显示的区域，在整个“全绘编程”过程中这个区域始终存在。功能选择框是功能选择区域，一共有两个。在整个“全绘编程”过程中这两个区域随着功能的选择而变化，其中“功能选择框 1”变成了该功能的说明框，“功能选择框 2”变成了对话提示框和热键提示框。

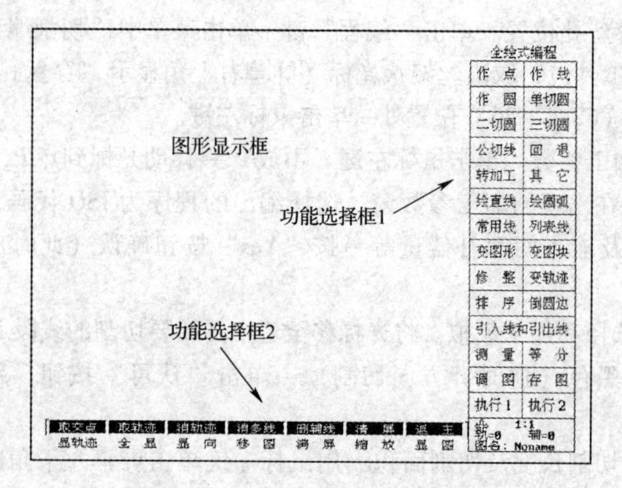

图 12-4　HF 绘图编程软件主界面

三、绘图编程实例

以图 12-5 所示图形为例，使用 HF 系统进行绘图编程。

1. 绘图

（1）进入绘图界面　在系统初始界面下，单击“全绘编程”按钮，进入绘图界面（见图 12-4）。

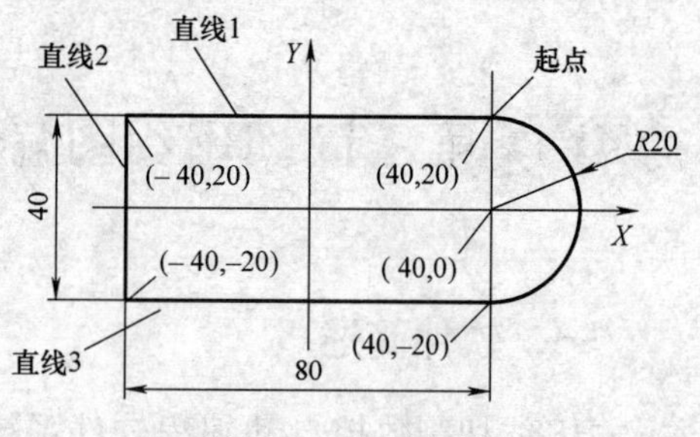

图 12-5　绘图实例

（2）绘制图形

1）绘制直线。在绘图界面下，单击“绘直线”键→单击“取轨迹新起点”，确定直线起点→输入（40，20）→单击“直线：终点”键，确定直线终点→输入（－40，20）→（回车），绘出直线 1，此轨迹的起点已变为（－40，20）→输入（－40，－20）→（回车），绘出直线 2，此轨迹的起点已变为（－40，－20）→输入（40，－20）→（回车），绘出直线 3，→按回车键，退出绘直线功能。

2）绘制圆弧。单击“绘圆弧”键，进入绘圆弧功能→单击“逆圆：终点＋圆心”或“逆圆：终点＋半径”键，进入其子功能→单击“逆圆：终点＋半径”键→依次输入：40，20，20→（回车），完成图形绘制。

2. 编程

（1）绘制引线及相关设置　单击“引入线引出线”→单击“作引入线（端点法）”→分别输入“引入线的起点（50，30）”和“引入线的终点（40，20）”→

（回车）→（回车），不修圆角→系统提示“指定补偿方向：确定该方向（鼠标右键）/另换方向（鼠标左键）”→单击鼠标右键，完成图形绘制。

（2）后置处理　单击“执行2”键→输入间隙补偿值（0.1）mm→（回车）→单击“后置处理”菜单→单击“显示G代码加工单（无锥）”，显示出2轴无锥G代码→（回车）→（回车）。

（3）G代码加工单存盘　单击“G代码加工单存盘（无锥）”→输入“盘符号”及文件名→（回车），完成。

◈◈◈ 第三节　Turbo CAD绘图编程软件

一、软件简介

Turbo CAD绘图软件是北京阿奇夏米尔线切割机床自带的CAD软件。目前本系统仅支持单一屏幕的操作步骤，而屏幕界面配置状况是由系统初始化文件来决定。TurboCAD是进行工程图绘制的一个很好的软件平台，使用方法和AutoCAD相类似。

二、软件各用户界面

1. Turbo CAD绘图界面

在FW系列线切割机床用户界面下，按F8键后，再单击“CAD”按钮，进入Turbo CAD绘图界面（见图12-6）。

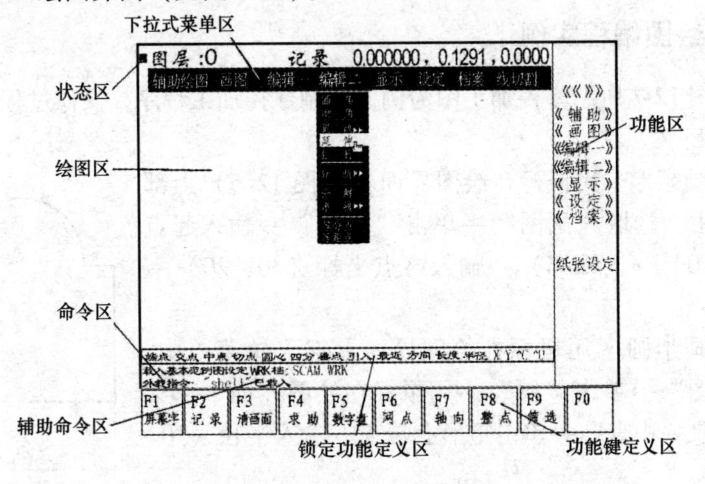

图12-6　Turbo CAD绘图界面

TurboCAD 利用屏幕驱动程序（TCAM Graphic Runtime）来控制屏幕上的绘图及文字显示，系统一进入 CAD 环境，屏幕共分八个区。

2. 各区域功能

（1）状态区　状态区位于屏幕最上方的一行，用来显示目前操作状态。

（2）绘图区　绘图区位于屏幕的中央，为屏幕中最大的区域，用来绘制图形。

（3）命令区　命令区位于屏幕下方，占有三行位置，用来下达命令、显示命令提示及显示执行结果。

（4）功能区　功能区位于屏幕的最右边，菜单的项目及内容由菜单文件所定义。

（5）下拉式菜单区　下拉式菜单区位于屏幕的最上方，可选取某菜单项后，在下拉菜单中选取欲执行的命令，此下拉式菜单的项目及内容由菜单文件所定义。

（6）锁定功能定义区　锁定功能定义区位于屏幕的下方，用来定义抓点锁定功能及其他常用的功能，以便绘图时能很方便且迅速地选取使用，目前此区域的定义由系统内定，使用者无法更改。

（7）辅助命令区　辅助命令区与屏幕命令表区相重叠，当执行某些具有辅助命令的命令时，屏幕命令表会立即消失改而显示此命令的辅助命令，可选取所需的辅助命令来继续此命令的操作步骤，当命令操作步骤完毕后，会恢复原先的屏幕命令表。

（8）功能键定义区　功能键定义区位于屏幕的最下方，此区域的定义对应于键盘上的功能键 F1 ~ F10，直接选取所需的功能键即可执行指定的功能。

三、绘图编程实例

现以图 12-7 所示零件加工图为例，编制数控加工程序，操作过程如下：

1. 绘图

（1）画矩形　用鼠标在绘图界面（见图 12-6）上部下拉菜单中，选取“画图”→单击“矩形”→输入起点坐标（0，0）→（回车）→输入终点坐标（30，20）→（回车）。

（2）画半圆　用鼠标在绘图界面上部下拉菜单中，选取“画图”→单击“圆”→用鼠标在绘图界面下部菜单中，选取“中点”→单击矩形上端线→输入半径（10）→（回车）。

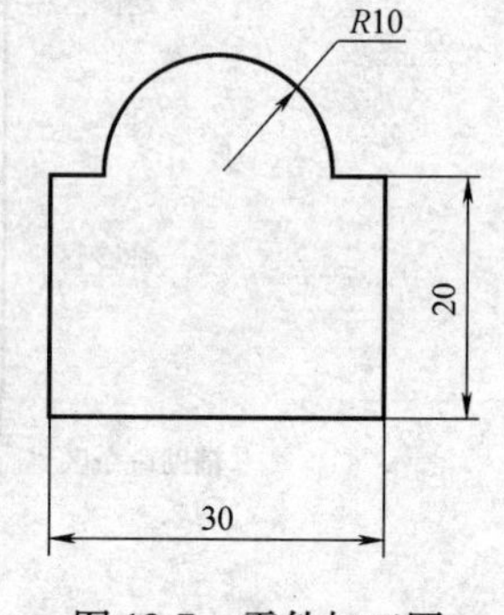

图 12-7　零件加工图

（3）清理图形　用鼠标在绘图界面上部下拉菜单中，

选取“编辑 1”→单击“修剪”键→单击鼠标左键（不放），框选全图→释放鼠标左键→单击鼠标右键，确定→单击删除不需要的杂线后，完成图形。

2. 编程

（1）选择穿丝点、切入点和切割方向　用鼠标在绘图界面上部下拉菜单中，选取“线切割”→单击“路径”→输入穿丝点坐标（32，0）→（回车）→输入切入点坐标（30，0）→（回车）→用鼠标左键单击图形的切割方向（逆时针）→按“Ctrl + C”组合键，确定→输入文件名（01）→（回车）。用鼠标在绘图界面上部下拉菜单中，选取“线切割”→单击“CAM”，进入参数设置。

（2）参数设置　按 F2 键（CAM 设置）→用↑、↓键找到文件（01）→（回车）→用→、←键移动光标，分别确定偏移方向及偏移量和加工参数的设置。

（3）生成加工代码　按 F1 键（绘图）→按 F3 键，系统自动生成 ISO 代码→按 F9 键，将代码存盘→输入文件名→（回车），完成。

第四节　CAXA 绘图编程软件

一、软件简介

CAXA 线切割自动编程工具软件，主要用图形交互方式进行线切割编程，直观、方便、快捷，且功能丰富，可以方便地绘制圆、线图形，渐开线、阿基米德螺线及齿轮等高级曲线。它也具有平移、旋转、镜像、缩放及阵列等功能。它可以编出 3B、4B 程序及 ISO 代码，并以多种方式传输到线切割机床。

二、软件用户界面

CAXA 线切割软件用户界面（见图 12-8）由绘图功能区、菜单系统和状态显示与提示区三大部分组成。

（1）绘图功能区　绘图功能区是用户进行绘图设计的工作区域，它占据了屏幕的大部分面积。绘图区中央设置有一个直角坐标系，是绘图时的默认坐标系。

（2）菜单系统　菜单系统分布在屏幕的周围，包括下拉菜单、图标菜单、立即菜单、工具菜单及工具栏。

（3）状态显示与提示　屏幕的下方为状态显示与提示框，显示当前坐标、当前命令以及对用户操作的提示等。它包括当前点坐标显示、操作信息提示、工具菜单状态提示、点捕捉状态提示和命令与数据输入五项。

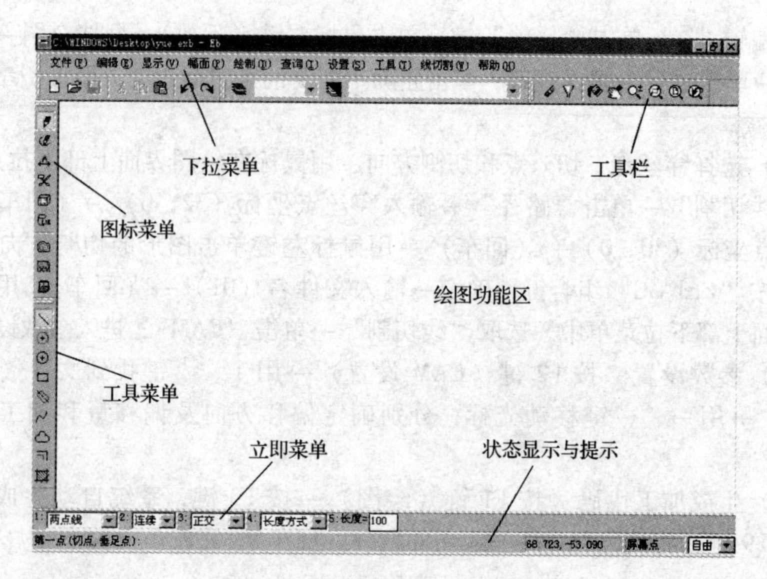

图 12-8　CAXA 线切割用户界面

三、绘图编程实例

现以加工一个 100mm×50mm 的矩形孔为例，介绍软件的绘图编程方法。

1. 绘图

用鼠标左键单击图标→单击图标→将屏幕左下方显示的“两点角”改为“长度和宽度”→单击“长度”显示框→输入“100”→单击“宽度”显示框→输入“50”→输入定位点坐标（0，0）→（回车），绘图完成。

2. 生成加工轨迹

用鼠标左键单击图标→单击图标→在“线切割轨迹生成参数表”对话框中，切入方式选择“垂直”→偏移量/补偿量，输入 0.11（丝径 0.18mm，放电间隙 0.02mm）。

用鼠标左键单击图形某一边（加工起始边）→单击某一（箭头）方向，选择顺时针或逆时针方向加工→单击图形内侧（箭头），选择加工内孔→输入穿丝点位置坐标（0，0）→单击鼠标右键，确定退出点与穿丝点重合，轨迹生成。

3. 代码编程

用鼠标左键单击图标→单击3B图标（以生成 3B 代码为例）→在对话框中，选择文件存储路径，并给新文件命名，假设为“01”→单击“保存”→用鼠标左键单击加工轨迹线→单击鼠标右键，生成矩形孔的加工代码(01.3B)。

◈◈◈ 第五节　计算机网络技术在电切削加工中的应用

一、应用网络技术的可能性和必要性

1. 数控线切割技术与网络技术结合的必要性

机械工业界正面临着更激烈的竞争，这就对制造企业提出了更高的要求。一个产品由最初的概念构想到制造完成再到销售所需的时间应尽量短；产品质量要尽可能优良；制造成本要尽量低。网络的本质和它的最大特点就在于，不分地点和时间的资源共享。它可以使网络用户共享软件、数据等各类信息，并进行快速传递。随着网络化的发展，借助于网络技术来发展机械制造行业是一种极其有效的途径。

2. 两者结合的条件已经成熟，已具备了现实可能性

网络技术日趋成熟，像局域网中的 UNIX 网、Windows NT 网、NetWare 网等网络软件操作系统应用广泛，功能强大，性能稳定，一般情况下均能满足要求。网络版的数控线切割编程软件已相继开发出来，北航海尔软件有限公司开发的 CAXA 网络版数控线切割编程软件就是其中之一，它是我国自主版权的软件。

二、应用网络技术的环境和要求

1. 网络形式的选择

计算机网络可分为局域网（LAN）、区域网（MAN）和广域网（WAN）。

局域网网络规模相对较小，采用的是单一的传输介质。计算机硬件设备不大，通信线路一般不超过几十千米。就数控加工系统的计算机网络而言，应建成局域网。

常见的网络标准有 Ethernet、ARC net、Token Ring、FDDI、Fast Ethernet、ATM 等，其中 Ethernet 网络标准是目前世界上使用最为普遍的网络，被称为“以太”网络。

“以太”网也适用于数控加工系统，所以在数控电切削加工系统的计算机网络中也采用这种网络标准，并采用 10BaseT 架线方式。

网络中必须有集线器、双绞线，计算机中装有“以太”网卡，借助集线器以星型拓扑结构将计算机串接起来，如图 12-9 所示。这种连线方式要增加或撤除工作站都非常容易，很适合网络的扩充，而且网络中一处出现问题，将不影响其他工作站的正常工作。

2. 网络操作系统的选择

目前应用最多的局域网络系统是UNIX、Windows NT、NetWare等。Windows NT与其他两个网络操作系统相比，由于具有功能强大、图形界面操作方便、效率高、集中管理以及自动修复等优点，因此电切削加工系统多采用Windows NT网络操作系统。

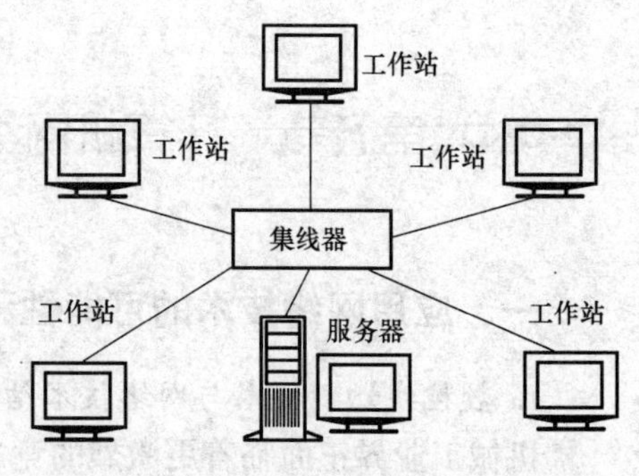

图 12-9 星型拓扑结构局域网示意图

三、网络技术的应用

首先根据图12-10所示的网络形式建立网络连接。服务器选择Windows NT作为网络操作系统，工作站选择Windows XP作为操作系统。在服务器和工作站中都装有CAXA网络版数控线切割编程软件，由服务器控制各工作站的软件使用权。扫描仪可以将设计的图形扫描输入一个工作站（网络中的计算机作为工作站）。

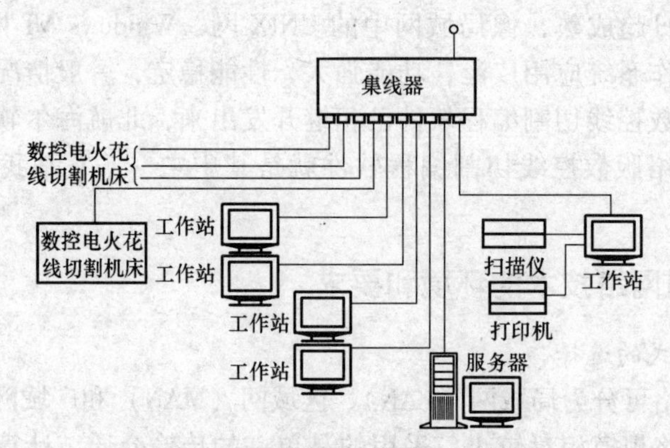

图 12-10 数控电切削加工网络

网络的建立使得数控电火花线切割加工系统的图形文件可靠、快捷、方便地传输成为可能。在网络条件下的程序生成和传输过程，如图12-11所示。

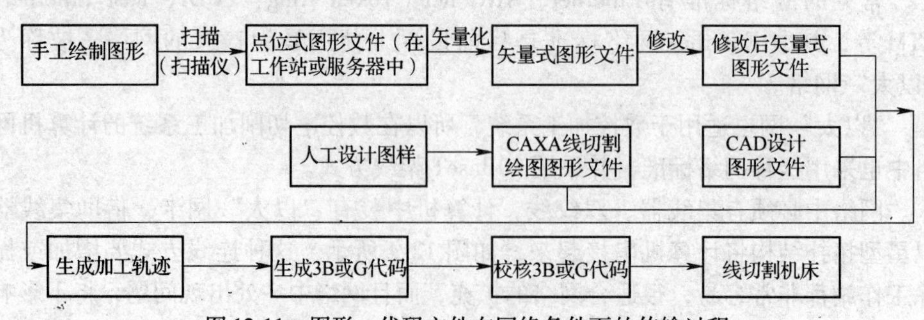

图 12-11 图形、代码文件在网络条件下的传输过程

(1) 图形设计

1) 图样输入。用扫描仪将图形扫描到任意一台工作站中，再通过网络传到自己使用的工作站中，以 bmp、gif、jpg 等点位图形格式存储下来。使用时，先利用 CAXA 数控线切割编程软件进行矢量化，再用软件的 CAD 功能进行修改。

2) 绘图。可利用 AutoCAD 软件或 CAXA 线切割软件的绘图功能直接获得图形文件。

(2) 编制加工程序

1) 获得图形文件后，利用数控线切割编程软件进行加工轨迹生成，并可对加工过程进行模拟检查。

2) 利用数控线切割编程软件，将生成的加工轨迹转化成机床 G 代码或 3B 代码程序。对转化加工代码的正确性，可利用软件的“反读”功能，恢复加工轨迹进行校核。

(3) 零件加工　将校核好的加工代码，通过网络传输到数控线切割机床上用于加工。

由于网络中的每一台工作站都可以共享数控编程软件，当一名设计人员在一台工作站上利用 CAD 软件完成设计后，可以将其设计结果提供给网络上其他人员共享，避免重复设计，提高设计效率，从设计人员到市场销售人员都可以共享网络上的设计结果。

复习思考题

1. 电切削加工中，常用的计算机绘图编程软件有哪几种？
2. 为什么说网络技术在数控加工中的应用有可能性和必要性？
3. 数控加工计算机网络系统，主要采用什么样的网络标准？
4. 简述在网络条件下，数控加工程序的编制和传输过程。

第十三章

复杂曲线零件电加工程序编制

第一节　椭圆样板零件的编程方法

一、椭圆图案的绘制

1. 手工绘制

（1）同心圆法（精确画法）

1）分别用已知的长轴 *AB* 和短轴 *CD* 为直径画两个同心圆，如图 13-1a 所示。

2）把圆周分成若干等份（等分数越多，则所作椭圆也越精确，图中分为 16 等份），并过圆心 *O* 画出相应数量的径向线，如图 13-1b 所示。

3）过大圆上的各等分点作短轴 *CD* 的平行线，过小圆上的各等分点作长轴 *AB* 的平行线，对应两平行线分别相交于 1、2、…、16 各点，如图 13-1c 所示。

4）用曲线板顺次光滑地连接上述各点，即得所求的椭圆，如图 13-1d 所示。

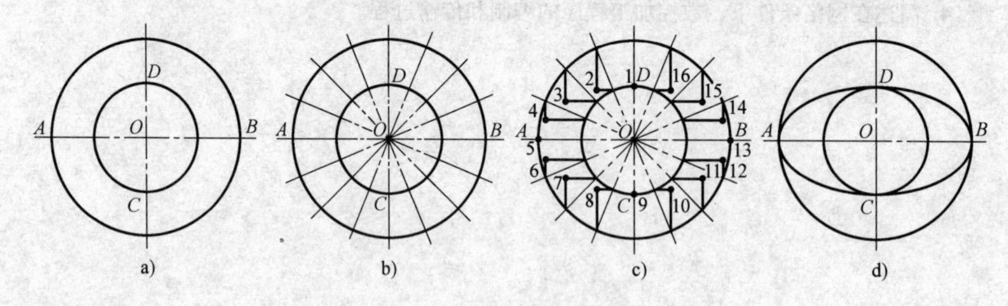

图 13-1　同心圆法画椭圆

（2）四心圆法（近似画法）

1）画出椭圆的长轴 *AB* 和短轴 *CD*。

2）连接 AD，并在 AD 上截取 $DF=DE=OA—OD$，如图 13-2a 所示。

3）作 AF 的垂直平分线，它与长、短轴分别交于点 1 和点 2；再作出点 1 和点 2 的对称点 3 和 4，则 1、2、3、4 四点即为四段圆弧的圆心，如图 13-2b 所示。

4）分别作出 1、2、3、4 点连心线 12、14、23、34 并延长，再以点 2 和点 4 为圆心，$2D$（或 $4C$）为半径作两段大圆弧 56 和 78，如图 13-2c 所示。

5）分别以点 1 和点 3 为圆心，$1A$（或 $3B$）为半径作两段小圆弧 57 和 68，则得由四段圆弧相接组成的近似椭圆。

6）擦去多余作图线，并加深图线，即得所求的椭圆，如图 13-2d 所示。

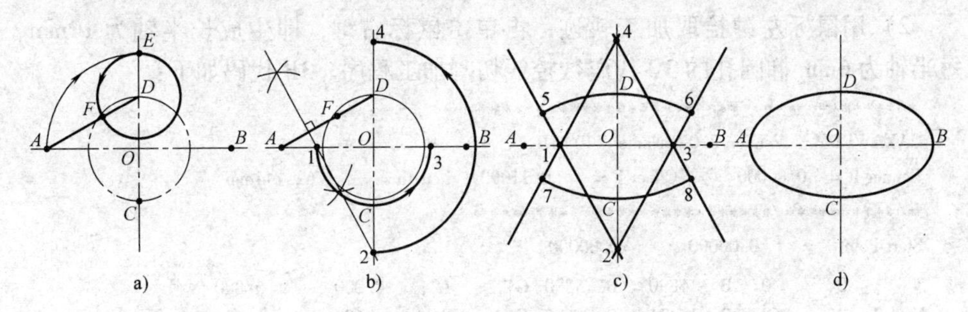

图 13-2　四心圆法画椭圆

2. 软件生成

用 CAXA 绘图软件生成一个长半轴为 10mm，短半轴为 6mm 的椭圆图形，步骤如下：

1）用鼠标左键单击主菜单“绘制”，在下拉菜单中选择“高级曲线”，在子菜单中选择“椭圆”。

2）在软件界面下方的菜单中选择“给定长短轴”，在对话框中分别输入长半轴“10”、短半轴“6”，旋转角“0”，起始角“0”，终止角“360”。

3）在键盘上直接输入基准点坐标（0，0），按回车键确定，系统将自动生成一个长半轴为 10mm、短半轴为 6mm 的椭圆图形。

二、椭圆样板零件的代码编程

用 CAXA 线切割 XP 自动编程软件，编制椭圆孔图形的线切割加工程序代码。

1. 生成加工轨迹

1）用鼠标左键单击▣（轨迹操作）图标，在下拉菜单中选择命令按钮☐（轨迹生成），系统弹出一个“线切割轨迹生成参数表”。

2）按实际需要填写相应的参数（本例中切入方式选择“垂直”，轮廓精度设为“0.01”mm，切割次数为“1”，偏移量设为“0.11”mm），单击“确定”。

3）用鼠标左键单击椭圆图形上端线（长半轴圆弧），再单击切割箭头的右方箭头（选择顺时针），最后单击补偿方向箭头的内侧箭头（加工孔）。

4）输入穿丝点坐标（0，0），按回车键确定，系统自动生成线切割加工轨迹。

2. 编制加工代码

1）用鼠标左键单击▣（代码生成）图标，在下拉菜单中选择命令按钮3B（生成3B代码），输入文件名：“TY”（椭圆），单击“保存”。

2）用鼠标左键拾取加工轨迹，再单击鼠标右键，即生成长半轴为10mm、短半轴为6mm椭圆孔的3B代码数控线切割加工程序。3B代码如下：

```
****************************************
CAXAWEDM  - Version 2.0 , Name : TY.3B
Conner R =   0.00000    , Offset F =      0.11000 , Length =        62.144mm
****************************************
Start Point   =       0.00000 ,        0.00000   ;              X   ,         Y
N    1: B      0  B   5890  B  5890  GY     L2;    0.000 ,      5.890
N    2: B     68  B  15471  B  4682  GX    NR1;   -4.682 ,      5.186
N    3: B   2809  B   9407  B  3562  GX    NR2;   -8.244 ,      3.249
N    4: B   2993  B   3603  B  2680  GY    NR2;   -9.843 ,      0.569
N    5: B   3744  B    559  B  2800  GY    NR2;   -9.150 ,     -2.231
N    6: B   5911  B   4391  B  2852  GX    NR3;   -6.298 ,     -4.538
N    7: B   5839  B  12274  B  4359  GX    NR3;   -1.939 ,     -5.776
N    8: B   1935  B  16244  B  4823  GX    NR3;    2.884 ,     -5.634
N    9: B   2064  B  12228  B  4133  GX    NR4;    7.017 ,     -4.147
N   10: B   3062  B   5514  B  2455  GY    NR4;    9.471 ,     -1.692
N   11: B   3312  B   1716  B  1691  GY    NR4;    9.889 ,     -0.001
N   12: B   4142  B    115  B  2752  GY    NR1;    8.738 ,      2.751
N   13: B   6207  B   5876  B  3222  GX    NR1;    5.516 ,      4.884
N   14: B   5401  B  14014  B  5518  GX    NR1;   -0.002 ,      5.888
N   15: B      2  B   5888  B  5888  GY     L4;    0.000 ,      0.000
N   16: DD
```

第二节　渐开线齿轮零件的编程方法

一、渐开线图案的绘制

1. 手工绘制

（1）绘制渐开线　在平面上，一条动直线（发生线）沿着一个固定的圆

（基圆）作纯滚动时，此动直线上一点的轨迹称为圆的渐开线。其绘制方法如下：

1）在圆周上作若干等分（图 13-3 所示为 12 等分），得各等分点分别为 1、2、3、…、12，画出各等分点与圆心的连心线。

2）过圆周上各等分点作圆的切线。在等分点 12 的切线上，取 12-12′等于圆周长，并将此线段分为 12 等份，得 1′、2′、3′、…、12′各等分点。

3）在圆周的各切线上分别截取线段，使其长度分别为 1-1″=12-1′、2-2″=12-2′、3-3″=12-3″、…、11-11″=12-11′。

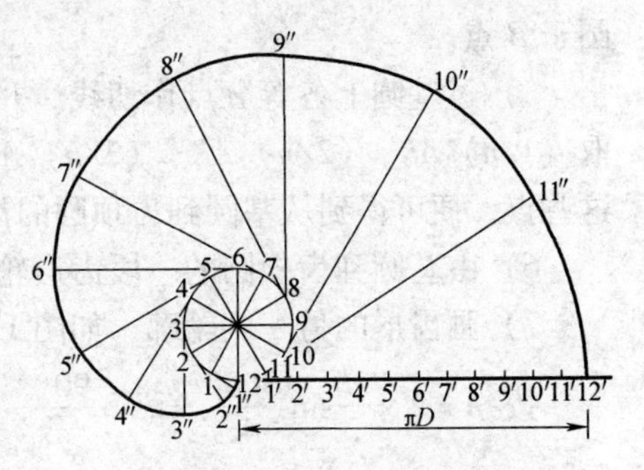

图 13-3　渐开线的画法

4）圆滑连接 12、1″、2″、…、12′各点，所得曲线即为该圆的渐开线。

（2）渐开线齿形的轮廓画法　若已知齿轮的模数 m、齿数 z，按照标准正齿轮的尺寸关系，可算得：分度圆直径 $d=mz$；齿顶圆直径 $d_a=m(z+2)$；齿根圆直径 $d_f=m(z-2.5)$。根据以上各直径，按下列步骤作图可以作出齿形的轮廓，如图 13-4a 所示。

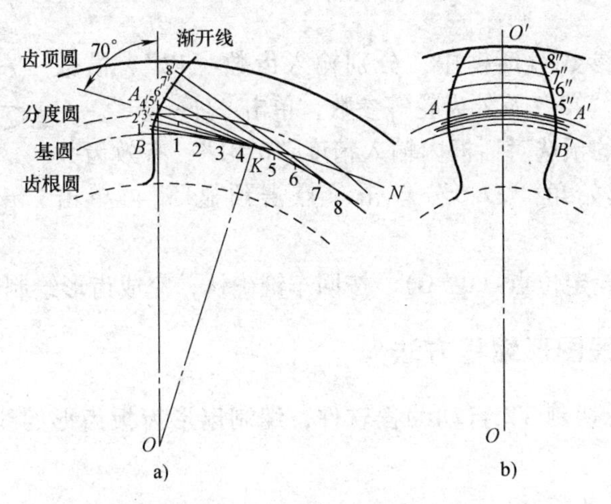

图 13-4　正齿轮齿形轮廓的画法

1）按 d（分度圆）、d_a（齿顶圆）、d_f（齿根圆）作出三个同心圆。

2）过分度圆上 A 点，作直线 AN，使其与 OA 成 70°交角（压力角为 20°的齿轮）。

3）作 OK 垂直 AN；以 OK 为半径，以 O 为圆心作圆（此圆即为齿轮的基圆）。

4）将 AK 分成 n 等份，等分数越多，划出的齿形越准确；再以 AK 的每一等分为弦，在基圆上向 K 点两旁截取各点。以 K 点为圆心，AK 为半径作圆，交基圆于 B 点。

5）过基圆上各等分点作切线，并在每条切线上依次以切点为起点，分别截取（$1/n$）$\overline{AK}$、（$2/n$）$\overline{AK}$、（$3/n$）$\overline{AK}$、…，得 $1'$、$2'$、$3'$、…各点。圆滑连接这些点，便可得到从基圆到齿顶圆的齿形轮廓。

6）由基圆到齿根圆的一段齿形轮廓，可按半径为 OB 的圆弧的一部分画出。

7）画齿形的另一侧轮廓，如图 13-4b 所示。

按$\overline{AA}=2\times\dfrac{d}{2}\sin\dfrac{360°}{4z}=d\sin\dfrac{90°}{z}$，求出$\overline{AA'}$（弦长），画出 A 点的对称点 A'，再画出 AA'的垂直平分线 OO'。以 O 为圆心，过已画出的齿形轮廓上各点画同心圆。以对称轴 OO'为标准，划出另一侧齿形轮廓的对称点 $5''$、$6''$、$7''$、…。光滑连接各点，绘图完成。

2. 软件生成

用 CAXA 线切割 XP 软件生成一个渐开线图形（模数为 1.5mm，齿数为 24，有效齿数为 7 的标准渐开线扇形齿板，见图 13-5）。

1）用鼠标左键单击主菜单“绘制”，在下拉菜单中选择“高级曲线”，在子菜单中选择“齿轮”，系统弹出齿形参数表。

2）在基本参数对话框中，分别输入齿数“12”、模数“0.5”、压力角“20”及外齿轮等参数，单击“下一步”。

3）在弹出的预选对话框内输入精度“0.01”，有效齿数“7”，有效齿起始角“37.5”单击“点击预显”，再单击“完成”。

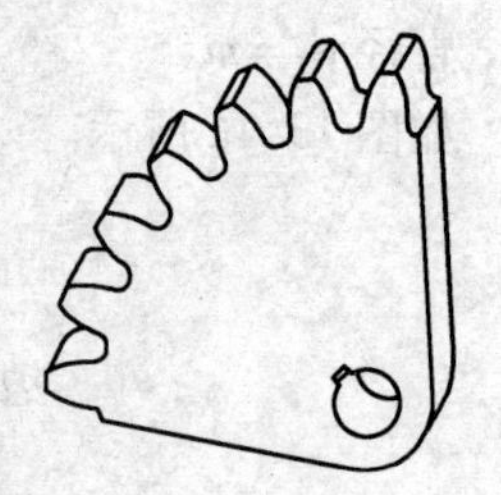
图 13-5　扇形齿板

4）输入齿轮定位点（0，0），按回车键确认，完成齿形绘制。

二、渐开线图形编程方法

用 CAXA 线切割 V2 自动编程软件，编制扇形齿板齿形的线切割加工程序代码。

1. 生成加工轨迹

1）用鼠标左键单击（轨迹操作）图标，在下拉菜单中选择命令按钮（轨迹生成），系统弹出一个“线切割轨迹生成参数表”。

2）按实际需要填写相应的参数（本例中切入方式选择“垂直”，轮廓精度设为“0.01”mm，切割次数为“1”，偏移量设为“0.11”mm），单击“确定”。

3）用鼠标点取图形的左边线 A（见图 13-6a），再用鼠标左键单击左侧箭

头，选择逆时针方向加工，单击鼠标右键确定。

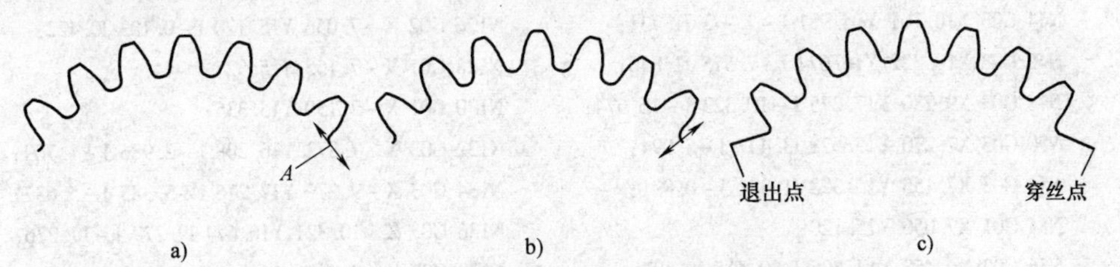

图 13-6　渐开线扇形齿板的线切割加工轨迹

4）全部线条变为红色（图 13-6b），系统提示“选择切割的侧边或补偿方向”，用鼠标左键单击指向图形外侧的箭头。

5）输入穿丝点坐标（16，9），按回车键确认；输入退回点坐标（-16，9），按回车键确认，系统自动计算出加工轨迹，即系统中显示出的绿色线，如图 13-6c 所示。

2. 编制加工代码

1）用鼠标左键单击▣（机床设置）图标，在下拉菜单中选择命令按钮Ⓟ（后置设置），在对话框中选择“绝对编程方式”，再击“确定”。

2）用鼠标左键单击▣（代码生成）图标，在下拉菜单中选择命令按钮Ⓖ（生成 G 代码），输入文件名：CB（齿板），单击“保存”。

3）用鼠标左键拾取加工轨迹，单击按鼠标右键确认，即生成标准渐开线齿板的 G 代码数控线切割加工程序。加工程序如下：

```
(CL. ISO, 07/13/12, 10: 35: 07)
N10 T84 T86 G90 G92X16.000Y9.000;
N12 G01 X12.880 Y9.883;
N14 G03 X12.716 Y10.093 I-12.880 J-9.883;
N16 G02 X12.779 Y10.729 I0.361 J0.286;
N18 G01 X12.953 Y10.878;
N20 G01 X12.959 Y10.884;
N22 G03 X13.619 Y11.799 I-2.423 J2.441;
N24 G03 X14.286 Y13.434 I-6.839 J3.743;
N26 G03 X13.435 Y14.285 I-14.286 J-13.434;
N28 G03 X11.042 Y13.118 I1.778 J-6.682;
N30 G03 X10.878 Y12.953 I1.045 J-1.203;
N32 G01 X10.729 Y12.779;
N34 G02 X10.093 Y12.716 I-0.350 J0.298;
N36 G03 X9.671 Y13.040 I-10.093 J-12.716;
N38 G02 X9.566 Y13.671 I0.274 J0.370;
N40 G01 X9.696 Y13.860;
N92 G03 X-0.601 Y19.601 I-0.602 J-19.601;
N94 G03 X-1.468 Y17.083 I5.983 J-3.468;
N96 G03 X-1.467 Y16.852 I1.590 J-0.112;
N98 G01 X-1.449 Y16.623;
N100 G02 X-1.855 Y16.129 I-0.458 J-0.037;
N102 G03 X-2.383 Y16.059 I1.855 J-16.129;
N104 G02 X-2.903 Y16.431 I-0.067 J0.455;
N106 G01 X-2.944 Y16.657;
N108 G01 X-2.946 Y16.665;
N110 G03 X-3.409 Y17.693 I-3.326 J-0.878;
N112 G03 X-4.491 Y19.089 I-6.660 J-4.051;
N114 G03 X-5.654 Y18.777 I4.491 J-19.089;
N116 G03 X-5.839 Y16.121 I6.677 J-1.800;
N118 G03 X-5.779 Y15.898 I1.564 J0.304;
N120 G01 X-5.702 Y15.681;
N122 G02 X-5.966 Y15.099 I-0.433 J-0.154;
```

```
N42 G01 X9.701 Y13.867;
N44 G03 X10.101 Y14.921 I-2.973 J1.731;
N46 G03 X10.322 Y16.674 I-7.575 J1.846;
N48 G03 X9.280 Y17.275 I-10.322 J-16.674;
N50 G03 X7.270 Y15.528 I3.447 J-5.994;
N52 G03 X7.155 Y15.328 I1.321 J-0.891;
N54 G01 X7.056 Y15.120;
N56 G02 X6.458 Y14.895 I-0.415 J0.197;
N58 G03 X5.966 Y15.099 I-6.458 J-14.895;
N60 G02 X5.702 Y15.681 I0.169 J0.428;
N62 G01 X5.779 Y15.897;
N64 G01 X5.781 Y15.905;
N66 G03 X5.895 Y17.027 I-3.319 J0.903;
N68 G03 X5.655 Y18.777 I-7.794 J-0.178;
N70 G03 X4.492 Y19.089 I-5.655 J-18.777;
N72 G03 X3.004 Y16.881 I4.882 J-4.898;
N74 G03 X2.944 Y16.657 I1.506 J-0.519;
N76 G01 X2.903 Y16.431;
N78 G02 X2.383 Y16.059 I-0.453 J0.083;
N80 G03 X1.855 Y16.129 I-2.383 J-16.059;
N82 G02 X1.449 Y16.623 I0.052 J0.457;
N84 G01 X1.467 Y16.851;
N86 G01 X1.468 Y16.859;
N88 G03 X1.287 Y17.973 I-3.441 J0.013;
N90 G03 X0.602 Y19.601 I-7.482 J-2.189;
N124 G03 X-6.458 Y14.895 I5.966 J-15.099;
N126 G02 X-7.056 Y15.120 I-0.183 J0.422;
N128 G01 X-7.155 Y15.327;
N130 G01 X-7.159 Y15.335;
N132 G03 X-7.872 Y16.208 I-2.986 J-1.709;
N134 G03 X-9.279 Y17.276 I-5.385 J-5.637;
N136 G03 X-10.321 Y16.674 I9.279 J-17.276;
N138 G03 X-9.813 Y14.061 I6.915 J-0.011;
N140 G03 X-9.697 Y13.860 I1.433 J0.698;
N142 G01 X-9.566 Y13.671;
N144 G02 X-9.671 Y13.040 I-0.379 J-0.261;
N146 G03 X-10.093 Y12.716 I9.671 J-13.040;
N148 G02 X-10.729 Y12.779 I-0.286 J0.361;
N150 G01 X-10.878 Y12.953;
N152 G01 X-10.884 Y12.959;
N154 G03 X-11.799 Y13.619 I-2.441 J-2.423;
N156 G03 X-13.434 Y14.286 I-3.743 J-6.839;
N158 G03 X-14.285 Y13.435 I13.434 J-14.286;
N160 G03 X-13.118 Y11.042 I6.682 J1.778;
N162 G03 X-12.953 Y10.878 I1.203 J1.045;
N164 G01 X-12.779 Y10.729;
N166 G02 X-12.716 Y10.093 I-0.298 J-0.350;
N168 G03 X-12.880 Y9.883 I12.716 J-10.093;
N170 G01 X-16.000 Y9.000;
N172 T85 T87 M02;
```

第三节　阿基米德螺旋线图形零件的编程方法

一、阿基米德螺旋线图案的绘制

1. 手工绘制

（1）绘制阿基米德螺旋线

1）将圆周分成若干等份，图 13-7 所示为分为 8 等份。

2）将圆周上各等分点与圆心 O 连成直线。

3）将半径 O-8 分成与圆周相同的等分，得 1′、2′、3′、…各点。

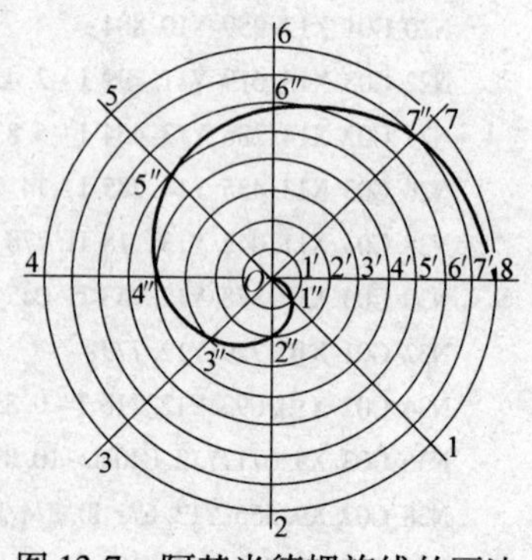

图 13-7　阿基米德螺旋线的画法

4）以 O 点为圆心，分别以圆心 O 到各等分点的距离（O-1′、O-2′、…）为半径画同心圆，相交于相应的圆周等分线上，得1″、2″、3″、…各点。

5）光滑连接这些点，就得所求的阿基米德螺旋线。

（2）阿基米德螺旋线凸轮轮廓画法　凸轮轴孔为 ϕ16mm，键槽深度为6mm，基圆为 ϕ40mm，以键槽对称中心线为起点，顺时针旋转，0°～180°为推程运动角，从动件等加速上升20mm；至 c 点后，快速回落10mm至 b 点；180°～360°为回程运动角，从动件等加速下降10mm。绘制步骤如下：

1）绘制 ϕ16mm、ϕ40mm 圆，6mm 深的键槽，画出水平方向和垂直方向对称中心线（见图13-8a）。

2）在垂直中心线的右侧（推程运动角起始边）以中心线交点为基点，绘制 R40mm 圆弧；在垂直中心线的左侧（回程运动角终止边）以中心线交点为基点，绘制 R30mm 圆弧（见图13-8b）。

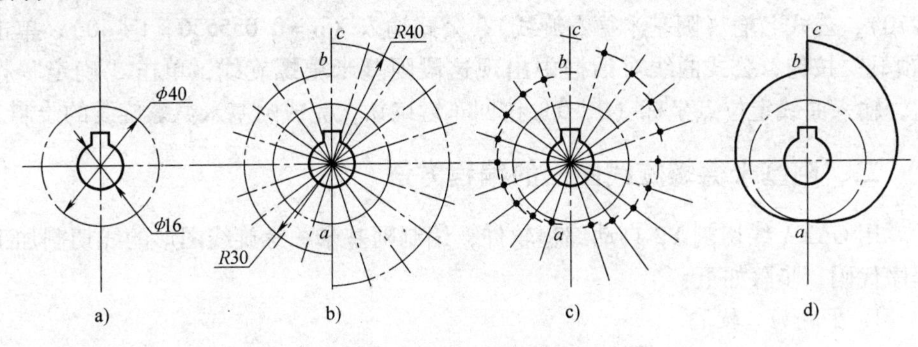

图13-8　凸轮轮廓画法

3）将推程运动角（0°～180°）和回程运动角（180°～360°）各画10份等分线（见图13-8b）。

4）在垂直中心线的右侧（推程），分别以（40＋2）mm、（40＋4）mm、…、（40＋18）mm，画出9段圆弧，与各等分角交于各点。在垂直中心线的左侧（回程），分别以（40＋1）mm、（40＋2）mm、…、（40＋9）mm，画出9段圆弧，与各等分角交于各点（见图13-8c）。

5）光滑连接各点并删除辅助线，得凸轮轮廓，如图13-8d所示。

2. 用软件生成

用CAXA线切割XP软件生成一个阿基米德螺旋线（起始角为0°，终止角为270°，基圆直径为 ϕ40mm，升程为15mm），步骤如下：

（1）计算相关参数

1）阿基米德螺旋线系数

$a=15\text{mm}\div270°=0.055556\text{mm}/(°)$

2）当极角 $t=0°$时（即 X 轴正向）的极径

$\rho_0=55\text{mm}-270°\times a=(55-270\times0.055556)\text{mm}=40\text{mm}$

（2）绘制 ϕ40mm 的基圆　用鼠标左键单击主菜单“绘制”，在下拉菜单中选择“基本曲线”；在子菜单中选择“圆”，输入圆心点坐标（0，0），按回车键确认，输入圆半径（20），再按回车键确认，即完成 ϕ40mm 基圆的绘制。

图 13-9　曲线图形

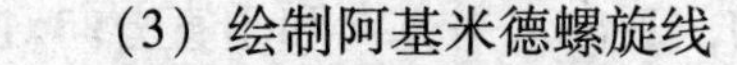
（3）绘制阿基米德螺旋线

1）用鼠标左键单击主菜单“绘制”，在下拉菜单中选择“高级曲线”；在子菜单中选择“公式曲线”，系统弹出“公式曲线”参数对话框。

2）选极坐标系，单位选角度，参变量输（t），起始值输（0），终止值输（270），公式名输（阿基米德螺旋线），公式输入（ρ=0.055556＊t+40），单击“预显”按钮，公式曲线对话框中出现这段阿基米德螺旋线，单击“确定”按钮，输入曲线定位点坐标（0，0）按回车键确认，完成阿基米德螺旋线的绘制。

二、阿基米德螺旋线图形的编程方法

用 CAXA 线切割 V2 自动编程软件，编制阿基米德螺旋线图形的线切割加工程序代码，步骤如下：

1. 生成加工轨迹

1）用鼠标左键单击（轨迹操作）图标，在下拉菜单中选择（轨迹生成）按钮，系统弹出“线切割轨迹生成参数表”对话框。

2）按实际需要填写相应的参数（本例中切入方式选择“垂直”，轮廓精度设为“0.1”mm，切割次数为“1”，偏移量设为“0.11”mm），单击“确定”。

3）用鼠标点取图形边（见图 13-10a），再用鼠标左键单击左侧箭头，选择逆时针方向加工，单击鼠标右键确定。

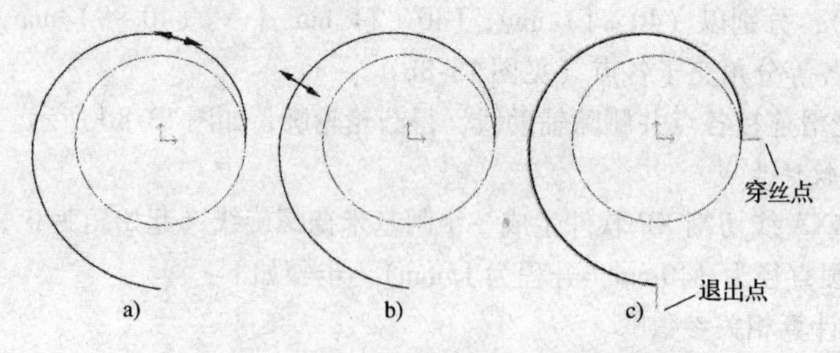

图 13-10　阿基米德螺旋线的线切割加工轨迹

4）全部线条变为红色（图13-10b），系统提示“选择切割的侧边或补偿方向”，用鼠标左键单击指向图形外侧的箭头。

5）输入穿丝点坐标（25，0），按回车键确认，输入退回点坐标（-40，0），再按回车键确认，系统自动计算出加工轨迹，即屏幕上显示出的绿色线，如图13-10c所示。

2. 编制加工代码

1）用鼠标左键单击▣（机床设置）图标，在下拉菜单中选择▣（后置设置）按钮，在对话框中选择“绝对编程方式”，单击“确定”。

2）用鼠标左键单击▣（代码生成）图标，在下拉菜单中选择▣（生成G代码）按钮，输入文件名：lxx（螺旋线），单击“保存”。

3）用鼠标左键拾取加工轨迹，按鼠标右键，即生成螺旋线图形的G代码数控线切割加工程序。加工程序如下：

```
(LXX. NC, 01/01/00, 00: 05: 06)
N10 T84 T86 G90 G92X25.000Y0.000;
N12 G01 X20.110 Y-0.010;
N14 G01 X20.340 Y2.428;
N16 G01 X20.287 Y4.853;
N18 G01 X19.927 Y7.342;
N20 G01 X19.261 Y9.796;
N22 G01 X18.280 Y12.215;
N24 G01 X17.012 Y14.509;
N26 G01 X15.435 Y16.694;
N28 G01 X13.595 Y18.687;
N30 G01 X11.476 Y20.491;
N32 G01 X9.144 Y22.037;
N34 G01 X6.579 Y23.326;
N36 G01 X3.864 Y24.304;
N38 G01 X0.981 Y24.967;
N40 G01 X-1.976 Y25.282;
N42 G01 X-5.022 Y25.241;
N44 G01 X-8.056 Y24.836;
N46 G01 X-11.089 Y24.053;
N48 G01 X-14.023 Y22.908;
N50 G01 X-16.863 Y21.388;
N52 G01 X-19.514 Y19.532;
N54 G01 X-21.979 Y17.325;
N56 G01 X-24.174 Y14.828;
N58 G01 X-26.097 Y12.029;
N60 G01 X-27.681 Y9.007;
N62 G01 X-28.920 Y5.750;
N64 G01 X-29.767 Y2.354;
N66 G01 X-30.212 Y-1.190;
N68 G01 X-30.235 Y-4.777;
N70 G01 X-29.822 Y-8.414;
N72 G01 X-28.977 Y-11.991;
N74 G01 X-27.688 Y-15.510;
N76 G01 X-25.984 Y-18.865;
N78 G01 X-23.853 Y-22.054;
N80 G01 X-21.349 Y-24.980;
N82 G01 X-18.462 Y-27.636;
N84 G01 X-15.268 Y-29.942;
N86 G01 X-11.757 Y-31.889;
N88 G01 X-8.031 Y-33.408;
N90 G01 X-4.087 Y-34.491;
N92 G01 X-0.016 Y-35.109;
N94 G01 X0.000 Y-40.000;
N96 T85 T87 M02;
```

第四节　列表曲线零件的编程方法

一、列表曲线图案的绘制

列表曲线就是用已知的一系列列成表格的坐标点绘制出的曲线。本书介绍使用 CAXA 线切割软件绘制曲线图。

1. 直角坐标表达的列表曲线

图 13-11 所示为一种手机壳外形图，其剪切模曲线中心左侧已知点的直角坐标值见表 13-1。

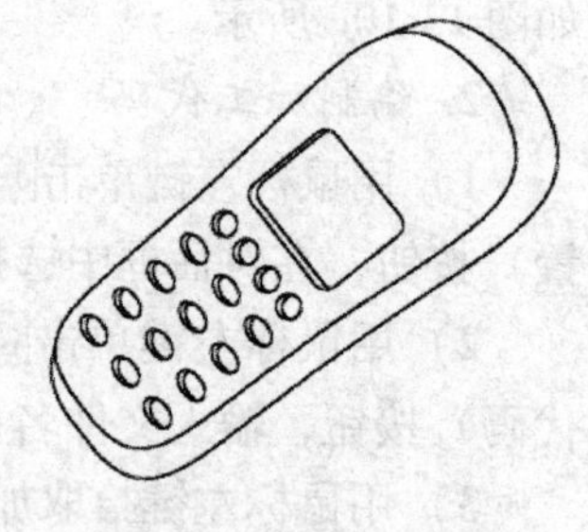
图 13-11　手机壳外形图

表 13-1　中心线左侧已知点的直角坐标值

列表点编号	T_1	T_2	T_3	T_4	T_5	T_6	T_7
X	0	-18.6	-23.6	-21.5	-20	-14	0
Y	60	54	24	-0.1	-37	-57	-60

1）绘制中心线。用鼠标左键单击主菜单“绘制”，在下拉菜单中选择“基本曲线”，在子菜单中选择“直线”，输入第一点坐标值（0，60），按回车键确认，输入第二点坐标值（0，-60），再回车键确认单击鼠标右键。

2）绘制中心线左侧曲线。用鼠标左键单击主菜单“绘制”，在下拉菜单中选择“基本曲线”，在子菜单中选择“样条”，输入点 T_1 坐标值（0，60），按回车键确认；输入点 T_2 坐标值（-18.9，54），按回车键确认；……；输入点 T_7 坐标值（0，-60），按回车键确认，单击鼠标右键。

3）绘制中心线右侧曲线。用鼠标左键单击曲线图形，再单击鼠标右键，在下拉菜单中选择“镜像”，用鼠标左键单击中心线图形。

4）删除中心线。用鼠标左键单击中心线图形，再单击鼠标右键，在下拉菜单中选择“删除”，完成。

2. 极坐标表达的列表曲线

图 13-12d 所示凸轮曲线的极坐标列表点极坐标见表 13-2。

表 13-2　凸轮极坐标列表点

列表点编号	T_1	T_2	T_3	T_4	T_5	T_6	T_7	T_8	T_9	T_{10}	T_{11}
极径 ρ/mm	16.4	16.2	15.1	14	12.9	11.9	10.9	9.9	8.9	7.9	6.9
极角 θ/(°)	72.25	75	90	105	120	135	150	165	180	194.75	209.5

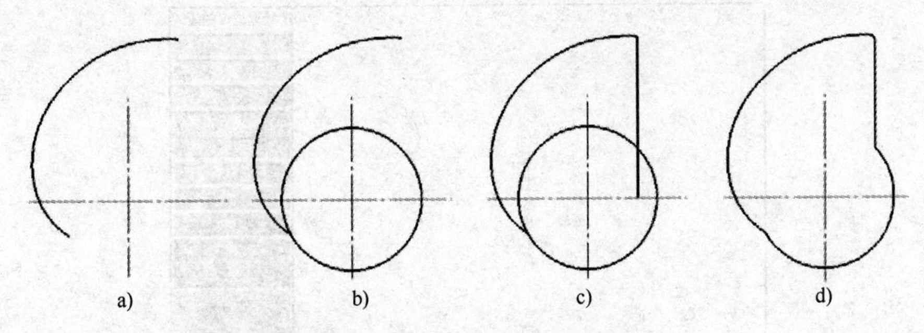

图 13-12　含有极坐标列表曲线的凸轮

1) 绘制曲线（见图 13-12a）。用鼠标左键单击主菜单“绘制”，在下拉菜单中选择“基本曲线”，在子菜单中选择“样条”，输入点 T_1 极坐标值（16. 4 < 72. 25），按回车键确认；输入点 T_2 极坐标值（16. 2 < 75），按回车键确认；……；输入点 T_{11} 极坐标值（6. 9 <209. 5），回车键确认，单击鼠标右键。

2）绘制 R =6. 9mm 的圆（见图 13-12b）。单击主菜单“绘制”，在下拉菜单中选择“基本曲线”，在子菜单中选择“圆”，输入圆心坐标（0，0），按回车键确认，输入圆半径（6. 9），按回车键确认。

3）绘制直线（见图 13-12c）。单击主菜单“绘制”，在下拉菜单中选择“基本曲线”，在子菜单中选择“直线”，输入第一坐标（5，0），按回车键确认，输入第二坐标（16. 4 <72. 25），按回车键确认。

4）绘制 R =0. 5mm 的过渡圆并裁剪（见图 13-12b）。单击主菜单“绘制”，在下拉菜单中选择“曲线编辑”，在子菜单中选择“过渡”，在功能菜单中选择（圆角），输入半径（0. 5），用鼠标左键分别单击“直线”和“曲线”图形。

用鼠标左键单击“裁剪”，分别单击各需要删除的杂线，完成绘图。

二、列表曲线图形零件的代码编程

使用 HF 自动编程软件，编制表 13-1 所列的曲线图形的线切割加工程序代码。

1. 生成逼近图形

1）进入绘图界面。在 HF 系统主界面下，用鼠标左键单击“全绘编程”，再单击“列表线”，进入“绘列表点曲线”界面。

2）输入列表点坐标。用鼠标左键单击“输入列表点”，输入点 T_1 坐标值（0，60），按回车键确认；输入点 T_2 坐标值（－18. 9，54），按回车键确认；……；输入点 T_7 坐标值（0，－60），按回车键确认，按键盘“Esc”键，回上一菜单（见图 13-13）。

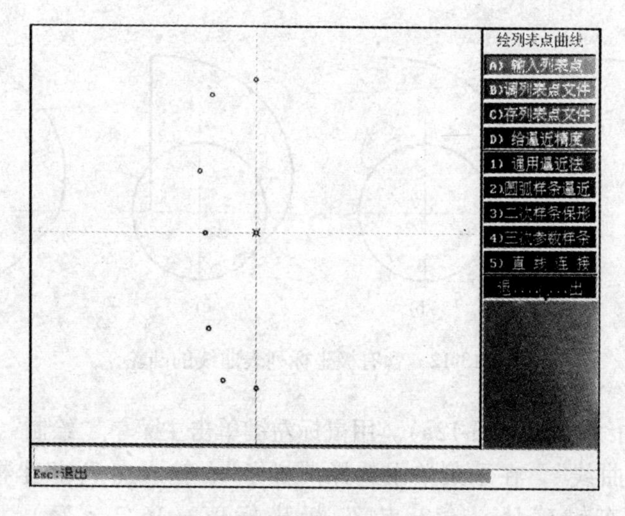

图 13-13　输入列表坐标点

3）生成列表曲线。单击“给逼近精度”，输入（0.001），按回车键确认，单击“圆弧样条逼近”，单击“退出”，完成曲线绘图（见图 13-14）。

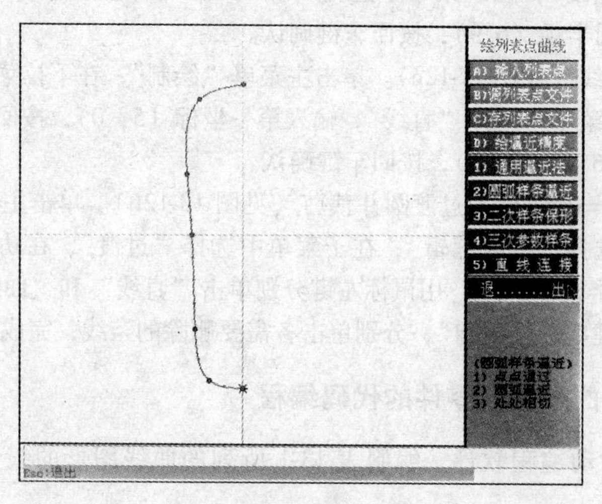

图 13-14　圆弧样条逼近

2. 编制加工代码

1）确定补偿量。在全绘式编程界面下，单击“执行 1”，输入（$f=0.11$），按回车键确认。

2）生成 G 代码。用鼠标左键单击“后置”（切割次数 =1，过切量出 0），单击“生成平面 G 代码加工单”，再单击“显示 G 代码加工单（平面）”，生成列表曲线的线切割加工代码。

3）代码存盘。单击“G代码加工单存盘（平面）”，输入文件名（qx），按回车键确认，系统自动将曲线的加工代码“qx. 2NC”存盘。加工代码如下：

```
N0000 G92 X0 Y0 Z0 {f=0.110 x=0.0 y=60.0}
N0001 G03 X  -10.4172  Y   -1.9412  I   11.2840  J  -89.4770
N0002 G03 X  -18.6000  Y   -6.0000  I   -6.0929  J  -20.9370
N0003 G03 X  -23.8967  Y  -19.1111  I   -3.8009  J  -19.6040
N0004 G03 X  -23.6000  Y  -36.0000  I   72.1469  J  -25.8711
N0005 G03 X  -23.0421  Y  -42.4124  I  599.3391  J   14.9670
N0006 G01 X  -22.8486  Y  -44.5085
N0007 G03 X  -22.6718  Y  -46.4033  I  971.9207  J   47.3342
N0008 G01 X  -22.4743  Y  -48.4990
N0009 G02 X  -21.9444  Y  -54.3611  I -775.2581  J -119.5077
N0010 G02 X  -21.5000  Y  -60.1000  I -340.7640  J  -81.9336
N0011 G02 X  -21.0411  Y  -68.8312  I -342.9899  J  -81.3730
N0012 G02 X  -20.7401  Y  -77.7396  I -891.7552  J -102.7125
N0013 G01 X  -20.7155  Y  -78.5950
N0014 G03 X  -20.6261  Y  -81.5412  I  977.8694  J  -49.7985
N0015 G01 X  -20.5990  Y  -82.3966
N0016 G01 X  -20.5718  Y  -83.2520
N0017 G03 X  -20.4738  Y  -86.1979  I  977.9238  J  -51.5093
N0018 G01 X  -20.4440  Y  -87.0532
N0019 G03 X  -20.0000  Y  -97.0000  I  498.4917  J  -68.8704
N0020 G03 X  -18.6713  Y -108.5443  I   48.7931  J  -94.9306
N0021 G03 X  -14.0000  Y -117.0000  I   -4.6001  J -106.2890
N0022 G03 X   -7.7406  Y -119.3556  I   -6.0032  J -105.2445
N0023 G03 X   -0.0000  Y -120.0000  I    1.5988  J  -53.9877
N0024 M02
```

复习思考题

1. 手工绘制椭圆有哪两种方法？
2. 如何利用软件绘制阿基米德螺旋线等一些图形曲线？
3. 列表曲线有哪两种表达方式？
4. 简述使用CAXA线切割V2软件编制齿轮加工程序的步骤。

第十四章

电加工机床的安装与维护

◈◈◈ 第一节　电加工机床的安装

一、机床安装准备

1. 数控设备安装的一般要求

(1) 安装环境的要求　精密数控设备一般有恒温环境的要求，只有在恒温条件下，才能确保机床精度和加工度。一般普通型数控机床对室温没有具体要求，但大量实践表明，当室温过高时数控系统的故障率大大增加。潮湿的环境会降低数控机床的可靠性，尤其在酸气较大的潮湿环境下，会使印制线路板和接插件锈蚀，机床电气故障也会增加。因此中国南方的一些用户，在夏季和雨季时应对数控机床环境有去湿的措施。

1) 工作环境温度应在0~35℃之间，避免阳光对数控机床直接照射，室内应配有良好的灯光照明设备。

2) 为了提高加工零件的精度，减小机床的热变形，如有条件，可将数控机床安装在相对密闭的、加装空调设备的厂房内。

3) 工作环境相对湿度应小于75%。数控机床应安装在远离液体飞溅的场所，并防止厂房滴漏。

(2) 对电源的要求　电源是维持系统正常工作的能源支持部分，它失效或故障的直接结果是造成系统的停机或毁坏整个系统。由于数控设备使用的是三相交流380V电源，所以安全性也是数控设备安装前期工作中重要的一环。基于以上原因，对数控设备使用的电源有以下要求：

1) 电网电压波动应该控制在+10%~-15%之间，而我国电源波动较大，质量差，还隐藏有如高频脉冲这一类的干扰，加上人为的因素（如突然拉闸断电等），建议在数控机床较集中的车间配置具有自动补偿调节功能的交流稳压供

电系统；单台数控机床可单独配置交流稳压器来解决。

2）应当把机械电气设备连接到单一电源上，除非机械电气设备采用插头/插座直接连接电源处，否则建议电源线直接连到电源切断开关的电源端子上。如果做不到这样，则应为电源线设置独立的接线座。

电源切断开关的手柄应容易接近，应安装在易于操作位置以上 0.6～1.9m，上限值建议为 1.7m。这样可以在发生紧急情况下迅速断电，以减少损失。

（3）对基础的一般性要求

1）基础设计时，应根据设备厂商提供的资料进行设计（设备的型号、转速、功率、规格及轮廓尺寸图等；设备的重心及重心的位置；设备底座外轮廓图、辅助设备、管道位置和坑、沟、孔洞尺寸以及灌浆层厚度、地脚螺栓和预埋件的位置等；设备的扰力和扰力力矩及其方向；基础的位置及其临近建筑的基础图；建筑场地的地质勘察资料及地基动力实验资料）。

2）设备基础与建筑基础、上部结构以及混凝土地面分开。

3）当管道与机器连接而产生较大振动时，管道与建筑物连接处应该采取隔振措施。

4）当设备基础的振动对邻近的人员、精密设备、仪器仪表、工厂生产及建筑产生有害影响时，应该采取隔离措施。

5）设备基础设计不得产生有害的不均匀沉降。

6）设备地脚螺栓的设置应该符合以下要求：

① 带弯钩地脚螺栓的埋置深度不应小于 20 倍螺栓直径，带锚板地脚螺栓的埋置深度不应小于 15 倍螺栓直径。

② 地脚螺栓轴线距基础边缘不应小于 4 倍螺栓直径，预留孔边距基础边缘不应小于 100mm，当不能满足要求时，应采取加固措施。

③ 预埋地脚螺栓底面下的混凝土厚度不应小于 50mm，当为预留孔时，则孔底面下的混凝土净厚度不应小于 100mm。

2. 电加工机床的安装准备

（1）安装环境的要求

1）温度和湿度。为保证机床的加工精度符合要求，室内环境温度应保持在 (20±3)℃，湿度应保持在 30%～80%。机床保证运行温度为 15～30℃。

2）振动。电加工机床对环境振动要求较高，若有可能，不要将本设备安置在通过地基传送振动的机器附近，以免机床校准精度受到影响。若干扰源不可避免，则将机床安装在减振器材上，以求最大限度地减小振动源对本设备的影响。

3）灰尘。系统尽可能安装在没有灰尘的房间；应远离石墨加工设备，石墨粉尘导电性强，会造成电子元件短路；机床安装应远离磨床、喷砂机和产生切屑的设备，因为此类粉尘颗粒有很强的划伤性，会导致滚珠丝杠、导轨和工作台的磨损。

4）地基。电加工机床应安装在安全可靠的混凝土地基上，如地基变动将会导致机床水平基准变化，因此若地基不合适，应专门制作混凝土基础。

（2）安装位置要求　电加工机床应安装在清洁、干净、空气流通、远离振动源、无腐蚀性的作业车间。机床、高频电源控制柜、微型计算机控制台的安装位置要适当，既要利于操作，又要利于人身、设备安全。

（3）对电网的要求　机床安装的外电网电压、频率、相位要求：380V、50Hz/60Hz、三相。

外电网电压波动应当小于10%；功率应大于3kVA；此外设备还应当有可靠的接地，其接地电阻应小于1Ω。

设备安装前应测量检查电网电压，根据测量的数据，将电源联接到适当的端子上。如测得的外电网电压为400V，则请将电源联接到410V的端子上。建议在不同的用电时段，多次测量电压，如果外网电压波动较大，则应该安装稳压器。

二、设备安装过程

1. 机床的搬运吊装（本机床搬运吊装涉及的机械为叉车或吊车）

设备主机和电柜封装在一个包装箱内，吊装时应当严格按照装箱上的标记起吊，为了便于安全吊运，机床的吊运必须遵守的要求：在斜坡上运输时，斜坡角度不得大于15°；运输时应当防止冲击和强烈振动；吊运绳索与机床外表面接触处，应当垫以橡皮、木块等物，以免损伤机床表面的油漆。

2. 除去运输保护块

在运输途中，为了防止机器的运动部件移动，用喷以红色的保险装置来锁定各运动部件，安装调试前应拆除。

擦洗机床各部分的防锈油，擦洗过程中不得用坚硬器件或刀具铲刮，擦洗完毕后将非涂覆表面用干净棉纱蘸机油再擦一次，避免生锈。

3. 机床调整水平

机床安装水平调整是保证机床精度的重要一环，希望认真调整机床水平。

水平仪（最好用框式水平仪或合相水平仪）放在工作台面中央先沿纵向、后沿横向反复调整，使水平仪在任意方向的读数在0.04mm/1000mm之内。地脚螺栓用于此项调整，合格后应将地脚螺栓上的锁紧螺母锁紧以免松动。

4. 连机

（1）电气连接　将机床电柜与主机相连的电缆线PX、PY、PUV、PL、PS、PK、PH按标记号一一对应插好，工作液泵线接在PB上。将电极线P3、P4接在主机右侧接线柱上，P3接在红色接线柱上，P4接在黑色接线柱上，地线接在主机上。最后，将电缆理顺，放在控制盘后的线缆托盘里面，以使柜内整齐。

（2）机械连接　将主机的上水管接口与水箱上水泵的出水口相连接；水箱上的回水管接口与主机工作台右侧下部的排水管接口相连接；立柱接水盘的回水管插入水箱。

5. 检验

检查电气系统对地的绝缘电阻应不小于1MΩ，如不合格应查找原因，否则不能通电开机。设备使用电源电压波动应在±5%以内。

按合格证书的内容复测机床几何精度，进行试运转。注意：检测几何精度要开机检查，不得动手检查。

第二节　线切割机床的安装与精度检验方法

一、机床几何精度要求

线切割机床在出厂装配时、用户验收时、修理后和使用中怀疑有问题时，都应进行几何精度的检验。

1. 工作台台面的平面度（见图14-1）

工作台位于行程的中间位置，用标尺、水平仪、平尺与可调量块测定平面度，用最小条件法或三点法处理数据，并求出平面度数据。按工作台台面的长边值确定允差，在1000mm测量长度上允差为0.04mm。

2. 工作台移动在垂直面内的直线度（见图14-2）

在线架上置一精密平尺，指示器固定在工作台台面的中间位置，使其触头触及平尺检验面。调整平尺，使指示器在平尺两端读数相等，然后移动工作台，在全行程上检验，指示器读数最大差值为误差值。

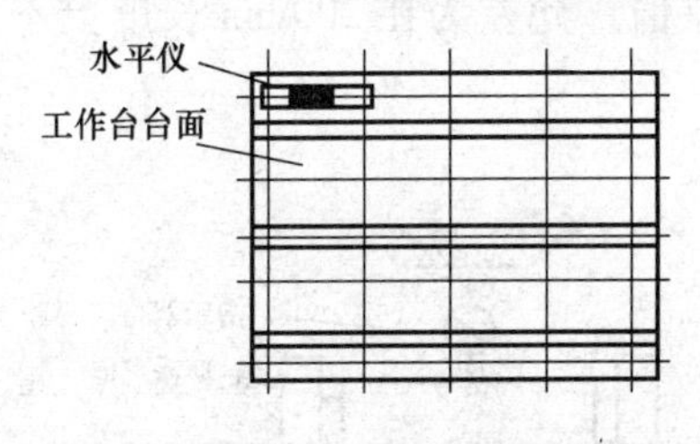

图14-1　检测工作台台面的平面度

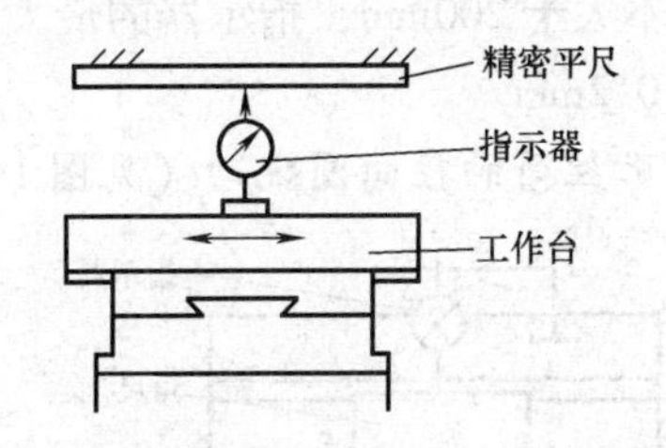

图14-2　检测工作台移动在垂直面内的直线度

纵、横坐标应分别检验。在100mm测量长度上允差0.006mm，每增加200mm，允差值增加0.003mm。当测量长度小于100mm时，允差均为0.006mm，但超过100mm时，按每增加200mm允差值增加0.003折算。

例如，行程为160mm时，允差值应为（0.006＋60/200×0.003）mm＝

0.0069mm，按前面规定的折算方法定为0.007mm。

3. 工作台移动在水平面内的直线度（见图14-3）

在线架上置一精密平尺，指示器固定在工作台台面的中间位置，使其触头触及平尺检验面。调整平尺，使指示器在平尺两端读数相等，然后移动工作台，在全行程上检验，指示器读数最大差值为误差值。纵、横坐标应分别检验。在100mm测量长度上允差为0.003mm，每增加200mm，允差值增加0.003mm。

4. 工作台移动对工作台面的平行度（见图14-4）

在工作台上放两个等高块，平尺放在等高块上。指示器固定在线架上，指示器测头顶在平尺上，在全行程上检验。指示器最大读数差值为误差值。

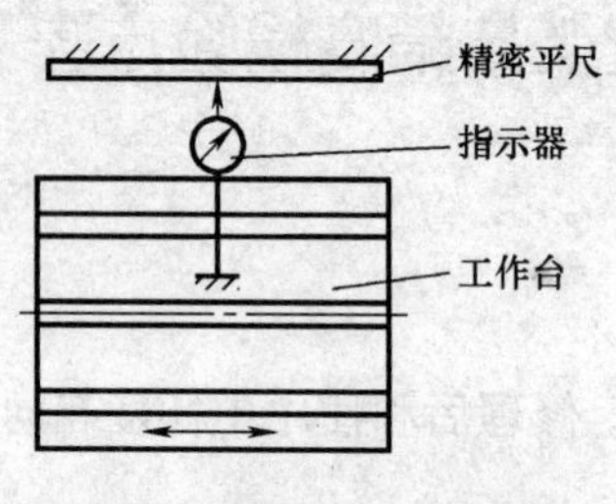

图14-3　检测工作台移动在水平面内的直线度

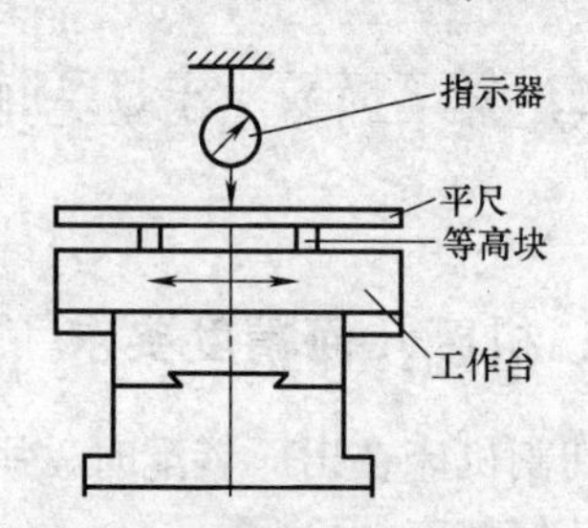

图14-4　检测工作台移动对工作台面的平行度

纵、横坐标应分别检验。在100mm测量长度上允差为0.012mm，每增加200mm，允差值增加0.006mm。

5. 工作台横向移动对工作台纵向的垂直度（见图14-5）

将角尺置于支架上，指示器固定在工作台台面上。调整角尺，使角尺的一侧面与工作台纵向移动方向平行，然后将工作台位于纵向行程的中间位置。

将指示器测头顶在角尺的另一侧面。横向移动工作台，在全行程上检验，测量长度不大于200mm，指示器的最大差值为误差值。允差为在200mm长度上不大于0.012mm。

6. 贮丝筒的径向圆跳动（见图14-6）

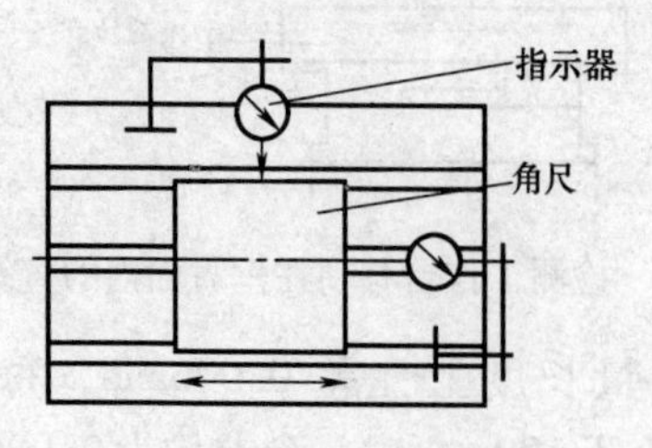

图14-5　检测工作台横向移动对工作台纵向的垂直度

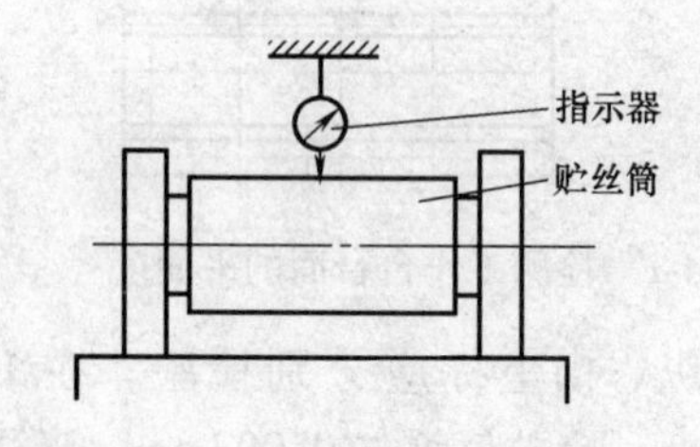

图14-6　检测贮丝筒的径向圆跳动

将指示器测头顶在贮丝筒表面上，转动贮丝筒，分别在中间和离两端 10mm 左右处检验，指示器读数的最大差值为误差值。

贮丝筒直径小于或等于 120mm 时，允差值为 0.012mm；大于 120mm 时，允差值为 0.02mm。

二、机床数控精度检验

1. 工作台运动的失动量（见图 14-7）

在工作台上放一基准块，指示器固定在线架上，使得测头顶在基准块测量面上，先向正（或负）方向移动，以停止位置作为基准位置，然后给予不小于 0.1mm 行程的程序指令，继续向同一方向移动，从这个位置开始，再给予相同的程序向负（或正）的方向移动，测量此时的停止位置和基准位置之差。在行程的中间和靠近两端的三个位置，分别进行七次本项测量，求各位置的平均值，以所得各平均值中的最大值为误差值。它主要反映了正反向时传动丝杠与螺母之间的间隙带来的误差。纵、横坐标分别检验，允差值为 0.005mm。

2. 工作台运动的重复定位精度（见图 14-8）

在工作台上选一点，向同一方向上移动不小于 0.1mm 的距离进行七次重复定位，测量停止位置，记录差值的最大值。

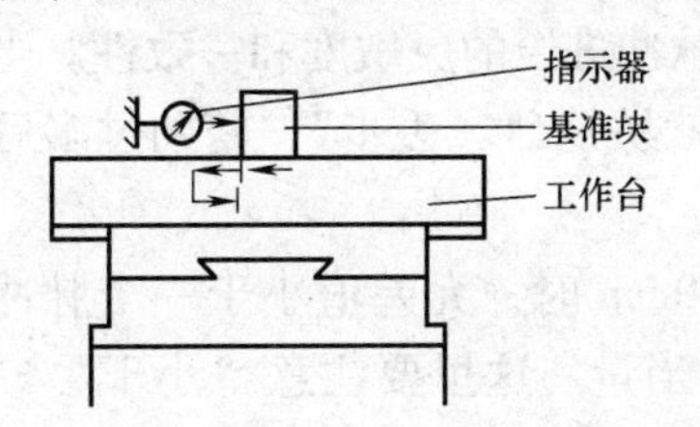

图 14-7　检测工作台运动的失动量

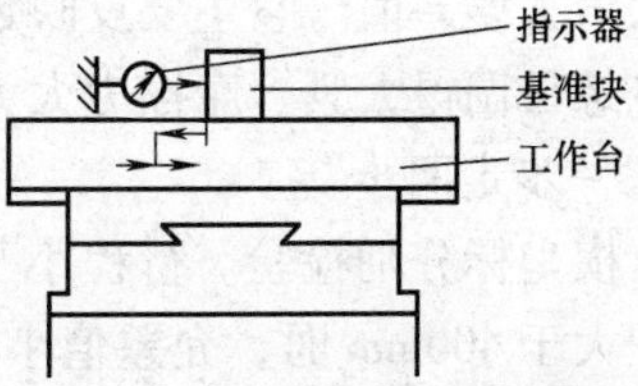

图 14-8　检测工作台运动的重复定位精度

在工作台行程的中间和靠近两端三个位置进行检验，以所得的三个差值中的最大值为误差值。它主要反映工作台运动时，动、静摩擦力和阻力大小是否一致，装配预紧力是否合适，而与丝杠间隙和螺距误差等关系不大。纵、横坐标分别检验，允差值为 0.002mm。

3. 工作台运动的定位精度（见图 14-9）

工作台向正（或负）方向移动，以停止位置作为基准。然后按表 14-1 所列的测量间隔 L 用程序向同一方向移动，顺序进行定位。根据基准位置测定实际移动距离和规定移动距离的偏差。测定值中的最大偏差与最小偏差之差为误差值。它主要反映了螺距误差，也与重复定位精度有一定关系。纵、横坐标分别

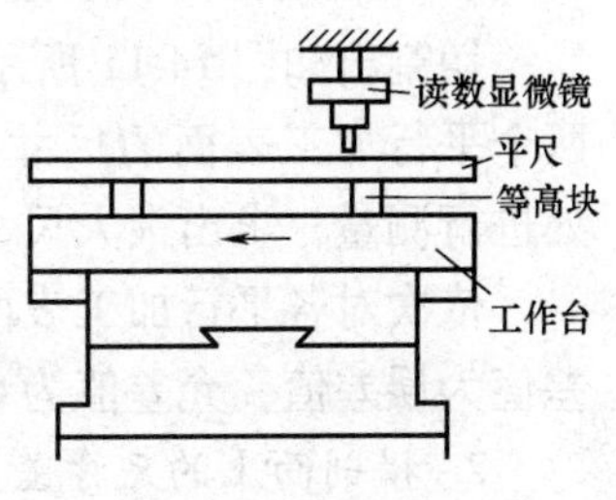

图 14-9　检测工作台运动的定位精度

检验。在 100mm 测量长度上允差为 0.01mm，每增加 200mm，允差值增加 0.005mm，最大允差值为 0.03mm。

表 14-1 测量间隔

工作台行程/mm	测量间隔 L/mm	测量长度
≤320	25	全行程
>320	50	

4. 每一脉冲指令的进给精度（见图 14-10）

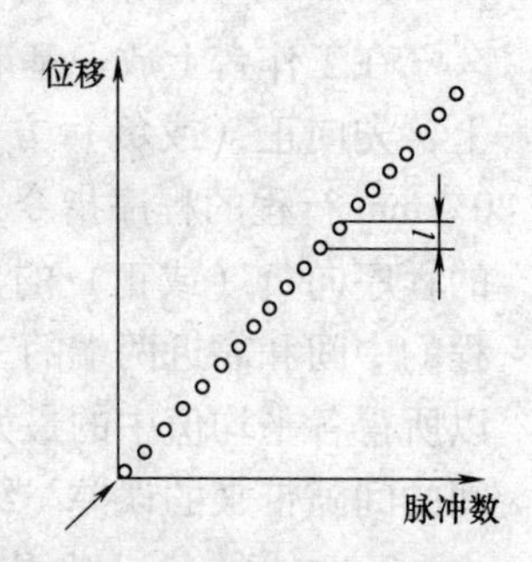

图 14-10 检测每一脉冲指令的进给精度

工作台向正（或负）方向移动，以停止位置作为基准，每次给一个最小脉冲指令且向同一方向移动，移动 20 个脉冲指令的距离，测量各个指令的停止位置，算出

$$误差 = |l - m|_{max}$$

式中 l——相邻停止位置的距离；

m——最小脉冲当量。

求得 20 个相邻停止位置间的距离和最小脉冲当量之差，取最大值。

分别在工作台行程的中间及两端附近处测量，取其中的最大值为误差值。它主要反映数控单步单脉冲进给的灵敏度和一致性。当导轨和丝杠螺母调得太紧、摩擦力太大，进给时就易蹩劲“丢步”，蹩劲过多后就会造成“一步走两步”。

纵、横坐标分别检验。行程小于或等于 400mm 时，允差值小于一个脉冲当量，行程大于 400mm 时，允差值小于两个脉冲当量。这里要注意“小于”二字的含义。简单地说，允差值小于两个脉冲当量的意思就是相邻停止位置的距离应大于零且小于两个脉冲当量，即不允许有一步不动或一步走整整两个脉冲当量。

三、机床工作精度检验

1. 纵剖面上的尺寸差

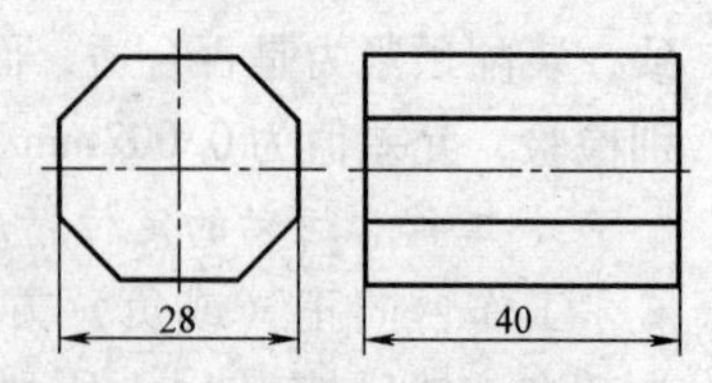

图 14-11 检测正八棱柱体试件纵、横剖面上的尺寸差

切割出如图 14-11 所示的八面柱体试件，测量两个平行加工表面的尺寸，在中间和两端 5mm 三处进行测量，求出最大尺寸与最小尺寸的差值。

依次对各平行加工表面进行上述检验，其最大差值为误差值，允差值为 0.012mm。

2. 横剖面上的尺寸差

取上述试件在同一横剖面上依次测量加工表面的对边尺寸，取最大差值。在试件的中间及两端 5mm 处分别进行上述检验，其最大值为误差值。允差值

为0.015mm。

3. 表面粗糙度（见图14-12）

在加工表面的中间及接近两端5mm处测量，取表面粗糙度 Ra 的平均值。取试件的各个加工面分别测量，误差以 Ra 最大平均值计。

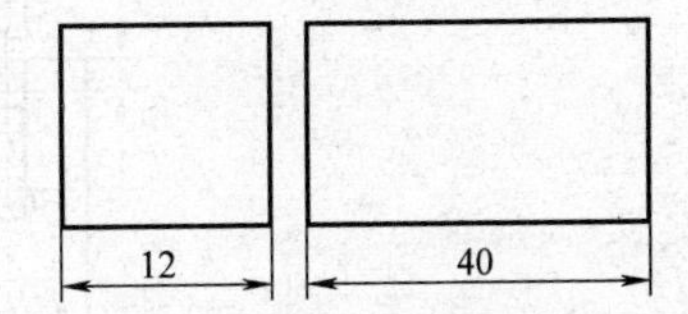

图14-12　正方柱体表面粗糙度试件

在切割试件时，切割效率应大于 $20mm^3/min$，切割走向为45°斜线。本试件可用上面的八棱柱代替。允差值 $Ra \leqslant 2.5\mu m$。

4. 加工孔的坐标精度

将图14-13所示试件安装在工作台上，并使其基准面与工作台运动方向平行，然后以 A、B、C、D 为中心，切割四个正方形孔，要求：试件切割厚度需大于或等于5mm；最小正方形孔边长需大于或等于10mm；每次正方形孔的扩大余量需大于或等于1mm（允许有 $R=3mm$ 左右圆角）；正方形孔也可用相应的圆孔代替。

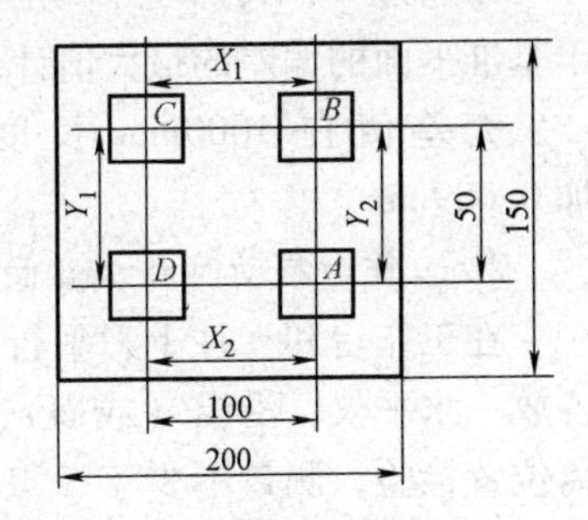

图14-13　测加工孔坐标精度的试件

测量各孔沿坐标轴方向的中心距 X_1、X_2、Y_1 和 Y_2，并分别与设定值相比，以差值中的最大值为误差值。允差值为0.015mm。

5. 加工孔的一致性

取上项试件测量四孔在 X、Y 方向上的尺寸，即 X_1-X_2 和 Y_1-Y_2，其最大尺寸差为误差值，允差值为0.03mm。

线切割机床精度检验应在正常状态下进行。应事先调好机床水平，做好机床维护清洁工作，环境条件（温度、湿度）、电源电压及频率等均应符合规定。使用的量具及仪器均需在检定有效期内，检验结果应稳定可靠，检验者应熟悉量具的使用及标准的含义。

第三节　电火花成形加工机床的安装与精度检验

一、机床几何精度要求

1. 工作台面的平面度（见图14-14）

工作台位于行程的中间位置，并锁紧工作台及鞍座，水平仪放在桥板上，沿 OA 和 $O'''B$ 线测定其轮廓，然后沿 O'、A'、O''、A'' 和 $O'''B$ 测定。

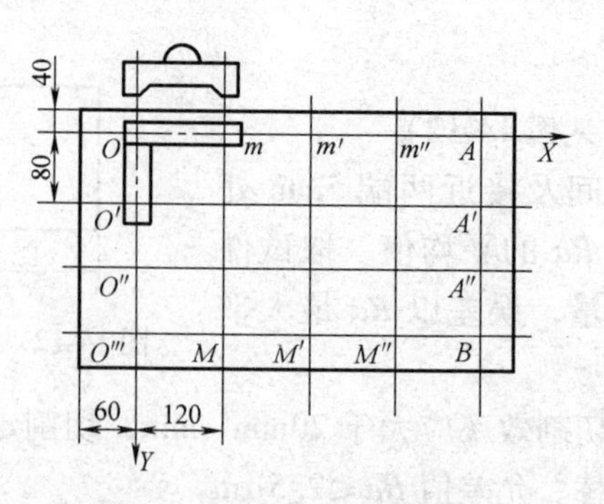

图 14-14　检测工作台面的平面度

以通过 O、A、O'''三个角点的平面为基准平面，误差以被测面上各测点相对于基准平面的偏差的最大值计。

充差值在 1000mm 长度内为 0. 027mm，每增加 1000mm，允差值增加 0. 009mm。

2. 工作台移动时在垂直面内的直线度（见图 14-15）

在工作台和立柱上，平行和垂直于工作台移动方向各放一水平仪，沿纵（或横）坐标全行程移动，按等距离位置检验，测量不少于 5 点，误差以减去机床倾斜后的读数值的最大代数差计。

检验时，主轴头处于中间位置并锁紧，工作台非检测方向导轨处于中间位置并锁紧。纵、横坐标分别检验。

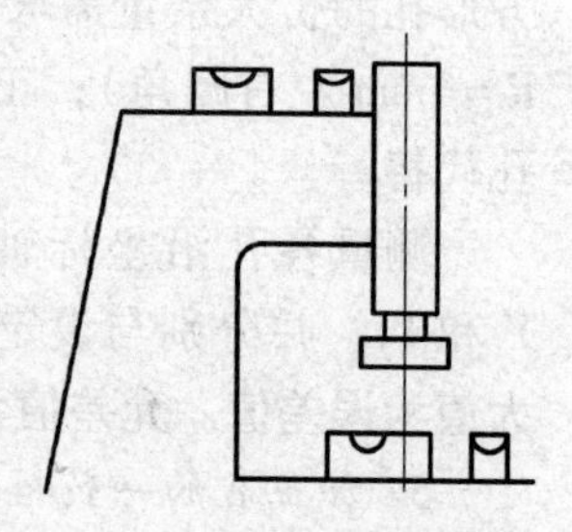

图 14-15　检测工作台移动时在垂直面内的直线度

允差值在 1000mm 长度内为 0. 027mm，每增加 1000mm，允差值增加 0. 009mm。

3. 工作台移动时在水平面内的直线度（见图 14-16）

自准直仪沿工作台纵、横坐标全行程移动检验。在等距离位置上测量，测量点不少于 5 点，误差以自准直仪读数值的最大代数差计。纵、横坐标分别检验。检验时，主轴头处于中间位置并锁紧。工作台非检测方向导轨处于中间位置并锁紧。

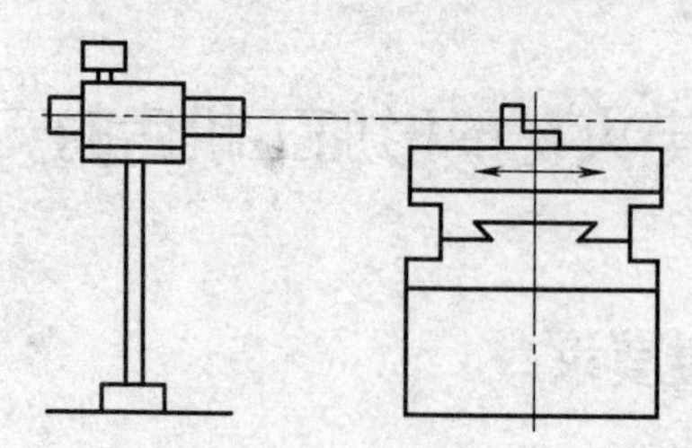

图 14-16　检测工作台移动时在水平面内的直线度

允差值在 1000mm 内为 0. 018mm，每增加 1000mm，允差值增加 0. 007mm。

4. 工作台面对工作台移动的平行度（见图 14-17）

工作台上放一平尺，平尺与工作台面间垫两块等高块。固定在主轴上的百分表触头触及平尺的上表面，在全行程上测量。移动工作台，误差以千分表读数的最大代数差计。检验时，工作台非检验方向导轨处于中间位置并锁紧。

允差值在任意 300mm 测量长度上为 0.014mm，在 1000mm 长度内为 0.036mm，每增加 1000mm，允差值增加 0.009mm。

5. 工作台纵（横）向移动对工作台横（纵）向的垂直度（见图 14-18）

工作台位于纵向行程的中间位置并锁紧。调整平尺平行于工作台纵向移动方向。直角尺一面贴靠在平尺上。千分表固定在主轴上，使触头触及直角尺另一面。工作台沿横向移动，误差以千分表读数值的代数差计。测量长度不大于 300mm，允差值在 300mm 内不大于 0.014mm。

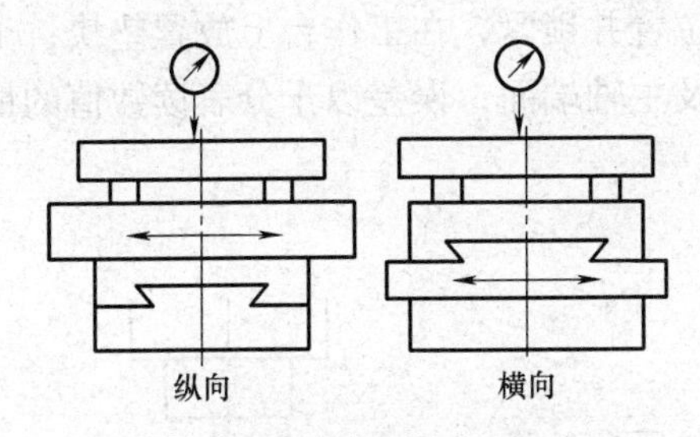

图 14-17　检测工作台面对工作台移动的平行度

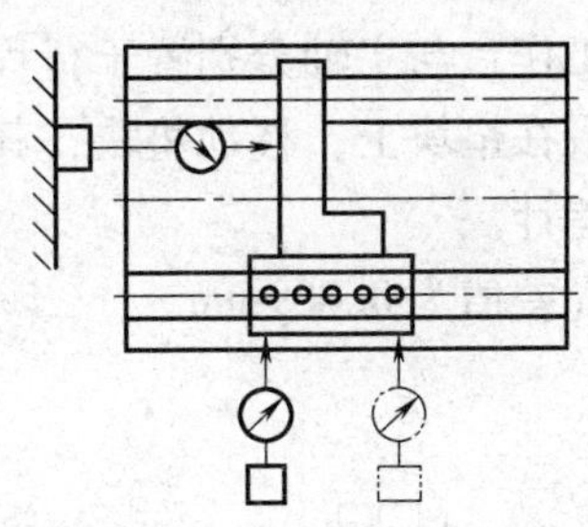

图 14-18　检测工作台横向移动对工作台纵向的垂直度

6. 主轴移动的直线度（见图 14-19）

工作台位于中间位置并锁紧，工作台面上放一精密角尺。千分表固定在主轴头上，使其测头触及角尺的测量面上。调整角尺，使线段两端的读数相等。主轴在全行程内移动检验，误差以 a 向和 b 向读数值中的最大代数差值计。

允差值在 300mm 测量长度内为 0.016mm。

7. 主轴移动对工作台面的垂直度（见图 14-20）

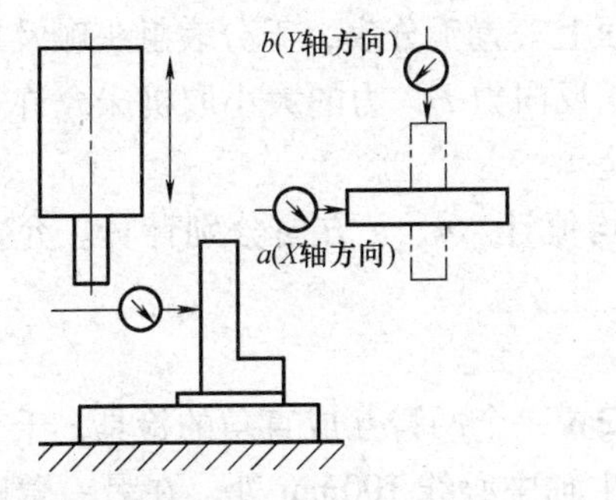

图 14-19　检测主轴移动的直线度

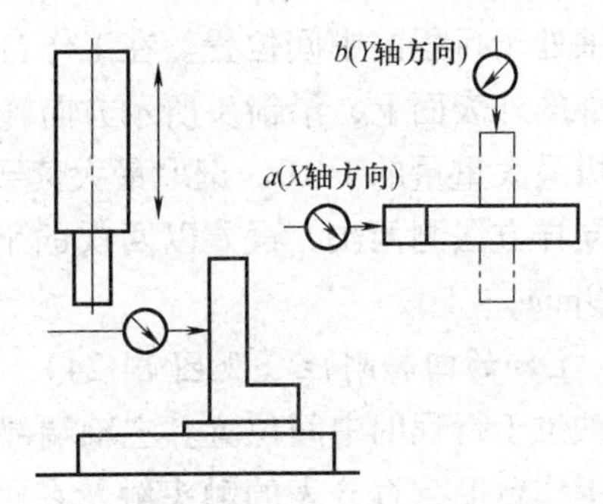

图 14-20　检测主轴移动对工作台面的垂直度

工作台位于中间位置并锁紧。工作台面上放一精密角尺。千分表固定在主轴上，在通过主轴轴线的垂直面内，全行程内移动检验。

a、*b* 方向分别检验。误差以 *a*、*b* 中最大的读数代数差值计。允差值在 300mm 测量长度内为 0.018mm。

8. 主轴移动的扭转值（见图 14-21）

工作台位于中间位置并锁紧。工作台面上放一精密角尺。距主轴中心线 100mm 处安置千分表，使触头触及精密角尺测量面上，主轴在全行程内移动。读数取千分表的最大误差值，用同样方法按图示对称位置再检验一次，以两次读数的代数差的 1/2 计。

允差值在 300mm 测量长度内为 0.018mm。

9. 主轴端面对工作台面的平行度（见图 14-22）

工作台与主轴分别置于行程的中间位置并锁紧，在工作台上放置垫块，千分表座吸在垫块上，移动垫块，其触头触及主轴端面，误差以千分表读数值的最大代数差计。

允差值为 0.009mm。

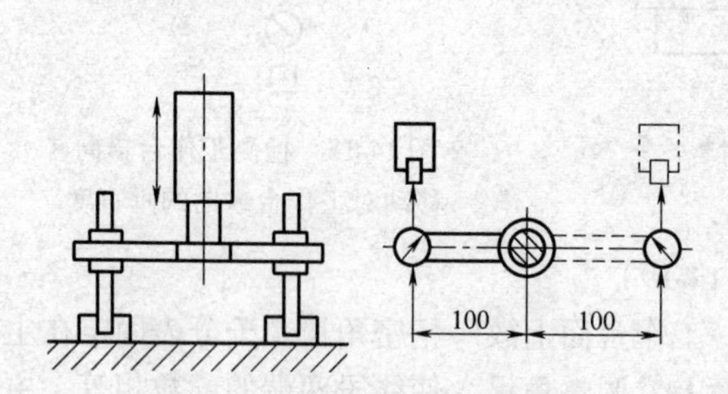

图 14-21 检测主轴移动的扭转值

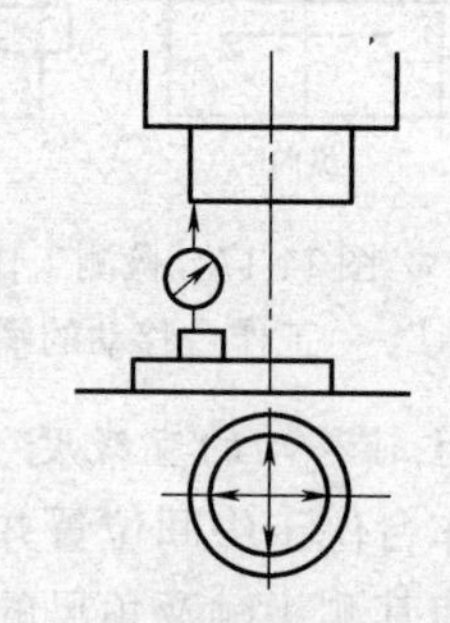
图 14-22 检测主轴端面对工件台面的平行度

10. 主轴的侧向刚性（见图 14-23）

主轴处于行程的中间位置。在工作台面上安置千分表，千分表触头触及靠近主轴端部的外表面上，沿箭头所示方向施正反向力 *F*，力的大小取机床允许安装工具电极最大重量的 1/10，记取最大读数差。

用同样方法测两次，误差以两次的平均值计。*a*、*b* 方向分别计算。允差值为 0.009mm。

11. 主轴的回转刚性（见图 14-24）

主轴位于行程的中间位置。主轴端部安置一个两臂互成直角的检具，千分表安置在工作台上，百分表的触头触及在距主轴中心线 100mm 处，在另一臂距主轴中心线 100mm 处，沿箭头所示方向施加正反向力 *F*，力的大小取机床允许安

装工具电极最大重量的 1/100，记取最大读数差。

用同样方法测两次，误差以两次的平均值计。允差值为 0. 009mm。

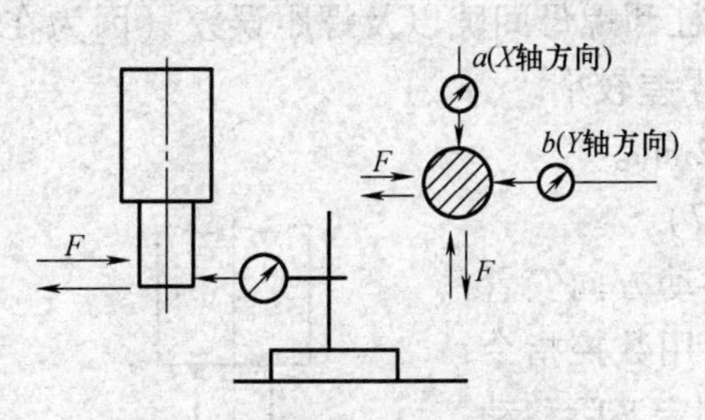

图 14-23　检测主轴的侧向刚性

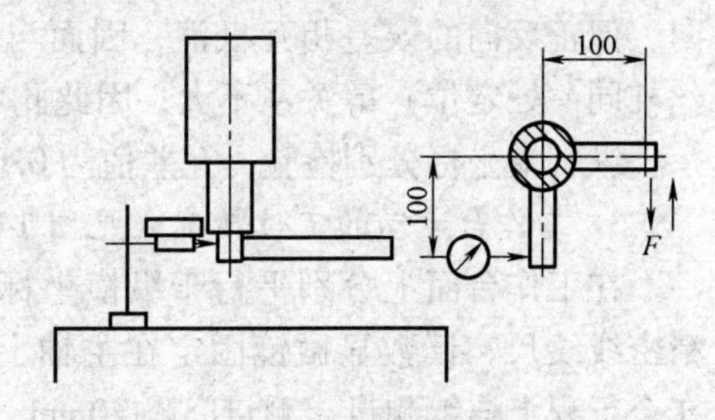

图 14-24　检测主轴的回转刚性

二、机床数控精度检验

1. 工作台运动的失动量（见图 14-25）

在工作台面上放一基准块，千分表固定在主轴头上，使触头触及基准块测量面上，先向正（或负）方向移动工作台，以此停止位置作为基准，然后给予不小于 0. 1mm 的程序指令，继续向同一方向移动一个位置，从这个位置开始，再给予相同行程的指令，向负（或正）方向移动。测量此时停止位置和基准位置之差，如此重复来回进行 7 次，求每次停止位置差值的平均值。

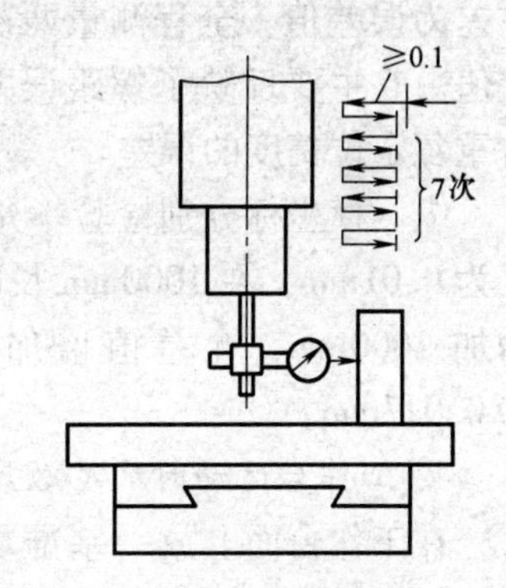

图 14-25　检测工作台运动的失动量

在工作台行程的中间及靠近两端的三个位置，分别重复进行 7 次测量。求各位置平均值，以所得各位置平均值中的最大值作为误差值。由于丝杠与螺母之间一般都有间隙，所以在正向移动后反向移动时会少走一小段距离，失动量主要反映了工作台传动丝杠与螺母之间的间隙带来的误差。纵、横坐标分别检验，允差值为 0. 004mm。

2. 工作台运动的重复定位误差（见图 14-26）

在工作台面上放一基准块，千分表固定在主轴头上，正（或负）方向移动工作台，使触头触及基准块测量面上，再从同一方向上移动不小于 0. 1mm 的距离，以此停止位置作为定位基准，然后给予相同行程的指令，使先向负（或正）向，后再向正（或负）向移动，进行第二次定位，如此往复进行 7 次重复定位，测量停止位置，记录与第一次定位基准位置的最大差值。

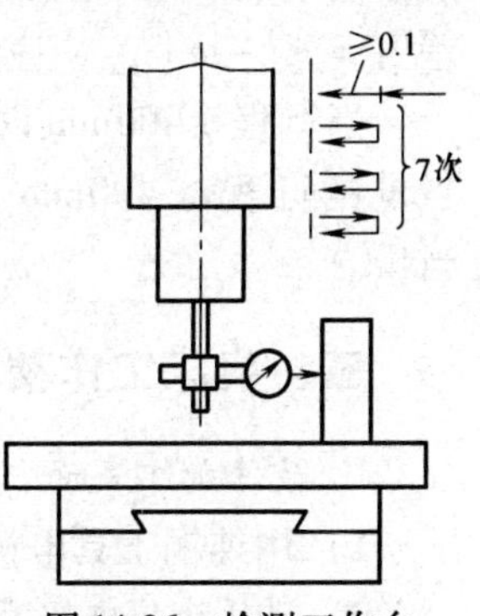

图 14-26　检测工作台运动的重复定位精度

在工作台行程的中间和靠近两端三个位置进行检

验，取其中最大值为误差值。它主要反映工作台运动时动、静摩擦力和阻力大小是否一致，以及装配预紧力是否合适等引起的误差。虽然在检测中有7次正反向，但正反向的误差相互抵消，因而与丝杠和螺母间隙以及螺距误差（因为在丝杠同一处定位）等关系不大，因此此项误差较小。

纵、横坐标分别检验，允差值为0.002mm。

3. 工作台运动的定位精度（见图14-27）

在工作台面上分别平行于纵横坐标移动方向安置精密线纹尺，读数显微镜固定在主轴上。用数控指令在全行程上连续测量。测量间隔20mm，测定实际移动距离和规定距离的偏差。测定值中最大正负偏差的代数差为误差值。全程测量两次，取其平均值为定位误差值。它主要反映了螺距误差和螺距积累误差，也包含重复定位精度的误差。

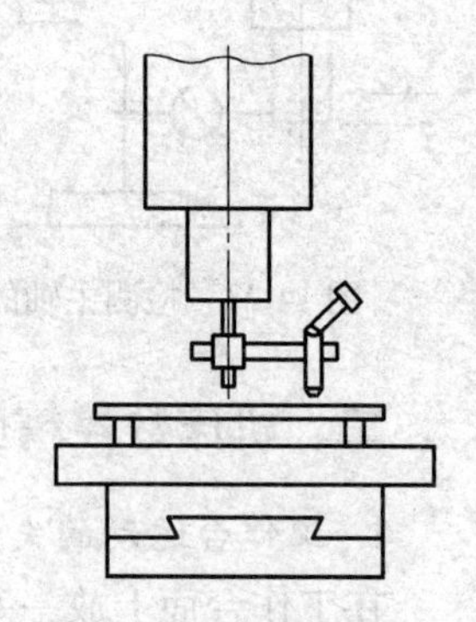

图14-27　检测工作台运动的定位精度

纵、横坐标分别检验。允差值在100mm测量长度上为0.01mm，在1000mm长度内为0.014mm，长度每增加1000mm，允差值增加0.009mm；最大允差值为0.027mm。

4. 工作台运动时的灵敏度（即脉冲指令的进给精度，见图14-28）

在工作台面上放一基准块，千分表固定在主轴头上，触头触及基准块测量面上，工作台向正（或负）方向移动，以停止位置作为基准。每次给一个最小脉冲指令向同一方向移动，共移动20个脉冲指令的距离，测量各个指令的停止位置，求出相邻位置的距离 l 和最小脉冲当量 m 之差的最大值 $|l-m|_{max}$。在行程中间及两端附近处测量，取其中最大值为误差值。误差值 $=|l-m|_{max}$，应纵、横坐标分别检验。

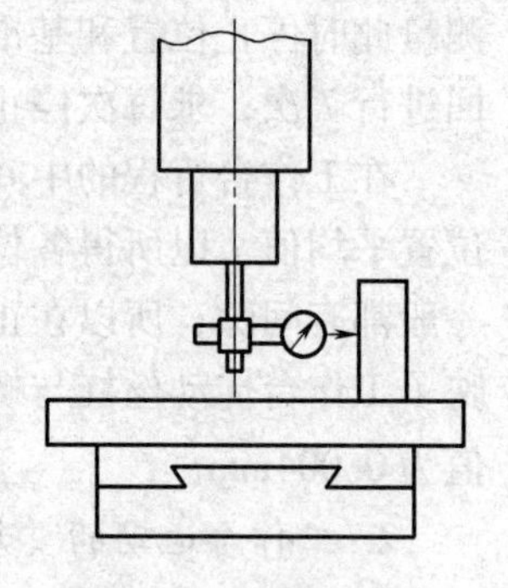

图14-28　检测工作台运动时的灵敏度

当行程≤400mm时，允差值为小于1个最小脉冲当量；行程>400mm时，允差小于2个最小脉冲当量。

三、机床工作精度检验

1. 最佳加工表面粗糙度（见图14-29）

1）用纯铜工具电极加工钢。

2）选用工具电极截面积 $S=20\times20\text{mm}^2$，最佳表面粗糙度允差：$Ra\leq1.25\mu\text{m}$。

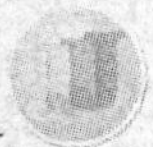

2. 电极相对损耗率、侧面粗糙度和工件材料去除率等综合指标（见图 14-30）

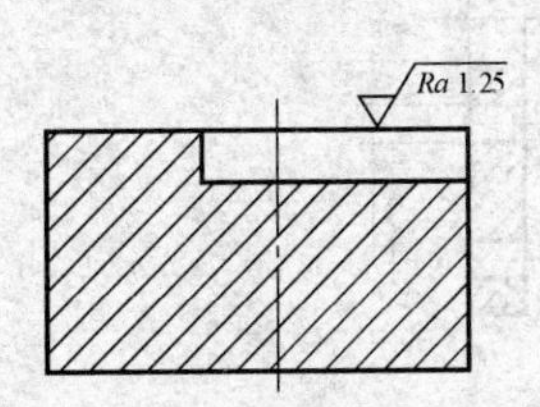

图 14-29　检测加工表面粗糙度

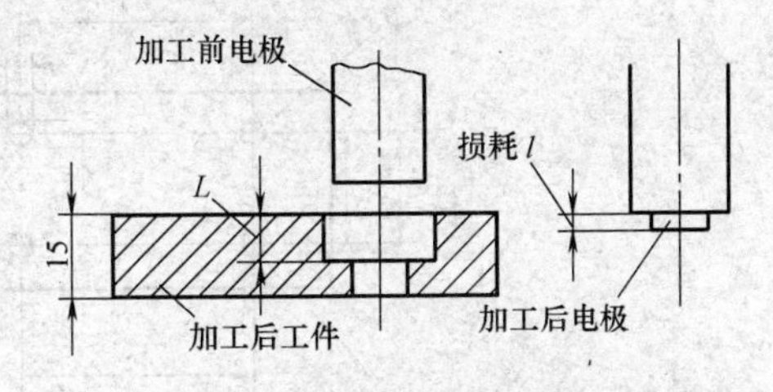

图 14-30　检测综合指标

1）ϕ14mm 纯铜工具电极。

2）试件为厚 15mm 的钢块，钻预孔 ϕ6mm。

3）被考核方自行选择某一加工规准和条件，加工过程中不得再变更规准和加工条件（加冲油、抬刀、脉宽、脉间、峰值电流等），加工一定时间 t（min）。

4）测算出：工具电极长度损耗量 l（mm）；工件上材料深度蚀除量 L（mm）；电极相对损耗率 $\theta=\frac{l}{L}\times100\%$；工件孔壁侧面表面粗糙度 Ra（μm）；工件材料去除率 $v_w=\frac{\pi}{4}(14^2-6^2)\times\frac{L}{l}$，单位为 mm³/min。

其公差值为：相对损耗率 $\theta\leqslant1\%$；侧面表面粗糙度 $Ra\leqslant5\mu m$；材料去除率 $v_w\geqslant18mm^3/min$。在检验此三合一指标时，一般取脉宽 $t_i=100\sim150\mu s$，峰值电流 $\hat{i}=8\sim10A$，负极性，可微量下冲油或不冲油，可定期抬刀或不抬刀，一直加工至把原 15mm 厚的工件钻穿，其相应的允差值为工具电极相对损耗比≤1%，孔壁侧面表面粗糙度 $Ra\leqslant5\mu m$，材料去除率≥18mm³/min，或钻穿此 ϕ14mm、厚 15mm 的孔所用时间应≤100min。

有时检验脉冲电源最大材料去除率时，为了消除加工电流大小、脉冲电源功率大小对去除率的影响，可用最大的材料去除率再除以加工电流，得每分钟每安培的去除体积（加工效率），此值应≥10mm³/min·A。

3. 加工孔的数控坐标精度（用绝对坐标法定位，见图 14-31）

将工件安装在工作台上，并使其基准面与工作台的运动方向平行。

任意设定一个坐标原点（但不得在 4 个孔的中心 A、B、C 及 D 点上），给定指令，对每一孔进行加工（工具电极不转动）。每加工一个孔，工作台必须返回设定的坐标原点。

测量各孔沿坐标轴方向的中心距 x_1、x_2、y_1 及 y_2，并分别与设定值相比，以差值中的最大者为误差值。允差值 0.03mm。

4. 加工孔的数控孔间距精度（用增量法定位，见图 14-31）

将工件安装在工作台上，并使其基准面与工作台的运动方向平行。

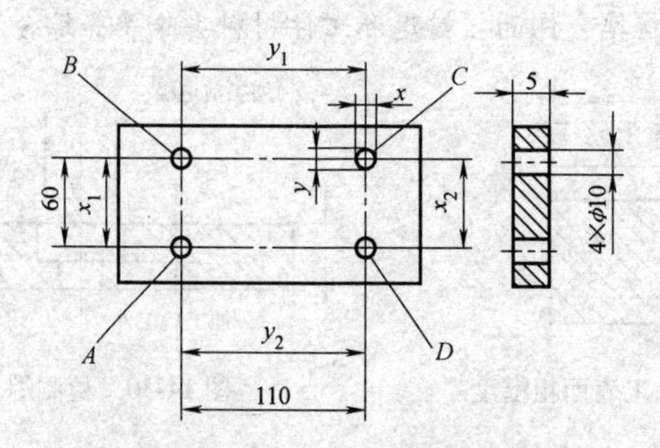

图 14-31 检测加工孔的数控坐标精度

以工件上的 A 点为基准，用增量法确定 B、C 及 D 点的位置，并用工具电极加工各孔。测量各孔沿坐标轴方向的中心距 x_1、x_2、y_1 及 y_2，并分别与设定值相比，以差值中的最大值为误差值。允差值：x_1 及 x_2 之差≤0. 02mm；y_1 及 y_2 之差≤0. 02mm。

5. 加工孔径的一致性（见图 14-31）

检验 A、B、C 及 D 四孔，测量 X、Y 方向上的孔径差，取其中最大值为误差值。允差值≤0. 015mm。

第四节 电加工机床常见异常现象与处理

一、线切割加工常见异常现象与处理

1. 断丝频繁

加工过程中，若出现断丝现象，不仅浪费电极丝，而且还会影响到工件加工进度和质量。出现断丝的主要原因有以下三个方面。

（1）机械部分的故障

1）贮丝筒的径向圆跳动量超过 0. 02mm。这时必须具体分析引起贮丝筒径向圆跳动量变大的原因。一般来说，这是由于贮丝筒变形或走丝机构的轴承磨损而引起的。此时应及时更换贮丝筒或走丝机构的轴承。

2）导轮磨损。这时可用刀口形直尺分别从 X 方向和 Y 方向靠近电极丝，然后用手慢慢地转动贮丝筒。若发现电极丝相对刀口形直尺有移动，则说明导轮有故障，应把上下导轮组合件分解下来，并着重检查导轮的导向槽和导轮两边轴承的间隙，然后将磨损件更换为新的，并重新调整电极丝的垂直度等。

3）负载过重。电极丝由贮丝筒开始，经过两个导轮和两个导电块，再回到

贮丝筒。由此可知，贮丝筒、导轮和导电块是电极丝最直接的负载。如果贮丝筒等转动不灵活，则在往返转动时，必然把很大的惯性加上去，使电极丝承受很大的反冲力，从而引起断丝。例如导电块磨损后卡断电极丝，此时就应该及时调整或更换导电块。

（2）高频电源异常　若高频电源的脉冲周期与脉冲宽度之比小于6。这样，在加工过程中不利于熔化金属微粒的排出，往往也会产生断丝现象。尤其在加工较厚工件时，断丝现象更为突出。另外，若高频电源的功率放大级由于晶体管过热或击穿，使高频电源输出中带有较大的直流成分，形成弧光放电，或者高频电源输出波形中有显著的负波，都会在加工中出现断丝现象。

这时，只要用示波器来检查高频电源的输出波形就可找到原因，予以排除。若电极丝与工件相碰，出现蓝色弧光，随即烧断电极丝，则该故障是由于功放级大功率管击穿所引起的。

（3）操作不当　操作过程中过于求快而多次短路。在短路状态下，电流增大，电极丝特别容易变脆、老化，这也可能造成断丝现象。因导电体与导电轮接触不良，使高频电源负极没有与电极丝接通，故电极丝对工件不能进行正常的电蚀加工，而高频电源的自动控制信号仍使控制台的变频不断工作，步进电动机继续进给，最后使电极丝顶断。

此外，由于工作液长期使用，介质绝缘性能变差，使短路机会增加，也将造成断丝。这就需要不断从实践中摸索经验。

2. 加工精度差

影响加工精度的因素较多，丝杠本身的精度和丝杠与导轨的装配精度都会直接影响加工精度。除此以外，还有以下一些原因。

（1）程序编制有错误　这时，应先操作控制台控制机床空走，一段段地对程序进行校对。若发现某一段程序的终点 X、Y 坐标与计算坐标值不相符合，则应再把工作台的 X、Y 轴坐标放回到这段程序的起点，然后操作控制台，重走这段程序。如此反复几次，若每次走下来的终点坐标都一样，但与计算坐标值不符，则一般来说，是这段程序的编制有差错，应仔细检查。当然这也不排除是控制台工作不正常的可能。若反复几次所走的坐标终点都不一样，则可能是控制台工作不正常或机械部分有故障。

（2）工作台的丝杠与螺母之间有空程　对此，应先检查工作台的 X、Y 轴的轴向间隙，若它大于0.005mm，则应重新调整螺母来消除间隙。如图14-32所示，把千分表固定在工作台的台面上，并且使它的测头触及与被检查轴向相垂直的丝架平面上，然后用手沿被检查轴向轻轻推或拉工作台的台面，观察千分表读数的差值，这就是工作台丝杠副的轴向间隙。对力封式导轨，在用手推拉时，会引起工作台面的微小位移，故应以手推拉以后，无力作用于工作台面时来读数。

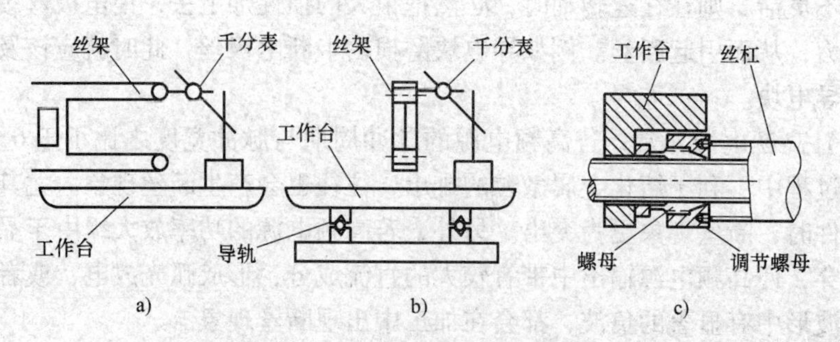

图 14-32　丝杠间隙的检查调整

当读数大于0.005mm，则应用专用套筒来拧紧螺母上的调节螺母，以减小丝杠副的径向、轴向间隙。调整后，应注意检查丝杠转动：转动时应轻松，摩擦应均匀，然后再检查其间隙值，直至此间隙不大于0.005mm为止。

（3）步进电动机与丝杠间的齿轮副有空程　这时，可开启进给开关，将步进电动机吸住，然后拧动丝杠，观察固定在丝杠上的刻度盘。顺时针拧动所得的读数和逆时针拧动所得的读数差值应小于0.003mm，否则应松下固定步进电动机的三个螺钉，减小步进电动机与丝杠的中心距，重新固定步进电动机，然后先检查丝杠转动：用手拧动丝杠，转动应轻快，摩擦应均匀，再按上述方法检查齿轮副的间隙，直至满足要求。另外，也可能是双齿轮消隙机构失灵，应卸下齿轮进行清洗、调整。

（4）导轮磨损　应先检查贮丝筒转动时，电极丝是否有抖动或摆动，若有，则应拆下检查，并更换磨损的导轮或轴承。

（5）零件材料变形　零件的精度越高，对零件的热处理要求就越高。如果加工一批零件的质量的误差没有规律性，就要考虑材料内应力的影响。

（6）操作等方面　精密丝杠加工一般是在恒温条件下进行的，若环境温度相差较大，则难以保证加工精度。一般应在（20±2）℃恒温环境下操作较合适。此外，操作中应注意使步进电动机工作在不失步状态，否则也会使加工精度达不到要求。

3. 表面粗糙度差

表面粗糙度和生产率本身就是相互矛盾的。故凡是提高加工生产率的一切因素都可能是导致表面粗糙度差的原因，但也有其他一些原因。

（1）机械方面　丝架的刚度不够或走丝机构不平稳，则机床在工作时会引起丝的抖动，直接影响加工表面粗糙度。此外，若导轮或其轴承磨损，也会直接引起丝的抖动。这时，应及时排除故障来提高加工表面质量。

(2) 操作方面 若电极丝不够紧，则在加工工件表面上，会产生一条条有规则的痕迹。这时应进行人工紧丝，以消除这种痕迹。此外，在加工过程中，由于操作者过于求快或其他某种原因，往往会产生短路现象，这也会在加工表面留下痕迹。因此，适当地降低加工速度，可以减小加工工件的表面粗糙度值。

(3) 高频电源方面 主要检查高频电源的波形和工作稳定性。此外，适当地降低高频电源的输出电压，虽然会使生产率降低，但可以提高加工表面质量。

高速走丝线切割机床常见故障及其排除方法见表 14-2。

表 14-2 高速走丝线切割机床常见故障及其排除方法

序号	现 象	产生原因	排除方法
1	工件表面有明显丝痕	① 电极丝松动或抖动 ② 贮丝筒运动时振动大 ③ 跟踪不稳定	① 紧丝法排除 ② 检查调整贮丝筒精度 ③ 调节电参数及变频参数
2	抖丝	① 电极丝松动 ② 长期使用，轴承、导轮、排丝轮磨损 ③ 贮丝筒换向时冲击及贮丝筒跳动增大 ④ 电极丝弯曲不直	① 紧丝 ② 更换轴承、导轮、排丝轮 ③ 调整贮丝筒 ④ 更换电极丝
3	导轮跳动有啸叫声，转动不灵活	① 导轮轴向间隙大 ② 工作液进入轴承 ③ 长期使用，轴承精度降低、导轮磨损	① 调整导轮轴向间隙 ② 用煤油清洗轴承 ③ 更换轴承及导轮
4	断丝	① 电极丝长期使用老化发脆 ② 严重抖丝 ③ 工作液供应不足，电蚀物排泄不出 ④ 工件厚度和电规准选择配合不当 ⑤ 贮丝筒滑板换向间隙大造成叠丝 ⑥ 限位开关失灵，滑板超出行程位置 ⑦ 工件表面有氧化皮	① 更换电极丝 ② 检查导轮及排丝轮 ③ 调节工作液流量 ④ 正确选择电参数 ⑤ 调整滑板换向间隙 ⑥ 检查限位开关 ⑦ 手动切入或去除氧化皮
5	松丝	① 电极丝安装太松 ② 电极丝使用时间过长产生松丝	① 重新紧丝 ② 紧丝或更换电极丝
6	烧伤	① 脉冲电源电参数选择不当 ② 工作液太脏及供应不足 ③ 自动调频不灵敏	① 适当调整电参数 ② 更换工作液 ③ 检查控制器

二、电火花成形加工常见异常现象与处理

1. 电火花成形加工中应当注意的几个问题

（1）电火花穿孔加工

1）当采用混合法加工凹模时，其电极与凸模在连接之前，应先进行预加工，外形放 1~2mm 余量；然后用焊锡、粘结剂或螺钉把它们紧固连接；连接后一般采用成形磨削加工。为避免磨削误差，保证电加工后凸、凹模配合均匀，电极与凸模的连接面选择在凸模的刃口端。

2）凹模若有凸角时，其电极相对应的内角在电加工前先要用锯条或扁锉在腐蚀高度以内加工一条凹槽，以免粗加工时夹角放电集中，蚀除量过多，使粗加工修不到，产生凹模“塌角”，造成工件报废。

3）大小电极组装在一起穿孔加工时，由于小电极的垂直度不易保证，加工时又容易引起侧向振动，再加上二次放电等因素，使小电极的加工间隙比大电极的加工间隙要大些。为了防止两者间隙相差过大而影响尺寸精度误差，一般在这种情况时，可将小电极尺寸适当缩小一些，这点在编排工艺及设计电极时应预先考虑好。

4）加工中要尽量设法避免“放炮”。电火花加工时，会产生各种气体，如不及时排出，它将集聚在电极下端或油杯内部，当气体积累较多并被电火花引燃时，就会像“放炮”一样冲破阻力排出。这时若工件或电极装夹不牢，就会产生错动，影响加工精度。

因此，有些较大电极若要减轻重量钻孔时，应使平的端面朝下，以减少储存空气的空间。另外，还可在油杯侧面开小孔，或采用周期抬刀排气来防止产生“放炮”。

（2）型腔电火花加工

1）加工精度问题。加工精度主要包括“仿形”精度和尺寸精度两个方面。所谓“仿形”精度就是指电加工后的型腔与加工前工具电极几何形状的相似程度。

① 影响“仿形”精度的主要因素有：

a. 使用平动头造成的几何形状失真，如很难加工出清角、尖角变圆等。

b. 工具电极损耗及“反粘”现象的影响。

c. 电极装夹找正装置的精度和刚性，平动头、主轴头精度和刚性的影响。

d. 规准选择转换不当，造成电极损耗增大，也影响“仿形”精度。

② 影响尺寸精度的因素有：

a. 操作者选用的电规准与电极缩小量不匹配，以致加工完成后尺寸精度超差。

b. 在加工深型腔时，二次放电机会较多，使加工间隙增大，以致侧面不能

修光，或者能修光却超出了图样尺寸。

c. 冲油管的设置和导线的架设存在问题；导线与油管产生阻力，使平动头不能正常进行平面圆周运动。

d. 电极制造误差。

e. 主轴头、平动头、深度测量装置等机械误差。

2）表面粗糙度问题。电火花加工型腔时，型腔表面会出现尺寸大小符合要求，但修不光的现象。造成这种现象的原因有以下几方面：

① 电极对工作台的垂直度没找正好，使电极的一个侧面成了倒斜度，相对应模具侧面的上口修不光。

② 主轴进给时出现扭曲现象，影响了型腔侧表面的修光。

③ 在加工开始前，平动头没有调到零位，以致到了预定的偏心量时，有一面无法修出。

④ 各档规准转换过快，或者跳规准进行修整，使端面或侧面留下粗加工的麻点痕迹无法再修复。

⑤ 电极工件没有装夹牢，在加工过程中出现错位移动，影响型腔侧面表面粗糙度的修整。因平动量调节过大，加工过程出现大量碰撞短路，使主轴不断上下往返，造成有的面修出，有的面修不出。

3）影响型腔表面质量的“波纹”问题。用平动头修光侧面的型腔，在底部圆弧或斜面处易出现“细丝”，如鱼鳞状凸起，这就是“波纹”。“波纹”问题将严重影响型腔加工的表面质量。一般产生波纹的原因有：

① 电极材料的影响。由于电极材料质量差，如石墨材料颗粒粗、组织疏松、强度差，粗加工后电极表面会产生严重剥落现象（包括疏松性剥落、压层不均匀性剥落、热疲劳破坏剥落、机械性破坏剥落），纯铜材料质量差会产生网状剥落；而电火花加工是精确“仿形”加工，经过平动修正反映到工件，就产生了“波纹”。

② 中、精加工电极损耗大。由于粗加工后电极表面粗糙度值很大，而一般的电加工电源，中、精加工时电极损耗较大。加工过程中，工件上粗加工的表面平面度会反拷到电极上，电极表面产生了高低不平并反映到工件上，最终就产生了“波纹”。

③ 冲油、排屑的影响。电加工时，若冲油孔开设得不合理，排屑情况不良，则蚀除物会堆积在底部转角处，这样也会助长“波纹”的产生。

④ 电极运动方式的影响。“波纹”的产生并不是平动加工引起的，相反平动运动能有利底面“波纹”的消除，但它对不同角度的斜度或曲面“波纹”仅有不同程度的减少，却无法消除。这是因为平动加工时，电极与工件有一个相对错位量。加工底面错位量大，加工斜面或弧面错位量小，因而导致两种不同的加工

效果。

“波纹”的产生既影响了工件表面粗糙度，又降低了加工精度，因此，在实际加工中应尽量设法减小或消除“波纹”。

2. 常见故障判断与处理（表14-3）

表14-3　电火花成形加工机床常见故障判断与处理

故　障	原　因	处理方法
电源故障	机床无电源或者信号指示灯不亮	检查机床电路总开关及总熔断器RD1三相电压是否正常，检查交流接触器1CJ触点及线圈是否良好
	工作液泵工作无压力	检查接触器3CJ是否良好，检查工作液泵电动机是否良好，初装或检修还要看电动机转向是否符合要求，否则要调换相序
	主轴头控制不正常	检查主轴头主电路及熔断器RD2电压是否正常，检查交流接触器5CJ和6CJ是否良好，检查上、下限位开关触点是否良好
	主轴电源不正常，电压表无40V指示	检查交流接触器4CJ是否良好，检查变压器B2输入输出是否正常，检查电压表及信号线是否有短路
主轴控制不正常	主轴控制控制电流调到最大时，主轴不进给或者很慢	检查工作液泵压力是否正常，若压力正常检查节流孔是否有堵塞，停泵检查节流孔座并清洗节流孔
	主轴控制控制电流调至最小或零时，主轴不回升	检查工作液泵压力是否正常，若压力正常则检查喷嘴孔是否堵塞，停泵卸下转换器取出喷嘴清洗
	主轴控制平衡点电流调节不当或处置不当	主轴控制顺时针调W2旋钮最大时，电流表指示应为400mA，此时主轴应缓慢向下移动；逆时针缓调W2旋钮，当电流在主轴不上不下的某一点时，则是主轴平衡点电流，应在150～200mA；若小于150mA时，应增加机械转换器喷嘴与顶杆的距离，若大于200mA时，应减少喷嘴与顶杆的距离
	机械转换器喷嘴与顶杆距离调节不当	调节喷嘴与顶杆距离时，停工作液泵，拔下机械转换器电源插头，拧下转换器后再插上电源插头，主轴控制旋钮W2调最大，抬起时间旋钮W3调最大，拧入喷嘴，听顶杆移动与喷嘴钢球撞击声，若无撞击声，表明喷嘴钢球已压紧顶杆，不能再拧入，避免使转换器弹簧片损坏
直流供电不正常	低压直流电源不正常，可能整流管烧坏或电解电容器性能坏（电容器有40个并联）	检查低压直流电压是否符合要求，检查整流二极管、滤波电容器是否有损坏，若有则更换
	高压直流电源不正常，可能整流管烧坏或滤波电容性能差或高压选择开关电路故障	检查高压直流电压是否符合要求，检查二极管、滤波电容器是否有损坏，检查选择开关电路是否正常，连接是否可靠

（续）

故　障	原　因	处理方法
高频脉冲电源不正常	低压直流供电不正常可能是自动调压器调解不适当	供电电压应在58～66V之间，如超出范围调节自动调压器控制电路、板上1W1电位器，使电压在调压范围内
	出现短路情况	检查脉冲输出母线与工件有无短路，接触是否良好
	电流选择大电流瞬间短路正负母线两端电流表有指示部分功放板信号灯不亮	检查信号指示灯是否烧坏；检查不亮信号灯的低压功放板上功放管是否完好，检查有无断线、接触不良、开路等
	高压选择后、高压前级信号灯亮，瞬间短路脉冲输出母线正、负端高压功放信号灯不亮	检查高压功放电路插板是否可靠，其上信号灯是否烧坏，检查高压功放晶体管是否烧坏，检查功放管限流电阻是否烧坏以及连接是否可靠，有无断线、开路等
加工不稳定	加工不稳定，可能主轴控制调节不当，太大或太小	重新调整主轴控制电流，按照规定的电流值上、下限进行调整
	可能是排屑不良，冲油压力太大或太小，或者抬刀时间设置不适当	检查冲油情况，根据工件、加工面积等情况调节油阀门及清洗过滤器以防有堵塞，调节抬刀时间与加工时间匹配
	输出电流调节不适当	调节输出电流，根据加工面积大小合理调节加工电流，不能太高
	低压脉宽调节不适当	调节脉冲宽度适当，要根据脉冲间隔大小来调整，不能太大
	主轴不灵敏，主轴进给与回升速度不匹配	调节主轴进给与回升速度应大于200mm/min，进给与回升速比应为1/2～2/3，如匹配不好，进给太快可将平衡电流稍高一点，反之调低
	主轴不灵敏区调整不当，死区较大	检查主轴处于平衡状态，表架上千分表指零时，电流表是否在40mA（是主轴刚进和刚回的电流值之差即主轴死区）；如果电流过大应检查主轴活塞杆悬挂环节装配的同心度，并找正；检查液压油是否清洁；检查机械转换器装配是否良好，有无碰撞，线圈与扼铁是否同心，否则重新拆装；检查转换器的弹簧片是否刚度不够，有无塑性变形，否则更换
	可能电极与工件装束不牢、松动	检查电极和工件的装夹，应当牢固，禁止松动
产生拉弧烧伤	可能是加工面积小，选用输出电流大所致	调节输出电流的幅值，加工面积大，选用大电流；加工面积小，选用小电流；加工型腔模开始工作，接触面积小，用小电流；加工冲模、快穿透时，加工面积小，用小电流，形状复杂尖角多的型孔用小电流
	排屑不良造成	调节冲油压力适当，不能太大或太小，调节抬刀时间，不能抬刀时间短而加工时间长，排屑孔不当
	脉冲参数选择不当造成	合理选择电参数，不能低压脉宽太宽，而脉冲间隔太小；应按照脉冲参数选配推荐表和具体加工情况选择确定
	电源的高压功放或低压功放晶体管损坏	功放管损坏造成脉冲参数调节失调，电流调节失控，影响正常加工

（续）

故　障	原　因	处理方法
功放管损坏	突加过电压烧坏	开机前，检查输出电流和高压选择开关置“0”后再启动电源，待自动调压调至58～66V范围，再去启动输出电流和高压选择，以避免突然启动，电压突加，自动调压反应慢而损坏功放管
	限流电阻烧坏短路造成功放管过流击穿	检查功放电路板上限流电阻是否完好，再检测功放晶体管是否完好，可用万用表、示波器等检查方法进行
	功放管长期过热过载工作，导致损坏	检查功放管以及电源柜的通风散热情况是否良好，功放管的散热如散热片、散热螺母等
	在排屑条件好、脉冲参数选择合适情况下，常发生电弧烧伤工件，可能低压功放管击穿，功放管内部PN结烧坏或其他因素造成损坏	在正常加工条件常发生电弧烧伤工件时，应先检查功放管是否有损坏，检查功放管有无开路、短路烧坏或击穿，若有应更换

复习思考题

1. 电加工机床对安装环境、安装位置及安装电源有哪些具体要求？
2. 电火花线切割机床加工精度的检验项目有哪几个？
3. 电火花成形加工机床加工精度的检验项目有哪几个？
4. 线切割机床加工中，断丝频繁的原因及处理方法有哪些？
5. 电火花成形加工中，出现“放炮”的原因及处理方法有哪些？

第十五章

线切割加工工艺

第一节　线切割加工工艺指标

一、切割速度

在线切割加工过程中，为了提高加工工件的表面质量，常采用多次切割的加工工艺方法。每一次的加工进给量的选择应根据使用机床的加工参数来决定，加工次数一般为3~7次，加工进给量由粗加工的几十微米逐渐递减到精加工的几微米。

线切割加工的速度包含最大切割速度和切割速度。

1. *最大切割速度*

最大切割速度指的是沿一个坐标轴方向切割时，在不考虑切割精度和表面质量的前提下，在单位时间内机床切割工件第一遍时可达到的最大切割面积，其单位为mm^2/min。

2. *切割速度（v_s）*

切割速度指的是单位时间内，电极丝沿着轨迹方向进给的距离，即线速度。工件高度不同，切割速度也不同；相同工件切割每遍的速度也不相同。在切割过程中，机床控制系统可实时显示切割速度，其单位为mm/s。

线切割加工的切割速度一般包括：主切割速度（v_{s1}）、单次切割速度（v_{sn}）和平均切割速度（v_{sm}）。

（1）主切割速度v_{s1}（mm/s）　线切割加工中，第一遍切割为主切割，切割速度为主切割速度，用公式表示为

$$v_{s1}=l/t_1$$

式中　l——切割轮廓的长度（mm）；

t_1——第一遍切割完成所使用的时间（s）。

（2）单次切割速度 v_{sn}（mm/s）　线切割加工中，除主切割外的切割为修整切割，每次修整切割速度称为单次切割速度，用公式表示为

$$v_{sn} = l/t_n$$

式中　l——切割轮廓的长度（mm）；

t_n——所对应的切割时间（s）。

（3）平均切割速度 v_{sm}（mm/s）　线切割加工中，经过多次切割以后，某一轮廓达到预定精度及表面粗糙度值时的平均加工速度，用公式表示为

$$v_{sm} = l/(t_1 + t_2 + \cdots + t_n)$$

式中　l——切割轮廓的长度（mm）；

t_1——切割第一遍所用时间（s），$t_1 = l/v_{s1}$；

t_2——切割第二遍所用时间（s），$t_2 = l/v_{s2}$；

t_n——切割第 n 遍所用时间（s），$t_n = l/v_{sn}$。

切割 n 次后的平均切割速度 v_{sm} 为

$$v_{sm} = l/(l/v_{s1} + l/v_{s2} + \cdots + l/v_{sn})$$

二、表面质量

线切割加工工件的表面质量一般包含两项工艺指标：表面粗糙度和表面变质层（表面应力、形貌、成分及缺陷等）。

1. 表面粗糙度

表面粗糙度是低速走丝线切割加工要求的一项重要工艺指标。这项指标直接反映模具和零件表面的光滑程度；直接影响模具和零件的使用性能，如耐磨性、配合性质、接触刚度、疲劳强度和耐蚀性等。尤其是在高速、高压条件下工作的模具和零件，其表面粗糙度往往是决定其使用性能和使用寿命的关键。

目前，高速走丝线切割加工的最佳表面粗糙度可达到 $Ra1.6\mu m$，低速走丝线切割加工所能达到的最小表面粗糙度值为 $Ra0.05\mu m$。

2. 表面变质层

在切割过程中，工件的表面会发生应力、显微裂纹及组织变化，在表面与基体之间产生变质层。变质层的厚度、组织及成分的变化随切割工艺参数、工件材质的变化而发生不同的变化。图 15-1 所示是切割钢及硬质合金工件所得到的表面变质层的形貌。对于钢质工件，切割后将在工件的基体上形成硬化白层（大量的奥氏体组织）及铜沉积层；对于硬质合金工件，切割后将在工件的基体上形成 Co 与 Cu 沉积混合层、Co 层及游离 Co 层。

变质层的厚度一般为 15～30μm。由于形成的表面变质层极不均匀，并且在硬质合金 Co 的析出等形成的变质层存在大量的缺陷，破坏了工件的力学性能，导致其使用性能下降。

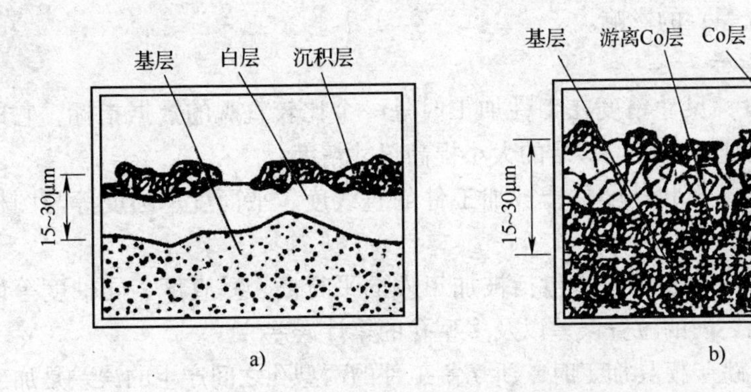

图 15-1　不同材料切割后的表面变质层的形貌

a）钢质工件　b）硬质合金工件

在使用低速走丝机床进行精密加工时，为了减少变质层的影响，经常在最后一遍切割时采用微爆加工以达到去除白层的目的，并且微爆还能在工件表面形成压应力，减小表面粗糙度值。电火花切割中影响工件表面质量的因素见表 15-1。

表 15-1　电火花切割中影响工件表面质量的因素

表面质量	影响因素
表面粗糙度	① 放电能量大，使工件表面粗糙度增高 ② 切割速度高，使工件表面粗糙度增高 ③ 电极丝张力变动大，表面粗糙度增高 ④ 去离子水工作液的电导率高，使工件表面粗糙度增高
表面变质层	① 放电能量大，工件表面显微硬度减小，表面层残余应力增加 ② 切割速度高，工件表面变质层深、不连续、不均匀、表面裂纹多且深 ③ 多次切割时，随着放电能量减小，工件表面显微硬度可以提高 ④ 在油性工作液中，因渗碳表面硬度增高 ⑤ 在去离子水工作液中，表面熔化层有大量残余奥氏体使显微硬度降低 ⑥ 去离子水工作液中，用粗规准、黄铜电极丝加工工件时，工件表面有铜黏结层，硬度较低

为了提高工件的表面质量，目前普遍采用平均电压为零的交流脉冲电源，使电解的破坏作用降到最低。此外，采用高峰值电流（有的高达 1000A）、窄脉宽（0.5μs）进行切割时，材料大多为气相抛出，带走大量的热，不使工件表面温度过高，开裂及显微裂纹大为减少。

三、加工精度

加工精度主要包括尺寸精度、形状精度和位置精度。在加工过程中，因各种情况的变化，所指的内涵也有所差异。各精度之间既相互影响，又相互关联。加工精度不仅受机床本身固有精度的影响，同时也受环境因素（室内温度、温度场变化、空气气流等）的影响。

1. 加工精度指标

（1）尺寸精度　尺寸精度在工件加工时是一个比较直观的数据指标，它的测量便于实现；可通过调节偏移量的大小提高尺寸精度。

（2）形状精度　形状精度是指被加工件的直线度、平面度、圆度等与图样的符合程度的误差。

（3）位置精度　位置精度除包括被加工件的平行度、垂直度、同轴度等误差外，还包括型孔之间的位置误差以及多型孔的累计误差。

线切割在进行跳步模具加工时，所切割工件的两型孔之间产生的误差是加工的步距精度；当加工完成后，所切割工件的型孔之间的最大误差称为步距累积误差。

2. 加工精度的检测

（1）位置精度的检测　测量工件位置精度时应尽量减少外围因素对测量结果的影响。检测室应具备较好的恒温、高清洁度等检测环境。检测时，先将工件放入检测室，与测量仪器等温24h以上，再用与测量精度相适应的测量仪器进行检测。一般低速走丝电火花线切割加工精度较高（±0.005mm），常使用三坐标测量机进行检测。

（2）表面轮廓度的检测　表面轮廓度是衡量线切割加工精度的综合性技术指标，它包括了形状精度和尺寸精度，是评价一台电火花线切割加工机床加工性能的主要依据，一般用T_{km}值表述。

1）加工测试件。材料选用淬火后深冷处理的Cr12MoV，厚度为40～60mm的坯料；切割方式选用多次切割；选用机床所能达到的最佳表面粗糙度的加工规准进行测试件切割。

2）对测试件进行测量。将测试件放在精密测量平板上待检。首先确定在同一截面轮廓上的测量点，轮廓定义测量8点（最少4点），如图15-2所示，然后

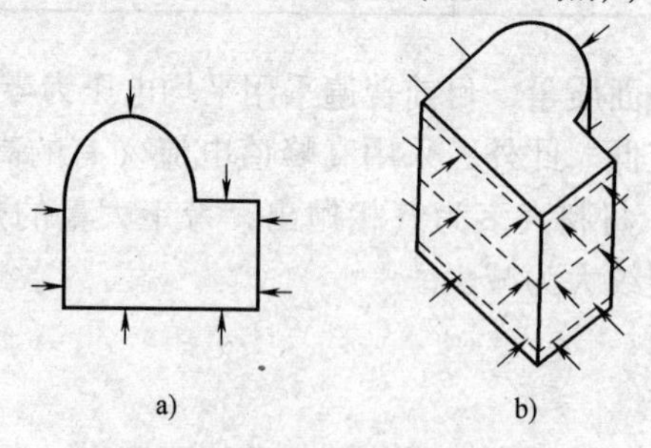

图15-2　轮廓定义测量位置示意图

a）同一截面轮廓尺寸测量　b）高度方向轮廓尺寸测量

在每个面不同高度（一般采用上、中、下三个截面）上用测量仪器进行测量，这样就得到与公称尺寸的偏差值（同一截面），根据这些偏差值按公式 $T_{km}=(T_{max}-T_{min})/2$，计算出表面轮廓度 T_{km} 的值，式中，T_{max} 为尺寸偏差的最大值（μm）；T_{min} 为尺寸偏差的最小值（μm）。

图 15-3 所示给出了一个表面轮廓度 T_{km} 的测量计算实例。将所测数据代入，$T_{km}=[+8-(-13)]\mu m/2=21\mu m/2=10.5\mu m\approx 11\mu m$，得到该工件的 T_{km} 值为 $\pm 11\mu m$。

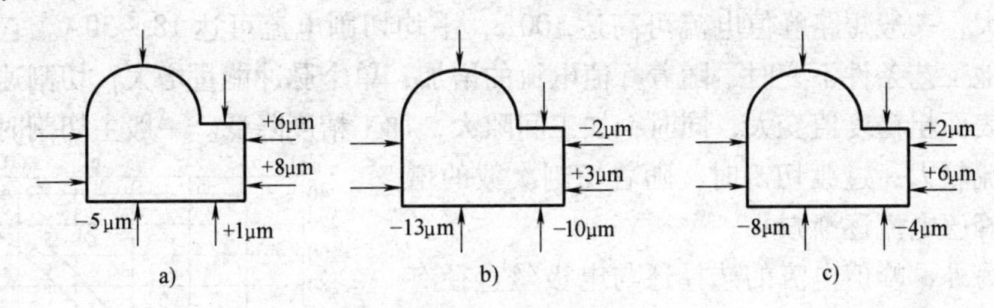

图 15-3 T_{km} 测量实例

a）顶部测量 b）中部测量 c）底部测量

第二节 线切割加工基本工艺规律

一、电参数对工艺指标的影响

电参数对材料的电腐蚀过程影响极大，它们决定放电痕（表面粗糙度）、切割速度、切缝宽度的大小，从而影响加工的工艺指标。低速走丝线切割加工与高速走丝线切割加工的工艺方法有着本质的不同。高速走丝为单次加工（一档规准加工），电极丝反复使用，在选择电参数时，既要兼顾切割速度、电极丝损耗，又要满足被加工件表面粗糙度的要求；低速走丝为多次加工，分主切割、过渡切割和最终切割，电极丝一次使用，因此，在不同的切割阶段，选择电参数的侧重点不同，主切割时电参数的选择主要侧重切割速度，最终切割时的电参数应根据被加工件对表面质量和加工精度的要求选择。

1. 脉冲宽度的影响

由于低速走丝线切割加工工艺的特点，其脉冲宽度选择的范围比高速走丝选择的范围宽，高速走丝一般为 2～60μs，低速走丝一般为 0.5～100μs。它也是随着脉冲宽度增加，单个脉冲能量增大，切割速度提高，表面粗糙度值变大。

主切割时，选择较宽的脉冲宽度，一般为 20～100μs，此时，切割的表面粗

糙度 Ra 为 4～6μm；过渡切割时，一般为 5～20μs；最终切割时，脉冲宽度应小于5μs。另外，脉冲宽度的选择还与切割工件的厚度有关，它随着工件厚度的增加适当增大。

通常，低速走丝线切割加工用于精加工时，单个脉冲放电能量应限制在一定范围，当短路峰值电流选定后，脉冲宽度要根据具体的加工要求来选定。

2. 短路峰值电流的影响

与脉冲宽度的影响相似，低速走丝峰值电流的选择范围也比高速走丝选择的范围大，一般短路峰值电流可高达 100A，平均切割电流可达 18～30A。它也是在其他工艺条件不变时，随着峰值电流的增加，单个脉冲能量增大，切割速度提高，表面粗糙度值变大，同时，加工间隙大，加工精度降低。一般主切割时，峰值电流较大；过渡切割时，随着切割次数的增加，峰值电流逐渐减小。

另外，峰值电流的选择还与电极丝直径有关，直径越大，选择的峰值电流越大；反之，则小。例如，在主切割速度为 150mm²/min 时，直径为 0.2mm，平均切割电流为 13A；直径为 0.25mm，平均切割电流为 15.8A；直径为 0.3mm，平均切割电流为 17.7A。

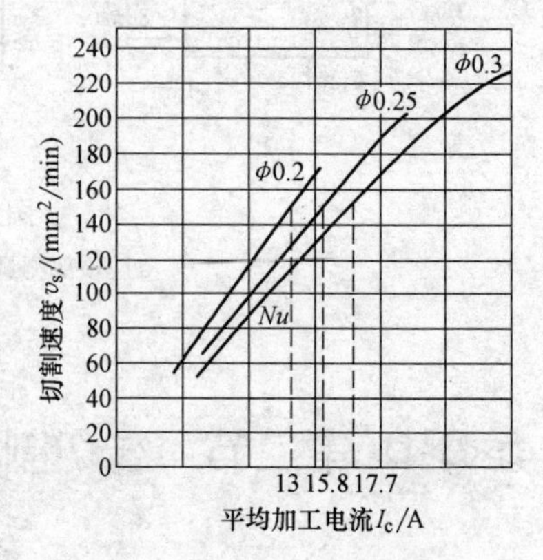

图 15-4　平均加工电流与切割速度、电极丝直径的关系

图 15-4 所示是平均加工电流与切割速度、电极丝直径的关系。由图 15-4 可知，电极丝直径越大，承受的峰值电流越大，切割速度越快；但峰值电流过高，容易造成电极丝的熔断。

3. 脉冲间隔的影响

脉冲电源的脉冲间隔对切割速度影响较大，对表面粗糙度的影响较小。脉冲间隔增大，将降低主切割速度，工件的表面粗糙度改变较小；脉冲间隔减小，致使脉冲频率提高，即单位时间内放电加工的次数增多，则平均加工电流增大，切割速度提高。

在实际生产中，脉冲间隔不能太小，它受间隔绝缘状态恢复速度的限制。如果脉冲间隔太小，放电产物来不及排除，放电间隙来不及充分消电离，这将使加工变得不稳定，易造成工件的烧蚀或断丝。但如果脉冲间隔太大，会使得切割速度明显降低，严重时不能连续进给，极大地影响了加工的稳定性。

选择脉冲间隔和脉冲宽度与工件厚度有很大的关系。工件厚度较大时，由于压力冲液很难充分进入工件中间部位，易断丝，所以应选择较大的脉冲间隔加工，以保持加工的稳定性。

4. 开路电压的影响

开路（空载）电压的大小直接影响峰值电流的大小，提高开路电压，峰值电流增大，切割速度提高；但工件表面粗糙度变大。开路电压对加工间隙也有影响，电压高，间隙大，反之则小。开路电压一般为60～300V，常用开路电压为80～120V。

5. 脉冲空载百分率的影响

脉冲空载百分率（f_d）与自适应控制紧密相关，反映的是脉冲能量的利用率，它同样影响着主切割速度和加工工件质量。在低速走丝线切割加工中，脉冲空载百分率一般为10%～93%，常用的为20%～47.5%。脉冲空载百分率高时造成能量损失，在主切割时，脉冲空载百分率高，跟踪则慢，主切割的速度降低，但极间不易产生拉弧现象；反之，可提高主切割时的速度，但增加了放电不稳定性，容易造成断丝。在精修切割时，脉冲空载百分率的高低也影响着加工工件的形状，如图15-5所示。

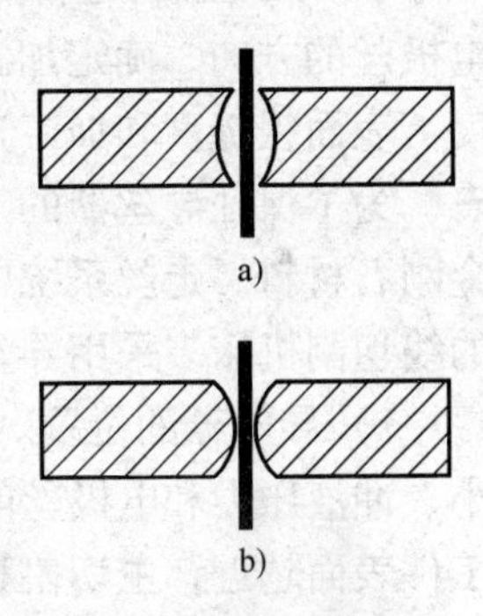

图15-5　脉冲空载百分率f_d对工件形状的影响
a）高f_d值　b）低f_d值

如图15-5所示，f_d值的大小直接影响加工工件的直线性，较高的f_d值易造成加工工件截面的凹心，而较低的f_d值致使加工工件截面的凸心。并且随着被加工工件加厚，f_d值的大小对工件形状的影响加大。

6. 伺服参考电压的影响

伺服参考电压是指线电极进行电火花加工伺服进给时，事先设置的一个参考电压S_V(0～50V)，用它与加工时的平均间隙电压U作比较，如$S_V>U$，则沿伺服反方向回退，反之则进给。因此，S_V越大，则平均放电间隙越大，反之则小。伺服参考电压的高低决定放电间隙的大小，同样影响加工工艺指标。提高伺服参考电压，可增大电极丝与工件的放电间隙，加工稳定，不容易造成断丝，但影响线切割的加工速度，导致切割速度下降。

二、非电参数对工艺指标的影响

1. 机床走丝系统对工艺指标的影响

（1）电极丝张力的影响　图15-6所示为线电极工作简图。图中，F_1为作用在电极丝上的各种外力的总和，F_2为电极丝内部产生的与F_1相平衡的张力，该张力可通过机床的恒张力系统予以保证和实现，张力的大小大多通过数控系统自动调整。由于在加工时放电

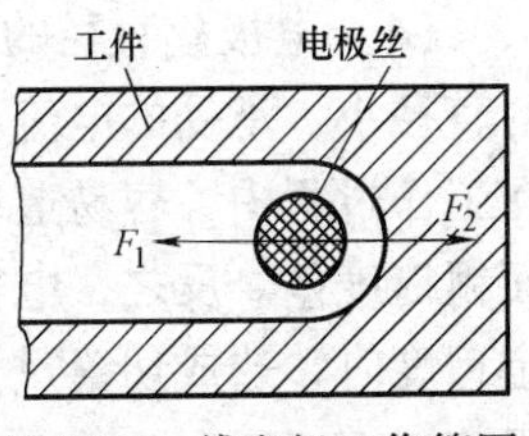

图15-6　线电极工作简图

爆炸力总是将电极丝推向与它前进方向相反的方向，因此这个力将是造成电极丝滞后的主要因素。电极丝张力在加工过程中应保持恒定，电极丝张力与工件厚度密切相关，工件越厚，所需的电极丝张力应越大；电极丝张力越大，加工越稳定，尺寸精度高，表面质量好，但电极丝张力过大易造成断丝，使加工无法继续。

（2）导丝器位置与上下喷嘴位置的影响　在切割加工中，导丝器起着控制电极丝的方向、确定加工位置和保证加工精度的作用。导丝器直接影响加工精度、表面粗糙度和加工速度。导丝器在加工时长期处于与电极丝的摩擦工作状态，为了保证导丝器的工作精度和使用寿命，导丝器一般采用人造金刚石或天然金刚石材料。走丝系统中一般包括两个上下进电块和上下导丝器。目前，高精密的线切割机床多采用导丝器与电极丝之间无间隙的工作方式。

1）导丝器的位置。导丝器相对位置的高低直接影响切割时电极丝的张力大小、冲液压力和电极丝的振幅，从而影响切割速度及加工质量。上下导丝器距加工件表面越近，主切割速度越高，且加工的工件精度高、表面质量好，不易断丝；反之，主切割速度低，加工的工件精度及表面质量降低。

2）上下喷嘴位置。它直接影响冲液压力和流量，进而影响线切割时工作液的排屑能力，并且影响电极丝的运动，从而影响线切割的加工工艺指标。如果喷嘴位置距工件表面太近，由于冲液压力、流量太大产生的飞溅，造成工件在加工中的偏移，影响工件的位置精度；并且很高的冲液压力造成电极丝运动的颤动，使其运动不稳定，最终都导致加工精度降低；喷嘴位置距工件表面太远，压力射流很难加在电极丝与工件的缝隙之间，直接导致工作液的排屑能力下降，使加工速度降低并易断丝。合理的上下喷嘴位置是很重要的，上下喷嘴一般选择距工件表面 0.05 ~ 0.15mm 的位置。

（3）进电块的影响　在切割加工时，电极丝是通过导丝器两端的进电块得到电压和电流信息的。由于进电块在加工时长期与电极丝运动接触，进电块材料的硬度和表面粗糙度影响着切割加工的速度和进电块的使用寿命。进电块的材料一般采用硬质合金，有些在硬质合金表面镀铬或镀钛。进电块在加工过程中始终将电极丝压靠在导丝器上，如进电块磨出沟槽后没有及时调整位置或更换，将使加工精度大大降低。

（4）电极丝直径的影响　电极丝的直径对主切割速度的影响较大。电极丝的直径小，承受的电流就小，切缝窄，影响冲液效果，不利于排屑，并且电极丝在工作过程中，容易造成抖动，不能稳定加工，使得切割速度降低，造成工件表面粗糙度差。反之，电极丝直径增加可以提高切割速度。但当电极丝直径超过一定程度时，造成切缝过大，切割过程中蚀除量也大，反而又会影响切割速度的提高。

快走丝线切割使用的电极丝有钨丝、钼丝、钨钼丝，直径可在 $\phi0.10$ ~ $\phi0.30$mm 之间选择，最常用的在 $\phi0.12$ ~ $\phi0.18$mm 之间。慢走丝线切割使用的电极丝有黄铜丝和包锌丝，一般规格在 $\phi0.10$mm ~ $\phi0.30$mm 之间，目前较普遍采用的是 $\phi0.15$mm、$\phi0.20$mm、$\phi0.25$mm 三种规格，但当工件有窄缝、极小内圆角要求时，只能用细丝进行加工。

（5）电极丝径向力补偿的影响　电极丝为一挠性物体，在加工过程中，电极丝会向外弯曲，加工工件形状呈鼓形，并且随着加工工件厚度的增加，这种现象会变得更加严重，如图 15-7 所示。原因主要有：中部开放，切割线被顶开；排屑不畅，加工屑在中部堆积；放电爆破力造成的压力。

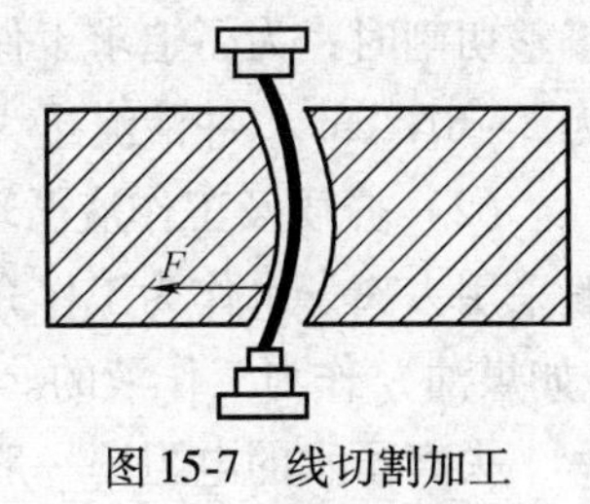

图 15-7　线切割加工的鼓形失真

切割中鼓形的电极丝会造成切割轨迹落后并偏离工件轮廓，出现加工过程中电极丝的滞后现象，从而造成工件形状与尺寸的误差，降低了工件的直线度，影响了工件的加工精度。在这种情况下，为了提高加工精度，就必须对电极丝在图中 F 方向进行补偿，以减少电极丝的变形。工件厚度越大，需要补偿值越大，但电极丝径向力补偿过大，也会使工件的直线度降低。

（6）穿丝孔位置对工艺指标的影响　加工凹模时预制穿丝孔，可减少在切割过程中工件内应力所产生的变形和防止因材料变形而发生夹丝、断丝现象；保证被加工部分与其他相关部位的位置精度，同时也可避免非轮廓加工的无用切割。

凸模类工件的切割有时也要加工穿丝孔。这是由于工件坯料在切断时，将破坏材料内部的残留应力的平衡状态，造成材料的变形，影响加工精度，严重的会造成夹丝、断丝；特别是多次切割时，因材料变形量过大，使修切加工无法完成。当采用穿丝孔进行封闭式切割时，可以使工件坯料保持完整，避免开放式切割而产生的变形，从而减少由此造成的误差。图 15-8 所示是在线切割加工时，穿丝孔有无变形情况的比较。

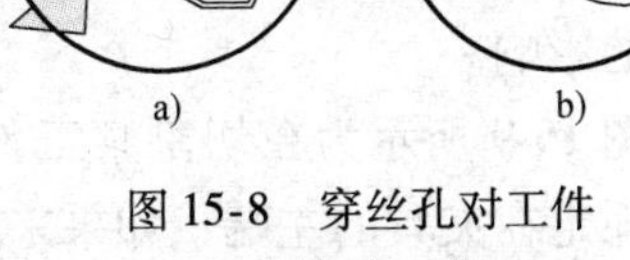

图 15-8　穿丝孔对工件变形情况的影响
a）无穿丝孔开放式切割
b）有穿丝孔封闭式切割

2. 工作液循环系统对工艺指标的影响

（1）冲液压力及方式对工艺指标的影响　线切割加工中，冲液起到降低温度、迅速排除蚀除物的作用，冲液的压力及流量直接影响线切割的工艺指标及加工工件的质量。工件越厚，所需的冲液压力越大，以带走更多的热量及蚀除物，避免二次放电的发生，因而电极丝可以承受较高的功率和电流，且不易断丝，切割速度提高，但冲液压力过高，造成电极丝的抖动，反而会降低切割速度，同时造成加工精度及表面质量的降低。

低速走丝线切割机床在主切割加工时，为了提高切割速度，一般采用较大的冲液压力和流量。冲液压力一般为 40 ~ 120N/cm^2，冲液流量为 5 ~ 6L/min；在修整切割时，为了追求工件的质量而采用较小的冲液压力和流量，冲液压力一般为 2 ~ 8N/cm^2，冲液流量为 1 ~ 2L/min。

（2）介质及工作液循环系统对工艺指标的影响　在低速走丝线切割中，一般采用去离子水作为工作介质，在表面质量要求较高的加工中也有采用油性介质（如煤油）作为工作液的。

去离子水的电阻率一般为 $5\times10^4\sim15\times10^4\Omega\cdot cm$，用去离子水加工时，切割速度较快，*Ra* 值一般为 0.35 ~ 0.10μm。去离子水的电导率越高，切割速度越快，但表面质量越差。

油性介质（一般为煤油）的绝缘性能较高，其电阻率一般大于 $10^6\Omega\cdot cm$，用油作为介质加工工件可带来很好的表面质量，不仅表面粗糙度值小（$Ra\leqslant$ 0.05μm），而且由于介质电导率极低，无电解腐蚀，被切割表面变质层几乎没有，但切割速度较慢。

3. 加工路径的选择对工艺指标的影响

加工路径指的是加工轮廓轨迹方向，选择加工路径应尽量避免破坏工件材料原有的内部应力平衡，防止工件材料在切割过程中因在夹具等作用下，由于切割路径安排不合理而产生显著变形，致使切割工件精度下降。

在实际线切割加工中，首先考虑采用穿丝孔进行封闭式切割，如果受限于工件毛坯尺寸等不能进行封闭式切割，切割路径的安排更显重要。切割路径应有利于工件在加工过程中始终与夹具（装夹支撑架）保持在同一坐标系，避免应力变形的影响。

图 15-9 所示为在切割某工件时，采取不同的切割路径对加工效果的影响。工件固定在夹具的左端，如果采用图 15-9b 所示的加工路径，从凸模右侧按顺时针方向进行切割，整个毛坯依据切割路线分为左右两部分。由于连接毛坯左右两侧的材料越切越小，毛坯右侧与夹具逐渐脱离，无法抵抗内部残留应力而发生变形，工件也随之变形。如果采用图 15-9a 所示的加工路径，按逆时针方向切割，工件留在毛坯的左侧，靠近夹持部位，大部分切割过程都使工件与夹具保持在同一坐标系中，刚性较好，减小或基本避免了应力变形。

一般情况下，合理的切割路径应将工件与夹持部位分离的切割段安排在完成多次切割程序末端，将暂停点留在靠近毛坯夹持端的部位。

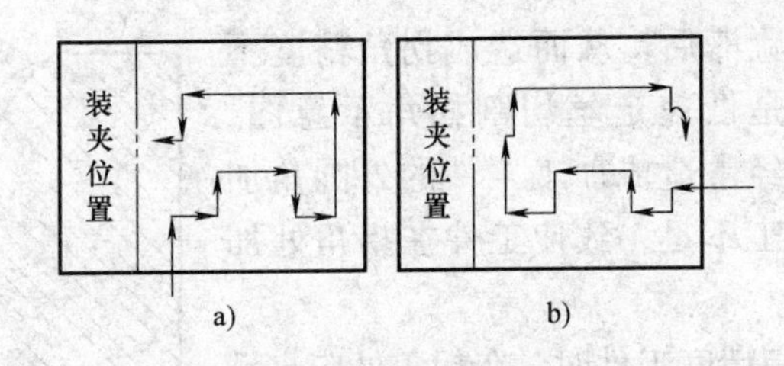

图 15-9 加工路径示意图

a）正确的加工路径 b）错误的加工路径

4. 切入方式的选择对工艺指标的影响

低速走丝线切割为多次切割，切入方式应充分考虑切割过程中的变形问题、装夹方式以及后面修整切割加工时进入切割点是否会消除。一般选择垂直轮廓第一图元元素的方式进入切割，如图 15-10a 所示。如果穿丝孔较大，采取图 15-10a 所示的切入方式，容易在 A 点处形成一凸起，修整切割加工时无法去除其影响，在这种情况下，常采用图 15-10b 所示的切入方式，并且在完成圆周切割后应尽量避免倾斜进入切割点 B，以避免造成轮廓精度的降低。

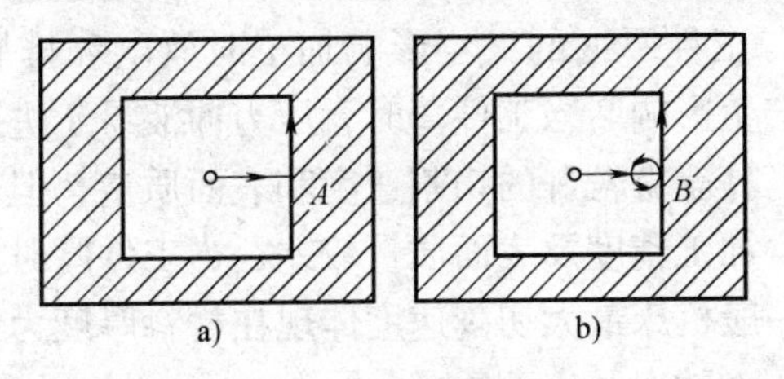

图 15-10 不同的切入方式

5. 偏移量间隔对工艺指标的影响

由于放电加工的特点，工件与电极丝之间存在放电间隙，所以在切割加工时，工件的理论轮廓与电极丝的实际轨迹之间存在一定距离，即加工的偏移量 d

$$d = R_{丝} + 放电间隙 + 修切余量$$

由于低速走丝切割为多次切割，每一次切割的偏移量是不同的，并依次减少；每一次切割的偏移量的差值即为偏移量间隔，偏移量间隔 $= d_n - d_{n+1}$。偏移量间隔的大小也直接影响线切割加工的精度和表面质量。

为了达到高加工精度和良好的表面质量，修切加工时的电参数将依次减弱，非电参数也做相应调整，其放电间隙也不同。如果间隔太大，放电不稳定；间隔太小，其后面的精修切割不起作用。在切割加工中应根据不同机床和不同的电规准来选择不同的偏移量间隔。

6. 拐角的处理方式对工艺指标的影响

放电加工过程中，由于放电的反作用力造成电极丝的实际位置比机床 X、Y

坐标轴实际移动位置滞后，从而造成拐角精度不良。图15-11所示是低速走丝切割拐角示意图，电极丝的滞后移动经常造成加工工件的外圆角加工过亏，内圆角加工不足，致使工件在拐角处加工的精度严重下降。

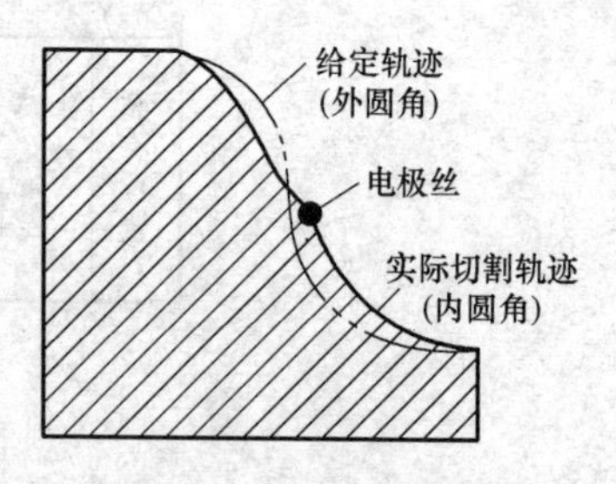

图15-11　低速走丝切割拐角示意图

因此，在加工高精度工件时，在拐角处应自动放慢X、Y轴的驱动速度，使电极丝的实际位置与X、Y轴的坐标点同步。所以，加工精度要求越高，拐角处驱动速度越慢；拐角越多，则加工效率越低。

7. 工件特性对工艺指标的影响

（1）工件材料　在同样的方式下进行加工时，由于工件材料不同，其熔点、汽化点、热导率、电导率等也不相同，所获得的工件加工效果也是不一样的。因此，必须根据实际工件精度、表面质量要求及使用机床的参数，对不同的工件材料确定加工的次数、选定不同的加工工艺参数。例如，要达到同样的精度及表面粗糙度，工件材料为工具钢时，需切割3～4遍；材料为硬质合金时，需切割4～7遍。

（2）工件厚度　工件厚度的大小影响加工时放电和排屑效果，对工件的切割速度和表面质量产生影响。当工件薄时，压力冲液易于进入加工区，有利于排屑，加工稳定性好，易获得较好的切割速度和表面质量，但工件太薄，电极丝易抖动，放电不稳定，加工精度及表面质量较差；当工件厚时，压力冲液难以进入加工区，易断丝。一般机床最大切割速度体现在材料厚度为40～60mm之间，太高和太低都会影响加工效率及表面质量。

（3）工件热处理　由于工件材料内部残余应力对加工效果影响较大，在对热处理后的材料进行加工时，由于大面积去除金属和切断加工，会使材料内部残余应力的相对平衡受到破坏，从而会影响零件的加工精度和表面质量。为了避免这些情况，被加工工件材料应选用锻造件，淬火后进行二次回火，一般采用高温淬火、高温回火的热处理工艺，有条件的应进行深冷处理以消除残留内应力，防止在切割中发生变形造成夹丝和断丝，影响加工效率及加工工件精度。

第三节　慢走丝线切割机床常用夹具

一、不同类型的夹具

1. 压板类夹具

压板的种类最多，适用于大多数工件的装夹。其优点是结构简单、找正方

便、易于维护；缺点是在机床运行过程中必须留意有可能与夹具发生的碰撞，工件上要有足够的装夹位置及定位、夹紧部位。

压板类夹具在工件装夹时也应该注意正确的装夹方法。图15-12a所示为正确的安装方式，压板的高度和工件的厚度一样，压板的前端也没有超出工作台的左端。图15-12b、c、d所示为错误的压板安装方式。

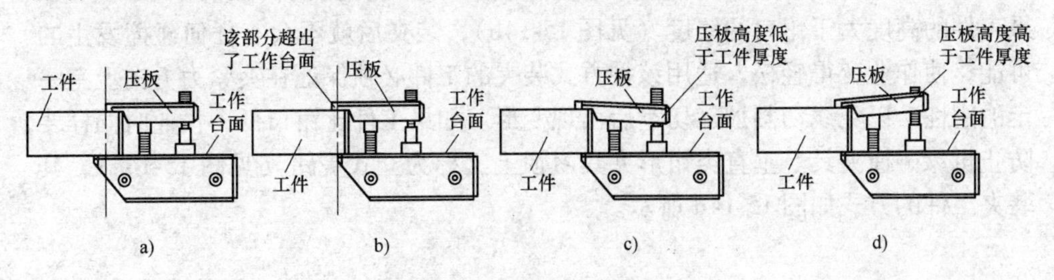

图15-12 压板的安装方式

a）正确 b）、c）、d）错误

在工件装夹时一定要轻轻拧紧装夹夹具，以确保工件安装稳定。因为低速走丝机床在加工的过程中会用高压水冲走放电蚀除产物。高压水的压力比较大，一般能到0.8~1.3MPa，有的机床甚至可达到2.0MPa。如果工件安装不稳，在加工的过程中，高压水会导致工件发生位移，最终影响加工精度，甚至切出的图形不正确。在装夹工件时，应最少保证在工件上两处用夹具压紧工件。

图15-13a所示只用了一个压板，而且只压了单侧，这样很难保证加工过程中工件的稳定。这种装夹方法为错误的装夹方式，不可采用。图15-13b所示采用了两个压板，只压了单侧，一般不推荐这种装夹方式，因为该方法只压了工件的单侧，工件的稳定性不可靠。特别是切割较厚较大的工件（厚度≥100mm）或者较薄的工件（厚度≤10mm）时，较厚较大的工件由于工件本身比较重，很难保证工件平面和工作台面平行；薄的工件在高压水冲击的时候，会发生振动。这两种情况都会影响切割速度和加工精度。图15-13c所示的装夹方式比较可靠。

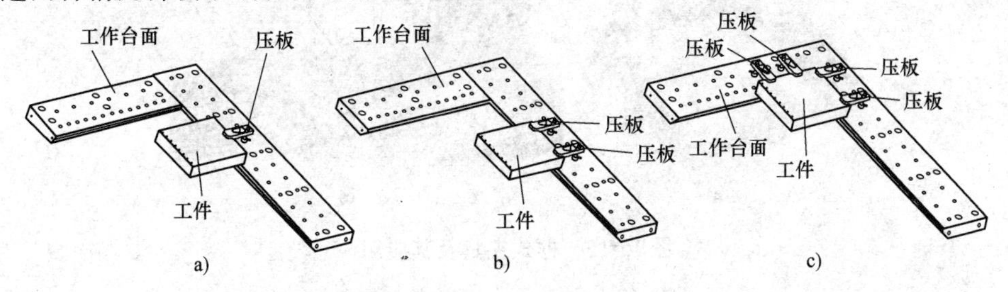

图15-13 几种压板安装方式的比较

a）错误 b）不推荐 c）正确

工件的两侧都压在工作台面上，且两侧都用压板压紧。在工件够大的情况下，推荐采用这种装夹方式。

2. 钳形夹具

钳形夹具分为水平夹紧及垂直夹紧两类。水平夹紧类最适合于小型工件的装夹，尤其是工件边缘有需要加工的部分，使用起来十分简便（见图 15-14a）。如果工件的高度大于钳口的厚度（见图 15-14b），装夹后就不会有任何碰撞发生的可能，使作业变得轻松。适用该种方式装夹的工件必须保证在夹紧力方向上有一定的刚性，以免线切割加工切空后出现变形。如果工件比钳口低，作业时同样要防止机床碰撞夹具。垂直类钳形夹具习惯上又称为立式虎钳（见图 15-14c），其装夹工件的方式如图 15-14d 所示。

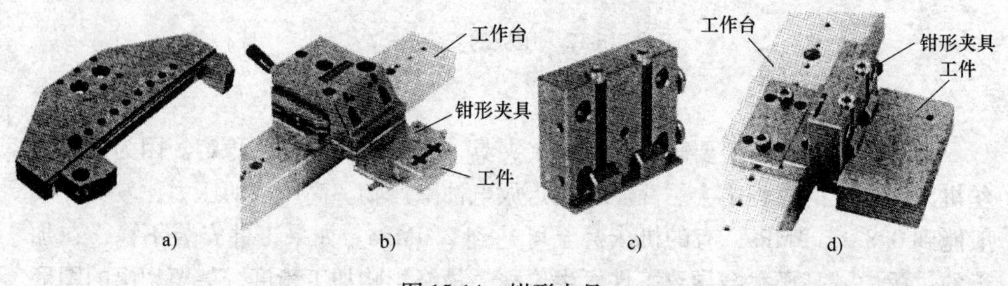

图 15-14　钳形夹具

3. 框式夹具

如图 15-15a 所示，框式夹具相当于大规格的钳形夹具，同样采取的是侧向夹紧的方式，与钳形夹具相比倾覆力矩小，可靠性高。通常，框式夹具由一组开挡不同、夹持高度不等的夹具组合而成，以适应大小、厚薄不同的工件，在机床上的实际应用如图 15-15b 所示。

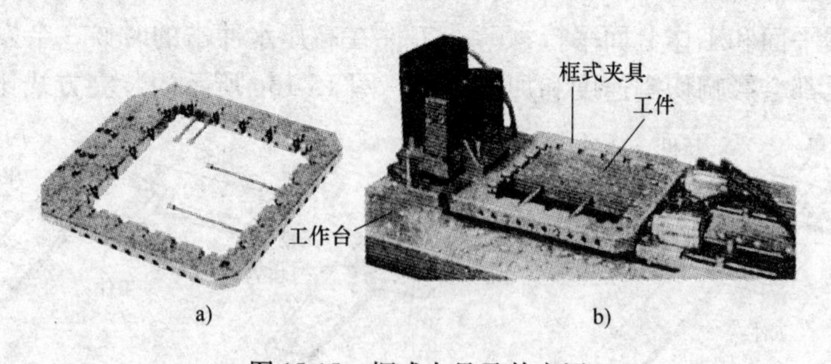

图 15-15　框式夹具及其应用

4. V 形夹具

V 形夹具适用于各种圆柱形工件的装夹，其中又分成适用于夹盘类零件和轴

类零件两种。小型盘类夹具及V形块附件如图15-16a、b所示。

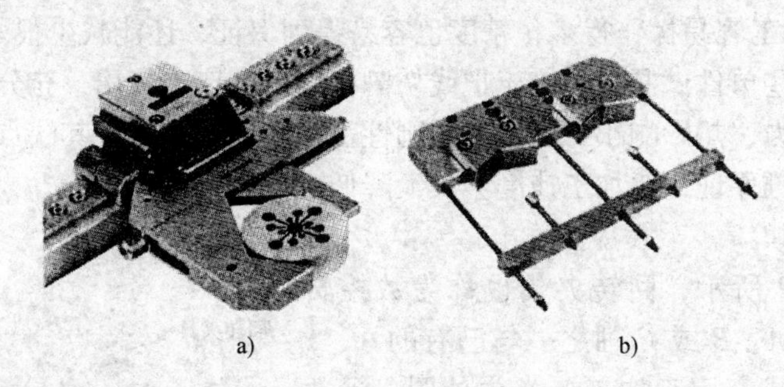

a)　　b)

图15-16　V形夹具

由于这类装夹方式是以工件的外圆为基准，因此，对外圆与端面的几何公差要求较严，尤其是相同的多个零件同时装夹时。另外，不适用于装夹大型盘类零件及太重的工件。

5. 桥式夹具

桥式夹具的制造难度比较大，价格高。因为桥式夹具在材料、热处理以及加工工艺等诸多环节上有许多特殊的要求。

为了方便使用、减轻重量和拓展功能，桥式夹具都被设计成具有多功能的基础件，既能适用于大件的装夹，又能搭载很多其他夹具附件，组成各种各样的装夹形式。

6. 磁力夹具

磁力夹具适用于只需简单装夹即可实施修切加工的零件、微小零件以及特薄零件的弱电规准加工。这些加工在一般情况下不用较大的冲液压力，使用起来比较灵活。

使用磁力夹具装夹的工件材料必须导磁；不适用于板类零件的水平装夹；喷水嘴离工件远，不具备通常的压力冲液条件，不宜进行高效率的切割；当电极丝贴近磁铁放电时，还应考虑到磁场对电极丝的作用力，看其是否对加工精度有影响。

7. 万能夹具

如图15-17所示，万能夹具可将几个带转轴的夹具组合起来使用，通过对两个转动自由度的独立调整，使工件获得所需要的空间姿态，再进行加工。主要用于一些切割角度超出机床锥度范围的特殊零件、刀具的加工，或者是有特殊角度要求的小批量零件生产。

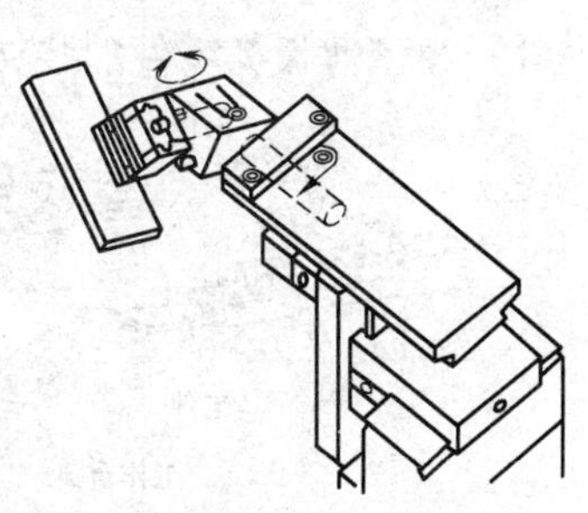

图15-17　具有五个自由度的万能夹具

在实际生产中，有时通过在夹具上设定好角

度，用垂直状态的电极丝对工件进行简单的切割来获得所需要的空间角度，要比3D编程后再加工容易操作得多，精度也容易得到保证，还能减少很多辅助工时，尤其是针对某些单件试制品，等于把线切割机床当磨床来使用，充分利用了线切割加工无切削力、热影响小、适用于弱刚性工件加工等特点。其缺点是正常的压力冲液条件很难保证，粗加工速度会大大降低。

8. 回转夹具

如图15-18所示，回转夹具也称为数控转台，可以作为*A*、*B*或*C*轴之一与已有的*X*、*Y*轴进行运动合成，用于加工各类内外圆、参数方程曲线、螺旋线构成的特殊曲面。

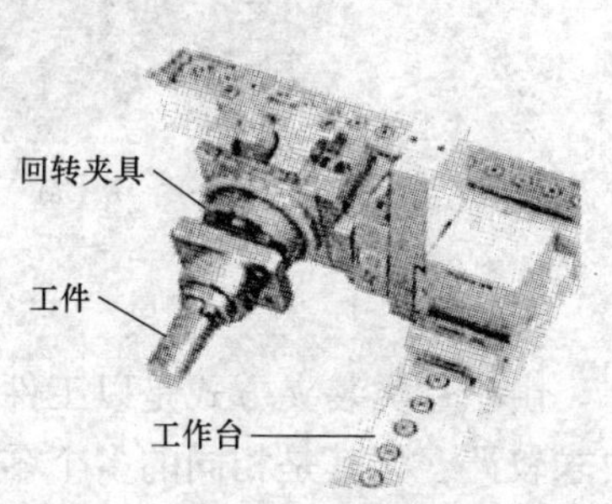

图15-18　回转夹具

9. 可交换式夹具

可交换式夹具与工件直接连接的夹具上带有标准的机械接口，它能与安装在预先设定工作台、线切割机以及各类金属切削机床上的标准夹具座进行快速、可靠的刚性连接，并能承受一定强度的切削载荷，实现工序间基准统一的工件交换，减少装夹误差和辅助时间，有利于作业的标准化，适用于工序关联密切、加工类型固定和有较高生产率要求的制造过程。

10. 整体式夹具

框形的机床工作台架就是夹具主体，工件可在台面上自由放置，确定后只需用压板夹紧即可。夹具的内侧边缘较薄，目的是为了让下线臂上的喷水嘴尽可能接近夹具，以适应那些型腔距离边缘较窄的工件的装夹。

这种夹具的最大优点是简单可靠、适用面广、承载能力强，对于大型板类零件的装夹十分便利，同时也易于搭载其他夹具来扩大应用范围。

二、典型零件的装夹方法

1. 板类零件

1）小型薄板类零件的装夹如图15-19所示。

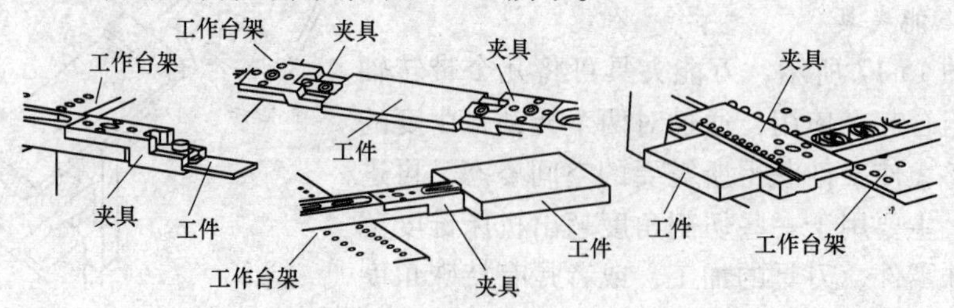

图15-19　小型薄板类零件的装夹

2）大型薄板类零件的装夹如图 15-20 所示。

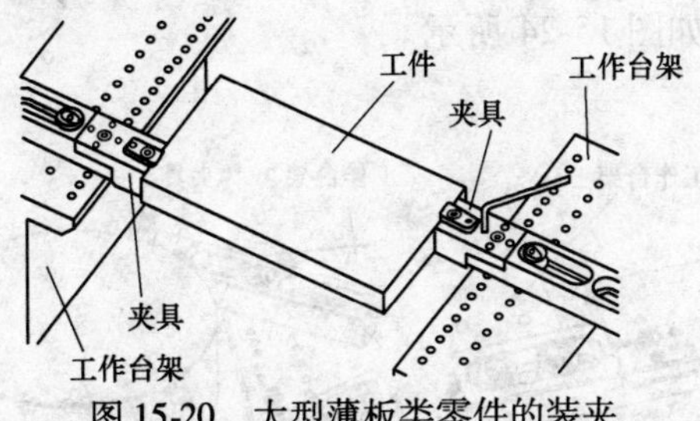

图 15-20　大型薄板类零件的装夹

3）厚板类零件的装夹如图 15-21 所示。

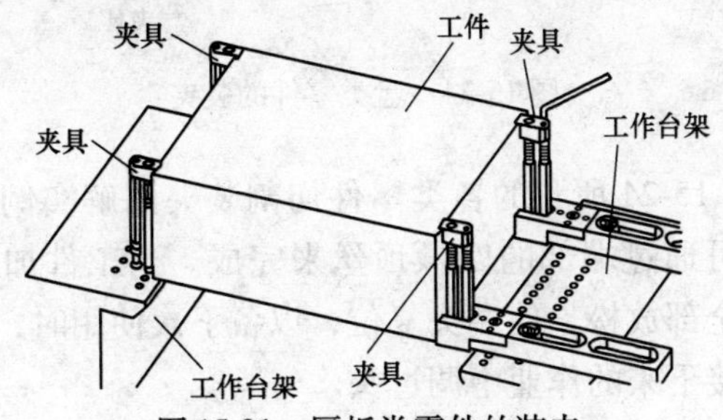

图 15-21　厚板类零件的装夹

4）超厚板类零件的装夹如图 15-22 所示。

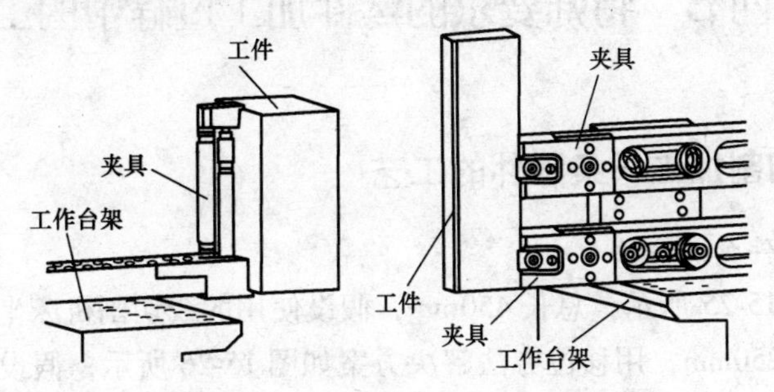

图 15-22　超厚板类零件的装夹

2. 轴类零件

轴类零件的装夹如图 15-23 所示。

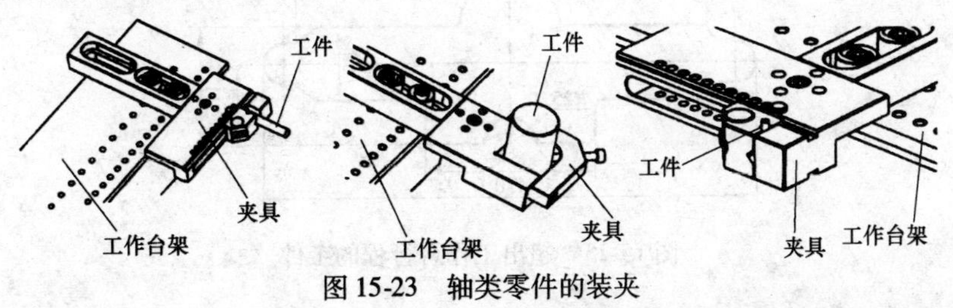

图 15-23　轴类零件的装夹

3. 盘类零件

盘类零件的装夹如图 15-24 所示。

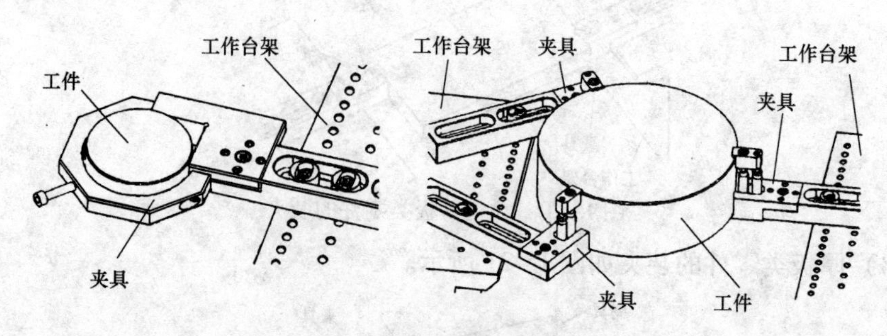

图 15-24　盘类零件的装夹

在图 15-19 ~ 图 15-24 所示的各类零件切割装夹图解实例中，每件夹具上都有微调环节，微调可通过端部的四颗顶丝来完成。当工件加工完毕，卸下来之后，务必要将顶丝全部放松，使端头复位，以备下次使用时，装夹面处于正确的起始状态，避免在接下来的作业中调过头。

第四节　特殊要求的零件加工过程中的工艺处理

一、线切割加工长条零件的工艺

1. 超长工件加工方法

工件如图 15-25 所示，总长 450mm，假设使用的线切割机床坐标工作台的行程为 400mm × 250mm，用移位方法解决方案如图 15-26 所示，假设移位长度是模具总长的 1/2，即 225mm。

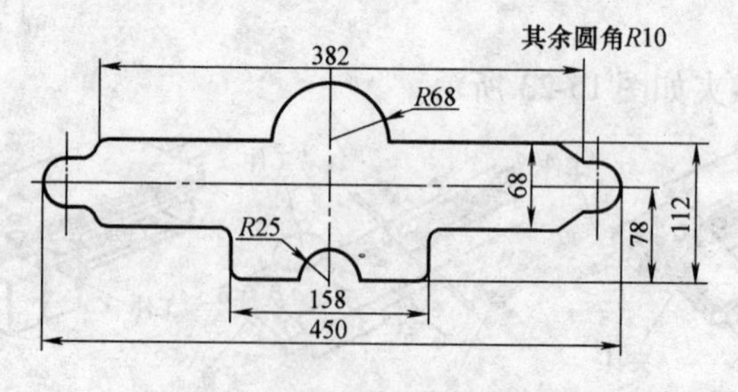

图 15-25　超出工作台行程的工件

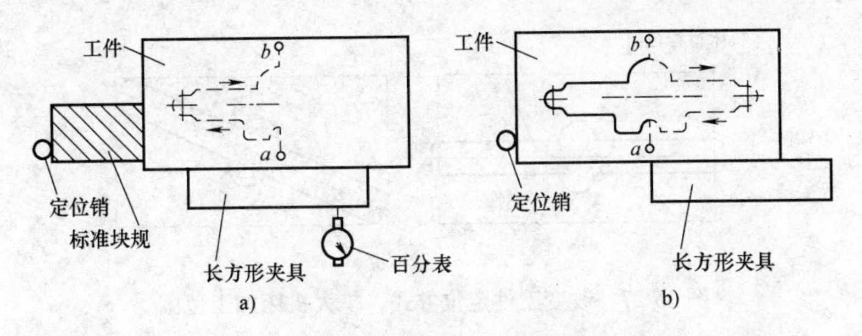

图 15-26　超出工作台行程工件移位示意

(1) 加工准备

1) 加工一长方形夹具，把四面磨垂直。再加工一件标准量块，其主要尺寸长度与移位尺寸一致（225mm），另外加工一个定位销或定位块。

2) 在工件上打穿丝孔 a 和 b；按图 15-25 所示编制 $a \to b$（顺时针）数控加工程序 1 和编制 $b \to a$（顺时针）数控加工程序 2；加工轨迹如图 15-26 中虚线所示。

(2) 工艺步骤

1) 将加工好的长方形夹具用百分表找正，使其与 X 轴平行后夹紧在工作台上。

2) 将定位柱或定位块按示意图固定在工作台上；标准量块放入工件与定位柱中间，工件要与夹具及量块紧靠，量块要与定位柱紧靠无间隙后再夹紧在工作台上。装夹好的工件位置要保证左一半加工的型腔在机床行程的有效坐标之内。

3) 将电极丝穿入穿丝孔 a，使用编制好的数控加工程序 1，由 $a \to b$ 加工左一半模具型腔（见图 15-26a）。

4) 加工结束后，将电极丝抽出并松开工件，沿夹具基准将工件左移。然后将工件的两个基准面紧靠夹具和定位柱后夹紧在工作台上。

5) 沿 X 轴反方向移动工作台 225mm 后，将电极丝穿入穿丝孔 b，使用编制好的数控加工程序 2，由 $b \to a$ 加工右一半模具型腔（见图 15-26b）。

此方法的移动精度由量块保证，与 X 轴的平行则由夹具保证。

2. 改变工件定位方式，扩大机床加工范围

通常情况下，为了简化编程，一般习惯设置工件的主要轮廓线与机床 X 轴或 Y 轴方向平行，但在特殊情况下，当工件的长度大于机床行程时，利用常规的装夹工件方式就不能在一次装夹中完成零件的加工，如图 15-27a 所示；如果将工件沿 X、Y 坐标的对角线放置，就可以在一次装夹中完成整个零件的加工，这样可以充分发挥机床的效能，如图 15-27b 所示。

按图 15-27b 所示方式装夹工件，在手工编程方式下，程序编制比较复杂，

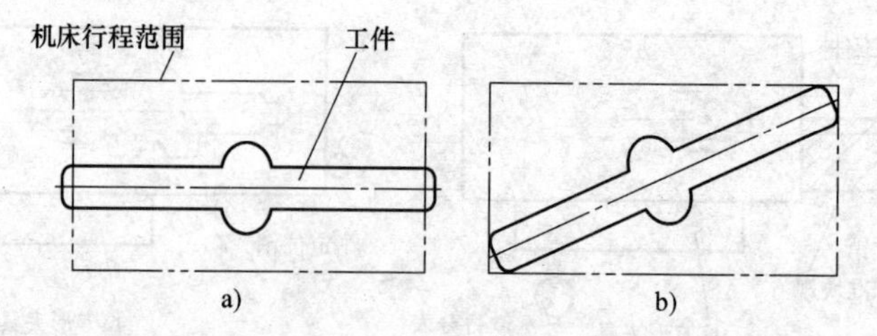

图 15-27　改变工件定位方式，扩大机床加工范围

但由于目前自动编程方法应用已经十分广泛，因此无论工件怎么装夹，程序编制都比较简单。

3. 长条形零件的工艺处理

当需要用线切割加工一小方形凸模或是加工长条形零件时，传统的加工工艺是先钻一个穿丝孔，按编制好的轮廓程序将零件切割出来。然而对于长条形零件，用这种传统的加工工艺加工出来的产品往往会产生变形。

经分析发现，采用以往的加工方法编制程序时，一个轮廓只编制一个起始孔及一个退出口，而分离切割段的长度相对于整个轮廓长度来说毕竟是很短的，再说做得太长也没有多大的意义。如图 15-28a 所示，这样的加工方式对于非细长形及非细颈形零件是完全可以满足要求的，而对于长条形零件，这种方法就显得无能为力了。

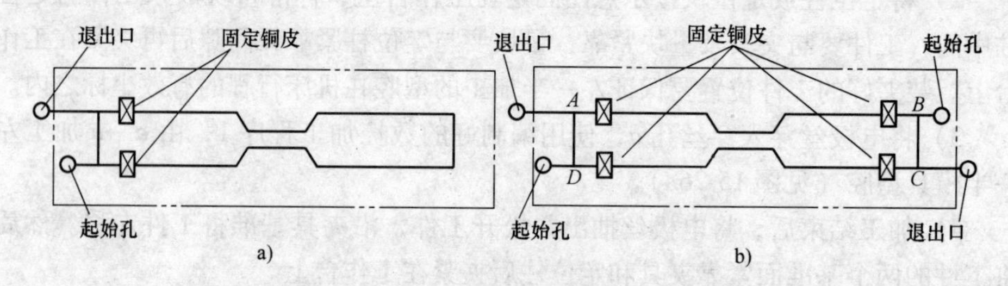

图 15-28　长条形零件的加工路径示意图

因此，必须从改变整个加工工艺着手，由以往的一个轮廓只编制一个起始孔及一个退出口，变为一个轮廓编制两个起始孔及两个退出口，如有必要可以编制三个、四个等，如图 15-28b 所示。同时将以前的一个轮廓编制一个程序变为编制四段小程序，即把一个封闭的轮廓分解成四个开口轮廓，先加工零件的长度方向，如图 15-28b 的 $B \rightarrow A$ 段和 $D \rightarrow C$ 段；然后在零件两边的切缝里适当位置塞上几条铜皮，用粘合剂（如 502 胶）固定好，再加工宽度方向，如图 15-28b 所示的 $A \rightarrow D$ 段和 $C \rightarrow B$ 段。这样加工就保证了零件的尺寸要求。

二、多次切割预留段切割的处理工艺

1. 对预留处的处理技巧

在“中走丝”或低速走丝多次切割凸模时，都会留下一段预留段作为凸模的支撑段，最后再采用小参数将其切断。通常将预留段安排在方便钳工修配或用磨削方法进行处理的直线段上，但对于预留段加工表面为非平面的工件而言，采用人工修配的方法就比较困难，因此如果能继续采用多次切割的方法处理此预留段，则可以大大提高生产效率与精度。

对于线切割工件预留段的多次切割，首先必须解决被加工工件的导电问题。因为在多次切割时，电极丝的行走路线需要沿加工轨迹往复行走多次，才能对预留段进行精修，这时线切割加工是靠工件预留部位起到导电作用以保障放电加工正常进行。但在进行工件预留部位的切割加工时，若第一次切割即切下工件预留部位，将会导致被切割部分与母体分离，以致导电回路中断，无法继续加工。所以必须使工件预留部位即便是在多次切割的情况下，也能保持与母体之间正常导电的要求。其具体做法如下：

（1）在被切割部分与母体材料之间粘贴连接铜片

1）首先根据加工工件的大小把薄铜片（厚度根据电极丝直径和加工部位形状而定）剪成长条形，然后折叠，并保证折叠部分一长一短，如图 15-29a 所示。

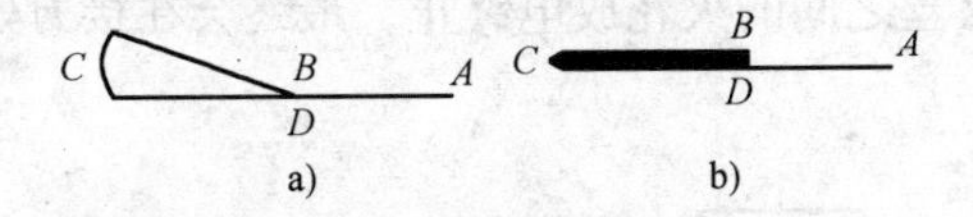

图 15-29　连接铜片的折叠方法

2）然后把铜片折叠的弯曲部分用小锤子锤平，并用整形锉修理成图 15-29b 所示形状。

3）再把经以上处理的铜片塞到线切割加工所形成的缝隙里，同时在工件该部位的表面滴上 502 胶。

4）在将铜片塞进加工部位时，应按图 15-30 所示把 *BC* 段都塞进缝隙里，并把 *AD* 段掰平，避免铜片与上线臂产生干涉。加工完毕后再将其掰直，即可把铜片从缝隙中取出。

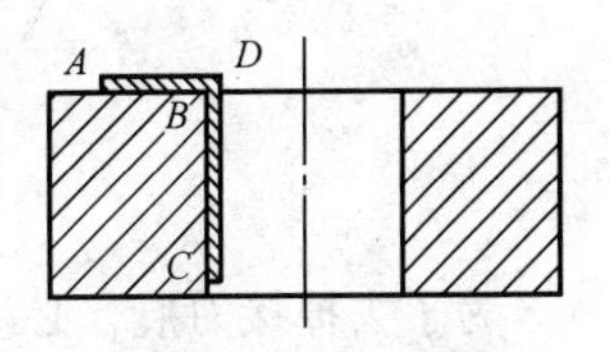

图 15-30　加铜片后工件主视图

在此尤其应注意的是：用 502 胶水粘贴连接铜片时应远离工件余留部位处（如图 15-31 的 *BACD* 段），以免 502 胶水渗到正好位于其下方的导丝嘴的穿丝孔里，造成穿丝孔堵塞。此外粘贴连接铜片的位置应考虑对称分布，且应保证同时塞紧，避免工件发生偏移，以至影响工件加工质量。如在图 15-31 所示的 E、G 旁边粘贴连接铜片，而且同时夹紧，就能保证被切割部分不会偏移，也就能保证被切割工件余留部位形状的正确性和精度的可靠性。

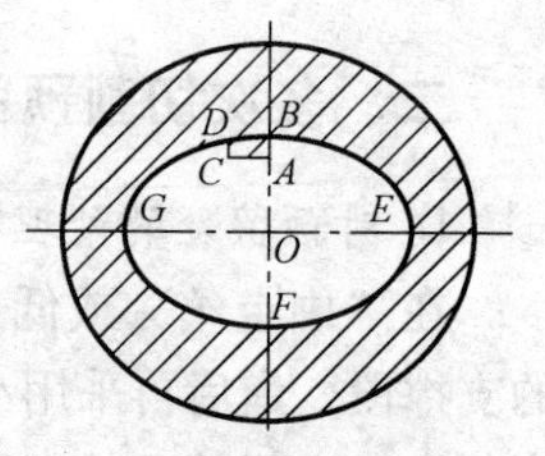

图 15-31　工件加工的轨迹俯视图

（2）在被切割部分与母体材料之间填充导电铜片　把经折叠、剪齐、锤平和修锉的薄铜片填充在线切割加工形成的缝隙里，并使铜片和缝隙壁紧密贴合。填充此铜片的目的是为了导电，因为前面粘贴连接铜片时用了 502 胶水，而 502 胶水是不导电的，为了实现导电要求，故采用填充导电铜片的方法。填充导电铜片时同样应注意铜片的对称布置以及铜片应同时塞紧，并且不能塞得过紧以免划伤工件的表面。经过处理后就可以进行预留段的多次切割了。

2. 电火花线切割工件接痕的处理

（1）在凸模加工中的接痕处理　在凸模加工中，当凸模与毛坯分离时，凸模的导电性及其位置都是不可靠的。如图 15-32 所示，如果电极丝从 A 处开始切割，当电极丝切割到 B 处时，凸模将要与毛坯分离。当凸模与毛坯分离后，凸模就失去进电，这时凸模有可能由于自重而下落；也可能被线切割产生的放电蚀除产物粘住或因为变形而不能下落。但无论如何由于凸模失去进电或进电不可靠，而使凸模与电极丝之间的火花放电终止，最终会在接刀处产生接刀痕，如图 15-32 所示的 C 处。

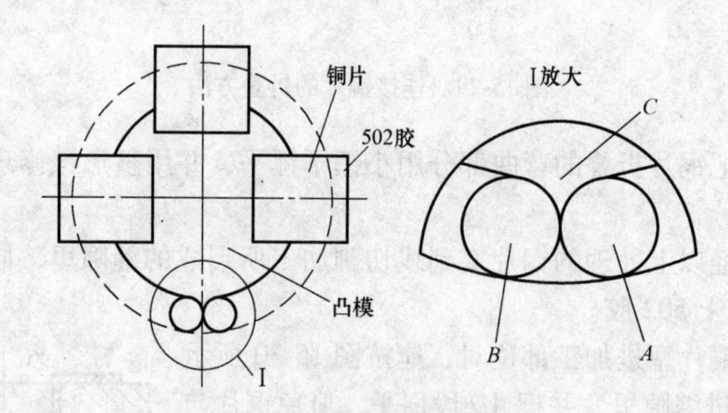

图 15-32　凸模加工中的接痕处理

为了去掉接刀痕，必须在工件切断前将凸模加以固定，同时要保证凸模顺利地进电，通常在端面使用导电性能好的铜片进行粘接。粘接铜片的大小和数量根据凸模大小和厚度来决定。线切割加工中常用的粘接剂为 502 胶，若用导电胶即可不需考虑加贴铜片，直接将导电胶挤入切割缝隙即可。

不管是凸模加工，还是凹模加工，一般都要采取措施防止切割终了时凸模或

废料落下，只不过在凸模加工中其主要目的是消除凸模的接痕，而在凹模加工中主要是防止加工废料落下砸到电极丝而发生断丝或发生废料卡住下线臂。在凹模加工中，对于铁磁性材料常用几块磁铁就可以将废料固定。

（2）模具终点凹痕的处理　小型模具在切割终点处理不当时常有一条痕迹。如是凸痕，可用磨石磨掉，凹痕就无法补救。其主要原因在于：在切割快到终点时，由于工件的变位，从而造成在接刀附近产生短路，而后在电极丝的拉动作用下又产生放电引起的过切造成的。因此只要快切割完毕，操作者一定要观察一下控制柜计数值的变化，计数一般在50~70μm范围内会呈现短路状态，这时需立即关掉高频电源并停机，拆下电极丝，轻轻一敲，工件就会掉下。此时工件的终点留下的必然是一条凸出的痕迹，用磨石磨平即可。

第五节　线切割加工技能训练实例

训练1　锥度零件的线切割加工

本次训练的目的是了解用北京阿奇FW1型快走丝线切割机床配置的Turbo CAD软件编程操作过程，掌握电火花线切割锥度零件的加工方法。训练器材：FW1型快走丝线切割机床、游标卡尺、角度千分尺等。

一、工艺分析

锥度零件的加工通常有两种类型：一种是尖角锥度零件加工，另一种是恒锥度零件加工。锥度零件加工时，需要采用四轴联动，即X轴、Y轴、U轴和V轴。切割锥度的大小应根据机床的最大切割锥度确定。

锥度零件切割时，还应注意钼丝偏移的角度值，以及沿切割轨迹方向上是左偏移还是右偏移，这决定了工件上、下表面的尺寸大小。倘若上表面尺寸大，则切割结束后工件下落时，会将钼丝卡住，造成断丝情况发生。

锥度零件切割时，往往工件比较厚，且钼丝存在扭曲情况，工作液的浓度应降低些，钼丝可选择粗丝，电参数选择大电流、长脉宽。

二、锥度零件的绘图及编程

1. 绘图

（1）图形参数　现要求切割一个带锥度的零件，要求上小下大，底面尺寸如图15-33示。工件厚55mm，切割锥度为1.5°，切成凸模。

（2）绘制图形

1）在 CNC 主界面下按 F8 键，即进入 SCAM 系统。在 SCAM 主菜单界面下按 F1 键进入 CAD 绘图软件。

2）在 CAD 界面下，可直接绘制零件图，也可从软盘读入绘制好的图形（DXF 或 DWG 格式文件）。

3）图形绘制完成后，把该零件图转换成加工路径状态（指定穿丝点、切入点、切割方向等。这时切割轨迹在屏幕上变成绿色，白色箭头指示切割方向），如图 15-34 所示。

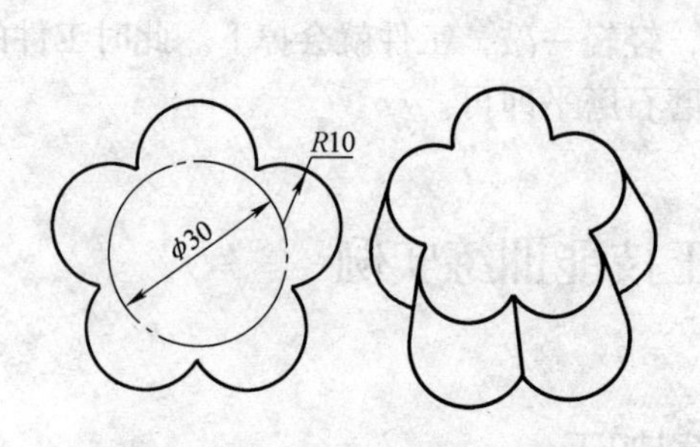

图 15-33　锥度加工凸模零件图形

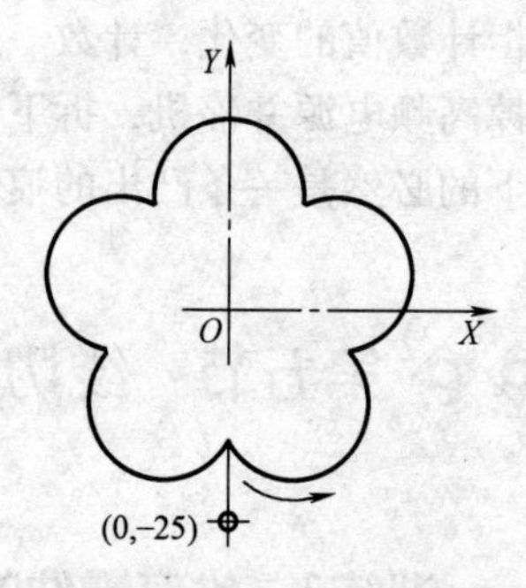

图 15-34　图形切割路径

2. 编程

（1）进入 CAM 系统界面。键入“QUIT”后按回车键，屏幕下边接着出现：“是否退出出系统（Y/N)?”，按“Y”键退出 CAD 系统返回到 SCAM 主菜单界面。在 SCAM 主菜单界面按 F2 键，即进入 CAM 界面。

（2）自动编程

1）在 CAM 界面下进行参数设置：本图形与不带锥度的零件相比，需要在锥度方向处输入“左锥”，在锥度角处输入“1.5”，其他与不带锥零件的处理方法相同。

2）参数设置完成后，先按 F1 键（绘图）转入下一界面，再按 F3 键（ISO)，此时系统将自动编制零件的线切割 G 代码程序（G 代码程序文件略）。

3）输入文件名“ZD”后，按两次 F10 键退出 SCAM 系统。

三、锥度加工

1. 操作准备

（1）工件安装　将加工工件装夹到工作台上，并进行定位和找正（工件毛坯尺寸为 60mm × 60mm × 55mm，六面磨削加工，在工件上已经加工好穿丝孔，并经淬火处理）。

（2）钼丝安装及找正　将钼丝从穿丝孔穿过，完成穿丝操作；再用钼丝垂直找正器找正钼丝。

2. 锥度零件的线切割加工

（1）锥度参数输入　在手动模式状态下，按 F6 键，输入锥度加工必需的三个参数，如图 15-35 所示。本系统的锥度加工需要输入三个数据：上导丝轮至工作台面的距离、下导丝轮至工作台面的距离及工件厚度。这三个参数的示意图如图 15-36 所示。

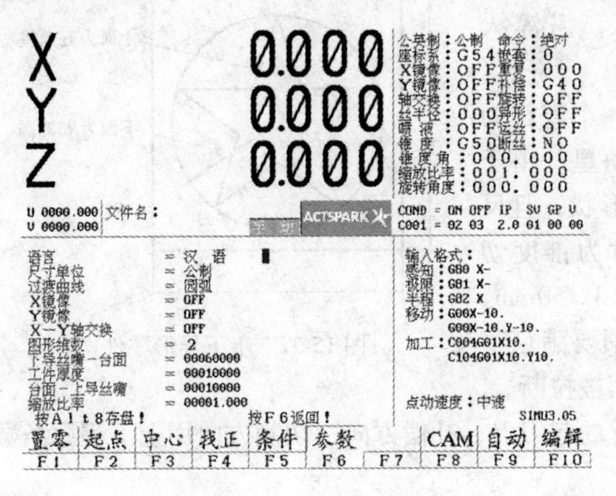

图 15-35　三个参数的设置

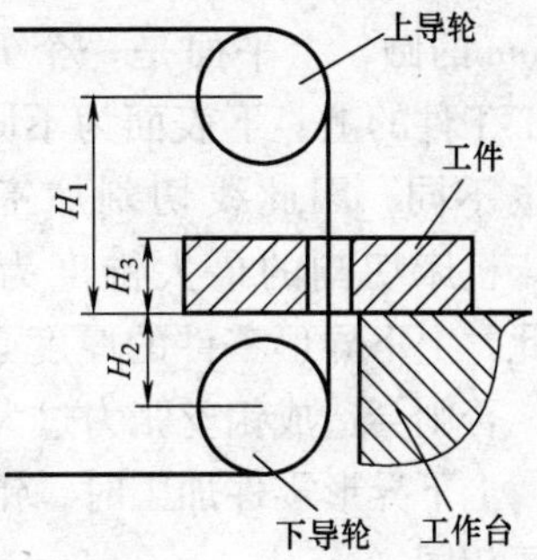

上导轮
工件
H_1
H_3
H_2
下导轮
工作台

图 15-36　三个参数的示意图

（2）锥度加工

1）三个参数设置结束后，按 F10 键，进入编辑模式。再按 F1 键，从硬盘装入编制好的程序（ZD. ISO）后，按 F9 键，进入自动模式状态。

2）在自动模式的界面下，按 F3 键，将“模拟”的“OFF”状态改为“ON”状态，按回车键确认后，系统将自动地模拟运行检查程序。

3）模拟结束后，将“模拟”的状态改回“OFF”，再按回车键，机床将起动工作液泵，开走丝，开始执行编程指令，沿凸模的切割路径进行切割。

（3）完成加工并检验

1）切割完毕后，关闭控制系统并切断电源，将工件取下，清理保养机床。

2）零件检验。

① 用游标卡尺检验锥度零件上下面各长度尺寸是否符合图样要求。

② 用角度千分尺检验角度样板各角度尺寸是否符合图样要求。

训练 2　上下异形零件的线切割加工

本次训练的目的是了解用 DK7732 型线切割机床配置的 HF 编程软件操作过程，掌握上下异形零件的电火花线切割加工方法。训练器材：DK7732 型快走丝线切割机床及 CAXA 绘图软件。

一、工艺分析

上下异形零件是指零件上平面和下平面为不同形状的直纹线切割零件。

现加工一个上圆下方的零件，零件毛坯尺寸为12mm×12mm×40mm，如图15-37所示。毛坯六面磨削加工，需淬火处理。

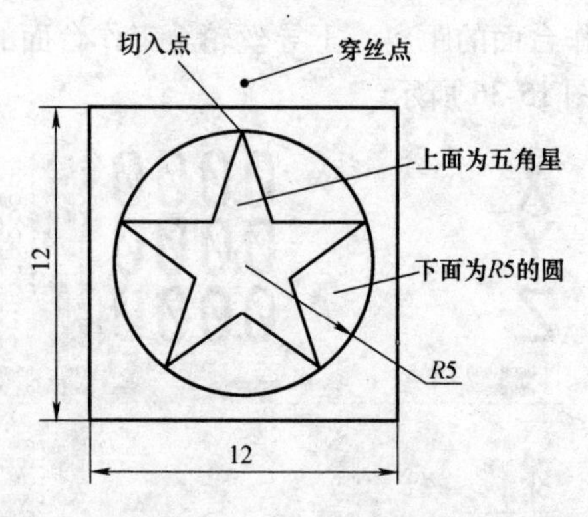

图15-37　上下异形零件

上下异形零件的下平面是一个直径为10mm的圆，上平面是一个五角星。由于加工工件的上、下表面为不同形状，且尺寸也不同，因此线切割加工时为锥度切割。机床切割的最大锥度为±3°/50mm，因此，上下异形零件的厚度必须要满足要求，否则会造成钼丝张力过大而被拉断。

上下异形零件加工时，钼丝的起刀点、补偿方向、切割方向用上下程序条数都要相同。

切割工件时，应上方下圆，上面的面积小，下面的面积大，这样可使工件切割完毕下落时不会将钼丝卡住，避免造成断丝。

上下异形零件编程的基准面非常重要，它决定了切割工件的厚度和工件的定位尺寸的确定，也就决定了切割锥度。

二、绘图与编程

1. 用CAXA软件绘图

（1）五角星的绘制

1）画正五边形。在CAXA软件绘图界面下，单击“高级曲线”→“正多边形”→选择“给定半径”“内接”，输入中心点坐标（0，0），边数(5)→(回车)→输入内接圆半径(5)→(回车)。

2）绘制五角星轮廓。单击“基本曲线”→“直线”→连接各顶点。单击“曲线编辑”→“裁剪”→去除相交线。单击“删除”→用鼠标左键单击正五边形的五个边后，单击鼠标右键。

3）绘制引入线。单击“基本曲线”→“直线”→输入起点坐标（0，7）→(回车)→敲击键盘“空格”键→选择“交点”→用鼠标左键单击五角星顶角交点后，单击鼠标右键。完成绘图，输出为01. dxf文件并存盘，如图15-38a所示。

（2）圆的绘制

1）绘制圆。在CAXA软件绘图界面下，单击“基本曲线”→“圆”→输入

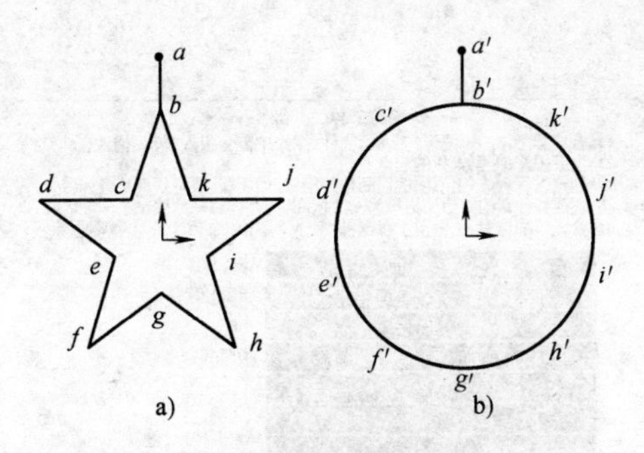

图 15-38　图形绘制

中心点坐标（0，0）→(回车)→输入内接圆半径(5)→(回车)。

2）绘制引入线。单击“基本曲线”→“直线”→输入起点坐标（0，7）→(回车)→敲击键盘“空格”键→选择“垂足点”→用鼠标左键单击图形圆，再单击鼠标右键。

3）等分圆。将屏幕下方（两点线）改为（角度线），输入角度（36）→单击直线→输入第一点坐标（0，0）→移动鼠标位置后，单击左键。用同样的方法，再以 72°、108°、144°、180°、-36°、-72°、-108°、-144°绘出其他分度线。单击“曲线编辑”→“打断”→单击圆弧线，分别以各直线与圆的交点将图形圆分成 10 段圆弧线。

4）删除至圆心的 9 段直线，完成绘图，输出为 02. dxf 文件并存盘，如图 15-38b 所示。

2. HF 系统编程

（1）五角星编程

1）调入图形。在 HF 系统界面下，单击“全绘编程”→“调图”→“调 DXF 文件”→输入“01. dxf”→输入“1”全部调入→（回车）。

2）确定补偿方向。单击“引入线和引出线”→“将直线变成引线”→用鼠标单击直线→(回车)→单击鼠标右键，确定补偿方向。

3）生成 HGT 文件。单击“执行 1”→输入补偿值（0. 10）→(回车)→单击“后置”→“生成平面 G 代码加工单”→“生成 HGT 图形文件”→输入文件名(01. hgt)→“返回”→“返回主菜单”。

（2）圆弧编程　用同样的方法，将圆弧图形调入，生成 02. hgt 文件并存盘。

（3）上下异形的编程

1）在 HF 系统界面下，单击“异面合成”→在图 15-39 所示异形合成界面下，单击“给出上表面图形名”→输入（01. hgt)→(回车)；单击“给出下表面图形名”→输入（02. hgt)→(回车)；单击“给出工件厚度”→输入（50)→

(回车)。

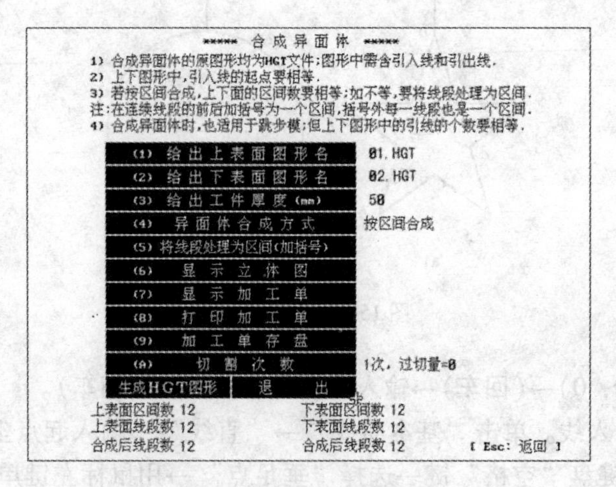

图 15-39　异面合成界面

2）单击“显示加工单”，加工单如图 15-40 所示。单击“加工单存盘”→输入（yx. 5nc)→(回车)。

```
N0000  G92 X0Y0 Z 50.0 {x= 0.0 y= 7.0}
N0001  G01 X   -0.0000  Y   -1.9000   { LEAD IN  }
N0002  G03 X   -2.9977  Y   -2.8740  I   -0.0000  J   -7.0000
N0003  G03 X   -4.8504  Y   -5.4240  I    0.0000  J   -7.0000
N0004  G03 X   -4.8504  Y   -8.5760  I    0.0000  J   -7.0000
N0005  G03 X   -2.9977  Y  -11.1260  I   -0.0000  J   -7.0000
N0006  G03 X    0.0000  Y  -12.1000  I    0.0000  J   -7.0000
N0007  G03 X    2.9977  Y  -11.1260  I    0.0000  J   -7.0000
N0008  G03 X    4.8504  Y   -8.5760  I    0.0000  J   -7.0000
N0009  G03 X    4.8504  Y   -5.4240  I    0.0000  J   -7.0000
N0010  G03 X    2.9977  Y   -2.8740  I    0.0000  J   -7.0000
N0011  G03 X   -0.0000  Y   -1.9000  I    0.0000  J   -7.0000
N0012  G01 X    0.0000  Y    0.0000   { LEAD OUT  }
N0013  M02                            { ENDDOWN  }
N0001  G01 U    0.0000  V   -1.6764   { LEAD IN  }
N0002  G01 U   -1.1952  V   -5.3549
N0003  G01 U   -5.0631  V   -5.3549
N0004  G01 U   -1.9339  V   -7.6284
N0005  G01 U   -3.1291  V  -11.3069
N0006  G01 U   -0.0000  V   -9.0334
N0007  G01 U    3.1291  V  -11.3069
N0008  G01 U    1.9339  V   -7.6284
N0009  G01 U    5.0631  V   -5.3549
N0010  G01 U    1.1952  V   -5.3549
N0011  G01 U    0.0000  V   -1.6764
N0012  G01 U    0.0000  V    0.0000   { LEAD OUT  }
N0013  M02                            { ENDUP  }
```

图 15-40　上下异形加工程序

三、上下异形零件的加工

1. 加工准备

1）将加工工件装夹到工作台上，并进行定位和找正。

2）用钼丝垂直找正器找正钼丝。

2. 零件加工

（1）程序调入　在 HF 系统界面下，单击“加工”→“读盘”→“读 G 代码程序”→单击 yx. 5nc，调入上下异形零件的加工程序。图 15-41 所示为零件加工界面的平面显示，图 15-42 所示为零件加工界面的立体显示。

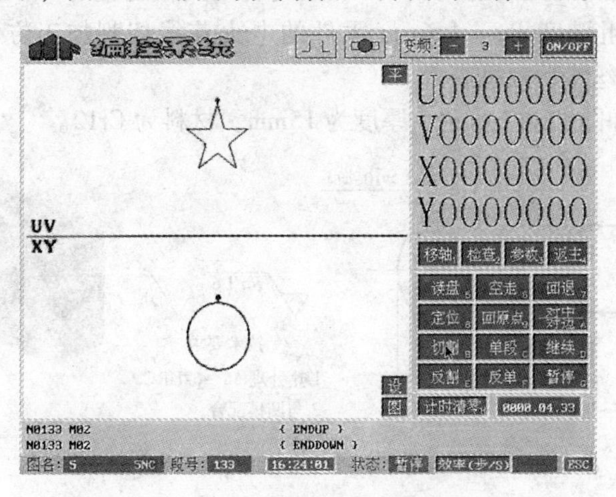

图 15-41　上下异形零件的平面显示

（2）切割加工　旋转 DK7732 型线切割机床控制柜面板上的红色“急停”按钮，打开高频电源开关→调电参数（脉宽、脉间、电流、电压、丝速）→按动绿色“运丝开”按钮，打开运丝筒电动机→按动绿色“水泵开”按钮，打开水泵电动机→用用鼠标单击“切割”，机床自动开始加工。

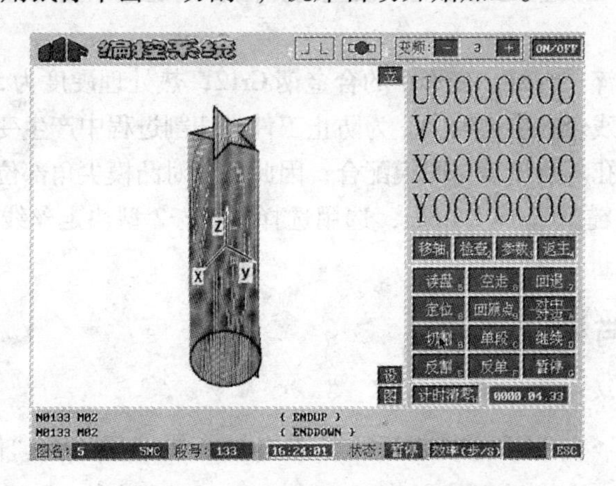

图 15-42　上下异形零件的立体显示

（3）完成加工并检验

1）切割完毕后，关闭控制系统并切割电源，将工件取下，清理保养机床。

2）检验零件。

训练3　表面粗糙度 Ra =1.6μm 的凸模加工

本次训练的目的是了解用 DK7732 型线切割机床配置的 HF 编程软件操作过程，掌握表面粗糙度 Ra = 1.6μm 零件的电火花线切割加工方法。训练器材：DK7732 型快走丝线切割机床。

凸模尺寸如图 15-43 所示，厚度为 15mm，材料为 Cr12。

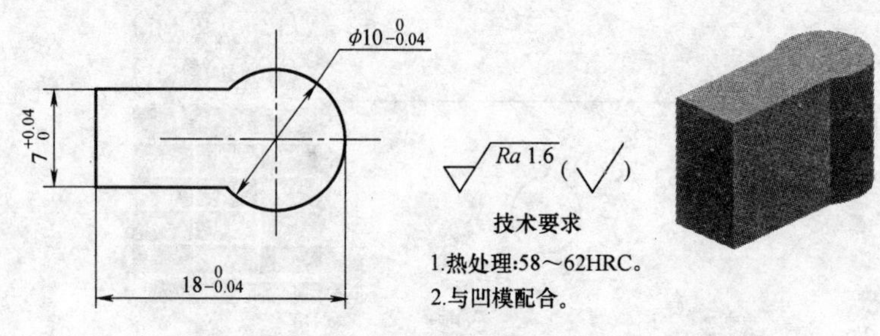

图 15-43　凸模

一、工艺分析

凸模尺寸标注完整，主要尺寸：长为 $18_{-0.04}^{\ 0}$ mm，宽为 $7_{\ 0}^{+0.04}$ mm，圆弧直径 $\phi10_{-0.04}^{\ 0}$ mm。由于各尺寸的公差不一致，所以自动编程时，不能采用按公称尺寸绘制图形、公差在后置处理时统一设置的方法，而是应该按尺寸公差的中间值编制程序。

凸模材料为淬透性好、变形小的合金钢 Cr12，热处理硬度为 58HRC～62HRC，采取低温回火，残余内应力较大。为防止工件在切割过程中产生变形，应考虑在坯料内部设置穿丝孔。凸模需与凹模配合，因此需要对凸模尖角部位倒圆。

凸模表面粗糙度 Ra = 1.6μm，选用选择 DK7732 型快走丝线切割机床，采用多次切割的方法进行加工。

二、绘图与编程

1. HF 系统绘图

（1）作圆 C_1　在 HF 系统界面下，单击“全绘编程”→“作圆”→“心径圆”→输入圆心坐标和半径参数（0，0，9.98）→（回车），如图 15-44a 所示。

（2）作直线 L_1、L_2　单击“作线”→“两侧平行线”→输入 L_1 上两个已知点的坐标（-12.98，3.51）、（0，3.51）→（回车）→输入 L_1 与 L_2 之间的距离（7.02）→（回车），如图 15-44b 所示。

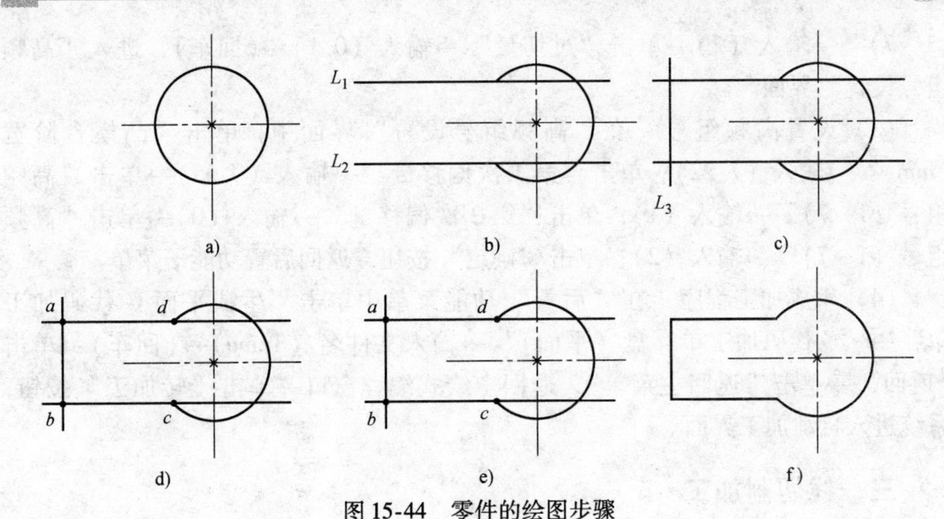

图 15-44　零件的绘图步骤

a）作圆 C_1　b）作直线 L_1、L_2　c）作直线 L_3　d）取交点　e）取轨迹　f）显轨迹

（3）作直线 L_3　单击“作线”→“两点线”→输入 L_3 上两个已知点的坐标（-12.98，3.51）、（-12.98，0）→（回车），如图 15-44c 所示。

（4）取交点　单击屏幕下方的“满屏”按钮→满屏显示图形。单击屏幕下方的“取交点”→用鼠标按图 15-44d 所示分别单击 a、b、c、d 交点→按 Esc 键返回主菜单。

（5）取轨迹　单击屏幕下方的“取轨迹”→用鼠标按图 15-44e 所示分别单击直线 ab、bc、da 及圆弧 cd→按 Esc 键返回主菜单。

（6）显轨迹　单击屏幕下方的“删除辅助线”→单击删除所有辅助线→单击“显轨迹”按钮，屏幕上只显示所取的轨迹线，如图 15-44f 所示。

2. 图形编辑

（1）排序　单击“全绘编程”→“排序”→“引导排序法”，用鼠标单击直线 ad→点取 a 点→单击圆弧 cd→点取 d 点→单击直线 bc→点取 c 点→点击直线 ab→点取 b 点→（回车）。

（2）显向　单击屏幕下方的“显向”按钮→出现一个移动的白色图标，图标移动方向为钼丝切割方向。

（3）作引入线和引出线　单击“全绘编程”→“引入线和引出线”→“作引线（端点法）”→输入起点坐标（-13，8）→输入终点坐标（-12.98，3.51）→输入修圆弧半径（0.15）→（回车）→单击鼠标右键，确定补偿方向。

3. 程序编制

（1）执行后置处理　单击“全绘编程”→“执行 1”→输入补偿 f 值（0.1）→（回车），单击“后置”→“切割次数”。

（2）设置切割次数和过切量　在“切割次数”对话框中，单击“切割次数

(1~7)”→输入（2)→单击“过切量”→输入（0.1)→(回车)，进入“高频组号设置”界面。

(3) 设置高频组号　在“高频组号设置”界面中，单击“凸模台阶宽(mm)”→输入（7.22)；单击“第1次偏移量”→输入（0.65)→单击“高频组号（1~7)”→输入（1)；单击“第2次偏移量”→输入（0)→单击“高频组号（1~7)”→输入（2)；单击“确定”按钮，返回后置功能子菜单。

(4) 生成加工程序　在“后置”功能菜单中单击“生成平面G代码加工单”→“G代码加工单存盘（平面)”→输入文件名（Tumo)→(回车)→单击“返回”→单击“返回主菜单”，返回全绘式编程窗口→单击“转加工”按钮，系统进入自动加工界面。

三、线切割加工

1. 加工准备

(1) 检查机床　检查机床的工作状态是否正常，检查导轮、导电块的磨损情况，以及查检工作台丝杠螺母传动间隙等。

(2) 电极丝和工作液选择　电极丝选用 ϕ0.18mm 的钼丝，工作液选用质量分数为15%的乳化液。

(3) 安装、找正

1）将加工工件装夹到工作台上，并进行定位找正。

2）将电极丝穿入穿丝孔中，并用钼丝垂直找正器找正钼丝。

3）利用机床“找中心”功能，将钼丝定位于穿丝孔中心。

2. 零件加工

(1) 程序调入　在HF系统界面下，单击“加工”→“读盘”→“读G代码程序”→点击Tumo.2nc，调入零件的加工程序，如图15-45所示。

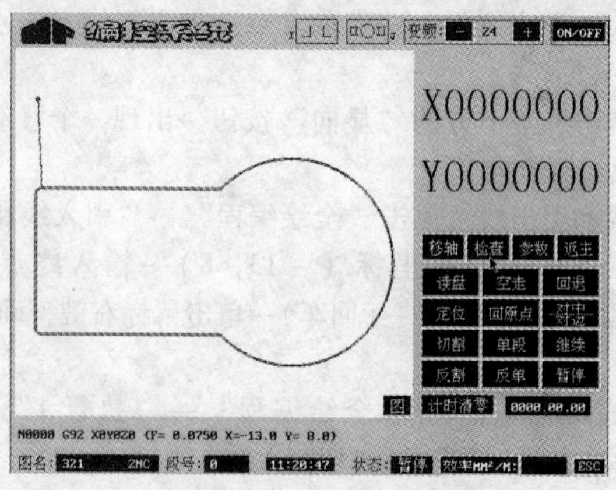

图15-45　图形加工窗口

（2）设置断点　单击“检查”→“显加工单”，如图15-46所示→找到第一段切割结束、第二段开始前的N0019程序处。单击“定位”→“设置结束点”→输入(19)→(回车)→单击“退出”按钮，返回控制窗口。

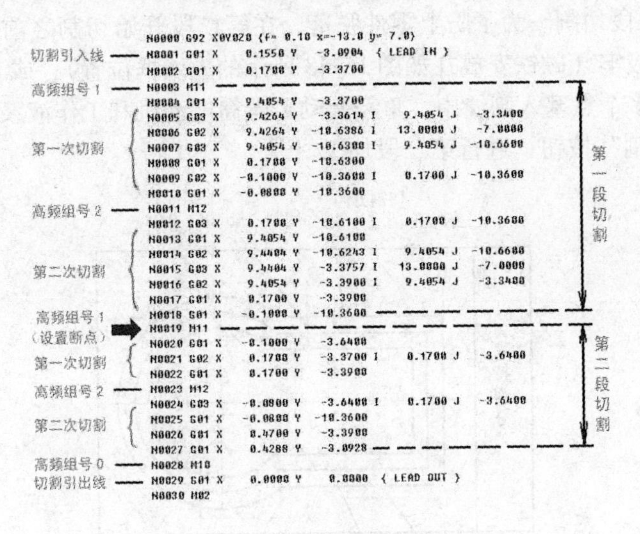

图15-46　凸模G代码加工程序

（3）设置加工电规准　单击“参数”→“其他参数”→“编辑高级参数”→设置高频组号0（M10）、高频组号1（M11）及高频组号2（M12）的相关参数，如图15-47所示。

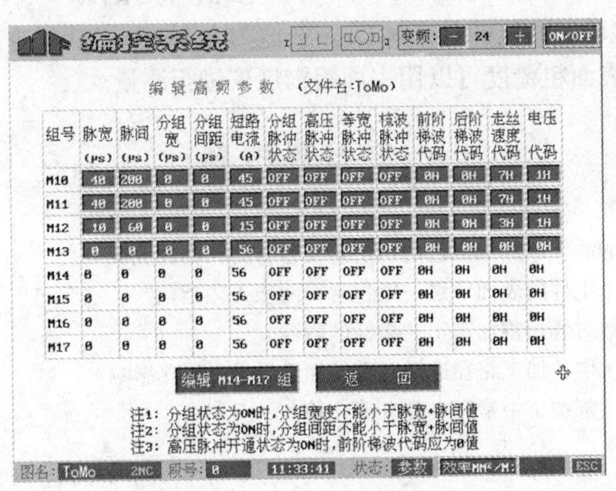

组号	脉宽 (μs)	脉间 (μs)	分组宽 (μs)	分组间距 (μs)	短路电流 (A)	分组脉冲状态	高压脉冲状态	等宽脉冲状态	梳波脉冲状态	前阶梯波代码	后阶梯波代码	走丝速度代码	电压代码
M10	40	200	0	0	45	OFF	OFF	OFF	OFF	0H	0H	7H	1H
M11	40	200	0	0	45	OFF	OFF	OFF	OFF	0H	0H	7H	1H
M12	10	60	0	0	15	OFF	OFF	OFF	OFF	0H	0H	3H	1H
M13	0	0	0	0	56	OFF	OFF	OFF	OFF	0H	0H	0H	0H
M14	0	0	0	0	56	OFF	OFF	OFF	OFF	0H	0H	0H	0H
M15	0	0	0	0	56	OFF	OFF	OFF	OFF	0H	0H	0H	0H
M16	0	0	0	0	56	OFF	OFF	OFF	OFF	0H	0H	0H	0H
M17	0	0	0	0	56	OFF	OFF	OFF	OFF	0H	0H	0H	0H

图15-47　高频参数设置窗口

（4）自动切割

1）起动贮丝筒电动机和工作液泵，调节好工作液上、下喷嘴的出水量，以

包裹住电极丝为佳。

2）第一段切割。单击控制窗口中的“切割”机床进行自动加工，至 N0019 程序暂停。

3）第二段切割。为了防上零件脱落，在第二段开始切割之前，要用磁铁将零件与毛坯吸牢（磁铁安放在如图 15-48 所示的虚线框位置），或者将 0.2mm 厚的铜皮选择多个点塞入割缝中。重新起动贮丝筒电动机和工作液泵，单击控制窗口中的“切割”按钮，进行第二段加工。

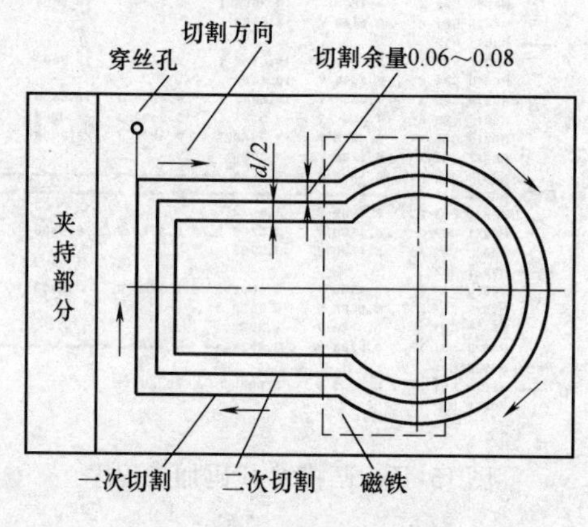

图 15-48　磁铁安放位置

3. 完成加工并检验

1）切割完毕后，关闭控制系统并切割电源，将工件取下，清理保养机床。

2）零件检验。凸模的外形可用分度值为 0.01mm、量程为 0 ~ 2mm 的外径千分尺检测。表面粗糙度可以用表面粗糙度仪进行测量。

复习思考题

1. 多次切割的线切割加工工艺的切削速度包含哪几种速度?
2. 线切割加工工件的表面质量一般包含哪两项工艺指标?
3. 简述电参数对线切割加工工艺指标的影响。
4. 线切割加工中，加工路径选择对零件加工质量有哪些影响?
5. 慢走丝线切割加工中常用夹具有哪几种?

第十六章

电火花成形加工工艺

第一节　电火花加工过程中的参数调整

一、参数调整的目的和难度

1. 调整的目的

(1) 保证安全加工和较好的工艺指标　电火花加工中经常有各种各样的干扰，除了正常火花放电外，还有短路、拉弧和空载等。这类干扰经常会大大加剧电极损耗和（或）使加工速度降到零，而且常常会烧伤工件和电极，严重时使其报废。单靠伺服进给系统常常不能避免这类情况的出现，因此需要对加工过程不断地检测和在干扰严重时作出极快速的响应。不安全的加工情况主要表现为以下两种方式：

1）拉弧。拉弧就是放电连续地发生在电极表面的同一位置上，形成稳定电弧放电，其脉冲电压波形的特征通常是没有击穿延时或放电维护电压稍低且高频分量少。拉弧在最初几秒钟就表现出很大的危害性，电极和工件上会烧蚀出一个深坑，产生严重的热影响区，可深达几毫米，并可能以1mm/min以上的速度增长，使工件和工具电极报废。

2）短路。虽然短路本身既不产生材料蚀除，也不损伤电极，但在短路处造成了一个热点，而在短路多次后，自动调节系统使工具电极回退消除短路时，易引发拉弧。

(2) 获得最佳的工艺指标　电火花加工过程总的说来是慢过程，因此在保证表面质量和加工精度的条件下通过优化控制参数来减少加工时间是很有意义的。对于在线控制参数，优化工作必须在加工过程中进行，因为参数的最佳值是随着加工中的具体条件而不断漂移的。

2. 参数调整的难度

电火花加工的速度虽不算快，但脉冲放电却是个快速复杂的过程，多种干扰对加工效果的影响很难掌握，主要表现在：

1）加工过程的实时评估缺乏明确的判断依据，很难判别是否达到了良好的加工状况。

2）控制参数众多，难以掌握调节哪个参数最合适。

3）最佳参数值会产生系统性变化，例如电火花成形加工随着深度的增加，排屑困难，就必须使间隙尺寸、脉冲间隔和流量加大方才能适应加工要求。

4）最佳参数值存在不规律的变化，例如，在拉弧状态之后的最佳脉冲间隔就应比一般情况下的长很多。

二、控制参数的调整方法

影响工艺指标的主要因素可以分为离线参数（加工前设定后加工中基本不再调节的参数，如极性、峰值电压等）和在线参数（加工中常需调节的参数，如脉冲间隔、进给速度等）。一些主要控制参数对工艺指标的影响程度见表16-1。

表16-1　一些主要控制参数对工艺指标的影响程度

主要控制参数 / 主要工艺指标	离线参数					在线参数				
	放电电流 i_e	电压脉宽 t_i或电流脉宽 t_e	开路电压 u_i	极性	电极材料	脉冲间隔 t_o	伺服进给参考电压 S_v	伺服增益 K	冲液压力 p 和冲液流量 q	抬刀运动
表面粗糙度 Ra	大	大	小	大	大	小	小	小	小	小
侧面间隙 S_L	大	大	大	大	中	小	小	小	小	小
加工速度 v_w	大	大	小	大	大	中	较大	较小	中	中
电极损耗率 θ	中	大	小	大	大	中	较大	较小	中	中

1. 离线控制参数

（1）加工起始阶段　实际放电面积由小变大，这时的过程扰动较大，采用比预定规准小的放电电流可使过渡过程比较平稳，等稳定加工几秒钟后再把放电电流调到设定值。

（2）补救过程扰动　加工中一旦发生严重干扰，往往很难摆脱。例如拉弧引起电极上的结炭沉积后，所有以后的放电就容易集中在积炭点上，从而加剧了拉弧状态。为摆脱这种状态，需要把放电电流减小一段时间，有时还要改变极性（采用暂时人为高损耗）来消除积炭层，直到拉弧倾向消失，才能恢复原规准

加工。

(3) 加工变截面的三维型腔　通常开始时加工面积较小，放电电流必须选小值，然后随着加工深度（加工面积）的增加而逐渐增大电流，直至达到为满足表面粗糙度、侧面间隙或电极损耗所要求的电流值。对于这类加工控制，可预先编好加工电流与加工深度的关系表。同样，在加工带锥度的冲模时，可编好侧面间隙与电极穿透深度的关系表，再由侧面间隙要求调整离线参数。

2. 在线控制参数

(1) 伺服参考电压 S_v（平均端面间隙 S_F）　S_v与 S_F呈一定的比例关系，这一参数对加工速度和电极相对损耗影响很大。一般说来，其最佳值并不正好对应于加工速度的最佳值，而应当使间隙稍微偏大些，这时的电极损耗较小。小间隙不但引起电极损耗加大，还容易造成短路和拉弧，因而稍微偏大的间隙在加工中，比较安全，在加工起始阶段更为必要。

(2) 脉冲间隔 t_o　当 t_o减小时，加工速度提高，电极损耗比减小。但是过小的 t_o会引起拉弧，只要能保证进给稳定和不拉弧，原则上可选取尽量小的 t_o值，但在加工起始阶段应取较大的 t_o值。

(3) 冲液流量　由于电极损耗随冲液流量（压力）的增加而增大，因而只要能使加工稳定，保证必要的排屑条件，应使冲液流量尽量小（在不计电极损耗的场合另作别论）。

(4) 伺服抬刀运动　抬刀意味着时间损失，只有在正常冲液不够时才采用，而且要尽量缩小电极上抬和加工的时间比。

3. 出现拉弧时的补救措施

1）增大脉冲间隔。

2）调大伺服参考电压（加工间隙）。

3）引入周期抬刀运动，加大电极上抬和加工的时间比。

4）减小放电电流（峰值电流）。

5）暂停加工，清理电极和工件（例如用细砂纸轻轻研磨）后再重新加工。

6）试用反极性加工一段时间，使积炭表面加速损耗掉。

三、适应控制系统

为了实现加工过程的充分自动化，进行适应控制是完全必要的。适应控制比传统的开环、闭环控制系统前进了一大步，它能按照预定的评估指标（即反映控制效果的准则），随着外界条件的变化自动改变加工控制参数和系统的特性（结构参数），使之尽可能接近设定的目标。

1. 适应控制的类型

在电加工机床上采用的适应控制，一般可分为约束适应控制和最佳适应控制

两类。

（1）约束适应控制　约束适应控制是通过一些约束条件来实现的，如保证异常放电脉冲、短路脉冲等不超过一定的范围，相对击穿延时不低于某一值（如10%）等。这种方式已在多种机床上用硬件实现，对保证加工安全很有效果，但并不能发挥加工设备的最大潜力，有时人工控制反而能达到较高的工艺指标。

（2）最佳适应控制　最佳适应控制具有使系统设法达到评估指标极值的能力，从而引导加工过程达到所需的最优特性，如实现高生产率、高精度（低电极损耗）、低成本等。为此，加工过程要进行多种输出量的检测，然后进行分析、计算，根据控制策略以决定新的控制参数值和（或）调整系统的特性。所以最佳适应控制的作用不仅在于自动化，而且还要使加工过程优化。依靠计算机、电子技术和机床本身质量的提高，加上工艺知识的积累，参数间相互关系的深入了解，使适应控制有了坚实的基础。在许多机床上已装备了不同水平的适应控制系统（单参数或多参数调整的，硬件式或软件式的）。

2. 适应控制的必要性和控制环节

（1）适应控制的必要性

1）电火花加工的加工时间一般较长，干扰量也较多，加工中必须随加工条件的变化来改变一系列控制参数，以得到良好的加工状态。人工调整时非但要求操作经验丰富，而且响应速度也不够快，长时间人工监控，增加了操作人员的疲劳强度。

2）大多数控制参数和物理量以电信号形式出现，实现适应控制比较容易。

3）电火花加工机床加上相对价格不高的适应控制系统就可显著提高性能。

（2）适应控制的控制环节。如图16-1所示，不同水平、不同功能的机床有不同的控制系统，控制参数的调整可通过几种不同的反馈环节来实现。

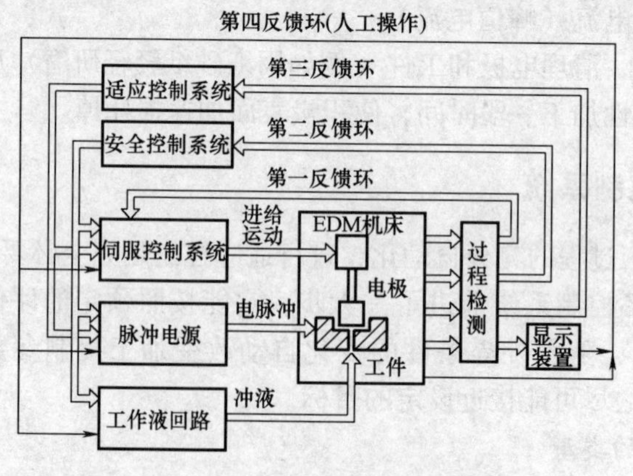

图16-1　不同功能的控制环节

1）加工间隙（伺服进给）控制环，这是所有电火花加工机床都具备的基本环节。

2）安全控制环，常用一种快速响应的附加回路，以防止加工过程的恶化。例如拉弧时加大脉冲间隔、减小电流，在紧急情况下快速回退电极，甚至切断电源，自动关机。

3）适应控制环，对加工过程进行几乎是连续的控制，以实现自动化和最佳化。

4）人工控制环，由操作人员自己评估加工情况，作出适当的判断来调整控制参数。近代的机床常配备各种显示装置（如放电状态分析仪等），可帮助操作人员了解加工情况。在处理突发事件时，也需人工处理操作。

此外，在数控机床上，通常可进行加工过程的预编程，自动进行加工条件的转换，也能按加工深度调整控制参数，以便按加工面积来调整放电电流或按一定的要求来实现不等的侧面间隙。

第二节　电火花加工表面质量

电火花加工的表面质量主要包括表面粗糙度、表面变质层和表面力学性能三部分。

一、表面粗糙度

电火花加工表面和机械加工的表面不同，它由无方向性的无数放电凹坑和硬凸边叠加而成，有利于保存润滑油；而机械加工表面则存在着切削或磨削刀痕，具有方向性。两者相比，在相同的表面粗糙度和有润滑油的情况下，其表面的润滑性能和耐磨损性能均比机械加工表面好。

对表面粗糙度影响最大的因素是单个脉冲能量，因为脉冲能量大，每次脉冲放电的蚀除量也大，放电凹坑既大又深，从而使表面粗糙度恶化。

电火花穿孔、型腔加工的表面粗糙度可以分为底面粗糙度和侧面粗糙度，同一规准加工出来的侧面粗糙度因为有二次放电的修光作用，往往要稍好于底面粗糙度。要获得更好的侧壁表面粗糙度，可以采用平动头或数控摇动工艺来修光。

电火花加工的表面粗糙度和加工速度之间存在着很大的矛盾，例如 Ra 从 2.5μm 提高到 1.25μm，加工速度要下降十多倍。为获得较小的表面粗糙度值，需要采用很低的加工速度。因此，一般电火花加工到 $Ra=2.5\mu m$ 后，通常采用研磨方法改善其表面粗糙度，这样比较经济。

工件材料对加工表面粗糙度也有影响，熔点高的材料（如硬质合金），在相同能量下加工的表面粗糙度要比熔点低的材料（如钢）好。当然，加工速度会相应下降。

精加工时，工具电极的表面粗糙度也将影响到加工表面粗糙度。由于石墨电极很难加工到非常光滑的表面，因此用石墨电极的表面加工表面粗糙度较差。

虽然，影响表面粗糙度的因素主要是脉宽与峰值电流的乘积，也即单个脉冲能量的大小，但实践中发现，即使单脉冲能量很小，在电极面积较大时，*Ra* 也很难低于0.32μm，而且加工面积越大，可达到的最佳表面粗糙度越差。这是因为在火花油介质工作中的工具电极和工件相当于电容器的两个极，具有“潜布电容”（寄生电容），相当于在放电间隙上并联了一个电容器，当小能量的单个脉冲到达工具电极和工件时，由于能量太小，不能产生击穿放电，因此电能被此电容“吸收”，只能起“充电”作用而不会引起火花放电。只有当多个脉冲充电到较高的电压，积累了较多的电能后，才能引起击穿放电，此时的能量总释放便会打出较大的放电凹坑。这种由于潜布电容使加工较大面积时表面粗糙度恶化的现象，有时称作“电容效应”。

20世纪末在日本首先出现了“混粉加工”工艺，它可以较大面积地加工出 $Ra=0.05\sim0.1\mu m$ 的光亮表面。其方法是在火花油工作介质中混入硅或铝等导电微粉，使工作介质的电阻率降低，放电间隙成倍扩大，潜布（寄生）电容成倍减小；同时每次从工具电极到工件表面的放电通道，被微粉颗粒分割形成多个小的火花放电通道，到达工件表面的脉冲能量被“分散”，相应的放电凹坑也就较浅，可以稳定获得大面积的光整加工表面。

二、表面变质层

电火花加工过程中，在火花放电的瞬时高温和工作介质的快速冷却作用下，材料的表面层化学成分和组织结构会发生很大变化，材料表面层改变了的这一部分称为表面变质层，它又包括熔化层和热影响层，如图16-2所示。

1. 熔化层

熔化层位于工件表面最上层，它被放电时瞬时高温熔化而又滞留下来，被工作介质快速冷却而凝固。对于碳钢来说，熔化层在金相照片上呈现白色，故又称为白层，它与基体金属完全不同，是一种树枝状的淬火铸造组织。

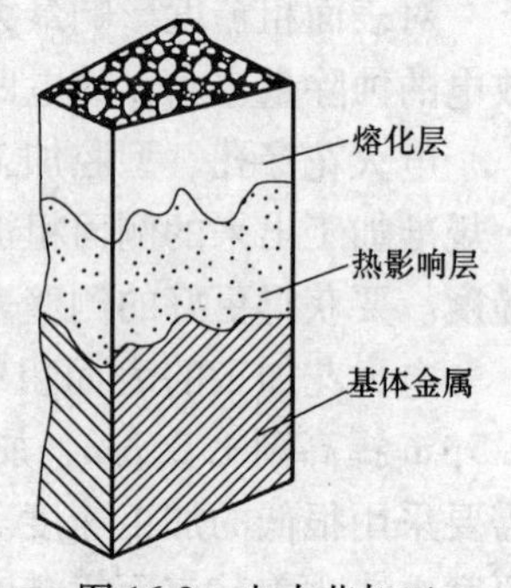

图16-2 电火花加工表面变质层

2. 热影响层

热影响层位于熔化层和基体之间。热影响层的金属材料并没有熔化，只是受到高温的影响，使材料的金相组织发生了变化，对淬火钢，热影响层包括再淬

火区、高温回火区和低温回火区；对未淬火钢，热影响层主要为淬火区。因此，淬火钢的热影响层厚度比未淬火钢厚。

熔化层和热影响层的厚度随着脉冲能量的增加而加厚。由于熔化层是一种晶粒细小的树枝状的淬火铸造组织，因此，一般来说，电火花加工表面最外层的硬度比较高、耐磨性好。但对于滚动摩擦，由于是交变载荷，尤其是干摩擦，则因熔化凝固层和基体的结合不牢固，容易剥落而磨损。因此，有些要求高的模具需把电火花加工后的表面变质层研磨掉。

3. 显微裂纹

火花加工表面由于受到瞬时高温作用并迅速冷却而产生拉应力，往往出现显微裂纹。试验表明，一般裂纹仅在熔化层内出现，只有在脉冲能量很大情况下（粗加工时）才有可能扩展到热影响层。

脉冲能量对显微裂纹的影响是非常明显的，能量越大，显微裂纹越宽越深。不同工件材料对裂纹的敏感性也不同，硬脆材料容易产生裂纹。工件预先的热处理状态对裂纹产生的影响也很明显，加工淬火材料要比加工淬火后回火或退火的材料容易产生裂纹，因为淬火材料脆硬，原始内应力也较大。

三、表面力学性能

1. 显微硬度及耐磨性

电火花加工后表面层的硬度一般均比较高，但对某些淬火钢，也可能稍低于基体硬度。对未淬火钢，特别是含碳量低的钢，热影响层的硬度都比基体高；对淬火钢，热影响层中的再淬火区硬度稍高或接近于基体硬度，而回火区的硬度比基体低，高温回火区又比低温回火区的硬度低。

2. 残余应力

电火花加工表面存在着由于瞬时先热胀后冷缩作用而形成的残余应力，而且大部分表现为拉应力。残余应力的大小和分布，主要和材料在加工前的热处理状态及加工时的脉冲能量有关。因此，对表面层要求质量较高的工件，应尽量避免使用较大的放电加工规准加工。

3. 耐疲劳性能

电火花加工表面存在着较大的拉应力，还可能存在显微裂纹，因此其耐疲劳性能比机械加工的表面低许多倍。采用回火、喷丸处理等有助于降低残余应力，或使残余拉应力转变为压应力，从而提高其耐疲劳性能。

试验表明，当表面粗糙度值 $Ra=0.32\sim0.08\mu m$ 时，电火花加工表面的抗疲劳性能将与机械加工表面相近。这是因为电火花精微加工表面所使用的加工规准很小，熔化凝固层和热影响层均非常薄，不会出现显微裂纹，而且表面的残余拉应力也较小。

◈◈◈ 第三节　影响电火花加工效率的因素

一、电参数的影响

研究结果表明，在电火花加工过程中，无论正极或负极，单个脉冲的蚀除量与单个脉冲能量在一定范围内成正比的关系，而工艺系数与电极材料、脉冲参数、工作介质等有关。某一段时间内的总蚀除量约等于这段时间内各单个有效脉冲蚀除量的总和，故正、负极的蚀除速度与单个脉冲能量、脉冲频率成正比。

从形象的角度而言，如图 16-3 所示，假使放电击穿延时时间相等，则放电脉宽决定了放电凹坑直径的大小；如图 16-4 所示，放电的峰值电流则决定了放电凹坑的深浅。

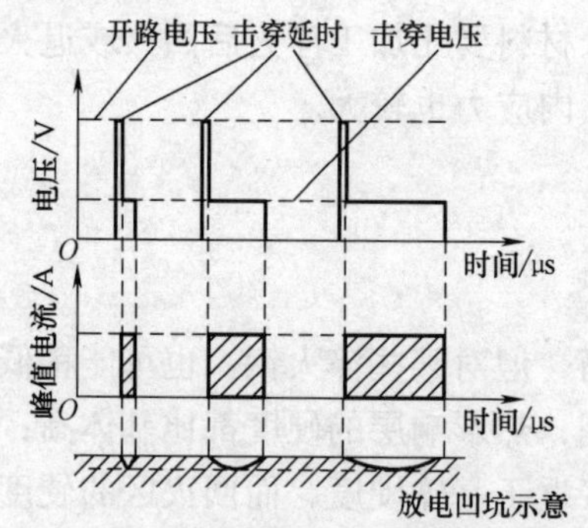

图 16-3　放电凹坑与放电脉冲宽度的对应关系

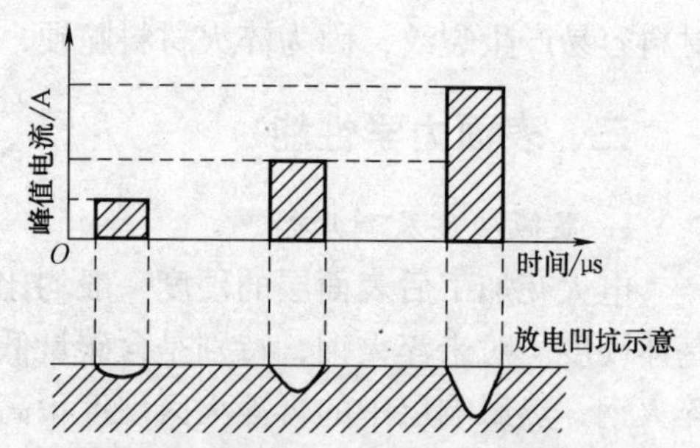

图 16-4　放电凹坑与放电脉冲峰值电流的对应关系

近期的研究还发现，放电的蚀除量不仅与能量的大小有关，还与蚀除的形式有关，对于小脉宽高峰值电流放电情况产生的蚀除形式主要是以材料的汽化为主，而大脉宽低峰值电流主要产生的蚀除形式是熔化方式，汽化形式的蚀除效率比熔化的要高 30% ~50%，并且表面残留的金属及表面质量有明显差异，如图 16-5 所示。

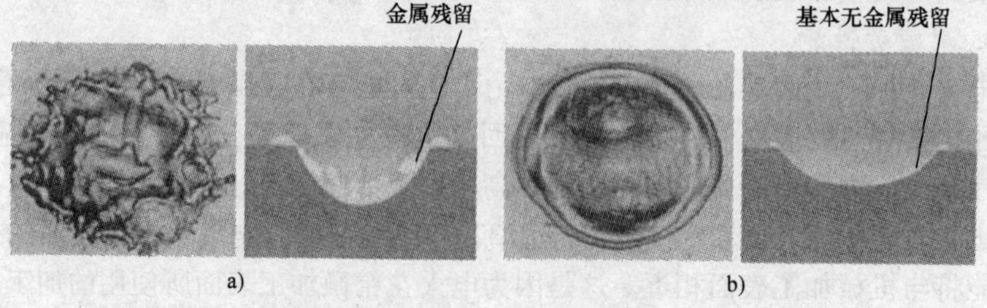

图 16-5　不同放电蚀除形式产生的表面质量及蚀除凹坑形状的差异
a）熔化蚀除　b）汽化蚀除

由上述分析可知，如果要提高蚀除速度，可以采用提高脉冲频率，增加单个脉冲能量，或者说增加平均放电电流（或峰值电流）和脉冲宽度，减小脉冲间隔的方式获得。此外还可以通过增加峰值电流，采用小脉宽、高峰值电流的放电形式，以获得汽化的蚀除方式，从而达到既提高蚀除速度，同时又改善表面质量的目的。

当然，实际加工时要考虑到这些因素之间的相互制约关系和对其他工艺指标的影响，例如脉冲间隔时间过短，将产生电弧放电；随着单个脉冲能量的增加，加工表面粗糙度值也随之增大等。

二、金属材料热学常数的影响

金属热学常数是指熔点、沸点（汽化点）、热导率、比热容、熔化热、汽化热等。显然当脉冲放电能量相同时，金属的熔点、沸点、比热容、熔化热、汽化热越高，电蚀量将越少，越难加工；另一方面，热导率越大，瞬时产生的热量容易传导到材料基体内部，因而也会降低放电点本身的蚀除量。

钨、钼、硬质合金等熔点、沸点较高，所以难以蚀除；纯铜的熔点虽然比铁（钢）的低，但因导热性好，所以耐蚀性也比铁好；铝的热导率虽然比铁（钢）的大好几倍，但其熔点较低，所以耐蚀性比铁（钢）差。石墨的熔点、沸点相当高，热导率也不太低，故耐蚀性好，适合于制作电极。几种常用材料的热学物理常数见表16-2。

表16-2　常用材料的热学物理常数

热学物理常数	材　料				
	铜	石　墨	钢	钨	铝
熔点 T_r/℃	1083	3727	1535	3410	657
比热容 c/J·(kg·K)$^{-1}$	393.56	1674.7	695.0	154.91	1004.8
熔化热 q_r/J·kg^{-1}	179258.4	—	209340	159098.4	385185.6
沸点 T_r/℃	2595	4830	3000	5930	2450
汽化热 q_q/J·kg^{-1}	5304156.9	46054800	6290667	—	10894053.6
热导率 λ/W·(m·K)$^{-1}$	3.998	0.800	0.816	1.700	2.378
热扩散率 a/cm^2·s^{-1}	1.179	0.217	0.150	0.568	0.920
密度 ρ/g·cm^{-3}	8.9	2.2	7.9	19.3	2.54

三、工作介质对电蚀量的影响

在电火花加工过程中，工作介质的作用是：形成火花击穿放电通道，并在放电结束后迅速恢复极间的绝缘状态；对放电通道产生压缩作用；帮助电蚀产物的抛出和排除；对工具、工件起到冷却作用。因而它对电蚀量也有较大的影响。介电性能好、密度和粘度大的工作液有利于压缩放电通道，提高放电的能量密度，强化电蚀产物的抛出效果；但粘度大，不利于电蚀产物的排出，影响正常放电。目前电火花成形加工主要采用油类作为工作液，粗加工时采用的脉冲能量大、加工间隙也较大、爆炸排屑抛出能力强，往往选用介电性能、粘度较大的机油，且机油的燃点较高，大能量加工时着火燃烧的可能性小；而在中、精加工时放电间隙比较小，排屑比较困难，故一般均选用粘度小、流动性好、渗透性好的煤油作为工作液，但考虑到实际加工的方便性，一般均采用火花油或煤油作为工作介质。

由于油类工作液有味、容易燃烧，尤其在大能量粗加工时工作液高温分解产生的烟气很大，故寻找一种像水那样的流动性好、不产生炭黑、不燃烧、无色无味、价廉的工作液一直是人们努力的目标。水的绝缘性能和粘度较低，在同样加工条件下，和煤油相比，水的放电间隙较大，对通道压缩作用差，蚀除量较少，且易锈蚀机床，但经过采用各种添加剂，可以改善其性能。最新的研究结果表明，水基工作液加工时的蚀除速度可大大高于煤油，甚至接近切削加工，但在大面积精加工方面较煤油还有一段距离。对于电火花线切割而言，低速单向走丝选用去离子水作为工作介质；高速往复走丝则采用乳化液、水基工作液或复合工作液等水溶性工作介质。

四、其他因素的影响

影响电蚀量的还有其他一些因素。首先是加工过程的稳定性；加工过程不稳定将干扰以致破坏正常的火花放电，使有效脉冲利用率降低。随着加工深度、加工面积的增加或加工型面复杂程度的增加，都不利于电蚀产物的排出，影响加工稳定性，降低加工速度，严重时将产生积炭拉弧，使加工难以进行；为了改善排屑条件，提高加工速度和防止拉弧，常采用强迫冲液和工具电极定时抬刀等措施。

如果加工面积较小，而采用的加工电流较大，也会使局部电蚀产物浓度过高，放电点不能分散转移，放电的余热来不及扩散而积累起来，造成过热，形成电弧，破坏加工的稳定性。

第四节　电极材料损耗影响因素及损耗量的计算

一、电参数对电极材料损耗的影响

1. 脉冲宽度的影响

在峰值电流一定的情况下，随着脉冲宽度的减小，电极损耗增大。脉冲宽度

越窄，电极损耗上升的趋势越明显，如图 16-6 所示。

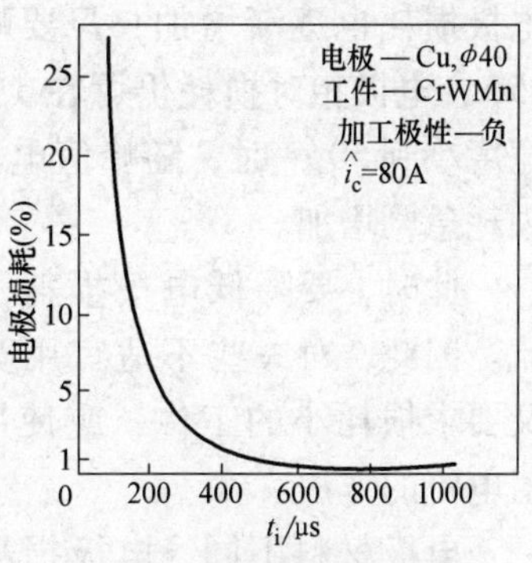

图 16-6　脉冲宽度和电极相对损耗的关系

为使电极的相对损耗小于 1%，脉冲宽度须增加到某一临界值以上，这一临界值的大小，随着峰值电流的改变而改变。一般情况下，采用石墨或纯铜电极、负极性加工，当脉冲宽度大于 500μs 时，电极相对损耗可在 1% 以下；在采用低损耗回路加工、脉冲宽度仅大于 150μs 时，电极相对损耗就可控制在 1% 以下。

随着脉冲宽度的增加，电极相对损耗降低的原因有两个方面。一是脉冲宽度增大，单位时间内脉冲放电次数减少，使放电击穿引起电极损耗的影响减少。同时，工件承受正离子轰击的机会增多，正离子加速的时间也长，极性效应比较明显。二是脉冲宽度增大，电极“覆盖效应”增加，也减少了电极损耗，即加工中的电蚀产物（包括被熔化的金属和工作液受热分解的产物）不断沉积在电极表面，对电极的损耗起了补偿作用。如这种飞溅沉积的量大于电极本身损耗，就会破坏电极的形状和尺寸，影响加工效果。如飞溅沉积的量恰好等于电极的损耗，两者达到动态平衡，可得到无损耗加工。由于电极端面、角部损耗的不均匀性，无损耗加工是难以实现的。一般情况下，脉冲宽度加大，电蚀产物飞溅沉积到电极表面的量就多，电极的相对损耗就要小些；脉冲宽度减小，电蚀产物飞溅沉积到电极表面的量就少，电极的相对损耗就大些。

等脉冲式电源是按间隙击穿后计算脉冲宽度的。因此，电流脉冲宽度总是完全一致的。等脉冲加工与非等脉冲加工比较，前者比后者损耗要小。其主要原因在于非等脉冲的电流脉冲宽度小于等脉冲的电流脉冲宽度，如图 16-7 所示。

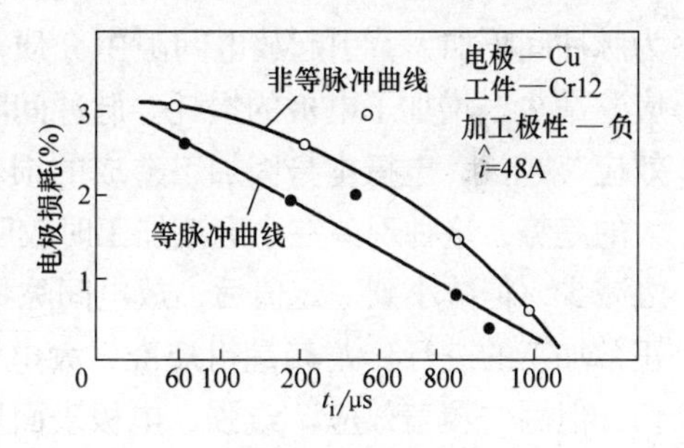

图 16-7　脉冲宽度对电极相对损耗的影响

2. 峰值电流的影响

对于一定的脉冲宽度，加工时的峰值电流不同，电极损耗也不同。用纯铜电极加工钢时，随着峰值电流的增加，电极损耗也增加。但这种影响的大小又与脉冲宽度有直接关系。图 16-8 所示是峰值电流对电极相对损耗的影响。当脉冲宽度在 1000μs 以上时，峰值电流对电极损耗影响很小，即使峰值电流达到 60A，电极相对损耗仍在 1% 以下。当脉冲宽度减至 200μs 时，随着峰值电流的增加，电极损耗也逐渐增加，只要峰值电流不超过25A，电极相对损耗仍可在1%以下。当脉冲宽度小到50μs时，随峰值电流的增大，电极损耗急剧增加。

此时，要降低电极损耗，应减小峰值电流。因此，对一些不适宜用宽脉冲粗加工而又要求损耗小的工件，应使用窄脉冲、低峰值电流的方法。

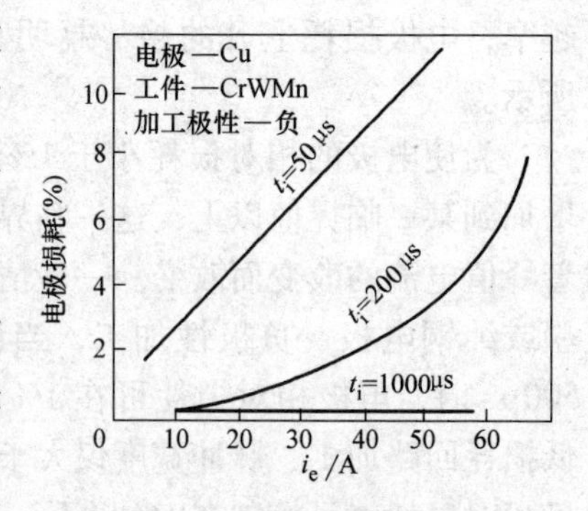

图16-8　峰值电流对电极相对损耗的影响

电极材料不同，电极损耗随峰值电流变化的规律也不同。用石墨电极加工钢时，在脉冲宽度相同的条件下，随着峰值电流的增加，电极损耗不是增加而是减小的。如在脉冲宽度为64μs、脉冲间隔为10μs的条件下，峰值电流为10A时，电极相对损耗为12%；峰值电流增至30A时，电极相对损耗降为10%；峰值电流增加到120A时，电极相对损耗降为6.8%。这与纯铜电极加工钢时，峰值电流对电极损耗的影响规律完全不同。

由此可见，脉冲宽度和峰值电流对电极损耗的影响效果是综合性的，只有脉冲宽度和峰值电流保持一定关系，才能实现低损耗加工。

3. 脉冲间隔的影响

在脉冲宽度不变时，随着脉冲间隔增加，电极损耗增大，如图16-9所示。因为脉冲间隔加大，引起放电间隙中介质消电离状态的变化，使电极上的“覆盖效应”减少，增加了电极的损耗。脉冲间隔越大，间隙中介质消电离越充分，“覆盖效应”越少，电极本身因加工造成的损耗得到的补偿越少，所以电极损耗越有增大的趋势，这种现象在小电流加工时较明显。随着脉冲间隔的减小，电极损耗也随之减少，但减小到一定值后，放电间隙将来不及消电离而造成拉弧烧伤，反而影响正常加工的进行。尤其是粗规准、大电流加工时，更应注意。有时即使未拉弧烧伤，但因“覆盖效应”过强，电极表面反粘程度严重，破坏了加工精度。

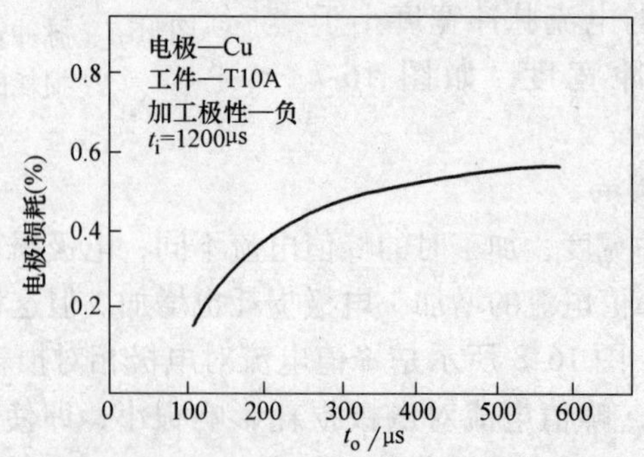

图16-9　脉冲间隔对电极相对损耗的影响

二、非参数对电极材料损耗的影响

1. 加工面积的影响

在脉冲宽度和峰值电流一定的条件下，随着加工面积的减小电极损耗增大（见图16-10），其关系是非线性的。当加工面积大于临界值时，电极相对损耗小于1%，并随着加工面积的继续增大，电极损耗减小的趋势大大变慢。当加工面积小于这一临界值时，随着加工面积的继续减小而电极损耗急剧增加。

2. 冲液或抽液的影响

在形状复杂、深度较大的型孔和型腔加工中，应采取强迫冲液或抽液的方法进行排气排屑，但强迫冲液或抽液虽然促进了加工的稳定性，却增大了电极的损耗。因为强迫冲液或抽液使熔融飞溅的电蚀产物颗粒迅速冷凝，并被高速流动的工作液冲到放电间隙之外，减弱了电极上的“覆盖效应”。同时，间隙中的工作液由于降温而提高了介电系数，使加工过程中消电离加快，也使电极上“覆盖效应”减弱，因此，电极损耗增加。纯铜电极与石墨电极相比，随冲液压力的增加，纯铜电极损耗增加得更为明显（见图16-11）。用纯铜电极加工时，冲液压力一般不超过0.005MPa，否则电极损耗将显著增加。当使用石墨电极加工时，电极损耗受冲液压力的影响较小。

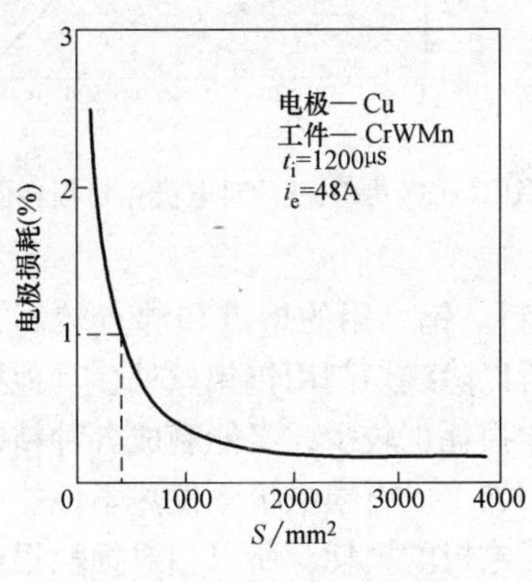

图16-10　加工面积对电极相对损耗的影响

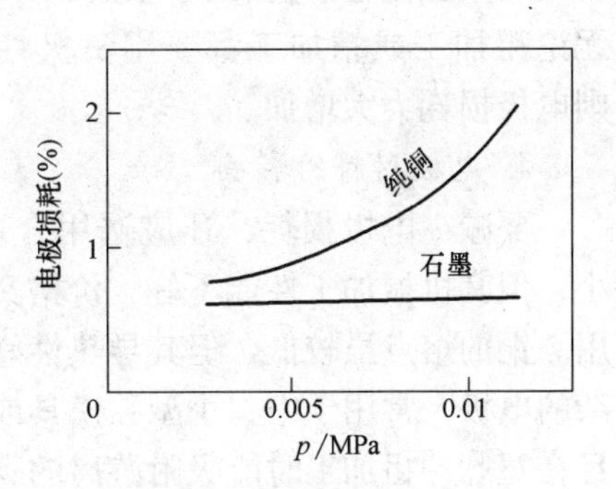

图16-11　冲液压力对电极相对损耗的影响

冲液或抽液方式虽对电极损耗无显著影响，但影响电极端面损耗的均匀性。冲液时电极损耗成凹形端面；抽液时则形成凸形端面（见图16-12）。这主要是因为进口处工作液为不带放电产物的新液，温度比较低，流速较快，使该处“覆盖效应”效果降低的缘故。

实践证明，用交替冲液和抽液的方法，可使单独用冲液或抽液所造成的电极端面形状的缺陷互相抵消，得到较平整的端面。但必须是液孔的位置与电极的形

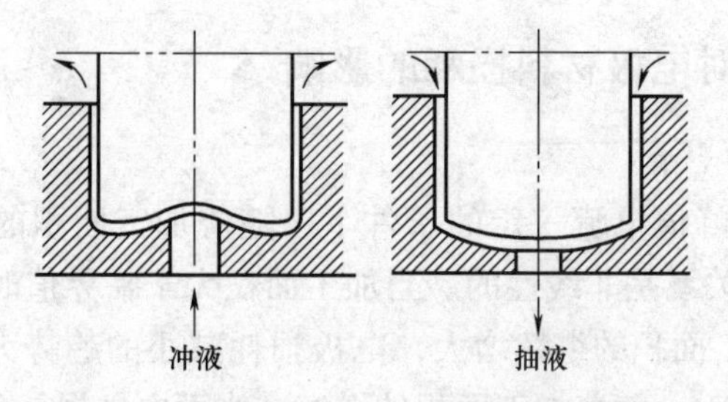

图 16-12　冲液方式对电极端部损耗的影响

状对称时才能实现。另外，采用脉动冲液（冲液不连续，与伺服联动，当主轴抬起不加工时进行冲液，当加工时不冲液）比一般的冲液电极损耗小而均匀。

3. 加工极性的影响

在其他加工条件相同的情况下，加工极性不同，对电极损耗影响很大（见图 16-13）。当脉冲宽度小于某一数值 t_i 时，正极性损耗小于负极性损耗；反之，当脉冲宽度大于 t_i 时，负极性损耗小于正极性损耗。一般情况下，采用石墨电极和纯铜电极加工钢时，粗加工用负极性，精加工用正极性。但在钢电极加工钢时，无论粗加工或精加工都要用负极性，否则电极损耗大大增加。

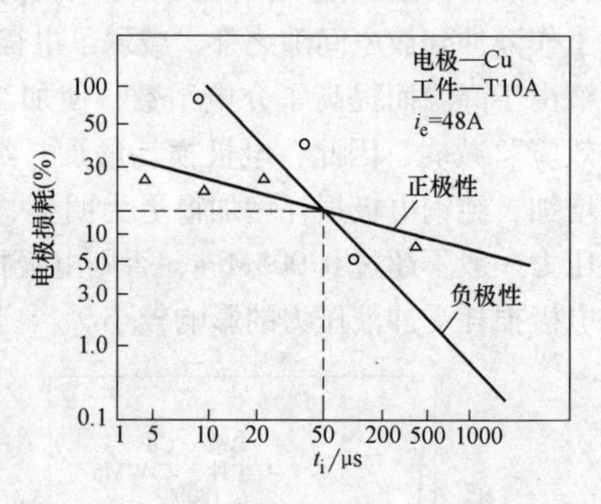

图 16-13　加工极性对电极相对损耗的影响

4. 电极材料的影响

要减少电极损耗，还应选用合适的材料。钨、钼的熔点和沸点较高，损耗小，但其机械加工性能不好，价格又贵，所以除线切割用钨钼丝外，其他很少采用。铜的熔点虽较低，但其导热性好，因此损耗也较少，又能制成各种精密、复杂的电极，常用于中、小型腔模具或零件的加工。石墨电极不仅热学性能好，而且在宽脉冲粗加工时能吸附游离的碳来补偿电极的损耗，所以相对损耗很低，目前已广泛用作型腔模具的加工。铜钨、银钨合金等复合材料不仅导热性好，而且熔点高，因而电极损耗小，但由于其价格较贵，制造成形比较困难，因而一般只在精密电火花加工时采用。

石墨电极的材料和方向性不同，对电极损耗的影响也不同。最早生产的石墨材料是有方向性的，这是在生产压制过程中，受到压力的方向和大小不同而形成的。在受压力的方向上形成分层的片状结构，而且每一层中的颗粒之间的松紧程度也不相同。这在电火花加工过程中，容易产生剥落的现象。石墨材料在非压制方向的结构比较均匀细密，不易产生剥落。因此，电极进给方向平行于石墨材料

的压制方向时的电极损耗大于进给方向垂直于压制方向时的电极损耗，限制了石墨电极的使用。

为了克服方向性的影响，20 世纪 80 年代初期，国外研制出高密度高强度各向同性的专用于电火花加工的石墨电极材料，解决了方向性对电极损耗的影响。

石墨电极的损耗，很大程度上取决于材料的结构和它的机械抗弯强度。石墨材料颗粒组织越均匀、细密，它的损耗就越小。石墨粒子的直径在 5μm 以下时，电极损耗较小；超过 5μm 后电极损耗急剧增加；超过 15μm 以后，电极损耗基本保持不变（见图 16-14）。石墨材料抗弯强度越大，电极损耗越小。例如，抗弯强度大于 90MPa，电极损耗小于 1%。图 16-15 所示为石墨材料的抗弯强度对电极损耗的影响。

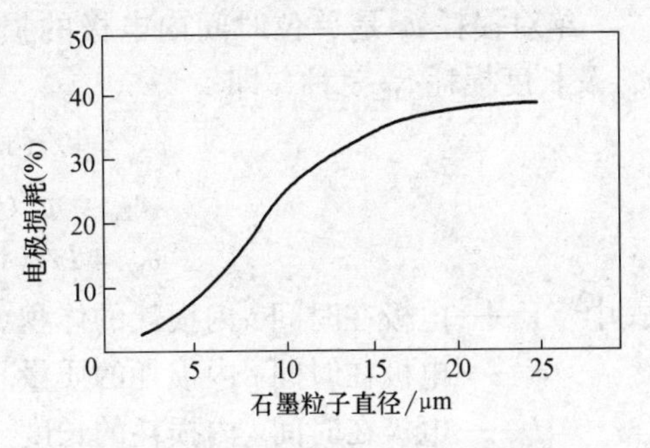

图 16-14　石墨粒子直径与电极损耗的关系

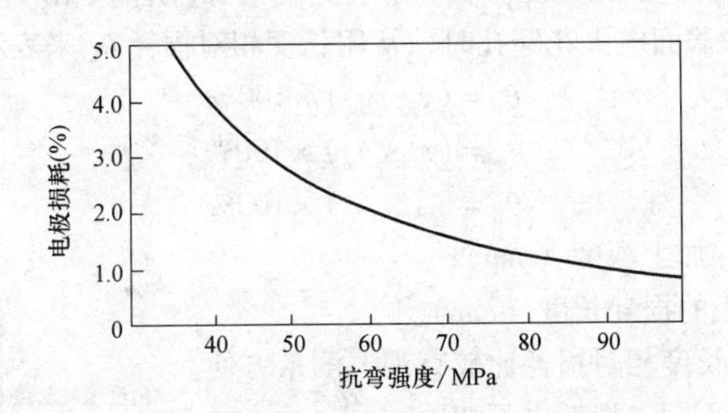

图 16-15　石墨材料的抗弯强度对电极损耗的影响

另外，石墨材料的硬度、电阻率对电极损耗也有影响。石墨材料的硬度越大，电极损耗越小；石墨材料的电阻率越大，电极损耗越小，但电阻率超过 $1.9\times10^{-5}\Omega\cdot m$ 以后，电极消耗无较大的变化，且可能产生电弧。

因此，采用石墨材料做电极时，应注意材料组织结构、抗弯强度和方向性，特别是在使用拼块方法制作电极时，更应注意，否则将引起电极的不均匀损耗。

5. 电极的形状和尺寸的影响

在电极材料、电参数和其他工艺条件完全相同的情况下，电极的形状和尺寸对损耗影响也很大（如电极的尖角、棱边、薄片等）。为避免上述情况，可采用分别加工的方法。先加工出主型腔，然后用小电流对尖角、窄槽部位进行加工，并采取适应“抬刀”或脉动冲液，可减小电极损耗。

三、电极材料损耗量的计算方法

加工中的电极损耗，是产生加工误差的主要原因之一。因此，掌握电极损耗的规律，并设法降低损耗是非常重要的。

电极损耗分为绝对损耗和相对损耗两种表示方法。

绝对损耗 v_E 是单位时间内电极的损耗量，又分为体积损耗 v_{Ew}、质量损耗 v_{Em} 及长度损耗 v_{EL} 三种，即

$$v_{Ew}=V/t(\cdot mm^3/min)$$

$$v_{Em}=m/t(g/min)$$

$$v_{EL}=L/t(mm/min)$$

式中　V——电极在时间 t 内损耗的体积（mm^3）；

m——电极在时间 t 内损耗的质量（g）；

L——电极在时间 t 内损耗的长度（mm）。

相对损耗 θ 是电极的绝对损耗和工件加工速度的百分比，并以此来综合衡量电极的耐损耗程度和加工性能。在实际生产中，常用体积相对损耗 θ_w 或质量相对损耗 θ_m，在等截面电火花穿孔时，常用长度相对损耗 θ_L 来表示，即

$$\theta_w=(v_{Ew}/v_w)\times100\%$$

$$\theta_m=(v_{Em}/v_m)\times100\%$$

$$\theta_L=(\Delta L_E/h)\times100\%$$

式中　h——工件加工深度（mm）；

ΔL_E——电极的损耗长度（mm）。

加工中采用长度相对损耗比较直观，测量方便。但由于电极部位不同，损耗也不相同。

因此，长度相对损耗还分为端面相对损耗 θ_d 和角部相对损耗 θ_j，如图 16-16 所示，端面相对损耗 θ_d 表示方法和 θ_L 相同，角部相对损耗 θ_j 表示方法为

$$\theta_j=h_j/h\times100\%$$

式中　h_j——电极角度损耗长度（mm）。

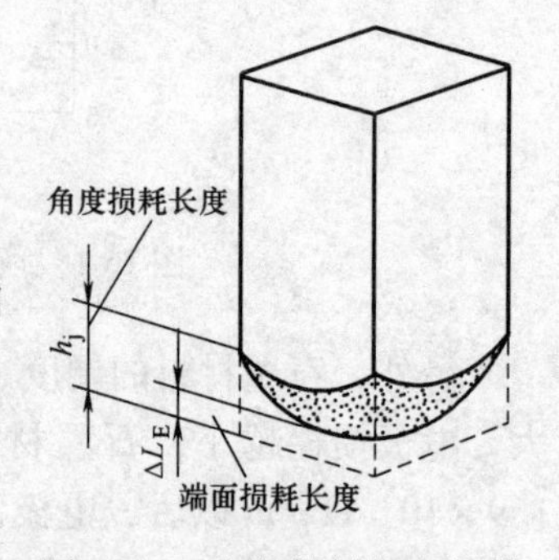

图 16-16　电极损耗长度说明

第五节　电火花成形加工的一些工艺技巧

一、加工规准的选择、转换与单面缩放量的确定

选择加工规准时应考虑的因素有：加工速度、表面粗糙度、电极损耗、加工

余量之间的关系；电极相对损耗比（一般为端面相对损耗）；当表面粗糙度提高1倍时，加工速度降低到原来的1/5以下，因此必须选择适当的加工规准。

1. 粗加工规准的选择和电极单边缩放量的确定

加工间隙与峰值电流、脉冲宽度、脉冲间隔等因素有关，主要取决于峰值电流大小，而峰值电流的选取又取决于加工面积的大小，在粗加工时，要求高生产率和低电极损耗，这时应优先考虑较宽的脉冲宽度，然后选择合适的峰值电流，其选择的方法如下：

1）根据面积效应和电极对选择粗加工规准：纯铜电极加工钢时，电流密度≤10A/cm²，最大为15A/cm²；石墨电极加工钢时，电流密度≤5A/cm²。在大于上述值时，容易发生拉弧现象。

2）根据电极单边缩放量$\delta \geqslant \Delta + R_{max}$选择粗加工规准：原则上$\delta$取值大于$\Delta + R_{max}$，其中，$\Delta$为加工间隙，$R_{max}$为表面粗糙度，$\delta$即加工后工件尺寸与电极尺寸之差。图16-17所示为加工间隙的示意图，这里加工间隙Δ指粗加工规准对应的最大间隙值。

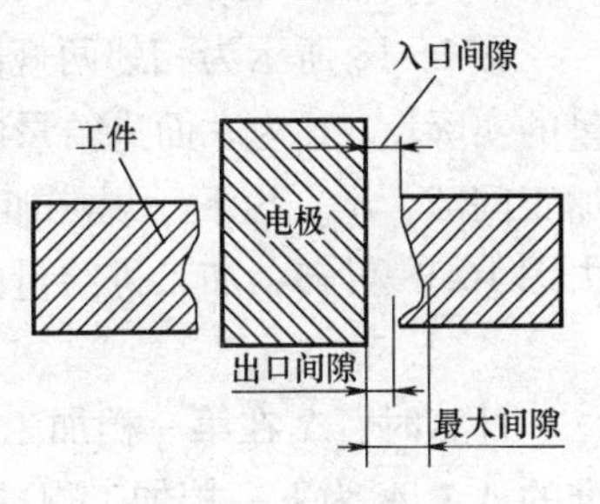

图16-17　加工间隙示意图

3）在上述两个条件中选择峰值电流（i_e值）较小的条件为粗加工规准。

实际上，由于放电加工过程受许多因素的控制，加工面积与峰值电流之间没有精确的数值比例关系，在选择时要考虑加工稳定性好、加工速度快、电极损耗小等因素。

以上均为单面缩放量，如所选缩放量过小，将被迫使用较小的峰值电流，加工速度低；缩放量过大，可使用较大的峰值电流，但易拉弧，加工稳定性差，若采用摇动（平动）方式，摇动（平动）量过大，会影响加工件的精度。因此，在工艺准备阶段，工艺人员要认真考虑加工方案，确定缩放量值后，再设计和加工电极。

2. 中加工规准的选择

中规准与粗规准之间没有明显的界限，应根据加工对象确定。选择的方法如下。

1）以峰值电流或表面粗糙度逐级减半为原则，即后一档表面粗糙度为前一档表面粗糙度的1/2；例：50μm→25μm→12μm→6μm。

2）在$i_e \leqslant 3A$的条件时，加工速度非常缓慢，应逐渐减少规准，有时选择对加工速度比对电极损耗更有利的条件。例：3A（18μm）→2A（12μm）→1A（6μm）。

3. 精加工规准的选择

以满足图样要求的表面粗糙度为最终精加工规准选择的条件。

二、加工进给量和摇动（平动）量的确定

单面缩放量确定后，粗加工规准也就确定了，根据最终加工要求，按峰值电流或表面粗糙度逐级减半的原则，将整个加工过程分为粗、中、精三个阶段和若干加工条件来完成。由于加工过程中，加工能量逐渐减小，加工间隙也相应越来越小，要使侧面和底面同步加工，就要靠加工深度的进给量和摇动（平动）量来补偿间隙。

1. 加工进给量的确定

图 16-18 所示为相邻两规准加工间隙与进给量的关系。其中，A 为底面进给量的实际值，d 为底面进给量的计算值，Δ_1为下一规准加工间隙，Δ_2为上一规准加工间隙，$R_{\max1}$为下一规准加工表面粗糙度，$R_{\max2}$为上一规准加工表面粗糙度。由图 16-18 可知，加工进给量的公式为

$$A=\Delta_2+R_{\max2}-\Delta_1+R_{\max1}$$

计算时，Δ_2在第一档加工规准时取β，以后各档加工规准时取上一档加工规准的Δ_1；Δ_1为下一档加工规准，等于α与β之和的一半，即$\Delta_1=(\alpha+\beta)/2$，$\alpha$、$\beta$、$\gamma$、$R_{\max}$可在加工条件数据表中查找。

若由多档规准进行加工（如 4 档），其相邻两规准的进给量和这一规准距最终加工底面基准值的关系如图 16-19 所示，图中 C 为加工规准，A 为底面进给量，Z 为距最终加工底面的基准值，1、2、3、4 为第几加工规准。计算方法如下：

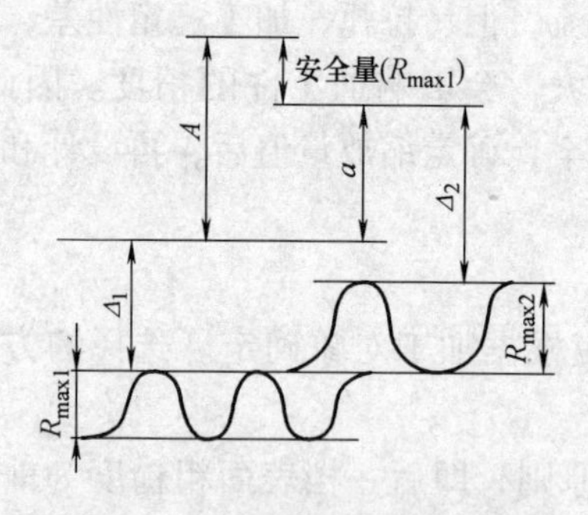

图 16-18　相邻规准加工间隙与进给量的关系

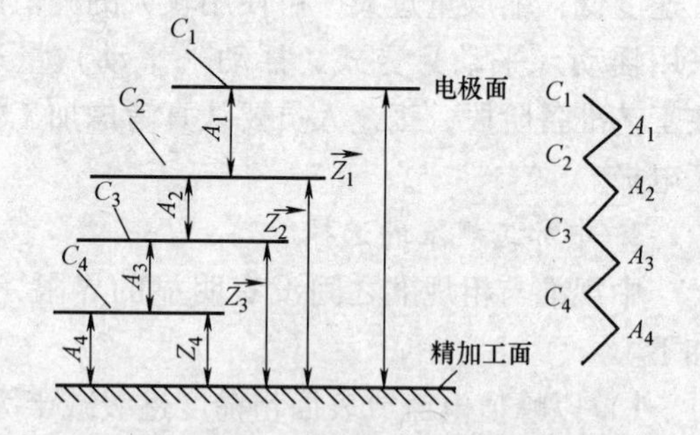

图 16-19　相邻规准的进给量及距最终加工基准的关系

各加工规准的进给量：C_1与C_2为A_1，C_2与C_3为A_2，C_3与C_4为A_3，C_4与最终加工底面为A_4。则各加工规准距最终加工底面的基准值：C_4加工规准为$Z_4=A_4$；C_3加工规准为$Z_3=A_3+A_4$；依此类推，C_1加工规准为$Z_1=A_1+A_2+A_3+A_4$。

2. 摇动（平动）量的确定

在同一条件下加工时，一般侧面的表面粗糙度比底面略好，就侧面而言，进给量要比底面进给量小20%～30%。因此，侧面进给量与底面进给量的关系用公式表示为

$$B=(0.7\sim0.8)A$$

式中　B——侧面进给量；

A——底面进给量。

图16-20所示为侧面进给量、最终加工基准面与摇动（平动）量的关系。图中，S为距最终加工侧面的基准值；δ为电极单面缩放量；STEP为摇动（平动）量；C、B含义同前。由图16-20可知，每一规准的摇动（平动）量计算公式为

$$STEP=\delta-S$$

根据以上两式，各规准的摇动（平动）量计算方法如下：

C_4加工规准：$S_4=B_4$，$STEP_4=\delta-S_4$；C_3加工规准：$S_3=B_3$，$STEP_3=\delta-S_3$；依此类推，C_1加工规准：$S_1=B_1+B_2+B_3+B_4$，$STEP_1=\delta-S_1$。

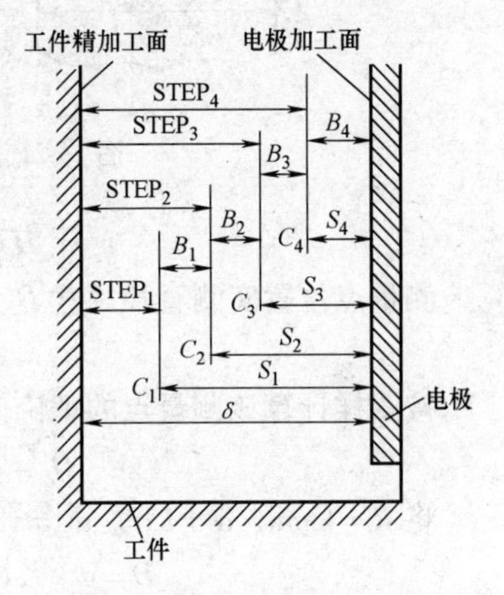

图16-20　侧面进给量、最终加工基准面与平动量的关系

三、数控电火花成形加工的在机测量方法

1. 加工工件测量

（1）对工件各加工表面上型腔尺寸的测量　测量主要利用数控系统的自动端面定位功能，测量时可使用测针或测量球。

1）加工深度的测量。用测量球在同一方向上自动碰不同深度的型面，记录各型面的坐标值并计算差值，即得到型腔的深度尺寸。

2）加工宽度的测量。先用测量球在被测型腔中碰一个型面，再向相反的方向碰另一面，记录并计算两次所得到的坐标差值，再减去或加上测量球的尺寸，即得到型腔的宽度或型腔的内径尺寸。

（2）锥面尺寸的测量　图16-21所示为带锥度工件的各尺寸之间相互关系的测量示意图。该测量主要是利用数控系统的自动柱中心定位功能和相应的计算来完成的。

锥面尺寸的测量方法为：使用ϕ2mm的测量球，先碰工件的上表面（33.4表面），以此面为基准面，然后向下移动固定距离h。测量球半径为R，锥度半角为α，则测量球与工件相碰的测量点至基准面的距离H为

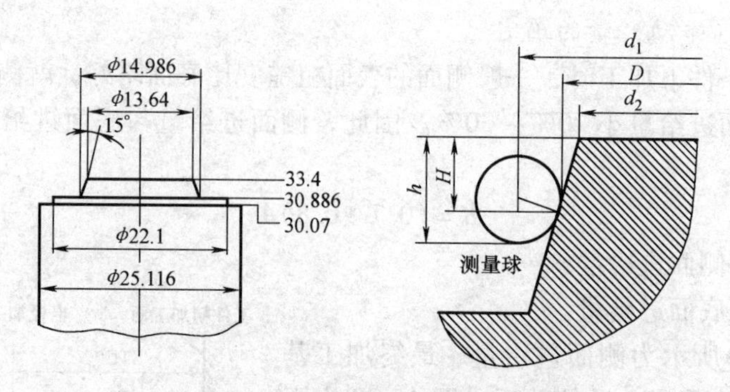

图 16-21　带锥度工件的测量示意图

$$H=h-(R-R\sin\alpha)$$

测量点位置实测直径尺寸 D 为

$$D=d_1-2R\cos\alpha$$

按图样计算该测量点的理论值 D' 为

$$D'=d_2+2H\cot(90°-\alpha)$$

将 $R=1\text{mm}$、$\alpha=15°$、$d_2=13.64\text{mm}$ 代入得

$$D=d_1-2\cos15°\text{mm}=d_1-1.932\text{mm}$$

$$D'=13.64\text{mm}+2\times[h-(1-\sin15°)]\cot75°=0.536h+13.243\text{mm}$$

再将向下移动的距离 h 和 d_2 值代入，即可计算 D 和 D'，比较 D 与 D' 的数值，即可知加工是否达到尺寸要求及继续加工所设定的数值。

实际操作时，要多测量几个点，计算后取平均值以求准确。

2. 工件基准与基准球之间坐标的测量

在精密复杂型腔模具的加工过程中，使用基准球建立加工基准坐标系，对于提高复杂模具多型腔之间的尺寸精度和模具整体精度是非常有用的，而且还为加工中使用多电极的重复定位及多次加工提供了方便的定位基准。这种方式一般用于模块上多方向均有型腔、基准面不易确定或不便使用的情况。

如图 16-22 所示，该模具上型腔复杂，除安装面之外，各面上都有需加工的型腔，且相互之间尺寸精度要求高。模块设计基准为中心上的 $\phi30.155\text{mm}$ 圆孔。这一基准不能直接用作电极定位。为了便于电极定位，在模块之外安装了基准球，以基准球来作为整个加工系统的定位基准。因此，就必须测量出球心与工件基准之间的距离 x_1、y_1、z_1，以便加工中电极定位使用。测量方法如下：

1）建立坐标系。第 1 坐标系为加工坐标系，用 A01 表示；第 2 坐标系为基准球坐标系，用 A02 表示，基准球安装在不妨碍加工的位置，基准球直径为 $\phi6\text{mm}$。

2）电极接柄头上安装测量球，直径为 $\phi6\text{mm}$。在 A02 坐标系中用测量球确

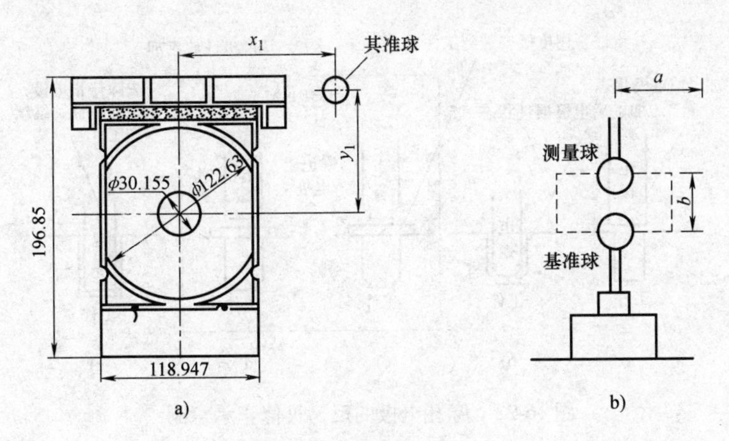

图 16-22　模具的加工

a）工件与基准球的安装位置　b）测量球与基准球的位置

定基准球的位置，先把测量球移动到基准球上方，如图 16-22b 所示，用自动柱中心定位（找中心移动距离 X、Y 向为 a，Z 向下降距离为 b），输入相应参数，执行后确定基准球与测量球的中心位置，其坐标值 $x=0$、$y=0$、$z=+1.0$。

3）切换到 A01 坐标系，用测量球确定基准球与工件的位置关系。将主轴上的测量球移动至工件上的基准 ϕ30.155mm 圆孔中，使用自动孔中心定位，输入相应参数，使测量球找到圆孔的中心位置，即坐标值（x_1，y_1），存储该坐标值，再将测量球移到工件的上表面，在该面基准位置处碰端面并返回到 $z=1.0$ 的坐标位置（z_1），并存储。此时被存储的 x_1、y_1、z_1 坐标值即为工件基准与基准球之间的距离。

4）取下测量球，换上所需用的电极并进行自身找正。在 A02 坐标系下，将电极移到基准球的上方并找正定位。再根据上述基准球与工件基准之间存储的 x_1、y_1、z_1 坐标值及所要加工的型腔的位置尺寸，将电极移到加工位置完成找正。

由以上分析可见，这种定位测量方法的使用，可使模块上所有型腔的基准一致，减少了重复定位的次数及不必要的定位误差。

在机检测和基准球的使用方法还有许多，在此就不一一介绍了。

四、零件电火花加工

1. 穿孔电极的反拷贝修正

电火花穿孔加工用的电极，例如用单根电极加工多个圆孔或型孔，往往因角部损耗大而底面塌角为圆锥形或成为锥棱边形（见图 16-23a、b），再次加工前，如要求底面为平面形状的电极时，可把底面电极损耗部分用电火花反拷贝进行修正、修平，这是很方便实用的。图 16-23 所示为穿孔电极的反拷贝修正示意图。

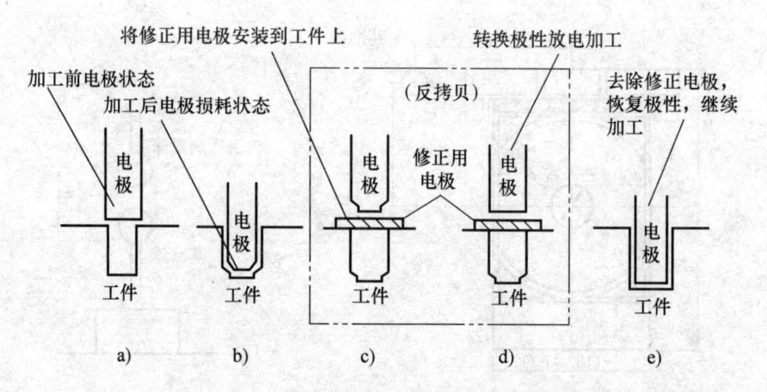

图 16-23　穿孔电极的反拷贝修正示意图

图 16-23a 所示为放电加工前的状态；图 16-23b 所示为放电加工后电极损耗的状态；在图 16-23c 中，把修正用的电极材料（以银钨或铜钨为宜，硬质合金也可，此时相当于加工用的工具）安装到工件上；在图 16-23d 中，极性转换，反拷贝放电修正用电极（此时相当于被加工的工件）损耗部分，然后去掉修正电极；在图 16-23e 中，极性转换复原，如果再次放电加工工件，就可得到较锐的棱角。

用此法修正电极，不卸掉电极即能实现，所以电极修正后的定位简单。另外，即使是强度差的电极，在修正中也不会出现弯曲的危险。但是，被修正的电极底面只限于平面的情况。此外，对于面积大的电极，反拷贝修正还有时间长的缺点。

修正用电极材料及其特性见表 16-3。

表 16-3　修正用电极材料及其特性（加工速度比，当银钨：银钨为 1 时）

修正用电极（相当于工具）		被修正的电极材料（相当于工件）	电极损耗体积比	加工速度比
材　料	极　性			
银钨	负	银钨	(20～25)%	1
银钨	负	铜钨	(25～30)%	0.8～0.9
银钨	负	铜	(5～8)%	5～5.5
铜钨	负	银钨	(25～30)%	0.8～0.9
铜钨	负	铜钨	(30～40)%	0.6～0.7
铜钨	负	铜	(7～10)%	3.5～4
铜	负	铜	(20～30)%	3～3.5

2. 电火花深孔加工

深孔加工这类工件多属无预留孔，经热处理淬火后，深度尺寸往往大于

100mm 的不通孔或有预留孔需扩孔及各种类型的深形孔，其形状多为异形孔、梯形孔、锥度孔、直壁孔、圆孔、椭圆孔、螺旋孔、齿形孔及竹节孔等。深孔加工的关键是控制好冲液，一般情况下工作液流路越长，工作液压力就应越高，所以当孔深超过 200mm 时，工作液压力若不能保持足够大，则排屑与排气状况不好，加工不稳定，就不能正常加工，还可能引起拉弧烧伤等。

（1）石墨电极加工深孔　图 16-24 所示为石墨电极加工深孔电极剖面结构示意图，一般适合加工面积较大，又有一定加工深度，具有一定形状尺寸要求的型孔、型腔，有条件的采用下冲液（即有预留孔的），如是不通孔加工往往都采用上冲液的加工方法，以达到排屑与排气的目的，保持正常稳定的放电加工。

（2）纯铜电极加工深孔　如果深孔断面是圆孔，可采用空心纯铜管作电极，尺寸由 $\phi13\sim\phi20$mm 任选，一般均由纯铜管中心供给工作液进行排屑与排气。因此要求纯铜管电极应与专用冲液夹头密封固定，不得漏液。图 16-25 所示为空心纯铜管电极与夹具示意图。此种冲液结构可用管接头更换不同尺寸的空心纯铜管，简便易行。加工规准选择负极性、脉冲宽度为 120～250μs、脉冲间隔为 70～100μs、加工电流为 3～6A，采用上冲液加工，电极损耗 <10%。

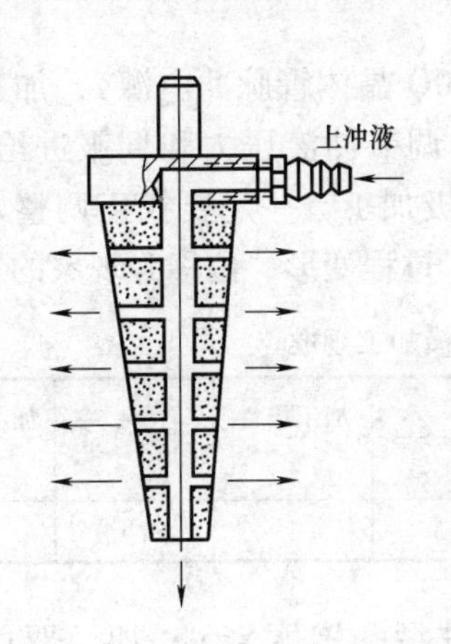

图 16-24　石墨电极加工深孔电极剖面结构示意图

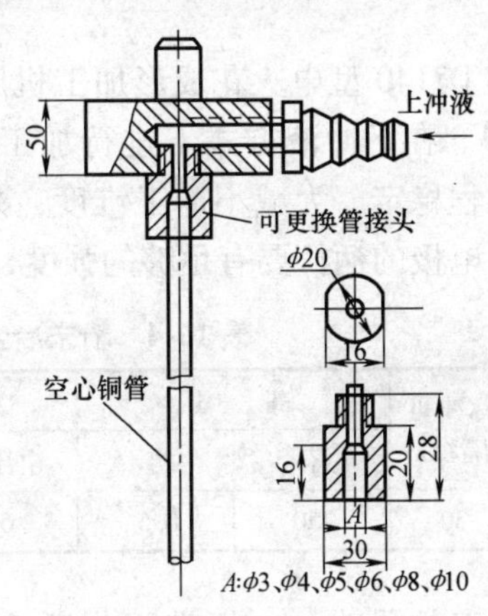

图 16-25　空心纯铜管电极与夹具示意图

图 16-26 所示为加工圆锥状的深孔纯铜电极，加工深度为 105mm。有台阶状预孔，加工时电极以 200r/min 的速度正向旋转，从工件上进行下冲液加工，能有效地改善排屑排气条件和提高加工表面粗糙度和加工速度。

（3）铜钨合金电极加工深孔　铜钨合金电极材料具有损耗小的显著特点，特别适合加工孔深、壁直的工件（即用短电极加工深型孔、型腔）。图 16-27 所示为粉末冶金齿轮压型工件与铜钨合金短电极示意图。工件材料为工具淬火钢，经机械加工成形，留有电加工余量单边 1mm，允许锥度 6′，加工深度 90mm，要

求表面粗糙度值 $Ra<2.5\mu m$（见图16-27a）。为减小型孔的加工锥度，选择损耗小的铜钨合金材料，其电极高度为型孔深度的1/3（即30mm），外形结构形状如图16-27b所示（齿数15、模数2mm、公差0.03mm）。

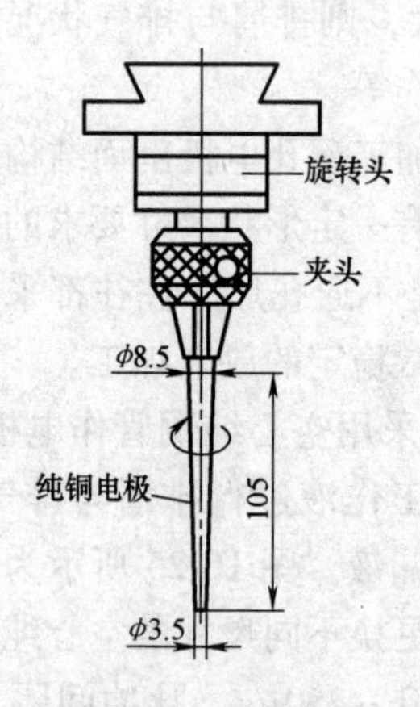

图16-26 圆锥深孔纯铜电极

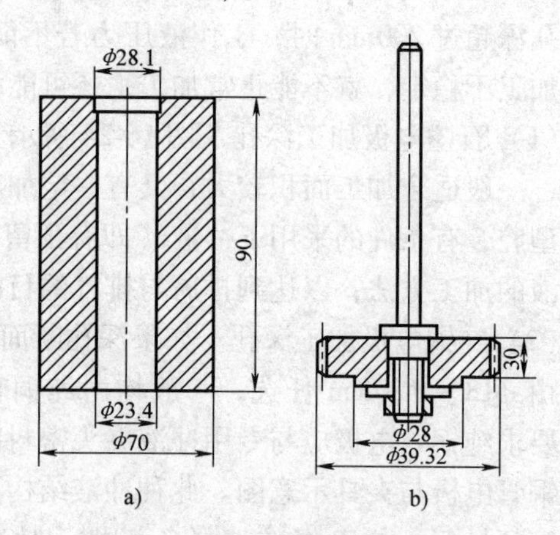

图16-27 粉末冶金齿轮压型工件与铜钨合金短电极
a）齿轮压型工件 b）铜钨合金短电极

使用D7140型电火花成形加工机床（JF-210Q晶体管脉冲电源），加工规准见表16-4。在下冲液方式下进行加工，应仔细调节冲液压力和伺服进给速度，使加工过程稳定。为减小加工锥度，采用短电极加工，一定要找正调整好垂直度，连接电极的柄杆要有足够的强度，避免加工过程变形、位移等现象的发生。

表16-4 粉末冶金齿轮压型模加工规准

脉冲宽度/μs	脉冲间隔/μs	高压		低压		加工极性（±）	冲方式液	加工深度/mm
		电压/V	电流/A	电压/V	电流/A			
2	30	250	0.5	60	2.5	+	下冲液	120

其加工效果为：电极端面损耗10%；工件型孔锥度<6′；加工双面间隙0.08mm；加工表面粗糙度值 $Ra<2.5\mu m$。

五、电火花加工模具的特殊处理

1. 模具的电火花“亚光”加工

现代塑料制品，特别是各种塑料壳体、装饰表面，例如照相机、计算器、收音机、录音机、手机、遥控器及各种塑料玩具等的加工表面，不要求特别光亮的外表面而要求其微观表面呈现均匀细小类似喷砂的效果。这种表面形态实际为电火花加工痕迹的反映，一般称“亚光”，经过“亚光”处理的表面具有视觉柔和、不反光刺眼、手感舒适、美观大方等优点。其加工过程简介如下：

（1）亚光加工电规准的选择　利用电火花放电加工进行表面“亚光”处理的关键是在保证型腔几何尺寸精度的前提下，在模具型腔表面得到均匀分布的电火花放电痕迹，其粗细可按产品的需求而定。对较大型的或浅色的壳体零件，适用较粗的放电痕迹，对小型、精密的深色的壳体则适用较细的放电痕迹。其电火花放电痕迹的粗细取决于单个脉冲能量。亚光加工电规准见表16-5。

表16-5　亚光加工电规准

脉冲宽度/μs	脉冲间隔/μs	峰值电流/A	凹坑平均直径/μm	表面粗糙度 *Ra*/μm
1000	200	25	1560	40 ~ 70
500	100	15	500	10 ~ 20
250	80	10	120	8 ~ 12
100	70	10	50	6 ~ 12
50	50	10	20	4 ~ 8
10	40	5	10	2 ~ 5
2	30	5	5	1 ~ 2

（2）加工要点

1）要求脉冲前沿上升率迟缓，有利得到大而浅的凹坑。

2）在加工最后阶段去掉高压电流，有利减少针状放电凹坑。

3）在加工最后阶段要及时抬刀或冲液，改善排屑条件，及时清除加工放电区域的电蚀产物，避免积屑、积炭造成放电痕不平整、不圆滑。

4）需要亚光表面处理的型腔模具在电火花加工前应先热处理淬火，提高模具表面硬度。一般型腔脱模斜度应大于常规模具。

（3）柔性抛光　常规的电火花加工放电痕迹，一般不能直接用于所需的亚光表面，因为放电凹坑是相互交叉重叠的，在每个凹坑边沿都产生许多小毛刺，凹坑的中心部分有许多针状微孔，这在加工表面粗糙度值 $Ra<10\mu m$ 时并不突出，当 $Ra=10\sim80\mu m$ 时就显得突出了。所以要进行柔性抛光，即用柔性抛光不破坏亚光的表面形态，不改变加工表面粗糙度值。

一般使用粒度为F80 ~ F280的金刚砂，与煤油混合后在亚光表面进行柔性抛光，清洗后再用毛刷蘸研磨膏进行抛光，直到亚光面呈现银白色，放电毛刺呈圆滑为止。

（4）表面镀铬　为了防锈可对亚光面进行镀铬处理，镀层厚度为 $1\sim3\mu m$，镀铬后还应再进行柔性抛光。实践证明，亚光表面与铬层的结合，在高温高压的工作条件下比光亮表面更牢固。

2. 模具型腔的后继抛光方法

电火花加工之后的表面将产生熔化层和变质层，其厚度为加工表面粗糙度最大值的1～2倍。虽然就其绝对值而言不算太厚，但如果再进行抛光处理，去除熔化层和变质层，使其达到镜面那样的光亮程度，则模具表面质量和寿命能实现较大幅度的提高。

对于机械加工抛光操作困难的零件，通常采用电火花加工规准进行加工，其表面粗糙度值也能达到1μm以下。但是，加工表面要求越高，精加工速度就越慢，因此在大面积、易抛光的情况下，通常采用以下几种方法进行抛光：

1）用电火花微细加工抛光去除因电极平动、摇动运动造成的皱纹。

2）用挤压珩磨加工。挤压珩磨原理如图16-28所示。

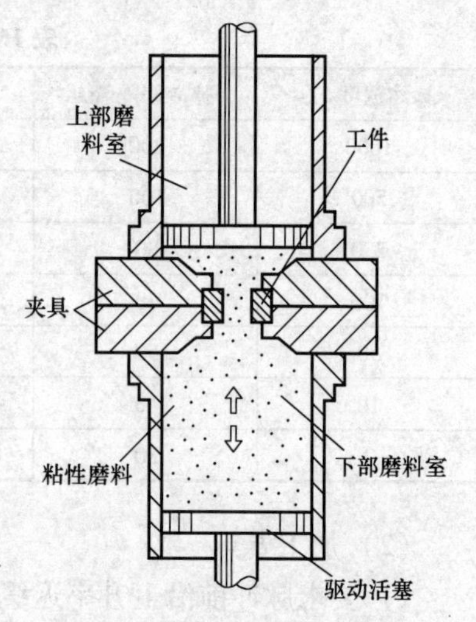

图16-28　挤压珩磨原理

3）用手动工具金刚石锉刀、金刚石研磨头抛光。

4）用手动工具超声波金刚石研磨头抛光。

5）用化学腐蚀溶液进行化学研磨或电化学研磨抛光。

6）按电火花加工后形状自然导向仿形，用小型回转砂轮人工进行研磨抛光。

7）用手动工具电解研磨抛光或用手动超声波电火花抛光。

第六节　电火花成形加工技能训练实例

训练1　表面粗糙度 Ra =1.6μm 的单孔零件的加工

本训练的目的是通过方孔冲模的电火花加工练习，掌握使用钢电极加工表面粗糙度 Ra = 1.6μm 钢制工件的电火花加工方法。训练器材为SE系列数控电火花成形加工机床、油杯、精密刀口形直尺、百分表、内径千分尺、表面粗糙度测量仪、工具电极和工件。

一、工艺分析

1. 零件图

图16-29所示为多孔零件图，工件材料为40Cr钢。该零件的主要尺寸为25mm×25mm，深10mm，通孔尺寸公差等级要求为IT7，表面粗糙度 Ra =

1.25～2.5μm。凸凹模配合间隙为0.08～0.10mm。热处理淬火62～64HRC。

图16-30所示为电火花加工前的工件和工具电极。

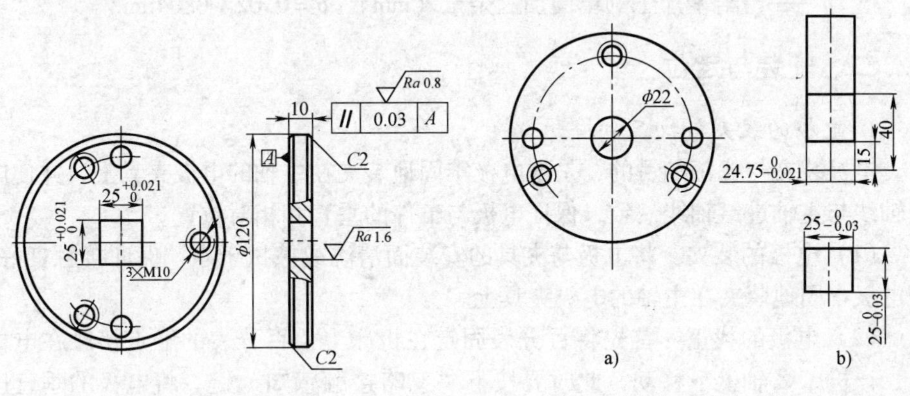

图16-29　模具图

图16-30　电火花加工前的工件和工具电极
a）电火花加工前的工件　b）工具电极

2. 工件加工工艺流程

下料（用锯床切割40Cr圆棒料，下ϕ130mm×15mm）→车床加工（车削外形尺寸，留磨量0.3～0.5mm，钻ϕ22mm预孔）→钻床加工（钻直径为ϕ8mm两销孔和加工出M10mm三个螺纹孔）→热处理（淬火62～64HRC）→磨床加工（磨削上下两平面达图样要求，被加工表面粗糙度Ra=0.8μm）→电火花加工（加工四方孔尺寸达图样要求）→检验。

3. 工具电极的技术要求

1）电极材料为Cr12钢，其形状尺寸如凹模刃口尺寸，高度为40mm（见图16-30b）。

2）加工冲模的电极材料，一般选用铸铁或钢，这样可以采用成形磨削方法制造电极。为了简化电极的制造过程，也可采用钢电极，材料为Cr12钢，电极的精度和表面粗糙度比凹模优一级。为了实现粗、中、精规准转换，电极前端进行腐蚀处理，腐蚀处理高度为15mm，双边腐蚀量为0.25mm。

在加工冲模时，尤其是“钢打钢”加工冲模时，为了提高加工速度，常将电极工具的下端用化学腐蚀（酸洗）的方法均匀腐蚀掉一定厚度，使电极工具成为阶梯形。这样，刚开始加工时可用较小的截面、较大的规准进行粗加工，等到大部分留量已被蚀除、型孔基本穿透，再用上部较大截面的电极工具进行精加工，保证所需的模具配合间隙。

阶梯部分的长度L一般是冲模刃口高度h的1.2～2.4倍，即L=(1.2～2.4)h，阶梯电极的单边缩小量（单面蚀除厚度）Δ可按下式计算：

$$\Delta \geqslant \delta_{粗} - \delta_{精} + b$$

式中　$\delta_{粗}$——粗加工单面火花放电间隙（mm）；

$\delta_{精}$——精加工单面火花放电间隙（mm）；

b——留给精加工的单面加工余量（mm），b =0.02～0.04mm。

二、安装与定位

1. 电极的装夹与找正

电极装夹与找正的目的，是把电极牢固地装夹在主轴的电极夹具上，并使电极轴线与主轴进给轴线一致，保证电极与工件的垂直和相对位置。

（1）电极的装夹　将电极与夹具的安装面清洗或擦拭干净，保证接触良好。把电极牢固地装夹在主轴的电极夹具上。

（2）电极的找正　首先将百分表固定在机床上，百分表的触点接触在电极上，让机床 Z 轴上下移动，此时要按下“忽略接触感知”键，将电极的垂直度调整到满足零件加工要求的位置，然后再找正电极 X 方向（或 Y 方向）的位置，其方法是让工作台沿 X 方向（或 Y 方向）移动，直至满足零件加工要求（与工作台的垂直度小于0.01mm/100mm）。

2. 工件的装夹与定位

（1）工件的装夹　工件安装在油杯上，工件上下端面与电火花机床工作台平行。

（2）工件的定位　利用机床“找外中心”功能，将电极定位于工件的 X、Y 轴方向的中心。再利用机床“接触感知”功能，将 Z 方向坐标的原点定在工件的上表面1mm处。

三、电火花成形加工

1. 加工准备

（1）参数输入

1）在SE系列电火花成形加工机床系统准备界面下，按Alt＋F2组合键进入加工界面。

2）电火花加工工艺数据的输入。用↑、↓键移动光标，在工艺数据选择区选择并用键盘输入相应参数。

停止位置为“1.00mm”；加工轴向为“Z－”；材料组合为“铜-硬质合金”（应机床没有钢-钢的条件组合，可借用铜打硬质合金的条件视加工情况进行局部修改）；工艺选择为“低损耗”；加工深度为“15.00mm”；电极收缩量为“0.04mm”；表面粗糙度为“1.6μm”；投影面积为“0.625cm^2”；平动类型为“关闭”；型腔数设为“1”。

（2）编制加工程序　输入加工参数后，按F10键自动生成冲模的电火花加

工程序（加工程序略）。

2. 加工开始

1）在加工界面下，用↑、↓键把光标移动到加工开始程序段，按回车键开始加工。

2）若未回到上次关机时的零点，系统会进行提示，让用户选择是否继续加工还是停止加工；并对液面高度和油温等进行检测，若液面达不到设定值或油温高于设定值，系统也会进行提示。

3. 加工完成及检验

1）待加工完成后，放掉工作液，取下工具电极和工件，清理机床工作台，完成加工。

2）检验。工件的形状是否是方形完全由电极的形状决定，其他尺寸用数显卡尺和量程为 25 ~ 50mm 的内径千分尺进行测量，加工表面粗糙度使用表面粗糙度测量仪进行检查。

训练 2　螺纹环规的电火花加工

本训练的目的是通过螺纹环规的电火花加工练习，掌握电火花螺纹孔加工的方法。训练器材为电火花线切割机床、螺纹塞规、游标卡尺、深度游标卡尺、工具电极和工件。

一、工艺分析

1. 零件图

图 16-31 所示为螺纹环规零件图，其材料为 Gr12 钢。该零件的主要尺寸：直径为 ϕ35mm，高度为 40mm，外圆倒角为 2mm × 45°；内孔直径为 ϕ420mm，高度为 20mm；需要电火花加工该零件螺纹孔的尺寸为 M12 × 1，螺纹长度为 20mm；螺纹口倒角为 1.5mm × 45°，该螺纹为细牙普通内螺纹；零件的内孔 ϕ20mm 加工的表面粗糙度 Ra = 12.5μm，零件其余表面粗糙度 Ra = 3.2μm。

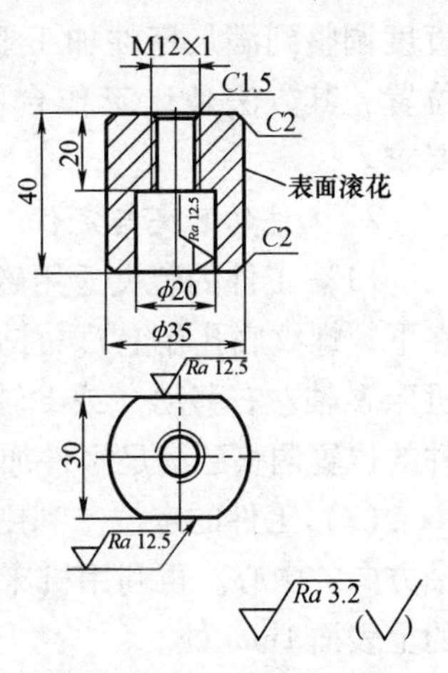

图 16-31　螺纹环规零件

2. 工件加工工艺流程

下料（用锯床切割 Cr12 圆棒料，下 ϕ40mm × 45mm）→车床加工（车削外形 ϕ35mm × 40mm，钻螺纹底孔 ϕ11mm 及 ϕ20mm 的孔，外圆滚花）→铣床加工（铣扁至尺寸为 30mm）→热处理（淬火硬度 48 ~ 52HRC）→电火花加工（加工螺纹孔至图样要求）→检验。

3. 电火花加工工艺分析

该零件是螺纹环规，需要用电火花加工螺纹孔。该零件加工要求不高，只要保证螺纹的加工精度即可。编写加工螺纹孔的程序与编写加工圆柱孔的程序基本相同，所不同的是，在自动生成加工圆柱孔的程序后，不管电极在任何条件下加工，将它下降的深度（Z 值）改成一致，就可加工螺纹，否则将使螺距乱扣。只能通过用手工更改程序。

4. 工具电极的技术要求

电极材料选择纯铜；电极用车床车出电极的外形尺寸，用螺纹磨床磨出螺纹。电极形状及尺寸如图 16-32 所示，牙型角为 60°，牙型高度 0.866mm，外螺纹为 M10.5×1，螺纹长度 24mm，电极总长度 64mm。

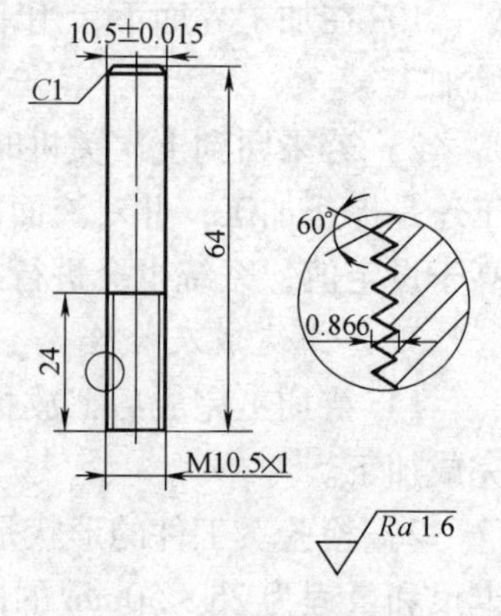

图 16-32　电极形状及尺寸

二、安装与定位

1. 电极的装夹与找正

电极装夹与找正的目的，是把电极牢固地装夹在主轴的电极夹具上，并使电极轴线与主轴进给轴线一致，保证电极与工件的垂直和相对位置。

（1）电极的装夹　将电极与夹具的安装面清洗或擦拭干净，保证接触良好。电极直接装夹在机床主轴上。

（2）电极的找正　首先将百分表固定在机床上，百分表的触点接触在电极上，让机床 Z 轴上下移动，此时要按下“忽略接触感知”键，将电极的垂直度调整到满足零件加工要求位置，然后再找正电极 X 方向（或 Y 方向）的位置，其方法是让工作台沿 X 方向（或 Y 方向）移动，直至满足零件加工要求。

2. 工件的装夹与定位

（1）工件的装夹　用磁力吸盘直接将工件固定在电火花机床上（要让大孔在下，螺纹底孔在上）。首先找正工件，方法是将百分表固定在机床主轴上，让机床 X 轴左右移动（或 Y 轴前后移动，此时要按下“忽略接触感知”键），将工件的位置调整到满足零件加工要求为止。

（2）工件的定位　利用机床“找外中心”功能，将电极定位于工件的 X、Y 轴方向的中心。再利用机床“接触感知”功能，将 Z 方向坐标的原点定在工件的上表面 1mm 处。

三、电火花成形加工

1. 加工准备

（1）参数输入

1）在SE系列电火花成形加工机床系统准备屏界面下，按Alt+F2组合键进入加工界面。

2）电火花加工工艺数据的输入。用↑、↓键移动光标，在工艺数据选择区选择并用键盘输入相应参数。

停止位置为“1.00mm”；加工轴向为“Z-”；材料组合为“铜-钢”；工艺选择为“标准值”；加工深度为“21.00mm”；电极收缩量为“1.5mm”；表面粗糙度为“2μm”；投影面积为“0.75cm^2”；平动方式为“打开（圆形伺服平动）”；平动半径为“0.75mm”。

（2）编制加工程序　输入加工参数后，按F10键，自动生成加工程序（见表16-6）。

表16-6　螺纹环规的加工程序

序　号	程序内容	说　　明
1	T84；	起动工作液泵
2	G90；	绝对坐标指令
3	G30 Z-；	按指定 Z 轴正方向抬刀
4	G17；	XOY 平面
5	H970=21.000；（machine depth）	H970=21.00mm
6	H980=1.000；（up-stop position）	H980=1.000mm
7	G00 Z0-H980；	快速移动到 Z=1mm 处
8	M98 P0107；	调用107号子程序
9	M98 P0106；	调用106号子程序
10	M98 P0105；	调用105号子程序
11	M05G0020-H980；	忽略接触感知，快速移动到 Z=1mm 处
12	T85 M02；	关闭工作液泵，程序结束
13	；	
14	N0107；	107号子程序
15	G00 Z+0.500；	快速移动到 Z=0.5mm 处
16	C107 OBT000；	关闭自由平动，按107号条件加工
17	G01 Z-0.095+H970；（将-0.095改为-0.1）	加工到 Z=-20.9mm 处
18	H910=0.655；	H910=0.655mm

（续）

序　号	程序内容	说　　明
19	H920 = 0.000；	H920 = 0.000mm
20	M98P9210；	调用 9210 号子程序
21	G30 Z +；	按指定 Z 轴正方向抬刀
22	M99；	子程序结束
23	；	
24	N0106；	106 号子程序
25	C106 OBT000；	关闭自由平动，按 106 号条件加工
26	G01 Z -0.060 + H970；（将 -0.060 改为 -0.1）	加工到 Z = -20.9mm 处
27	H910 = 0.702；	H910 = 0.702mm
28	H920 = 0.000；	H920 = 0.000mm
29	M98P9210；	调用 9210 号子程序
30	G30 Z +；	按指定 Z 轴正方向抬刀
31	M99；	子程序结束
32	；	
33	N0105；	105 号子程序
34	C105 OBT000；	关闭自由平动，按 105 号条件加工
35	G01 Z -0.032 + H970；（将 -0.032 改为 -0.1）	加工到 Z = -20.9mm 处
36	H910 = 0.717；	H910 = 0.717mm
37	H920 = 0.000；	H920 = 0.000mm
38	M98P9210；	调用 9210 号子程序
39	G30 Z +；	按指定 Z 轴正方向抬刀
40	M99；	子程序结束

（3）加工程序的修改　为防止加工螺纹的螺距乱扣，需将程序中下降的深度（Z 值）改成一致，才能加工螺纹。修改方法：程序自动生成后，按 Alt + F3 组合键进入编辑界面；用↑、↓键移动光标，至程序第 17 行、26 行和 35 行，分别将各移动数值都改为“-0.1”（见表 16-6）。

2. 加工开始

1）在加工界面下，用↑、↓键把光标移动到加工开始程序段，按回车键开始加工。

2）若未回到上次关机时的零点，系统会进行提示，让用户选择是否继续加工还是停止加工；并对液面高度和油温等进行检测，若液面达不到设定值或油温高于设定值，系统也会进行提示。

3. 加工完成及检验

1）待加工完成后，放掉工作液，取下工具电极和工件，清理机床工作台，完成加工。

2）检验。螺纹部位用螺纹塞规检验，其他部位用卡尺和深度尺检验。

训练3　窄缝零件的电火花加工

本训练的目的是通过窄缝零件的电火花加工练习，掌握深（窄）孔（缝）电蚀物排泄困难场所电火花加工的方法。训练器材为电火花成形机床、游标卡尺、工具电极和工件。

一、加工工艺

1. 零件图

图16-33所示为窄缝零件的零件图，其材料为45钢。该零件的主要尺寸：80mm×60mm×25mm；需要电火花加工该零件窄缝的尺寸深度为60mm，窄缝底部宽度为1.5mm，锥度为2°；被电火花加工的表面粗糙度 $Ra=2\mu m$，零件其余表面粗糙度 $Ra=6.3\mu m$。

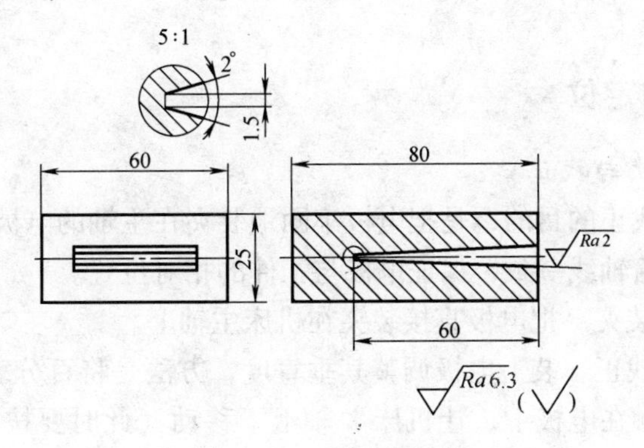

图16-33　窄缝零件图

2. 加工工艺路线

下料（尺寸不小于85mm×65mm×30mm的板料）→铣床加工（将毛坯铣至零件外形尺寸）→热处理（调质180~185HBW）→电火花加工（加工窄缝尺寸至图样要求）→检验。

3. 电火花加工工艺分析

加工窄缝的难点是电蚀物排泄不畅将直接影响电火花的加工效率，严重时甚至无法加工。另外，还要考虑使电极的损耗较小、加工稳定性要求较高等。因此，针对上述问题主要采取的措施有：选择合适的电规准，抬刀高度随着加工深度的增加而增加，采用平动加工，增强冲液效果。

4. 工具电极的技术要求

电极材料选择纯铜；采用电火花线切割加工，其形状和尺寸如图 16-34 所示。电极主要尺寸窄槽宽度为 $1.5_{-0.64}^{-0.60}$mm，锥度为2°，电极总长度约90mm，带锥度的长度为70mm。

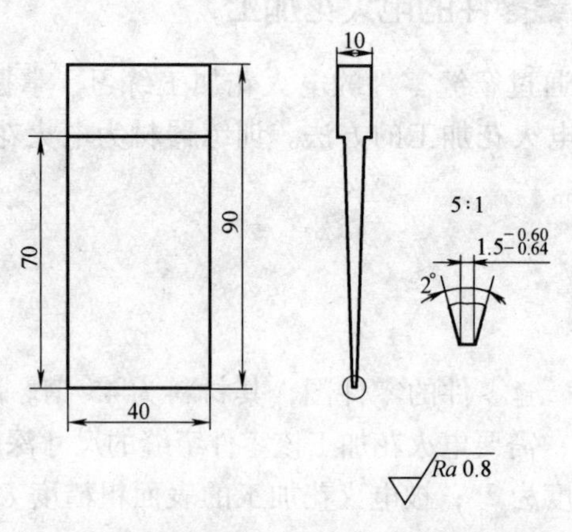

图 16-34　窄缝加工电极

二、安装与定位

1. 电极的装夹与找正

电极装夹与找正的目的，是把电极牢固地装夹在主轴的电极夹具上，并使电极轴线与主轴进给轴线一致，保证电极与工件的相对位置。

（1）电极的装夹　把电极直接装夹在机床主轴上。

（2）电极的找正　装上电极调整其垂直度，方法是将百分表固定在机床上，百分表的触点接触在电极上，让机床 Z 轴上下移动（此时要按下“忽略接触感知”键），将电极的垂直度调整到满足零件加工要求为止（斜面方向的垂直要从斜面的两侧，在 Z 方向移动量相同的情况下，看百分表在两侧的转动的刻度是否一样），然后找正电极 X 方向（或 Y 方向）的位置，其方法是让工作台沿 X 方向（或 Y 方向）移动，将电极的平行度调整到满足零件加工要求为止。

2. 工件的装夹与找正

（1）工件的装夹　用磁力吸盘直接将工件固定在电火花机床上。首先找正工件，方法是将百分表固定在机床主轴上，让机床 X 轴左右移动（或 Y 轴前后移动，此时要按下“忽略接触感知”键），将工件的位置调整到满足零件加工要求为止。

（2）工件的找正　利用机床找工件中心的功能，将 X、Y 方向坐标原点定在

工件的中心，利用机床接触感知功能，将 Z 方向坐标的原点定在工件的上表面1mm 处。

三、电火花成形加工

1. 加工准备

（1）参数输入

1）在 SE 系列电火花成形加工机床系统准备界面下，按 Alt + F2 组合键进入加工界面。

2）电火花加工工艺数据的输入。用↑、↓键移动光标，在工艺数据选择区选择并用键盘输入相应参数。

停止位置为“1.00mm”；加工轴向为“Z -”；材料组合为“铜-钢”；工艺选择为“低损耗”；加工深度为“60.00mm”；电极收缩量为“0.4mm”；表面粗糙度为“2μm”；投影面积为“3.0cm^2”；平动方式为“打开（二维矢量平动）”；平动半径为“0.20mm”。

（2）编制加工程序　输入加工参数后，按 F10 键，自动生成加工程序（见表 16-7）。

表 16-7　窄缝零件的加工程序

序　号	程序内容	说　明
1	T84;	起动工作液泵
2	G90;	绝对坐标指令
3	G30 Z+;	按指定 Z 轴正方向抬刀
4	G17;	XOY 平面
5	H970 = 60.000;（machine depth）	H970 = 60.000mm
6	H980 = 1.000;（up-stop position）	H980 = 1.000mm
7	G00 Z0 + H980;	快速移到 $Z = 1$mm
8	M98 P0109;	调用 109 号子程序
9	M98 P0108;	调用 108 号子程序
10	M98 P0107;	调用 107 号子程序
11	M98 P0106;	调用 106 号子程序
12	M98 P0105;	调用 105 号子程序
13	M05 G00 Z0 + H980;	忽略接触感知，快速移动到 $Z = 1$mm 处
14	T85M02;	关闭工作液泵
15	;	
16	N0109;	109 号子程序

（续）

序　号	程序内容	说　明
17	G00 Z+0.500;	快速移动到 $Z=1.0$mm 处
18	C109 OBT000;	关闭自由平动，按 109 号条件加工
19	G01 Z+0.200—H970;	加工到 $Z=-59.8$mm 处
20	G32;	伺服回原点（中心）后再抬刀
21	G91;	相对坐标指令
22	G90;	绝对坐标指令
23	G30 Z+;	按 Z 轴正方向抬刀
24	M99;	子程序结束
25	;	
26	N0108;	108 号子程序
27	C108OBT000;	关闭自由平功，按 108 号条件加工
28	G01Z+0.140—H970;	加工到 $Z=-59.86$mm 处
29	G32;	伺服回原点（中心）后再抬刀
30	G91;	相对坐标指令
31	G90;	绝对坐标指令
32	G30 Z+;	按 Z 轴正方向抬刀
33	M99;	子程序结束
34	;	
35	N0107;	107 号子程序
36	C107OBT000;	关闭自由平动，按 107 号条件加工
37	G01 Z+0.095—H970;	加工到 $Z=-59.905$mm 处
38	G32;	伺服回原点（中心）后再抬刀
39	G91;	相对坐标指令
40	G90;	绝对坐标指令
41	G30 Z+;	按 Z 轴正方向抬刀
42	M99;	子程序结束
43	;	
44	N0106;	106 号子程序
45	C106OBT000;	关闭自由平动，按 106 号条件加工
46	G01 Z+0.060—H970;	加工到 $Z=-59.94$mm 处
47	G32;	伺服回原点（中心）后再抬刀
48	G91;	相对坐标指令

（续）

序　号	程序内容	说　　明
49	G90;	绝对坐标指令
50	G30 Z+;	按 Z 轴正方向抬刀
51	M99;	子程序结束
52	;	
53	N0105;	105 号子程序
54	C105OBT000;	关闭自由平动，按 105 号条件加工
55	G01 Z+0.032—H970;	加工到 $Z=-59.968$mm 处
56	G32;	伺服回原点（中心）后再抬刀
57	G91;	相对坐标指令
58	G90;	绝对坐标指令
59	G30 Z+;	按 Z 轴正方向抬刀
60	M99;	子程序结束

（3）电规准选择　针对加工窄缝的实际情况，对机床中标准的电规准做了些修改（提高了抬刀高度，缩短了放电时间），具体电规准见表 16-8。

表 16-8　电规准的选择

条件号	脉冲宽度	脉冲间隙	管数	伺服基准	高压管数	电容	极性	伺服速度	抬刀速度	放电时间	抬刀高度	模式	拉弧基准	损耗类型
109	18	13	09	75	0	0	+	12	1	35	10	16	01	0
108	17	13	08	75	0	0	+	10	1	30	16	04	01	0
107	16	12	07	75	0	0	+	10	1	26	16	04	01	0
106	14	10	06	75	0	0	+	10	1	26	16	04	01	0
105	13	09	05	75	0	0	+	08	1	25	16	04	01	0

2. 加工开始

1）在加工屏界面下，用↑、↓键把光标移动到加工开始程序段，按回车键开始加工。

2）若未回到上次关机时的零点，系统会进行提示，让用户选择是否继续加工还是停止加工；并对液面高度和油温等进行检测，若液面达不到设定值或油温高于设定值，系统也会进行提示。

3. 加工完成及检验

1）待加工完成后，放掉工作液，取下工具电极和工件，清理机床工作台，完成加工。

2）检验。窄缝的位置尺寸用卡尺测量，窄缝的成形形状由电极形状保证。检测窄缝的深度，用加工的电极插入窄缝中，在电极上做出标记来间接测量窄缝的深度。

训练4　纪念币压形模的电火花成形加工

本训练的目的是通过长城纪念币压形模型腔的加工实例，了解工艺美术花纹模具的电火花加工工艺过程。

一、加工工艺

1. 零件图

图16-35所示为长城纪念币压形模型腔示意图，该工件采用45调质钢，加工面积约700mm²，加工深度为2.8mm，电火花加工表面粗糙度$Ra=1.6\mu m$。

图16-35　长城纪念币压形模型腔示意图

2. 加工工艺路线

下料（尺寸不小于65mm×65mm×25mm的板料）→铣床加工（铣外形留磨削余量为0.2~0.3mm）→热处理（调质180~185HBW）→磨床加工（磨削上、下两平面，被加工表面粗糙度$Ra=0.8\mu m$→电火花加工（精加工至图样要求）→检验。

3. 电火花加工工艺分析

长城纪念币压形模型腔采用单工具电极直接成形法、单轴数控电火花机床加工。这类工 艺美术型腔模具的特点是，几何形状复杂、轮廓清晰、造型精致、表面粗糙度值小。但尺寸精度无严格要求。加工这类模具时，不能加工排屑排气孔，不能冲液（否则造成损耗不均匀），也不能作侧面平动修光，因此，排屑排气困难，所以必须正确选择加工规准。一般是用低损耗规准一次加工基本成形，只留0.2~0.3mm的余量进行中、精加工。

4. 工具电极的技术要求

电极材料选择纯铜；尺寸为ϕ30mm×25mm，形状如图16-36所示。电极的长城纪念币花纹采用雕刻机雕刻成形加工，加工后检查条纹应清晰无毛刺。

图16-36　纪念币工具电极

二、安装与定位

1. 电极的装夹与找正

（1）电极的装夹　电极的固定可采用预加工螺纹孔或背面焊接柄的方法。

（2）电极的找正　电极找正时，以花纹平面的上表面为基准，在 X、Y 两个方向找正，然后予以固定。

2. 工件的装夹与找正

用磁力吸盘将工件直接固定在电火花机床的工作台上。在电极与工件相对位置找正时，可借助量块在 X、Y 两方向最大直径处找正四点，使其等高，从而减少深度误差。也可以目测电极与工件相互位置，利用工作台纵、横坐标的移动加以调整，达到找正的目的。

三、电火花加工

1. 加工电参数

本例采用 ET-D7132 型电火花机床（30A 脉冲电源）进行加工，采用计算机控制的脉冲电源加工长城纪念币加工规准的选择与转换及每档规准的加工深度见表 16-9。加工时不冲液，但需定时抬刀。

表 16-9　长城纪念币加工规准的选择与转换及对应的加工深度

脉冲宽度 /μs	脉冲间隔 /μs	功放管数/只		平均加工电流 /A	进给深度 /mm	表面粗糙度 Ra/μm	工件极性
		高压	低压				
250	100	2	6	8	2.40	8	−
150	80	2	4	3	2.60	6	−
60	40	2	4	1.2	2.70	3.5～4	−
12	20	2	1	0.8	2.74	2～2.5	−
2	12	2	0.5	0.2	2.80	1.6	+

目前加工工艺美术花纹模具均采用计算机控制的脉冲电源加工，是电火花加工领域中较为先进的技术。计算机部分拥有典型工艺参数的数据库，脉冲参数可以调出使用，调用的方法是借助脉冲电源装置配备的显示器进行人机对话，由操作者将存有工艺美术花纹典型数据的加工程序调出，然后根据典型参数进行加工。

2. 检验

1）电火花加工表面粗糙度 Ra = 1～1.6μm。各项指标符合设计要求。

2）花纹清晰，基本看不出任何损耗。

复习思考题

1. 电火花加工过程中的参数调整的目的是什么？参数调整有哪些难度？
2. 电火花加工过程中出现拉弧时的补救措施有哪些？
3. 影响电火花加工的表面质量的表面变质层由哪几部分组成？
4. 简述电极损耗中绝对损耗和相对损耗的表示方法。
5. 模具电火花“亚光”加工的要点有哪些？
6. 模具型腔的电火花加工后继抛光方法有哪几种？

试　题　库

知识要求试题

一、判断题

1. YH 绘图编程系统，在计算机屏幕上作图输入时，一般只能用鼠标单击输入。（　）

2. 电切削加工网络远程控制系统，服务器多采用 Windows NT 网络操作系统。（　）

3. 数控编程从起初的手工编程到后来的 API 语言编程，发展到今天的人机交互编程。（　）

4. 手工绘制椭圆图案的方法中四心圆法为精确画法，同心圆法为近似画法。（　）

5. CAXA 线切割 V2 系统用户界面，它包括绘图功能区、菜单系统和状态显示与提示。（　）

6. 列表曲线有直角坐标表达的列表曲线和极坐标表达的列表曲线两种。（　）

7. 精密数控设备一般有恒温环境的要求，当室温过高时设备故障率会大大增加。（　）

8. 电切削加工设备安装要求，环境温度应保持在 20℃ ±3℃，湿度保持在 30% ~80%。（　）

9. 线切割机床安装精度检验包括几何精度检验和数控精度检验两项。（　）

10. 电火花成形机床安装精度检验包括几何精度检验、数控精度检验和工作精度检验。（　）

11. 电火花成形加工机床的几何精度检验包括工作台面的平面度、直线度等

11 个项目。 ( )

12. 机床重复定位精度主要反映工作台运动时，动、静摩擦力和阻力大小是否一致，装配预紧力是否合适，而与丝杠间隙和螺距误差等关系不大。 ( )

13. 用水平仪检验机床导轨的直线度时，若把水平仪放在导轨的右端，气泡向前偏 2 格；若把水平仪放在导轨的左端，气泡向后偏 2 格，则此导轨是扭曲状态。 ( )

14. 线切割机床在精度检验前，必须让机床各个坐标往复移动几次，贮丝筒运转 10min 以上，即在机床处于热稳定状态下进行检测。 ( )

15. 电火花加工中，凡是提高加工生产率的因素都不可能是导致表面粗糙度差的原因。 ( )

16. 适当地降低高频电源的输出电压，虽然会使生产率降低，但能提高加工表面质量。 ( )

17. 电火花加工中，适当地降低加工的速度，可以提高加工表面粗糙度等级。 ( )

18. 如果一批零件线切割加工的质量误差没有规律性，就要考虑材料内应力的影响。 ( )

19. 电火花加工中，实际产生的火花间隙与电极缩放量是否匹配，对加工尺寸的精度影响并不明显。 ( )

20. 电极精度对加工质量的影响较大，但其找正精度对加工质量的影响并不明显。 ( )

21. 对火花间隙影响最明显的是电流，随着电流的增大，火花间隙也相应增大。 ( )

22. 电规准选择不当和冲液因素是产生电火花加工表面粗糙度差的重要原因。 ( )

23. 放电时产生的瞬时高温高压，以及工作液快速冷却作用，使工件表面产生变质层。 ( )

24. 表面变质层过厚，会使加工表面耐磨性、耐疲劳性大大提高。 ( )

25. 线切割加工中，为了提高加工工件的表面质量，常采用多次切割的加工工艺方法。 ( )

26. 低速走丝电火花线切割加工在加工硬质合金时，会使工作液的电导率迅速增大。 ( )

27. 线切割加工工件的表面质量一般包含两项工艺指标：表面粗糙度和表面变质层。 ( )

28. 为了提高线切割工件的表面质量，目前普遍采用平均电压为零的交流脉冲电源，使电解的破坏作用降到最低。 ( )

29. 脉冲电源的脉冲间隔对切割速度影响较小，对表面粗糙度的影响较大。（ ）

30. 线切割加工冲液压力越大越好，以带走更多的热量及蚀除物，提高切割速度。（ ）

31. 一般机床最大切割速度体现在材料厚度为40～60mm之间，太高和太低都会影响加工效率及表面质量。（ ）

32. 多次切割工艺中，每一次切割的偏移量是不同的，并依次增加。（ ）

33. 电火花加工过程中的参数调整的目的是保证安全加工和较好的工艺指标。（ ）

34. 影响工艺指标的主要因素可以分为离线参数和在线参数。（ ）

35. 在电加工机床上采用的适应控制，可分为约束适应控制和最佳适应控制两类。（ ）

36. 对电火花加工表面粗糙度影响最大的因素是两个脉冲间隔。（ ）

37. 电火花穿孔、型腔加工的表面粗糙度可以分为底面表面粗糙度和侧面表面粗糙度。（ ）

38. 要获得更好的侧壁表面粗糙度，可以采用平动头或数控摇动工艺来修光。（ ）

39. 一般模具加工工艺是由电火花加工到 $Ra=2.5\mu m$ 后，采用研磨方法改善其表面粗糙度，这样比较经济。（ ）

40. 石墨电极很难加工到非常光滑的表面，所以用石墨电极加工的表面粗糙度较差。（ ）

41. 由于潜布电容使加工较大面积时表面粗糙度恶化的现象，有时称作“电容效应”。（ ）

42. 在峰值电流一定的情况下，脉冲宽度越宽，电极损耗上升的趋势越明显。（ ）

43. 在其他加工条件相同的情况下，加工极性不同，对电极损耗影响很小。（ ）

44. 采用石墨电极和纯铜电极加工钢时，粗加工用负极性，精加工用正极性。（ ）

45. 在钢电极加工钢时，无论粗加工或精加工都要用正极性，否则电极损耗大大增加。（ ）

46. 采用石墨材料做电极时，应注意材料组织结构、抗弯强度和方向性。（ ）

47. 电极损耗分为绝对损耗和相对损耗两种。（ ）

48. 绝对损耗是单位时间内电极的损耗量，分为体积损耗、质量损耗及长度

损耗三种。（　）

49. 电火花加工中，用绝对损耗来综合衡量电极的耐损耗程度和加工性能。（　）

50. 若采用摇动（平动）方式，摇动（平动）量过大，会影响加工件的精度。（　）

二、选择题

1. 在电切削加工中，常用的计算机绘图编程软件有（　）及 CAXA 线切割软件等。

A. YH　B. HF　C. TurboCAD　D. AutoCAD

2. YH 全绘式绘图编程系统，具有（　）以及大圆弧处理功能。

A. 自动尖角修图　B. 非圆曲线拟合

C. 过渡圆处理　D. 齿轮生成

3. 手工绘制椭圆图案的方法有（　）。

A. 同心圆法　B. 两心圆法　C. 三心圆法　D. 四心圆法

4. 用 CAXA 线切割 V2 软件生成一个渐开线齿形的步骤是：单击主菜单“绘制”→（　）→（回车），完成齿形绘制。

A. 选择“高级曲线”　B. 选择“齿轮”

C. 输入相关参数　D. 输入定位点坐标

5. 数控设备使用的电源，要求电网电压波动应该控制在（　）之间。

A. +10% ~ +15%　B. −10% ~ −15%

C. +10% ~ −15%　D. ±10%

6. 线切割机床几何精度检验包括：工作台台面的平面度（　）和贮丝筒的圆跳动。

A. 工作台移动在垂直面内的直线度

B. 工作台移动在水平面内的直线度

C. 工作台移动对工作台面的平行度

D. 工作台横向移动对工作台纵向的垂直度

7. 线切割机床数控精度检验包括：（　）和每一脉冲指令的进给精度。

A. 工作台运动的失动量　B. 工作台运动的重复定位精度

C. 工作台运动的定位精度　D. 加工孔的坐标精度

8. 线切割机床工作精度检验包括：（　）和加工孔的一致性。

A. 纵剖面上的尺寸差　B. 横剖面上的尺寸差

C. 表面粗糙度　D. 加工孔的坐标精度

9. 电火花成形加工机床数控精度检验包括：工作台运动的失动量和（　）。

A. 工作台运动的重复定位误差　B. 工作台运动的定位精度

C. 工作台运动时的灵敏度　D. 加工孔的坐标精度

10. 电火花成形加工机床工作精度检验包括（　　）及电极相对损耗率、侧面表面粗糙度和工件材料去除率等综合指标。

A. 最佳加工表面粗糙度　B. 加工孔的数控坐标精度

C. 加工孔的数控孔间距精度　D. 加工孔径的一致性

11. 线切割加工过程中，出现断丝的主要原因有（　　）三个方面。

A. 机械部分的故障　B. 丝线质量太差

C. 高频电源异常　D. 操作不当引起断丝

12. 电火花加工中，适当地降低高频电源的输出电压，会使加工（　　）。

A. 生产率降低，表面质量提高　B. 生产率提高，表面质量降低

C. 生产率和表面质量都降低　D. 生产率和表面质量都提高

13. 电火花加工中，在计算成形部位电极缩放量时，应取（　　）。

A. 实际火花间隙的大小　B. 实际火花间隙和抛光余量之差

C. 抛光余量尺寸的大小　D. 实际火花间隙和抛光余量之和

14. 电火花加工中，在计算结构性部位电极缩放量时，应取（　　）。

A. 实际火花间隙的大小　B. 实际火花间隙和抛光余量之差

C. 抛光余量尺寸的大小　D. 实际火花间隙和抛光余量之和

15. 电火花加工中，零件加工表面质量异常一般有（　　）。

A. 积炭　B. 表面粗糙度不符合要求

C. 表面变质层过厚　D. 表面有裂纹

16. 电火花加工中，零件加工表面积炭的产生原因有（　　）。

A. 电参数调节不当　B. 电极材料选择不当

C. 冷却方式不当　D. 冲液压力不当

17. 出现放电不稳定情况，加工表面产生积炭时，应采取（　　）及减小伺服压力等措施。

A. 减短放电时间　B. 增大抬刀高度

C. 减小脉冲宽度　D. 增大脉冲间隙

18. 电规准选择不当和冲液因素是产生表面粗糙度差的重要原因，此外还有（　　）、加工留量等因素的影响。

A. 工件表面粗糙度　B. 电极表面粗糙度

C. 工件材料　D. 电极材料

19. 放电时产生的瞬时（　　），以及工作液快速冷却作用，使工件表面在放电结束后产生与原材料工件性能不同的变质层。

A. 真空　B. 高温　C. 高压　D. 氧化

20. 电火花加工表面变质层过厚，会使工件加工表面（　　）。

A. 耐磨性降低、耐疲劳性提高　B. 耐磨性提高、耐疲劳性降低

C. 耐磨性和耐疲劳性大大降低　D. 耐磨性和耐疲劳性大大提高

21. 线切割加工的切割速度一般包括：（　　）。

A. 最大切削速度　B. 主切割速度

C. 单次切割速度　D. 平均切割速度

22. 使线切割加工工件的表面粗糙度值增大的因素有（　　）。

A. 放电能量大　B. 切割速度高

C. 电极丝张力变动大　D. 工作液的电导率高

23. 线切割加工精度主要包括：（　　）。

A. 表面精度　B. 尺寸精度　C. 形状精度　D. 位置精度

24. 脉冲电源的脉冲间隔对线切割加工的（　　）。

A. 切割速度影响较大，而对表面粗糙度的影响较小

B. 切割速度影响较小，而对表面粗糙度的影响较大

C. 切割速度和表面粗糙度的影响都较大

D. 切割速度和表面粗糙度的影响都较小

25. 在快走丝线切割加工中，关于不同厚度工件的加工，下列说法正确的是（　　）。

A. 工件厚度越大，其切割速度越慢

B. 工件厚度越小，其切割速度越大

C. 工件厚度越小，线切割加工的精度越高；工件越厚度大，线切割加工的精度越低

D. 在一定范围内，工件厚度增大，切割速度增大；当工件厚度增加到某一值后，其切割速度随厚度的增大而减小

26. 线切割加工中工作液冲液压力同切割速度的关系是（　　）。

A. 冲液压力越高，切割速度提高

B. 冲液压力过高，切割速度降低

C. 冲液压力越高，切割速度降低

D. 变化不明显

27. 一般机床最大切割速度体现在材料厚度为（　　），太高和太低都会影响加工效率及表面质量。

A. <20mm　B. 30~40mm 之间

C. 40~60mm 之间　D. >60mm

28. 要达到同样的精度及表面粗糙度，若工具钢材料需切割 3~4 遍，则硬质合金材料需切割（　　）遍。

A. 1～2　　B. 2～3　　C. 4～7　　D. 7～10

29. 锻造件线切割加工，一般采用高温淬火、（　　）回火的热处理工艺，有条件的应进行深冷处理以消除残留内应力。

A. 高温　　B. 中温　　C. 低温　　D. 常温

30. 在多次切割工艺中，每一次切割的偏移量大小的变化是（　　）。

A. 相同的　　B. 不同的　　C. 依次减少　　D. 依次增加

31. 慢走丝线切割机床常用夹具有压板类夹具（　　）磁力夹具、万向夹具、回转夹具、可交换式夹具和整体式夹具等。

A. 钳形夹具　　B. 框式夹具　　C. V 形夹具　　D. 桥式夹具

32. 电火花加工过程中，不安全的加工情况主要表现为（　　）。

A. 短路　　B. 拉弧　　C. 冒烟　　D. 抬刀

33. 电火花加工在线控制参数包括（　　）和伺服抬刀运动等。

A. 伺服参考电压　　B. 脉冲间隔

C. 峰值电压　　D. 冲液流量

34. 电火花加工出现拉弧的补救措施有（　　），暂停加工进行清理及试用反极性加工等。

A. 增大脉冲间隔　　B. 调大伺服参考电压

C. 引入周期抬刀运动　　D 减小放电电流

35. 电火花加工的表面质量主要包括（　　）三部分。

A. 表面粗糙度　　B. 表面变质层

C. 表面力材料能　　D. 表面力学性能

36. 对电火花加工表面粗糙度影响最大的因素是（　　）

A. 单个脉冲能量　　B. 单个脉冲电压

C. 单个脉冲电流　　D. 两个脉冲间隔

37. 电火花穿孔、型腔加工的表面粗糙度可以分为（　　）。

A. 最佳表面粗糙度　　B. 平均表面粗糙度

C. 底面表面粗糙度　　D. 侧面表面粗糙度

38. 电火花加工过程中，要获得更好的侧壁表面粗糙度，可以采用（　　）工艺来修光。

A. 多次抬刀　　B. 平动头　　C. 数控摇动　　D. 暂停加工

39. 电火花加工工件表面力学性能包括：显微硬度及耐磨性、（　　）。

A. 残余应力　　B. 表面张力　　C. 抗拉强度　　D. 耐疲劳性能

40. 影响电火花加工效率的因素有（　　）及其他因素的影响。

A. 电参数　　B. 工件材料　　C. 电极材料　　D. 工作介质

41. 影响电极材料损耗的电参数有（　　）。

A. 脉冲宽度　　B. 脉冲间隔　　C. 峰值电流　　D. 峰值电压

42. 电火花加工中，在峰值电流一定的情况下，脉冲宽度变化同电极损耗的关系是（　　）

A. 脉冲宽度的减小，电极损耗减小

B. 脉冲宽度的减小，电极损耗增大

C. 脉冲宽度的增大，电极损耗增大

D. 无因果关系

43. 非参数对电极材料损耗的影响因素有（　　）及电极的形状和尺寸的影响。

A. 加工面积　　B. 冲液或抽液压力

C. 加工极性　　D. 电极材料

44. 在钢电极加工钢时，（　　）否则电极损耗大大增加。

A. 粗加工用负极性，精加工用正极性

B. 粗加工用正极性，精加工用负极性

C. 无论粗加工或精加工都要用负极性

D. 无论粗加工或精加工都要用正极性

45. 石墨电极的损耗同其材料硬度、电阻率变化的关系是：石墨材料的（　　）。

A. 硬度越大，电极损耗越小

B. 硬度越大，电极损耗越大

C. 电阻率越大，电极损耗越小

D. 电阻率越大，电极损耗越大

46. 电极损耗分为（　　）两种。

A. 端面损耗和侧面损耗　　B. 体积损耗和质量损耗

C. 绝对损耗和相对损耗　　D. 长度损耗和宽度损耗

47. 电火花加工中，用（　　）来综合衡量电极的耐损耗程度和加工性能。

A. 绝对损耗　　B. 相对损耗　　C. 体积损耗　　D. 质量损耗

48. 电火花成形加工中，选择加工规准时应考虑的因素有：（　　）及加工余量之间的关系。

A. 工件材料　　B. 加工速度　　C. 表面粗糙度　　D. 电极损耗比

49. 纯铜电极加工钢时，电流密度≤10A/cm²，超过（　　）A/cm²时，容易发生拉弧现象。

A. 10　　B. 15　　C. 20　　D. 25

50. 石墨电极加工钢时，电流密度≤3 A/cm²，超过（　　）A/cm²时，容易发生拉弧现象。

A. 3　　B. 5　　C. 8　　D. 10

三、简答题

1. 什么是电极丝的偏移量?
2. 什么是放电间隙?
3. 电火花加工可分为哪几类?
4. 线切割加工速度与工件厚度及材料的关系是怎样的?
5. 简介快走丝电火花机床工作液的分类和构成。
6. 数控高速走丝电火花线切割加工过程中出现断丝后有哪些处理方法?
7. 电火花线切割加工正常运行应当具备哪些条件?
8. 纯铜电极用于电火花加工有哪些优缺点?
9. 电规准对电火花成形加工有什么影响?
10. 石墨电极用于电火花加工有哪些优缺点?
11. 常用的电极丝材料及规格有哪些?
12. 线切割加工时，刚开始切割工件就断丝的原因及防止措施有哪些?
13. 简述电火花成形加工中，工件产生拉弧烧伤的原因和处理办法。
14. 电火花成形加工中，冲液或抽液对电极损耗的大小有什么影响?
15. 什么是极性效应? 在电火花线切割加工中如何利用极性效应?
16. 简述电火花型孔加工中产生“放炮”的原因和防止方法。
17. 电切削加工机床对安装环境有哪些具体要求?
18. 导致线切割加工表面粗糙度差的原因有哪些?
19. 导致电火花成形加工中积炭的原因和避免方法有哪些?
20. 电火花加工过程中的参数调整的目的是什么? 调整的难度有哪些?

技能要求试题

一、燕尾配合套件的线切割加工

1. 考核图样（见图1）

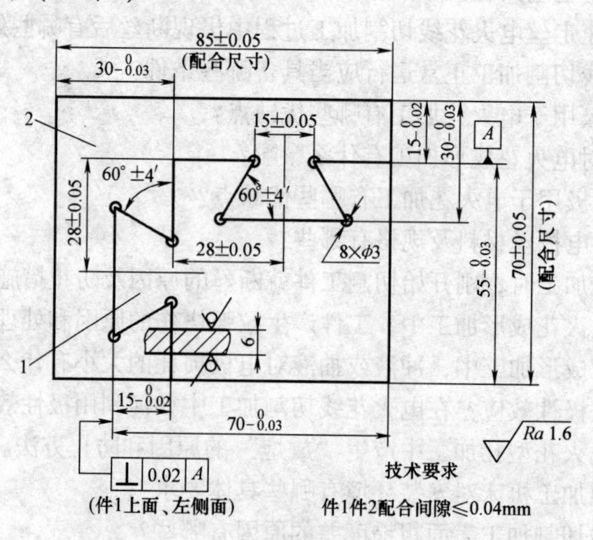

图1　燕尾配合套件

2. 准备要求

数控电火花线切割机床、计算机、CAXA-V2 线切割软件，材料 90mm × 75mm × 6mm（2 块）、卡尺、角度尺等。

3. 考核要求

（1）考核内容

1）将材料按图加工成公母燕尾各一件。

2）要求能够熟练地编写数控程序，准确计算各节点坐标。工件安装方式、穿丝点、切入点、切割方向选择正确。凹凸件补偿参数设置、电参数选择适当。零件加工尺寸符合图样要求。操作方法正确、熟练，准备工作充分。

（2）工时定额　1. 5h。

（3）安全文明生产　能够正确执行电火花线切割加工安全技术操作规程。能够按照企业有关文明生产规定，做到车间设备场地环境整洁，工件、工装夹具、量具摆放整齐。

4. 考核评分表（见表1）

表1 燕尾配合套件加工考核评分表

姓　名			总 得 分			
项　目	序　号	技 术 要 求	配　分	评分要求及标准	检测记录	得　分
参数设置	1	电源参数选择	10	不适当酌扣		
	2	补偿参数设置	10	不适当酌扣		
工艺安排	3	工件安装方式	5	不正确全扣		
	4	穿丝点、切入点、切割方向设置	10	不正确全扣		
	5	操作熟练	10	不熟练酌扣		
加工精度	6	件1、件2各部尺寸	25	超差酌扣		
	7	配合尺寸、配合间隙	15	超差酌扣		
	8	表面粗糙度	5	超差酌扣		
安全操作	9	遵守安全操作规程、操作现场整洁	10	酌扣		

二、部分锥度零件的线切割加工

1. 考核图样（见图2）

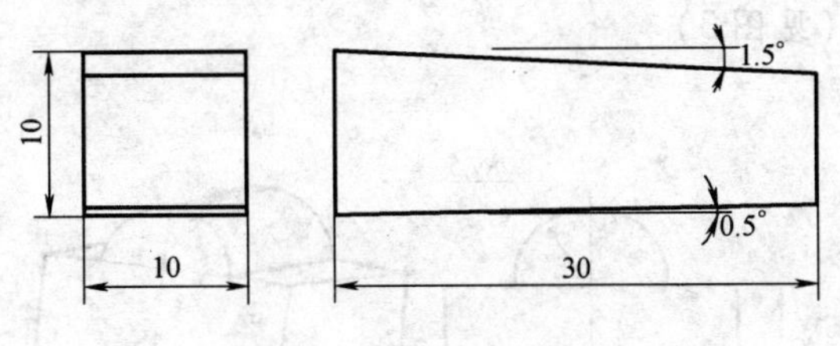

图2 部分锥度零件

2. 准备要求

数控电火花线切割机床、计算机、CAXA-V2线切割软件，材料20mm×20mm×30mm、卡尺、角度尺等。

3. 考核要求

（1）考核内容

1）将材料按图加工成部分锥度的零件。

2）要求能够熟练地编写数控程序，准确计算各节点坐标。工件安装方式、穿丝点、切入点、切割方向选择正确。偏移补偿及锥度补偿参数设置正确、电参数选择适当。零件加工尺寸符合图样要求。操作方法正确、熟练，准备工作充分。

（2）工时定额 1.5h。

（3）安全文明生产能够正确执行电火花线切割加工安全技术操作规程。能够按照企业有关文明生产规定，做到车间设备场地环境整洁，工件、工装夹具、量具摆放整齐。

4. 考核评分表（见表2）

表2　部分锥度零件加工考核评分表

姓　名			总　得　分			
项　目	序　号	技术要求	配　分	评分要求及标准	检测记录	得　分
参数设置	1	电源参数选择	10	不适当酌扣		
	2	偏移补偿及锥度补偿参数设置	20	不适当酌扣		
工艺安排	3	工件安装方式	5	不正确全扣		
	4	穿丝点、切入点、切割方向设置	10	不正确全扣		
	5	操作熟练	15	不熟练酌扣		
加工精度	6	各部尺寸、锥度尺寸	30	超差酌扣		
安全操作	7	遵守安全操作规程、操作现场整洁	10	酌扣		

三、锥度零件的线切割加工

1. 考核图样（见图3）

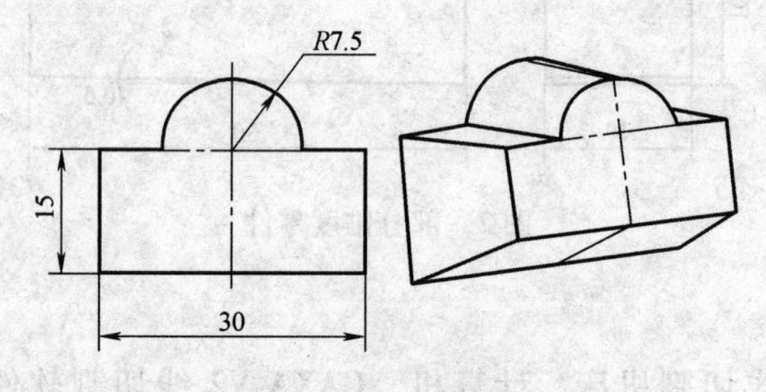

图3　锥度凸模零件

工件厚45mm，切割锥度为1.5°，切成凸模。

2. 准备要求

数控电火花线切割机床、计算机、材料35mm×35mm×45mm、卡尺、角度尺等。

3. 考核要求

（1）考核内容

1）将材料按图加工成锥度凸模零件。

2）要求能够熟练地编写数控程序，准确计算各节点坐标。工件安装方式、

穿丝点、切入点、切割方向选择正确。锥度补偿参数设置正确、电参数选择适当。零件加工尺寸符合图样要求。操作方法正确、熟练，准备工作充分。

（2）工时定额　1.5h。

（3）安全文明生产　能够正确执行电火花线切割加工安全技术操作规程。能够按照企业有关文明生产规定，做到车间设备场地环境整洁，工件、工装夹具、量具摆放整齐。

4. 考核评分表（参见表2）

四、上下异形零件的线切割加工

1. 考核图样（见图4）

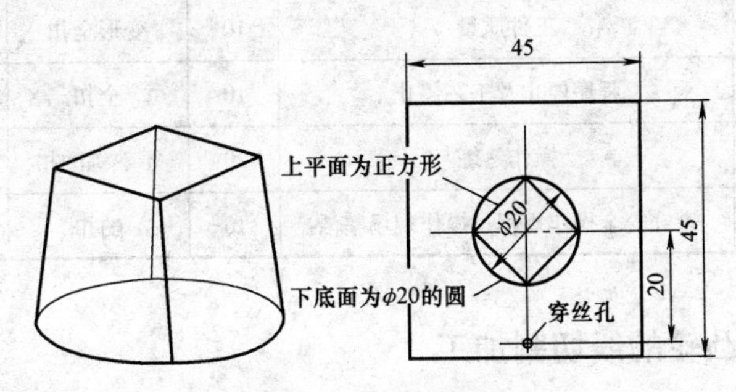

图4　上下异形零件

工件厚45mm，上平面为20mm内接正方形，下面为ϕ20mm的圆，切成凸模。

2. 准备要求

数控电火花线切割机床、材料45mm×45mm×45mm、卡尺等。

3. 考核要求

（1）考核内容

1）将材料按图加工成上下异形的凸模零件。

2）要求能够熟练地编写数控程序，准确计算各节点坐标。工件安装方式、穿丝点、切入点、切割方向选择正确。补偿参数设置正确、电参数选择适当。零件加工尺寸符合图样要求。操作方法正确、熟练，准备工作充分。

（2）工时定额　2h。

（3）安全文明生产　能够正确执行电火花线切割加工安全技术操作规程。能够按照企业有关文明生产规定，做到车间设备场地环境整洁，工件、工装夹具、量具摆放整齐。

4. 考核评分表（见表3）

表3　上下异形零件加工考核评分表

姓　名			总　得　分			
项　目	序　号	技术要求	配　分	评分要求及标准	检测记录	得　分
节点计算	1	程序原点设置	10	不适当酌扣		
	2	电极停留位置设定、起切点设定	10	不适当酌扣		
程序规范	3	轮廓正确	10	不正确全扣		
	4	参数设定	10	不正确全扣		
工艺安排	5	工件装夹	10	不熟练酌扣		
	6	工件质量	10	变形全扣		
	7	程序停止及工艺停止	10	全扣		
	8	操作熟练	20	不熟练酌扣		
安全操作	9	遵守安全操作规程、操作现场整洁	10	酌扣		

五、非圆凸轮的线切割加工

1. 考核图样（见图5）

2. 准备要求

数控电火花线切割机床、材料 ϕ90mm×10mm（中心钻 ϕ10mm 轴孔）、卡尺等。

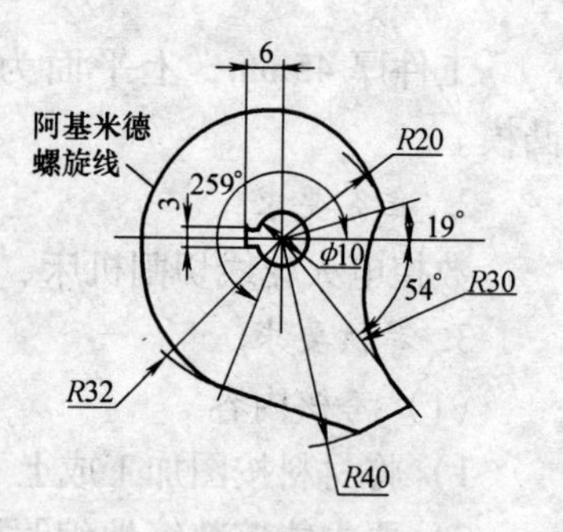

图5　非圆凸轮零件

3. 考核要求

（1）考核内容

1）将材料按图加工出键孔和凸轮外形。

2）要求能够熟练地运用软件绘图并编程；工件安装方式、穿丝点、切入点、切割方向选择正确。补偿参数设置正确、电参数选择适当。零件加工尺寸符合图样要求。操作方法正确、熟练，准备工作充分。

（2）工时定额　1.5h。

（3）安全文明生产　能够正确执行电火花线切割加工安全技术操作规程。能够按照企业有关文明生产规定，做到车间设备场地环境整洁，工件、工装夹具、量具摆放整齐。

4. 考核评分表（见表4）

表4　非圆凸轮零件加工考核评分表

姓　名			总　得　分			
项　目	序　号	技 术 要 求	配　分	评分要求及标准	检测记录	得　分
程序规范	1	穿丝点、切入点、切割方向设置	10	不适当酌扣		
	2	轮廓正确	20	不规范扣2分/处		
	3	参数设置	20	不规范扣2分/处		
工艺安排	4	工件装夹	10	不正确酌扣		
	5	工件各部尺寸	20	超差扣2分/处		
	6	操作熟练	10	不熟练酌扣		
安全操作	7	遵守安全操作规程、操作现场整洁	10	酌扣		

六、斜孔零件的电火花加工

1. 考核图样（见图6）

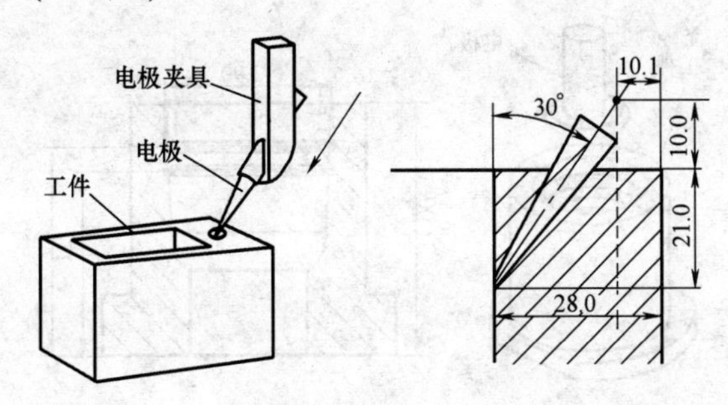

图6　斜孔零件

2. 准备要求

数控电火花成形机、永磁吸盘、精密刀口形直尺、百分表、纯铜电极、工件材料。

3. 考核要求

（1）考核内容

1）在工件上按图加工出斜孔。

2）安装并找正电极；工件安装定位准确。正确建立工件坐标系，加工参数选择适当，编制规范。操作方法正确、熟练，准备工作充分。

（2）工时定额　2h。

（3）安全文明生产　能够正确执行电火花线切割加工安全技术操作规程。能够按照企业有关文明生产规定，做到车间设备场地环境整洁，工件、工装夹具、量具摆放整齐。

4. 考核评分表（见表5）

表5　斜孔零件加工考核评分表

姓　名			总　得　分			
项　目	序　号	技术要求	配　分	评分要求及标准	检测记录	得　分
安装	1	电极安装、找正	10	误差酌扣		
	2	工件安装、找正	10	误差酌扣		
定位	3	工件坐标系建立	20	不正确全扣		
	4	位置定位、深度定位	10	误差酌扣		
加工	5	参数选择、程序规范	20	不合适酌扣		
	6	尺寸精度	10	超差扣2分/处		
	7	操作熟练	10	不熟练酌扣		
安全操作	8	遵守安全操作规程、操作现场整洁	10	酌扣		

七、侧壁圆形沟槽零件的电火花加工

1. 考核图样（见图7）

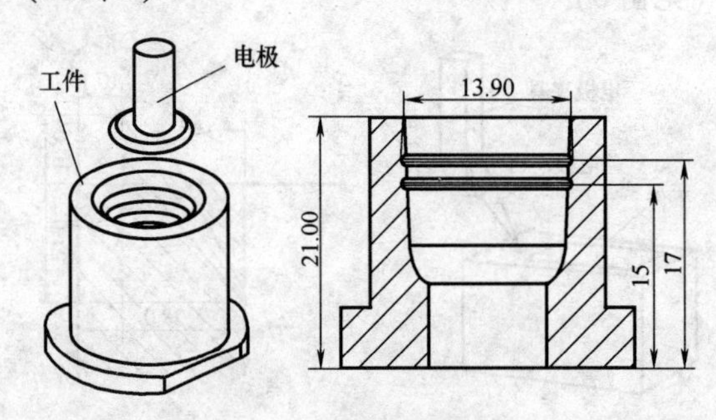

图7　侧壁圆形沟槽零件

2. 准备要求

数控电火花成形机、永磁吸盘、精密刀口形直尺、百分表、纯铜电极、工件材料。

3. 考核要求

（1）考核内容

1）在工件侧壁四周上按图加工出圆形沟槽。

2）安装并找正电极；工件安装定位准确。加工参数选择适当，编制规范。操作方法正确、熟练，准备工作充分。

（2）工时定额　2h。

（3）安全文明生产　能够正确执行电火花线切割加工安全技术操作规程。能够按照企业有关文明生产规定，做到车间设备场地环境整洁，工件、工装夹具、量具摆放整齐。

4. 考核评分表（参见表5）

八、纪念币压形模型腔的电火花加工

1. 考核图样（见图8）

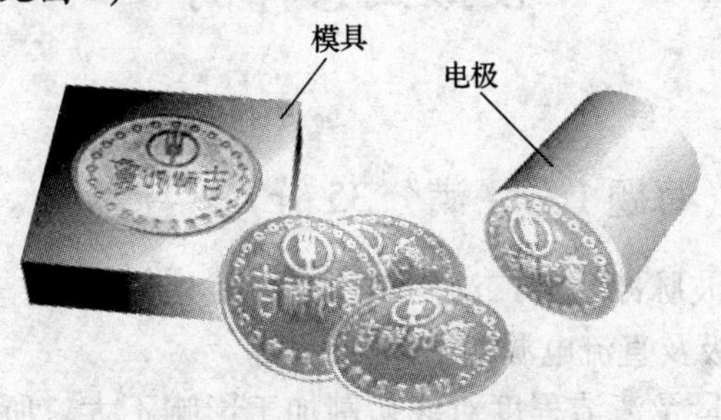

图8　纪念币花纹压形模型腔

2. 准备要求

数控电火花成形机、永磁吸盘、精密刀口角尺、百分表、纯铜电极（雕铣纪念币图案）、工件材料为45调质钢。

3. 考核要求

（1）考核内容

1）在工件上按图加工出深度为2.8mm、表面粗糙度 $Ra \leqslant 1.6\mu m$ 的凹模型腔。

2）安装并找正电极；工件安装定位准确。加工参数选择适当，编制规范。操作方法正确、熟练，准备工作充分。

（2）工时定额　2h。

（3）安全文明生产　能够正确执行电火花线切割加工安全技术操作规程。能够按照企业有关文明生产规定，做到车间设备场地环境整洁，工件、工装夹具、量具摆放整齐。

4. 考核评分表（见表6）

表6　纪念币花纹压形模型腔加工考核评分表

姓　名			总 得 分			
项　目	序　号	技术要求	配　分	评分要求及标准	检测记录	得　分
安装	1	工件安装、找正	10	误差酌扣		
	2	电极安装、找正	10	误差酌扣		
加工	3	参数选择、程序规范	20	不合适酌扣		
	4	尺寸精度、表面粗糙度	20	误差酌扣		
	5	花纹清晰	20	有损耗酌扣		
	6	操作熟练	10	不熟练酌扣		
安全操作	7	遵守安全操作规程、操作现场整洁	10	酌扣		

模拟试卷样例

一、判断题（每题1分，满分35分）

1. 晶体管矩形波脉冲电源广泛用于快走丝线切割机床，它一般由脉冲发生器、推动级、功放级及直流电源四个部分组成。（　）

2. 工作液的质量及清洁程度对线切割加工影响不大，所以有的线切割机床没有工作液过滤系统。（　）

3. 电火花线切割加工机床脉冲电源的脉冲宽度一般在2～60μs。（　）

4. 线切割机床在精度检验前，必须让机床各个坐标往复移动几次，贮丝筒运转10min以上，即在机床处于热稳定状态下进行检测。（　）

5. 电火花加工机床的工作精度又称为动态精度，是在放电加工情况下，对机床的几何精度和数控精度的一项综合考核。（　）

6. 悬臂式支承是快走丝线切割比较常用的装夹方法，其特点是通用性强，装夹方便，但装夹后工件容易出现倾斜现象。（　）

7. 在电火花加工中，正极蚀除量大，负极蚀除量小。（　）

8. 在一定范围内，电极丝的直径加大可以提高切割速度；但电极丝的直径超过一定程度时，反而又降低切割速度。（　）

9. 在峰值电流一定的情况下，随着脉冲宽度的减小，电极损耗增大。脉冲宽度越窄，电极损耗上升的趋势越明显。（　）

10. 纯铜电极与石墨电极相比，随冲液压力的增加，纯铜电极损耗增加得更为明显。（　）

11. 高速走丝电极丝张力直接影响电极丝的振动和频率，正向反向移动电极丝张力不一致，影响表面粗糙度，产生换向切割条纹。（　）

12. CAXA线切割V2系统用户界面，它包括三大部分：绘图功能区、菜单系统和状态显示与提示区。（　）

13. 气动量仪是以空气作为介质，利用空气流动的特性，将尺寸等几何量的变化转换为流量、压力等的变化量，然后在指示器上进行读数的一种仪器。（　）

14. 加大张紧力，将减小电极丝的振动，从而提高线切割机床加工精度，所以在调整线切割电极丝张紧力时，越大越好。（　）

15. 减小电极丝的振动是提高线切割机床加工精度的唯一途径。（　）

16. 型腔在精加工时产生波纹的原因是电极损耗的影响及冲液和排屑的影响。（　）

17. 适当抬刀或者在油杯顶部周围开出气槽、排气孔，可以防止在电火花型孔加工中“放炮”现象的产生。（　）

18. 低速走丝电火花线切割加工在加工硬质合金时，会使工作液的电导率迅速增大。（　）

19. 电火花线切割在加工厚度较大的工件时，脉冲宽度应选择较小值。（　）

20. 数控编程从起初的手工编程到后来的 API 语言编程，发展到今天的人机交互编程。（　）

21. 数控线切割机床的控制系统不仅对轨迹进行控制，同时还对进给速度等进行控制。（　）

22. 对火花间隙影响最明显的是电流，随着电流的增大，火花间隙也相应增大。（　）

23. 线切割加工中，电极丝张力过大，会出现阻力增大、电极丝损坏等多种不利因素，因而在调整电极丝张力时，越松越好。（　）

24. 只有高强度、高密度、高纯度的特种石墨，才能作为制作型腔加工的电极材料。（　）

25. 虽然数控低速走丝电火花线切割加工作用力小，不像机械切削机床那样要承受很大的切削力，所以装夹时没有必要强调稳定牢固。（　）

26. 线切割加工中，为了提高加工工件的表面质量，常采用多次切割的加工工艺方法。（　）

27. 在峰值电流一定的情况下，随着脉冲宽度的减小，电极损耗增大。脉冲宽度越窄，电极损耗上升的趋势越明显。（　）

28. 线切割机床在加工过程中产生的气体对操作者的健康没有影响。（　）

29. 在快走丝线切割加工中，工件材料的硬度越小，越容易加工。（　）

30. 在电火花加工中，连接两个脉冲电压之间的时间称为脉冲间隔。（　）

31. 电火花加工表层包括熔化层和热影响层。（　）

32. 线切割加工影响了零件的结构设计，不管什么形状的孔，如方孔、小孔、阶梯孔、窄缝等，都可以加工。（　）

33. 虽然线切割加工中工件受力很小，但为防止工件应力变化产生变形，对工件应施加较大的夹紧力。（　）

34. 要获得更好的侧壁表面粗糙度，可以采用平动头或数控摇动工艺来修光。（　）

35. 电极损耗分为绝对损耗和相对损耗两种。（　）

二、选择题（不定项选择）（每题2分，满分30分）

1. 用水平仪检验机床导轨的直线度时，若把水平仪放在导轨的右端，气泡向前偏2格；若把水平仪放在导轨的左端，气泡向后偏2格，则此导轨是（　　）状态。

A. 中间凸　　B. 中间凹　　C. 不凸不　　D. 扭曲

2. 在加工较厚的工件时，要保证加工的稳定，放电间隙要大，所以（　　）。

A. 脉冲宽度和脉冲间隔都取较大值

B. 脉冲宽度和脉冲间隔都取较小值

C. 脉冲宽度取较大值，脉冲间隔取较小值

D. 脉冲宽度取较小值，脉冲间隔取较大值

3. 在快走丝线切割加工中，关于不同厚度工件的加工，下列说法正确的是（　　）。

A. 工件厚度越大，其切割速度越慢

B. 工件厚度越小，其切割速度越大

C. 工件厚度越小，线切割加工的精度越高；工件越厚度大，线切割加工的精度越低

D. 在一定范围内，工件厚度增大，切割速度增大；当工件厚度增加到某一值后，其切割速度随厚度的增大而减小

4. 数控电火花线切割机床数控精度的检验项目包括（　　）。

A. 工作台运动的失动量

B. 工作台运动的重复定位精度

C. 工作台运动的定位精度

D. 每一脉冲指令的进给精度

5. 电火花穿孔成形加工机床的工作精度（加工技术指标考核）项目包括（　　）。

A. 最佳加工表面粗糙度

B. 电极相对损耗率、侧面粗糙度和工件材料去除率三合一综合指标

C. 加工孔的数控坐标精度

D. 加工孔的数控孔间距精度和加工孔径的一致性

6. 线切割加工时，工件的装夹方式一般采用（　　）。

A. 悬臂式支承　　B. V形夹具装夹

C. 桥式支承　　D. 分度夹具装夹

7. 数控快走丝电火花线切割机床，影响其加工质量和加工稳定性的关键部件是（　　）。

A. 走丝机构　　B. 工作液循环系统

C. 脉冲电源　　D. 伺服控制系统

8. 电火花线切割的微观过程可分为四个连续阶段：a. 电极材料的抛出；b. 极间介质的电离、击穿，形成放电通道；c. 极间介质的消电离；d. 介质热分解、电极材料熔化、汽化热膨胀。这四个阶段的排列顺序为(　　)

A. abcd　　B. bdac　　C. acdb　　D. cbad

9. 线切割机床的工作精度检测中，有关尺寸精度与最佳表面粗糙度的检测对象是（　　）。

A. 与机床坐标轴平行的表面

B. 与机床坐标轴垂直的表面

C. 任意表面，无特殊要求

D. 与机床坐标轴夹角为45°的表面

10. 在快走丝线切割加工中，当其他工艺条件不变时，增大短路峰值电流，可以（　　）。

A. 提高切割速度　　B. 表面粗糙度会变好

C. 降低电极丝的损耗　　D. 增大单个脉冲能量

11. 在线切割加工中，关于工件装夹问题，下列说法正确的是（　　）。

A. 由于线切割加工中工件几乎不受力，所以加工中工件不需要夹紧

B. 虽然线切割加工中工件受力很小，但为防止工件应力变化产生变形，对工件应施加较大的夹紧力

C. 由于线切割加工中工件受力很小，所以加工中工件只需要较小的夹紧力

D. 线切割加工中，对工件夹紧力大小没有要求

12. 影响线切割机床加工工件表面粗糙度的因素有（　　）。

A. 机床工作台的进给精度

B. 工作台进给脉冲当量

C. 电极丝张紧力的波动，电极丝振动

D. 单个脉冲能量

13. 为防止在电火花型腔精加工时产生波纹，可采取的措施有（　　）。

A. 采用较好的石墨电极，粗加工开始时用小电流密度，以改善电极表面质量

B. 采用中精加工低损耗的脉冲电源及电参数

C. 合理开设冲液孔，采用适当抬刀措施

D. 采用单电极一修正电极工艺，即粗加工后修正电极，再用平动精加工修正，或采用多电极工艺

14. 数控线切割机床的精度检验可分为（　　）。

A. 机床几何精度检验　　B. 机床数控精度检验

C. 工件装配精度检验　　D. 工作精度检验

15. 电火花成形加工中，下列非电参数对电极损耗有较大影响的是(　　)。

A. 加工面积　　B. 冲液或抽液　　C. 加工极性　　D. 电极材料

三、简答题（每题 5 分，满分 15 分）

1. 线切割加工时，刚开始切割工件就断丝的原因及防止措施有哪些?

2. 简述电火花成形加工中，工件产生拉弧烧伤的原因和处理办法。

3. 简述电火花成形加工中产生“放炮”的原因和防止方法。

四、编程题（每题 10 分，满分 20 分）

1. 用手工编程的方法，编写一个使用电极丝自动找内孔中心的程序。（要求：加工程序单字迹工整；可以用 ISO 或 3B 代码）

2. 手工编制一上下异形零件的线切割加工程序，上下异形零件的下平面是一个直径为 20mm 的圆，上平面是一个正方形。各部尺寸如下图所示。偏移量设定为 110μm，加工条件用 C003 表示。（要求：加工程序单字迹工整；可以用 ISO 或 3B 代码）

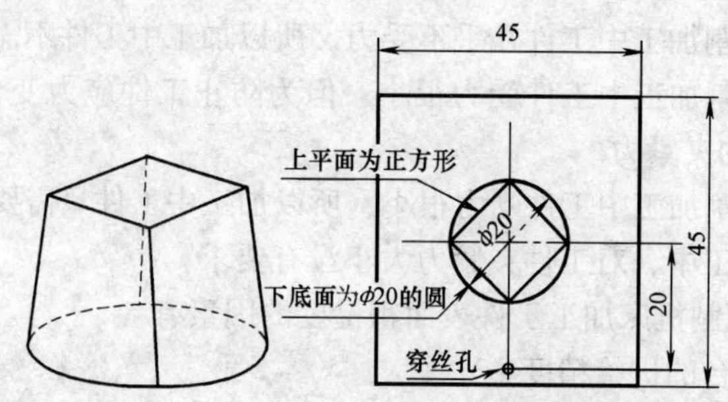

答案部分

知识要求试题参考答案

一、判断题

1. ×　2. √　3. √　4. ×　5. √　6. √　7. √　8. √　9. ×
10. √　11. √　12. √　13. √　14. √　15. ×　16. √　17. √　18. √
19. ×　20. ×　21. √　22. √　23. √　24. ×　25. √　26. √　27. √
28. √　29. ×　30. ×　31. √　32. ×　33. √　34. √　35. √　36. ×
37. √　38. √　39. √　40. √　41. √　42. ×　43. ×　44. √　45. ×
46. √　47. √　48. √　49. ×　50. √

二、选择题

1. ABC　2. ABCD　3. AD　4. ABCD　5. C　6. ABCD
7. ABC　8. ABCD　9. ABC　10. ABCD　11. ACD　12. A
13. D　14. A　15. ABC　16. ACD　17. ABCD　18. BD
19. BC　20. C　21. BCD　22. ABCD　23. BCD　24. A
25. D　26. AB　27. C　28. C　29. A　30. BC
31. ABCD　32. AB　33. ABD　34. ABCD　35. ABD　36. A
37. CD　38. BC　39. AD　40. ABD　41. ABC　42. B
43. ABCD　44. C　45. AC　46. C　47. B　48. BCD
49. B　50. B

三、简答题

1. 答：数控电火花线切割加工是用电极丝作为工具电极来加工的。由于电极丝有一定的半径，加工时电极丝与工件存在着放电间隙，使电极丝中心运动轨迹与工件的加工轮廓偏移一定的距离，即电极丝中心轨迹与工件轮廓之间的法向尺寸差值，这就是电极丝偏移量。

2. 答：放电间隙是指加工时工具和工件之间产生火花放电的一层距离间隙。在加工过程中，则称为加工间隙 S，它的大小一般在 0.01～0.5mm 之间，粗加工时间隙较大，精加工时则较小。加工间隙又可分为端面间隙 S_F 和侧面间隙 S_L。对于穿孔加工，又可分为入口间隙 S_{in} 和出口间隙 S_{out}。

3. 答：按工具电极和工件相对运动的方式和用途的不同，将电火花加工按工艺方法大致分为电火花穿孔成形加工、电火花线切割加工、电火花磨削加工、电火花同步共轭回转加工、电火花高速小孔加工、电火花铣削加工、电火花表面强化加工和短电弧加工八大类。

4. 答：1）工件厚度。工件材料薄，工作液易进入并充满放电间隙，对排屑和消电离有利，加工稳定性好。但工件太薄，电极丝易抖动，对加工精度和表面粗糙度不利。工件材料厚，工作液难以进入和充满放电间隙，加工稳定性差，但电极丝不易抖动，因而加工精度较高，表面粗糙度值也小。

切割速度（指单位时间内切割的面积，单位为 mm^2/min）起先随厚度的增加而增加，当工件厚度达到某一最大值（一般为 50～100mm）后开始下降，这是因为厚度过大时，排屑条件变差。

2）工件材料。工件材料不同，其熔点、汽化点、热导率等都不一样，因而加工效果也不同。如采用乳化液加工时：

① 加工铜、铝、淬火钢时，加工过程稳定，切割速度高。

② 加工不锈钢、磁钢、未淬火高碳钢时，稳定性差，切割速度低度，表面质量不太好。

③ 加工硬质合金时，比较稳定，切割速度较低，表面粗糙度值小。

5. 答：工作液主要分含油和不含油两类。

含油的工作液是乳化型的，是以矿物油为基础，添加酸、碱、乳化剂和防锈剂，加水稀释后是透明或半透明液体。例如 DX-1 型、DX-2 型，这种工作液的优点是加工表面和机床不易锈蚀，加工稳定性较好，制作技术比较成熟；但其主要缺点是加工过程中产生黑色黏稠电蚀物，这种悬浮小颗粒在工作液中不易沉淀和过滤，导致工作液失效快，并对环境有一定的污染。

不含油的水基工作液，例如 DIC 206 型，它的特点是适用于不同材质和不同厚度的工件，切割效率、切割表面粗糙度都优于含油工作液，在加工中不产生黑色油泥，电加工蚀除物容易沉淀，易于过滤，一次换液可使用半年以上，并有很好的环保性能；但其防锈性略低于含油工作液。

6. 答：断丝后根据贮丝筒上剩余电极丝的多少来作处理。如果电极丝断在一侧，可利用剩余的电极丝继续加工；如果电极丝断在中间，就需要更换新电极

丝。若要利用贮丝筒上剩余的电极丝，则要把不用的电极丝抽掉，然后使贮丝筒轴向移动到断头处与导轮对齐偏向有电极丝的一端，再按正常的方法把电极丝安装在导轮上。零件的处理要视原地能否穿上电极丝，如果能则继续加工即可，原地穿丝时电极丝如果是新上的，要用砂纸把头部一段打磨细一点并使丝变直。如果零件太厚原地穿不上丝则需返回起点重切，以反向对接为好。

7. 答：1）电极丝与工件的被加工表面之间必须保持一定间隙，间隙的宽度由工作电压 、加工量等加工条件而定。

2）电火花线切割机床加工时，必须在有一定绝缘性能的液体介质中进行，如煤油、皂化油、去离子水等，要求较高绝缘性是为了利于产生脉冲性的火花放电，液体介质还有排除间隙内电蚀产物和冷却电极的作用。电极丝和工件被加工表面之间保持一定间隙，如果间隙过大，极间电压不能击穿极间介质，则不能产生电火花放电；如果间隙过小，则容易形成短路连接，也不能产生电火花放电。

3）必须采用脉冲电源，即火花放电必须是脉冲性、间歇性的。在脉冲间隔内，使间隙介质消除电离，使下一个脉冲能在两极间击穿放电。

8. 答：纯铜电极加工稳定性好，在电火花加工过程中，物理性能稳定，能比较容易获得稳定的加工状态，不容易产生电弧等不良现象，在较困难的条件下也能稳定加工。精加工中采用低损耗规准可获得轮廓清晰的型腔，因组织结构致密，加工表面表面粗糙度值小，配合一定的工艺手段和电源后，表面粗糙度可达 $Ra=0.015\mu m$ 的镜面超光加工。

纯铜材料因本身材料熔点低（1083℃），不宜承受较大的电流密度，一般不能超过30A电流的加工，否则会使电极表面严重受损、龟裂，影响加工效果。纯铜热膨胀系数较大，在加工深窄筋部分时，较大电流下产生的局部高温很容易使电极发生变形。电极通常采用低损耗的加工条件，由于低损耗加工的平均电流较小，其生产率不高，故常对工件进行预加工。

9. 答：1）脉冲宽度的影响。脉冲越宽，则放电间隙越大，加工表面粗糙度值大，生产率高，电极损耗则小；反之，则相反。

2）高压脉冲的影响。高压脉冲通常比低压脉冲要窄得多，增加高压脉冲可以提高加工稳定性和获得较高的生产率，而且随高压脉冲的增加而增加，但是增加到一定程度后，变化不太明显。

3）脉冲电流的影响。脉冲电流的影响包括脉冲电流峰值的影响和电流密度的影响。脉冲电流峰值的影响是在相同脉宽下，生产率和电极的损耗随电流峰值的增加而增加。电流密度的影响是在一定的脉宽和峰值电流情况下，随加工面积的减小和电流密度的增加，生产率和电极损耗显著在变化。

10. 答：石墨电极加工稳定性较好，在粗加工或窄脉宽的精加工时，电极损耗很小。熔点高，能承受较大的电流密度，在大电流的情况下仍能保持电极的低损耗，这也是石墨材料最显著的加工特点。在高温下具有良好的机械强度，热膨胀系数小，非常适合对窄缝进行高精度加工。石墨的导电性能好，加工速度快，能节省大量的放电时间，在粗加工中越显优良。

其缺点是在精加工中放电稳定性较差，容易过渡到电弧放电，只能选取损耗较大的加工条件来加工。加工微细面表面粗糙度略差，在加工中容易脱落、掉渣，不能用于镜面加工。

11. 答：现有的线切割机床分高速走丝和低速走丝两类。

高速走丝机床的电极丝是快速往复运行的，电极丝在加工过程中反复使用。这类电极丝主要有钼丝、钨丝和钨钼丝。常用钼丝的规格为 ϕ0.10 ~ ϕ0.18mm，当需要切割较小的圆角或缝槽时也用 ϕ0.06mm 的钼丝。钨丝耐腐蚀，抗拉强度高，但脆而不耐弯曲。且因价格昂贵，仅在特殊作情况下使用。

低速走丝线切割机床一般用黄铜丝作电极丝，有的是内为黄铜丝、外镀熔点较低的锌或锌合金，在火花放电时有较大的汽化爆炸力，使切割速度较高。规格为 ϕ0.10 ~ 0.30mm。同样切割细微缝槽或要求圆角较小时采用钨丝或钼丝，最小直径可为 ϕ0.03 ~ ϕ0.06mm。

12. 答：1）可能原因。进给不稳，开始切入速度太快或电流过大；切割时，工作液没有正常喷出；电极丝在贮丝筒上盘绕松紧不一致，造成局部抖丝剧烈；导轮及轴承已磨损或导轮轴向及径向圆跳动大，造成抖丝剧烈；线架尾部挡丝棒没调整好，挡丝位置不合适造成叠丝；工件表面有毛刺、氧化皮或锐边。

2）处理方法。刚开始切入时，速度应稍慢，根据工件材料的厚薄，逐渐调整速度至合适位置；排除不能正常喷液的原因、检查工作液泵及管路；尽量绷紧电极丝，消除抖动现象，必要时调整导轮位置，使电极丝入槽内；如果绷紧电极丝，调整导轮位置效果不明显，则应更换导轮及轴承；检查电极丝在挡丝棒位置是否接触或者靠向里侧；清除工作表面氧化皮和毛刺。

13. 答：1）可能是加工面积小，选用输出电流大所致。处理方法：调节输出电流的幅值，加工面积大，选用大电流；加工面积小，选用小电流；加工型腔模开始工作，接触面积小，用小电流；加工冲模快穿透时，加工面积小，用小电流，形状复杂尖角多的型孔用小电流。

2）排屑不良造成。处理方法：调节冲液压力适当，不能太大或太小；调节抬刀时间，不能抬刀时间短而加工时间长。

3）脉冲参数选择不当造成。处理方法：合理选择电参数，不能低压脉宽太宽，而脉冲间隔太小；应按照脉冲参数选配推荐表和具体加工情况选择确定。

4）电源的高压功放或低压功放晶体管损坏。处理方法：功放管损坏造成脉冲参数调节失调，电流调节失控，影响正常加工，应更换。

14. 答：在形状复杂、深度较大的型孔和型腔加工中，应采取强迫冲液或抽

液的方法进行排气排屑，但强迫冲液或抽液，虽然促进了加工的稳定性，却增大了电极的损耗。因为强迫冲液或抽液使熔融飞溅的电蚀产物颗粒迅速冷凝，并被高速流动的工作液冲到放电间隙之外，减弱了电极上的“覆盖效应”。

同时，间隙中的工作液由于降温而提高了介电系数，使加工过程中消电离加快，也使电极上“覆盖效应”减弱，因此，电极损耗增加。纯铜电极与石墨电极相比，随冲液压力的增加，纯铜电极损耗增加得更为明显。用纯铜电极加工时，冲液压力一般不超过0.005MPa，否则电极损耗显著增加。当使用石墨电极加工时，电极损耗受冲液压力的影响较小。

15. 答：在线切割加工过程中，不管是正极还是负极，都会发生电蚀，但它们的电蚀程度不同。这种由于正、负极性不同而彼此电蚀量不一样的现象称为极性效应。

实践表明，在电火花加工中，当采用短脉冲加工时，正极的蚀除速度大于负极的蚀除速度；当采用长脉冲加工时，负极的蚀除速度大于正极的蚀除速度。由于线切割加工的脉冲宽度较窄，属于短脉冲加工，所以采用工件接电源的正极，电极丝接电源的负极，这种接法又称为正极性接法，反之称为负极性接法。电火花线切割采用正极性接法不仅有利于提高加工速度，而且有利于减少电极丝的损耗，从而有利于提高加工精度。

16. 答：在加工过程中产生的气体，集聚在电极下端或油杯内部，当气体受到电火花引燃时，就会像“放炮”一样冲破阻力而排出，这时很容易使电极与凹模错位，影响加工质量，甚至报废。这种情况在抽液加工时更易发生。因此，在使用油杯进行型孔加工时，要特别注意排气，适当抬刀或者在油杯顶部周围开出气槽、排气孔，以利排出积聚的气体。

17. 答：1）温度和湿度。为保证机床的加工符合精度要求，室内环境温度应保持在20℃ ±3℃，湿度保持在30% ~80%。机床保证运行温度为15~30℃。

2）振动。本机床对环境振动要求较高，若有可能，不要将本设备安置在通过地基传送振动的机器附近，以免机床找正精度受到影响。若干扰源不可避免，则将机床安装在减振器材上，以求最大限度地减小振动源对本设备的影响。

3）灰尘。系统尽可能安装在没有灰尘的房间；应远离石墨加工设备，石墨粉尘导电性强，会造成电子元件短路；机床安装应远离磨床、喷砂机和产生切屑的设备，因为此类粉尘颗粒有很强的划伤性，会导致滚珠丝杠、导轨和工作台的磨损。

4）地基。本机床应安装在安全可靠的混凝土地基上，如地基变动将会导致机床水平基准变化，因此若地基不合适，应专门制作混凝土基础。

18. 答：在电火花线切割加工中，表面粗糙度和生产率本身就是相互矛盾的一对。故凡是提高加工生产率的一切因素都可能是导致表面粗糙度差的原因，但也有其他一些原因。

1）机械方面。丝架的刚度不够或走丝机构不平稳，则机床在工作时会引起电极丝的抖动，直接影响加工表面粗糙度。此外，若导轮或其轴承磨损，也会直接引起电极丝的抖动。这时，应及时排除故障来提高加工表面质量。

2）操作方面。若电极丝不够紧，则在加工工件表面上会产生一条条有规则的痕迹。这时应进行人工紧丝，以消除这种痕迹。此外，在加工过程中，由于操作者过于求快或其他某种原因，往往会产生短路现象，这也会在加工表面留下痕迹。因此，适当地降低加工速度，可以提高加工表面粗糙度等级。

3）高频电源方面。主要检查高频电源的波形和工作稳定性。此外，适当地降低高频电源的输出电压，虽然会使生产率降低，但可以提高加工表面质量。

19. 答：1）电规则选择不当。一般积炭发生在精加工中，因为精加工时放电间隙小，排渣不容易。因此在调节电参数时，要以观察到放电状态稳定为标准，在放电不稳定的情况下，应该将放电时间减短、抬刀高度增大、脉冲宽度减小、脉冲间隙增大、伺服压力减小等。粗加工中，在加工面积小时，注意峰值电流不要过大。

2）冲液不当。不适当的冲液方式、冲液压力使电蚀物无法顺利排出，使放电状态很不稳定而引起电弧放电。一般采用的冲液方式是下冲液、朝开口部位冲液、淋液等。冲液压力控制在接近加工的临界压力范围内，采用的工作液应该较清洁。

20. 答：1）调整的目的是保证安全加工和较好的工艺指标。电火花加工中经常有各种各样的干扰，除了正常火花放电外，还有短路、拉弧和空载等。这类干扰经常会大大加剧电极损耗和（或）使加工速度降到零，而且常常会烧伤工件和电极，严重时使其报废。单靠伺服进给系统常常不能避免这类情况的出现，需要对加工过程不断地检测和在干扰严重时作出极快速的响应。

2）参数调整的难度表现在：

① 加工过程的实时评估缺乏明确的判断依据，很难判别是否达到了良好的加工状况。

② 控制参数众多，难以掌握调节哪个参数最合适。

③ 最佳参数值会产生系统性变化，例如电火花成形加工随着深度的增加，排屑困难，就必须使间隙尺寸、脉间和流量加大才能适应加工要求。

④ 最佳参数值存在不规律的变化，例如在拉弧状态之后的最佳脉间就应比一般情况下的脉间长很多。

模拟试卷样例参考答案

一、判断题

1. √　2. ×　3. √　4. √　5. √　6. √　7. ×　8. √　9. √
10. √　11. √　12. √　13. √　14. ×　15. ×　16. √　17. √　18. √
19 ×　20. √　21. √　22. √　23. ×　24. √　25. ×　26. √　27. √
28. ×　29. ×　30. √　31. √　32 ×　33. ×　34. √　35. √

二、选择题

1. D　2. A　3. D　4. ABCD　5. ABCD　6. AC　7. A
8. B　9. D　10. AD　11. C　12. ABCD　13. ABCD　14. ABD
15. ABCD

三、简答题

1. 答：1）可能原因。进给不稳，开始切入速度太快或电流过大；切割时，工作液没有正常喷出；电极丝在贮丝筒上盘绕松紧不一致，造成局部抖丝剧烈；导轮及轴承已磨损或导轮轴向及径向圆跳动大，造成抖丝剧烈；线架尾部挡丝棒没调整好，挡丝位置不合适造成叠丝；工件表面有毛刺、氧化皮或锐边。

2）处理方法。刚开始切入时，速度应稍慢，根据工件材料的厚薄，逐渐调整速度至合适位置；排除不能正常喷液的原因、检查液泵及管路；尽量绷紧电极丝，消除抖动现象，必要时调整导轮位置，使电极丝入槽内；如果绷紧电极丝，调整导轮位置效果不明显，则应更换导轮及轴承；检查电极丝在挡丝棒位置是否接触或者靠向里侧；清除工作表面氧化皮和毛刺。

2. 答：1）可能是加工面积小，选用输出电流大所致。处理方法：调节输出电流的幅值，加工面积大，选用大电流；加工面积小，选用小电流；加工型腔模开始工作，接触面积小，用小电流；加工冲模快穿透时，加工面积小，用小电流，形状复杂尖角多的型孔用小电流。

2）排屑不良造成。处理方法：调节冲液压力适当，不能太大或太小；调节抬刀时间，不能抬刀时间短而加工时间长。

3）脉冲参数选择不当造成。处理方法：合理选择电参数，不能低压脉宽太宽，而脉冲间隔太小；应按照脉冲参数选配推荐表和具体加工情况选择确定

4）电源的高压功放或低压功放晶体管损坏。处理方法：功放管损坏造成脉冲参数调节失调，电流调节失控，影响正常加工，应更换。

3. 答：在加工过程中产生的气体，集聚在电极下端或油杯内部，当气体受到电火花引燃时，就会像“放炮”一样冲破阻力而排出，这时很容易使电极与凹模错位，影响加工质量，甚至报废。这种情况在抽液加工时更易发生。

因此，在使用油杯进行型孔加工时，要特别注意排气，适当抬刀或者在油杯顶部周围开出气槽、排气孔，以利排出积聚的气体。

四、编程题

1. 自动找内孔中心的程序如下：	2. 上下异形零件程序代码如下：
G59G90；	H001 =0. 110；
G80X +；	T84 T86；G54 G90 G92 X +0 Y +0U +0V +0；
M05 G00X－0. 2；	C003；
G92X0；	G61；
G80X-；	G01 G41 H001；
G91；	G01 X +0 Y +10.　　：G01 X +0 Y +10.；
M05G00X0. 2；	G02 X-10. Y +20. J +10.　　：G01 X－10. Y +20.；
G90；	X +0 Y +30. I +10.　　：　　X +0 Y +30.；
G82X；	X +10. Y +20. J-10.　　：　　X +10. Y +20.；
G92X0；	X +0 Y +10. I-10.　　：　X +0 Y +10.；
G80Y +；	G40；
M05G00Y-0. 2；	G01 X +0 Y +0　：G01 X +0 Y +0；
G80Y-；	G60；
G91；	T85 T87；
M05 G00Y0. 2；	M02；
G90；	
G82Y；	
G92Y0；	
G54；	
M02；	

参 考 文 献

[1] 杨建新．新编简明机修钳工手册［M］．北京：机械工业出版社，2012.
[2] 张松生，杨建新．钳工（高级）［M］．北京：化学工业出版社，2010.
[3] 肖爱民，杨建新，汪光远．MasterCAM 数控自动编程与机床加工视频教程［M］．北京：化学工业出版社，2009.
[4] 杨建新，马鹏飞．铸造工（高级）［M］．北京：化学工业出版社，2011.
[5] 宋昌才．数控电火花加工培训教程［M］．北京：化学工业出版社，2008.
[6] 李立．数控线切割加工实用技术［M］．北京：机械工业出版社，2008.
[7] 李忠文．电火花机和线切割机编程与机电控制［M］．北京：化学工业出版社，2004.
[8] 单岩，夏天．数控电火花加工［M］．北京：机械工业出版社，2005.
[9] 刘哲．电火花加工技术［M］．北京：国防工业出版社，2010.
[10] 徐峰．数控线切割加工技术实训教程［M］．北京：国防工业出版社，2007.
[11] 刘志东，高长水．电火花加工工艺及应用［M］．北京：国防工业出版社，2011.
[12] 马名峻，等．电火花加工技术在模具制造中的应用［M］．北京：化学工业出版社，2004.
[13] 贾立新．电火花加工实训教程［M］．西安：西安电子科技大学出版社，2007.
[14] 伍端阳．数控电火花加工实用技术［M］．北京：机械工业出版社，2007.
[15] 郭洁民．电火花加工技术问答［M］．北京：化学工业出版社，2007.
[16] 张学仁，等．数控电火花线切割加工微机编程控制一体化机床［M］．哈尔滨：哈尔滨工业大学出版社，2005.
[17] 周晖．数控电火花加工工艺与技巧［M］．北京：化学工业出版社，2008.
[18] 陈前亮．数控线切割操作工技能鉴定考核培训教程［M］．北京：机械工业出版社，2006.
[19] 苑海燕，袁玉兰．高速走丝线切割机床操作与实例［M］．北京：国防工业出版社，2010.
[20] 罗学科，等．数控电加工机床［M］．北京：化学工业出版社，2006.
[21] 宋昌才．电切削工［M］．北京：中国劳动与社会保障出版社，2011.
[22] 周湛学，刘玉忠．数控电火花加工［M］．北京：化学工业出版社，2007.
[23] 周燕清．数控电加工操作入门［M］．北京：化学工业出版社，2009.

电切削工需学习下列课程：

初级：机械识图、机械基础（初级）、电工常识、电切削工（初级）

中级：机械制图、机械基础（中级）、电切削工（中级）

高级：机械基础（高级）、电切削工（高级）

技师、高级技师：电切削工（技师、高级技师）

国家职业资格培训教材

内容介绍：深受读者喜爱的经典培训教材，依据最新国家职业标准，按初级、中级、高级、技师（含高级技师）分册编写，以技能培训为主线，理论与技能有机结合，书末有配套的试题库和答案。所有教材均免费提供PPT电子教案，部分教材配有VCD实景操作光盘（注：标注★的图书配有VCD实景操作光盘）。

读者对象：本套教材是各级职业技能鉴定培训机构、企业培训部门、再就业和农民工培训机构的理想教材，也可作为技工学校、职业高中、各种短训班的专业课教材。

- ◆ 机械识图
- ◆ 机械制图
- ◆ 金属材料及热处理知识
- ◆ 公差配合与测量
- ◆ 机械基础（初级、中级、高级）
- ◆ 液气压传动
- ◆ 数控技术与AutoCAD应用
- ◆ 机床夹具设计与制造
- ◆ 测量与机械零件测绘
- ◆ 管理与论文写作
- ◆ 钳工常识
- ◆ 电工常识
- ◆ 电工识图
- ◆ 电工基础
- ◆ 电子技术基础
- ◆ 建筑识图
- ◆ 建筑装饰材料
- ◆ 车工（初级★、中级、高级、技师和高级技师）
- ◆ 铣工（初级★、中级、高级、技师和高级技师）
- ◆ 磨工（初级、中级、高级、技师和高级技师）
- ◆ 钳工（初级★、中级、高级、技师和高级技师）
- ◆ 机修钳工（初级、中级、高级、技师和高级技师）
- ◆ 锻造工（初级、中级、高级、技师和高级技师）
- ◆ 模具工（中级、高级、技师和高级技师）
- ◆ 数控车工（中级★、高级★、技师和高级技师）
- ◆ 数控铣工/加工中心操作工（中级★、高级★、技师和高级技师）
- ◆ 铸造工（初级、中级、高级、技师和高级技师）
- ◆ 冷作钣金工（初级、中级、高级、

技师和高级技师）

◆ 焊工（初级★、中级★、高级★、技师和高级技师★）

◆ 热处理工（初级、中级、高级、技师和高级技师）

◆ 涂装工（初级、中级、高级、技师和高级技师）

◆ 电镀工（初级、中级、高级、技师和高级技师）

◆ 锅炉操作工（初级、中级、高级、技师和高级技师）

◆ 数控机床维修工（中级、高级和技师）

◆ 汽车驾驶员（初级、中级、高级、技师）

◆ 汽车修理工（初级★、中级、高级、技师和高级技师）

◆ 摩托车维修工（初级、中级、高级）

◆ 制冷设备维修工（初级、中级、高级、技师和高级技师）

◆ 电气设备安装工（初级、中级、高级、技师和高级技师）

◆ 值班电工（初级、中级、高级、技师和高级技师）

◆ 维修电工（初级★、中级★、高级、技师和高级技师）

◆ 家用电器产品维修工（初级、中级、高级）

◆ 家用电子产品维修工（初级、中级、高级、技师和高级技师）

◆ 可编程序控制系统设计师（一级、二级、三级、四级）

◆ 无损检测员（基础知识、超声波探伤、射线探伤、磁粉探伤）

◆ 化学检验工（初级、中级、高级、技师和高级技师）

◆ 食品检验工（初级、中级、高级、技师和高级技师）

◆ 制图员（土建）

◆ 起重工（初级、中级、高级、技师）

◆ 测量放线工（初级、中级、高级、技师和高级技师）

◆ 架子工（初级、中级、高级）

◆ 混凝土工（初级、中级、高级）

◆ 钢筋工（初级、中级、高级、技师）

◆ 管工（初级、中级、高级、技师和高级技师）

◆ 木工（初级、中级、高级、技师）

◆ 砌筑工（初级、中级、高级、技师）

◆ 中央空调系统操作员（初级、中级、高级、技师）

◆ 物业管理员（物业管理基础、物业管理员、助理物业管理师、物业管理师）

◆ 物流师（助理物流师、物流师、高级物流师）

◆ 室内装饰设计员（室内装饰设计员、室内装饰设计师、高级室内装饰 设计师）

◆ 电切削工（初级、中级、高级、技师和高级技师）

◆ 汽车装配工

◆ 电梯安装工

◆ 电梯维修工

变压器行业特有工种国家职业资格培训教程

丛书介绍：由相关国家职业标准的制定者——机械工业职业技能鉴定指导中心组织编写，是配套用于国家职业技能鉴定的指定教材，覆盖变压器行业5个特有工种，共10种。

读者对象：可作为相关企业培训部门、各级职业技能鉴定培训机构的鉴定培训教材，也可作为变压器行业从业人员学习、考证用书，还可作为技工学校、职业高中、各种短训班的教材。

- 变压器基础知识
- 绕组制造工（基础知识）
- 绕组制造工（初级 中级 高级技能）
- 绕组制造工（技师 高级技师技能）
- 干式变压器装配工（初级、中级、高级技能）
- 变压器装配工（初级、中级、高级、技师、高级技师技能）
- 变压器试验工（初级、中级、高级、技师、高级技师技能）
- 互感器装配工（初级、中级、高级、技师、高级技师技能）
- 绝缘制品件装配工（初级、中级、高级、技师、高级技师技能）
- 铁心叠装工（初级、中级、高级、技师、高级技师技能）

国家职业资格培训教材——理论鉴定培训系列

丛书介绍：以国家职业技能标准为依据，按机电行业主要职业（工种）的中级、高级理论鉴定考核要求编写，着眼于理论知识的培训。

读者对象：可作为各级职业技能鉴定培训机构、企业培训部门的培训教材，也可作为职业技术院校、技工院校、各种短训班的专业课教材，还可作为个人的学习用书。

车工（中级）鉴定培训教材
车工（高级）鉴定培训教材
铣工（中级）鉴定培训教材
铣工（高级）鉴定培训教材
磨工（中级）鉴定培训教材
磨工（高级）鉴定培训教材
钳工（中级）鉴定培训教材
钳工（高级）鉴定培训教材
机修钳工（中级）鉴定培训教材
机修钳工（高级）鉴定培训教材
焊工（中级）鉴定培训教材
焊工（高级）鉴定培训教材
热处理工（中级）鉴定培训教材
热处理工（高级）鉴定培训教材
铸造工（中级）鉴定培训教材
铸造工（高级）鉴定培训教材

电镀工（中级）鉴定培训教材
电镀工（高级）鉴定培训教材
维修电工（中级）鉴定培训教材
维修电工（高级）鉴定培训教材
汽车修理工（中级）鉴定培训教材
汽车修理工（高级）鉴定培训教材
涂装工（中级）鉴定培训教材
涂装工（高级）鉴定培训教材
制冷设备维修工（中级）鉴定培训教材
制冷设备维修工（高级）鉴定培训教材

国家职业资格培训教材——操作技能鉴定实战详解系列

丛书介绍：用于国家职业技能鉴定操作技能考试前的强化训练。特色：

- 重点突出，具有针对性——依据技能考核鉴定点设计，目的明确。
- 内容全面，具有典型性——图样、评分表、准备清单，完整齐全。
- 解析详细，具有实用性——工艺分析、操作步骤和重点解析详细。
- 练考结合，具有实战性——单项训练题、综合训练题，步步提升。

读者对象：可作为各级职业技能鉴定培训机构、企业培训部门的考前培训教材，也可供职业技能鉴定部门在鉴定命题时参考，也可作为读者考前复习和自测使用的复习用书，还可作为职业技术院校、技工院校、各种短训班的专业课教材。

车工（中级）操作技能鉴定实战详解
车工（高级）操作技能鉴定实战详解
车工（技师、高级技师）操作技能鉴定实战详解
铣工（中级）操作技能鉴定实战详解
铣工（高级）操作技能鉴定实战详解
钳工（中级）操作技能鉴定实战详解
钳工（高级）操作技能鉴定实战详解
钳工（技师、高级技师）操作技能鉴定实战详解
数控车工（中级）操作技能鉴定实战详解
数控车工（高级）操作技能鉴定实战详解
数控车工（技师、高级技师）操作技能鉴定实战详解
数控铣工/加工中心操作工（中级）操作技能鉴定实战详解
数控铣工/加工中心操作工（高级）操作技能鉴定实战详解
数控铣工/加工中心操作工（技师、高级技师）操作技能鉴定实战详解
焊工（中级）操作技能鉴定实战详解
焊工（高级）操作技能鉴定实战详解
焊工（技师、高级技师）操作技能鉴定实战详解
维修电工（中级）操作技能鉴定实战详解
维修电工（高级）操作技能鉴定实战详解
维修电工（技师、高级技师）操作技能鉴定实战详解
汽车修理工（中级）操作技能鉴定实战详解

车工技师鉴定培训教材
铣工技师鉴定培训教材
钳工技师鉴定培训教材
焊工技师鉴定培训教材
电工技师鉴定培训教材
铸造工技师鉴定培训教材
涂装工技师鉴定培训教材
模具工技师鉴定培训教材
机修钳工技师鉴定培训教材
热处理工技师鉴定培训教材
维修电工技师鉴定培训教材
数控车工技师鉴定培训教材
数控铣工技师鉴定培训教材
冷作钣金工技师鉴定培训教材
汽车修理工技师鉴定培训教材
制冷设备维修工技师鉴定培训教材

特种作业人员安全技术培训考核教材

丛书介绍：依据《特种作业人员安全技术培训大纲及考核标准》编写，内容包含法律法规、安全培训、案例分析、考核复习题及答案。

读者对象：可用作各级各类安全生产培训部门、企业培训部门、培训机构安全生产培训和考核的教材，也可作为各类企事业单位安全管理和相关技术人员的参考书。

起重机司索指挥作业
企业内机动车辆驾驶员
起重机司机
金属焊接与切割作业
电工作业
压力容器操作
锅炉司炉作业
电梯作业
制冷与空调作业
登高作业

读者信息反馈表

感谢您购买《电切削工（初级、中级、高级）》一书。为了更好地为您服务，有针对性地为您提供图书信息，方便您选购合适图书，我们希望了解您的需求和对我们教材的意见和建议，原这小小的表格为我们架起一座沟通的桥梁。

<table>
<tr><td>姓　名</td><td></td><td>所在单位名称</td><td></td></tr>
<tr><td>性　别</td><td></td><td>所从事工作(或专业)</td><td></td></tr>
<tr><td>电子邮件</td><td></td><td>移动电话</td><td></td></tr>
<tr><td>办公电话</td><td></td><td>邮政编码</td><td></td></tr>
<tr><td>通信地址</td><td colspan="3"></td></tr>
<tr><td colspan="4">1. 您选择图书时主要考虑的因素（在相应项前面打“✓”）
（　　）出版社（　　）内容（　　）价格（　　）封面设计（　　）其他
2. 您选择我们图书的途径（在相应项前面打“✓”）：
（　　）书目　（　　）书店（　　）网站（　　）朋友推介（　　）其他</td></tr>
<tr><td colspan="4">希望我们与您经常保持联系的方式：
☐ 电子邮件信息　☐ 定期邮寄书目
☐ 通过编辑联络　☐ 定期电话咨询</td></tr>
<tr><td colspan="4">您关注（或需要）哪些类图书和教材：</td></tr>
<tr><td colspan="4">您对我社图书出版有哪些意见和建议（可从内容、质量、设计、需求等方面谈）：</td></tr>
<tr><td colspan="4">你今后是否准备出版相应的教材、图书或专著（请写出出版的专业方向、准备出版的时间、出版社的选择等）：</td></tr>
</table>

非常感谢您能抽出宝贵的时间完成这张调查表的填写并回寄给我们，我们愿以真诚的服务回报您对我社的关心和支持。

请联系我们——

通信地址　北京市西城区百万庄大街22号　机械工业出版社技能教育分社

邮政编码　100037

社长电话　（010）88379083　88379080　68329397（带传真）

电子邮件　cmpjjj@ uip. 163. com